结构健康监测教程

Structural Health Monitoring

伊廷华　主编

高等教育出版社·北京

内容简介

本书面向土木工程新工科“智能建造”专业课程体系建设的需求，系统阐述了结构健康监测领域的基础知识和最新进展。内容涵盖：绪论，监测系统设计、实施与维护，传感器选型与优化布设，荷载作用与环境监测，结构响应、变形与耐久性监测，数据同步采集、传输和存储，监测大数据预处理，监测大数据统计分析，结构物理参数识别，结构模态参数识别，结构有限元模型修正，结构损伤识别，结构状态评估与预警，结构健康监测典型案例。

本书可作为高等院校土建类专业的研究生和高年级本科生教学用书，亦可供相关专业科研人员和工程技术人员参考。

图书在版编目（C I P）数据

结构健康监测教程 / 伊廷华主编 . -- 北京：高等教育出版社，2021.3

ISBN 978-7-04-055370-3

Ⅰ.①结… Ⅱ.①伊… Ⅲ.①建筑结构－监测－高等学校－教材 Ⅳ.① TU317

中国版本图书馆 CIP 数据核字（2021）第 000363 号

JIEGOU JIANKANG JIANCE JIAOCHENG

策划编辑 刘占伟 责任编辑 柴连静 刘占伟 封面设计 王凌波 版式设计 杨 树
插图绘制 黄云燕 责任校对 刘娟娟 责任印制 赵 振

出版发行 高等教育出版社
社　　址 北京市西城区德外大街4号
邮政编码 100120
印　　刷 高教社（天津）印务有限公司
开　　本 787 mm × 1092 mm 1/16
印　　张 34.5
字　　数 650 千字
插　　页 2
购书热线 010-58581118
咨询电话 400-810-0598
网　　址 http://www.hep.edu.cn
http://www.hep.com.cn
网上订购 http://www.hepmall.com.cn
http://www.hepmall.com
http://www.hepmall.cn
版　　次 2021 年 3 月第 1 版
印　　次 2021 年 3 月第 1 次印刷
定　　价 129.00 元

物 料 号 55370-00

序

目前，我国高等工程教育改革发展已站在新的历史起点，"智慧"时代下的机遇与挑战并存。2017 年以来，教育部先后发布了《关于开展新工科研究与实践的通知》《关于推荐新工科研究与实践项目的通知》等多个推动"新工科"建设的指导文件，形成了以"复旦共识""天大行动"和"北京指南"为导引的新工科建设"三部曲"，奏响了人才培养的主旋律，开拓了工程教育改革的新路径，可谓恰逢其时！

土木工程作为传统工科专业的重要组成，如何面向国家重大战略需求和土建行业升级转型，迎接"新工科"带来的挑战，是新时代学科内涵式发展需要思考的重要议题。众所周知，当前土木工程技术正朝着设计模块化、建造装配化、材料绿色化、管理智能化的方向发展，"智能建造"是解决土建行业低效率、高污染、重能耗问题的有效途径之一，其涵盖工程设计、施工和运维三个阶段，借助物联网、大数据、云计算等先进的信息技术，可实现整个产业链数据综合集成，为全寿命周期管理提供决策支持。我国是当今世界上基础设施建设规模最大的国家，占全球 60% 的超大比重为土木新工科"智能建造"专业建设提供了千载难逢的历史机遇。作为该专业最重要的组成之一，"结构健康监测"已成为土木工程领域近三十年蓬勃发展起来的一门全新的学科分支。如何完善其课程体系，优化其教学内容，国家教材委员会刚刚印发的《全国大中小学教材建设规划 (2019—2022 年)》已明确指出：须以精品教材建设保驾护航。

《结构健康监测教程》系由国内从事该领域教学和科研一线的多名优秀青年教师历时两年，通力合作完成，是我国第一本全面阐述结构健康监测理论、方法、技术和应用的教学用书。该书注重新工科建设的前沿性、交叉性、综合性和实用性，紧密结合"智能建造"专业的课程设置要求，内容按照监测系统组成和数据分析流程进行编排，循序渐进，脉络清晰，重点突出，案例丰富，形成了一个完整的知识结构体系，是一本优秀的教学用书，也是一部对工程技术人员有益的参考读物。

杜彦良

中国工程院院士

2020 年 1 月

前言

结构健康监测 (structural health monitoring, SHM) 是土木工程领域近几十年伴随先进传感、物联网、人工智能、大数据等新一代信息技术而蓬勃发展起来的全新学科分支，其科学内涵是在线把握“原型结构”的真实状态，并为智慧管养提供决策支持。健康监测因具有实时采集外部环境荷载、在线把握结构响应特征、识别结构可能损伤形式、揭示结构倒塌破坏机理、优化结构维修养护计划、验证发展既有设计理论这六项独特优势，而与理论分析、数值模拟和模型试验并誉为土木工程学科发展的“四轮驱动”。

经各国学者数年如一日的不懈努力，结构健康监测理论方法、技术标准、工程应用均已取得长足的进步，形成了相对完整的知识体系。然而到目前为止，市面上还没有一本专门介绍此方面知识的教学用书，这使教师课堂教学和学生入门学习时存在诸多不便。为此，编写组勠力同心，历时两年将散现在各种文献中的研究成果进行梳理汇总，编撰形成此教程，以为该学科发展尽一份绵薄之力。本书系统全面地论述了监测系统设计的基本原理，深入浅出地讲解了监测数据分析的理论方法，约中有博地展示了典型工程的应用案例，简明扼要地给出了学习思考的例题习题，力求使这一相对复杂的交叉学科变得通俗易懂和生动有趣。

本书由大连理工大学伊廷华主编，负责全书框架设计、统筹协调和最终定稿。各章节执笔写作分工为：第 1 章绪论由大连理工大学伊廷华和杨东辉撰写，第 2 章监测系统设计、实施与维护由东南大学郭彤和重庆大学刘纲撰写，第 3 章传感器选型与优化布设由大连理工大学伊廷华和河海大学周广东撰写，第 4 章荷载作用与环境监测由哈尔滨工业大学陈文礼和赖马树金撰写，第 5 章结构响应、变形与耐久性监测由哈尔滨工业大学 (深圳) 刘铁军、卢伟和邹笃建撰写，第 6 章数据同步采集、传输和存储由南京大学朱鸿鹄和大连理工大学裴华富撰写，第 7 章监测大数据预处理由哈尔滨工业大学鲍跃全、黄永和陈智成撰写，第 8 章监测大数据统计分析由北京交通大学杨娜和王娟撰写，第 9 章结构物理参数识别由东南大学张建和湖南大学周云撰写，第 10 章结构模态参数识别由大连理工大学伊廷华和曲春绪撰写，第 11 章结构有限元模型修正由广州大学李俊和华中科技大学翁顺撰写，第 12 章结构损伤识别由东南大学丁幼亮和合肥工业大学贺文宇撰写，第 13 章结构状态评估与预警由长沙理工大学王磊、马亚飞和香港理工大学董优撰写, 第 14 章结构健康监测典型案例由浙江大学叶肖伟和合肥工业大学王佐才撰写, 附录 1 信号处理基础理论由哈尔滨工业大学鲍跃全和黄永撰写, 附录 2 模态分析基础理论由大连理工大学曲春绪撰写, 附录 3 贝叶斯基础理论由哈尔滨工业大学黄永撰写, 附录 4 结构健康监测基准模型由东南大学丁幼亮和合肥工业大学贺文宇撰写。

本书在编写过程中, 荣幸得到了中国工程院杜彦良院士的多次悉心指导。杜院士在百忙之中仔细审阅了书稿, 并高屋建瓴地给出了许多专业细致的修改建议, 谨此向杜院士表示衷心的感谢! 本书参引了国内外相关领域大量的论文资料和学术著作, 在此向这些专家学者表示诚挚的谢意! 同时, 感谢大连理工大学“新工科”系列精品教材专项 (资助号: 2018–061) 对本书出版的资助。

由于结构健康监测学科发展日新月异, 编者认知水平有限, 书中难免存在不足、缺陷和错误, 敬请读者批评指正。

伊廷华　教授、博士生导师
大连理工大学土木工程学院院长
2020 年 10 月

目录

第 1 章
绪论*

1.1 结构健康监测的起源和发展

1.1.1 产生背景

土木工程是建造各类工程设施的科学技术的统称, 它既指工程建设的对象, 也指所应用的材料、设备和所进行的勘测、设计、施工、管理、养护、维修等专业技术。自改革开放以来, 我国经济建设进入高速发展时期, 大规模土木基础设施建设已经并将在未来相当长的一段时间内持续蓬勃发展。特别是近些年, 我国的基础设施建设已进入从量变到质变的发展阶段, 港珠澳大桥、上海中心大厦、国家体育场等一大批超高、超大、超长、超深、超复杂的世界级工程如春笋般冒出, 使我国成为世界工程建设的中心。如何保障这些重大基础设施在各种灾害下的安全性和可靠性, 是今后一段时期土木领域需要面临的突出问题。例如, 桥梁结构的设计使用年限一般长达百年, 其在服役期内会持续遭受外部荷载和环境作用的多重影响。这些影响既包括结构自身重力、基础变

---

* 本章执笔人:
伊廷华, 大连理工大学土木工程学院, yth@dlut.edu.cn
杨东辉, 大连理工大学土木工程学院, dhyang@dlut.edu.cn

位、车辆荷载、人致激励、风荷载、温度等可变和永久作用, 也包括地震、车船撞击、车辆燃爆等偶然作用。在这些因素单独或共同作用下, 桥梁结构将不可避免地出现损伤累积和抗力衰减, 严重时甚至会发生灾难性的垮塌事故。一般而言, 引起工程结构倒塌破坏的原因主要包括三个方面。

(1) 结构自身缺陷。

具体包括结构设计标准低、选型不合理、施工质量差等。美国塔科马海峡大桥风毁事故和法国巴黎夏尔 · 戴高乐机场航站楼坍塌事故是这方面的典型工程案例。1940 年, 塔科马海峡大桥通车仅四个月后就在强风作用下发生了严重的颤振现象, 成为桥梁历史上著名的风毁事故 (图 1.1), 经调查, 其破坏原因为不合理的主梁断面设计导致结构出现发散性的扭转颤振。戴高乐机场于 1974 年启用, 2004 年, 戴高乐机场的 2E 候机厅屋顶突发坍塌事故 (图 1.2), 事故调查表明, 当时候机厅结构处于使用极限, 安全系数设计不足, 导致其顶棚被立柱贯穿而发生坍塌。此外, 1907 年和 1916 年, 位于加拿大圣劳伦斯河上的魁北克大桥先后两次由于设计缺陷, 在施工过程就发生了严重的垮塌事故, 造成共 88 人死亡, 教训惨痛。1995 年, 韩国首尔三丰百货大楼因功能改造、设计缺陷和施工质量等问题发生倒塌事故, 酿成了 502 人死亡的惨剧, 成为了韩国发生在和平时期最为严重的灾难。

图 1.1　旧塔科马海峡大桥风毁事故

(2) 环境荷载作用。

具体包括强风、地震、洪水、泥石流等。2007 年, 美国明尼苏达州跨河大桥突然垮塌 (图 1.3), 共造成 13 人死亡和 100 余人受伤, 事后调查发现, 超量的交通荷载、丢失的各类螺栓、老化生锈的金属构件使桥梁结构性能劣化严重, 桥体内栖息的鸽子及其长年累月的粪便进一步加重了桥梁的负担, 最终导致了这一灾难性事故。2007 年, 加拿大温哥华的卑诗省体育馆圆顶突然塌陷 (图 1.4), 该馆穹顶由两层玻璃纤维组成, 中间可充入热空气融化积雪, 然而该

图 1.2　戴高乐机场航站楼坍塌事故

馆服役二十年来由于维护不当, 在连遭一个月大风大雨大雪袭击后, 圆顶内气压发生了不利变化, 导致了穹顶塌陷。2008 年, 我国南方发生大范围的冰冻雨雪灾害, 直接造成 48.5 万间房屋倒塌和 168.6 万间房屋损毁, 其中既包括村镇中靠经验自建的房屋, 也包括大量的城市中符合规范设计要求的民用建筑和工业厂房。1995 年, 日本阪神地震造成长达 635 m 的高速公路高架桥侧倾, 造成了巨大的直接和间接经济损失。2010 年, 河南伊河汤营大桥因遭遇特大暴雨袭击, 发生整体垮塌, 造成 50 余人遇难的惨痛事故。

图 1.3　明尼苏达州跨河大桥垮塌

(3) 人为影响因素。

具体包括车辆超载、车船撞击、火灾、爆炸等人为因素。1994 年, 英国希思罗快速线暗挖车站隧道发生塌方, 造成约 1.5 亿英镑的经济损失, 延误工期达六个月之久, 调查表明, 初期支护缺陷以及施工方未对施工监测量的异常变化予以足够重视是引发事故的主因。2003 年, 上海轨道交通 4 号线董家渡段联络通道发生 270 m 隧道坍塌, 并引起了附近地面塌陷和房屋倒塌 (图 1.5), 原因是冻结设备发生故障。2008 年, 浙江杭州萧山区地铁 1 号线湘湖站北二基

图 1.4　卑诗省体育馆圆顶塌陷

坑突然倒塌, 事故导致风情大道塌陷长近百米和 21 人遇难, 调查表明, 严重超挖和对灾害征兆未加以及时处置是主要原因。2004 年, 辽宁盘锦田庄台大桥因长期车辆超载而造成结构损伤累积, 最终中间挂梁断裂坍塌。2007 年, 广东九江大桥发生运砂船撞击桥墩引发落梁的事故 (图 1.6)。2012 年, 黑龙江哈尔滨阳明滩大桥由于货车超载发生主梁侧翻事故, 造成 3 人遇难和 5 人受伤。

图 1.5　上海轨道交通 4 号线遂道坍塌

上述各类事故表明, 工程结构一旦发生倒塌破坏, 将会造成重大的生命财产损失, 并会引发极坏的社会影响。为了确保结构的服役安全, 传统的技术手段主要包括四个方面。

(1) 理论分析。

结构设计理论是关于结构安全性、适用性、耐久性与经济性的理论和方法, 主要研究结构作用与抗力间的相互关系, 其涉及结构刚度、强度、稳定性和动力性能方面的问题。先进合理的设计方法是确保结构安全的第一道防线。以普通公路桥梁为例, 传统的设计理论大致经历了三个发展阶段: 第一个阶段为容许应力法, 这种方法以结构构件的计算应力 σ 不大于给定的材料容许应力

图 1.6 广东九江大桥船撞落梁事故

$[\sigma]$ 为原则来进行结构设计, 由于以线弹性理论为基础, 该方法无法充分考虑截面失效前已进入非线性阶段的情况, 导致设计结果偏于保守。第二个阶段为破损阶段设计法, 该方法考虑结构构件失效时材料的塑性性质及其极限强度, 解决了容许应力法只考虑材料线弹性阶段的缺陷, 但该方法仍只采用单一凭工程经验确定的安全系数, 在结构安全可靠度方面存在不合理。第三个阶段为概率极限状态设计法, 该方法引入多种分项系数以考虑影响结构性能多种因素的不确定性, 包括荷载分项系数、材料分项系数、荷载效应与承载力计算模式不定性系数、结构重要性系数, 这些系数是根据规定的可靠度指标 β 经概率分析和优化计算而得到的, 其突出的特点是将影响结构性能可靠度水平的各种因素看作随机变量, 用概率统计的方法代替以往的经验法来确定结构构件的失效概率, 使结构获得预期的可靠度。

然而, 上述传统设计理论均属于"现状安全设计"理论, 既没有考虑结构可能存在的先天缺陷, 也未能考虑结构在长期服役过程中材料老化或构件损伤对结构性能的不利影响。因此, 现有设计理论无法把握结构的动态演化特征, 也就难以保证结构在整个设计使用年限内的服役安全。此外, 传统设计理论需要对实际荷载作用和结构本身进行适当的简化, 由此引起的结构实际性能与设计预期性能不符的情况也难以避免。

(2) 模型试验。

结构模型试验是在场地大小、仪器设备、试验成本等各种条件受限的情况下, 以缩尺或相似模型为对象来研究结构力学性能的一种方法。缩尺模型实质上是原型结构缩小几何尺寸的试验代表物, 它无需严格遵循相似条件, 可选用与原型结构相近的材料, 并按照一般的设计规范进行设计和制造, 这一特点使其无法准确反映原型结构的力学特征。相比之下, 相似模型则要求满足非常严格的相似条件, 即需要满足几何相似、力学相似和材料相似, 使其具有原型结构的全部或部分力学特征。根据相似理论, 可通过试验获取的模型力学性能数据, 反向推算出原型结构的力学性能。根据试验中的荷载作用性质, 模型试验可分为静力试验和动力试验两种。前者主要分析结构物在静荷载 (自重、温度等) 作用下的变形、稳定性和承载力等问题; 后者主要分析结构在地震、强风等作用下的动力特性 (频率、振型、阻尼比等)、稳定性和安全性等问题。总结起来, 结构模型试验具有以下三个方面的优点: ① 模型与原型结构相比, 尺寸通常按照一定的比例进行了缩小, 这使其制作成本显著降低, 对试验场地条件和设备加载能力的要求也大幅降低, 节约了试验成本和测试时间。② 模型试验可根据需要, 控制试验对象的主要参变量而不必受其他条件的限制。也就是说, 研究人员可有意识地重点考虑某种主要影响因素, 把握结构的主要特征, 减少外界或次要因素的影响。③ 模型试验一般在实验室内进行, 良好的工作环境为准确的测试和可靠的分析提供了保证。在一定条件下, 还可以对模型进行多次反复测试, 有利于消除测试误差和外界因素的影响。

综上, 模型试验在降低研究成本和排除次要因素干扰等方面具有优势。然而该方法相对于原型结构而言, 存在试验条件过于理想的问题, 即无法真实模拟实际运营环境的复杂性和随机性。此外, 按照相似原理加工制作的模型只能在一定程度上与原型结构相似, 而在边界条件、细长构件的模拟上较为困难, 使得试验结果与真实结构性能存在较大差异。

(3) 数值模拟。

数值模拟也称计算机模拟, 是依靠计算机结合数值方法, 对工程问题和物理问题进行研究的一种手段。工程技术领域的许多力学和场问题, 如固体力学中的位移场和应力场分析、电磁学中的电磁分析、热力学中的温度分析、流体力学中的流场分析等, 都可以归结为给定边界条件下求解其控制方程的问题。就土木工程而言, 虽然研究人员能够得到其基本力学方程和边界条件, 但能够通过具有严格理论推导的解析方法进行求解的, 只是一些结构形式较为规则和边界较为简单的问题。而实际工程结构的几何造型、材料特性和荷载种类往往十分复杂, 采用解析方法求解十分困难甚至无法实现。解决这类问题主要有两种途径: ① 引入简化假设, 使其能够达到采用解析方法求解的状态; ② 保留实际问题的复杂性, 利用数值模拟方法获取问题的近似解。目前在工程技术领域常用的数值模拟方法包括有限元法、边界元法、有限差分法和离散单元法等, 其中有限元法是最具适用性和应用最为广泛的一种方法。

在土木工程领域, 尽管随着计算机技术和数值方法的快速发展, 数值模拟方法在解决复杂工程问题方面已展现出了前所未有的优势, 但其仍存在明显的不足。例如, 对于复杂的工程结构, 特别是考虑施工误差、结构性能随时间演化的情况, 数值模拟还很难予以考虑。此外, 不同计算模型具有各自的局限性,这会导致单一模型常常不能反映真实结构的所有力学特性, 也就无法通过数值模拟同时获得所有问题的精确结果。

(4) 现场检测。

现场检测是定期通过人工目测检查或借助仪器测量来获得结构性能的方法, 其目的在于发现并规避结构潜在的风险, 为结构的养护、维修和加固提供依据。现场检测方法一般分为两类, 即静态检测和动态检测。静态检测是较为常见的一种方法, 如确定混凝土强度的回弹法, 探测结构内部缺陷的超声法、射线法、声发射法等。动态检测是振动反演理论在工程上的一种应用, 具体指在环境或人为激励下, 通过测量振动响应来分析结构的模态参数或物理参数, 并进一步识别损伤和评估性能。动态检测法根据激励形式的不同可分为正弦稳态激振法、环境激励法和局部激振法, 根据周期的不同又可以分为经常检查、定期检查和特殊检查。

近些年, 一些新的无损检测技术如声发射、微波、红外、全息照相等不断涌现, 在实际工程中得到了大量的应用。但现场检测方法本身存在难以回避的局限性: ① 成本高。现场检测需要定期开展, 每次都需要大量的投入。例如, 对于桥梁而言, 这些投入包括工人的人工成本、车辆的租借成本、中断交通的运营成本以及大桥的营收成本等。② 效率低。每次进行检测, 无论是传感器的安装还是线路铺设都非常麻烦, 对于一些特殊和隐蔽部位, 检测设备和工作人员常常难以到达, 工作效率较低。③ 误差大。检测结果主要取决于现场测试环境的好坏、工作人员专业水平的高低及其实际工程经验的多少, 这些因素使得检测结果的可靠性往往难以保证。④ 实时差。结构服役性能动态时变, 而检测周期短则数月、长达几年, 缺乏时效性, 难以应对突发事件, 更无法及时向管理人员和公众提供警情信息。

从上面分析可以看到, 大型土木工程结构体积庞大, 形式复杂, 在长期服役期间遭受时空多因素耦合场和极端灾害场的共同作用, 传统的理论方法还不能很好地把握结构的真实行为和性能, 越来越难以满足大型土木工程结构对于异常诊断和性能评估的需求。针对上述不足, 以现场检测为基础, 强调实时、在线、长期、连续的结构健康监测技术应运而生, 其与理论分析、数值模拟、模型试验一起并誉为土木工程学科发展的 “四轮驱动” (图 1.7)。

结构健康监测是指利用现场的、无损的、实时的方式采集结构的输入与输出信息, 分析结构性能的波动、劣化或损伤特征, 并为管理和养护提供决策支持的技术。通俗来讲, 结构健康监测技术是通过在结构上布设大规模的传感器, 实时采集荷载作用与结构响应等信息, 然后通过有线或无线的方式将其传输到监控中心, 监控中心有大型服务器来实时地分析结构的性能波动规律、损伤演化过程和抗力衰减特征, 从而实现在线状态评估、寿命预测和安全预警。一个

图 1.7　土木工程学科发展的“四轮驱动”

安装了监测系统的结构相当于一个“现场原型实验室”, 其能够在线把握结构真实的运营状态特征。从某种程度来看, 结构健康监测系统也可以看作一种仿生系统 (图 1.8), 它将传统力学意义上“死”的结构, 赋予智能功能与生命特征, 使其能够以生物界的方式感知外部环境 (温度、湿度、风荷载等) 和结构状态 (变形、振动和耐久性等)[1], 使结构具备了“智能特征”。结构动力学是结构健康监测的理论基础, 而结构健康监测则可以看作结构动力学的延伸。结构动力学的研究范畴是在已知结构属性的基础上, 正向计算结构在荷载作用下的响应特征; 而结构健康监测则是通过监测到的结构响应, 逆向分析结构的状态特征。

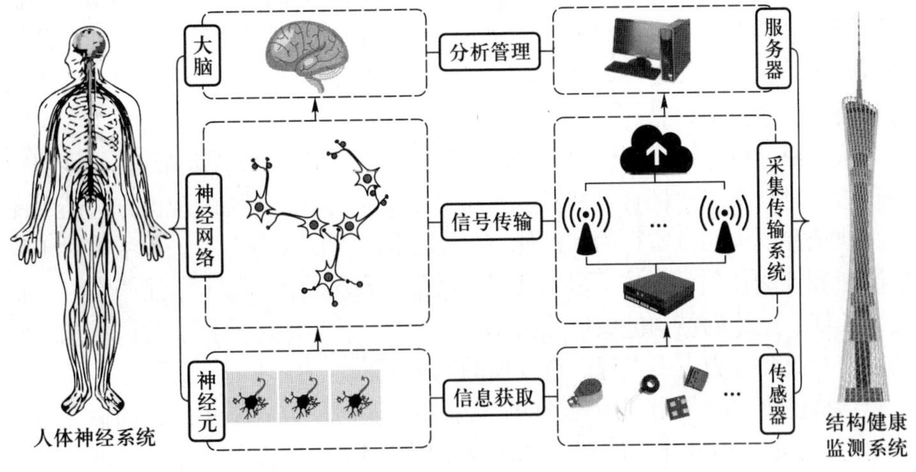

图 1.8　结构健康监测系统仿生学原理示意图

1.1.2 发展历程

结构健康监测技术起源于二十世纪六十年代机械工程领域的故障诊断, 主要通过监测机械系统的转动、振动和变形等, 掌握其使用状态, 如磨损、疲劳、裂纹等; 到七十年代后期, 这一技术逐渐推广到海洋工程领域, 特别是海洋平台在风、浪、流、冰等耦合作用下的服役状况; 到八十年代早期, 该技术在航空航天领域引起重视, 特别是针对飞行器机翼、管路、薄壁的实时受力状态的监测成为热点。土木工程监测技术的起源可追溯到 1932 年世界上第一台强震仪的诞生。美国研制成功了世界上第一台强震仪 (内置加速度计), 这是现代强震仪的开始。第一批仪器布设于洛杉矶地区, 并于 1933 年 3 月 10 日的长滩地震中获得第一条强震动记录。

土木工程结构具有体型巨大、形式复杂、服役期长、荷载多样的显著特点, 这使得结构健康监测技术有了充分发展的空间, 引起了各国政府和研究机构的高度重视。早在 1995 年, 美国白宫科技政策办公室和国家关键技术评审组就将智能材料与结构监测技术列入《美国国家关键技术报告》; 进入二十一世纪, 美国国家科学基金会机械与土木工程学科设立专门的 “传感器技术计划”, 每年投入 300 余万美元开展此项研究。日本设立了 “智能结构系统” 研究计划。欧洲科学基金会设立了 “智能复合材料结构损伤诊断” 研究计划。我国国家自然科学基金委自二十世纪九十年代后期就已将 “结构健康监测” 列入重要支持方向。与此同时, 该领域的国际合作研究也日益增多, 如美国国家科学基金会资助了美中、美日等以强调地震与自然灾害应用为目的的集成健康监测的合作研究项目等。另外, 一些国际学术组织, 如国际结构控制与监测学会 (International Association for Structural Control and Monitoring, IASCM)、国际智能基础设施结构健康监测学会 (International Society for Structural Health Monitoring of Intelligent Infrastructure, ISHMII)、智能结构技术亚太研究中心网络 (Asian–Pacific Network of Centers for Research in Smart Structures Technology, ANCRiSST) 也相继成立。我国相继成立了中国振动工程学会结构抗振控制与健康监测专业委员会、中国仪器仪表学会设备结构健康监测与预警分会等学术组织。以结构健康监测为主题的系列国际会议创办并定期召开, 如结构控制与监测世界大会 (World Conference on Structural Control and Monitoring, WCSCM)、结构健康监测国际研讨会 (International Workshop on Structural Health Monitoring, IWSHM)、结构健康监测欧洲研讨会 (European Workshop on Structural Health Monitoring, EWSHM) 以及国内的全国结构抗振控制与健康监测学术会议等。此外, 多种国际学术期刊相继创办, 如 *Structural Control and Health Monitoring*、*Structural Health Monitoring*、

Structural Monitoring and Maintenance、*Smart Structures and Systems* 等。为了推动这一技术在工程中的应用, 使这一行业更加规范化和标准化, 我国学者相继主编完成了各种技术标准, 如《结构健康监测系统设计标准》(CECS 333:2012)、《建筑与桥梁结构监测技术规范》(GB 50982—2014)、《大跨度桥梁结构健康监测系统预警阈值标准》(T/CECS 529—2018)、《结构健康监测系统运行维护与管理标准》(T/CECS 652—2019)、《结构健康监测系统施工及验收标准 (T/CECS 765—2020)》等。

结构健康监测技术在实际工程中得到大量推广, 是从二十世纪八十年代伴随互联网技术的发展而从桥梁工程领域开始的。例如, 英国对北爱尔兰 Folye 大桥安装的长期监测仪器和自动采集系统是土木工程结构健康监测较早的著名应用案例。该桥是一座三跨变高度连续箱梁桥, 通过监测系统可实时获取桥梁在车辆与风荷载作用下主梁振动、挠度和应变等响应特征。近些年, 随着微电子、大数据和云计算技术的迅猛发展, 对结构进行全面的健康监测已变得可行, 世界范围内众多的大型桥梁相继安装了完整的结构健康监测系统, 如挪威的 Skarnsundet 大桥、美国的 Sunshine Skyway 大桥、丹麦的 Faroe 大桥、墨西哥的 Tampico 大桥、英国的 Flintshire 大桥、加拿大的 Confederation 大桥、日本的 Akashi Kaikyo 大桥、韩国的 Seo-Hae 大桥等。

伴随大规模基础设施建设的持续高速推进, 我国在这一领域的理论研究和工程实践已逐渐走在了世界前列。我国于二十世纪九十年代中后期开始研究和推广结构健康监测技术。在发展初期, 将施工监控和成桥试验的临时传感器用于桥梁建成后一段时间的短期监测是我国许多大型桥梁工程的通常做法, 如上海徐浦大桥和江苏江阴长江公路大桥等。徐浦大桥始建于 1994 年 4 月, 于 1996 年 12 月完成主梁合龙, 该桥安装的结构健康监测系统充分考虑了若干既有桥梁运营状况和一些典型的结构病害因素, 可监测车辆荷载、温度、挠度、应变、振动等信息。在监测规模上, 受彼时技术条件和资金限制, 整套系统测点仅 75 个, 其中温度测点 20 个, 挠度测点 15 个, 主梁振动测点 16 个, 应力测点 20 个, 索力测点 4 个。江阴长江公路大桥健康监测系统由英国 SES 公司于 1999 年设计建造, 该系统由 1 台工作站和 8 台远程子站通过光纤局域网连接而成, 主要监测内容包括主梁线形、主缆索力、吊杆振动、梁端位移等。然而, 该套系统建成不久即出现传感器故障、数据采集设备损坏、软件数据处理效率低下和分析功能薄弱等各种问题, 导致系统瘫痪。我国学者对该套系统进行了升级和改造, 对软件系统进行了重新开发, 目前该系统为大桥的养护管理提供了有力的技术支持。随着健康监测理论研究和工程实践的不断深入, 一批成熟可靠的桥梁结构健康监测系统相继涌现, 在香港青马大桥、江苏润扬长江公路大桥、江苏苏通长江公路大桥、江苏南京大胜关长江大桥等得到应用 [2]。

香港青马大桥是一座主跨长 1 377.0 m 的两塔三跨悬索桥 (图 1.9), 是当时世界最大跨度公铁两用桥。为了确保桥梁的服役安全, 香港特别行政区路政署投入 0.6 亿港币建造了一套国际领先的结构健康监测系统, 共包含七种类型的 300 多个传感器, 包括风速仪、加速度计、应变计、温度计、倾角仪、位移计和车辆动态称重系统。该系统自 1997 年启用以来, 已连续运行二十余年, 为国内外结构健康监测系统的建设、运行、维护与管理提供了宝贵的经验, 获取了大量珍贵的监测数据, 为研究各种环境及荷载变化下的桥梁结构性能长期演化规律, 以及结构状态评估和安全维护提供了有力的数据支撑。

图 1.9 香港青马大桥

伴随桥梁结构健康监测技术的不断成熟, 其在超高层建筑、高耸结构和大跨空间结构的应用也快速得到推广。例如, 美国旧金山一栋 24 层楼的钢框架安装有一套地震响应监测系统, 该系统能够准确获取结构的加速度响应, 为震后安全评估和维护提供可靠的数据资料。美国加州理工学院米利肯图书馆建立了一套由 36 个加速度计组成的监测系统, 同样用于地震发生时的结构响应监测。我国在这些领域虽然起步相对较晚, 但发展较为迅速。广东广州新电视塔是超高层建筑结构健康监测系统的最为知名的工程案例之一。该塔是一座高达 600 m 的筒中筒结构 (图 1.10), 具有规模宏大、造型奇特、受力复杂的特点。考虑结构处于东南沿海地带, 建成后受到地震、台风等灾害作用发生损害的风险较大, 且会持续受到环境、腐蚀介质及材料性能退化等因素的影响, 业主委托香港理工大学为其设计和安装了一套完整的结构健康监测系统, 包含传感器子系统、数据采集与传输子系统、数据处理与控制子系统、结构状态评估子系统及结构健康数据管理子系统五部分。传感器种类覆盖加速度计、应变计、温度计、腐蚀计、卫星导航定位系统、倾角仪、风速仪、气象站、强震仪等, 可全天候收集结构、荷载及环境作用等信息, 为结构的保养、维修及加固等工程决策提供依据。辽宁大连体育中心体育馆是典型的大跨空间结构健康监测案例之一 (图 1.11)。该馆建筑高度为 45 m, 跨度达 145.4 m, 是世界最大跨度的弦支穹顶结构。大连理工大学为其设计了一套全面的结构健康监测系统, 监测内容包括径向索及环形索应力、竖向撑杆应力、弦杆应力、结构整体位移、支座位移及倾角、结构振动和温度等, 并实现了硬件级别的多物理量同步采集、数据自动存储分析、报表报告定时生成、警情多种途径推送和监测结果三维展示等。

图 1.10　广州新电视塔

图 1.11　大连体育中心体育馆

1.2 结构健康监测系统组成和分类

1.2.1 系统构成

结构健康监测的目的是针对工程结构长期服役安全的需求, 建立一种最少人工干预的状态监测、特征识别和状态评估的自动化系统, 为结构的管理和养护提供决策支撑。可以说, 它将离线、静态、异步的传统检测方法, 转变为了在线、动态、同步的现代监测技术。一套完整的结构健康监测系统通常包括五个部分 (图 1.12), 即传感器子系统、数据采集子系统、数据传输子系统、数据存储与管理子系统、结构预警与评估子系统 [3,4]。

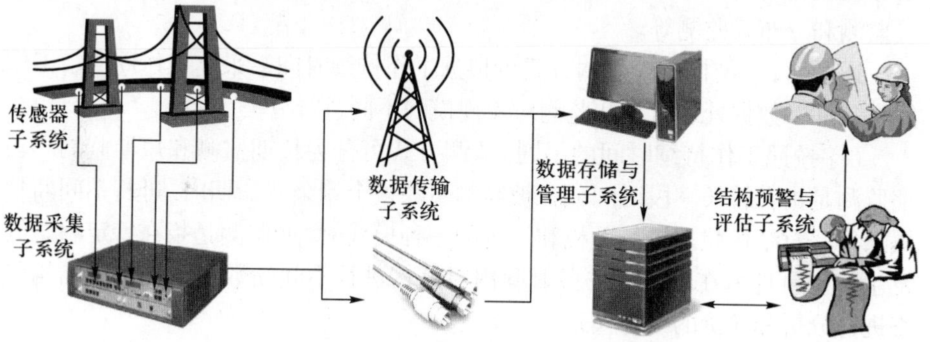

图 1.12 结构健康监测系统构成

(1) 传感器子系统。

传感器子系统主要由能够感测环境与荷载作用、结构响应、结构几何变形、结构耐久性这四类物理量的传感元件组成, 依据结构力学原理进行优化布设 [5], 实现对结构整体和局部性能的全面感知。

(2) 数据采集子系统。

数据采集子系统包括硬件采集设备和软件模块, 以实时、定时、触发或混合的模式采集各个待感测物理量, 其需要对各种类型传感器信号进行同时控制、同步采集和高速解调, 实现监测数据的高质量获取。

(3) 数据传输子系统。

数据传输子系统包括传输线缆、交换机、信号收发器和放大器等, 以总线型、环型、星型、树型或混合型结构进行组网, 通过有线或无线的方式将采集的数据传输到数据存储与管理子系统。

(4) 数据存储与管理子系统。

数据存储与管理子系统可以由中心数据库、数据管理软件及硬件等组成, 提供监测数据和结构自身信息的存储、查询、调用和简单统计分析功能。

(5) 结构预警与评估子系统。

结构预警与评估子系统主要由高性能计算机和专业分析软件组成, 其功能是对预处理过的数据进行力学分析, 包括模型修正、模态识别、损伤诊断、状态评估、寿命预测、维护决策等。

1.2.2　监测分类

结构健康监测系统贯穿于土木工程结构全寿命周期, 在施工和运营的不同阶段, 可划分出不同的监测种类。根据监测目的不同可分为土木工程安全监测和土木工程耐久性监测, 或土木工程灾害监测和土木工程病害监测; 根据监测对象规模的不同, 可分为单体监测和集群监测; 根据传感方式不同, 可分为单点式监测和分布式监测等。

通常而言, 结构健康监测方式可根据工作持续时间、采集工作周期、工作触发条件、数据处理时效和监测对象规模的不同进行分类。

(1) 按照工作持续时间的不同, 监测方式可分为长期监测和短期监测。长期监测是指在较长一段时间或在被监测对象整个剩余寿命期内, 进行不间断数据采集并对结构状态进行分析和评价的一种模式; 短期监测是指在特定状态或发生特定事件后在较短的一段时间内对结构进行不间断数据采集并对结构状态进行分析和评价的一种模式。

(2) 按照采集工作周期的不同, 监测方式可分为定期监测和连续监测。定期监测是指对结构每隔一段固定时间进行一次数据采集的一种模式, 其目的在于明确结构是否满足规定性能并确保正常使用; 连续监测是指以不间断的方式对结构进行持续数据采集的一种模式, 目的在于实时跟踪和掌握结构的性能状态。

(3) 按照工作触发条件的不同, 监测方式可分为触发监测和实时监测。触发监测是指不需要周期性采集数据, 仅在某种特定突发事件发生的情况下进行数据采集的一种模式, 有利于分析和明确突发事件对结构性能的影响; 实时监测是指对结构进行连续同步数据采集的一种模式, 目的在于把握结构的长期性能演化。

(4) 按照数据处理时效的不同, 监测方式可分为在线监测和离线监测。在线监测是指通过对被监测对象在线连续自动监测, 对数据进行实时处理的一种模式, 其有利于保证信息反馈的时效性; 离线监测是指对在线监测采集和存储的数据, 进行线下专业力学分析的一种模式, 其有助于对结构状态进行全面准确的评价, 可更好地为结构管养服务。

(5) 按照监测对象规模的不同, 监测方式可分为单体监测和集群监测。单体监测是指针对单一重要结构如大跨度桥梁、海洋平台、超高层建筑等的具体工程需求进行监测的一种模式; 集群监测是指针对某类基础设施如结构群、桥梁群、管网系统或城市综合体进行监测的一种模式。一般而言, 由同一大型基础设施上多个相对独立且在空间上连续分布的结构组成的结构集合称为连续型结构群, 由空间上分散且相对独立的结构组成的结构集合称为离散型结构群。因此, 集群监测又可分为连续型结构集群监测和离散型结构集群监测 (图 1.13)。

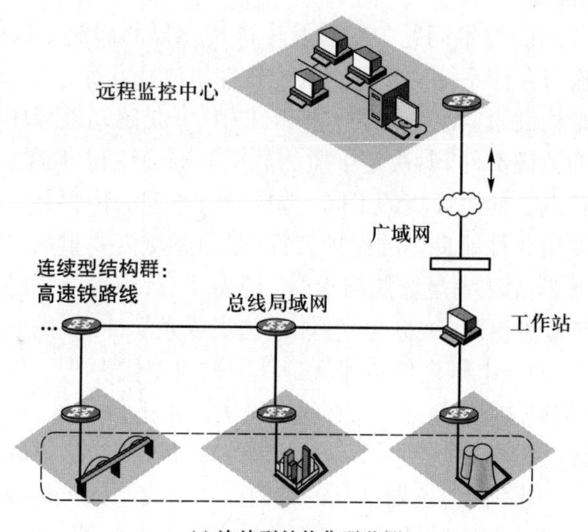

(a) 连续型结构集群监测

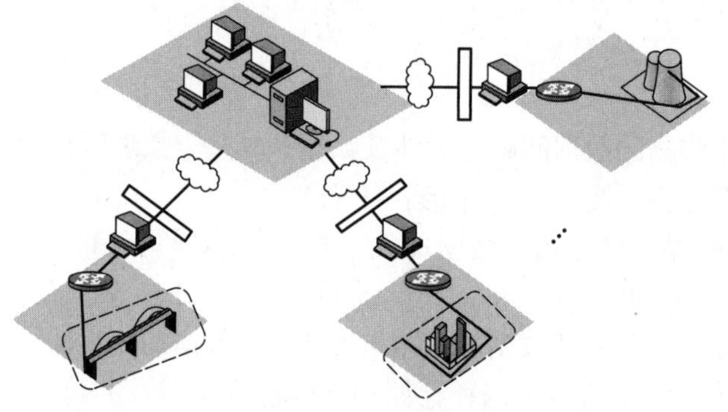

(b) 离散型结构集群监测

图 1.13　集群监测示意图

1.3　结构健康监测的研究对象

结构健康监测属于结构工程领域一门新的学科分支, 涉及结构 (动) 力学、仪器仪表、自动化、计算机等多个学科领域的交叉。经过近几十年的迅猛发展, 结构健康监测的研究对象不断丰富, 已初步形成较为系统的知识结构体系。具体而言, 结构健康监测的研究对象主要涉及技术、数据和科学三类层面。

(1) 技术层面。

结构健康监测的技术问题主要涉及先进传感器的研制、数据采集设备的研发、数据传输与存储系统的配置、系统软件集成开发等。

传感器是结构健康监测系统的 “神经末梢” , 是感知外部环境荷载作用和结构响应信息的关键部件, 其决定了监测数据的准确性和可靠性。如何根据监测目的、结构特点、使用环境的不同, 选择适宜类型的传感器、设计合理的传感器基座和开发耐久性能良好的保护装置, 是该领域需要重点关注的问题。当市面上现有传感器无法满足监测需求时, 还需要有针对性地开发各种力、热、光、电、磁等新型传感器, 被称为 “智能结构集成光学神经” 的光纤传感器和被誉为 “智能骨料” 的压电陶瓷传感器就是其中的典型代表 [6]。传感器感知到环境荷载作用和结构响应信息后, 需要利用采集设备进行采集, 并通过数据传输系统以有线或无线网络传输到采集子站, 最终存储在安全可靠的数据库服务器中。因此, 如何实现不同传感器信息的精确同步采集、数据传输网络高效拓扑构型、数据库高性能架构等是需要面临的技术问题。此外, 还需要进行系统软件的架构设计和程序开发, 包括网页前端页面设计、用户界面设计、数据交换等, 最终形成一套完整的健康监测系统。

(2) 数据层面。

结构健康监测的数据问题主要涉及数据预处理、数理统计分析、数据挖掘与融合、数据趋势预测、人工智能学习等。

众所周知, 结构健康监测数据具备大数据的 5V 特征, 即大体量 (volume)、多样性 (variety)、时效性 (velocity)、准确性 (veracity) 和大价值 (value)。监测数据的预处理主要包括数据的压缩与解压缩、数据的去噪滤波、数据的异常诊断与修复等。海量监测数据在存储和读取过程中涉及的数据压缩和解压缩, 可以显著减少底层存储系统读写字节, 提高网络带宽和磁盘空间的效率。如何确保压缩数据的可还原性是该领域重要研究课题。监测数据由于受到环境、硬件设备等影响会混入噪声, 影响其精度和可靠性。如何确定适宜的去噪滤波方法滤除噪声及其他虚假成分、提高信噪比、抑制干扰信号, 是该领域的重要研究内容。传感器与传输系统的设备故障、接触故障、电磁干扰等问题, 常常使监测数据存在大量异常。如何对异常数据进行识别并对其进行合理的修复, 是该领域的又一个重要课题 [7]。海量监测数据构成了一个庞大的数据样本, 需要进行分类、回归、聚类、相似匹配、频繁项集、统计描述、链接预测和因果分析, 从而提取数据的蕴含特征, 明晰数据的变化规律, 建立数据之间的联系, 为结构分析奠定基础。机器学习是目前解决这类问题的热门领域, 主要包括决策树、随机森林、人工神经网络、贝叶斯学习和深度学习等。

(3) 科学层面。

结构健康监测的科学问题主要包括系统识别、模型修正、损伤识别、状态评估、安全预警、寿命预测等。

结构健康监测的目的是采用连续和定量的方式对工程结构完成预期功能的能力进行评估, 从而为智慧管养提供决策支持。结构动力学问题, 包含激励、结构本身和响应三要素, 即称为输入、系统和输出, 本质上就是研究和分析输入、系统和输出三者之间的相互关系。系统识别的识别对象既可以是结构的物理参数 (质量、刚度等), 也可以是结构的模态参数 (频率、阻尼比和振型等)。在结构健康领域, 时变模态是重要的基础性研究课题, 因其能够反映结构动力性能特性的变化情况, 而被称为 “动力指纹”。有限元模型修正是利用监测系统直接或间接得到的结构特征信息 (频率、振型、频响函数、应变、位移等) 修正模型刚度、质量、边界条件、几何尺寸等参数, 获取与真实结构相同或相近的数值模型。修正后的有限元模型可作为结构损伤识别、状态评估、寿命预测的基准模型。其中, 损伤识别属于结构动力学反问题, 主要解决损伤判断、损伤定位、损伤定量、损伤预后四个层次的问题, 其方法一般分为基于监测数据的方法和基于模型修正的方法 [8]。结构状态评估是研究对结构工作状态进行客观评价的过程, 其目的是找到一种合适的标度, 用各种方法将结构工作状态与该标度联系起来。结构安全预警是指结构荷载作用、响应或评估指标超过预定阈值时, 监测系统根据结构的危险状态按预定方式自动发出不同级别的警情, 从而为结构的养护和维修提供依据。

1.4　结构健康监测的科学和工程意义

结构健康监测通过实时、在线、自动、连续地监测荷载作用输入和结构静动力响应输出, 定量分析和判断结构的服役状态, 对结构异常情况进行及时预警, 并给出与之相适应的维护方案, 可将传统的 “补救性维护” 转变为 “预防性维护”, 从而达到降低失效风险、延长使用寿命、节约运营成本的目的, 对提升设计、施工、运营及维护水平具有重要的意义。通常来讲, 结构健康监测具有如下六大功能。

(1) 实时采集外部环境荷载。

结构健康监测系统主要监测对象包括两大类：一类是结构自身的动静力响应, 即结构输出, 具体包括振动、位移、应力、变形等; 另一类是结构受到的各种环境及外部荷载作用, 即结构输入, 具体包括环境温湿度、风、地震、腐蚀介质和车载等。结构健康监测系统可通过温湿度计、车辆动态称重系统、风速风向仪、强震仪等传感器实时采集各种输入信息, 实现对工程结构所处位置各种信息的全面把握。通过荷载和环境因素的监测与分析, 可确定结构服役期内的荷载特性、荷载极值概率模型、疲劳荷载谱、腐蚀引起的抗力衰减模型等。

(2) 在线把握结构响应特征。

结构健康监测贯穿于结构从施工到运营的全寿命周期。施工期的监测可实时掌握结构受力和变形状态, 为施工控制及时提供反馈信息, 以便准确控制施工质量, 确保结构施工安全。此外, 结构漫长的服役过程中会受到环境与荷载作用的共同影响, 无论是材料老化还是构件损伤都会造成结构使用寿命的衰减。结构健康监测系统可通过加速度计、位移计、应变计、倾角仪等实时采集各种输出信息, 实现对工程结构各种动静力响应信息的全面把握。通过结构响应的监测与分析, 可实现对结构动态演化特征 (周期性波动、渐变性劣化、突发性损伤) 的准确把握。

(3) 识别结构可能损伤形式。

土木工程结构自建成投入使用后, 即受到复杂环境因素和外部荷载作用的影响, 其性能状态逐渐趋于劣化, 出现结构损伤甚至功能失效而影响正常使用。结构健康监测系统通过探索结构的输入和输出的映射关系和因果关系, 有助于发现结构潜在可能的损伤。然而这一领域一直是监测领域的难题, 造成这一局面的主要原因是土木工程结构非常复杂, 环境干扰因素众多, 对小损伤不敏感。如环境激励异常、外界和信道噪声干扰、传感器自身异常、结构自身异常等, 会相互耦合在一起, 非常难以分离。

(4) 揭示结构倒塌破坏机理。

当结构受到强风、大震、燃爆、撞击等极端自然灾害和人为事故时, 结构健康监测系统一方面可以及时发出预警信息, 协助疏散人员, 有效降低生命及财产损失; 另一方面, 当灾害发生时, 结构健康监测系统可将作用形式、幅值大小、持续时间等荷载信息, 以及灾前、灾中、灾后结构的动静力响应信息完整地记录下来。这些宝贵的数据可用于揭示灾害发生下结构损伤后的力学行为以及结构功能失效后的倒塌破坏机理, 对于降低结构运营风险、制订应急管理方案、优化防灾减灾策略具有重要的意义。

(5) 优化结构维修养护计划。

对于新建的土木工程结构, 通过对其进行监测可实时判断结构当前性能状态和变化趋势, 从而确定出准确适宜的养护时间和经济合理的处置措施, 即将传统的 “计划修” 变为了 “状态修”; 对于实施加固后的既有结构, 通过实时监测可了解加固补强的效果, 从而进一步优化未来的加固维护措施。因此, 结构健康监测能够根据结构的动态劣化趋势, 制订出预防性的维护策略, 相比于传统的事后补救性维护, 可显著降低结构的维修养护成本。

(6) 验证发展既有设计理论。

众所周知, 土木工程未来的目标是建立全寿命设计理论, 其需要突出设计荷载与作用的持续性, 强调结构抗力与性能的衰变性, 探讨性能评价与指标的适用性, 重视结构运营与管理的系统性, 体现结构全寿命周期的经济性。安装有健康监测系统的土木工程结构即是一个 “现场原型实验室”[9], 其获取的海量监测数据可为全寿命设计理论的建立奠定坚实的基础, 为验证新理论、新方法、新材料、新工艺提供真实可靠的平台。

1.5　结构健康监测的发展趋势

在各国学者的共同努力和相互促进下, 土木工程结构健康监测技术日益成熟, 已成为结构工程学科的重要分支。伴随先进传感、物联网、大数据、云计算等信息技术的快速发展, 结构健康监测取得了一系列的创新和突破。但其未来在数据感知获取、智能结构构建、结构识别评估等方面仍存在诸多挑战, 这也为健康监测未来的研究和发展指明了方向 [10]。

(1) 数据感知获取方面。

当前的结构健康监测系统大多采用有线传输的方式, 传感器与采集设备、采集设备与数据存储端都需要采用线缆 (电缆、光缆、网线等) 进行连接, 这使得监测系统通信复杂、维护困难和成本高昂。随着新一代蜂窝移动通信技术——第五代移动通信 (5th generation mobile communication, 5G) 技术的逐步成熟和走向市场, 结构健康监测必将发生革命性的变化。众所周知,5G 时代的目标是数据高速率、低时延、广连接, 实现真正意义上的万物互联。对于结构健康监测而言, 利用 5G 技术可实现传感网络快速部署、减轻专业的网络配置工作, 使得超大规模基础设施的高效集群监测成为现实。因此, 需要研究面向 5G 网络的结构健康监测系统的构建技术, 包括节点配置技术、网络拓扑构型技术、多线程运行机制、模块化系统架构技术等。

(2) 智能结构构建方面。

智能土木工程结构是指通过高度集成的传感和控制系统, 实现对外界激励的自感知和自适应。构建智能土木工程结构的目的是将结构健康监测和结构维护管理成本最小化, 在最少人为干预下满足: ① 自主感知结构的服役状态并反馈信息, 实现结构与人的 “对话”, 让管理者实时掌握结构的运营状态和潜在的风险隐患; ② 当外界输入发生变化时, 结构能自动做出响应, 将结构响应控制在正常安全范围内, 并可在一定程度上自主修复早期局部损伤。因此, 需要研究满足工程结构长期监测和特殊环境要求的光、电、纳米、仿生、无线等智能传感元件, 并开发精度高、速度快、性能稳定的数据融合分析系统, 搭建起智能结构信息交互的高效平台。

(3) 结构识别评估方面。

数据采集技术的不断进步使得结构健康监测系统获取更加全面的荷载 (温度场、风场、车辆荷载分布等) 与结构响应 (分布式应变、精准位移等) 成为可能; 无人机、机器人等技术大幅提高了结构外观检测的自动化程度, 使得文本、图片和视频等非结构化数据得以快速累积。两者最终融合形成多样化的结构大数据。如何对多源异构海量大数据进行高效的管理和分析亟待解决。深度学习技术将有助于推动结构检测和健康监测数据的统筹利用, 催生出一系列新的结构识别评估方法, 未来需要开展多种海量数据融合的结构损伤识别方法和模型修正方法研究, 信息不完备及小子样条件下的结构不确定性分析和可靠性分析理论与方法研究, 结构累积损伤和抗力衰减的数据挖掘和数理统计方法与概率模型研究, 基于长期监测信息的结构全寿命时变可靠度分析、失效模式预测方法及安全预警决策方法研究。

思考题

1.1　什么是结构健康监测?

1.2　结构健康监测与现场检测的区别与联系。

1.3　结构健康监测系统的基本构成。

1.4　结构健康监测方式的分类有哪些?

1.5　对结构进行健康监测有哪些意义?

参考文献

[1] 李宏男, 高东伟, 伊廷华. 土木工程结构健康监测系统的研究状况与进展 [J]. 力学进展, 2008, 38(2): 151-166.

[2] 李爱群, 缪长青, 李兆霞, 等. 润扬长江大桥结构健康监测系统研究 [J]. 东南大学学报 (自然科学版), 2003, 33(5): 544-548.

[3] Zhou G D, Yi T H, Chen B, et al. Modeling deformation induced by thermal loading using long-term bridge monitoring data [J]. Journal of Performance of Constructed Facilities, 2018, 32(3): 04018011.

[4] 李宏男, 李东升. 土木工程结构安全性评估、健康监测及诊断述评 [J]. 地震工程与工程

振动, 2002, 22(3): 82-90.

[5] Yi T H, Li H N, Zhang X D. Sensor placement on Canton Tower for health monitoring using asynchronous-climb monkey algorithm [J]. Smart Materials and Structures, 2012, 21(12): 125023.

[6] 李宏男, 田亮, 伊廷华, 等. 大跨斜拱桥结构健康监测系统的设计与开发 [J]. 振动工程学报, 2015, 28(4): 574-584.

[7] Huang H B, Yi T H, Li H N. Bayesian combination of weighted principal component analysis for diagnosing sensor faults in structural monitoring systems [J]. Journal of Engineering Mechanics, 2017, 143(9): 04017088.

[8] Lin S W, Yi T H, Li H N, et al. Damage detection in the cable structures of a bridge using the virtual distortion method [J]. Journal of Bridge Engineering, 2017, 22(8): 04017039.

[9] Ou J P, Li H. Structural health monitoring in mainland China: Review and future trends [J]. Structural Health Monitoring-An International Journal, 2010, 9(3): 219-231.

[10] 孙利民, 尚志强, 夏烨. 大数据背景下的桥梁结构健康监测研究现状与展望 [J]. 中国公路学报, 2019, 32(11): 1-20.

第 2 章

监测系统设计、实施与维护*

结构健康监测系统涉及多门学科领域, 其构成不仅与其性能及功能有关, 还需要考虑其未来运行和养护管理情况。监测系统主要由传感器、数据采集与传输、数据处理与控制、结构状态评估及结构健康数据管理等几个子系统构成; 各子系统分别涉及不同的硬件和软件, 通过系统集成技术形成一个协同工作的整体。设计与实施是结构健康监测系统实现的基础, 较为复杂; 而合理有效的维护是监测系统持续高效工作的保障。

结构健康监测系统设计需根据监测需求确定系统整体架构, 划分功能模块, 确定每个模块所需的设备、软件算法以及布设实现技术。监测系统实施是依次有序建设各个模块和子系统, 并将其集成为有效整体的过程, 与建筑、桥梁结构的施工类似。监测系统维护是为保证系统长期稳定运行而对监测系统硬件和软件进行的检测、修护和优化更新。本章首先介绍监测系统设计, 包括设计原则、总体设计和详细设计; 其次介绍监测系统实施方面的内容, 包括硬件设备安装、软件开发与部署、系统调试与试运行以及采集子站和监控中心的安装与配置四个方面; 最后介绍监测系统维护, 包括软件和硬件维护、采集子站维护以及监控中心维护的相关知识。

* 本章执笔人:
郭彤, 东南大学土木工程学院, guotong@seu.edu.cn
刘纲, 重庆大学土木工程学院, gliu@cqu.edu.cn

2.1　监测系统设计

结构健康监测系统主要由传感器、数据采集与传输、数据处理与控制、结构状态评估及结构健康数据管理等子系统构成[1,2]。传感器子系统为硬件系统, 其功能是感知结构的荷载和响应信息, 并以电、热等物理量形式输出。传感器子系统是监测系统的前端和基础。数据采集与传输子系统负责传感器数据采集、信号调理、数据传输等, 其中硬件部分包括数模转换 (A/D) 卡、数据传输电缆或光缆等, 软件部分的作用是将数字信号以一定方式存储在计算机中, 并进行数字信号的传输。数据处理与控制子系统负责信号的分析和数据的初步处理。结构状态评估子系统由损伤识别软件、模型修正软件、结构安全评估软件和设备组成。该系统负责数据分析、损伤识别、模型修正以及安全评估; 一旦发现异常, 将由预警设备等发出报警信息。结构健康数据管理子系统的核心为数据库系统, 承担着结构几何信息、监测信息和分析结果等数据的存储和管理。

系统设计是根据需求分析结果, 运用系统科学的思想和方法, 设计出能最大限度满足所要求目标 (或目的) 的新系统的过程。结构健康监测系统设计需根据监测需求确定系统整体架构, 划分功能模块, 确定各模块所需的设备、软件算法以及布设实现技术, 最终形成具体设计方案书。系统设计具体可分为总体设计和详细设计两个阶段。总体设计又称概要设计, 主要任务是设计并确定系统的框架、数据的存储规律、机器设备 (包括软、硬设备) 的配置等。详细设计是在总体设计的基础上确定模块内部详细的执行过程, 包括硬件选型、软件实现以及具体的实施方案。

2.1.1　设计原则

结构健康监测系统的设计方案应根据监测目的、对象、项目的特点及精度要求、场地条件和当地工程经验等综合确定, 并应使系统简洁实用、性能可靠、经济合理、维护方便。系统设计须遵循两大基本准则: 功能要求和成本–效益分析。功能要求是系统设计的前提, 是确定监测项目和仪器系统的总体依据。对于具体的监测系统, 其功能要求可以是监控与评估, 或是设计验证, 甚至可包括研究探索。成本–效益分析是设计并确立合理、高效系统的具体依据。监测项目的规模及所采用的传感器和通信设备等硬件需要考虑投资的限度。因此, 设计监测系统时必须对监测系统方案进行成本–效益分析。根据功能要求和成本–效益分析基本可将监测项目、测点和配套设备的数量设计到所需的范围, 从而确定合理的系统硬件设备。具体而言, 系统设计应遵循以下原则。

(1) 功能与成本最优。

监测系统的设计首先应该考虑建立该系统的目的和功能。一旦系统的目的和功能确定, 系统的监测项目就可以基本确定。监测项目、测点和配套设备数量的增加能够提高监测信息的数量和质量, 但是会增加系统的成本; 反之虽能降低系统的成本, 但可能会降低监测数据的有效性。因此, 必须对功能与成本进行优化, 通过有限的投入获得最大的有效监测信息。

(2) 可靠性和系统性。

监测系统最基本的要求是可靠性。系统在正常状态下应能满足所需的功能, 在异常情况下经适当处理应能确保数据的准确性、完整性和一致性, 并具备迅速恢复的能力。

在此基础之上, 监测系统应能够保证测点及监测项目之间的结合并且具有完整的管理策略, 实现监测分析、仿真计算及工程经验的有机融合, 提高整个系统的监测功效和运行安全。

(3) 关键部件优先与兼顾全面。

关键部件是指结构上的易损区、变形敏感区以及传力途径上的重要受力构件。关键部件的作用和响应信息对确保结构的安全十分重要, 具有代表性和指导意义, 必须优先重点监测。同时也应考虑全面性, 力求对结构整体性能进行监测。

(4) 实时与定期监测结合。

监测项目确定后, 应根据监测目的、功能与成本优化需求, 分别进行实时与定期监测。不同监测项目的频率需求不同, 有些项目不必长期实时监测, 但其监测频率又远高于人工检测, 这时可考虑采用定期监测以降低运营维护成本, 并减轻数据传输和处理的压力。

(5) 可扩展性和模块化。

系统设计时应充分考虑系统数据库的数据格式、信息处理能力和控制容量, 预留与其他计算机或系统的接口, 保证系统 (包括硬件和软件架构) 及其应用功能的可扩展性和灵活性。监测系统应根据各部分功能分解成若干相互独立的模块, 提高各模块的内聚性, 减小耦合性, 从而保证各模块之间的独立性, 保证系统的平稳可靠运行。

(6) 易维护性和可重复性。

易维护性是监测系统设计时需重点考虑的方面, 应保证系统具有操作简便、易学易用等方便管理人员使用的特点, 以及系统故障易于排除, 运行维护成本经济。此外, 应能在充分利用已有设备和资源的基础上, 方便地进行系统的升级维护。

(7) 安全性。

系统设计应考虑系统设备及相关设施的物理保护 (物理安全)、系统中信息资源的安全 (逻辑安全) 以及安全管理的政策和机制 (安全管理), 保证系统的安全运行。针对安全性的需求, 需解决应用安全、协同安全、用户访问安全、架构安全、数据传输安全以及数据存储安全。

2.1.2 总体设计

在总体设计阶段, 需要设计并确定系统的框架和概貌, 包括模块结构设计和机器设备等物理系统的配置方案设计, 具体体现在总体架构设计和网络架构设计等。

1. 总体架构设计

结构健康监测系统根据所需完成的功能和任务分为相互独立的若干层, 进行模块化或对象化封装。整个监测系统可分为感知采集层、网络传输层、数据汇聚层、应用分析层、信息传输与控制层, 如图 2.1 所示 [3]。每个层均是独立的进程、线程或程序模块, 上下层应建立规定的通信关系; 当前层使用下层提供的服务并对这些服务进行重新组合和过程分发, 同时为上层提供一个统一的接口, 从而屏蔽掉下层的异构体。这样系统各层可分别选择最合适的开发工具进行开发, 以取得最佳设计效果。此外, 任何一层的修改对其他各层均没有影响, 从而方便系统的维护和升级换代。

感知采集层负责数据采集、数据预处理和信号调理。网络传输层负责实现数据传输的整个过程。数据汇聚层可实现数据的存储、访问和管理等。应用分析层包括实时和长期监测数据分析、模型更新、响应评估等功能。信息传输与控制层能保证用户通过计算机上的浏览器可访问系统服务器, 获取相应的业务服务, 且不同的用户具有不同的业务访问权限; 保证系统管理员拥有对系统相关功能的权限, 包括系统用户管理、安全访问控制、系统日志管理; 保证监测人员拥有数据查看、历史数据浏览、传感器配置等权限。

2. 网络架构设计

网络架构是进行通信连接的一种网络结构, 定义了数据网络通信系统的每个方面, 包括接口类型、网络协议和网络拓扑结构等。接口类型和网络协议可根据设备类型确定。网络拓扑结构是指网络中各站点相互连接的形式, 即局域网中文件服务器、工作站和电缆等的连接形式。网络拓扑结构关系着网络的性能、系统的可靠性及通信设备的费用。目前监测系统常见的网络拓扑结构主要有总线型结构、环型结构、星型结构、树型结构及混合型结构。

(1) 总线型结构。

总线型结构采用单根通信线路 (总线) 作为公共的传输通道, 所有节点通过相应的接口直接连接到总线并通过总线进行数据传输, 如图 2.2 所示。其结构简单, 布线容易, 可靠性较高, 易于扩充, 是局域网常采用的拓扑结构。由于

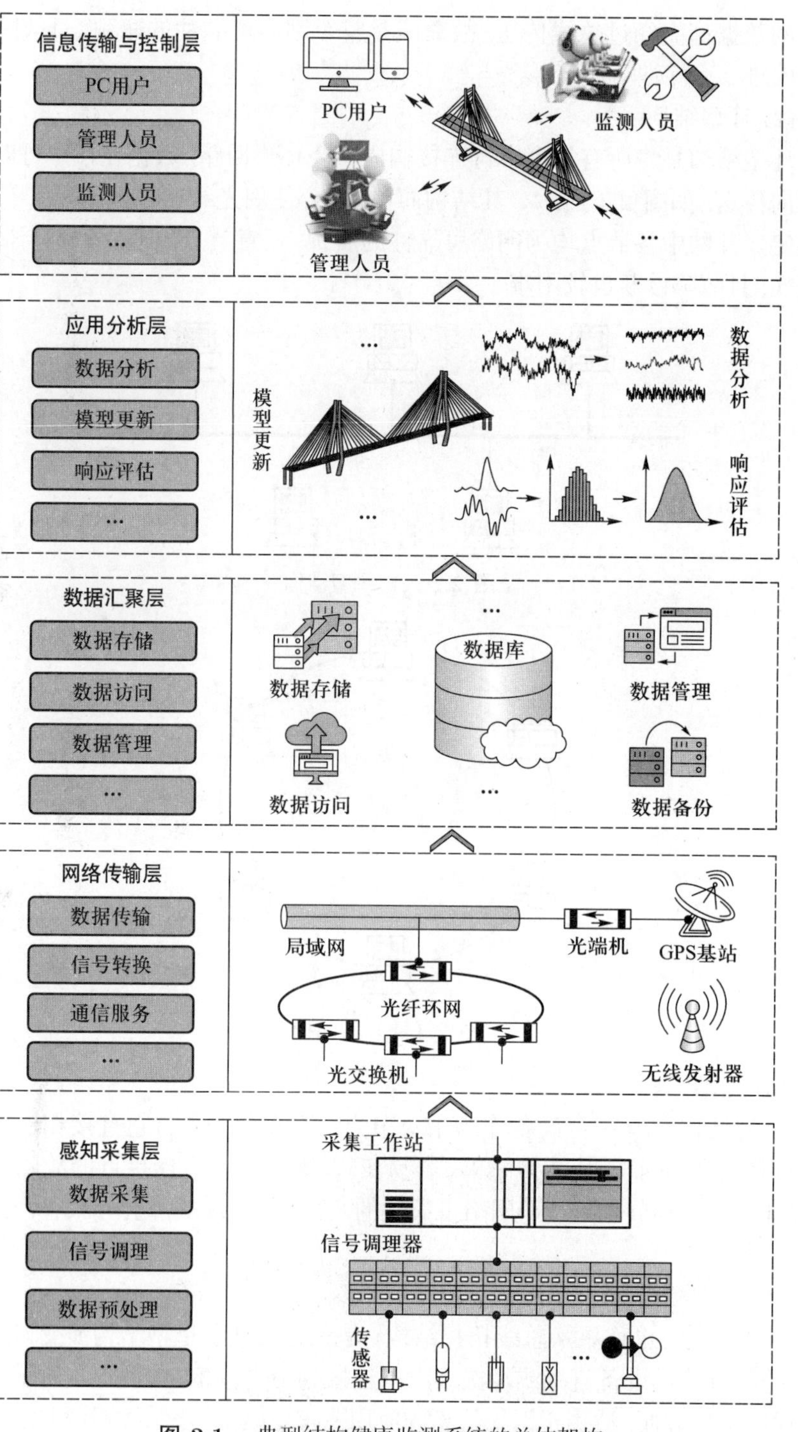

图 2.1　典型结构健康监测系统的总体架构

所有的数据都需经过总线传送, 故总线是整个网络可靠性的瓶颈, 且故障诊断较为困难。

(2) 环型结构。

环型结构是将所有站点串行连接构成一个环形回路, 数据在环中可以单向或双向传送, 如图 2.3 所示。其结构简单, 适合使用光纤, 传输距离远, 传输延迟确定。环网中各节点均为网络可靠性的瓶颈, 任意节点出现故障都会造成网络瘫痪, 且故障诊断也较困难。

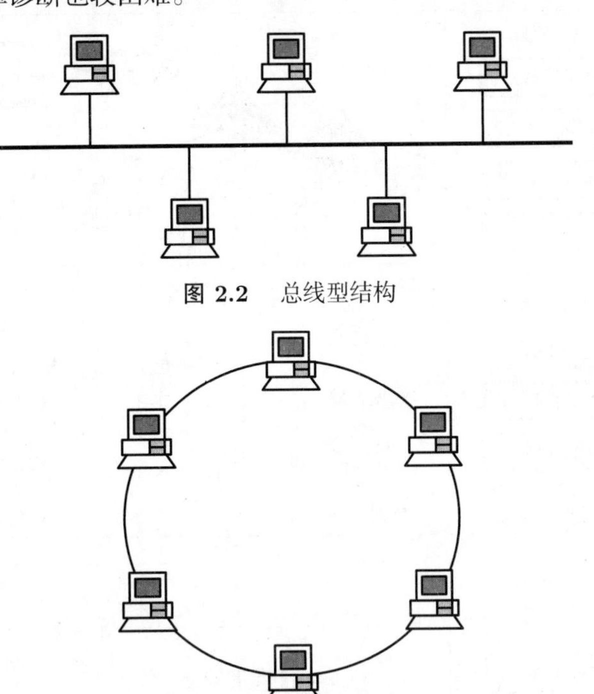

图 2.2　总线型结构

图 2.3　环型结构

(3) 星型结构。

星型结构是以一台设备作为中央节点, 各工作站都与它直接相连形成星形, 如图 2.4 所示。其结构简单, 容易实现, 便于管理, 连接点的故障容易监测和排除。中心节点是整个网络可靠性的瓶颈, 其出现故障会导致整个网络的瘫痪。

(4) 树型结构。

树型结构 (也称星状总线拓扑结构) 是从总线型和星型结构演变来的。网络中的所有节点设备直接或经次级设备连接到中央设备, 如图 2.5 所示。其结构简单, 维护方便, 适用于汇集信息的应用要求。但是, 该结构资源共享能力较低, 可靠性不高, 任何一个工作站或链路的故障都会影响整个网络的运行。

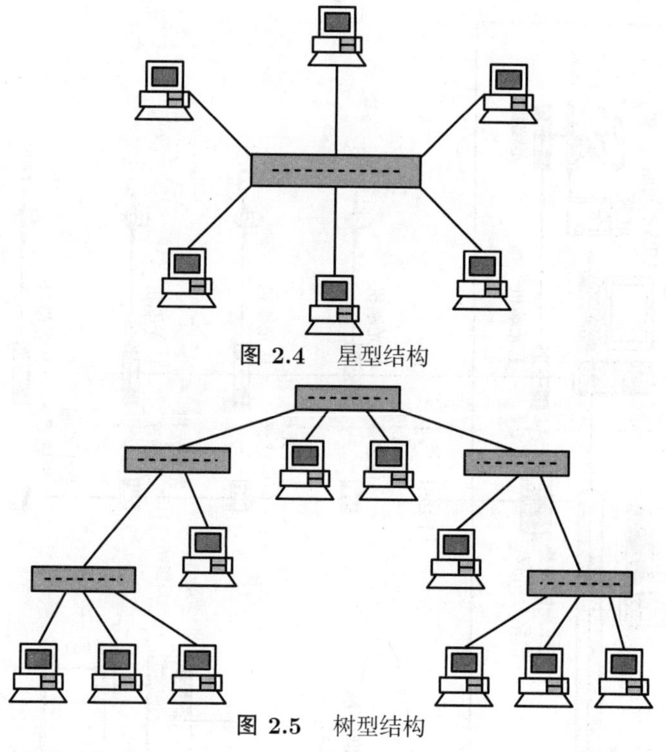

图 2.4 星型结构

图 2.5 树型结构

(5) 混合型结构。

实际的网络拓扑结构可能是由两种或两种以上拓扑结构组合而成的混合型结构。其故障诊断和隔离较为方便, 易于扩展, 安装方便。但是, 建设成本比较高。

结构健康监测系统由子系统组成一个完整的网络结构, 其网络由传感器、网关、局域网、交换机和客户端设备等组成。系统的网络拓扑结构应根据系统规模、监测范围、费用、设备类型和稳定性需求等确定。

以某桥梁结构健康监测系统为例 [4], 其网络拓扑结构如图 2.6 所示。该系统是由总线型结构、环型结构和星型结构组成的混合型拓扑结构。采集工作站作为网络节点, 往下由工控机、信号调理器、传感器等构成微型网络, 采用星型拓扑, 容易实现、扩展及管理, 连接点的故障容易监测和排除。采集工作站之间通过光交换机组成环型拓扑, 结构简单, 适合使用光纤, 传输距离远。各终端服务器、数据库服务器、监控工作站、GPS 工作站通过交换机以及光纤光栅传感网络分析仪采用总线拓扑, 结构简单, 布线及扩展容易, 可靠性较高。采用上述混合型拓扑结构, 可实现系统网络易扩展及维护、性能稳定、可长距离全桥监测的需求。

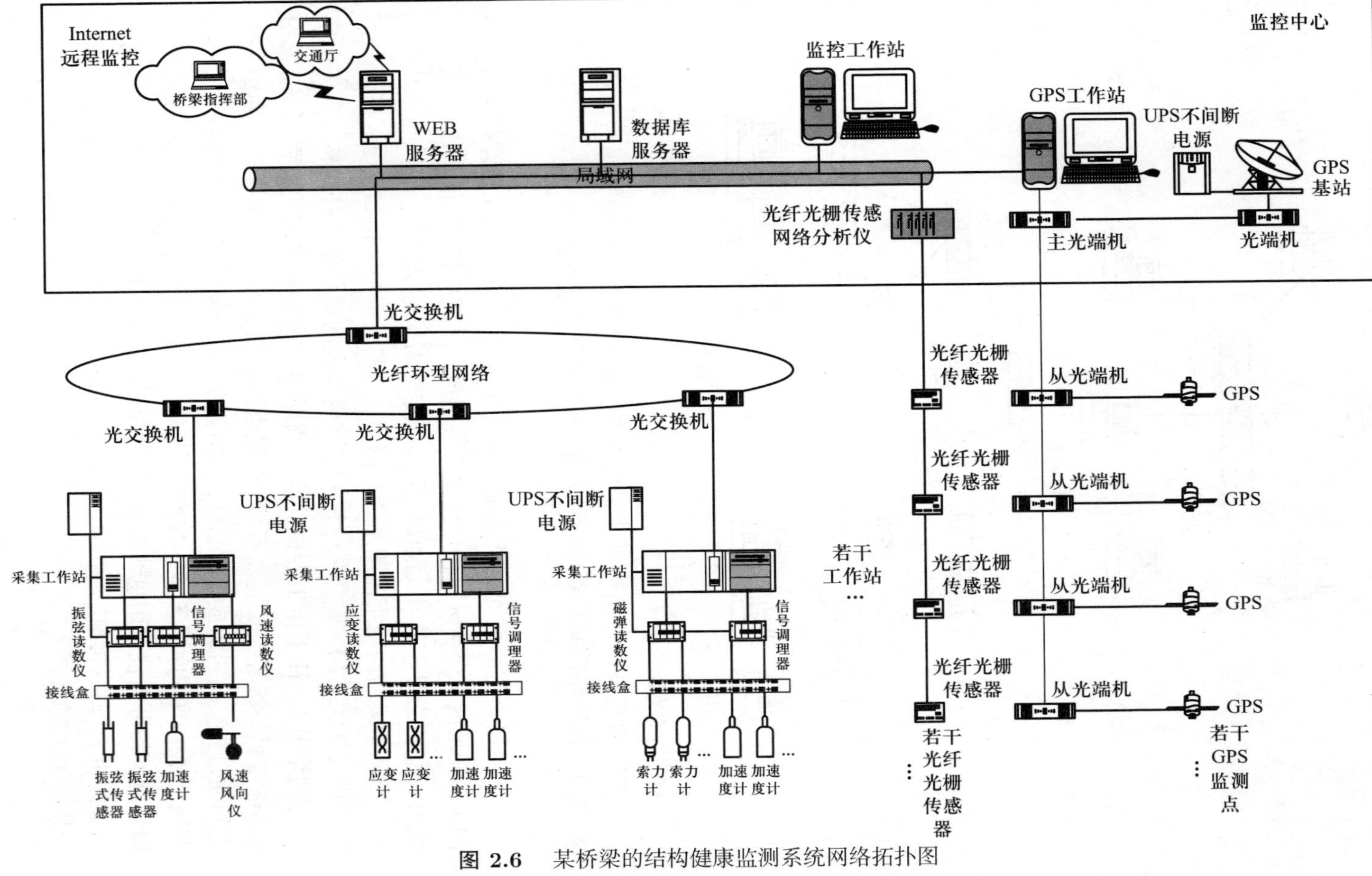

图 2.6 某桥梁的结构健康监测系统网络拓扑图

2.1.3 详细设计

结构健康监测系统详细设计包括硬件的选型、软件的实现以及具体的实施方案, 可按子系统分模块独立进行并相互配合 [5]。

1. 传感器

传感器子系统包括传感器和连接到采集设备的信号电缆, 其具体工作是确定传感器的类型、采样频率、串口类型等。传感器的选型应根据监测项目的特点和需求, 综合考虑结构计算分析结果、传感器布设优化分析结果, 以及构件重要性、易损性及经济性等多方面因素。

下面以荷载作用与环境、结构响应、几何变形和耐久性监测这四大类传感器为例进行说明。

荷载作用与环境监测: 车辆荷载情况可选用车辆动态称重系统实时监测, 数字信号输出, 就近接入串口服务器; 风力、风向变化情况可选用超声风速仪实时连续监测, 采样频率可设置为 4 Hz, 模拟信号或数字信号输出, 就近接入串口服务器; 温度、湿度及温度梯度可选用温湿度计实时连续监测, 采样频率可设置为 0.02 Hz, 通过 RS485/232 接口就近接入串口服务器。

结构响应监测: 角度监测可采用倾角仪实时连续监测, 数字信号输出, 就近接入串口服务器; 位移变化情况可采用位移计实时连续监测, 采样频率可设置为 10 Hz, 数字信号输出, 就近接入串口服务器; 振动响应情况可采用加速度计实时连续监测, 需设置阈值, 采样频率可设置为 200 Hz, 数字信号输出, 就近接入串口服务器; 索力监测可采用索力计定期或实时连续监测, 可采用 MICRO-10 采集系统, 采集数据就近接入串口服务器; 光纤温度/应变计的采样频率可设置为 50 Hz, 输出数据通过 RS485 接口传输至数据采集单元。

几何变形监测: 结构的倾斜度可采用测斜仪连续监测, 数字信号输出, 就近接入串口服务器; 结构与大地间的相对位移可采用水准仪实时连续监测, 通过 RS232/485 结构就近接入串口服务器。

耐久性监测: 混凝土裂缝情况可选用光纤光栅裂缝计连续监测, 宜与静应变的采样频率保持一致, 输出数据通过 RS485 接口传送至数据采集单元; 侵蚀深度可选用梯式阳极监测传感器连续监测, 宜与静应变的采样频率保持一致, 数字信号输出, 就近接入串口服务器。

2. 数据采集与传输

数据采集与传输子系统负责传感器数据的采集、信号调理与数据传输整个过程, 可分为数据采集模块和传输模块, 包括外场数据采集设备、数据传输网络以及辅助支持系统 [6]。数据采集模块的作用是将被收集的信息 (电信号或温度、压力等其他物理量) 转换成统一标准格式的信号, 然后进行存储和处理。

数据传输模块的作用是将监控系统的控制命令下达给数据采集模块，并将现场采集数据发送给监控系统。数据采集与传输子系统设计时，应考虑先进通用、高性价比的成熟产品，确保系统的稳定性、耐久性、可更换性及经济性。

数据采集模块按照布局模式可分为集中式和分布式。集中式数据采集模块的数据采集、处理等全部由一台计算机负责，如图 2.7(a) 所示。这种数据采集方式成本低，速度快，但可靠性一般。分布式数据采集模块由多个分布计算机通过网络形成一个整体，各采集单元既相对独立，又相互联系，如图 2.7(b) 所示。分布式数据采集模块具有功能和负载分散的特点，可靠性高，系统扩展方便，但采样速度慢。在大型结构健康监测系统中，可根据采集频率的需求选用合适的数据采集模块布局模式。例如，对于静态信号，可采用分布式数据采集模块；对于动态信号，可采用集中式数据采集模块。将两种数据采集模块相结合，则能相互补充，充分发挥各自的优势。

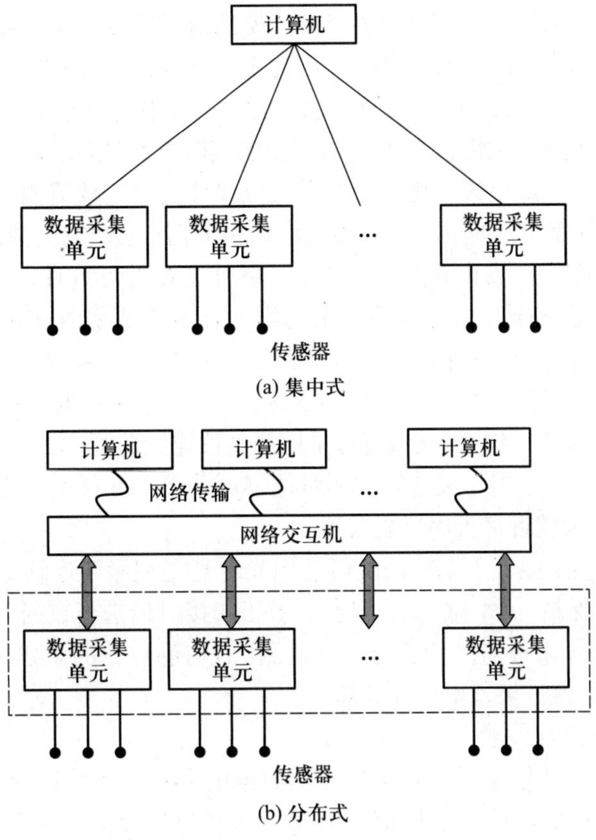

计算机
数据采集单元
数据采集单元
…
数据采集单元
传感器
(a) 集中式

计算机
计算机
计算机
网络传输
…
网络交互机
数据采集单元
数据采集单元
…
数据采集单元
传感器
(b) 分布式

图 2.7　数据采集模块

数据采集总线按照测控功能分为五类，即 PCI (peripheral component interconnect) 总线、GPIB (general purpose interface bus) 通用接口总线、VXI (VMEbus extension for instrumentation) 总线、DAQ (data acquisition) 数据采集、PXI (PCI extendion for instrumentation) 总线。PCI 总线是目前个人计算机中使用最为广泛的, 几乎所有的主板产品上都带有这种插槽。GPIB 通用接口总线是计算机和仪器间的标准通信协议, 也是最早的仪器总线。VXI 总线不适合对系统速度要求较高的应用, 其应用受到了一定程度的限制。DAQ 数据采集不能适用于大型的系统测试, 也不能满足某些测试系统多要求的定时、触发功能。PXI 总线是 PCI 总线在仪器领域内的扩展, 是将 PCI 总线技术发展成适合于实验、测量与数据采集场合应用的机械、电气和软件规范而形成的新体系。

由于监测系统包括各种采集传感设备, 各类设备有不同的通信信号 (包括静态信号、动态信号、光纤信号和电信号等), 为对各类通信信号加强管理, 数据采集通常采用 PCI 或 PXI 总线技术。

结构健康监测系统由于监测点分散、监测项目种类多且存在实时监测的需求, 故系统数据采集存在时间同步的需求。对于单一数据采集单元的监测系统, 通过 PXI 机箱特有的总线结构和触发机制, 可利用 PXI 机箱背板和机箱中的触发总线共享采样时钟信号和触发信号来实现多数据采集卡的同步。对大型分布式数据采集监测系统, 同步数据采集需要保证各数据采集单元获得同步的采样时钟信号和触发信号。一般的数据采集技术难以达到监测要求。如果不采用时钟同步技术, 同一区域上的采集终端对信号采集不同步会导致采集信号不完整、不精确。这会带来数据二次预处理和结果偏差, 从而干扰评估的准确性。时钟同步技术根据传输类型分为有线和无线两类。通过有线传输把主要节点的触发信号、同步信号、时钟信号传送到从节点的方式叫有线时钟同步技术。通过无线信号接收器处理接收和发出同相同频时钟信号和触发信号的方式叫无线传感器时钟同步技术。

图 2.6 所示的监测系统采用的是分布式数据采集模块, 测量信号的采集、调理与转换、初步处理由外场工作站负责。其加速度计、测斜仪和位移计等电压和 485 串口信号采用常规模拟信号采集模式, 即采用外场工作站机柜的 PXI 专用采集计算机进行数据采集; 对于光纤光栅传感器和动态称重系统等其他数字或模拟信号, 由站外专业服务器进行数据采集和管理。该系统的数据传输模块采用的是工业光纤以太网方案, 由光纤环网构成的工业以太网、光交换机及数据通信与传输软件等构成。为了与其他基于 TCP/IP 的设备和网络相协调, 其网络宜采用 TCP/IP 标准。

3. 数据处理与分析

数据处理与分析包含信号分析与预处理、监测数据分析与安全评估以及数据存储与管理，主要依托于数据处理与控制服务器、数据库服务器、数据分析与评估服务器以及专用服务器。数据处理与分析必须依托一个高效、可靠、安全、运行稳定、易于维护的服务器环境，以支持整个系统安全可靠地运行。

2.2　监测系统实施

结构健康监测系统实施是依次有序建设各个模块和子系统，并将其集成为有效整体的过程，与建筑、桥梁结构的施工类似 [7]。系统实施应符合安全可靠性、经济合理性、技术先进性要求。监测系统实施单位在施工前应编制施工组织设计和安全专项施工方案，应明确各类主要传感器及传输设备的安装要求、工艺流程，以保证监测系统实施的有序开展和质量。

从施工的角度出发，结构健康监测系统的实施可分为硬件设备安装、软件开发与部署、系统调试与试运行以及采集子站和监控中心的安装与配置四个方面，以下对各方面的流程及要点进行阐述。

2.2.1　硬件设备安装

硬件设备是结构健康监测系统中传感器、数据采集设备、数据传输设备、线缆和附属设施等各种物理装置的总称 [8]。根据硬件性质的不同，硬件设备的安装可分为传感器安装，数据采集、传输、存储、处理、显示设备安装，线缆铺设三个环节。

1. 传感器安装

传感器安装是将传感器与被测结构牢固、可靠连接，从而使传感器能准确感知所测参量的变化。传感器安装过程中应确保传感器空间定位准确，特别是传感器灵敏主轴方向与预设测试方向应准确一致。同时，传感器安装过程中的温湿度、受到的应力等安装环境也应符合设计文件或传感器产品说明书的要求。当安装环境超出规定时，应采取有效的防护措施。根据传感器安装部位的不同，通常可分为预埋式和表贴式两种安装方式。

1) 预埋式安装

预埋式安装是指将传感器预埋在结构构件内部，如图 2.8 所示。通常预先将传感器定位在构件内部，然后随同混凝土一同浇筑在构件内部，如图 2.8(a) 所示。采用预埋式安装的传感器主要有应变计、结构温度计等。预埋传感器的安装工艺通常为钢筋安装 → 确定预埋位置 → 传感器定位 → 混凝土浇筑 → 连接外引线。在预埋式安装过程中应注意以下两点：① 在混凝土浇筑过程中，振捣器不能触碰到传感器，否则易使传感器损坏；② 预埋传感器的引出线缆宜采用软管保护，如图 2.8(b) 所示。当引出线缆是光纤时，引出光纤的长度应考虑光纤接入熔接机的距离，通常情况下不应小于 1 m。

(a) 应变计定位

(b) 传感器及管线预埋

图 2.8 传感器预埋式安装

2) 表贴式安装

表贴式安装是指在结构构件的表面安装传感器，如图 2.9 所示。根据结构构件材料、形状等的不同，安装方式可进一步细分为螺栓连接、焊接连接和抱箍连接等。采用表贴式安装的传感器主要包括环境温湿度计、应变计、位移计和加速度计等。

螺栓连接是指采用预埋螺杆或膨胀螺栓将传感器或传感器基座固定在被测构件表面，如图 2.9(a) 和图 2.9(b) 所示。为保证螺栓的长期有效性，通常在螺杆和平整螺栓上满涂环氧树脂，然后再拧紧螺栓。当被测构件为钢结构或在金属基座上安装传感器时，可采用焊接方式将传感器与被测结构牢固连接，如图 2.9(c) 所示。与土木工程中常用的电弧焊、埋弧焊等高温焊接不同，传感器安装应尽量采用低温冷焊，以防止焊接过程中传感器温度过高，并有效减少钢结构构件中由焊接造成的残余应力。当在拉索等细长构件上安装传感器时，可采用抱箍连接，如图 2.9(d) 所示。

3) 传感器保护装置安装

传感器是一种检测装置，能感受到被测物理量的信息，并能将感受到的信息按一定规律变换成电信号或其他所需形式的信号输出，以满足信息的传输、处理、存储、显示、记录和控制等要求。它通常由敏感元件和转换元件组成，通过敏感元件测量数据，由转换元件进行转换之后通过接收电路传递出去。然而在工作过程中，敏感元件以及接收电路经常会受到外界环境的影响，从而会降低其测量和数据传输的精确度。另外，传感器暴露在外面也容易受其他物体挤压或撞击而造成内部元件受损或移位，降低传感器的测量精度和使用寿命，提高使用成本。通过设置保护装置能够解决传感器因外界因素造成的精度不准

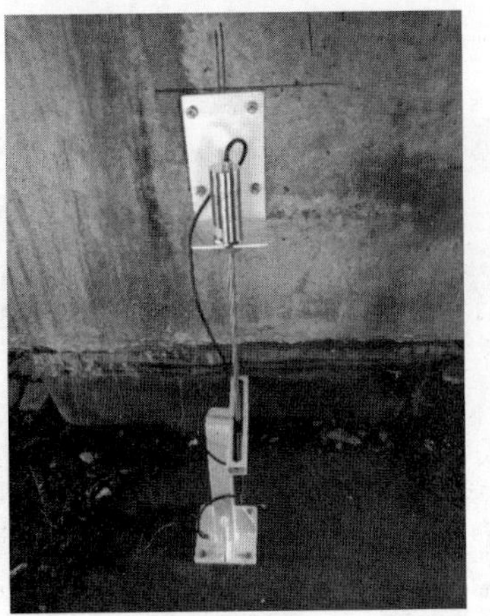

(a) 位移计的螺栓连接

(b) 加速度计的螺栓连接

(c) 应变计的焊接连接

(d) 加速度计的抱箍连接

图 2.9　传感器表贴式安装

确及自身损坏的问题。传感器的保护装置通常包括安装支架和保护盒, 根据不同的需求增设不同的保护元件。将传感器与安装支架固定, 保护盒可以起到防止灰尘等异物遮挡传感器、屏蔽干扰等作用, 使得传感器性能更加可靠, 安全系数大大提高, 能够满足用户的需求。图 2.10 给出了位移计保护盒与加速度计保护装置在实际工程中的应用图。

2. 数据采集、存储等设备安装

根据数据采集、传输、存储、处理及显示设备所处位置的不同, 可分为位于采集子站和位于监控中心的设备安装。

采集子站多设置于结构现场, 一般包括数据采集、传输和存储设备, 多采用机柜等装置对设备进行保护。为便于后期维护和更换, 机柜内的设备分布应做到功能集中、方便布线, 如图 2.11(a) 所示。在安装过程中, 宜先将机柜固定, 再安装机柜内的设备, 且设备与机柜应牢固固定。由于机柜往往位于野外, 所以在设备安装完成后, 宜将机柜进出线缆的孔洞采用防火胶泥等材料进行封堵, 并做好防水和防潮处理。

(a) 位移计保护盒

(b) 加速度计保护装置

图 2.10 传感器保护装置安装

(a) 采集子站设备安装

(b) 监控中心设备安装

图 2.11 设备安装

监控中心往往仅涉及数据存储、处理和显示设备, 故其安装相对简单, 如图 2.11(b) 所示。但由于结构健康监测系统往往与其他监控系统共用机房, 故在既有机房安装设备时需注意与其他系统的接口符合相关限界条件的要求。此外, 随着云平台的日益普及, 为数不少的监测系统已采用云平台进行数据存储和处理, 可以预见, 未来监控中心安装的设备将越来越少。

3. 线缆铺设

结构健康监测系统的线缆铺设主要涉及电源线和信号线。为了保护线缆及屏蔽外界信号的干扰, 多将线缆放置在线管、线槽或桥架中, 分别如图 2.12(a) 和图 2.12(b) 所示。应注意的是, 信号线的屏蔽宜与电源分开。

线管、线槽、桥架以及电源线铺设的施工工艺当前较为成熟, 国家已出台了《建筑电气工程施工质量验收规范》《综合布线系统工程验收规范》等相关标准作为对线缆铺设质量进行验收的依据。当结构健康监测系统采用有线方式进行数据传输时, 多采用光纤作为传输介质。此时, 应注意光纤的熔接质量,每个接头的熔接损耗应尽量小。同时, 光缆的弯曲半径不应小于设计或产品技术文件的要求, 以防止光纤出现折断。

(a) 混凝土箱梁内线槽、线管铺设

(b) 桥架铺设

图 2.12　线缆铺设

应指出的是, 随着 5G 等无线传输技术及传感器自供能技术的快速发展, 未来可采用无线网络构建结构健康监测系统, 将大幅减少甚至无需线缆铺设工作。

2.2.2　软件开发与部署

结构健康监测系统由硬件和软件两部分组成。其中, 软件是指为实现数据采集、数据传输、数据存储、数据处理、结构安全评估和可视化应用等功能, 按照特定顺序组织的计算机程序、数据、指令和相关文档的集合。在监测系统实施过程中, 软件部分主要涉及开发、部署两个环节。

1. 软件开发

结构健康监测系统需针对各结构所处环境、荷载和构造特点而定制设计, 监测系统所采用的架构、硬件设备不尽相同, 故需有针对性地开发相关软件。监测系统软件往往需实现数据采集、控制、传输、存储、评估、结果显示及报表打印等功能, 以上各功能虽需交换数据, 但宜开发为不同模块, 然后集成, 以便后期调试和维护, 如图 2.13 所示。软件开发流程为需求分析 → 概要设计 → 详细设计 → 软件实现 → 测试调试等。

在需求分析阶段, 需注意监测系统在整个结构管养中的作用 (包括预警处理、养护流程、表单与报表等) 以有效提升软件的实用性; 同时应加强软件功能需求、非功能需求 (包括用户界面、接口及性能需求等) 的分析。在概要设计阶段, 需先根据需求分析进行软件架构、数据结构、逻辑流程等的梳理和分类, 然后进行软件架构设计, 即确定每个子系统的功能以及子系统之间的关系;

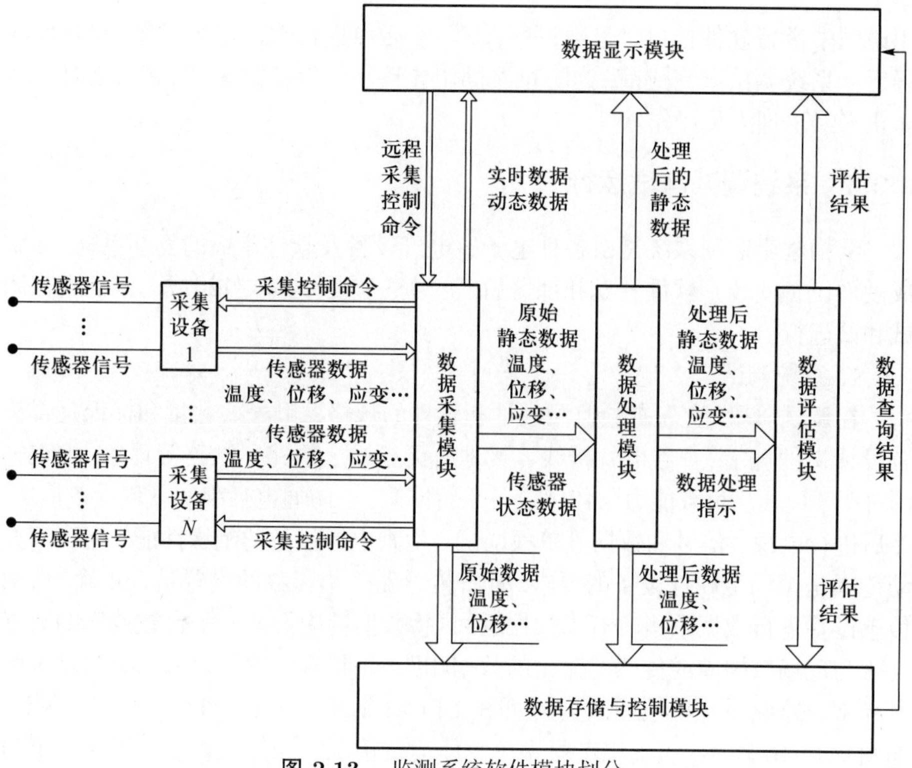

图 2.13　监测系统软件模块划分

其次进行数据库初步设计、安全设计等工作。在详细设计阶段, 展开的主要工作包括数据库、模块、界面、接口等的设计, 并撰写详细设计文档。在软件实现阶段, 主要是依据软件设计说明文档、编码规范, 对各软件模块进行编码实现, 并进行命名、注释、循环语句、判断语句、格式、异常处理机制等的代码走查, 从而纠正软件实现过程中出现的各类错误和缺陷。在测试调试阶段, 需制订详细的软件测试需求分析、测试方案和测试用例, 以高效发现软件错误、漏洞。软件系统测试以功能测试、安全测试为主, 例如对软件的适应性、健壮性、可恢复性及灾难恢复能力进行测试。

在软件开发过程中, 为方便后期对软件的维护, 应编写需求、接口规格、概要设计、详细设计、数据库设计、软件测试报告等各种说明书。

2. 软件部署

软件部署是指将监测软件安装在监测硬件中并进行环境配置等工作, 从而使监测软件能正常运行的过程。由于监测软件涉及较多的参数配置并与监测硬件结合较紧密, 软件部署宜由专业人员完成, 且需提前编制相应文档。

在软件部署前, 应先确认监测硬件、网络等的配置符合监测系统设计要求, 监测软件已通过测试并确认合格; 在软件部署过程中, 先按软件详细设计或使用说明书进行软件接口、参数等的设置, 然后再进行软件安装工作; 在软件部署后、系统调试未完成前, 为防止误操作导致硬件设备损坏, 需采取临时措施防止未经培训人员操作软件。

2.2.3　系统调试与试运行

结构健康监测系统是由各种电子、电气设备及软件集成的复杂系统, 在完成硬件设备安装、软件开发和部署后, 需对整个硬件、软件组成的系统进行调试和试运行。

1. 系统调试

在调试阶段, 宜先查验监测硬件和软件的规格、型号、数量和标识是否符合设计文件规定; 查看电气接线、接地有无松动、短路、断路等现象; 检查电源种类、电压、负载能力与传感设备是否匹配, 以防通电后引起硬件设备损坏。然后进行电源、信号和数据等单项调试。检查电源设备的绝缘性能、电压的波动范围是否满足硬件设备的要求; 查看传感器采集参数的设置是否正确, 启动传感设备进行数据采集时有无数据返回; 检验监控中心或云平台数据库的数据是否与现场数据库或传感器输出的数据相匹配; 检查传感器返回的数据是否明显异常。监测系统单项调试实例如图 2.14(a) 所示。最后, 进行系统联合调试, 如图 2.14(b) 所示, 主要以考察系统总体运行情况、功能是否满足设计要求为主, 例如, 检查数据显示、回放和统计功能是否正确, 监测系统报警、结构安全评估功能能否实现等。

(a) 系统单项调试

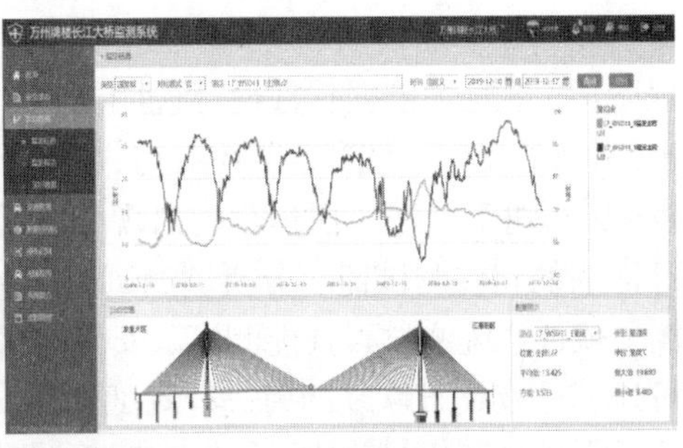

(b) 系统联合调试

图 2.14　系统调试

2. 系统试运行

在试运行阶段, 主要测试系统的可靠性与稳定性, 并对仪器设备的正常运行能力和数据的准确性进行检验, 试运行期一般不少于三个月。监测系统的可靠性可通过系统各传感器或设备的每月平均无故障率 $MTBF$ 和数据完整率 DIR 来衡量, 两者的定义如式 (2.1) 所示。

$$\begin{cases} MTBF = \dfrac{UT}{24 \times DN} \times 100\% \\ DIR = \dfrac{TD - AD}{TD} \times 100\% \end{cases} \tag{2.1}$$

式中, UT 表示传感器或设备每月无故障运行的总小时数; DN 表示该月所包含的天数; TD 表示每月采集的数据总量; AD 表示异常数据的数量。

试运行期间系统的稳定性可通过分析监测数据与环境的相关性、检验监测数据是否出现明显的系统性偏移等来衡量。对可采用参考计量仪器进行验证的被测物理量, 其运行的稳定性可通过将系统实测数据与同时、同条件人工测量数据进行对比来衡量, 两者之间的数据偏差不宜超过表 2.1 的规定。

表 2.1 传感器验证允许偏差

类别	温度/°C	湿度/%	应变/με	挠度/mm	固有基频/Hz
允许最大偏差	0.5	5	3	1	0.2

2.2.4 采集子站和监控中心的安装与配置

采集子站是系统的基础部分, 是监测设备和数据的现场汇聚场所; 监控中心是监测系统的核心部分, 是整个系统的汇聚地, 具有最高的管辖范围和管理权限。采集子站和监控中心的安装与配置是系统实现的重要部分, 对系统的服役性能有着重要影响。

1. 采集子站的安装与配置

采集子站的安装与配置主要包括两部分: 采集子站的安装和站内设备的安装。

采集子站安装时, 需注意安装位置、垂直度以及站门开启角度, 保证满足设计要求。安装完成后应进行振动测试, 并根据测试结果确定是否采取减振措施, 保证子站的加速度满足要求, 连接牢固可靠。子站自身结构应满足防火要求, 其上的孔洞应进行密封。此外, 管线及门洞处宜采取防止生物侵害的措施。

站内设备的安装应满足站内各设备对工作环境的要求, 保证设备的正常运行。设备布置时, 需保证各设备电缆线间及对地绝缘值大于 0.5 MΩ, 宜优先布置在机柜下部空间, 排列整齐。设备及管线应合理布设安装, 避免设备之间及周边环境的电/磁场干扰。温度和湿度调节装置的布设应避免对其他设备的干扰。无线传输设备的安装应能保证无线信号的传输。设置防雷接地设施。

2. 监控中心的安装与配置

监控中心的配置主要包括监控中心的安装、显示大屏的安装和不间断电源的安装等。

监控中心的配置应满足设计要求, 保证软件和硬件的稳定正常运行。安装完成后应进行振动测试, 并根据测试结果确定是否采取减振措施, 保证监控中心的加速度满足要求, 各设备连接牢固可靠。监控中心自身结构应满足防火要求, 其上的孔洞应进行密封, 其内部设备的进线孔宜用防火泥进行封堵, 管线及门洞处宜采取防止生物侵害的措施。监控中心内设备及管线应合理布设安装, 避免设备之间及周边环境的电/磁场干扰; 设备之间的净距和通道的净宽应满足设计要求, 满足通行和维护要求。此外, 温度和湿度调节装置宜远离显示大屏幕 (3 m 左右), 且出口角度应避免直吹设备及管线。设置防雷接地设施。

显示大屏幕的安装应符合设计和产品使用说明要求。现场安装前应提前运行安装点的空调和换风系统, 清除管道内的粉尘。大屏幕显示墙组装应牢固, 底部应与地面牢固连接, 并保证显示墙到固定墙面的净距离满足通风检修要求。安装时应检测显示大屏幕的垂直度和水平度, 单元拼接处应均匀平整。显示单元应整洁, 无划痕。安装完成后应调整显示单元三基色的色度和亮度, 保证显示效果一致。此外, 安装完成后应对显示大屏幕的四周进行收口, 防止漏光。

不间断电源安装前应检验设备有关技术文件和外包装的完整性, 开箱检验时应记录检验结果, 留存多方签字的检验记录原件。安装时, 不间断电源柜应准确定位。安装完成后, 机柜底座应满足平整度的要求。安装和搬运过程中应使用绝缘护套工具, 旋紧固定端子必须采用力矩扳手。进出线及电缆的铺设应满足设计要求, 所有接线应有明确标识, 电缆连接顺序合理, 连接紧固。电池组距墙壁和其他设备应大于 0.5 m, 电池间的间隔应不小于 10 mm, 并能保证周围空气的自由流动。通电测试前应根据施工图、设备安装说明书检查系统回路。

2.3　监测系统维护

系统维护是为保证系统长期稳定运行而进行的检测、修护和优化更新, 主要包括硬件和软件两方面。结构健康监测系统主要由大量电子设备、软件模块构成, 维护与管理措施到位才能使系统长期稳定运行 [9]。考虑到监测系统的特点, 运营与维护人员可由系统硬件、软件技术人员和系统实施人员共同组成, 并可聘请领域专家及专业技术人员作为系统维护技术顾问。必要时还可与设备厂家的技术人员一同对维护过程中出现的设备故障进行分析, 解决运营与维护中出现的技术问题, 从而保证系统始终处于良好状态。另外, 从工作组织角度出发, 需建立一套行之有效的运营管理和维护服务制度, 使运营与维护工作标准化、常态化, 并建立详细的维护管理档案 [10]。

本节主要介绍结构健康监测系统维护中涉及的日常管理、定期检查与维护和异常处置的一般要求、常规流程等内容。

2.3.1　日常管理

日常管理主要由结构健康监测管理单位的技术人员完成。根据管理对象的不同, 可分为监测系统、采集子站和监控中心的日常管理。日常管理流程如图 2.15 所示。

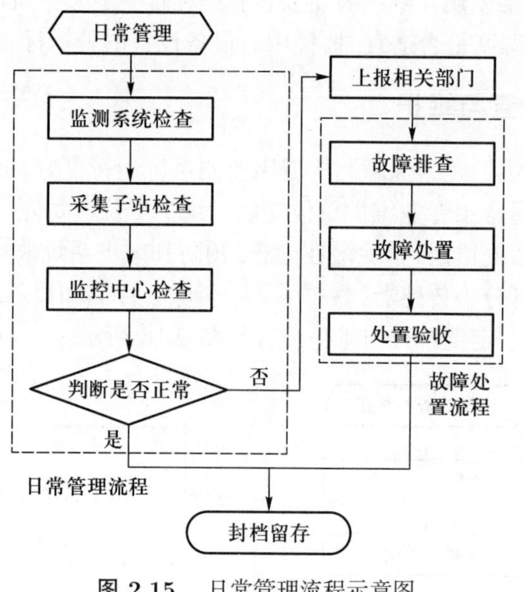

图 2.15　日常管理流程示意图

1. 监测系统

监测系统日常管理的主要手段是通过软件确定系统总体工作状态, 包括: 查看监测系统日志记录是否正常, 并通过系统显示界面观察数据采集、传输、显示是否正常; 检查数据库日志是否正常、完备, 发现数据报错及丢失现象需及时上报; 查看存储空间使用情况, 当剩余存储空间小于总存储量的 20% 时, 需及时上报并采取措施保证数据的正常备份等。另外, 在硬件方面需按规定路线对监测系统进行外观检查, 发现设备外观损坏时需及时上报。

2. 采集子站

采集子站是实现数据采集、预处理、存储和传输的集中单元, 属故障多发节点, 在维护工作中宜重点关注。在硬件方面, 其日常管理主要检查的内容包括: 采集子站内各设备的显示灯是否正常, 读数仪是否有读数且在正常读数范围内; 采集子站机柜外观有无损坏、明显变形及腐蚀, 站内外有无积水或渗水;

接线与接口连接是否可靠且有无松动现象; 配置的稳压器和过电防护设备是否正常、有效工作等。在软件方面, 采用从网络设备登录采集子站操作系统的方式, 可查看采集子站运行状况及运行日志, 主要包括: 连接电池的使用情况; 日志记录是否正常, 有无警告文件; 存储空间是否足够; 数据库日志是否正常和完备等。

3. 监控中心

监控中心的日常管理主要是保证监测系统的管理计算机、系统软件和相关外围设备能正常使用。其内容主要包括: 对监控中心主机进行外部除尘; 检查监控中心的温湿度是否适宜; 监控中心设备设置的警示标志是否有损坏等。

2.3.2　定期检查与维护

定期检查与维护是为保障结构健康监测系统运行良好, 而对系统进行的预防性保养工作, 通常由专业维护单位完成。维护单位应每隔一定时段确认设备运行状态, 检查系统错误, 排除潜在隐患, 预防和减少系统故障。按照检查和维护对象的不同, 可分为传感器, 数据采集、传输、存储和显示设备, 系统软件的定期检查与维护。定期检查与维护流程如图 2.16 所示。

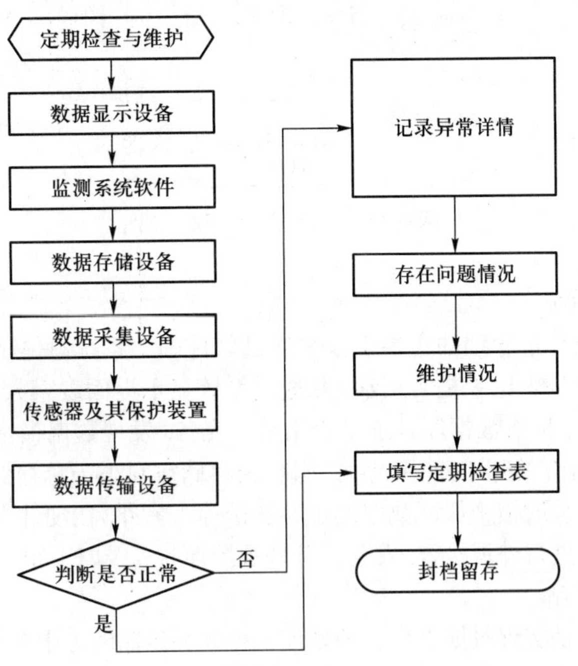

图 2.16　定期检查与维护流程示意图

1. 传感器

传感器定期检查主要分为外观检查和性能检查。外观检查的主要内容包括: 传感器安装位置是否发生变位, 外壳是否密封完好, 传感器的线路接头保护层是否老化破损; 传感器上有无污垢或异物, 警示标志是否可见。性能检查的主要内容包括: 传感器的线性度、稳定性是否满足要求; 传感器输入电源的电压是否正常。在定期维护方面, 主要是对传感器的保养及维护, 还应符合相应规定要求: 传感器应在标定、检修或更换前断电, 并做好详细记录, 同时应辅以影像资料备案可查; 传感器应进行定期检查并保持干燥, 对松动或发生变位的传感器应及时固紧归位, 对无法归位的传感器, 应在原位置附近补充设置能够达到设计要求的新测点。

2. 数据采集、存储等设备

数据采集、传输、存储和显示设备的定期检查可分为外观检查和性能检查。外观检查的主要内容包括: 设备的外壳有无破损和是否保持清洁, 有无水渍或积水, 金属部件是否发生锈蚀; 信号指示灯或数据是否正常, 设备运行是否有异响和异常振动, 是否存在过热或烧损融化现象; 设备的输入和输出端接口是否出现接线松动或脱落导致接触不良的情况。性能检查应针对仅有内置电源或仅使用外接电源两种情况, 分别检查设备能否正常开机和关机, 同时还应确定设备能否正常工作。在定期维护方面, 需定期清洁设备外壳并使其保持干燥, 对发现损坏的设备应尽快更换; 对于设备的保护装置也应定期清洁, 同时及时更换无法提供保护作用的装置。应指出的是, 在确定检修或更换前应断电, 同时对设备安装位置和各通道记录做好记录, 以确保维修或更换前后状态一致。

3. 系统软件

系统软件的定期检查与维护也分为外观检查和性能检查。外观检查的主要内容包括查看软件图标是否正常, 以及程序界面是否有乱码或不能正常显示。性能检查的主要内容包括检查软件是否能正常打开并运行, 以及对监测数据能否进行查询、选择、分析、显示和存储等操作。在系统软件的保养及维护方面, 应做好下列工作: 软件的“加密狗”和“加密卡”应设专人管理; 不得随意删除、修改或升级系统软件; 未经监测系统管理部门许可, 不得复制和传播监测数据; 不应下载、安装或使用与系统软件无关的软件或程序。

2.3.3 异常处置

在日常管理、定期检查与维护过程中发现故障或监测系统自动提示出现故障时, 应及时进行异常处置。异常处置以专业维护工程师或设备、软件厂商的技术工程师为主, 可分为远程电话支持和现场维护两种方式。远程电话支持主要指异常处置人员通过电话咨询方式获得故障处理方法或方案。异常处置流程如图 2.17 所示。

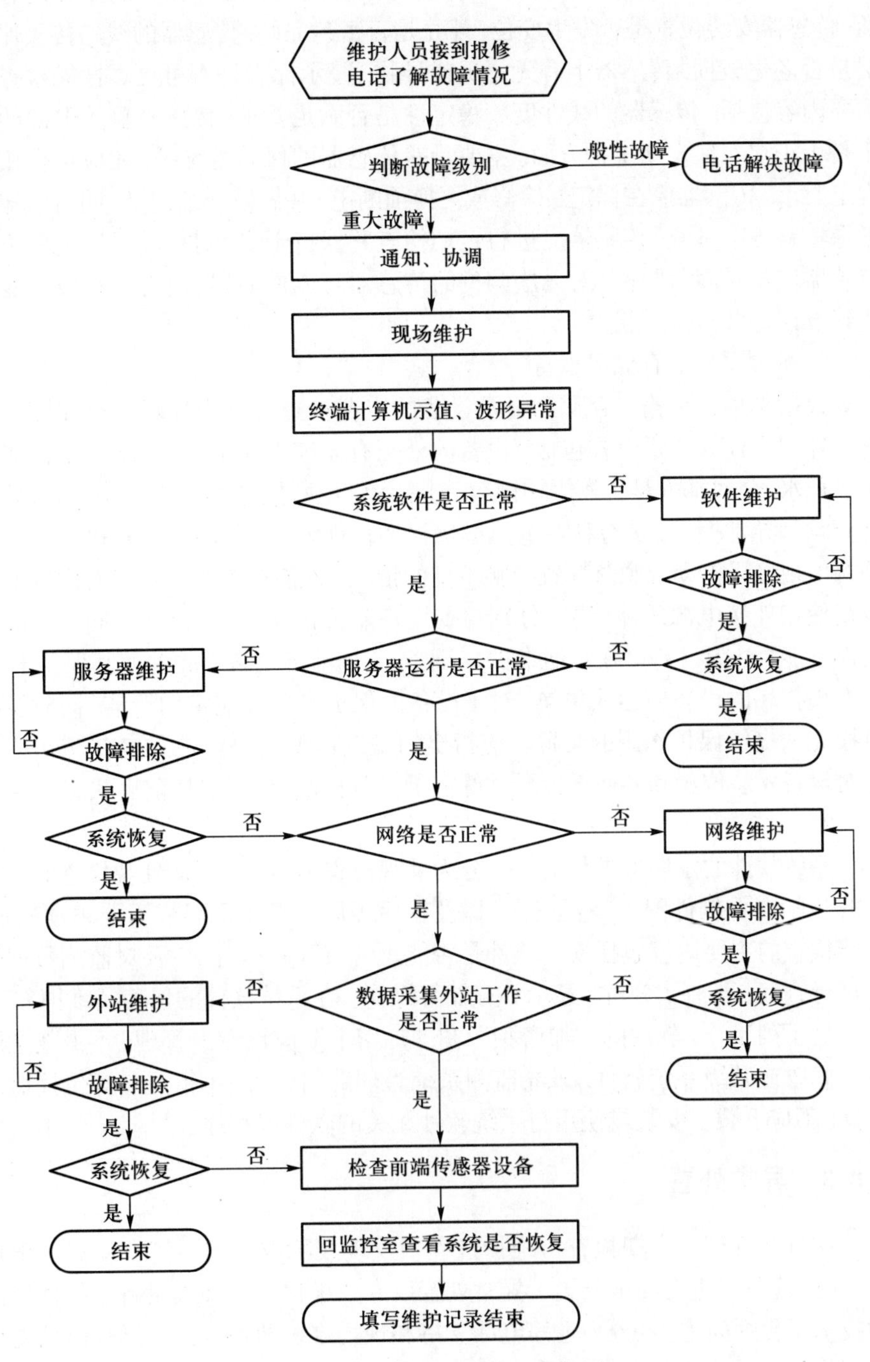

图 2.17　异常处置流程示意图

出现故障的硬件设备应及时进行故障判断、维修或更换, 并采取措施避免同一故障再次出现。对系统软件运行出现的故障, 应排查原因, 并排除故障或修改、升级系统软件。异常处置具体检查的方法与步骤如图 2.17 所示。

思考题

2.1 结构健康监测系统的设计原则有哪些?

2.2 监测系统常见的网络拓扑结构有哪几种, 各自的优缺点有哪些?

2.3 传感器安装的方式和保护措施有哪些?

2.4 集中式和分布式数据采集模块的特征分别是什么?

2.5 按照维护的工作性质, 监测系统维护分别包括哪几类?

参考文献

[1] 中国工程建设标准化协会. 结构健康监测系统设计标准: CECS 333: 2012 [S]. 北京: 中国建筑工业出版社, 2012.

[2] 文策尔. 桥梁健康监测 [M]. 伊廷华, 叶肖伟, 译. 北京: 中国建筑工业出版社, 2014.

[3] 李惠, 欧进萍. 斜拉桥结构健康监测系统的设计与实现 (I): 系统设计 [J]. 土木工程学报, 2006, 39(4): 39-44.

[4] 缪长青, 李爱群, 冯兆祥, 等. 润扬大桥结构健康监测系统设计研究 [J]. 世界桥梁, 2006(3): 63-66.

[5] 胡勇. 南充中上坝嘉陵江大桥健康监测系统研究与实现 [D]. 成都: 电子科技大学, 2014.

[6] 周文松, 李惠, 欧进萍, 等. 大型桥梁健康监测系统的数据采集子系统设计方法 [J]. 公路交通科技, 2006(3): 83-87.

[7] 何浩祥, 闫维明, 马华, 等. 结构健康监测系统设计标准化评述与展望 [J]. 地震工程与工程振动, 2008, 28(4): 154-160.

[8] 李明国, 郝卫增, 潘巧荣. 结构安全性健康监测施工工艺 [J]. 建筑工人, 2012, 33(2): 34-35.

[9] Zhou G D, Yi T H, Chen B. Innovative design of a health monitoring system and its implementation in a complicated long-span arch bridge [J]. Journal of Aerospace Engineering, 2017, 30(2): B4016006.

[10] 中国工程建设标准化协会. 结构健康监测系统运行维护与管理标准: T/CECS 652—2019 [S]. 北京: 中国建筑工业出版社, 2020.

第 3 章

传感器选型与优化布设*

传感器是一种能够感受到被测物理量的信息，并将该信息按一定规律变换成电信号或其他所需形式的信号输出，以满足信息的传输、处理、存储、显示、记录和控制等要求的元器件。为了满足不同的测试需求，研究者和工程师开发了各种各样的传感器。众所周知，即使是测量同一物理量的传感器，其分辨率、量程、精度或稳定性也不尽相同。因此，若传感器的型号选择不合理，可能会导致被测物理量的变化超过其量程范围、传感器分辨率不足而不能感知被测物理量变化等问题。如何根据工程需求、结构特性和服役环境等科学合理地选择传感器，是进行结构健康监测系统设计时首先应解决的问题。此外，土木工程结构体型巨大、形式复杂，可以布设传感器的测点位置达成千上万个。然而，受限于结构健康监测系统的成本，用于感测某一物理量的传感器一般仅能有几个、十几个或几十个，较可选测点的数量要少许多。传感器的布设位置若不合理，可能会使不同传感器测得的结构信息相近，既造成传感器资源的浪费，又使监测数据无法有效地表征结构状态。因此，如何从成千上万个可选测点中选择出合理的布设位置，是结构健康监测系统设计需要重点关注的问题之一。

本章首先介绍了传感器的基本分类，在此基础上给出了传感器的主要性能

* 本章执笔人：
伊廷华，大连理工大学土木工程学院，yth@dlut.edu.cn
周广东，河海大学土木与交通学院，zhougd@hhu.edu.cn

参数和选型原则, 然后重点阐述了传感器优化布设的基本概念、评价准则和求解方法, 最后简要介绍了一款传感器优化布设软件。

3.1　传感器基本分类

传感器通过敏感元件感知被测物理量的变化, 并利用转换元件将其变换为解调仪可读的数字或模拟信号, 其基本原理如图 3.1 所示。需要指出的是, 有些传感器的敏感元件和转换元件融为一体, 并不能严格区分。在土木工程领域, 可用于结构健康监测的传感器种类繁多, 通常可按照测量对象、传输方式、传感方式和测量原理的不同进行分类。

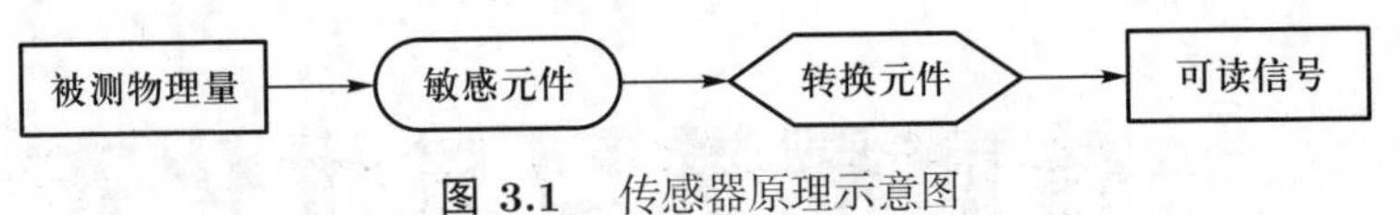

图 3.1　传感器原理示意图

3.1.1　按照测量对象分类

根据测量对象的不同, 可分为荷载作用与环境监测传感器、结构响应监测传感器、结构几何变形监测传感器和结构耐久性监测传感器, 图 3.2 给出了一些常用传感器的照片。

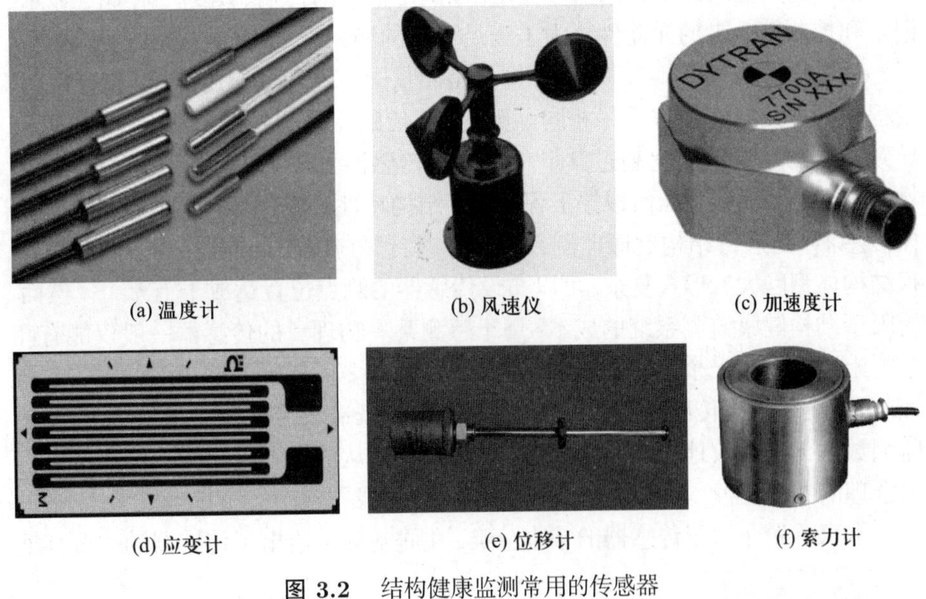

(a) 温度计　(b) 风速仪　(c) 加速度计

(d) 应变计　(e) 位移计　(f) 索力计

图 3.2　结构健康监测常用的传感器

(1) 荷载作用与环境是指结构在运营过程中受到的风荷载、车辆荷载、水流荷载和地震作用, 以及温度、湿度等外部环境影响。主要传感器包括风速风向仪、风压计、强震仪、车辆动态称重系统、温度计、湿度计、雨量计、太阳辐射强度计等。

(2) 结构响应是指结构运营过程中产生的振动、位移、应变、索力等。结构响应监测传感器包括加速度计、应变计、位移计、索力计等。

(3) 几何变形是指结构在运营过程中平面位置、高空位置、垂直度与弯曲度等发生的缓慢改变。主要传感器包括测斜仪、连通管、全球导航卫星系统 (global navigation satellite system, GNSS)、高精度全自动全站仪和沉降仪等。

(4) 耐久性是指结构在运营过程中混凝土碳化和开裂、钢筋锈蚀、涂层老化等。主要传感器包括柔性导电涂层、声发射传感器、梯式阳极梯、压电陶瓷传感器等。

3.1.2 按照传输方式分类

根据信号传输方式的不同, 可分为有线传感器和无线传感器。

(1) 有线传感器是依靠线缆进行供电或信号传输的传感器。有线传感器较为成熟, 是目前结构健康监测领域应用最为广泛的传感器类型。例如: 利用电线将电信号传输至采集仪的电容式加速度计、压电式加速度计、电阻式应变计、电容式应变计、差阻式应变计、振弦式应变计、电阻式温度计、电容式温度计和电磁式位移计等; 利用光缆将光信号传输至采集仪的光纤光栅应变计、光纤加速度计、光纤索力计、光纤渗压计、光纤温度计等。

(2) 无线传感器是利用无线电波进行信号传输且没有电缆供电的传感器。无线传感器是一类新兴的传感器, 它有别于传统意义上的传感器, 更像是一个无线传感平台, 类似于一部没有显示屏的智能手机, 其主要包括传感单元、计算单元、无线传输单元和能量单元, 如图 3.3 所示。传感单元由低功耗传感器和信号解调电路组成, 低功耗传感器感知被测物理量的变化, 信号解调电路将传感器的模拟信号转换为可识别和读取的数字信号, 此单元包含了传统有线传感器的物理量变化感知和信号采集功能。计算单元包含微处理器和存储器, 能够对采集的信号进行噪声剔除、误差修正、时–频域变换、峰值拾取等计算和数据存取操作。无线传输单元通过无线电波将数据传输至服务器或者通过无线电波接收服务器的数据采集命令。能量单元为传感单元、计算单元和无线传输单元供电, 决定着无线传感器的使用寿命, 一般为干电池或锂电池, 也可采用小型太阳能电池板或小型风力发电机配合可充电电池。有线传感器和无线传感器的性能对比如表 3.1 所示。

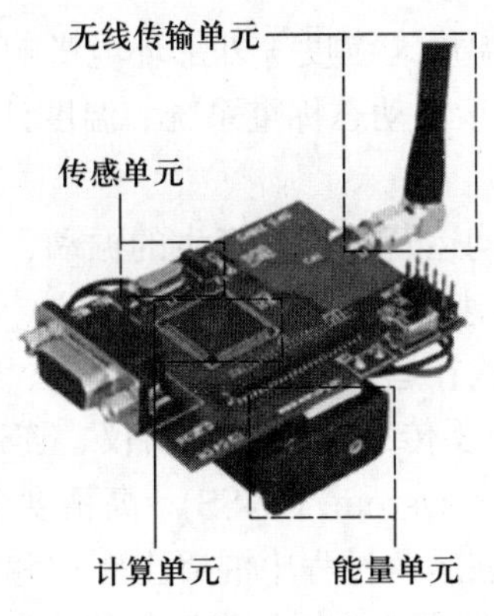

图 3.3　无线传感器构成示意图

表 3.1　有线传感器和无线传感器的性能对比

	有线传感器	无线传感器
优点	信号传输稳定、实时性好、无需电池供电、长期性好	无需线缆、安装组网方便、价格低廉、可大规模布设
缺点	布线复杂、安装维护困难、价格昂贵、线缆成本较高	信号易受环境干扰、稳定性差、采用电池供电、使用寿命有限

3.1.3　按照传感方式分类

按照传感方式的不同, 可分为点式传感器、准分布式传感器和分布式传感器。

(1) 点式传感器是指在一根数据传输导线上仅连接一个敏感元件, 即只能测量传感器布置处结构单点物理量的变化, 如图 3.4(a) 所示。常用的加速度计、应变计和位移计等均属于点式传感器。

(2) 准分布式传感器是指在一根数据传输导线上串联多个敏感元件, 即能够测量传感器布置范围内结构多个离散位置物理量的变化, 如图 3.4(b) 所示。光纤光栅传感器是一种典型的准分布式传感器, 一根传输光纤上可以串联几十个甚至上百个光纤光栅传感器, 能够对监测区域进行高密度测量。

(3) 分布式传感器是指传感器能够测量传感器布置范围内结构连续区域物理量的变化, 如图 3.4(c) 所示。土木工程中分布式传感器的概念来源于光纤传感器, 光纤传感器可以感知其布置范围内任意点物理量的变化, 形成连续的监测区域, 进而获得结构大量的特征信息, 有利于提高结构参数识别和性能评估的准确性, 该方向已成为结构健康监测传感器研究的热点领域。

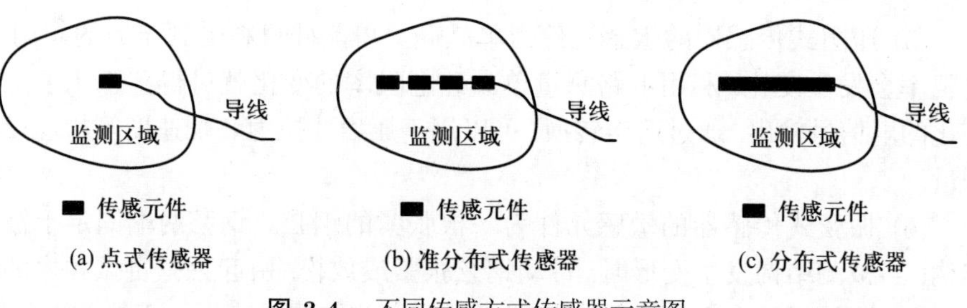

图 3.4　不同传感方式传感器示意图

3.1.4　按照测量原理分类

按照测量原理的不同, 可分为光纤传感器、压电式传感器、电阻式传感器、电容式传感器、压阻式传感器和振弦式传感器等。

(1) 光纤传感器是一种将被测物理量的变化转变为可测光信号变化的传感器。根据对光信号测量参数的不同, 光纤传感器又可以分为强度调制型、偏振态调制型、相位调制型和波长调制型。光纤光栅传感器是一种使用频率最高、范围最广的波长调制型光纤传感器, 这种传感器的反射光波长随着环境温度和应变的变化而变化, 通过测量光波长的改变即可得到温度和应变的变化, 具有测量精度高、传输距离长、不受电磁干扰、耐久性好、体积小等优点。将光纤应变或温度进行转化, 可以制成测量位移、压力、荷载、加速度、倾角和渗流等物理量的光纤光栅传感器。

(2) 压电式传感器的敏感元件为压电材料。压电材料受到某固定方向外力的作用时, 内部产生电极化现象, 同时在材料两个表面上产生符号相反的电荷, 外力撤去后, 压电材料又恢复到不带电的状态。当外力作用方向改变时, 电荷的极性也会随之改变。压电材料受力所产生的电荷量与外力的大小成正比, 通过电路测量电荷量的大小即可得到外力的大小。目前, 大多数加速度计均采用压电材料制作。

(3) 电阻式传感器的敏感元件为导体或半导体金属丝。将电阻式传感器安装在被测结构上, 当结构发生变形时, 金属丝的长度和横截面积会随着结构变化, 进而产生电阻变化, 通过测量电阻的变化即可得到被测结构的变形, 通过对金属丝变形适当转换, 可制成测量应变、位移、温度、压力等物理量的传感器。

(4) 电容式传感器的敏感元件为电容器。电容器的电容是两块极片的形状、大小、相互位置和介电常数的函数。如将一侧极片固定, 另一侧极片与被测物体相连, 当被测物体发生位移时, 两极片间电容的大小将会发生改变, 通过测量线路将电容的变化转换为电信号输出, 既可测定物体位移的大小, 也可以制成测量应变、荷载等物理量的传感器。

(5) 压阻式传感器的敏感元件为单晶硅。单晶硅材料受到压力的作用后,电阻率会发生变化,利用电路测量单晶硅电阻率的变化就可得到正比于压力变化的电信号输出,通过适当转换,可以用于压力、拉力和加速度等物理量的测量。

(6) 振弦式传感器的敏感元件为一根张紧的钢弦。钢弦两端固定于被测结构,当被测结构发生变形时,带动钢弦张紧或放松,引起钢弦自振频率的改变,通过测量钢弦自振频率的变化即可得到被测结构的变形。需要指出的是,由于测量钢弦自振频率需要一定的时间,振弦式传感器不能用于物理量的动态测量。

3.2　传感器选型原则

传感器的选型在很大程度上决定着整个结构健康监测系统的有效性和可靠性。例如,某简支钢梁在使用过程中的应变变化范围为 0~1 200 $\mu\varepsilon$,如果选择的应变计测量范围为 0~800 $\mu\varepsilon$,则所有超过 800 $\mu\varepsilon$ 的采样点的读数均显示为 800 $\mu\varepsilon$ 或无法显示,这会导致测量结果不能表征结构的真实响应。此外,一些监测传感器在施工阶段就埋入了混凝土内部,在使用过程中难以进行更换,一旦选择不合理,将使得结构健康监测系统留下永久的缺陷。因此,传感器选型应多方论证、广泛调研和小心求证。

在进行传感器选型之前,应做好两方面工作: ① 全面阅读工程结构设计和施工以及结构健康监测系统设计和施工的说明书、图纸和计算书,熟悉结构和响应的特点以及监测要求,包括地理位置、气象条件、结构尺寸、荷载情况、主振频率范围、位移幅值、应变幅值、振动幅值和监测时长等; ② 充分调研传感器的技术资料,了解市场上已有传感器的测量原理、功能性能、环境适应性、长期稳定性、安装和维护便捷性等。在此基础上,根据结构健康监测的要求、实际工程条件和传感器产品现状来选择合适的传感器。这就好比购买一台计算机,首先需要分析购买计算机的目的,是用来做有限元计算、图像处理还是文档处理;其次需要调研目前市场上有哪些品牌的计算机可买,哪些计算机的性能参数能够满足购买需求;只有做好这两方面的工作,才能买到与需求最匹配的计算机产品。

在定义一台计算机的特性时,通常会根据处理器型号、机箱大小、内存大小、硬盘大小、显示器大小等性能参数进行描述。对于传感器也一样,需要量程、精度、分辨率、灵敏度、稳定性和采样频率等多种性能参数,这些参数即为传感器的选型原则 [1]。

(1) 量程。

量程是指传感器的测量范围, 由传感器所能测量的上下两极限值来确定。传感器量程是传感器的重要性能参数, 也是关系物理量能否被成功测量的关键。如果被测物理量的变化值超过传感器的量程 (俗称 “爆表”), 则传感器测量值无法准确表征被测物理量的真实变化。相反, 如果被测物理量的变化远小于传感器的量程, 则可能造成传感器测量值的分辨率不足, 亦不能有效表征被测物理量的变化。选择传感器时, 被测物理量可能的最大值应避免超过传感器满量程, 通常以被测物理量处在整个量程的 80%~90% 内较好。

(2) 精度。

精度是指反映传感器测量结果与真值接近程度的指标。精度与误差的大小相对应, 因此可以用误差的大小来表示精度的高低, 误差小则精度高, 误差大则精度低。精度可分为精密度、正确度和准确度 (精确度): ① 精密度表示多次重复测量中, 传感器测得值彼此之间的重复性或分散性大小的程度。精密度反映随机误差的大小, 随机误差愈小, 测得值就愈密集, 重复性愈好, 精密度愈高。② 正确度表示多次重复测量中, 传感器测得值的算术平均值与真值接近的程度。正确度反映系统误差的大小, 系统误差愈小, 测得值的算术平均值就愈接近真值, 正确度愈高。③ 准确度表示多次重复测量中, 传感器测得值与真值一致的程度。准确度反映随机误差和系统误差的综合大小, 只有当随机误差和系统误差都小时, 准确度才高。对于具体的传感器, 精密度高时正确度不一定高, 而正确度高时精密度也不一定高, 但准确度高, 则精密度和正确度都高。在消除系统误差的情况下, 精密度与准确度才是一致的。在实际应用中, 应尽量选择精度好的传感器对结构进行健康监测。

(3) 分辨率。

分辨率是指传感器可感测到输入量最小变化的能力。当输入量变化超过某一增量时, 传感器才能够感测到输入量的变化, 该增量即称为分辨率。当输入量小于这个增量时, 传感器无任何反应。例如, 某位移计的分辨率为 1 μm, 能够检测到的最小位移值是 1 μm, 当被测位移小于 1 μm 时, 传感器没有反应。对于数字式传感器, 分辨率是指能够引起数字的末位数发生变化所对应的输入增量。通常传感器在满量程范围内各点的分辨率并不相同, 因此常用满量程中能使输出量产生阶跃变化的输入量中的最大变化值作为衡量分辨率的指标。分辨率有时也用百分比的形式来表示, 即传感器能够感测到的最小输入量变化值与满量程输出之比的百分比。用于结构健康监测的传感器应具有良好且稳定的分辨率, 不能低于被测物理量所要求的最小增量。

(4) 灵敏度。

灵敏度是指传感器对被测物理量变化的反应能力, 是反映传感器基本性能的指标。当传感器输入量 x 有一个变化量 Δx, 引起输出量 y 也发生相应的变化量 Δy, 则灵敏度 S 可通过式 (3.1) 计算:

$$S = \frac{\Delta y}{\Delta x} \tag{3.1}$$

灵敏度实际上是传感器静态标定曲线的斜率。对于线性传感器, 静态标定曲线与拟合直线接近重合, 故灵敏度为拟合直线的斜率, 此时它是一个常数。对于非线性传感器, 灵敏度则为一个变量。通常希望传感器的灵敏度高, 且在全量程范围内保持恒定, 即传感器的静态标定曲线为一条直线。灵敏度的量纲是输出量与输入量的量纲之比。例如, 某位移计在位移变化 1 mm 时, 输出电压变化为 200 mV, 则其灵敏度应表示为 200 mV/mm。当传感器的输出量和输入量的量纲相同时, 灵敏度可理解为放大倍数。提高灵敏度, 可得到较高的测量精度。但灵敏度愈高, 量程越小, 稳定性往往也会越差。在选择传感器时, 应综合考虑灵敏度、量程和稳定性这三个参数。

(5) 稳定性。

稳定性是指传感器在长时间内保持其原有性能的能力。稳定性一般以传感器在恒定室温条件下, 经过一段较长的时间间隔, 其输出值与起始标定的输出值之间的差异来表示, 有时也用标定的有效期来表示。这种差异越小, 代表传感器的稳定性越好。稳定性误差可用相对误差表示, 也可用绝对误差表示。用于结构健康监测的传感器需要工作几年甚至几十年, 因此应尽量选择稳定性好的传感器, 以保证测量结果长期可靠。

(6) 采样频率。

采样频率是指每秒从连续信号中提取并组成离散信号样本的采样个数, 通常用 f_s 表示, 单位为 Hz。采样频率的倒数是采样周期 T, 表示相邻采样点之间的时间间隔。在实际监测时, 应根据待监测对象的特性选择适宜的采样频率。根据香农定理, 如对加速度等结构动态响应进行监测时, 采样频率至少应为结构拟监测最高频率的 2 倍, 否则测不到。为了避免混频现象, 采样频率一般取拟监测最高频率的 3~10 倍。

在传感器实际选型时, 除应符合以上性能参数要求外, 还应注意体积大小、耐久性能、接触方式、供电方式、环境要求、价格高低等多种因素。

3.3　传感器优化布设基本概念

土木工程结构体型巨大、受力复杂, 常常需要成千上万个自由度来描述结构在外荷载作用下的响应。若每一个自由度代表一个可选测点, 则土木工程结构的待选测点可达成千上万个。在对结构进行健康监测时, 理想的状态是在每一个待选测点上均安装传感器。然而在实际工程中, 用于结构监测的传感器数量通常非常有限。一方面, 传感器价格昂贵, 过多的传感器必然会造成结构健康监测系统成本高昂; 另一方面, 数据采集设备的采集通道和数据处理服务器的处理能力有限, 无法承担过多的传感器。因此, 用于监测某一物理量的传感器数量通常为几个、十几个或几十个, 相比于结构成千上万个可选测点来说非常稀少。

如何合理地选择传感器的布设位置, 使得有限的传感器资源得到充分利用, 从而获得结构丰富全面的信息, 是健康监测系统设计必须要解决的关键问题, 这一问题即为传感器优化布设 (俗称 "测点选择")。传感器优化布设是按照一定的准则和方法, 从 m 个待选测点中, 选择出 $k(k \ll m)$ 个布设位置, 以使某种测试目标达到最优。需要指出的是, 对于环境、荷载、结构几何量和局部物理量的监测传感器, 其数量相对较少, 一般通过有限元分析结果和工程经验来确定其合理位置。因此, 传感器优化布设通常是指加速度计的优化布设。这主要考虑两个方面的原因: 一是加速度计是把握结构动力性能的主要手段; 二是加速度计布设的数量较多, 成本高昂。

一种好的传感器布设方案, 应用尽量少的传感器获取尽可能多的结构响应信息, 应对结构响应敏感位置进行重点采集, 获取的监测数据应能够与模型分析结果建立起对应关系, 且监测数据应具有良好的可视性和鲁棒性。因此, 传感器优化布设工作可分为数量优化和位置优化两部分。对于数量优化, 从监测的角度来看, 传感器数量越多, 测量得到的结构状态信息必然越丰富, 结构性能评估结果也越准确; 但从成本的角度来看, 监测系统规模通常由甲方决定, 因此系统的设计只能在预先确定的总造价基础上开展。也就是说, 传感器的数量通常由系统的造价决定, 故传感器优化布设一般指位置优化。传感器位置优化包括两个步骤: 一是确定传感器布设方案的评价准则; 二是确定最优传感器布设方案的求解方法。评价准则是对传感系统监测性能评定的某种度量标准, 即优化问题里的目标函数; 而求解方法则是在待选位置中通过某种方法搜寻最优测点, 即优化问题里面的计算方法。

3.3.1 力学原理

将土木工程结构离散为含有 $\tilde{m}$ 个自由度的多自由度体系, 根据结构动力学, 其无阻尼自由振动方程为

$$\boldsymbol{M}\ddot{\boldsymbol{x}} + \boldsymbol{K}\boldsymbol{x} = 0 \tag{3.2}$$

式中, $\boldsymbol{M}$ 和 $\boldsymbol{K}$ 分别表示质量矩阵和刚度矩阵; $\boldsymbol{x}$ 表示位移向量。

对式 (3.2) 求解, 可以得到模态矩阵 $\boldsymbol{\Phi}$。模态矩阵 $\boldsymbol{\Phi}$ 的每一列为一阶正则

化振型。由于应用领域不同的原因，模态和振型是对同一事物的不同称谓，本书后文不再加以区分。在实际工程中，结构不仅会受到外荷载的作用，其振动还会受到阻力的影响，因此结构在动荷载作用下的运动方程可表示为

$$\boldsymbol{M}\ddot{\boldsymbol{x}}+\boldsymbol{C}\dot{\boldsymbol{x}}+\boldsymbol{K}\boldsymbol{x}=\boldsymbol{F} \tag{3.3}$$

式中，$\boldsymbol{C}$ 表示阻尼矩阵；$\boldsymbol{F}$ 表示外荷载向量。

对位移向量进行正则坐标变换：

$$\boldsymbol{x}=\boldsymbol{\Phi}\boldsymbol{q} \tag{3.4}$$

式中，$\boldsymbol{q}$ 表示广义坐标向量。

将式 (3.4) 代入式 (3.3)，再左乘 $\boldsymbol{\Phi}^{\mathrm{T}}$，可得

$$\boldsymbol{\Phi}^{\mathrm{T}}\boldsymbol{M}\boldsymbol{\Phi}\ddot{\boldsymbol{q}}+\boldsymbol{\Phi}^{\mathrm{T}}\boldsymbol{C}\boldsymbol{\Phi}\dot{\boldsymbol{q}}+\boldsymbol{\Phi}^{\mathrm{T}}\boldsymbol{K}\boldsymbol{\Phi}\boldsymbol{q}=\boldsymbol{\Phi}^{\mathrm{T}}\boldsymbol{F} \tag{3.5}$$

记：

$$\widetilde{\boldsymbol{M}}=\boldsymbol{\Phi}^{\mathrm{T}}\boldsymbol{M}\boldsymbol{\Phi} \tag{3.6}$$

$$\widetilde{\boldsymbol{C}}=\boldsymbol{\Phi}^{\mathrm{T}}\boldsymbol{C}\boldsymbol{\Phi} \tag{3.7}$$

$$\widetilde{\boldsymbol{K}}=\boldsymbol{\Phi}^{\mathrm{T}}\boldsymbol{K}\boldsymbol{\Phi} \tag{3.8}$$

$$\widetilde{\boldsymbol{F}}=\boldsymbol{\Phi}^{\mathrm{T}}\boldsymbol{F} \tag{3.9}$$

式 (3.5) 可简化为

$$\widetilde{\boldsymbol{M}}\ddot{\boldsymbol{q}}+\widetilde{\boldsymbol{C}}\dot{\boldsymbol{q}}+\widetilde{\boldsymbol{K}}\boldsymbol{q}=\widetilde{\boldsymbol{F}} \tag{3.10}$$

式中，$\widetilde{\boldsymbol{M}}$、$\widetilde{\boldsymbol{C}}$ 和 $\widetilde{\boldsymbol{K}}$ 分别表示广义质量矩阵、广义阻尼矩阵和广义刚度矩阵，$\widetilde{\boldsymbol{F}}$ 表示广义力向量。

在实际工程中，由于环境或空间的限制，结构的一些位置处无法或不宜布设传感器。例如，多个构件交叉处、长期淹没于水下的位置等。因此，可用于安装加速度计的位置常常小于结构的自由度。本章用 m 表示可选测点。用测量状态向量 $\boldsymbol{L}$ 表示传感器的布设位置，其由 0 和 1 组成。其中，0 表示该位置处没有布设传感器，1 表示该位置处布设了传感器。结构振动响应测量向量 $\boldsymbol{y}$ 为 [2]

$$\boldsymbol{y}=\boldsymbol{\Phi}\boldsymbol{L}\boldsymbol{q}+\boldsymbol{\varepsilon} \tag{3.11}$$

式中，$\boldsymbol{\varepsilon}$ 表示测量噪声向量，通常假定为均值为 0 和方差为 σ 的白噪声。

由式 (3.11) 可得第 i 个自由度上的振动响应测量值为

$$y_i = \sum_{j=1}^{n} q_i L_i \phi_{ij} + \varepsilon_i \tag{3.12}$$

式中, ϕ_{ij} 表示第 j 阶模态在第 i 个自由度上的幅值; n 表示模态阶数。

结构第 i 个自由度的振动响应测量值 y_i 等于该自由度真实响应与测量噪声的叠加。其中, 第 i 个自由度的真实响应为模态在该自由度上幅值 ϕ_{ij} 的加权和, 权系数为该自由度上的广义坐标 q_i。而模态参数识别属于反问题, 即利用测量的振动响应 y_i 计算得到模态参数。为了获得高精度的模态参数, 需要选取恰当的传感器布设位置, 即确定测量状态向量, 以测得高质量的结构振动响应。

3.3.2 基本流程

对于实际工程结构, 结构健康监测系统设计和传感器布设方案确定时, 结构尚未建成, 结构不同部位的真实响应无从得知。考虑到振动响应测量的主要目的是识别结构模态, 故假定基于有限元模型计算得到的模态为结构的真实模态, 结构的振动响应等于式 (3.12) 的计算结果, 在此基础上进行加速度计的优化布设。因而, 传感器的优化布设主要包括如下三个步骤。

(1) 获取模态数据和可选测点。基于结构的设计资料, 建立有限元模型进行模态分析, 得到用于传感器优化布设的基准模态数据及可选测点的数量和位置。众所周知, 对于实际工程结构, 无法利用振动响应识别出所有模态。因此, 可采用模态截断法, 忽略高阶模态的影响, 即只考虑前 n 阶模态。n 的确定需要综合结构的复杂程度、加速度计数量和结构安全评估精度要求等因素。

(2) 选择优化布设评价准则。根据监测数据分析和结构安全评估的目的, 选择与结构健康监测目标相适宜的评价准则。

(3) 进行布设方案求解分析。利用高性能求解方法, 从所有可能的传感器布设方案中, 找出满足评价准则的适宜布设方案。

3.4 传感器优化布设评价准则

如何评价传感器优化布设方案的优劣是一个非常复杂的问题, 从不同的角度分析, 可以得到不同的结果, 也就形成了不同的评价准则。以评价一台计算机的优劣做一个类比: 从计算能力的角度分析, 处理器的速度和内存的大小可以作为评价准则; 从便携性的角度分析, 计算机尺寸和重量可以作为评价准则; 从数据存储的角度分析, 硬盘的容量可以作为评价准则。对于传感器优化布设而言, 需要从数据质量和数据可达性两个方面进行考虑。

数据质量是指测量的振动响应数据能否准确识别出结构的模态参数。传感器优化布设希望测试得到的结构模态尽量接近其真实模态。仔细分析结构模态测试过程, 可以分为振动响应数据测量、结构模态参数识别和结构模态信息重构三个阶段。其中, 振动响应数据测量即利用加速度计获取结构的振动响应, 结构模态参数识别是指基于振动响应利用一定的方法计算结构的模态参数, 结构模态信息重构是利用测点处的模态参数预测未测点处的模态参数进而得到整个结构完整的模态参数。提高任一阶段的计算精度或者降低计算误差, 均可提升结构模态的测试结果。因此, 可以从振动响应数据特性、结构模态参数识别误差和结构模态信息重构效果三个方面来评价数据质量。从式 (3.11) 可以看出, 测试得到的结构振动响应测量向量 $\boldsymbol{y}$ 中含有一定的噪声。一般认为, 结构上所有测点的噪声强度均相同, 因此振动响应越强的测点, 信号强度与噪声强度的比值越大, 此时振动响应数据不易受噪声干扰。基于此, 可以得到基于振动响应强度的传感器优化布设评价准则。测试得到的结构振动响应除了应有足够的强度外, 还应保证模态参数识别结果 $\boldsymbol{\Phi L}$ 的误差尽可能小, 这样就得到了基于参数识别误差的传感器优化布设评价准则。此外, 结构模态的几何形状常常难以采用简单的函数进行描述, 基于不同测点的模态值 $\boldsymbol{\Phi L}$ 重构得到的结构完整模态 $\boldsymbol{\Phi}$ 各不相同, 重构误差也有所不同, 故需要建立基于模态重构效果的传感器优化布设评价准则。因此, 利用不同的方法对振动响应强度、模态重构效果和参数识别误差进行建模, 可以建立不同的传感器优化布设评价准则。

数据可达性是指传感器测量的数据能否及时和无误地传输到中央服务器。即使测点的数据质量很高, 如果不能传输到数据中心, 也无法用于结构模态参数识别。对于有线传感器组成的传感网络, 数据信号通过线缆形成固定的传输路径, 无需考虑数据可达性。对于无线传感器组成的传感网络, 数据信号通过无线电波传输。由于无线传感器采用有限容量的电池供电, 为了降低电量消耗, 增加传感器的工作时间, 一般将无线传感器的最大数据传输距离限制在几十米内。同时, 无线传输单元常常采用超低功耗产品, 这会导致无线传感器的数据收发能力和网络传输带宽非常有限。无线传感器的最大数据传输距离较大型结构上千米的尺寸而言非常短, 如果相邻传感器的间距超过无线传感器的最大数据传输距离, 监测数据将无法传输至中央服务器, 这会造成部分监测数据丢失。当无线传感网络中的数据传输量超过无线传输单元的处理能力, 可能会造成传输网络拥堵甚至数据丢失。因此, 在进行无线传感器优化布设时, 不仅要考虑振动响应数据的质量, 还要考虑监测数据能否及时和无误地传输至中央服务器, 同时尽可能地延长整个无线传感网络的工作时间。为了保证无线传感器能实时、在线、长期和连续监测, 并将数据可靠和稳定地传输至中央服务器, 需要考虑连通性、持续性和服务性, 进而提出连通性准则、持续性准则和服务性准则。

传感器优化布设评价准则构成如图 3.5 所示。

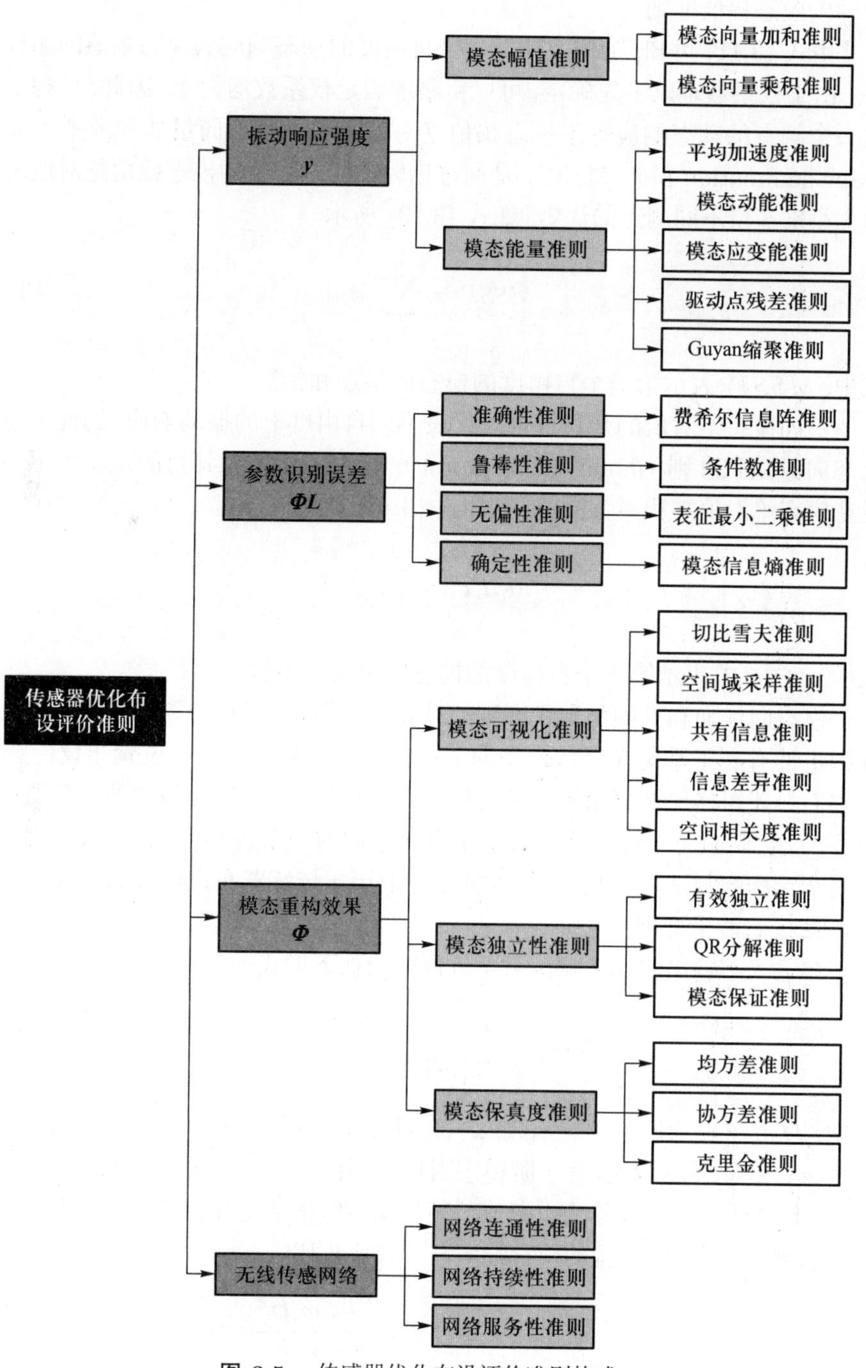

图 3.5　传感器优化布设评价准则构成

3.4.1　基于振动响应强度的评价准则

1. 模态幅值准则

由式 (3.11) 可知, 结构上任意一个自由度的动态响应为模态幅值的加权求和。由于权系数难以事先确定, 可以粗略地假定权系数均为 1。因此, 结构上任意一个测点的动态响应等于模态幅值绝对值之和。模态向量加和准则 (mode shape summation plot, MSSP) 是通过比较不同自由度的模态幅值绝对值之和的大小来衡量不同测点的优劣, 如式 (3.13) 所示:

$$MSSP_i = \sum_{j=1}^{n} |\phi_{ij}| \tag{3.13}$$

式中, $MSSP_i$ 表示第 i 个自由度的模态向量加和指数。

不同模态绝对值的乘积也可以代表不同自由度上的振动响应, 因此可建立模态向量乘积准则 (mode shape product plot, MSPP), 其目的是将传感器布设在模态绝对值乘积最大的位置, 如式 (3.14) 所示:

$$MSPP_i = \prod_{j=1}^{n} |\phi_{ij}| \tag{3.14}$$

式中, $MSPP_i$ 表示第 i 个自由度的模态向量乘积指数。

模态向量加和准则与乘积准则的计算较为简单, 工程师易于接受。这两种准则虽然有利于避免在结构模态的节点或者振动响应较小的位置布设传感器, 但它们只能粗略地计算出较好的传感器布设位置, 无法给出最优的传感器位置组合, 且它们倾向于将传感器集中布设在结构的一个较小区域, 不太适用于大型复杂结构的测试。因此, 这两种准则一般用于传感器布设位置的初选。

2. 模态能量准则

多输入多输出位移频响函数可近似写为如下形式:

$$\boldsymbol{H}_{\mathrm{d}}(\omega) \approx \sum_{j=1}^{n} \frac{\boldsymbol{\phi}_j \boldsymbol{\phi}_j^{\mathrm{T}}}{\omega_j^2 - \omega^2 + \mathrm{i}2\zeta_j \omega \omega_j} \tag{3.15}$$

式中, $\boldsymbol{H}_{\mathrm{d}}(\omega)$ 表示位移频响函数; ω 表示模态频率; $\boldsymbol{\phi}_j$ 表示第 j 阶质量归一化振型; ζ_j 和 ω_j 分别表示第 j 阶模态阻尼比和模态频率; i 表示虚数单位。

对于线性系统, 位移响应幅值与频率函数幅值成正比。若进一步假定各阶模态阻尼比相等, 则结构的位移响应与下式成正比:

$$\boldsymbol{Y}_{\mathrm{d}}(\omega) \propto \boldsymbol{H}_{\mathrm{d}}(\omega) \propto \sum_{j=1}^{n} \frac{\boldsymbol{\phi}_j \boldsymbol{\phi}_j^{\mathrm{T}}}{\omega_j^2} \tag{3.16}$$

式中, $\boldsymbol{Y}_{\mathrm{d}}(\omega)$ 表示结构位移响应频谱。

由于位移频响函数和加速度频响函数之间存在如下关系:

$$\ddot{\boldsymbol{Y}}_{\mathrm{d}} \propto \boldsymbol{H}_{\mathrm{a}}(\omega) = (j\omega)^2 \boldsymbol{H}_{\mathrm{d}}(\omega) \tag{3.17}$$

式中, $\ddot{\boldsymbol{Y}}_{\mathrm{d}}(\omega)$ 表示结构加速度响应频谱; $\boldsymbol{H}_{\mathrm{a}}(\omega)$ 表示加速度频响函数。式 (3.17) 可进一步表示为

$$\ddot{\boldsymbol{Y}}_{\mathrm{d}}(\omega) \propto \sum_{j=1}^{n} \boldsymbol{\phi}_j \boldsymbol{\phi}_j^{\mathrm{T}} \tag{3.18}$$

由式 (3.18) 可以看出, 结构的加速度频响函数正比于模态向量的乘积。于是, 可以利用平均加速度来衡量不同测点响应的强度, 也称为平均加速度准则, 其计算公式为

$$AAA_i = \sum_{j=1}^{n} \phi_{ij} \phi_{ij} \tag{3.19}$$

式中, AAA_i 表示第 i 个自由度的平均加速度幅值 (average acceleration amplitude, AAA)。

如果结构的质量矩阵为单位一致质量矩阵, 平均加速度幅值等价于模态动能, 平均加速度幅值越大, 自由度的模态动能也越大。显然, 选择平均加速度幅值较大的自由度进行测量可以得到较强的振动响应。然而, 实际工程结构的质量矩阵很难保证为单位一致质量矩阵。

广义模态动能 (modal kinetic energy, MKE) 的计算公式为

$$\boldsymbol{MKE} = \boldsymbol{\Phi}^{\mathrm{T}} \widetilde{\boldsymbol{M}} \boldsymbol{\Phi} \tag{3.20}$$

式中, $\boldsymbol{MKE}$ 表示结构的模态动能矩阵。

将全部模态对第 i 个自由度模态动能的贡献进行算术平均, 可以得到平均模态动能

$$MKE_i = \frac{1}{n} \sum_{j=1}^{n} MKE_{ij} \tag{3.21}$$

平均模态动能可直观地衡量各自由度对结构整体振动响应的贡献大小, 据此可建立模态动能准则。其基本思想是模态动能较大位置处的振动响应也较大, 将传感器布设在该位置上有利于提高测试信号的信噪比和模态参数识别精度。模态动能准则是传感器布设理论中较科学的一种量化方法, 其在一定程度

上克服了以往依靠工程师主观经验挑选结构振动幅值较大的位置布设传感器的缺陷。

模态动能准则认为结构某个自由度上的动态响应除了与该位置处的模态幅值有关外, 还与该自由度的质量有关。实际上, 结构某个位置处的动态响应也与其刚度有关, 因此可利用模态应变能 (modal strain energy, MSE) 来度量不同位置处的振动强度。结构模态应变能矩阵可表示为

$$\boldsymbol{MSE} = \boldsymbol{\Phi}^{\mathrm{T}}\widetilde{\boldsymbol{K}}\boldsymbol{\Phi} \tag{3.22}$$

式中, $\boldsymbol{MSE}$ 表示结构的模态应变能矩阵。

将全部模态对第 i 个自由度模态应变能的贡献进行算术平均, 可得到平均模态应变能

$$MSE_i = \frac{1}{n}\sum_{j=1}^{n} MSE_{ij} \tag{3.23}$$

与模态动能准则类似, 将传感器布设在平均模态应变能较大的自由度, 可以得到较强的结构振动, 有利于增强信号的信噪比, 减少噪声的干扰。

如果同时考虑质量和刚度对振动响应的影响, 可定义单位刚度下的模态动能为驱动点残差 (drive point residue, DPR), 驱动点残差准则的计算公式为

$$\boldsymbol{DPR} = \frac{\boldsymbol{\Phi}^{\mathrm{T}}\widetilde{\boldsymbol{M}}\boldsymbol{\Phi}}{\widetilde{\boldsymbol{K}}} \tag{3.24}$$

第 i 个自由度的平均驱动点残差为

$$DPR_i = \frac{1}{n}\sum_{j=1}^{n} DPR_{ij} \tag{3.25}$$

3.4.2　基于参数识别误差的评价准则

众所周知, 降低参数识别误差有利于提高模态识别结果的精度。然而模态参数识别是一个复杂的过程, 影响参数识别误差的因素很多, 从不同的角度分析, 可以得到表征参数识别误差的不同准则, 主要包括费希尔 (Fisher) 信息阵准则、条件数准则、表征最小二乘准则和模态信息熵准则 [3]。

1. 费希尔信息阵准则

费希尔信息阵来源于统计学, 能够表征测试响应中所包含模态信息的多少, 其有不同的衡量指标, 包括行列式、F 范数、迹和最小奇异值等。费希尔信息阵的行列式和迹越大越好; 提高最小奇异值有利于增加信息量, 同时能够降低被识别参数的不准确性。

2. 条件数准则

矩阵求逆时要保证矩阵的病态程度较小, 条件数是判断矩阵病态程度的一种度量。如果模态矩阵的条件数较大, 表明模态矩阵的病态性较严重, 振动响应测量数据出现微小的误差, 就会导致识别得到的模态参数出现较大的偏差。因此, 为了降低模态参数识别结果的误差, 应尽量降低模态矩阵的条件数。模态矩阵的 2-条件数等于模态矩阵的奇异值比。

$$\mathrm{cond}_2(\boldsymbol{\Phi}) = \|\boldsymbol{\Phi}\|_2 \left\|\boldsymbol{\Phi}^{-1}\right\|_2 = \sqrt{\frac{\lambda_{\max}}{\lambda_{\min}}} \tag{3.26}$$

式中, $\mathrm{cond}_2(\boldsymbol{\Phi})$ 表示模态矩阵的 2-条件数; $\lambda_{\max}$ 和 $\lambda_{\min}$ 分别表示矩阵 $\boldsymbol{\Phi}^{\mathrm{T}}\boldsymbol{\Phi}$ 的最大和最小奇异值。

3. 表征最小二乘准则

表征最小二乘准则假设在全部可选测点上布设传感器时可以得到最佳的识别效果, 最小化部分测点估计的模态参数与全部测点估计的模态参数之间的马氏距离期望值等价于使部分测点的测量效果最接近于全部测点, 进而在有限测点情况下可以尽可能地满足模态参数估计的无偏性。

$$E[D(\widehat{q}_{\mathrm{S}}, \widehat{q}_{\mathrm{A}})] = \mathrm{tr}(\boldsymbol{J}_{\mathrm{S}}^{-1}\boldsymbol{J}_{\mathrm{A}}) - n \tag{3.27}$$

式中, $\widehat{q}_{\mathrm{A}}$ 和 $\widehat{q}_{\mathrm{S}}$ 分别表示在全部测点集和部分测点集下估计的模态参数; $\boldsymbol{J}_{\mathrm{A}}$ 和 $\boldsymbol{J}_{\mathrm{S}}$ 分别表示在全部测点集和部分测点集下估计模态参数的费希尔信息阵; $D(\cdot)$ 表示两种估计模态参数之间的马氏距离。

4. 模态信息熵准则

由于噪声影响和数值模型不准确等原因, 基于测量信息的结构模态参数识别存在一定的不确定性, 这会导致识别结果偏离真实结果。因此在实际测试时, 应尽量减小这种不确定性。信息熵是结构模态参数识别不确定性的一种度量, 其能够衡量振动响应中有用信息的多少。信息熵越小, 表明模态参数识别的不确定性越小, 识别结果越接近真实值。

3.4.3 基于模态重构效果的评价准则

模态重构效果可从三个方面来描述, 即模态可视化、模态独立性和模态保真度 (又称模态置信度)。模态可视化表征测点模态值的连线构成的模态与真实模态的接近程度, 如图 3.6 所示。将传感器布设于不同位置, 通过模态值连线重构的模态形状也不相同。模态可视化准则希望测试得到的模态与结构真实模态的差异尽量小。模态独立性准则描述不同阶模态间的相关程度, 或者说

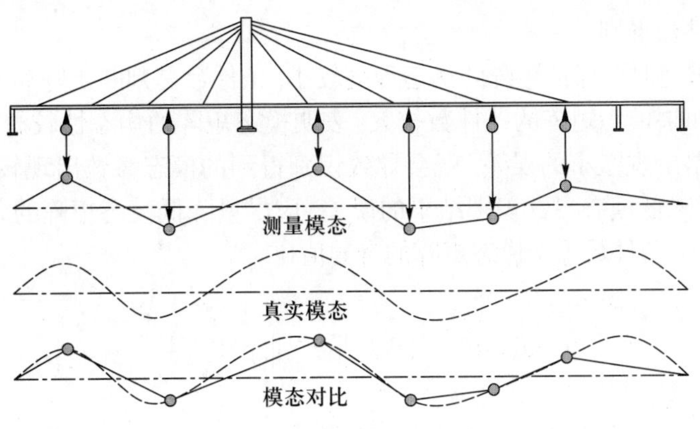

图 3.6　模态可视化准则示意图

不同阶模态向量间的夹角。以式 (3.28) 所示的模态矩阵为例进行说明:

$$\boldsymbol{\Phi}_0 = \begin{bmatrix} 1 & 1 & 2 \\ 1 & 0 & 1 \\ 1 & -1 & 0 \\ 0 & 1 & -1 \end{bmatrix} \tag{3.28}$$

选用两种不同的传感器布设方案。方案一在结构的第 2、3 和 4 个自由度上布设加速度计, 测试得到的结构模态矩阵如式 (3.29) 所示:

$$\boldsymbol{\Phi}_1 = \begin{bmatrix} 1 & 0 & 1 \\ 1 & -1 & 0 \\ 0 & 1 & -1 \end{bmatrix} \tag{3.29}$$

式中, 各阶模态相互独立, 易于区分。方案二在结构的第 1、2 和 3 个自由度上布设传感器, 测量得到的结构模态矩阵如式 (3.30) 所示:

$$\boldsymbol{\Phi}_2 = \begin{bmatrix} 1 & 1 & 2 \\ 1 & 0 & 1 \\ 1 & -1 & 0 \end{bmatrix} \tag{3.30}$$

此时第 3 阶模态等于第 1 与第 2 阶模态之和, 此时各阶模态不再相互独立, 难以区分。模态保真度准则的基本思想是通过一定的方法, 使得通过测点位置处的模态值预测未测点处的模态值的结果尽量准确, 如图 3.7 所示。

1. 模态可视化准则

为了提高测点模态值连线与真实模态的接近程度, 有两种策略: 第一种是将传感器均匀布设在结构上, 保证各测点间的间隔相等; 另一种是充分利用每一个加速度计, 保证各个测点的信息冗余度最小。

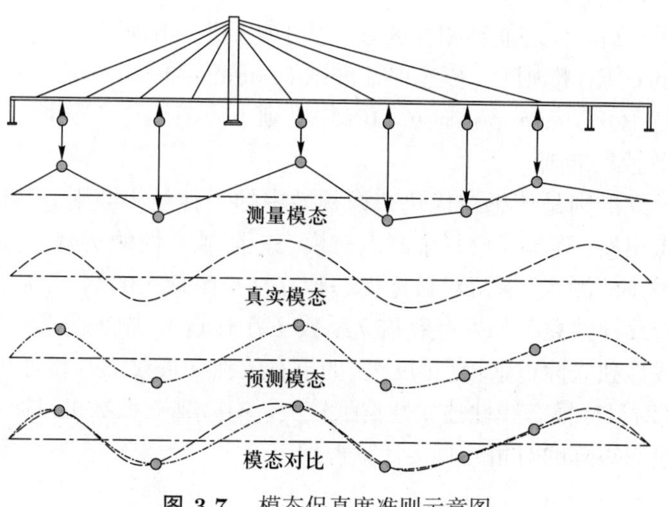

图 3.7 模态保真度准则示意图

在传感器优化布设理论发展之前，工程师一般将传感器均匀布设在待测结构上进行测试，即根据传感器个数或切比雪夫多项式的零点，在结构上等距离布设。这种方法易于理解和操作，因测点分散，所以结果的可视化程度较高。然而，这种方法因仅考虑结构的几何特性，未考虑结构的动力特性，所以只适用于简单结构或用于初步测试结构的振动特性。对于大型复杂结构或对识别模态的精度有较高要求时，这种准则难以适用。空间域采样准则是香农采样定理在空间域的推广，也属于一种等距布设准则，该准则认为传感器的布设位置应取决于需要测试的最高阶模态，即加速度计间距不应大于最高阶模态的半波长。

信息冗余度可以通过共有信息、信息差异和空间相关度来衡量。简单理解，共有信息表征两测点信息的相似程度，信息差异即为两测点信息的差异程度，空间相关度表示两测点信息的相关程度。首先，不同传感器的测量记录代表不同的测试序列，随着两测点距离的改变，共有信息量会在某个距离处达到最小，当两个序列完全独立时，共有信息量等于 0。因此，通过调整传感器的布设位置，可使相邻两个传感器测量数据序列的共有信息量尽可能小。其次，不同自由度之间可以建立信息差异函数，选取信息差异度大的位置进行测量，可获取更多的结构振动响应信息。最后，由于不同测点的振动响应都具有空间相关特性，即一个区域上的振动响应与邻近区域上的振动响应相关，通过建立空间相关度准则，可降低不同测点之间振动响应的空间相关性，减少测试信息冗余。

2. 模态独立性准则

在结构振动测试中，被识别的模态应尽可能地保持相互线性独立，只有这样才能保证识别的模态能够相互区分。基于此要求, 出现了有效独立 (effective independence, EI) 准则 [4]、模态保证准则 (modal assurance criterion, MAC)[5] 和 QR 分解 (QR decomposition, QRD) 准则。

1) 有效独立准则

有效独立准则是传感器优化布设领域中的一种经典准则。其核心思想是从所有测点出发, 逐步评价每个测点对模态矩阵独立性的贡献, 进而一步步地删除贡献最小的测点, 保留对目标模态独立性贡献最大的测点, 从而保证识别的模态保持线性独立。如果有效独立系数 EI_i 接近 0, 则表明第 i 个自由度对目标模态线性独立性贡献较小; 反之, 如果有效独立系数 EI_i 接近 1, 则表明第 i 个自由度对目标模态线性独立性贡献较大。有效独立系数可以通过模态矩阵所形成的投影矩阵的对角元直接计算得到:

$$\boldsymbol{EI} = \mathrm{diag}\left[\boldsymbol{\Phi}\left(\boldsymbol{\Phi}^{\mathrm{T}}\boldsymbol{\Phi}\right)^{-1}\boldsymbol{\Phi}^{\mathrm{T}}\right] \tag{3.31}$$

式中, $\boldsymbol{EI}$ 表示有效独立系数向量; $\mathrm{diag}(\cdot)$ 表示提取括号内矩阵的对角元; $\boldsymbol{\Phi}(\boldsymbol{\Phi}^{\mathrm{T}}\boldsymbol{\Phi})^{-1}\boldsymbol{\Phi}^{\mathrm{T}}$ 表示模态矩阵 $\boldsymbol{\Phi}$ 所张成的向量空间的投影矩阵。

2) 模态保证准则

模态保证准则的基本思想是要求各模态向量间的夹角尽可能大, 即各阶模态向量的点积尽可能小, 其表达式为

$$MAC_{ij} = \frac{\boldsymbol{\Phi}_i^{\mathrm{T}}\boldsymbol{\Phi}_j}{\sqrt{\left(\boldsymbol{\Phi}_i^{\mathrm{T}}\boldsymbol{\Phi}_i\right)\left(\boldsymbol{\Phi}_j^{\mathrm{T}}\boldsymbol{\Phi}_j\right)}} \tag{3.32}$$

式中, MAC_{ij} 表示模态保证准则矩阵的第 i 行第 j 列元素。

从数学的角度看, 式 (3.32) 所示的 MAC_{ij} 表示第 i 阶模态向量与第 j 阶模态向量空间夹角的余弦。模态保证准则矩阵非对角元 $MAC_{ij}(i \neq j)$ 的值越小, 表明第 i 阶模态向量与第 j 阶模态向量空间夹角的余弦越小, 第 i 阶模态向量与第 j 阶模态向量的空间夹角越大, 第 i 阶模态和第 j 阶模态之间的相关性越小, 相应地, 第 i 阶模态和第 j 阶模态越容易区分。当 $MAC_{ij}(i \neq j)$ 的值为 0 时, 表明第 i 阶模态向量和第 j 阶模态向量完全正交, 最容易区分。

3) QR 分解准则

QR 分解准则认为, 结构振动测试时, 若 s 个传感器已经足够, 多余的 $m-s$ 个传感器的益处不多, 反而会使原先的 s 个传感器与后增加的 $m-s$ 个传感器线性相关。因此, QR 分解准则的力学本质是找到模态矩阵线性独立的行, 同时也使模态保证准则矩阵非对角元最小。

对模态矩阵的转置进行 QR 分解 (列主元正交三角分解):

$$\boldsymbol{\Phi}^{\mathrm{T}}\boldsymbol{E}=\boldsymbol{QR}=\boldsymbol{Q}\begin{bmatrix}R_{11} & \cdots & R_{1s} & \cdots & R_{1m}\\ & \ddots & \vdots & & \vdots\\ & & R_{ss} & \cdots & R_{sm}\end{bmatrix} \tag{3.33}$$

$$|R_{11}|>|R_{22}|>\cdots>|R_{ss}| \tag{3.34}$$

式中, $\boldsymbol{E}$ 表示置换矩阵。

根据矩阵理论, 矩阵 $\boldsymbol{R}$ 第一列所对应的自由度表现出最强的线性独立性。前 s 列所对应的 s 个自由度可以作为加速度计测点, 并具有较好的独立性。

4) 有效独立准则与模态动能准则的关系

对模态矩阵 $\boldsymbol{\Phi}$ 进行正三角分解:

$$\boldsymbol{\Phi}=\boldsymbol{QR} \tag{3.35}$$

式中, $\boldsymbol{Q}$ 为与 $\boldsymbol{\Phi}$ 维数相同的单位正交矩阵; $\boldsymbol{R}$ 为上三角矩阵。

将式 (3.35) 代入式 (3.31) 得

$$\boldsymbol{EI}=\mathrm{diag}\left[\boldsymbol{QR}\left(\boldsymbol{R}^{\mathrm{T}}\boldsymbol{Q}^{\mathrm{T}}\boldsymbol{QR}\right)^{-1}\boldsymbol{R}^{\mathrm{T}}\boldsymbol{Q}^{\mathrm{T}}\right]=\mathrm{diag}\left(\boldsymbol{QQ}^{\mathrm{T}}\right) \tag{3.36}$$

式 (3.36) 所表示的有效独立准则与单位一致质量矩阵下的模态动能准则 [式 (3.20)] 在形式上完全一样, 其差别在于每次对式 (3.36) 计算前, 需要用式 (3.35) 对模态矩阵进行正交三角分解。因此, 有效独立准则可看作模态动能准则的迭代形式, 若在其每次迭代计算前将模态矩阵归一化, 就完全等同于模态动能准则。

5) 有效独立准则与 QR 分解准则的关系

QR 分解准则中的上三角矩阵 $\boldsymbol{R}$ 的对角元素按照绝对值的递减次序排列, 如式 (3.34) 所示, 用该方法得到的矩阵 $\boldsymbol{Q}$ 中的前 s 个线性无关的行具有较大的行范数。在这种情况下, QR 分解准则在选择第一个传感器的位置时, 会得到与有效独立准则相同的结果, 二者具有相同的物理意义。但是, QR 分解准则一次计算就确定了所有的 s 个传感器的位置; 而有效独立准则需要迭代计算, 在有效独立准则计算的过程中, 结构模态矩阵被重新正交归一化, 改变了余下待选自由度的模态分量在整个列向量中所占的比重。因此, 有效独立准则在确定剩余的 $s-1$ 个传感器的布设位置时, 会与 QR 分解准则的结果不尽相同。

总体上, QR 分解准则选择传感器的布设位置时根据模态矩阵行的线性无关性, 而有效独立准则是在模态矩阵的列空间中进行 QR 分解, 选择的是模态矩阵具有最大线性无关的子列所在的行布设传感器。因此, 两者本质相同。若传感器的数目等于需重点测试的模态阶数，则两种方法会有相似的选择结果，只是个别传感器的位置稍有不同 [6]。

6) 有效独立准则与模态保证准则的关系

首先考虑一种特殊情况，即只有两阶需要重点测试的模态 $\boldsymbol{A}_1$ 和 $\boldsymbol{A}_2$。不失一般性，这两阶模态可以按列写为

$$\widehat{\boldsymbol{\Phi}} = \begin{bmatrix} \boldsymbol{A}_1 & \boldsymbol{A}_2 \\ \boldsymbol{a}_1 & \boldsymbol{a}_2 \end{bmatrix} \tag{3.37}$$

假定最后一行 $(\boldsymbol{a}_1, \boldsymbol{a}_2)$ 为模态矩阵所有行中具有最小范数的行，也就是 $\boldsymbol{a}_1^2 + \boldsymbol{a}_2^2$ 在所有行中的值最小。根据有效独立准则，在第一次迭代过程中，此行将被删除，剩余 $\widehat{\boldsymbol{\Phi}} = [\boldsymbol{A}_1 \quad \boldsymbol{A}_2]$。同样，如果应用模态保证准则，首先计算如下模态保证矩阵:

$$\boldsymbol{MAC} = \begin{bmatrix} \boldsymbol{A}_1^{\mathrm{T}}\boldsymbol{A}_1 & \boldsymbol{A}_1^{\mathrm{T}}\boldsymbol{A}_2 \\ \boldsymbol{A}_2^{\mathrm{T}}\boldsymbol{A}_1 & \boldsymbol{A}_2^{\mathrm{T}}\boldsymbol{A}_2 \end{bmatrix} \tag{3.38}$$

式中，$\boldsymbol{MAC}$ 表示模态保证矩阵，该矩阵的最大非对角元素为 $\boldsymbol{A}_1^{\mathrm{T}}\boldsymbol{A}_2$。

由于原模态矩阵 $\widehat{\boldsymbol{\Phi}}$ 已经正交归一化，于是有

$$\boldsymbol{\Phi}^{\mathrm{T}}\boldsymbol{\Phi} = \begin{bmatrix} \boldsymbol{A}_1^{\mathrm{T}}\boldsymbol{A}_1 + \boldsymbol{a}_1^{\mathrm{T}}\boldsymbol{a}_1 & \boldsymbol{A}_1^{\mathrm{T}}\boldsymbol{A}_2 + \boldsymbol{a}_1^{\mathrm{T}}\boldsymbol{a}_2 \\ \boldsymbol{A}_2^{\mathrm{T}}\boldsymbol{A}_1 + \boldsymbol{a}_2^{\mathrm{T}}\boldsymbol{a}_1 & \boldsymbol{A}_2^{\mathrm{T}}\boldsymbol{A}_2 + \boldsymbol{a}_2^{\mathrm{T}}\boldsymbol{a}_2 \end{bmatrix} = \begin{bmatrix} 1 & 0 \\ 0 & 1 \end{bmatrix} \tag{3.39}$$

因此，可得 $\boldsymbol{A}_1^{\mathrm{T}}\boldsymbol{A}_2 = -\boldsymbol{a}_1^{\mathrm{T}}\boldsymbol{a}_2$。所以，在模态保证准则中，要求 $-\boldsymbol{a}_1^{\mathrm{T}}\boldsymbol{a}_2$ 最小，这与有效独立准则中要求 $\boldsymbol{a}_1^2 + \boldsymbol{a}_2^2$ 的值最小是一致的。即有效独立准则和模态保证准则在这个特殊情形完全相同，会得到相同的传感器优化布设结果。

对于需要重点测试的模态多于两阶的情况，如果比较 n 阶模态中的第 s 行和第 r 行，可得

$$\left(\sum_{p=1}^{n} |\phi_{ip}|\right)^2 = \sum_{p=1}^{n} \phi_{ip}^2 + \sum_{\substack{p=1,q=1 \\ p\neq q}}^{n} \phi_{ip}\phi_{iq}, \quad i = s, r \tag{3.40}$$

式 (3.40) 中左边括号里的项是式 (3.13) 所示的模态分量的绝对值之和，可以看作第 s 行或第 r 行的范数，右边第一项是第 s 行或第 r 行的模态动能。在这个方程中，有效独立准则使右边第一项最大化，而模态保证准则试图使第二项最小化，从这个角度看，有效独立准则和模态保证准则等价。为了更清楚地说明该问题，可考虑两种情况：① 当第 s 行的范数等于第 r 行的范数时，第一项的最大值 (由有效独立准则得出) 便直接导致第二项具有最小值 (由模态保证准则得出)，因此有效独立准则和模态保证准则在这种情况下是一致的；② 当

第 s 行的范数和第 r 行的范数不相等时, 假定 $|\phi_{sp}| > |\phi_{rp}|, p = 1, 2, \cdots, n$, 即 $|\phi_{s1}| \geqslant |\phi_{s2}| \geqslant \cdots \geqslant |\phi_{sn}|$ 且 $|\phi_{r1}| \geqslant |\phi_{r2}| \geqslant \cdots \geqslant |\phi_{rn}|$, 模态保证准则矩阵对角元的最大值取决于第 s 行的 $|\phi_{s1}\phi_{s2}|$ 和第 r 行的 $|\phi_{r1}\phi_{r2}|$, 很明显 $|\phi_{s1}\phi_{s2}| \geqslant |\phi_{r1}\phi_{r2}|$。因此, 模态保证准则会选取第 r 行, 而有效独立准则会选取第 s 行 [6]。

从矩阵论来看两者的关系, 会更加清楚。有效独立准则使 $\boldsymbol{\Phi}\boldsymbol{\Phi}^{\mathrm{T}}$ 在迭代中的迹最大。根据迹的特性, 有

$$\operatorname{tr}\left(\boldsymbol{\Phi}\boldsymbol{\Phi}^{\mathrm{T}}\right) = \operatorname{tr}\left(\boldsymbol{\Phi}^{\mathrm{T}}\boldsymbol{\Phi}\right) \tag{3.41}$$

式 (3.41) 右边是模态保证准则矩阵, 模态保证准则尽可能使其非对角元最小化; 而有效独立准则使 $\boldsymbol{\Phi}\boldsymbol{\Phi}^{\mathrm{T}}$ [式 (3.41) 的左边] 的对角项最大化, 这会导致模态保证准则非对角元的最小化。因此, 有效独立准则和模态保证准则从总体上来说是一致的。但是从另一个方面讲, 有效独立准则和模态保证准则又略有不同。首先, 模态保证准则试图使模态保证准则矩阵最大的非对角元最小化, 而有效独立准则使整个模态保证准则矩阵的非对角项所有值最小, 即有效独立准则迭代使非对角项最小化不能完全一致地导致模态保证准则矩阵非对角元最大值的减小。其次, 有效独立准则在迭代过程中隐含了模态矩阵的再正交化过程, 这种隐含的再正交化过程和缩减后的模态会与原来的模态在方向上有一定的偏差, 而模态保证准则始终采用原来的模态方向。但是缩减后模态的方向与初始模态的方向的偏差很小, 两者基本一致。

3. 模态保真度准则

通过传感器布设位置处的模态值可以预测未测位置处的模态值, 这种预测方法会存在一定的误差。根据预测方法的不同, 可制订出不同的基于保真度的评价准则, 较为常用的为均方差 (mean square error, MSE) 准则和协方差 (covariance) 准则。

1) 均方差准则

采用三次样条插值法对未测位置处的模态值进行预测, 并利用预测值与有限元数值计算得到结果间的均方差作为评价准则, 即为均方差准则。

$$\sigma = \sum_{i=1}^{m} \frac{\dfrac{1}{\sigma_i}\displaystyle\sum_{j=1}^{n}\left(\phi_{ij}^{t} - \phi_{ij}^{s}\right)^2}{m} \tag{3.42}$$

式中, ϕ_{ij}^{t} 表示三次样条插值拟合得到的第 j 阶模态在第 i 个自由度上的值; ϕ_{ij}^{s} 表示有限元数值分析得到的第 j 阶模态在第 i 个自由度上的值; σ_i 表示各阶模态的标准差。σ 越小, 表示当前传感器布设方案下预测得到的未测位置处

的模态值与真实值间的差异越小, 传感器布设方案也就越优。

2) 协方差准则

假定可用传感器的数量为 k, 则通过动态测试可获得模态向量中 k 个元素的真实值, 对应的模态向量为 $\boldsymbol{\phi}_j^m = \left\{\phi_{1j}^m, \phi_{2j}^m, \cdots, \phi_{kj}^m\right\}^{\mathrm{T}}$。如果要得到模态向量中的所有元素, 则需要通过已知的 k 个元素估计未知的 $m-k$ 个元素, 估计的模态向量表示为 $\widehat{\boldsymbol{\phi}}_j^p = \left\{\widehat{\phi}_{(k+1)j}^p, \widehat{\phi}_{(k+2)j}^p, \cdots, \widehat{\phi}_{(k+u)j}^p\right\}^{\mathrm{T}}$, 其中 $m=k+u$。这种估计可以通过最优线性无偏估计计算, 如下式所示:

$$\widehat{\boldsymbol{\phi}}_j^p = \boldsymbol{B}_{pp}\boldsymbol{B}_{MM}^{-1}\boldsymbol{\phi}_j^m \tag{3.43}$$

如果 $\left\{\boldsymbol{\phi}_j^m, \boldsymbol{\phi}_j^p\right\}$ 等于有限元计算的结构真实模态 $\boldsymbol{\phi}_j^s$, 则 $\boldsymbol{B}_{pp}$ 和 $\boldsymbol{B}_{MM}$ 为协方差矩阵的对角线矩阵。

$$\operatorname{cov}\left(\widehat{\boldsymbol{\phi}}_j^p\right) = \begin{bmatrix} \boldsymbol{B}_{MM} & \boldsymbol{B}_{Mp} \\ \boldsymbol{B}_{pM} & \boldsymbol{B}_{pp} \end{bmatrix} \tag{3.44}$$

估计误差的协方差矩阵为

$$\boldsymbol{D}_{pp} = \operatorname{cov}\left(\widehat{\boldsymbol{\phi}}_j^p - \boldsymbol{\phi}_j^p\right) = \boldsymbol{B}_{pp} - \boldsymbol{B}_{pM}\boldsymbol{B}_{MM}^{-1}\boldsymbol{B}_{Mp} \tag{3.45}$$

协方差准则试图最小化协方差矩阵的行列式或者其他单调函数, 从而保证重构误差最小。

3.4.4　无线传感器优化布设评价准则

对于无线传感网络监测数据的质量, 仍然可以用 3.4.1 节、3.4.2 节和 3.4.3 节介绍的评价准则进行评价。对于无线传感网络数据的可达性, 需要制订相应的连通性准则、持续性准则和服务性准则进行评价 [7]。

1. 网络连通性准则

由于无线传感器的最大数据传输距离远小于土木工程结构监测区域的尺寸, 一般采用多跳自组织无线传感网络进行监测, 如图 3.8 所示。一个无线传感器可以随机选择其最大数据传输距离内的任意无线传感器中转数据, 通过多跳的方式将数据传输至中央服务器。因此, 一个无线传感器与中央服务器间的数据传输路径可能有多条甚至几十条。这种无线传感网络灵活性高, 抗干扰能力强, 增加或删除无线传感器非常容易, 一个或几个无线传感器失效不会造成整个网络瘫痪。对结构健康监测系统来说, 每一个传感器的监测数据对结构的安全评估均非常重要, 应避免每一个无线传感器的数据丢失, 所以须保证传感器与中央服务器之间的连通性, 即保证至少有一条数据传输路径。如何判断是否有数据传输路径, 已成为无线传感器优化布设必须要解决的一个问题。最简单的方法是为每一个无线传感器寻找至少一条与中央服务器间的数据传输路径，从而判断整个网络的连通性。这种方法对于无线传感器很少的网络简单易行，但是对于由几十个无线传感器构成的网络，无疑是一项非常烦琐的工作。

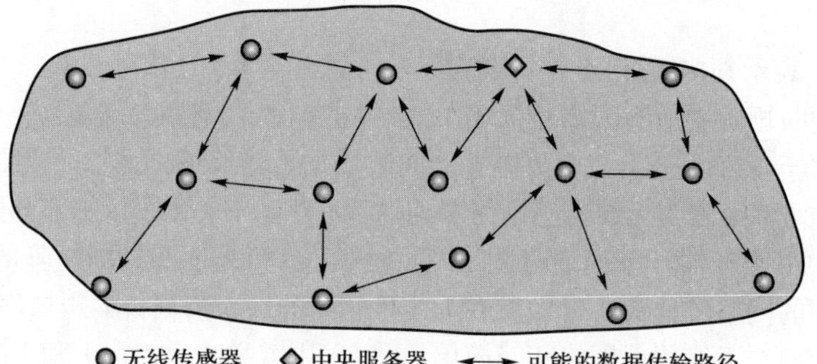

图 3.8 多跳自组织无线传感网络示意图

因此，可借助图论的邻接矩阵和判断矩阵对无线传感网络的连通性进行判断。无线传感网络可以假定为一个有限简单图，用 $G=(V,E)$ 表示，其中，V 表示顶点集合，即无线传感器集合，E 表示边集合。对于图 3.9 所示的无线传感网络，顶点集合 V 为 $\{V_1,V_2,V_3,V_4,V_5,V_6\}$，边集合 E 为 $\{(V_1,V_2),(V_1,V_5),(V_1,V_6),(V_2,V_3),(V_2,V_6),(V_3,V_4),(V_3,V_6),(V_4,V_5),(V_4,V_6),(V_5,V_6)\}$。

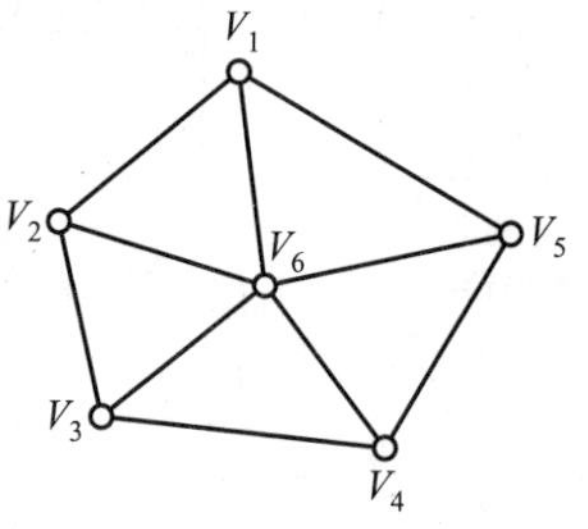

图 3.9 有限简单图示例

邻接矩阵 $\boldsymbol{A}$ 定义为一个 $k\times k$ 的方阵，其中 k 表示有限简单图顶点的数量。当边 $(V_i,V_j)(i,j=1,2,\cdots,k,i\neq j)$ 小于或等于无线传感器的最大数据传输距离时，邻接矩阵的元素 a_{ij} 等于 1；反之，当边 (V_i,V_j) 大于无线传感器的最大数据传输距离时，邻接矩阵的元素 a_{ij} 等于 0。由于第 i 个无线传感器和第 j 个无线传感器之间的数据传输没有方向，即第 i 个无线传感器的数据可以传输至第 j 个无线传感器，第 j 个无线传感器的数据也可以传输至第 i 个无线传感器，邻接矩阵为一个对称矩阵。同时，第 i 个无线传感器将数据传输给自身是不允许也是没有意义的，因此邻接矩阵的对角线元素 a_{ii} 均为 0。判断

矩阵 $\boldsymbol{D}$ 的定义如下:

$$\boldsymbol{D}=\sum_{s=1}^{k-1}\boldsymbol{A}^s \tag{3.46}$$

式中, $\boldsymbol{A}^s$ 表示邻接矩阵 $\boldsymbol{A}$ 的 s 次幂。

当判断矩阵中所有元素均大于 0 时, 表明无线传感网络连通, 任意一个无线传感器至少存在一条与中央服务器间的数据传输路径; 反之, 当判断矩阵中存在 0 元素时, 表明无线传感网络非连通, 至少有一个无线传感器的数据无法传输至中央服务器。下面通过图 3.10 的两个示例来证明判断矩阵的有效性。假定图中的网格尺寸为 1×1, 所有无线传感器的最大数据传输距离均为 6。由于示例中两个无线传感网络相对简单, 可以采用穷举法对工况 Ⅰ 和工况 Ⅱ 的无线传感网络的连通性进行判断。显然, 工况 Ⅰ 中所有传感器均能与中央服务器 7 形成数据传输路径; 工况 Ⅱ 中无线传感器 1、2、3 和 4 与无线传感器 5 和 6 以及中央服务器 7 的距离均超过了 6, 为一个非连通网络。

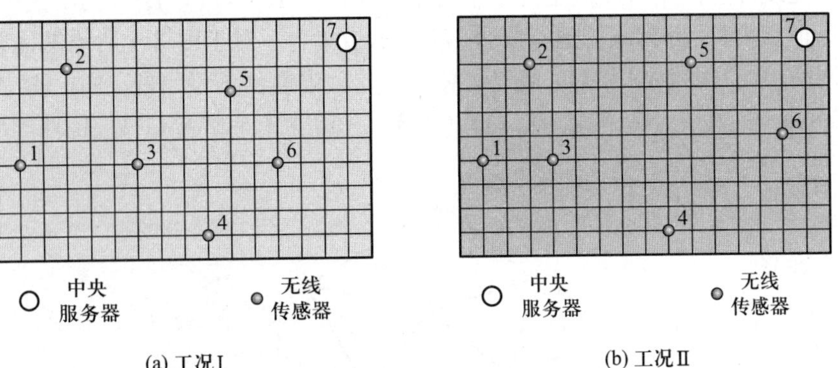

图 3.10　无线传感网络连通性判断示例

基于图论中邻接矩阵的定义, 工况 Ⅰ 和工况 Ⅱ 的邻接矩阵分别为

$$\boldsymbol{A}_1=\begin{bmatrix}0&1&1&0&0&0&0\\1&0&1&0&0&0&0\\1&1&0&1&1&1&0\\0&0&1&0&0&1&0\\0&0&1&0&0&1&1\\0&0&1&1&1&0&1\\0&0&0&0&1&1&0\end{bmatrix} \tag{3.47}$$

$$\boldsymbol{A}_2 = \begin{bmatrix} 0 & 1 & 1 & 0 & 0 & 0 & 0 \\ 1 & 0 & 1 & 0 & 0 & 0 & 0 \\ 1 & 1 & 0 & 1 & 0 & 0 & 0 \\ 0 & 0 & 1 & 0 & 0 & 0 & 0 \\ 0 & 0 & 0 & 0 & 0 & 1 & 1 \\ 0 & 0 & 0 & 0 & 1 & 0 & 1 \\ 0 & 0 & 0 & 0 & 1 & 1 & 0 \end{bmatrix} \tag{3.48}$$

通过式 (3.46) 可以计算得到工况 I 和工况 II 的判断矩阵分别为

$$\boldsymbol{D}_1 = \sum_{s=1}^{6} \boldsymbol{A}_1^s = \begin{bmatrix} 103 & 103 & 200 & 122 & 152 & 178 & 96 \\ 103 & 103 & 200 & 122 & 152 & 178 & 96 \\ 200 & 200 & 458 & 256 & 322 & 392 & 234 \\ 122 & 122 & 256 & 162 & 206 & 238 & 136 \\ 152 & 152 & 322 & 206 & 266 & 308 & 176 \\ 178 & 178 & 392 & 238 & 308 & 368 & 210 \\ 96 & 96 & 234 & 136 & 176 & 210 & 130 \end{bmatrix} \tag{3.49}$$

$$\boldsymbol{D}_2 = \sum_{s=1}^{6} \boldsymbol{A}_2^s = \begin{bmatrix} 12 & 6 & 6 & 6 & 0 & 0 & 0 \\ 6 & 12 & 6 & 6 & 0 & 0 & 0 \\ 6 & 6 & 18 & 0 & 0 & 0 & 0 \\ 6 & 6 & 0 & 6 & 0 & 0 & 0 \\ 0 & 0 & 0 & 0 & 12 & 6 & 6 \\ 0 & 0 & 0 & 0 & 6 & 12 & 6 \\ 0 & 0 & 0 & 0 & 6 & 6 & 12 \end{bmatrix} \tag{3.50}$$

可以看出, $\boldsymbol{D}_1$ 中所有元素均大于 0, 可以判断工况 I 为一个连通网络; $\boldsymbol{D}_2$ 中存在较多的 0 元素, 可以判断工况 II 为一个非连通网络。基于图论的判断结果与穷举法的判断结果一致, 这表明通过判断矩阵可以快速判断多跳自组织无线传感网络的连通性。

2. 网络持续性准则

无线传感器的能量消耗 (能耗) 包括数据收发、感知和处理, 其中收发的能耗可能比感知和处理的能耗之和高出多个数量级。因此, 在分析无线传感网络的能耗和使用寿命时, 可仅考虑数据收发的能耗, 其数学模型可表示为

$$E_{\mathrm{T}} = \varepsilon_{\mathrm{T}}\lambda + \eta_{\mathrm{T}}\lambda d^{\mu} \tag{3.51}$$

$$E_{\mathrm{R}} = \varepsilon_{\mathrm{R}}\lambda \tag{3.52}$$

式中, E_{T} 表示发送大小为 λ 的数据包至距离 d 所需要的能量; E_{R} 表示接收大小为 λ 的数据包所需要的能量; ε_{T} 和 ε_{R} 分别表示发送电路和接收电路的能耗系数; η_{T} 表示传输单位比特数据至单位距离的能耗; μ 表示与使用环境有关的路径能耗指数, 一般为 2~6。

对于既发送又接收的无线传感器, 其总能耗为发送和接收能耗之和, 即

$$E_{\mathrm{C}} = E_{\mathrm{T}} + E_{\mathrm{R}} \tag{3.53}$$

对于如图 3.11 所示的典型无线传感监测网络, 所有无线传感器同步采集数据, 因此每个传感器单位时间内产生的数据量大小一致。远离中央服务器的传感器利用靠近中央服务器的传感器转发数据, 实现与中央服务器通信。在这种情况下, 靠近中央服务器的传感器需要接收并发送多个远离中央服务器的传感器的数据, 这会造成靠近中央服务器的传感器负载过大, 导致能耗过快。如图 3.11 中的传感器 S_A, 其由于能耗过快而无法工作, 此时远离中央服务器的传感器还有大量的能量剩余, 这导致了无线传感网络中有限的能量资源没有被充分利用。另外, 根据式 (3.51) 可知, 无线传感器发送数据的能耗与数据传输距离呈指数关系, 如果某一个无线传感器的通信距离较远, 如图 3.11 中的无线传感器 S_B, 此传感器也会由于能耗过快而无法工作。因此, 需要合理选择无线传感器的布设位置, 尽可能地充分利用无线传感网络中的所有能量, 延长网络的工作时长。

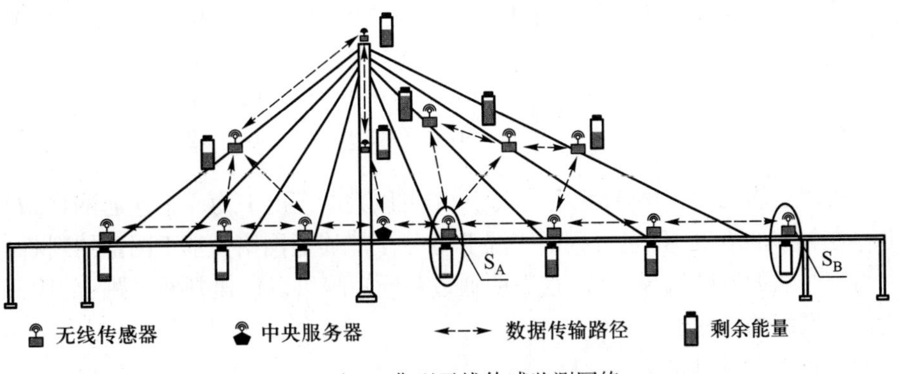

图 3.11　典型无线传感监测网络

如果将无线传感网络的工作时长定义为从网络开始运行到第一个无线传感器能量耗尽的持续时间, 并假定所有传感器的初始能量相同, 则无线传感网络的持续性可以通过单个传感器的最大能耗来评价, 如下式所示:

$$MEC = \max\left(E_{\mathrm{C},1}, E_{\mathrm{C},2}, \cdots, E_{\mathrm{C},k}\right) \tag{3.54}$$

式中, MEC 表示无线传感网络的持续性指数; $\max(\cdot)$ 表示求最大值; $E_{\mathrm{C},i}(i=1,2,\cdots,k)$ 表示在一个采样周期内第 i 个无线传感器的能耗。

当然, 无线传感网络的持续性也可以通过网络中所有无线传感器的能耗平均值来评价, 即

$$MEC=\mathrm{mean}\left(E_{\mathrm{C},1},E_{\mathrm{C},2},\cdots,E_{\mathrm{C},k}\right) \tag{3.55}$$

式中, $\mathrm{mean}(\cdot)$ 表示求平均值。

当所有传感器的初始能量均相同时, 如果网络中所有传感器同时耗尽能量无法工作, 则表明无线传感网络中的所有能量均得到了充分利用。从这个角度来分析, 网络中传感器能耗的均衡性也能评价网络的持续性, 即有

$$MEC=\mathrm{var}\left(\overline{E}_{\mathrm{C},1},\overline{E}_{\mathrm{C},2},\cdots,\overline{E}_{\mathrm{C},k}\right) \tag{3.56}$$

式中, $\mathrm{var}(\cdot)$ 表示求方差; $\overline{E}_{\mathrm{C},i}(i=1,2,\cdots,k)$ 表示在一个采样周期内第 i 个无线传感器的归一化能耗, 计算方法如下:

$$\overline{E}_{\mathrm{C},i}=\frac{E_{\mathrm{C},i}}{\max\left(E_{\mathrm{C},1},E_{\mathrm{C},2},\cdots,E_{\mathrm{C},k}\right)} \tag{3.57}$$

3. 网络服务性准则

进一步分析无线传感监测网络, 其数据传输路径如图 3.12 所示。首先, 分析单个无线传感器的处理能力, 若传感器 S_B、S_C、S_D、S_F、S_G 和 S_H 均通过传感器 S_A 将数据传输至中央服务器, 必然会造成 S_A 过于繁忙, S_A 可能会由于存储容量不足而不能及时接收数据, 造成数据丢失或传输延迟, 且 S_A 会因为能耗过快而无法工作。其次, 分析无线传感网络的带宽, 如果传感器 S_C、S_D、S_G 和 S_H 均通过传感器 S_B 将数据传输给 S_A, 不难发现, 传感器 S_B 和 S_A 间的数据传输路径会非常繁忙, 甚至可能超出网络的带宽, 有可能造成数据拥堵和丢失。最后, 分析数据传输路径实用性, 考虑两条数据传输路径, 路径 I: $\mathrm{S}_B\to\mathrm{S}_H\to\mathrm{S}_G\to\mathrm{S}_F\to\mathrm{S}_A$; 路径 II: $\mathrm{S}_B\to\mathrm{S}_A$。很明显, 由于路径 I 的传输距离和数据转发次数均多于路径 II, 必然造成路径 I 的能耗高于路径 II, 路径 I 的数据丢失概率会高于路径 II。

综合以上分析, 网络服务性可以用下式来衡量:

$$QOS=\left(\frac{E_{\mathrm{C,mean}}\cdot E_{\mathrm{C,min}}}{E_{\mathrm{C,total}}}\right)^{\alpha_1}\left(\frac{1}{D_{\mathrm{total}}}\right)^{\alpha_2}\left(\frac{1}{N_{\mathrm{h}}}\right)^{\alpha_3}\left(D_{\mathrm{C,min}}\cdot D_{\mathrm{C,mean}}\right)^{\alpha_4} \tag{3.58}$$

式中, QOS 表示网络服务性指数; $E_{\mathrm{C,mean}}$、$E_{\mathrm{C,min}}$ 和 $E_{\mathrm{C,total}}$ 分别表示路径上所有无线传感器的平均剩余能量、最小剩余能量和总能耗; D_{total} 表示路径的

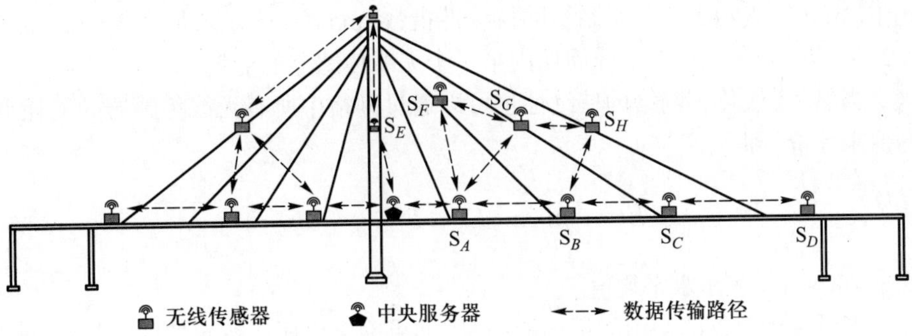

图 3.12 典型无线传感监测网络数据传输路径

总长度; N_h 表示路径上数据的转发次数; $D_{C,min}$ 和 $D_{C,mean}$ 分别表示路径上所有无线传感器的最小空闲度和平均空闲度; α_1、α_2、α_3 和 α_4 分别表示各项的权系数。

网络服务性指数综合评价了数据传输路径上节点的剩余能量、空闲程度以及总数据传输距离和数据转发次数。网络服务性指数越小, 数据传输路径的数据丢失概率越低, 数据传输延迟越小, 数据传输效率越高, 无线传感器的能耗越均衡, 布设方案也就越优。

3.4.5 其他优化布设评价准则

1. 多向传感器优化布设评价准则

从理论上讲, 结构上任意一点的振动都是空间三维的。早期的加速度计都为单向传感器, 即只能测试一个方向的振动。随着传感器技术的发展, 大量的多向加速度计在实际工程中得到使用。如果采用单向评价准则对多向加速度计进行布设, 会出现在优化方向得到的测试结果是最优的, 而在其余方向得到的结果不一定是最优的情况。因此, 需要发展多向加速度计优化布设评价准则。

将单向传感器优化布设评价准则扩展为多向传感器优化布设评价准则时, 主要有加和法和集成法两种途径, 基本思路如式 (3.59) 和式 (3.60) 所示 [8]。

$$\phi_{ij} = \sum \left(\phi_{ij}^X + \phi_{ij}^Y + \phi_{ij}^Z\right) \tag{3.59}$$

$$\phi_{ij} = \left(\phi_{ij}^X, \phi_{ij}^Y, \phi_{ij}^Z\right) \tag{3.60}$$

式中, ϕ_{ij}^X、ϕ_{ij}^Y 和 ϕ_{ij}^Z 分别表示第 i 个测点上第 j 阶模态在 X、Y 和 Z 三个正交方向上的模态值。

加和法将一个测点上三个正交方向的模态值相加形成一个模态值, 集成法将一个测点上三个正交方向的模态值集成, 形成一个整体, 进而可以利用单向传感器优化布设评价准则进行度量。

2. 传感器优化布设多目标评价准则

上述评价准则均只考虑了模态参数识别的某一个方面, 如响应强度、模态独立性和参数识别误差等。但在实际工程中, 理想的状态是测试信号应能满足多种需求。因此, 需要建立能够考虑多种因素的多目标评价准则, 主要构建方法包括加和法、乘积法、合并法和演绎法。

加和法是将两种或两种以上的单目标评价准则加权求和, 得到多目标评价准则, 这种方法的关键在于权系数的确定。例如, 有效独立–平均加速度准则就能同时体现模态间的独立性和测点响应的强度, 其表达式为

$$\boldsymbol{EI}-\boldsymbol{AAA}=\alpha\cdot\mathrm{diag}\left[\boldsymbol{\Phi}\left(\boldsymbol{\Phi}^{\mathrm{T}}\boldsymbol{\Phi}\right)^{-1}\boldsymbol{\Phi}^{\mathrm{T}}\right]+\beta\cdot\sum_{j=1}^{n}|\boldsymbol{\phi}_j| \tag{3.61}$$

式中, $\boldsymbol{\phi}_j$ 表示第 j 阶模态向量; α 和 β 分别表示有效独立准则和平均加速度准则的权系数。

乘积法是将两种或两种以上的单目标评价准则相乘, 得到多目标评价准则。采用乘积法构建多目标评价准则时, 应注意不同准则的数量级大小一样。例如, 有效独立–模态动能准则可同时体现模态间的独立性和测点振动能量的大小, 其表达式为

$$\boldsymbol{EI}-\boldsymbol{MKE}=\mathrm{diag}\left[\boldsymbol{\Phi}\left(\boldsymbol{\Phi}^{\mathrm{T}}\boldsymbol{\Phi}\right)^{-1}\boldsymbol{\Phi}^{\mathrm{T}}\right]\cdot\mathrm{diag}\left(\boldsymbol{\Phi}^{\mathrm{T}}\widetilde{\boldsymbol{M}}\boldsymbol{\Phi}\right) \tag{3.62}$$

合并法是将两种或两种以上的单目标评价准则合并, 得到多目标评价准则。例如, 模态动能–模态保证准则, 其表达式为

$$\boldsymbol{MKE}-\boldsymbol{MAC}=\left(\boldsymbol{MKE}^{-1},\boldsymbol{MAC}\right) \tag{3.63}$$

演绎法是将两种或两种以上的单目标评价准则进行推导, 得到多目标评价准则。例如, 有效独立–驱动点残差准则:

$$EI_i-DPR_i=(\boldsymbol{\Phi}\boldsymbol{\psi})^2\lambda^{-1}\{1\}_i\cdot DPR_i \tag{3.64}$$

式中, $\boldsymbol{\psi}$ 和 λ 分别表示费希尔信息阵的特征向量和特征值。

3. 传感器优化布设多因素评价准则

进一步分析式 (3.10) 所示的结构振动测试方程可以发现, 结构的振动响应除了与其自身的质量和刚度有关外, 还与外荷载的特性有关。为了精确衡量测点振动响应的大小, 应该考虑结构的荷载特征, 因此可建立荷载模态加和准则:

$$IMSSP_i=\sum_{j=1}^{n}\alpha_j\left|\phi_{ij}\right| \tag{3.65}$$

式中, α_j 表示第 j 阶模态的荷载参与系数。

本节介绍了基于振动响应强度、模态重构效果、参数识别误差和无线传感网络等的传感器优化布设评价准则, 这些准则从理论上反映了不同的监测需求。在工程应用中, 由于不同结构的几何形状和受力机理等差异巨大, 应根据实际的监测需求选择恰当的评价准则。

3.5 传感器优化布设求解方法

选定适宜的评价准则后, 需要高效的求解方法进行计算。假定可用的传感器数量为 k, 则传感器优化布设问题的数学模型可表示为

$$\begin{cases} \text{find } \boldsymbol{\theta}=\{\theta_1,\theta_2,\cdots,\theta_k\},\ \theta_i\in[1,m],\ i=1,2,\cdots,k \\ \max\left(f_1,f_2,\cdots,f_q\right) \\ \text{s.t.}\quad g_1,g_2,\cdots,g_p \end{cases} \tag{3.66}$$

式中, $\boldsymbol{\theta}$ 表示传感器布设方案; $f_1,f_2,\cdots,f_q$ 表示 q 个评价准则对应的目标函数; $g_1,g_2,\cdots,g_p$ 表示 p 个约束条件。

因此, 传感器优化布设问题可描述为寻找一种能够满足 p 个约束条件的布设方案, 以使 q 个目标函数最大化。如果 $q=1$, 则为单目标优化问题; 如果 $q>1$, 则为多目标优化问题。在工程实际中, 大多使用单目标评价准则, 即 $q=1$。目标函数是对评价准则的单调化, 如 3.4 节介绍的模态动能准则、有效独立准则和模态保证准则对应的目标函数可分别表示为式 (3.67)、式 (3.68) 和式 (3.69) 的形式。

$$f(\boldsymbol{MKE})=\sum_{i=1}^{k}\frac{1}{n}\sum_{j=1}^{n}MKE_{ij} \tag{3.67}$$

$$f(\boldsymbol{EI})=\min\left\{\text{diag}\left[\boldsymbol{\Phi}\left(\boldsymbol{\Phi}^{\mathrm{T}}\boldsymbol{\Phi}\right)^{-1}\boldsymbol{\Phi}^{\mathrm{T}}\right]\right\} \tag{3.68}$$

$$f\left(MAC_{ij}\right)=\max\left(MAC_{ij}\right),\ i\neq j \tag{3.69}$$

从数学上看, 传感器优化布设属于一种典型的 0−1 整数规划问题, 属于非线性约束优化问题, 在求解上存在较大的难度。目前, 传感器优化布设问题的求解方法通常分为确定性求解方法和随机类求解方法。

3.5.1 确定性求解方法

1. 穷举法

穷举法是最为简单直接的一种求解方法, 即找出所有可能的传感器布设方案, 然后通过比较挑选出最符合评价准则的布设方案。穷举法是最精确的求解

方法, 能够找到全局最优解, 但在实际工程中却很难操作。假定待选测点数量和传感器数量分别为 m 和 k, 则所有可能的传感器布设方案数量为

$$N = \frac{m!}{k!(m-k)!} \tag{3.70}$$

式中, N 表示所有可能的传感器布设方案数量。

假定 m 和 k 分别为 20 和 10, 则传感器布设方案数量为 184 756; 当待选测点数量 m 增加到 100 时, 所有可能布设方案的数量则超过 1.7×10^{13}。众所周知, 实际工程结构上可布设传感器的测点数量远超过 100, 这使得采用穷举法找出所有可能的传感器布设方案难以实现。

2. 顺序法

顺序法是一种非常高效且应用广泛的传感器优化布设求解方法, 分为正向和逆向。正向顺序优化方法从 0 开始, 每次在所有可选测点中找出 1 个测点布设 1 个传感器, 使得增加传感器后的布设方案计算出的目标函数变优, 通过不断迭代, 直到布设方案中传感器数量达到 k [3]。假定布设方案中已有 i 个传感器, 则继续添加第 $i+1$ 个传感器时, 可能的传感器布设方案数量为 $m-i$。整个求解过程需要计算的布设方案数量 $\widetilde{N}$ 如式 (3.71) 所示:

$$\widetilde{N} = \sum_{i=1}^{n} m - i + 1 \tag{3.71}$$

上例中, 当 m 等于 20 时, 布设方案的数量为 155; 当 m 等于 100 时, 布设方案的数量仅为 955。因此, 这种方法大大减少了计算量。逆向顺序优化方法与正向顺序优化方法的求解过程相反, 其每次从布设方案中删除 1 个传感器, 使得删除传感器后的布设方案计算的目标函数变优, 通过不断迭代, 直到布设方案中传感器数量达到 k。

需要指出的是, 传感器优化布设并非线性优化问题, 随着传感器的添加或删除, 目标函数并不是单调的增加或减少。也就是说, 对于选定的某种评价准则, 上一次迭代中表现最好的测点, 可能在本次迭代时属于较差的测点, 但是根据正向顺序优化方法, 此测点已被选定而不能更改; 逆向顺序优化方法也会有类似的问题。为了解决此问题, 有的研究者提出了一种超额顺序优化方法, 即当传感器数量增加到 k 时并不停止计算, 而是继续增加传感器的数量到某个较大值或到所有测点均被依次选中, 然后再从布设方案中逐个删去传感器, 直到传感器数量等于 k, 最后通过对比增加和删除过程中传感器达到 k 时的两种布设方案, 选择较优的方案作为最终结果。这种方法可在一定程度上扩大顺序法的搜索范围, 但仍属于在局部区域搜索可能的最优解, 难以找到全局最优解。

3.5.2 随机类求解方法

随机类求解方法是按照一定的规则在可能解的全部解空间内进行随机搜索, 从全局最优的角度获得最优的传感器布设方案。根据随机搜索规则的不同, 形成了不同的求解方法。为了提高随机搜索效率, 通常模仿自然界中的生物群体智能行为, 进而建立了不同的群智能算法, 目前已成为求解优化问题的有力工具。1975 年, 基于达尔文生物进化论的自然选择和遗传学机理的生物进化过程, 世界上第一种群智能算法 —— 遗传算法被提出; 1991 年, 模仿蚂蚁觅食行为的蚁群算法出现; 1995 年, 模拟鸟类和鱼群群聚行为的粒子群算法出现; 随后, 又涌现出人工蜂群算法、猴群算法、布谷鸟算法、萤火虫算法、狼群算法和鸽群算法等群智能算法。对于传感器优化布设问题, 由于其具有大空间搜索、离散变量求解、局部最优解密集等独特的特征, 较为适宜的求解方法有遗传算法、猴群算法、狼群算法和萤火虫算法等 [9]。

遗传算法是一种应用广泛的传感器优化布设求解方法, 该算法从代表问题可能解空间的一个种群开始, 而种群则由一定数目的个体组成, 每个个体代表一个可行解。在每一代进化过程中, 通过选择、交叉和变异, 产生出更优的个体和种群, 末代的最优个体作为优化问题的最终解。遗传算法因为采用概率化的寻优方法, 能自动获取和指导优化的搜索空间, 自适应地调整搜索方向, 不需要确定的规则, 不依赖于优化问题本身的特性, 具有良好的搜索性能、鲁棒性和高效的并行计算能力 [2]。

猴群算法是一种用于求解大规模、多峰优化问题的智能优化算法, 其基本思想是通过模拟猴群爬山过程中的爬、望–跳、翻等几个动作设计三个搜索过程, 以此进行迭代计算。爬过程用来搜索当前所在位置附近的局部最优解; 望–跳过程用来搜索邻近领域比当前位置更优的解, 以便加速最优解的搜寻过程; 翻过程是由当前搜索区域转移到其他区域搜索, 以避免算法陷入局部最优。猴群算法非常适合于传感器优化布设这种具有多维变量的优化问题 [10]。

狼群算法是基于自然界狼群的群体行为, 模拟狼群捕食行为及其猎物分配方式, 抽象出游猎、围攻和食物分配三种智能行为以及 "胜者为王" 的头狼产生规则和 "强者生存" 的狼群更新机制, 而提出的一种群智能算法。游猎过程用于狼个体在当前所在位置的附近搜索局部最优解; 围攻过程用于利用群体中最优狼个体的信息搜索全局最优解; 食物分配过程用于剔除群体中目标函数值差的狼个体, 并用随机产生的新个体取代, 以增加群体的多样性, 避免算法陷入局部最优 [8]。

萤火虫算法来自萤火虫的闪烁行为, 自然界中萤火虫通过闪光作为信号, 吸引其他的萤火虫, 最终萤火虫会聚集在一起。萤火虫算法引入三个假定: ① 萤火虫不分性别, 任何一个萤火虫都可以吸引其他的萤火虫或者被其他萤火虫吸引; ② 萤火虫的吸引力与它们的亮度成正比, 亮度随着距离的增加而减少, 对于任何两个萤火虫, 较暗的萤火虫被吸引, 并向更亮的一个移动; ③ 如果没有一个比给定的萤火虫更亮的萤火虫, 则给定的萤火虫会随机移动。萤火虫算法是求解无线传感器优化布设问题的一种优秀的群智能算法。

【**案例 3.1**】广州新电视塔的设计总高度为 610 m (实际建造高度为 600 m), 其中塔身设计高为 454 m, 天线设计高度为 156 m, 建成时为世界第一高电视塔, 如图 3.13 所示。塔体结构包括一个椭圆形钢结构外筒、一个椭圆形混凝土核心筒以及连接这两者的钢–混凝土组合结构楼面, 钢结构的桅杆天线直接建于主体结构顶部。为了获得电视塔的动力特性, 首先对其建立有限元模型。基于 ANSYS 软件建立的三维有限元模型如图 3.13 所示, 该模型由 122 476 个单元、84 370 个节点组成, 共含有 505 164 个自由度。由于实际监测的测点数量有限, 而有限元模型的自由度达到了 50 余万个, 两者无法匹配; 另外, 模型自由度过多会引起动力分析时大型稠密矩阵运算费时费力的问题, 因此需要对有限元模型进行简化。将楼板看作刚体, 两楼板中间部分假设为线弹性梁单元; 楼板的质量归属到相应的节点上, 对于节点之间的部分, 一半的质量归属到上一节点, 另一半的质量归属到下一节点。因此, 整个电视塔可简化为一个由 37 个梁单元和 38 个节点组成的悬臂梁, 如图 3.14 所示。忽略竖向自由

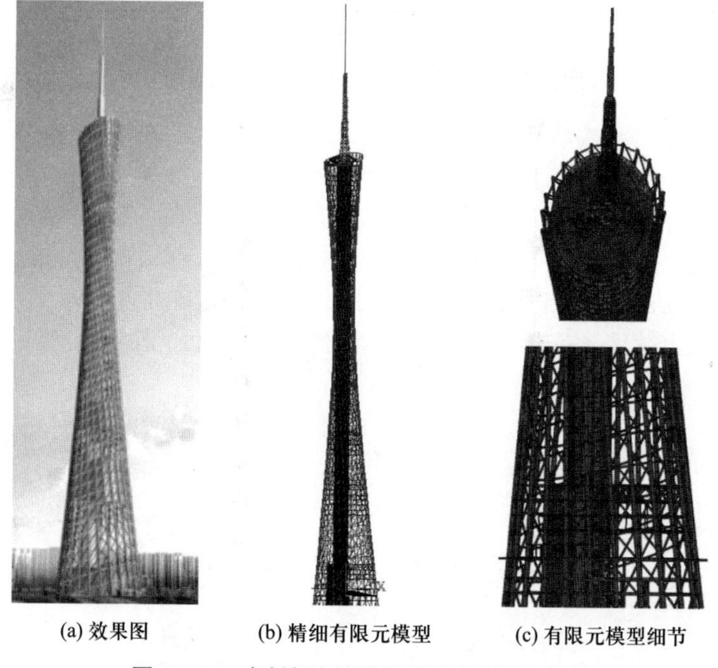

(a) 效果图　(b) 精细有限元模型　(c) 有限元模型细节

图 3.13　广州新电视塔效果图和有限元模型

度, 则每个节点仅包含 3 个转动自由度和 2 个平动自由度, 整个简化模型共含有 185 个自由度。考虑到实际测试时, 一般只能在结构的平动方向布设加速度计, 因此需要在简化模型中将那些不可能布设的测点 (如转角自由度) 剔除。引入模型缩聚的思想, 将平动向自由度看作主自由度, 将扭转自由度看作副自由度, 利用反映主自由度、副自由度之间关系的动力缩聚矩阵把简化有限元模型的刚度矩阵、质量矩阵和阻尼矩阵投影到一个只有主自由度组成的物理空间中, 从而达到模型降阶, 即可去除扭转自由度。缩聚后的有限元模型如图 3.15 所示。

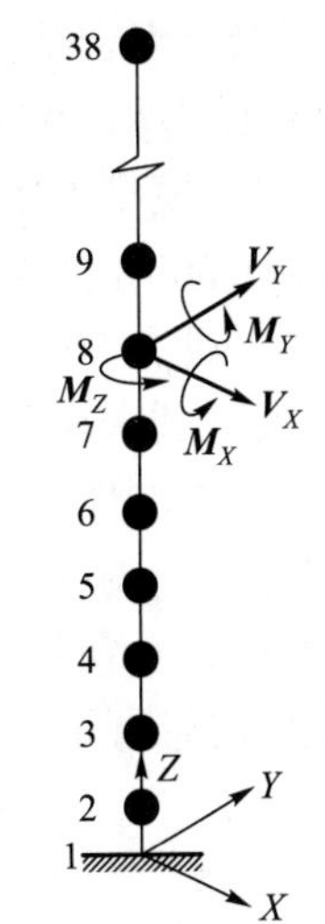

图 3.14　广州新电视塔的简化有限元模型

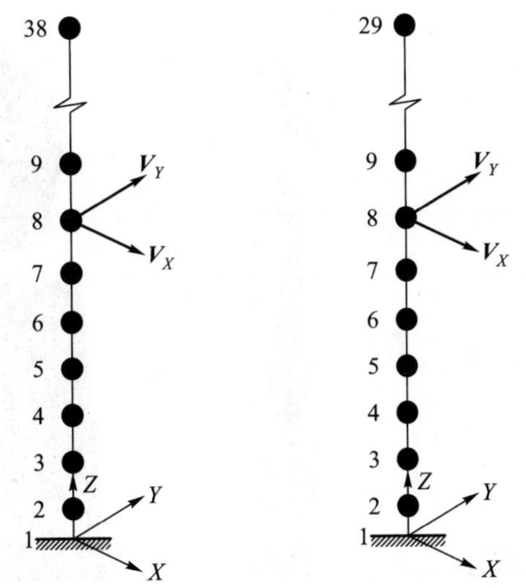

(a) 包含天线　　(b) 不包含天线

图 3.15　广州新电视塔缩聚后的有限元模型

以模态保证准则作为传感器优化布设评价准则，并选用猴群算法对布设方案进行求解。在包含天线和不包含天线两种情况下，全部自由度均布设传感器和经过优化布设后，测得的前 10 阶模态的模态保证准则矩阵非对角元最大值对比如图 3.16 所示，经过优化布设后的传感器布设位置如表 3.2 和表 3.3 所示。从图 3.16 中可以看出，经过优化布设后，各阶模态的模态保证准则矩阵非对角元最大值大幅减小。以第 3 阶模态为例进行说明。包含天线且在全部 38 个自由度上均布设传感器监测时，模态保证准则矩阵非对角元最大值为 0.97，非常接近 1，表明测试模态的独立性很差；经过优化布设后，模态保证准则矩阵非对角元最大值为 0.51，测试模态能够被轻易区分。不包含天线时，经过优化布设后，模态保证准则矩阵非对角元最大值由 0.86 下降为 0.46，表明测试模态的独立性大幅提升。从该例可以看出，传感器优化布设不仅能获取高质量的结构振动响应，进而获得高精度的模态参数，还能减少传感器的使用数量，进而降低整个监测系统的成本。

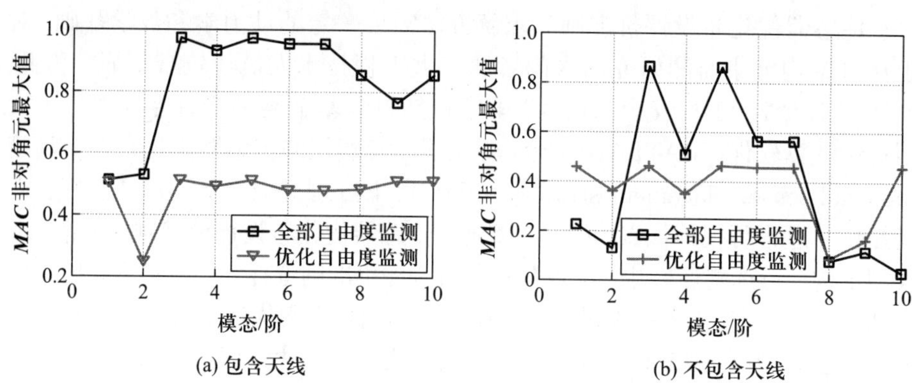

图 3.16 前 10 阶模态的模态保证准则矩阵非对角元最大值

表 3.2 包含天线时传感器的优化布设位置

传感器编号		1	2	3	4	5	6	7	8	9	10
自由度编号	X 方向	2		3	4			14			20
	Y 方向		2			6	8		16	19	
传感器编号		11	12	13	14	15	16	17	18	19	20
自由度编号	X 方向		21		22		23	24		25	29
	Y 方向	20		21		22			24		

表 3.3　不包含天线时传感器的优化布设位置

传感器编号		1	2	3	4	5	6	7	8	9	10
自由度编号	X 方向		2		3			5		9	
	Y 方向	1		2		3	4		6		9
传感器编号		11	12	13	14	15	16	17	18	19	20
自由度编号	X 方向	12	13	15			19		22	23	
	Y 方向				15	17		20			24

3.6　传感器优化布设软件集成

传感器优化布设评价准则和求解方法需要一定的动力学和数学基础，对于从事结构健康监测研究的入门者和广大工程技术人员还较难掌握。为此，大连理工大学“工程安全与监控”国家自然科学基金委创新研究群体基于大型科学计算软件 (MATLAB 平台) 开发了一套实用的传感器优化布设工具箱 (optimal sensor placement strategy, OSPS)。该工具箱具备界面简洁友好、交互操作、过程可视等优点，内嵌了经典的传感器优化布设评价准则，具备物理模型重构、待选测点标注、测点数目设置、评价准则选择、方案对比导出等实用功能，为工程技术人员提供了“一键式”的测点方案优选工具。

图 3.17 为 OSPS 的主界面，从上到下分别为菜单栏、状态栏、准则栏、视图栏、测点栏、功能栏。菜单栏用于提供功能入口，按用户点击操作的顺序排布；状态栏位于菜单栏下方，用于给出用户操作交互过程，可实时给出模型装载信息、计算信息、准则切换等，是确保操作无误的关键；准则栏可实现不同准则间的切换，以用于不同布设方案的对比；视图栏左侧为显示区，用以呈现重构的物理模型、测点位置等，右侧为两排工具窗，便于选择待选测点和观察模型，用户可对模型进行选点、缩放、拖拽、三视图视角等操作；测点栏由滑动条和按钮组成，方便用户查看不同测点数量的布设结果；功能栏可以控制计算的开始、结束和中断，以及导出报告等。

菜单栏包含“新建项目”“模型重构”“测点数目”“单目标优化”“多目标优化”和“用户指南”六个菜单项。

(1)“新建项目”菜单项是输入新建项目的窗口，主要用于自动导出布设方案报告。界面如图 3.18 所示，需要输入项目名称、项目工况、项目简介、报告存储路径、报告导出格式等。

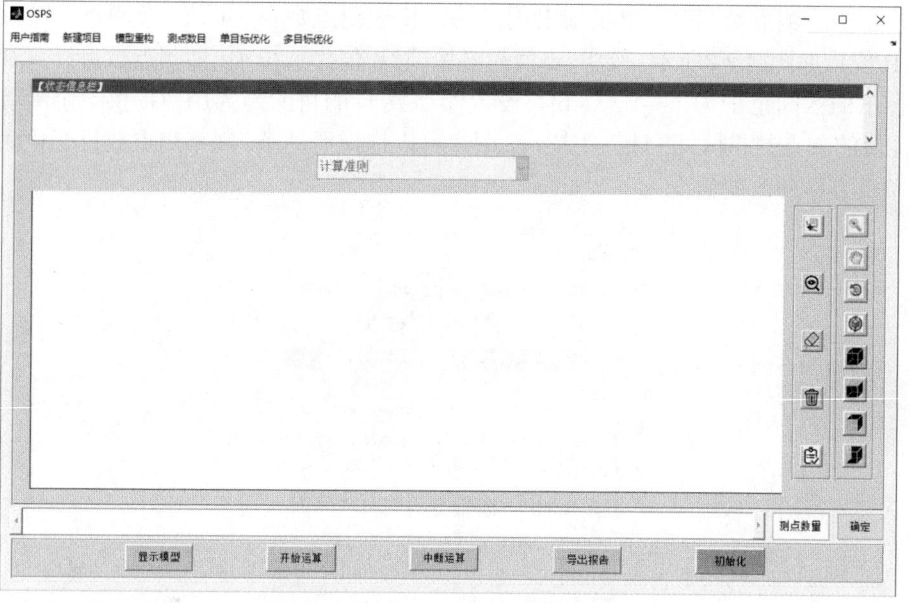

图 3.17 OSPS 主界面

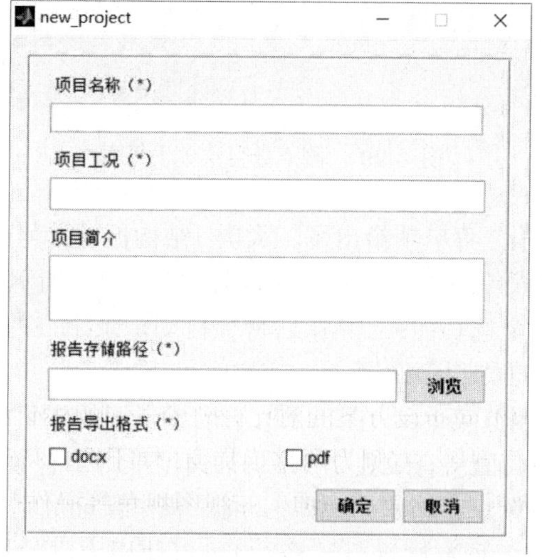

图 3.18 新建项目菜单项界面

(2) “模型重构” 菜单项支持用户将有限元模型和参与计算的参数 [模态 (振型) 矩阵、质量矩阵、刚度矩阵、频率向量] 导入到工具箱内, 可实现数值模型在视图栏重构和后台计算时参数调用。其中, 模型重构支持 ANSYS、ABAQUS、Midas 三种常用有限元软件模型。图 3.19 为模型重构菜单项界面。

(3) “测点数目” 菜单项指引用户输入待选测点数目 (a 值) 及测点浮动数 (b 值), 如图 3.20 所示, 其中, a 值为必填项, b 值为选填项, 即测点数目计算和显示的区间范围为 [a−b, a+b]。设置浮动数 b 的目的是为用户提供一个围绕 a 值的测点数目区间, 计算完毕后, 用户可以拖拉滑动条, 观察测点数目变化时布设方案的改变情况。

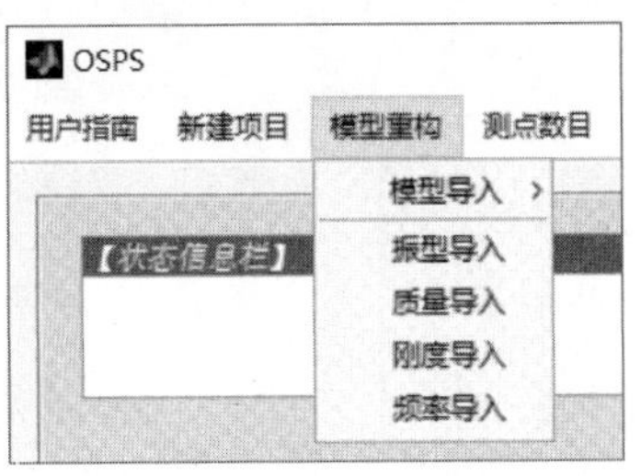

图 3.19　模型重构菜单项界面

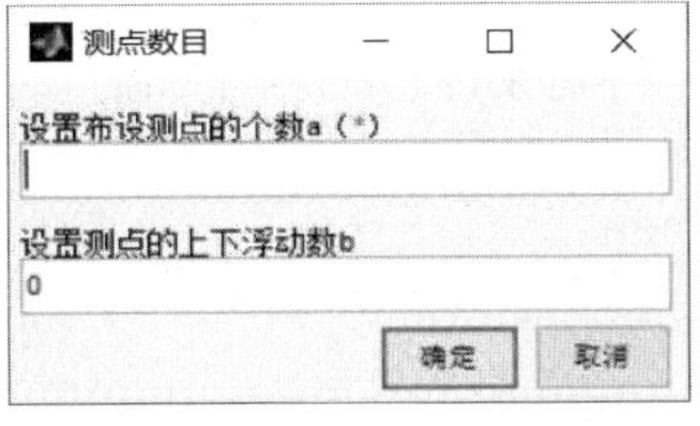

图 3.20　测点数目菜单项界面

(4) “单目标优化” 菜单项给出了三大类 (结构振动信号最强、模态重构效果最佳、参数识别误差最小) 17 种评价准则, 如图 3.21 所示。该菜单项支持单选、多选、清零和全选功能, 工具箱后台会自动记录用户的选择, 后续计算时会执行相应的评价准则程序调用。

(5) “多目标优化” 菜单项 (图 3.22) 给出了常用的多目标优化准则和帕累托优化方法。用户可以从有效独立 – 平均加速度准则、有效独立 – 驱动点残差准则、有效独立 – 模态动能准则、模态动能 – 模态保证准则这四种常用多目标准则中选择一种或多种准则进行计算; 也可以使用内嵌的帕累托优化求解器 (图 3.23), 自由组合单目标评价准则, 形成个性化的多目标评价准则。

(6) “用户指南” 菜单项包括 “软件介绍” “导入说明” “基本理论” 三个子菜单项: “软件介绍” 给出了软件操作说明书, 包括工具箱的开发信息、各模块功能和软件操作步骤等; “导入说明” 子菜单用于说明模型和参数导入的类型和格式, 以便重构数值模型; “基本理论” 子菜单内置评价准则的说明文档, 便于用户查看工具箱传感器优化布设评价准则基础理论和求解方法, 包括评价准则的原

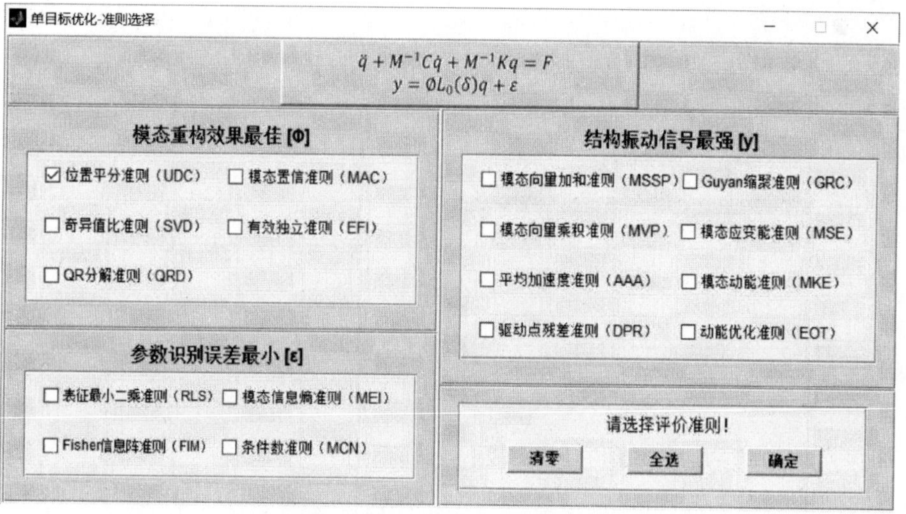

图 3.21 单目标优化菜单项界面

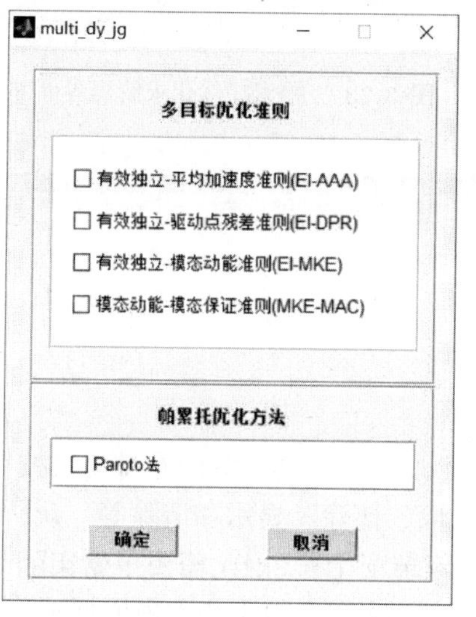

图 3.22 多目标优化菜单项界面

始公式、符号表达、物理意义等详细说明。

位于菜单栏下方的状态栏用于显示用户与工具箱的交互情况, 给予操作的实时反馈与提示, 从而确保操作的正确性。菜单栏会显示用户导入模型数据的路径及成功与否、当前模型上标注测点数目、输入的测点数目及浮动区间、当前视图栏呈现的准则方法等内容。图 3.24 为状态栏示意图。

状态栏下方的准则栏为一个下拉菜单控件, 用于切换不同评价准则, 实现

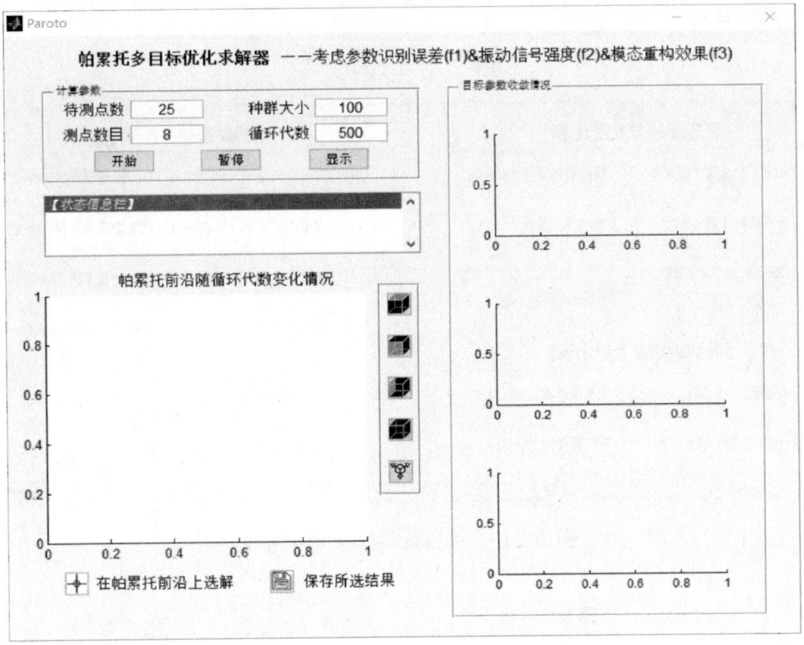

图 3.23　帕累托优化求解器界面

图 3.24　状态栏示意图

不同布设方案的对比。

视图栏界面如图 3.25 所示。其右侧的左排工具按钮用于在重构的有限元模型上进行待选测点选取、擦除、显示和清除等。众所周知, 有限元模型的自由度数量众多, 模态矩阵维度庞大, 因此需要根据实际工程需求在模型上标注出待选测点 (如从初始 1 500 个有限元节点中根据工程需求初选出 50 个待选测点), 工具箱后台会采用模型缩聚算法, 自动缩聚成相应的模态矩阵。右排工具按钮用于变换视图, 具备缩放、拖拽、三维旋转、三视图视角等功能, 便于在标注候选测点和查看布设结果时能从各个角度观察模型。

测点栏由滑动条控件和动态文本框控件组成, 用户可以拖动滑动条或设置具体的测点数目, 来查看测点数目不同时的布设方案结果。

功能栏的 “显示模型” 按钮用于导入有限元模型后在视图栏显示; “开始运算” 按钮与 “中断运算” 按钮用于在选定评价准则后控制计算进程; “导出报告” 按钮用于计算完毕后, 向指定路径输出预定格式的报告, 包含建模信息、测点

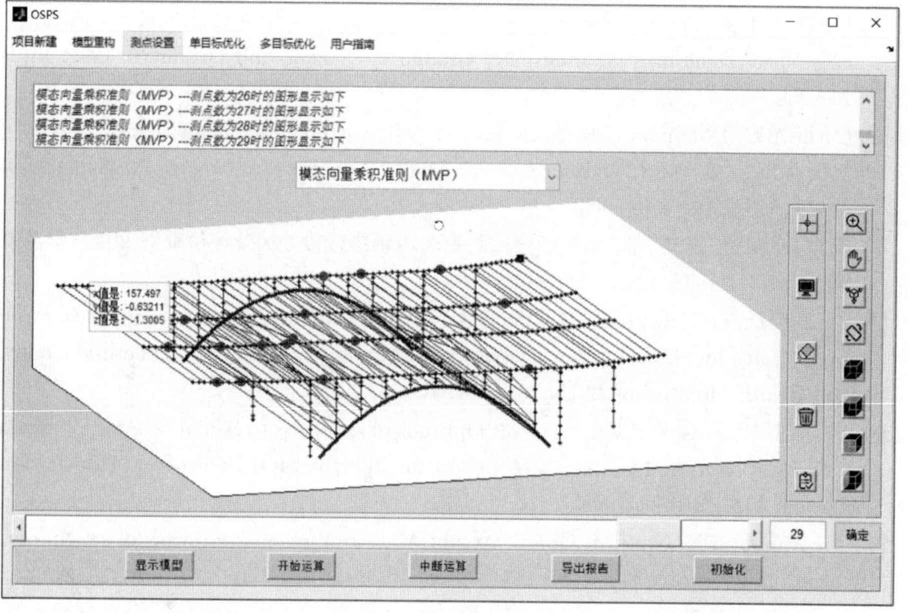

图 3.25　视图栏界面

位置等; “初始化” 按钮用于完成一次计算后, 清空所有的数据缓存及状态栏、视图栏等信息。

思考题

3.1　传感器常用分类方法有哪些, 每类有哪些代表性传感器?

3.2　传感器优化布设的基本过程是什么?

3.3　传感器优化布设评价准则有哪几大类?

3.4　三种表征模态独立性的评价准则有何区别和联系?

3.5　随机类求解方法和确定性求解方法相比有哪些优缺点?

参考文献

[1] 杜彦良. 土木工程学科: 土木工程监测与维护 [M]. 北京: 中国大百科全书出版社, 2020.

[2] Yi T H, Li H N, Gu M. Optimal sensor placement for structural health monitoring based on multiple optimization strategies [J]. The Structural Design of Tall and Special Buildings, 2011, 20(7): 881-900.

[3] Pei X Y, Yi T H, Qu C X, et al. Conditional information entropy based sensor placement method considering separated model error and measurement noise [J]. Journal of Sound and Vibration, 2019, 449: 389-404.

[4] Kammer D C. Sensor placement for on-orbit modal identification and correlation of large space structures [J]. Journal of Guidance, Control, and Dynamics, 1991, 14(2): 251-259.

[5] Carne T G, Dohmann C R. A modal test design strategy for modal correlation [C]// Proceedings of the 13th International Modal Analysis Conference, Nashville, Tennessee, USA, 1995: 927-933.

[6] 李东升, 张莹, 任亮, 等. 结构健康监测中的传感器布置方法及评价准则 [J]. 力学进展, 2011, 41(1):39-50.

[7] Zhou G D, Yi T H, Zhang H, et al. Energy-aware wireless sensor placement in structural health monitoring using hybrid discrete firefly algorithm [J]. Structural Control and Health Monitoring, 2015, 22: 648-666.

[8] Yi T H, Zhou G D, Li H N, et al. Optimal placement of triaxial sensors for modal identification using hierarchic wolf algorithm [J]. Structural Control and Health Monitoring, 2017, 24(8): e1958.

[9] Ab Wahab M N, Nefti-Meziani S, Atyabi A. A comprehensive review of swarm optimization algorithms [J]. PLoS ONE, 2015, 10(5): e0122827.

[10] Yi T H, Li H N, Zhang X D. Health monitoring sensor placement optimization for Canton Tower using immune monkey algorithm [J]. Structural Control and Health Monitoring, 2015, 22(1): 123-138.

第 4 章 荷载作用与环境监测*

土木工程结构在服役过程中, 常遭受单个或多个荷载的作用, 如风荷载、地震动与车辆荷载等。荷载、结构和响应是构成结构系统的三个基本要素。荷载作为结构系统的输入, 对于结构安全和服役性能具有重要的影响。在长期荷载的作用下, 结构将产生持续的变形和振动, 并产生累积损伤。在极端荷载作用下, 结构甚至发生直接破坏。此外, 大气温湿度、降雨等环境因素, 会影响土木工程结构中大量使用的钢材的腐蚀过程, 进而影响结构的承载能力和疲劳性能。通过荷载和环境因素的监测, 可确定结构服役期内的荷载特性、荷载极值概率模型、疲劳荷载谱、腐蚀引起的抗力衰减模型等 [1]。因此, 结构荷载和环境因素的监测, 对于评估结构的安全和长期服役性能具有十分重要的意义。

荷载监测方面, 本章主要针对作用于重大土木工程结构上的三类重要荷载——风荷载、地震动与车辆荷载进行详细阐述; 环境因素监测方面, 选取对土木工程结构腐蚀具有重要影响的环境温湿度、降雨量作为主要阐述对象。每节的基本结构为首先介绍荷载或环境监测的意义, 然后介绍监测传感器种类及性能要求, 最后介绍监测点的布置要求。

* 本章执笔人:
陈文礼, 哈尔滨工业大学土木工程学院, cwl_80@hit.edu.cn
赖马树金, 哈尔滨工业大学土木工程学院, laimashujin@hit.edu.cn

4.1　风荷载监测

由于气压差异, 空气从高压区向低压区流动, 从而产生了风。风绕过结构物, 在其表面产生风压, 进而形成风荷载。在风荷载的作用下, 结构将产生变形和振动。对于高层建筑、高耸结构和大跨度结构, 风荷载是其控制荷载之一, 因此, 风荷载的监测对于结构安全具有重要的意义。

一定风速和风向的空气绕过钝体结构后, 在其表面形成风压, 所有风压共同作用形成气动力 (一般结构表面黏性摩擦力较小, 可忽略其对气动力的贡献)。由于钝体绕流的复杂性, 一般首先通过风洞试验获得其风压系数或者气动力系数, 如式 (4.1) 和式 (4.2) 所示, 然后根据来流自由场风速, 获得结构表面风压或者结构所受气动力。需要指出, 钝体绕流不仅与来流风速有关, 还与来流风向 (包括水平风向角和风攻角) 有密切关系, 因此在风洞试验中需测量不同风向角下的风荷载系数。

风压系数定义如下:

$$C_{\mathrm{p}}=\frac{p-p_0}{\dfrac{1}{2}\rho U_0^2} \tag{4.1}$$

式中, C_{p} 表示结构表面风压系数; ρ 表示空气密度; U_0 表示自由来流风速; p 表示结构表面风压; p_0 表示自由来流参考风压。

气动三分力系数定义如下:

$$\begin{cases} C_{\mathrm{l}}=\dfrac{F_{\mathrm{l}}}{\dfrac{1}{2}\rho_0 U_0^2 D} \\ C_{\mathrm{d}}=\dfrac{F_{\mathrm{d}}}{\dfrac{1}{2}\rho U_0^2 D} \\ C_{\mathrm{m}}=\dfrac{M}{\dfrac{1}{2}\rho U_0^2 D^2} \end{cases} \tag{4.2}$$

式中, C_{l}、C_{d} 和 C_{m} 分别表示升力系数、阻力系数和升力矩系数; D 表示特征尺寸; F_{l} 表示结构单位长度上所受的气动升力; F_{d} 表示结构单位长度上所受的气动阻力; M 表示结构单位长度上所受的气动扭矩。

4.1.1　风速和风向监测

由式 (4.1) 和式 (4.2) 可知, 结构风荷载可通过风洞试验和结构所处位置的风速、风向等确定, 因此, 结构风荷载监测主要包括来流风速和风向的测量。

根据风场环境和测量要求的不同, 目前现场监测常用的风速和风向传感器主要包括机械式风速仪和超声风速仪, 如图 4.1 所示。机械式风速仪只能测量水平风速和风向角, 无法测量竖向风速, 且响应速度较慢, 无法测量频率较高的脉动风, 适用于湍流度较小或者可以不考虑湍流度影响, 且不考虑竖向风速的风场, 如桥塔风速等。机械式风速仪量程不宜小于 60 m/s, 精度不宜大于 0.3 m/s; 风向覆盖 $0^\circ \sim 360^\circ$, 精度不宜大于 3°。超声风速仪直接测量空间三个方向的脉动风速, 通过计算可以得到瞬时水平风向角和风攻角, 常用于湍流度较大且需考虑竖向脉动风的结构所处位置风场, 如大跨度桥梁结构与大跨空间结构等。超声风速仪量程不宜小于 40 m/s, 精度不宜大于 0.1 m/s; 风向覆盖 $0^\circ \sim 360^\circ$, 精度不宜大于 1.0°。

(a) 机械式风速仪

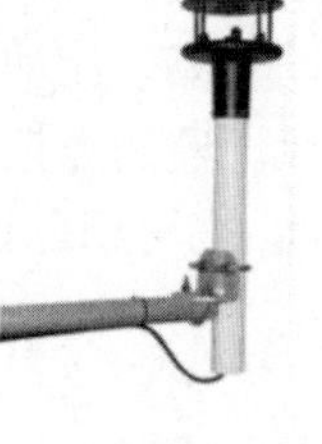

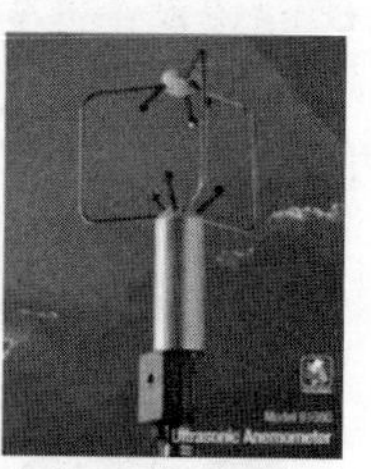

(b) 超声风速仪

图 4.1 风速仪

为获得来流自由风场, 风速仪需安装在不易受结构绕流影响的开阔区域。对于高层建筑、高耸结构或大跨空间结构, 风速仪一般布置在离结构最高点一定距离的位置 [2]。对于桥面自由风场的监测, 风速仪可布置在离桥面一定高度处, 或者布置在桥面上下游距离桥梁风嘴一定距离的位置 [1,2]。风向仪一般按地理方位安装, 其定北标志方向与正北方的角度偏差宜小于 0.5°。

风速监测点的布置需考虑监测结构周围自由风场的特征。对于高层建筑、高耸结构和大跨空间结构, 一般在结构最高位置布置一个风速监测点。对于桥梁主梁附近的风场, 一般在跨中位置主梁上下游各布置一个风速监测点, 若桥梁跨度较大, 还应考虑风场的不均匀性和空间相关性的影响, 在跨度范围内布置多个监测点。

获得风速、风向监测数据后, 对其进行分析, 得到风场特征参数, 如水平平均风速、平均风向角、平均风攻角、风速剖面、脉动风湍流强度、脉动风湍流积分尺度、脉动风功率谱、脉动风的空间相关性、阵风因子、风场分布的不均匀特性及风速风向概率分布等 [1,3−5]。

4.1.2 风压监测

结构风荷载通常可以通过所处位置的自由来流风速和对应风向下的风荷载系数计算得到, 风荷载系数往往通过结构风洞试验获得。结构风荷载实际上

是因流体绕过钝体 (钝体绕流) 而产生的, 钝体绕流与雷诺数密切相关, 然而, 由于风洞尺寸和风速的限制, 常规大气边界层风洞很难达到原型结构的雷诺数, 从而使得模型风荷载系数与实际结构存在差异。因此, 对于雷诺数较为敏感的结构, 风压的监测就显得十分重要。

结构物表面风压测量常采用陶瓷型、电容式或扩散硅型的微压差压式传感器。现场监测常使用的风压传感器 (风压计) 如图 4.2 所示。根据监测需求, 土木工程结构风压监测所使用的传感器量程一般不宜小于 1.0 kPa, 测量精度不宜大于 0.2%FS (full scale, 满量程)[3]。压感元件的压力感受面法线方向应该与结构面垂直, 且尺寸不能过大, 防止对结构表面附近流场产生干扰。由于压力感受位置常布置在结构表面, 所以在长期监测中需考虑防水功能。风压监测点常布置在较强的流动分离、流动再附区, 其具体位置和布置数量可通过风洞试验初步确定。获得风压监测数据后, 可计算得到平均风压分布、脉动风压分布以及极值风压等特性, 也可积分得到气动力系数。

图 4.2　风压传感器

【案例 4.1】某大跨度悬索桥 (主跨 1 650 m, 边跨 578 m, 南北两桥塔塔高 236.5 m) 经常遭受强台风和强季风作用。为了监测该悬索桥桥址风荷载情况, 在该悬索桥上建立了一套较为完善的风场和风压监测系统 [1,5]。风速仪和风压传感器测点布置位置如图 4.3 所示。为了监测自由来流及其沿桥梁跨度风场的不均匀性, 在该桥主跨 1/4、1/2、3/4 跨断面东西两侧 (上下游) 各布置 2 个超声风速仪 (UA1~UA6), 共计 6 个, 风速仪安装在桥梁的灯柱上, 安装位置距桥面 6 m (桥面距离海平面 58.0 m)。为获得桥面风场沿桥向的展向相关性, 在主跨 1/4 跨附近的 4 个断面沿展向布置了 5 个超声风速仪, 即 UA7~UA11, UA7 和 UA8 在同一断面, UA8 与 UA9、UA9 与 UA10 和 UA10 与 UA11 之间的距离分别为 18 m、10 m 和 26 m。为获得塔顶风速, 在南北塔顶各布置 1 个螺旋桨风速仪, 即 UT1 和 UT2。为获得分离式双箱梁下表面风压分布特性, 在 S8 断面布置 28 个风压传感器。图 4.4 为台风“梅花”影响下该大跨度悬索桥桥面的风速监测时程。图 4.5 为某监测时段内多个监测点的风压监测时程。

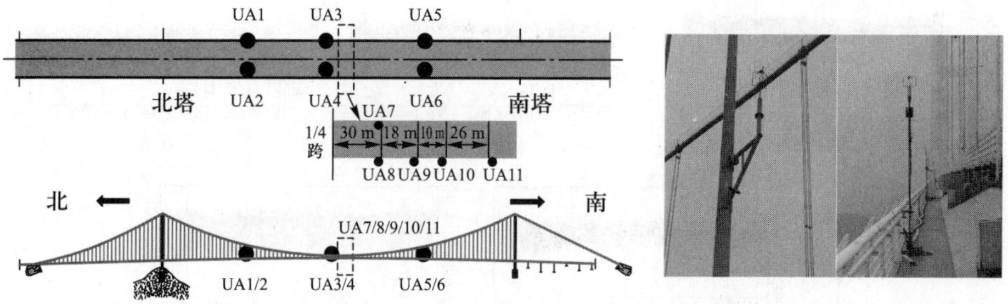

(a) 风速仪布置

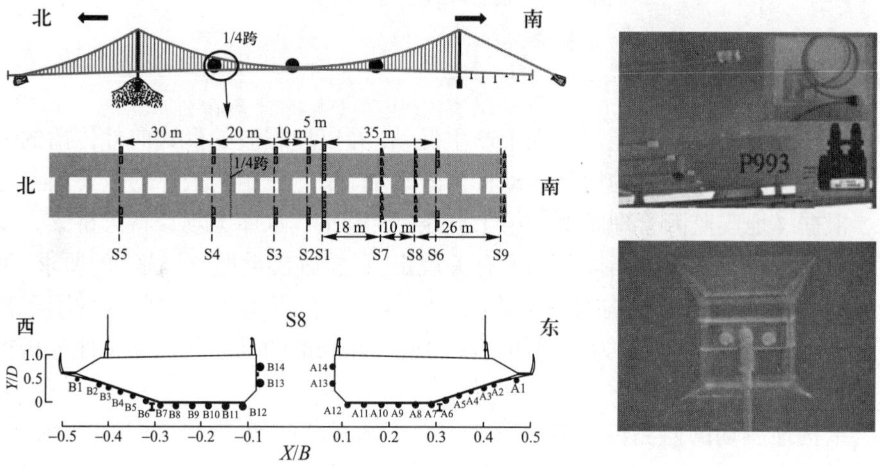

(b) 风压传感器布置

图 4.3 某大跨度悬索桥风速仪和风压传感器布置图

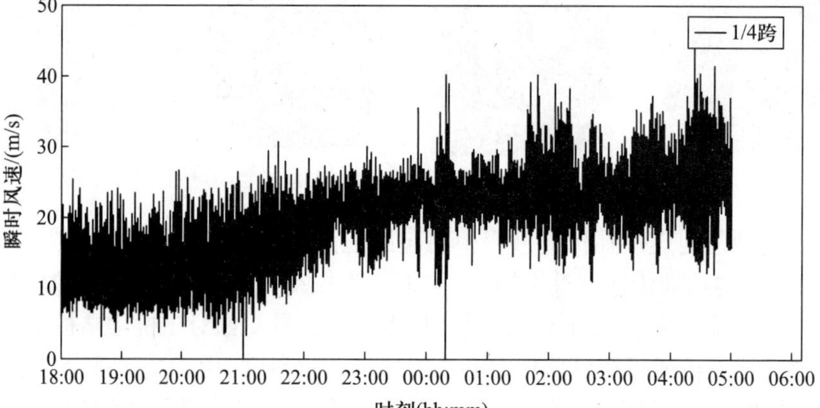

图 4.4 台风“梅花”影响下某大跨度悬索桥桥面的风速监测时程

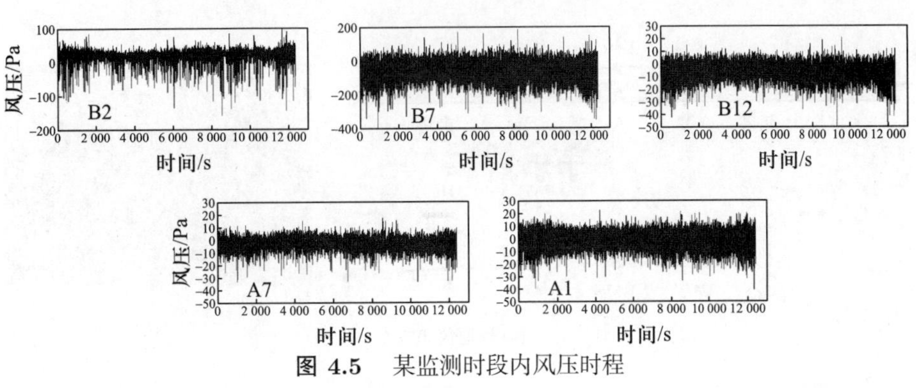

图 4.5　某监测时段内风压时程

4.2　地震动监测

地震是地壳在释放能量过程中产生振动, 并以地震波的形式向外传播的一种自然现象。地震引起的地面运动称为地震动, 是造成结构破坏的重要因素之一。根据《地震监测管理条例》第十五条 “核电站、水库大坝、特大桥梁、发射塔等重大建设工程应当按照国家有关规定, 设置强震动监测设施” 的要求, 加强对地震及地震期间结构响应的监测。结构所处位置地震动的监测可用于校验设计参考地震强度, 并为结构和构件的整体和局部的动力和振动特性分析提供依据。

结构地震动的监测传感器一般使用力平衡式三向地震动监测仪, 如图 4.6 所示, 监测物理量为地面振动加速度, 其频响范围宜在 0~100 Hz 范围内, 量程不宜低于 $\pm 2\boldsymbol{g}$。

图 4.6　地震动监测仪

地震动是地震波在传播过程中引起的地面运动。地面的运动作为荷载输入, 通过结构基础传递到整个结构, 进而产生振动。因此地震动的监测主要针对结构所在位置附近地面及结构基础振动进行测量。如对于桥梁结构, 可在护岸、锚碇锚室内或近桥址监控中心布置地震动监测仪, 用于监测桥岸自由场地震动; 可在承台顶或桥墩底部布置地震动监测仪, 用于监测桥梁结构地震动输入。需要注意的是, 对于跨度非常大的结构体系, 地震作用存在明显的输入不一致性, 即行波效应, 因此需要考虑在基底布置多个地震动监测仪 [3]。此外, 对于跨断层结构, 在断层两侧必须布置地震动监测仪。

地震发生过程中, 根据地震动幅值、频谱特性、持续时间等参数能在一定层面上推算地震对结构的破坏能力。通过结构监测采集到的地震动数据样本, 即可获得地震动特性。

【**案例 4.2**】某大跨度斜拉桥结构健康监测系统地震动监测仪布置位置如图 4.7 所示, 在南北塔桥墩各布置 1 个三向地震动监测仪, 此外在监控中心地下室布置 1 个地震动监测仪。2018 年 11 月 26 日 07 时 57 分在中国台湾海峡发生 6.2 级地震, 震源深度约 20 km, 震中位于北纬 23.28°, 东经 118.60°, 距海

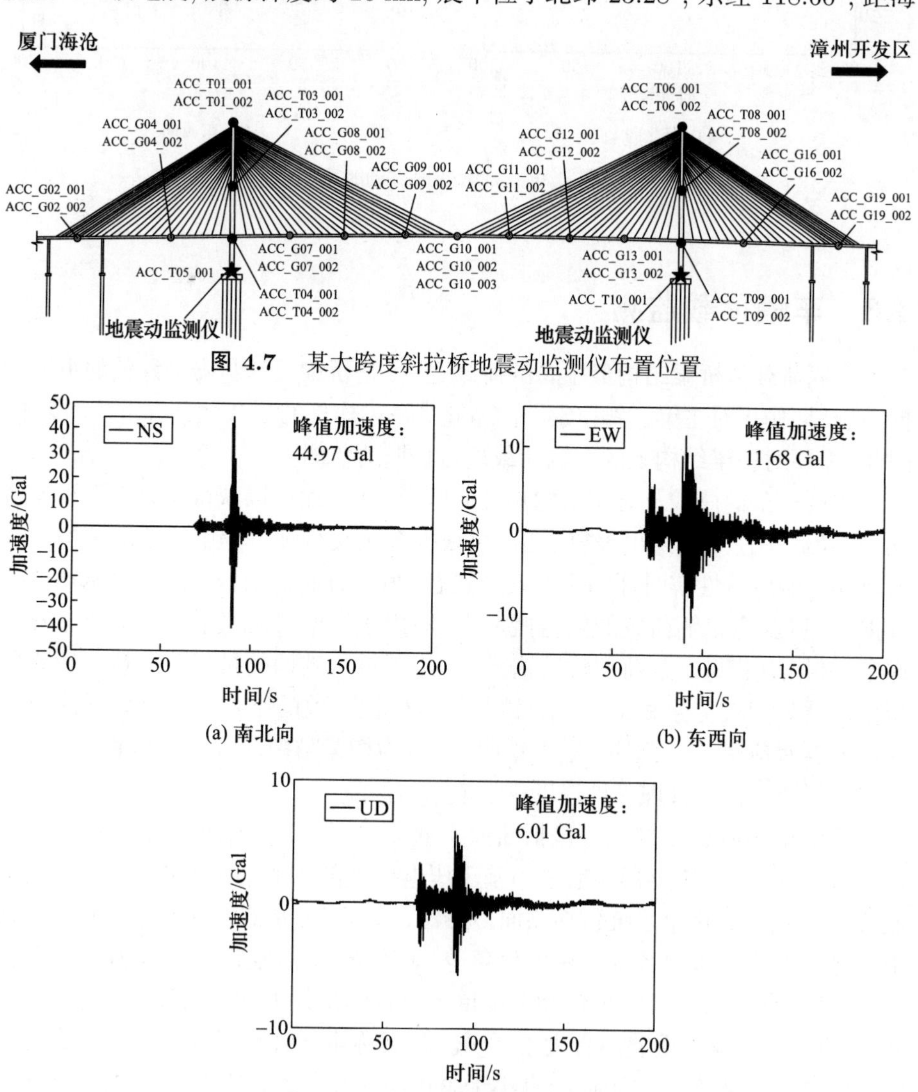

图 4.7　某大跨度斜拉桥地震动监测仪布置位置

(a) 南北向

(b) 东西向

(c) 竖向

图 4.8　监控中心地下室地震动时程

岸线最近约 109 km, 距台湾岛约 147 km。图 4.8 和图 4.9 分别显示在本次地震影响下监控中心地下室和桥墩处的地震动时程。

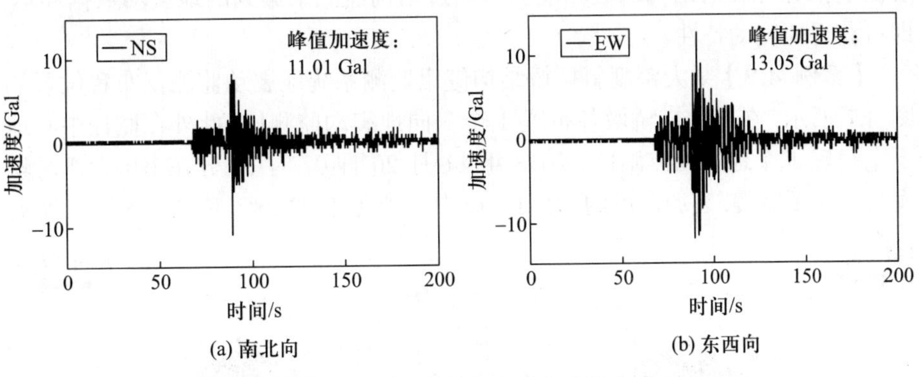

图 4.9　桥墩处地震动时程

4.3　车辆荷载监测

车辆荷载是桥梁结构最主要的荷载之一, 是桥梁设计与安全评估的重要依据, 其长期作用对主梁、斜拉索、伸缩缝等桥梁构件的耐久性具有重要的影响, 因此, 需要对桥梁结构上的车辆荷载进行长期的监测。

通过对车辆荷载及对应结构响应的监测, 一方面可以获得桥梁实际车流情况, 对超载超速车辆给出报警, 还可以根据车辆在行驶过程中桥梁的结构承载力及动力响应特性实时评估桥梁安全状态; 另一方面根据积累的大量车辆荷载数据, 可以获得车辆荷载的极值概率模型, 用于桥梁结构极限承载力状态安全评定, 还可以获得车辆荷载疲劳谱模型, 用于桥梁结构的抗疲劳分析、疲劳累积损伤评估、疲劳累积损伤与腐蚀相结合作用导致的结构抗力衰减规律分析和剩余寿命预测 [1]。此外, 大量实测数据可为桥梁结构荷载设计标准修订、桥梁安全长期运营及管理养护提供科学依据与保障。

桥梁车辆荷载监测项目包括断面交通流、车型、车轴重、轴数、车辆总重、车速等, 监测传感器一般采用基于压电原理的车辆动态称重系统 (车轴车速仪)。车辆动态称重系统包括路面传感器、主机 (控制器)、采集通信模块、机柜、光缆电缆、接地系统及摄像设备等, 其系统示意图如图 4.10 所示。根据桥梁车辆荷载监测项目, 车辆动态称重系统宜满足以下技术指标: 速度范围为 20~180 km/s, 速度误差不宜大于 1.5%, 最大称重不宜小于 30 t/轴, 称重误差宜小于 7.0% (整车), 轴距误差宜小于 2.0%, 车型分类误差宜小于 5.0%, 流量 (计数) 误差宜小于 2.0%, 工作温度为 $-40 \sim +65$ °C[6]。

车辆荷载监测宜采用不停车称重方法, 称重测点可选择在路基或有稳定支撑的结构铺装层内, 应覆盖所有行车道。对于桥梁结构, 其测点一般在桥梁某一断面或者桥梁收费站处 [3]。

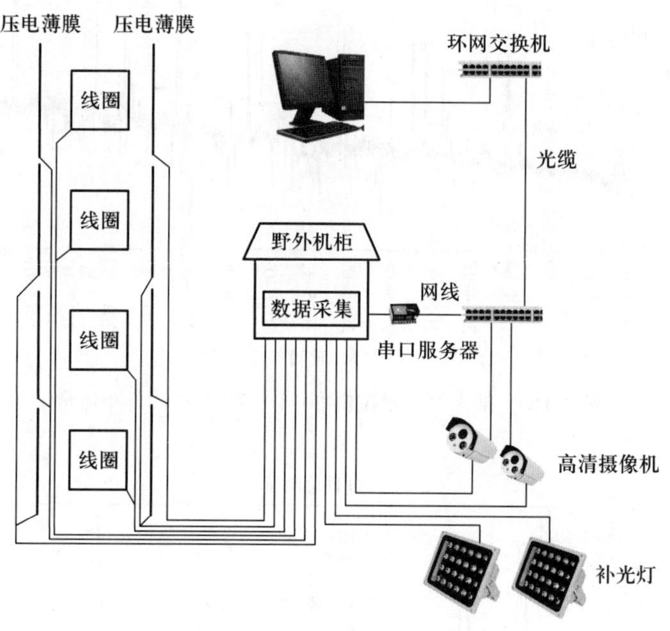

图 4.10　车辆动态称重系统示意图

【**案例 4.3**】图 4.11 为某大跨度斜拉桥车辆动态称重系统的传感元件布置位置及称重示意图。图 4.12 为该桥 2014—2017 年的日车流量。图 4.13 为 2018 年全年日车流量、每月车辆类型分布和每月总超载车辆数及超载车比例。由图 4.12 可知, 从 2014 年初到 2017 年底, 日车流量由每天 2 万辆次增长到

图 4.11　某大跨度斜拉桥车辆动态称重系统的传感元件布置位置及称重示意图

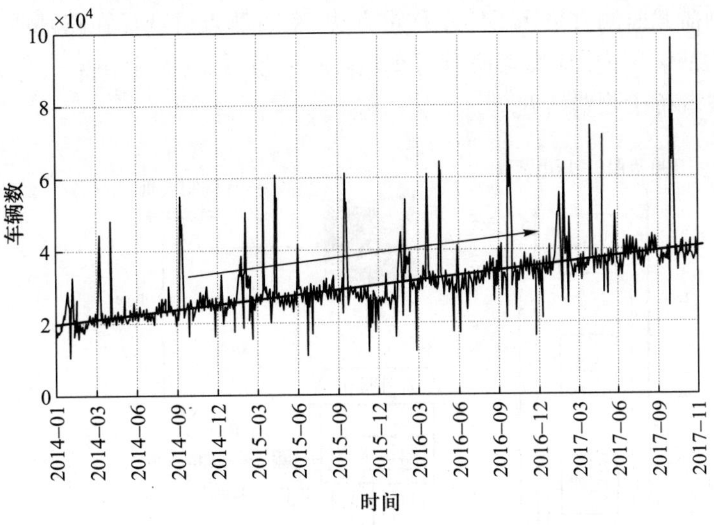

图 4.12　某大跨度斜拉桥 2014—2017 年的日车流量

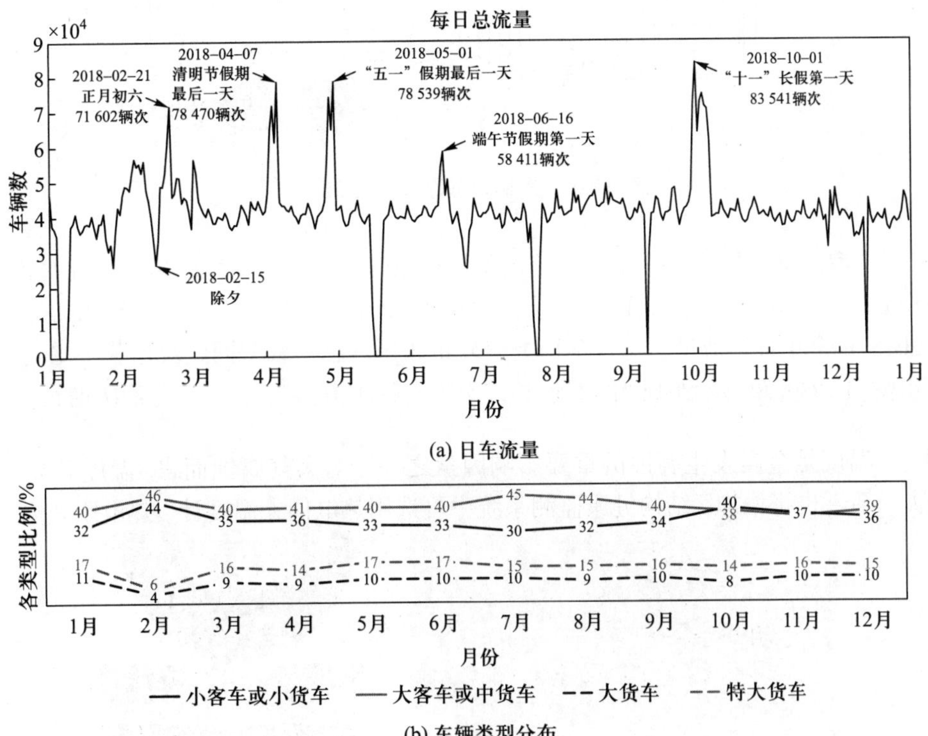

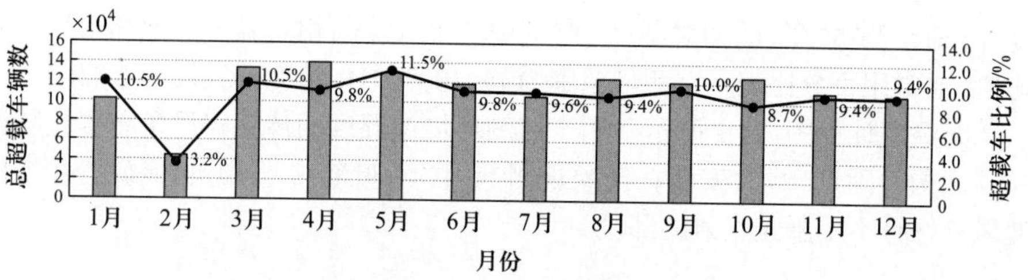

(c) 总超载车辆数及超载车比例

图 4.13　某大跨度斜拉桥 2018 年的车流量及超载车情况

4 万辆次左右, 保持高速增长。2018 年全年车流量达到 1 491 万辆次, 全年节假日期间交通繁忙, 日车流量几乎是平常的 2 倍, 全年最大日车流量发生于“十一”长假的第一天, 83 541 辆次。特大货车 (4 轴以上, 载重量 >20 t) 所占比例除 2 月份为 6% 之外, 其他月份在 14%~17% 范围内。超载车 (> 49 t) 基本每个月维持在 12 万辆次左右。全年总超载车辆为 137.5 万辆次, 总比例为 9.2%, 其中, 100 t 以下的 9.1% 左右, 100 t 以上的 0.1% 左右。

4.4　环境因素监测

土木工程结构中大量使用钢材, 但钢材极易受环境因素 (温度、湿度、降雨等) 的影响从而产生腐蚀, 发生腐蚀后, 材料强度降低, 甚至发生破坏。因此, 重大土木工程结构在服役过程中必须对环境因素进行监测 [7]。通过环境因素监测, 获得环境因素的变化规律, 进而指导钢结构的养护维修工作。

4.4.1　环境温湿度监测

温度是金属发生腐蚀的重要影响因素之一。对大气腐蚀而言, 温度升高, 腐蚀活性也将增加。结构健康监测系统中可选用热电偶式温度计、热电阻式温度计及光纤光栅温度计对环境温度进行监测, 现场监测中常使用热电阻式温度计。温度计量程选择应覆盖结构所在区域已有气象观测资料记录极值之外的 ±20 °C。当缺少相应气象资料时, 温度计的最低测量温度值不宜高于 −50 °C, 最高测量温度不宜低于 70 °C。温度计精度不宜低于 ±0.5 °C, 分辨率不宜高于 0.1 °C[6]。

湿度也是金属发生腐蚀的重要影响因素之一。超过某一临界湿度, 金属表面将形成一层极薄的水膜, 水膜内含有高浓度的腐蚀性物质。湿度计包括氯化锂湿度计、电阻电容式湿度计和电解湿度计, 现场监测中常选用电阻电容式湿度计, 通常测量空气的相对湿度 (空气中的水气压与相同温度下饱和水气压的比值, 通常用百分比表示), 测量范围为 0~100%RH, 精度不宜低于 3%RH[6]。

温湿度计如图 4.14 所示。用于监测环境温湿度的传感器尽量布置在结构易腐蚀构件附近, 且宜安装在气象观测专用的百叶箱中, 百叶箱应放置在结构通风良好且不受阳光直射的部位。

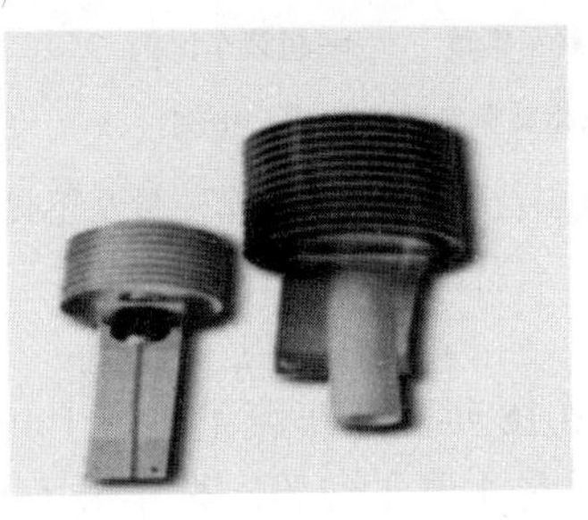

图 4.14　温湿度计

4.4.2　降雨量监测

雨水虽然能够冲刷结构表面附着的腐蚀性污染物, 但残存的积水也会形成水膜, 溶解腐蚀性物质, 形成强电解质溶液, 加速金属的腐蚀。因此, 雨水也是金属发生腐蚀的重要介质。此外, 雨水赋存于结构表面, 还会改变结构的气动特性, 发生风－雨－固体振动耦合作用。例如, 斜拉索发生的大幅度风雨激振, 该振动发生会造成拉索锚具部位的疲劳破坏、拉索表面防腐材料的损伤等一系列严重后果, 影响到斜拉桥的安全可靠性和构件的疲劳破坏。

降雨量采用雨量计监测, 如图 4.15 所示。现场监测可选用电容式雨量计、红外散射式雨量计和单翻斗雨量计, 应根据监测要求、匹配性和耐久性综合选择, 雨量计一般需布置在结构所处位置开阔处。

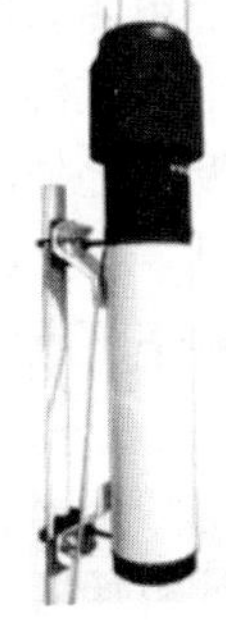

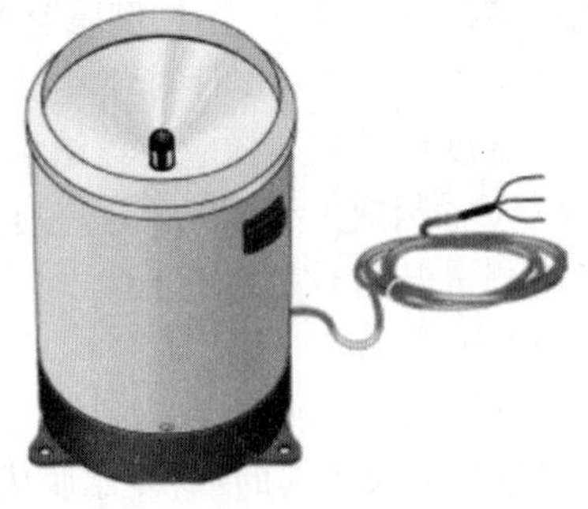

图 4.15　雨量计

【**案例 4.4**】处于沿海地区的桥梁, 桥址处雨量充沛、温暖湿润, 年平均相对湿度较大, 该环境可能使主梁、索塔钢锚梁、斜拉索、支座等钢构件发生腐蚀作用。因此, 需监测易发生腐蚀构件的环境温湿度, 指导养护维修工作。图 4.16 为某大跨度斜拉桥大气温湿度计布置图, 每个桥塔布置 3 个测点, 分别为 RH1~RH3 和 RH5~RH7, 在桥面灯柱上面也布置 1 个测点, 即 RH4。图 4.17 为 RH1 和 RH3 在 24 h 内的环境温湿度变化。

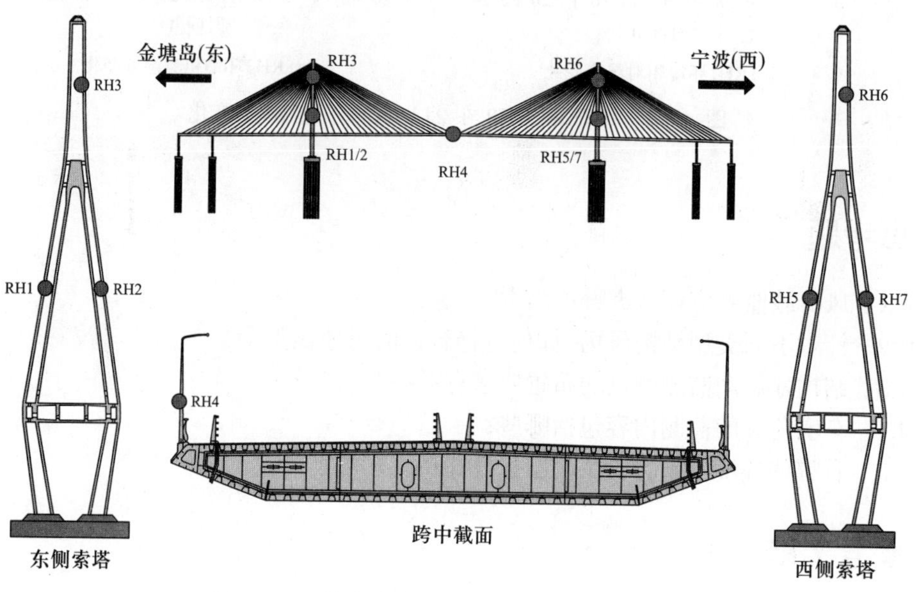

图 4.16 某大跨度斜拉桥大气温湿度计布置图

(a) RH1环境温度变化

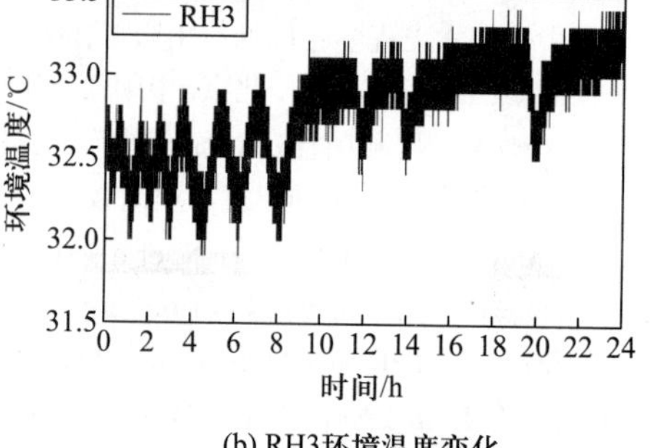

(b) RH3环境温度变化

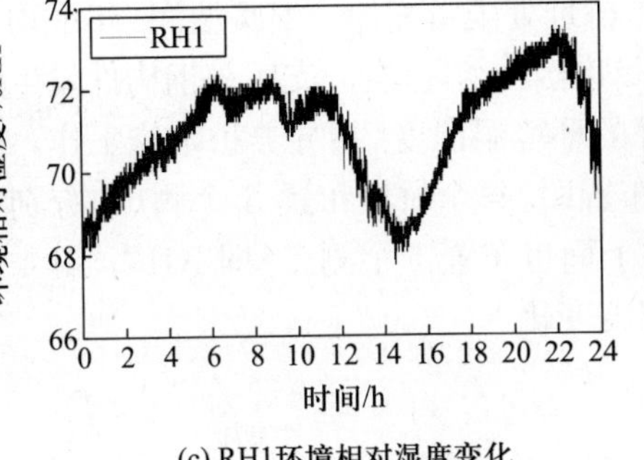

(c) RH1环境相对湿度变化

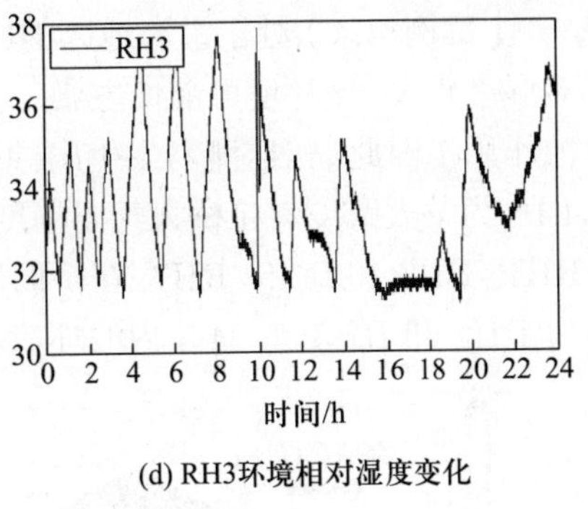

(d) RH3环境相对湿度变化

图 4.17　RH1 和 RH3 在 24 h 内的环境温湿度变化

思考题

4.1　风荷载监测应该考虑哪些因素?

4.2　针对不同类型结构风场, 如何选择合适的风速仪类型?

4.3　结构地震动监测测点的布置要求有哪些?

4.4　车辆荷载的监测内容包括哪些?

4.5　有哪些环境因素会对结构服役性能产生影响?

参考文献

[1] 李惠, 鲍跃全, 李顺龙, 等. 结构健康监测数据科学与工程 [M]. 北京: 科学出版社, 2016.

[2] 全国交通工程设施 (公路) 标准化技术委员会. 公路桥梁结构安全监测系统技术规程: JT/T 1037—2016[S]. 北京: 人民交通出版社, 2016.

[3] 中国土木工程学会标准与出版工作委员会. 桥梁健康监测传感器选型与布设技术规程: T/CCES—2019[S]. 北京: 中国建筑工业出版社, 2019.

[4] 中华人民共和国住房和城乡建设部. 建筑与桥梁结构监测技术规范: GB 50982—2014[S]. 北京: 中国建筑工业出版社, 2014.

[5] Yang D H, Yi T H, Li H N, et al. Monitoring-based analysis of the static and dynamic characteristic of wind actions for long span cable-stayed bridge [J]. Journal of Civil Structural Health Monitoring, 2018, 8(1): 5-15

[6] Li H, Laima S J, Zhang Q, et al. Field monitoring and validation of vortex-induced vibrations of a long-span suspension bridge [J]. Journal of Wind Engineering & Industrial Aerodynamics, 2018, 124(7): 54-67.

[7] Yang D H, Yi T H, Li H N, et al. Correlation-based estimation method for cable-stayed bridge girder deflection variability under thermal action [J]. Journal of Performance of Constructed Facilities, 2018, 32(5): 04018070.

第 5 章 结构响应、变形与耐久性监测*

结构响应是指结构的速度、加速度以及结构内部各个构件产生的应变等结构反应。结构变形是指结构在水平方向、竖直方向及弯曲度等方面发生的几何变形。在结构系统的分析中，输入是作用于结构的荷载，输出是结构响应，即结构在荷载作用下，会发生几何变形，结构内部的各个构件会产生相应的应变等影响结构系统本身性能的响应 [1]。而结构在施工期间与服役期间的几何变形与结构是否满足正常使用要求有关，结构在施工期间及服役期间的位移、速度和加速度等动力特性则包含了大量与结构的刚度、强度等性能特性有关的信息，这些响应都与结构系统本身的性能息息相关 [2]。所以，进行结构的响应与变形监测，对于及时获取结构性能信息、发现异常变化、防止安全事故的发生具有重要意义。结构的耐久性是指结构在正常使用和正常维护条件下，应具有足够的耐久性，即在规定的工作环境与预定的设计使用年限内，结构材料性能的恶化不应导致结构出现不可接受的失效概率 [3]。然而服役建筑结构在物理、化学和环境侵蚀作用下不可避免地出现损伤积累，而长期的损伤积累则可导致材料的力学性能退化，进而降低结构的安全性和适用性。根据世界腐蚀组

* 本章执笔人：
刘铁军，哈尔滨工业大学 (深圳) 土木与环境工程学院，liutiejun@hit.edu.cn
卢伟，哈尔滨工业大学 (深圳) 土木与环境工程学院，lu.wei@hit.edu.cn
邹笃建，哈尔滨工业大学 (深圳) 土木与环境工程学院，zoudujian@163.com

织报告，世界上每年由于环境腐蚀造成的经济损失约为 2.4 万亿美元，占世界 GDP 的 3%。国内外调查研究发现，如果采取有效的耐久性监测和防护措施，至少可节省三分之一的经济损失。发展耐久性监测方法和技术对于延长工程结构的服役寿命、实现土木工程结构的可持续发展具有重要意义。

本章首先阐述了各类结构响应与变形监测的意义和基本概念，介绍了结构响应与变形监测的常见仪器及其使用方法，并在此基础上讨论了结构响应与变形监测在具体工程中的应用实例，进一步说明了结构响应与变形监测对于保障结构在施工阶段与服役阶段安全的重要性；其次基于建筑材料将结构耐久性监测划分为混凝土构件和钢制部件耐久性监测两类问题，分别针对两类构件阐述了其典型耐久性问题产生的原因、监测原理和技术方法。

5.1　结构响应监测

结构响应监测通常包括结构位移、加速度、应变监测。实际工程结构在施工和运营阶段承受着各种荷载激励和环境作用，且可能会受到如地震、洪水、台风、火灾、碰撞等自然或人为破坏带来的影响，这将使得结构性能劣化、内部损伤不断积累，并最终可能导致结构的破坏，给人们的生命安全及财产安全带来巨大损失。通过各类型传感器能够将结构的多种响应信息转换为如电压、光强或可直接读取的数字信号等易于观测的物理量，进而使得结构响应与变形可以通过传感组件和设备进行直接测量和读取。下面我们主要从加速度监测、应变监测展开详细介绍。

5.1.1　加速度监测

加速度是实际工程中常见的响应监测量。通过加速度监测获取的响应信息，包括与结构状态、性能、构件相互作用机理、结构劣化和损伤等相关的大量潜在有用信息，因此为了解结构的早期劣化、跟踪结构动力特性变化、识别结构损伤、感知结构性能演化规律和掌握结构健康状态，有必要进行位移和加速度监测。

加速度监测是对结构在动力荷载作用下，结构关键部位加速度响应的监测，由于结构加速度响应反映了结构的振动特性，故加速度响应监测通常包括结构动力特性分析与评估、结构舒适度测定与评价、结构振动控制等方面。

用于加速度监测的传感器可以分为光纤光栅加速度计、压电式加速度计、压阻式加速度计、电容式加速度计、伺服式加速度计、应变片式加速度计、微机电加速度计、激光测振仪等。下面我们将介绍光纤光栅加速度计、压电式加速度计、压阻式加速度计和电容式加速度计。

1. 光纤光栅加速度计

光纤光栅 (fiber Bragg grating, FBG) 传感器是一种使用频率高、范围广的光纤传感器, 可以用来监测结构的位移、加速度及应变等参数。FBG 传感器比一般电子传感器抗噪性更强, 而且非常适合远距离的数据传输, 由于光纤信号传输的损耗率低于电导线, 且光路简单、检测方法灵活, 因此适合结合多点测量方式, 这样不仅可以减少布线施工, 还可提高监测系统的工作效率。光纤光栅加速度计 (FBG 加速度计) 的基本工作原理是基于振子的传动, 获得 FBG 传感器输出应变变化的动态参数, 再通过校正得到加速度计系数, 结合应变变化计算得到加速度, 光纤光栅加速度计的结构如图 5.1 所示。

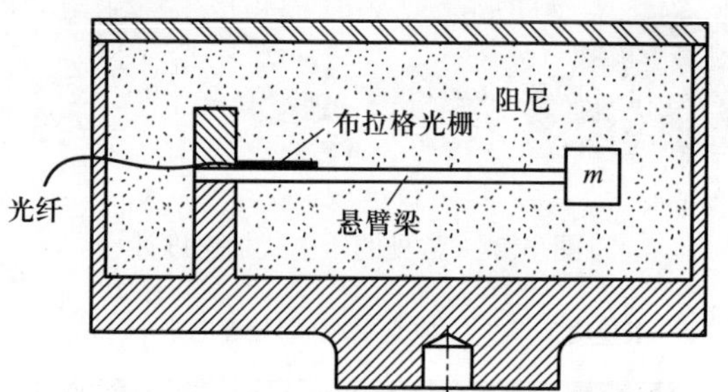

图 5.1 光纤光栅加速度计结构示意图

2. 压电式加速度计

压电式加速度计主要由质量块、基座和压电元件等组成, 多采用惯性方式, 常见的压电式加速度计如图 5.2 所示。基座与测试对象连接, 基座受到外界刺激时会将其传递至压电元件并使之变形产生电压, 电压变化量与加速度成正比, 输出的电压经放大后就可得出加速度的大小。

3. 压阻式加速度计

压阻式加速度计的结构如图 5.3 所示, 一质量块固定在悬臂梁的一端, 而悬臂梁的另一端固定在传感器基座上, 悬臂梁的上下两个面都贴有应变片并组成惠斯通电桥, 质量块和悬臂梁的周围填充硅油等阻尼液, 用以产生必要的阻尼力。质量块的两边是限位块, 它们的作用是保护传感器在过载时不致损坏。被测物体的运动导致与其固连的传感器基座的运动, 基座又通过悬臂梁将此运动传递给质量块。由于悬臂梁的刚度很大, 所以质量块也会以同样的加速度运动, 其产生的惯性力正比于加速度。而此惯性力作用在悬臂梁的端部使之发生变形, 从而引起其上应变片的电阻值变化。在恒定电源的激励下, 由应变片组成的电桥就会产生与加速度成比例的电压输出信号。

图 5.2　常见的压电式加速度计

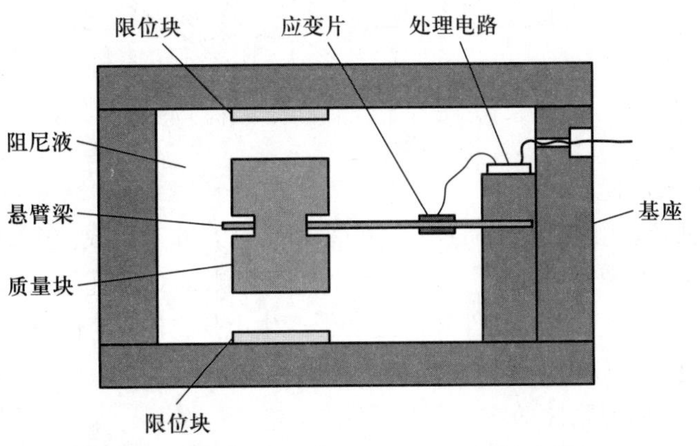

图 5.3　压阻式加速度计结构示意图

4. 电容式加速度计

电容式加速度计又称变电容式加速度计，它的结构原理如图 5.4 所示，一个质量块固定在弹性梁的中间，质量块的上端面是一个活动电极，它与上固定电极组成一个电容器 C_1；质量块的下端面也是一个活动电极，它与下固定电极组成另一个电容器 C_2。当被测物体的振动导致与其固连的传感器基座振动时，质量块将由于惯性而保持静止，因此上、下固定电极与质量块之间将会产生相对位移。这使得电容 C_1、C_2 的值一个变大、另一个变小，从而形成一个与加速度大小成正比的差动输出信号。

上述几种加速度计的性能对比如表 5.1 所示。

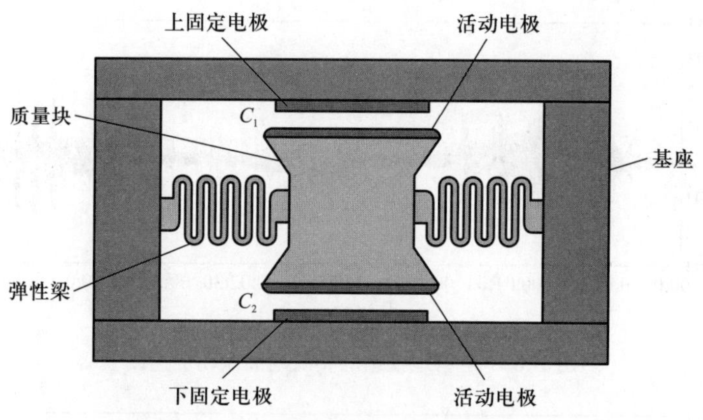

图 5.4　电容式加速度计结构示意图

表 5.1　几种加速度计的性能对比

分类	特点	应用	缺点
FBG 加速度计	防电, 抗电磁干扰, 信号传输距离远, 灵敏度高	可应用于汽车、船舶、桥梁、航空航天和振动监测等	成本高, 存在波长微小移位的监测问题
压电式加速度计	体积小, 质量轻, 工作频带宽	地震监测报警系统、工程测振、地质勘探、铁路、桥梁、大坝的振动测试与分析	同类传感器的性能指标、稳定性及一致性差别大, 不能测零频率的信号
压阻式加速度计	体积小, 能耗低	广泛应用于汽车碰撞试验、测试仪器、设备振动监测等	使用范围小, 受温度影响大
电容式加速度计	灵敏度高, 零磁滞, 真空兼容, 过载能力强, 动态响应特性好, 对恶劣条件的适应性强	在安全气囊、手机移动设备等领域无可替代	量程有限, 通用性不如压电式传感器, 成本高

【案例 5.1】地铁施工与运营过程产生的地面振动, 会随着地铁隧道水平和高程距离的不同, 而产生不同的振动强度。因此进行地面振动加速度监测, 评估地铁运营和施工过程的地面振动情况, 进而运用该数据评估地面功能是否会受地铁施工和通行时地面振动的影响。

选用加速度计对地面振动加速度进行实测, 运营地铁站的实测地面振动加速度、频率成分及其能量图分别如图 5.5 和图 5.6 所示。地面振动的主要频率范围为 8.67~13.23 Hz。

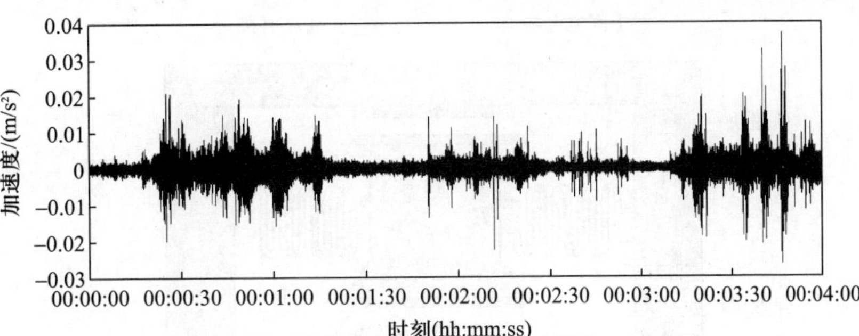

图 5.5 运营地铁站的实测地面振动加速度

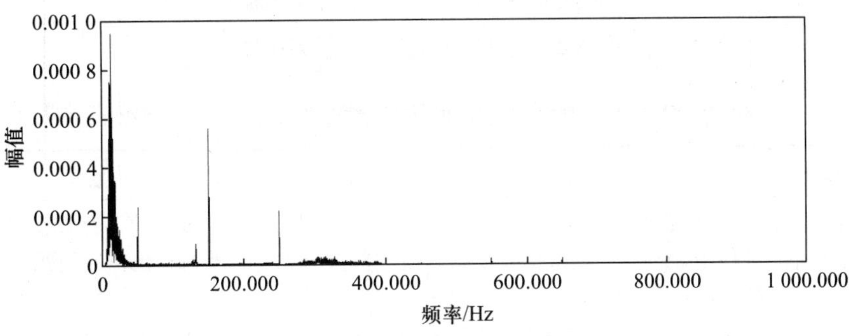

图 5.6 运营地铁站的实测地面振动频率成分及其能量图

施工地铁站的实测地面振动加速度、频率成分及其能量图如图 5.7 所示，钻机工作引起的地面振动加速度能量远远大于挖机工作引起的地面振动，钻机工作时监测的振动信号能量在 0~1 000 Hz 范围内。

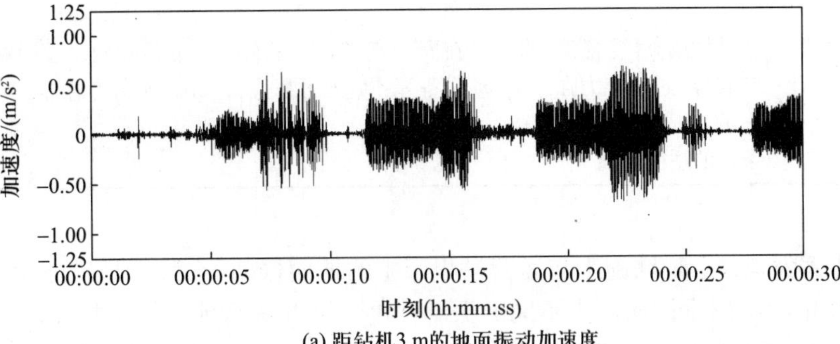

(a) 距钻机3 m的地面振动加速度

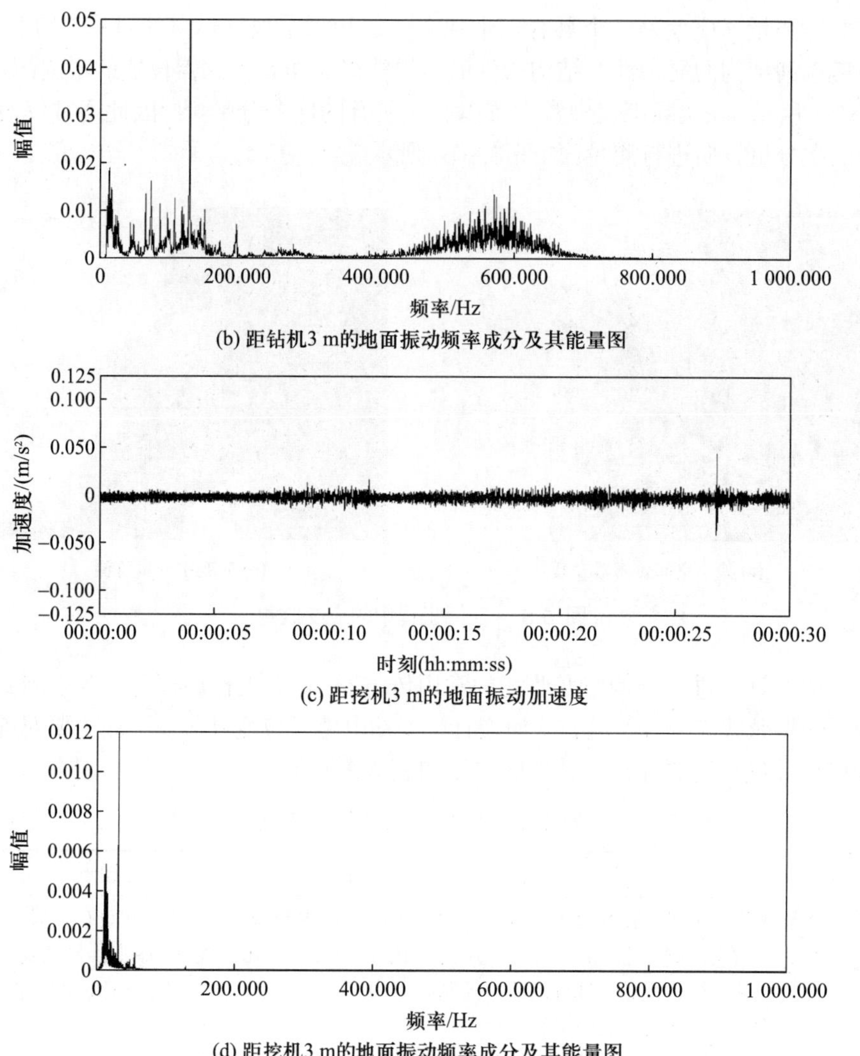

(b) 距钻机3 m的地面振动频率成分及其能量图

(c) 距挖机3 m的地面振动加速度

(d) 距挖机3 m的地面振动频率成分及其能量图

图 5.7　施工地铁站的实测地面振动加速度、频率成分及其能量图

5.1.2　应变监测

土木工程结构在施工阶段和长期服役阶段会受到环境干扰, 并在材料老化、荷载作用等不可预知的问题影响下, 产生刚度、强度等的退化, 使结构整体或部分发生材料性能变化, 影响结构体系的使用。因此, 需要对结构进行应变监测。

应变描述了连续体的局部变形状态, 结构的应变是结构健康监测系统中的主要监测量。应变是一个具有六个独立分量和六个独立标量的对称二阶张量，但考虑到结构的复杂性、结构构件的多样性以及布置传感器位置的限制，如图 5.8(a) 所示，在实际工程中常常难以测量所有的应变分量 [4]，因此通常仅对应变的主分量方向进行测量，如图 5.8(b) 所示。

(a) 狭小空间传感器安装

(b) 应变主分量监测

图 5.8　实际工程中的应变监测

应变计是进行结构应变监测的常用传感器，根据工作原理可分为电阻式应变计、振弦式应变计、电容式应变计、差动电感式应变计等。下面主要对前三种应变计进行简要介绍。其性能对比如表 5.2 所示。

表 5.2　几种应变计的性能对比

分类	特点	应用	缺点
电阻式应变计	灵敏度高，尺寸小，质量轻，测量范围广，寿命长，结构简单，频响特性好，能在恶劣条件下工作，易于实现小型化、整体化和品种多样化等	适用于高、低温环境，广泛应用于自动测试和控制技术中	对大应变有较大的非线性，输出信号较弱，但可采取一定的补偿措施
振弦式应变计	抗干扰能力强，受电参数及温度影响小，零点漂移小，性能稳定可靠，耐振动，寿命长	广泛应用于水利水电、公路铁路、桥梁隧洞、国防及建筑工程安全监测领域	成本较高
电容式应变计	灵敏度高，非线性误差小，结构简单，动态响应特性好，适应性强，抗过载能力强	用于发电厂的管道、设备或核能设备的长期高温应变测量，监视裂纹的形成和发展，以及对航空构件材料进行高温性能测试	泄漏电阻，非线性

1. 电阻式应变计

电阻式应变计是可以将工程构件上的应变, 即尺寸变化转换为电阻变化的变换器, 又称电阻应变片, 一般由敏感栅、引线、黏结剂、基底和盖层组成。箔式应变计是电阻式应变计中最常用的一种, 如图 5.9 所示, 它由放置在不导电的塑料薄膜中的一层金属薄膜构成。该应变计工作原理为电阻阻值与长度呈线性关系。安装箔式应变计时, 需要用快速黏结剂将应变计黏结在事先标记好的构件表面, 安装过程简单, 但需要一定保护措施和标定, 以保证测量的准确性。需要注意的是, 箔式应变计对噪声很敏感。一般来说, 箔式应变计只适用于短时间测量, 如实验室内混凝土构件表面应变的测量和短期现场测试。

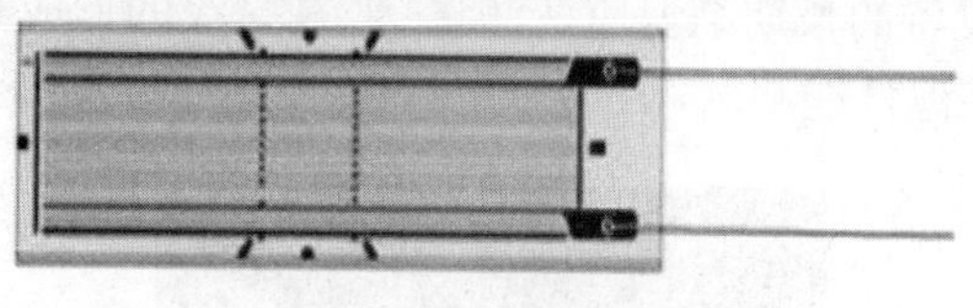

图 5.9　箔式应变计

2. 振弦式应变计

根据其安装位置不同, 振弦式应变计可细分为振弦式表面应变计和振弦式埋入应变计。其中, 振弦式表面应变计的传感部分由一段两端被夹紧的预张拉钢弦构成, 如图 5.10(a) 所示。张拉弦应力的变化会导致振动频率的变化, 通过应变和钢弦振动频率的关系可获得应变。振弦式表面应变计的支座一般为刚性, 通过电弧焊、螺栓或环氧树脂黏结的锚固方式与结构表面连接。

振弦式埋入应变计用于各种混凝土结构内部的应变测量, 如图 5.10(b) 所示。埋设时将应变计按需测量方向轻绑在结构钢筋上 (埋入式钢梁应变计固定在被测钢梁上), 然后灌入混凝土。适用于桥梁、隧道、大坝、建筑、各种混凝

(a) 表面应变计

(b) 埋入应变计

图 5.10　振弦式应变计

土桩的应变监测。它根据张力弦原理制造, 使用频率作为输出信号, 抗干扰能力强, 远距离输送产生的误差极小; 内置温度计, 对外界温度影响产生的变化进行温度修正; 每个传感器内部有计算芯片, 自动对测量数据进行换算而直接输出物理量, 减少人工换算的失误和误差; 全部元器件进行严格测试和老化筛选, 尤其是高低温应力消除试验, 增强弦的稳定性和可靠性; 另有三防处理, 保证在长期恶劣环境中的高成活率。

3. 电容式应变计

电容式应变计是一种能将构件的尺寸变化转换为电容变化的变换器, 如图 5.11 所示。它的主要元件电容极片可制成平板形或圆柱形。多用于发电厂的管道、设备或核能设备的长期高温应变测量, 监视裂纹的形成和发展, 以及对航空构件材料进行高温性能测试。

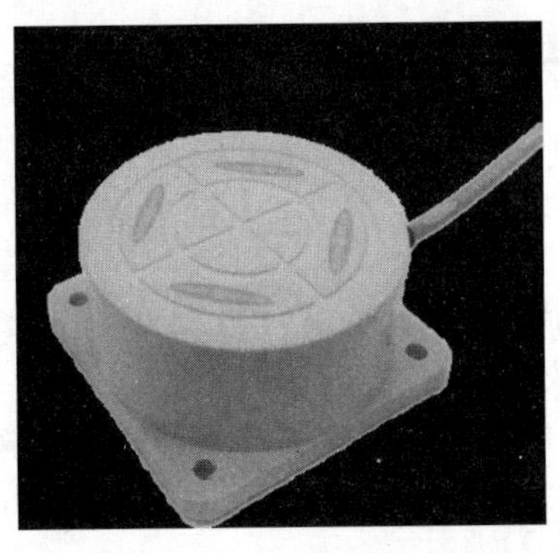

图 5.11　电容式应变计

【**案例 5.2**】本例选取商住楼转换梁高大模板支撑体系 (高支模体系) 为例 [5] 进行分析。该工程为框支剪力墙结构, 地下 3 层, 地上 50 层, 总建筑面积为 1.73×10^5 m^2。其中, 转换层位于 4 层, 层高为 6.75 m, 面积为 889 m^2, 梁板混凝土强度为 C55, 板厚为 0.2 m。转换层梁柱分布、主要转换梁及其编号如图 5.12 所示, 主要转换梁的尺寸及跨度如表 5.3 所示。

表 5.3　主要转换梁尺寸及跨度

梁编号	梁截面尺寸/m^2	梁净跨/m
KZL–A3	1.65×2.3	5.7
KZL–H1	1×2.2	4.8
KZL–1B	1.4×2	4.5

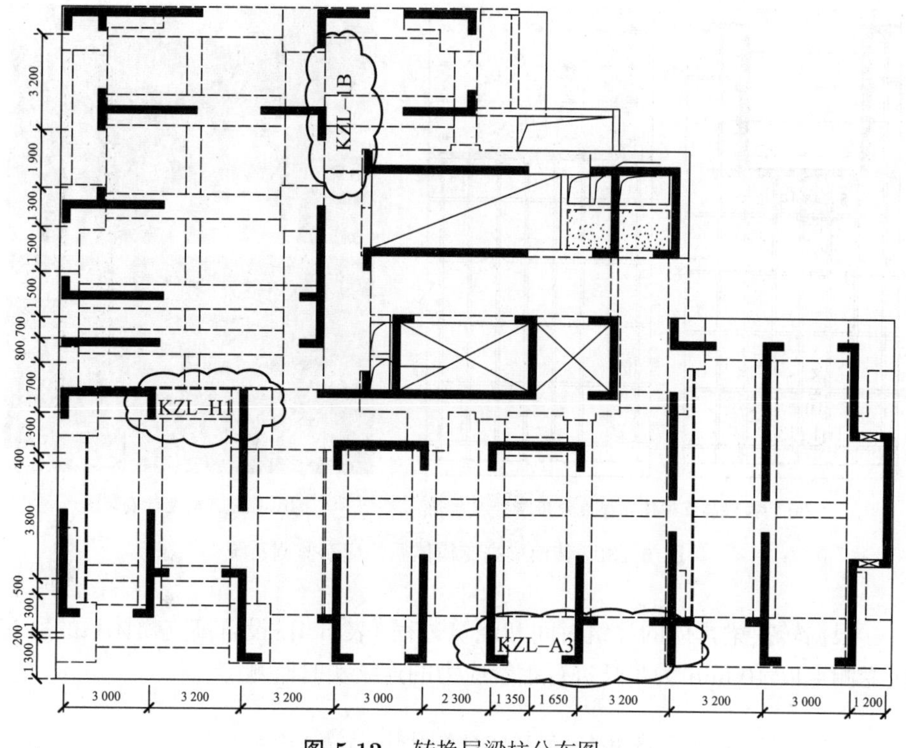

图 5.12 转换层梁柱分布图

1) 高支模体系的钢管应力监测系统

通过监测转换梁高支模体系的钢管应变获取应力, 提供高支模体系钢管在混凝土浇筑前、浇筑过程以及浇筑后的应力实测值, 以验证转换梁高支模体系的应力水平和工作状态, 确保结构施工安全。主要的应力监测方案如下。

(1) 在转换梁浇筑混凝土前, 开始对钢管的应力值进行实时监测, 采样时间间隔为 10 min。

(2) 根据浇筑混凝土的施工过程, 进行不同阶段的高支模体系钢管应力的跟踪分析; 通过对钢管表面应力的计算, 获取钢管工作状态的轴向和弯曲应力, 为支架钢管设计提供参考数据。

(3) 跟踪支架钢管的各测点应力变化情况, 根据实时监测数据对转换梁支架钢管的工作状态进行评估。

在此, 以转换梁 KZL–A3 为例进行应力测点的详细描述与数据分析。为掌握高支模体系钢管水平杆和立杆在施工过程中的应力变化, 选取了 KZL–A3 高支模体系的三根钢管进行应力监测, 具体的应力测点布置位置和编号如图 5.13 所示。

(a) 转换梁高支模体系测点分布图

(b) 振弦式应变计安装图

图 5.13　转换梁高支模体系的应变监测系统

根据转换梁具体的浇筑时间和浇筑过程 (表 5.4), 设置高支模体系的所有应变测点以 10 min 为步长进行钢管应力的连续实时监测。

表 5.4　转换梁的浇筑时间与浇筑过程

浇筑时间	浇筑过程
2013－11－19, 12:43	开始浇筑主梁
2013－11－19, 14:36	浇筑至平次梁底
2013－11－19, 14:37	浇筑西侧次梁, 西侧次梁浇筑完成
2013－11－19, 17:18	浇筑西侧次梁, 并开始流入主梁内
2013－11－19, 17:36	第二次浇筑主梁, 砼从东向西流动
2013－11－19, 17:56	主梁浇筑至板底下 30 cm, 转浇筑跨中次梁
2013－11－19, 19:30	主梁浇筑完成

2) 应力监测数据分析与结论

转换梁混凝土浇筑过程中, 高支模体系的立杆和水平杆的应力实测值分别如图 5.14 和图 5.15 所示, 对各测点应力实测值进行计算分析的结果如表 5.5 和表 5.6 所示。

由表 5.5 和表 5.6 可以看出, 该转换梁高支模体系立杆的应力实测值远小于计算设计值, 水平杆的应力实测值也均远小于所用钢材的允许应力值, 因此

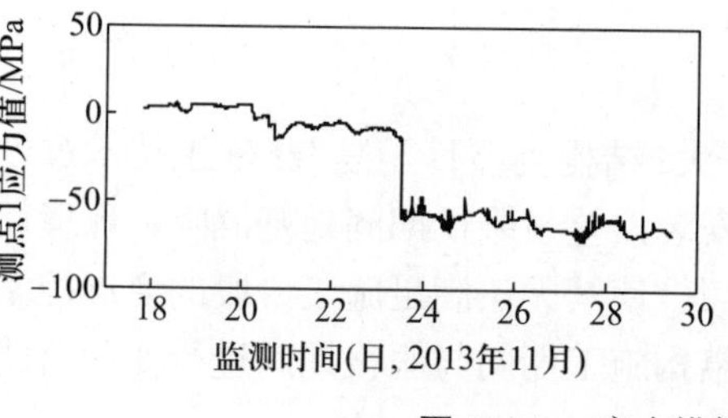

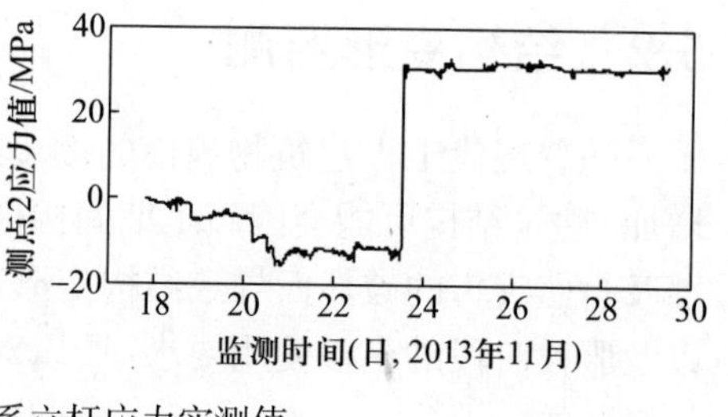

图 5.14 高支模体系立杆应力实测值

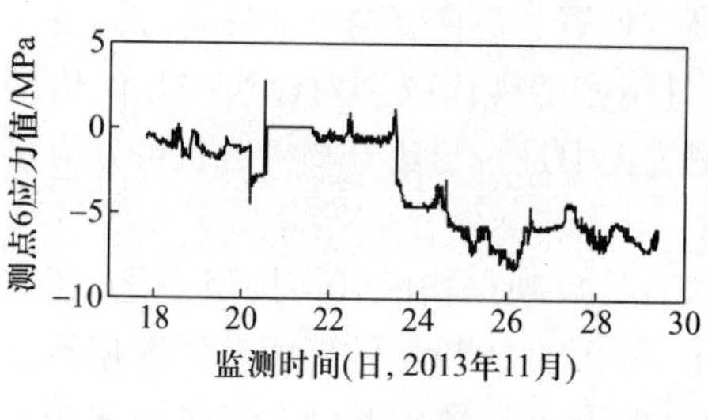

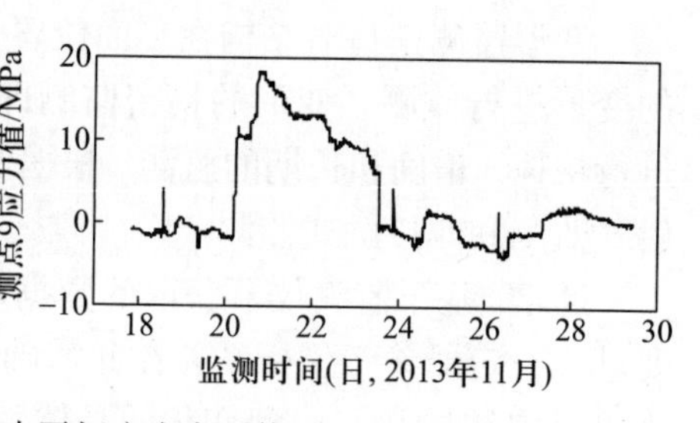

图 5.15 高支模体系水平杆应力实测值

表 5.5 高支模体系立杆的应力分析

支撑架体立杆	顶端轴向应力/MPa	非顶端轴向应力/MPa
计算设计值	−111.6	−36.5
实测值	−20 ~ 0	−20 ~ 0

表 5.6 高支模体系水平杆的应力分析

测点位置	测点编号	实测轴向应力/MPa
上部纵向水平杆	6	−10 ~ 0
上部纵向水平杆	7	−12 ~ 2
上部横向水平杆	8	0 ~ 20
上部横向水平杆	9	−5 ~ 20
下部纵向水平杆	10	−5 ~ 10

该转换梁高支模体系在施工使用过程中满足安全要求。

通过振弦式应变计对钢管应力的实时在线连续监测，有效掌握了转换梁高支模体系钢管在整个混凝土浇筑过程中的应力状态和变化情况，验证了满堂支撑架体水平杆的受力水平满足设计要求，为提高转换梁高支模体系施工技术提供了有力的参考数据。

5.2　结构变形监测

随着现代工程建筑物规模的逐步扩大，结构类型日益复杂，施工技术难度增加，建筑结构可能会因施工期间构件安装误差、服役期间地基沉降、环境侵蚀及自然灾害的破坏而导致结构变形过大，使其无法满足施工阶段的变形控制以及服役阶段的正常使用要求，所以对结构施工期间与服役期间进行变形监测是必要的。

变形监测是指对结构在平面位置、高空位置、垂直度与弯曲度等方面发生的变形进行监测。变形的精密监测即通过精密的现代仪器对建筑物几何构型进行快速、精确和长期的监测。根据监测过程中是否与建筑物接触也可分为接触式监测和非接触式监测。

通常，基于监测仪器获取的数据难以直接反映结构的几何构型变化，还需要基于一定的参考坐标系并在此基础上布设变形监测网，才能将监测数据转化为可反映结构几何构型变化的具体数值。变形监测网一般分为绝对网和相对网。其中，绝对网是指有些测点位于建筑物影响范围之外的监测网。一般将设置于建筑物影响范围之外的点作为监测工作的基准点或工作点 (这些点也称为参与点，其所组成的网称为基准网)，以测量建筑物上监测目标的绝对变形。基于绝对网测量时，务必要通过测量来验证作为监测基准的基准点本身的稳定性。绝对网多用于工程项目的变形监测，因为在工程建设中，建筑物的范围 (包括其变形影响范围) 一般较小。相对网是指控制网的全部测点都位于建筑物影响范围内的监测网，这种网一般用在变形区域较大的情形下，如地壳变形的监测网等。常用的结构变形监测仪器包括位移计、测斜仪、连通管、全球定位系统 (global positioning system, GPS)、高精度全自动全站仪和沉降仪等。

5.2.1　位移计

位移计可分为钢丝式位移计、钢弦式位移计、差动电阻式位移计、滑线电阻式位移计、多点位移计、单双点锚固式变位计、滑动测微计等。下面我们将介绍前三种位移计。

钢丝式位移计主要由锚固板、铟钢丝、挡墙、保护管、伸缩节、配重和位移传感器等组成，如图 5.16 所示，它的基本原理是通过一端固定在锚固板上的铟钢丝将锚固点在水平方向上发生的位移传递给位移传感器，从而得到测点处的水平位移。在同一高程、同一断面处布置多个相同的测点，即可得到多个点的水平位移。

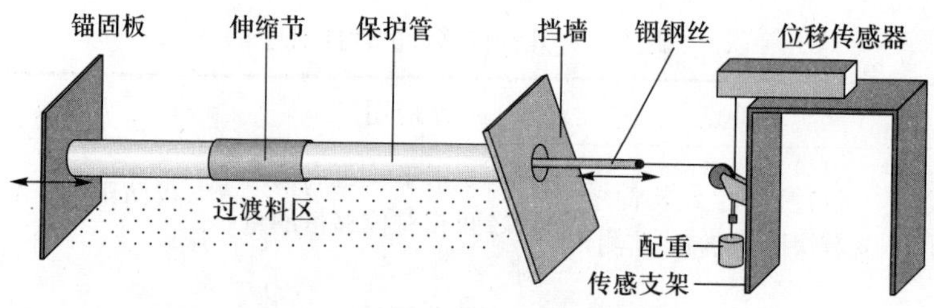

图 5.16　钢丝式位移计结构示意图

钢弦式位移计主要由受力弹簧、钢弦、激振线圈、保护筒、拉杆、万向节和电缆等组成，如图 5.17 示，当位移计两端被拉伸或压缩时，受力弹簧使传感器钢弦处于拉紧或松弛状态，钢弦轴向受力状态的变化将导致其频率的变化，即钢弦受拉时频率增大，受压时频率减小。根据测得的钢弦频率变化量即可求出结构发生的位移量。

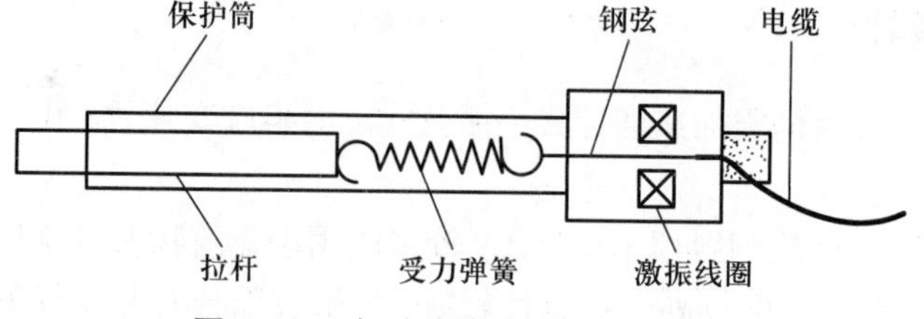

图 5.17　钢弦式位移计结构示意图

差动电阻式位移计是一种智能式位移计，主要由位移杆、密封壳体、敏感元件、引出电缆等组成，如图 5.18 所示。当结构发生变形时，位移杆会被带动而产生位移，进而通过转换机构将位移传递给滑动式电阻器，滑动式电阻器可以将位移量转变为电信号量，通过电缆传输至读数装置，即可显示出结构位移的变化量。

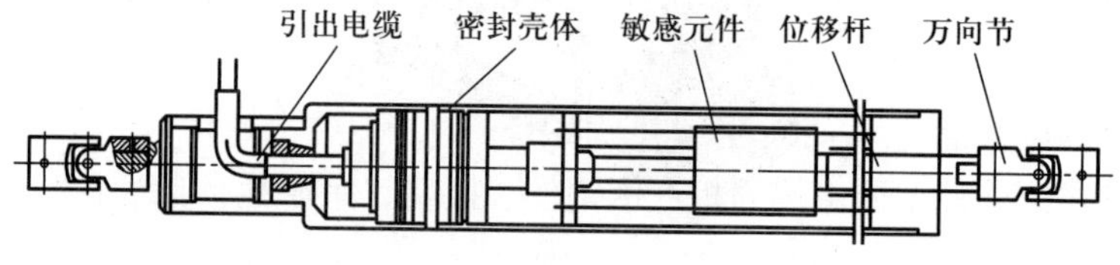

图 5.18　差动电阻式位移计结构示意图

上述几种位移计的性能对比如表 5.7 所示。

表 5.7　几种位移计的性能对比

分类	特点	应用	缺点
钢丝式位移计	设计合理, 结构简单, 安装快捷, 机械式监测	主要用于长距离两端点之间相对位移量的量测	仅防雨淋, 不可耐水压
钢弦式位移计	输出稳定, 抗干扰, 防潮, 能接长导线	用于测量土坝、土堤、边坡等结构物的位移、沉陷、应变、滑移	存在滞后性, 量程小, 材料选择处理不当会严重影响传感器的稳定性
差动电阻式位移计	性能可靠, 精度高, 结构简单	适用于大体积砼建筑物变形、应力、渗压、温度等参数的监测	产生零点残余电压

5.2.2　测斜仪

测斜仪可分为伺服加速度计式、振弦式、电阻应变片式、电位器式、电感式等。

伺服加速度计式测斜仪 (图 5.19) 较多应用于建筑物及其基础侧向位移监测中, 它的优点是精度较高、稳定性较好, 其组成部分有测斜仪测头、测斜管和接收仪。伺服加速度计式测斜仪的工作原理是, 依据伺服加速度计测量正力矢量 $\boldsymbol{g}$ 在传感器轴线垂直面上的分量大小, 当加速度计感应轴与水平面的夹角为 θ 时, 便可求出加速度计输出电压 U_c, 进而可以求出倾斜角 θ。

图 5.19　伺服加速度计式测斜仪

振弦式固定测斜仪 (图 5.20) 主要用在常规性测斜仪难以或无法测读的监测项目中, 测量的方法是将测斜仪固定在测斜管内的某个固定位置, 利用遥测的方法来测定该位置倾角的连续变化。如果需要测量某个钻孔内各个高度位置的倾斜状况, 便需要在测斜管中安装固定若干个测斜仪进行观测。

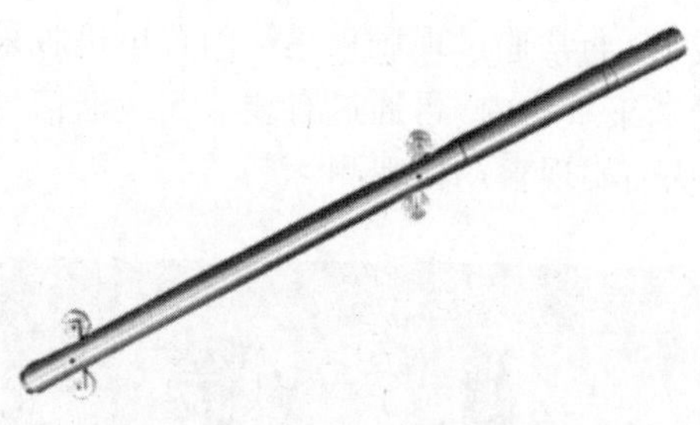

图 5.20 振弦式固定测斜仪

电阻应变片式测斜仪的感应部件是一个内置的弹性摆。弹性摆由应变梁和重锤组成，在梁的两侧贴有组成全桥的一组电阻应变片，当测斜仪弹性摆的梁平面与铅垂线倾斜有夹角 θ 时，应变梁便会产生弯曲，一组电阻片受拉，另一组电阻片受压，进而可以利用电阻式应变计测出应变值，然后换算得相对水平位移，即可求出倾斜角 θ。

5.2.3 连通管

在大跨度桥梁挠度监测中，常使用连通管法进行静态挠度监测。连通管法 (图 5.21) 测量桥梁挠度的原理是，在挠度测点和基准点之间安装连通管，利用同一系统保持相同水平液面的原理将两点间竖直方向上的相对位置变化转换成连通管内液面的变化，然后利用连通管原理算出测点相对于基准点竖直方向的位置变化 (即挠度)。该方法物理概念明确，监测结果直观，受外界环境影响小，监测精度较高且与跨径无关，但动态性能较差，一般认为只适用于静态挠度监测。

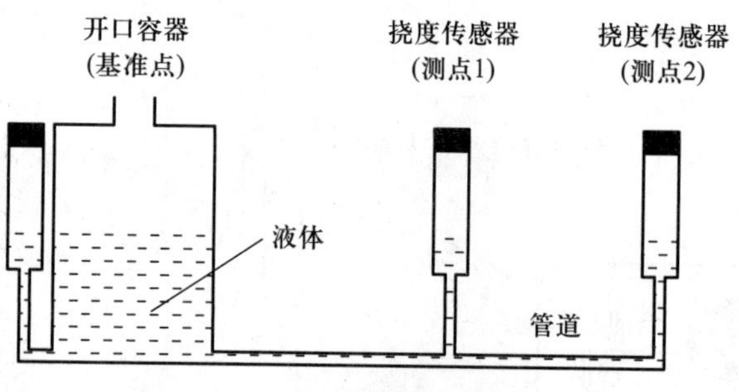

图 5.21 连通管法挠度测量原理图

在实际工程中常见的基于连通管法进行变形监测的仪器为静力水准仪 (图 5.22)，主要用于管廊、大坝、核电站、高层建筑、基坑、隧道、桥梁、地铁等垂直位移和倾斜的监测。静力水准仪一般安装在与被测物体等高的测墩上或被测物体墙壁等高线上，通常通过现场采集箱内置单机版采集软件实现自动采集数据并存储于现场采集系统内，再通过有线或无线通信与互联网相连进而传到后台网络版软件，从而实现自动化观测。

图 5.22　静力水准仪

5.2.4　GPS

GPS 是指运用导航卫星进行测时和测距所构成的全球定位系统，即，它是以卫星为基础的无线电卫星导航定位系统。其工作原理如图 5.23 所示。GPS 由 GPS 卫星星座、地面监控系统、GPS 信号接收机（图 5.24）三部分组成。GPS 定位技术具有在定位时测站间无需保持通视、能同时监测点的三维位移、易于实现全系统的自动化、可消除或削减系统误差的影响且可以全天候观测等优点，所以被广泛应用于各类变形监测中，如城市地面沉降变形监测、大坝

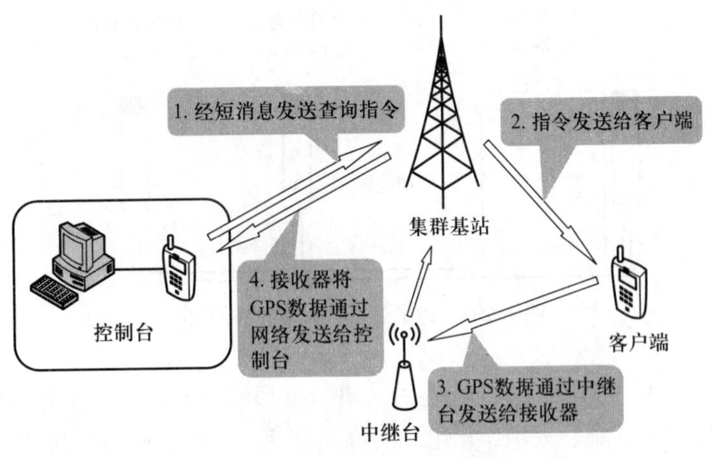

图 5.23　GPS 工作原理示意图

变形监测、桥梁变形监测、滑坡监测、高层建筑物变形监测等 [6]。

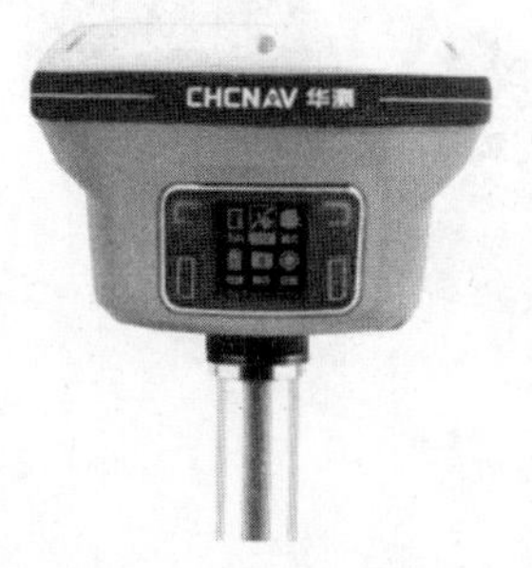

图 5.24　GPS 信号接收机天线

5.2.5　高精度全自动全站仪

高精度全自动全站仪 (图 5.25) 也称为测量机器人, 具有马达伺服驱动和机内程序控制的 TPS 系统, 并且结合激光、通信及 CCD 等技术, 实现测量的全自动化, 同时是集自动目标识别、自动照准、自动测角、自动测距、自动跟踪目标、自动记录于一体的测量系统。测量机器人可对多个目标进行持续和反复观测, 全程实现变形监测的全自动化。目前, 测量机器人已经被广泛地运用到工程结构的变形监测中, 而且, 它能够自动观测的优势使其被运用于工程场地条件复杂、人工观测不易达到点位等特殊情况。

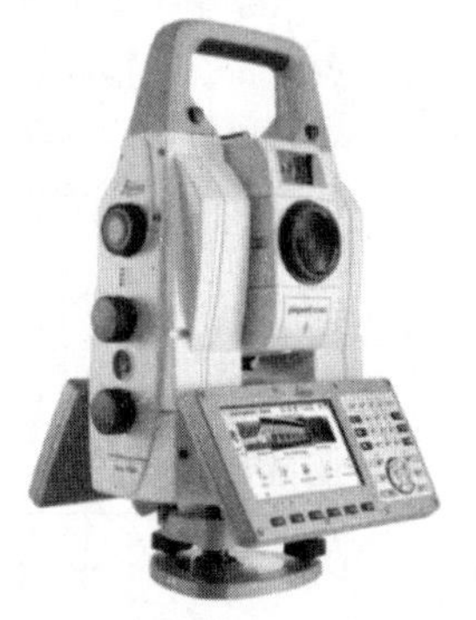

图 5.25　高精度全自动全站仪

5.2.6　沉降仪

沉降仪 (图 5.26) 是一种在恒定离心力场下测定样本颗粒沉降速度的仪器, 主要应用在土坝、土石坝、边坡、开挖和填方等岩土工程的沉降监测中。

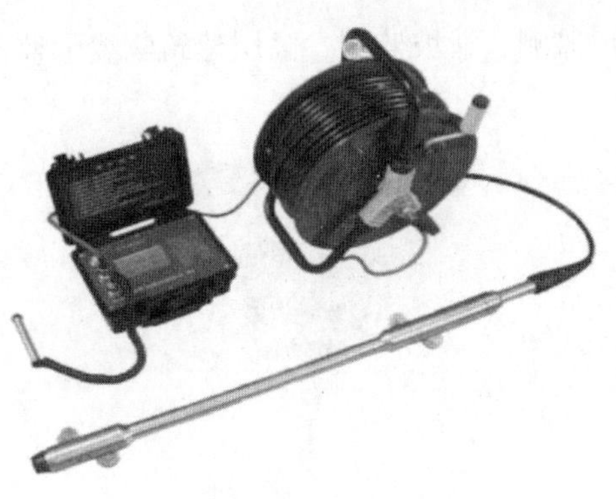

图 5.26　沉降仪

几种监测结构变形的传感器的性能对比如表 5.8 所示。

表 5.8　几种监测结构变形的传感器的性能对比

分类	特点	应用	缺点
静力水准仪	直线测量，绝对位置输出，非接触式连续测量，测量精度高，稳定性强，不受低温影响，安装简单方便	主要用于大型建筑物，如水电站厂、高层建筑物、地铁、桥梁、核电站、水利枢纽工程岩体等各测点不均匀沉降的测量	静力水准仪管路内部的液体需要时间来流动和平衡，无法高速测量沉降变化量
GPS	作业效率、作业自动化和集成化程度高，操作简便，有极强的数据处理能力	主要用于大范围控制点测量，在精度要求不高时也可用于道路的路基部分和桥梁的桩基和承台的测量	受卫星状况、电离层状态、数据传输距离等影响，精度和稳定性不足
高精度全自动全站仪	精度高，价格便宜，无需卫星信号则不受遮挡影响	主要用于局部测量和放样，也可用于控制点测量	地形复杂地区的使用较为耗时耗力，测程短

【**案例 5.3**】深圳万科中心上部结构采用底层钢结构，上层混凝土宽梁扁柱体系为混合框架 + 拉索结构体系，具体如图 5.27 所示。

该结构由底层钢结构及预应力拉索将结构竖向重力传递到主要竖向支撑构件筒体及落地墙、柱；侧向荷载通过水平楼板传递到筒体和墙，主要由筒体承受侧向荷载结构。在拉索张拉和上部结构施工这两个关键施工过程中，底层钢结构的预起拱、竖向构件的变形都会对结构的施工安全、结构最终的受力状态和变形产生影响。为实现对结构施工过程中的变形控制，确保结构施工完成

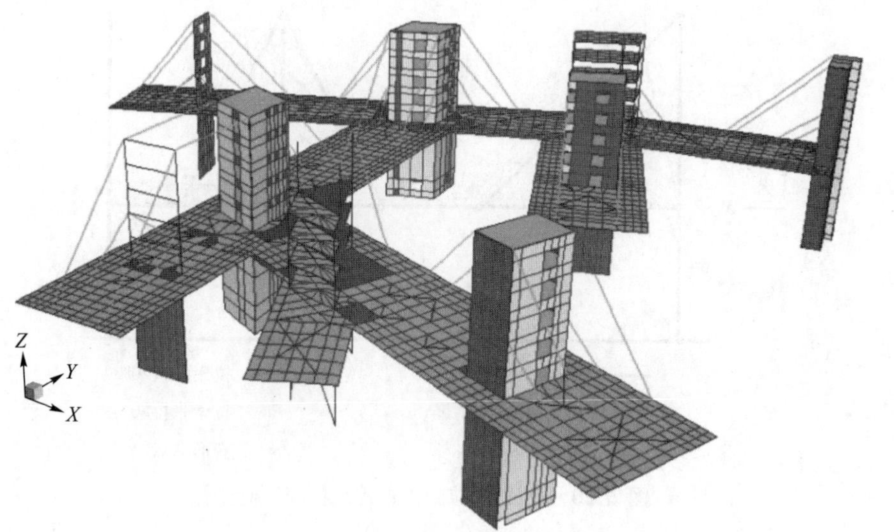

图 5.27 深圳万科中心上部主体结构图

时的几何构型满足正常使用要求, 有必要在底层楼板及筒体顶端设置位移控制点对结构施工全过程进行变形监测 [7], 具体的变形测点布置如图 5.28 所示。

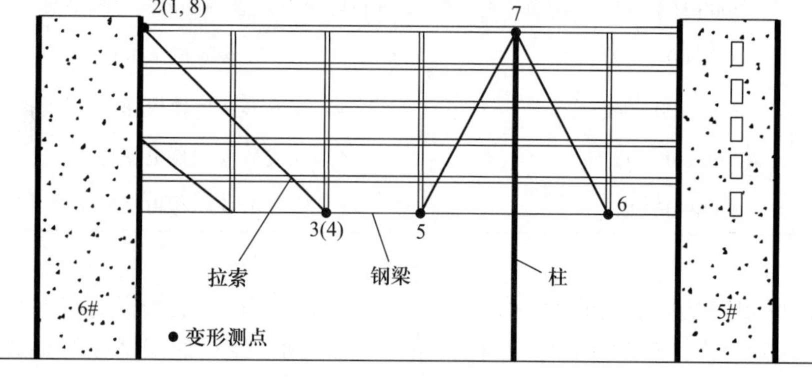

图 5.28 结构标准单元测点布置

拉索张拉施工过程中结构标准单元的变形监测结果如图 5.29 所示, 可以看出, 随着张拉级别的增加, 结构底层楼板逐渐向上起拱, 筒体顶端逐渐向 X 轴正向变化, 结构整体变形呈逐渐增大趋势。

拉索张拉施工结束, 进入上部结构逐层施工阶段时, 对各测点进行变形监测的关键时间节点如表 5.9 所示。

上部结构施工过程中测点 3、4 和 6 的 Z 轴方向变形监测结果如图 5.30

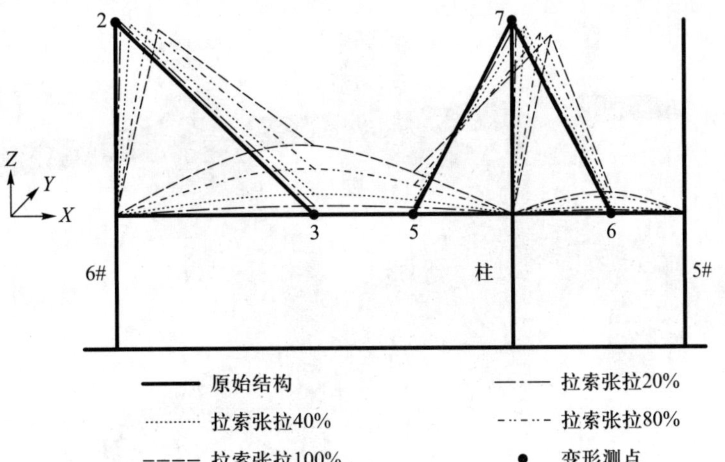

图 5.29　拉索张拉施工过程结构变形监测

表 5.9　上部结构施工的关键时间节点

监测时间	施工过程
2008–04–04	拉索张拉
2008–04–05	拉索复张拉
2008–04–11	拆除第 2 层至顶层的满堂脚手架
2008–04–12	第 2 层设置满水水箱
2008–05–04	完成第 4 层楼板浇筑
2008–05–12	完成第 5 层楼板浇筑
2008–05–27	完成第 6 层楼板浇筑

所示, 可知满堂脚手架的拆除使得结构自重减轻, 结构底层楼板的起拱变形增大; 当第 2 层水箱装满水时, 结构自重会有所增加, 结构底层楼板的起拱变形减小; 随着上部结构的逐层施工, 结构自重不断增大, 结构底层楼板的变形量逐渐减小, 由拉索张拉导致的预起拱变形恢复至拉索拉紧前的原始水平状态, 即施工完成时结构的变形满足设计初始构型的要求。

综上所述, 通过对深圳万科中心施工全过程的变形监测可知, 在拉索张拉阶段, 随着张拉级别的增加, 竖向构件顶部的 X 轴位移和底层楼板的起拱分别增大至 7 mm 和 25 mm; 在上部结构施工阶段, 结构位移又会随着结构自重的增加而逐渐减小, 底层楼板的预起拱最终恢复至原始水平状态。以上结构变形监测的分析结果表明, 结构几何构型的变化与实际情况吻合, 几何构型监测系

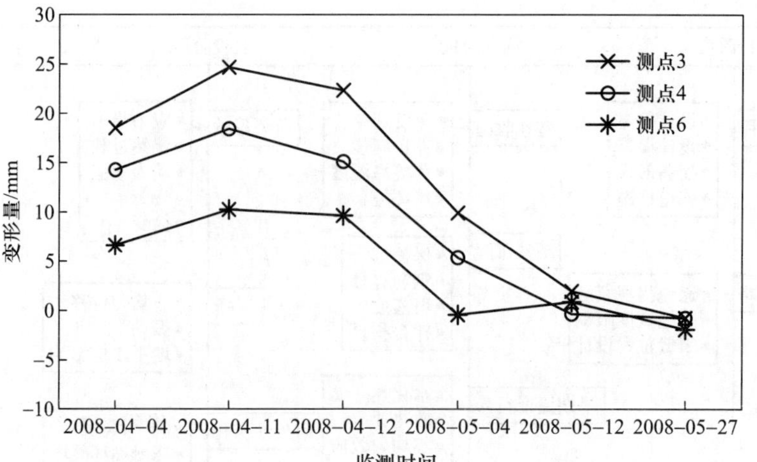

图 5.30　上部结构施工过程结构变形监测

统可有效控制结构在施工过程中的变形量, 确保了最终结构的几何构型能满足设计要求。

5.3　结构耐久性监测

目前混凝土结构和钢结构是世界范围内最广泛的建筑结构形式, 而现有的耐久性监测方法主要集中在材料层次, 所以本节分为混凝土构件和钢制部件两部分进行耐久性监测方法介绍。

5.3.1　混凝土构件耐久性监测

混凝土构件耐久性监测主要包括裂缝监测、氯离子浓度监测、碳化和酸雨侵蚀监测, 具体监测方法介绍如下。

1. 裂缝监测

混凝土材料具有优异的抗压力学性能, 然而其抗拉强度一般只有抗压强度的 7%~14%。当混凝土所承受的拉应力超过抗拉强度时, 混凝土发生开裂。在设计混凝土构件抗弯承载力时通常忽略受拉区混凝土的抗力贡献, 这进一步加剧了受拉区混凝土保护层的开裂风险。图 5.31 从设计阶段、施工阶段和服役阶段汇总分析了各类可引起混凝土开裂的原因。在大多数情况下, 一般认为混凝土开裂属于结构适用性问题。如果开裂本身易引起侵蚀性物质进入混凝土内部, 则需防范混凝土结构发生耐久性问题。极端情况下, 混凝土开裂可能导致结构的完整性受到影响。

混凝土表面裂缝监测一般选用电阻式裂缝计、电感式裂缝计、机械式裂缝

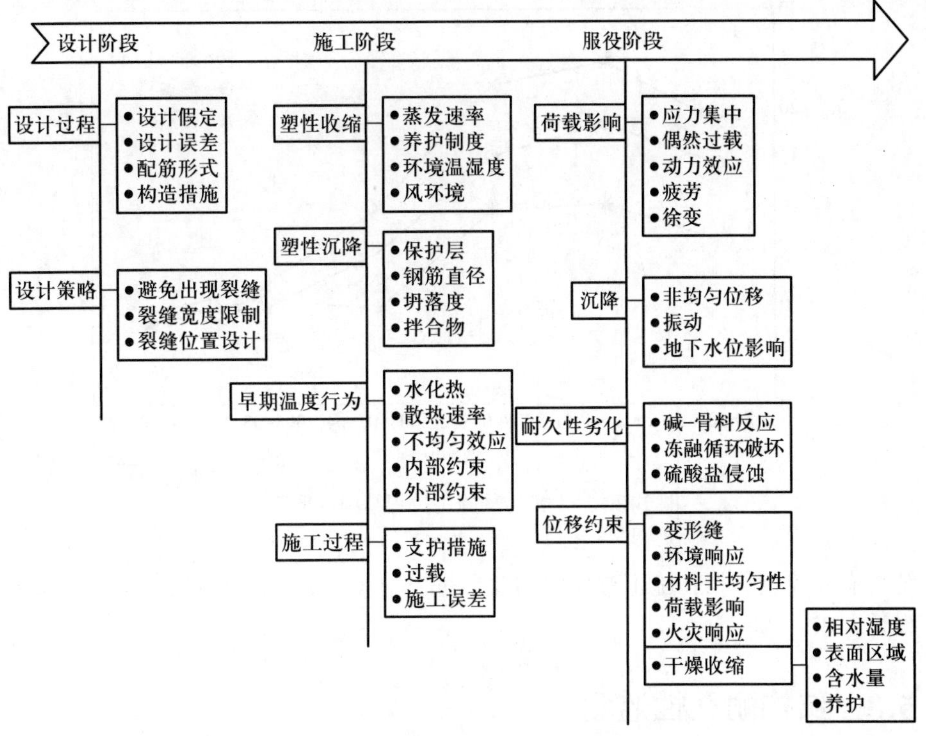

图 5.31 混凝土裂缝形成原因汇总

计、光纤光栅裂缝计、柔性导电涂层等, 内部裂缝的开展可选用声发射方法等进行监测。对于易受力引起的裂缝, 传感器布置应根据结构应力分析结果, 选在拉应变最大的位置, 传感器安装方向应与混凝土拉应力方向保持平行; 对易因钢筋锈胀引起的裂缝, 传感器的安装方向应与受力纵筋方向垂直。裂缝监测传感器在每 30 min 内采样不宜少于 1 次。下面分别以柔性导电涂层和声发射方法为例进行混凝土裂缝监测方法的介绍。

1) 柔性导电涂层

柔性导电涂层裂缝监测是一种低成本、分布式裂缝监测技术, 主要利用导电涂层在混凝土表面固化后涂层电阻与内部导电粒子间距之间非线性跃变的关系进行裂缝监测。如图 5.32 所示, 将导电涂层涂覆于混凝土构件表面所需监测区域, 导电涂层固化后对裂缝开展非常敏感。如图 5.33 所示, 裂缝形成后测量得到的涂层电阻会出现明显增加, 一旦裂缝开展宽度超过预警值, 监测系统可发出警报。

2) 声发射方法

如图 5.34 所示, 应力波在混凝土内部传播过程中, 应力波遇到空洞、裂缝

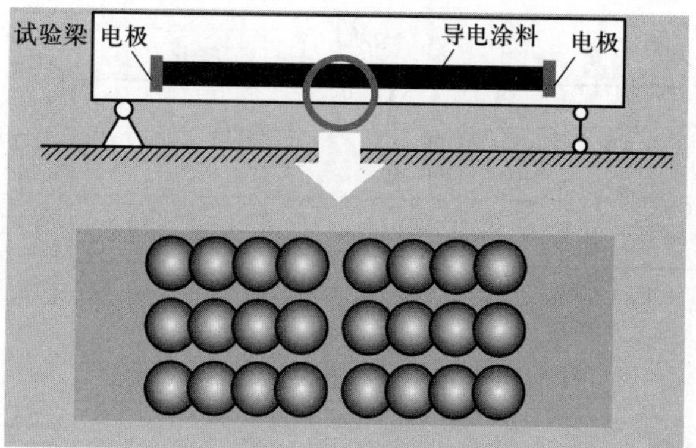

图 5.32 导电涂层示意图

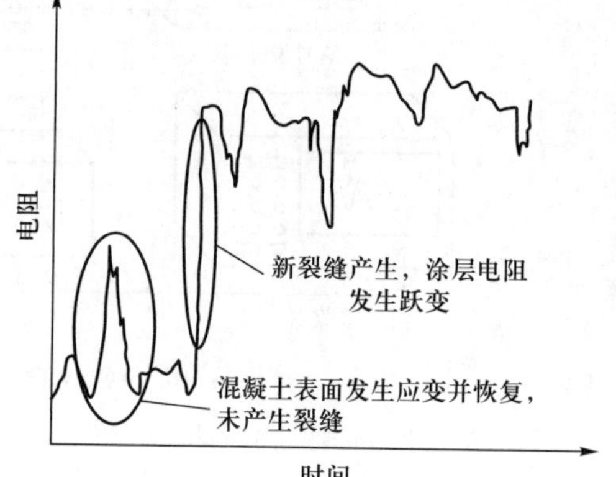

图 5.33 涂层电阻随时间变化

等损伤时会发生绕射、透射和反射等现象，导致波速下降、波时延长、波的能量发生损失，因此可根据应力波波形信息的变化 (包括频率成分、波速、幅值和能量等) 来判断混凝土内部的裂缝开展情况。对于常见的混凝土耐久性问题诸如冻融循环破坏、碱–骨料反应和硫酸盐侵蚀而言，在材料层次上皆会导致混凝土微裂缝的开展，进而可通过监测波形信息的变化来评估相关耐久性问题的劣化情况。

混凝土内部裂缝监测系统如图 5.35 所示，由信号发生器、功率放大器、信号接收器和埋入混凝土内部的驱动器、传感器组成 [8,9]。监测流程一般由信号发生器发出电压信号，经功率放大器放大后对驱动器进行激励，驱动器由逆压电效应将电压信号转变为振动信号，振动信号在混凝土中传播后被传感器捕获并转变为电压信号输出到信号接收器，通过对监测波形信号的分析可判断传播路径上混凝土的材料状态，常用指标有幅值、波速、频率成分和能量等。

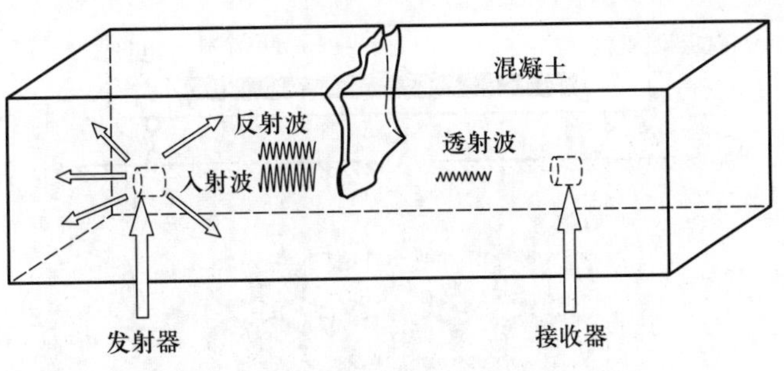

图 5.34　应力波在损伤混凝土中的传播

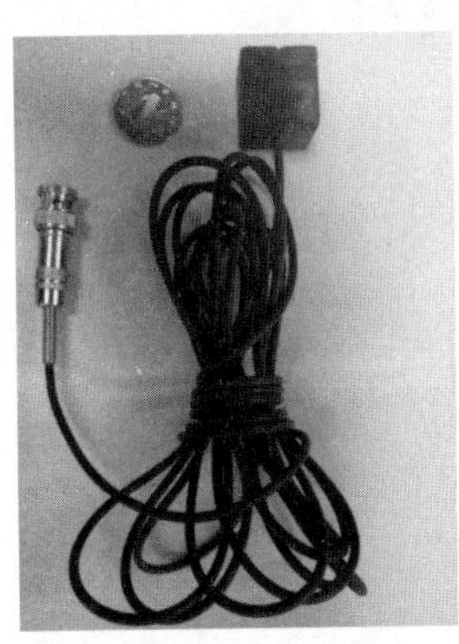

(a) 常用压电驱动–传感器

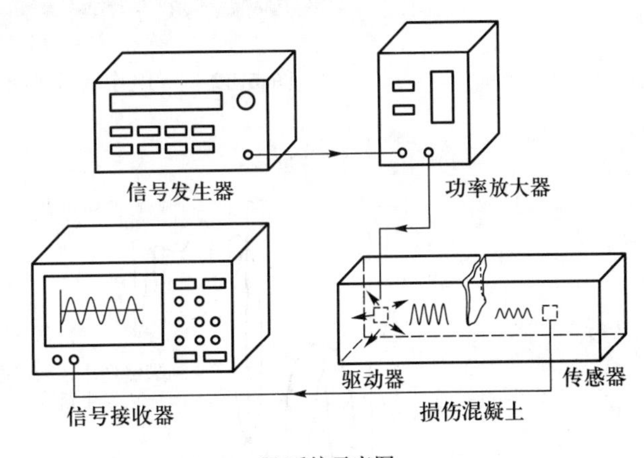

(b) 系统示意图

图 5.35　常用混凝土内部裂缝监测系统

可基于各监测指标建立混凝土裂缝开展的损伤演化方程, 描述不同位置混凝土的损伤发展情况。以波速指标为例, 在混凝土传播路径上面的波速可近似由式 (5.1) 计算确定:

$$v = \sqrt{\frac{E(1-\mu)}{\rho(1+\mu)(1-2\mu)}} \tag{5.1}$$

式中, v 表示波速; E、ρ 和 μ 分别表示混凝土的弹性模量、密度和泊松比。则损伤后混凝土的弹性模量可由测量得到的波速计算:

$$E = \rho\frac{(1+\mu)(1-2\mu)}{1-\mu}v^2 \tag{5.2}$$

用综合系数 k 来代替损伤过程中混凝土密度和泊松比发生的变化, 则可将公式简化为

$$E = kv^2 \tag{5.3}$$

假如以弹性模量的衰减来量化混凝土的损伤演化过程, 则损伤演化方程 $D(t)$ 可描述为

$$D(t)=\frac{E_t}{E_0}=\frac{k_t}{k_0}\cdot\frac{v_t^2}{v_0^2} \tag{5.4}$$

式中, 下角标 “0” 和 “t” 分别表示完好状态和环境侵蚀时间。另外, 由于监测信号各频率成分能量衰减与裂缝尺寸直接相关, 也可基于小波分析监测信号各频率成分定义混凝土的损伤演化方程, 采用均方差定义的混凝土损伤指数如式 (5.5) 所示:

$$DI=\sqrt{\frac{\sum\limits_{j=1}^{2^n}\left(E_{ij}-E_{\mathrm{H},j}\right)^2}{\sum\limits_{j=1}^{2^n}E_{\mathrm{H},j}^2}} \tag{5.5}$$

式中, DI 表示损伤指数; $E_{\mathrm{H},j}$ 表示健康状态下 j 频段的能量; E_{ij} 表示 i 损伤状态下 j 频段的能量。综上所述, 可基于监测波形幅值、波速、能量等信息合理评估混凝土因内部微裂缝开展而导致的损伤演化过程。

2. 氯离子浓度监测

钢筋锈蚀是混凝土结构最重要的耐久性问题, 其引起的经济损失一般占耐久性损失的 40%。氯离子侵蚀是滨海混凝土结构发生钢筋锈蚀的主要来源, 钢筋表面达到临界氯离子浓度时, 钢筋开始发生锈蚀, 实时掌握混凝土内部氯离子的浓度对于评估钢筋锈蚀过程具有重要意义。目前常用的氯离子监测传感器为固态 Ag/AgCl 参比电极, 其典型结构示意图如图 5.36 所示。

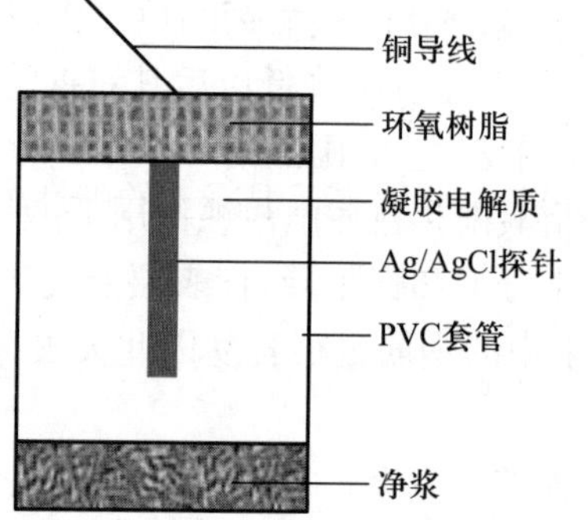

图 5.36 Ag/AgCl 参比电极典型结构示意图

Ag/AgCl 参比电极的工作原理可用化学方程式 (5.6)、式 (5.7) 和式 (5.8)

来进行描述:

$$\mathrm{AgCl} + \mathrm{e}^- \rightleftharpoons \mathrm{Ag} + \mathrm{Cl}^- \tag{5.6}$$

$$E = E_0 - \frac{RT}{F}\ln \alpha \tag{5.7}$$

$$\alpha = fC \tag{5.8}$$

式中, E_0 表示 Ag/AgCl 参比电极的标准电极电位; F 表示法拉第常数; R 表示气体常数; T 表示温度; α 表示氯离子活度; f 表示活度系数; C 表示氯离子浓度。由式 (5.7) 可知, 温度恒定条件下电极电位 E 与氯离子活度 α 呈线性关系, 而氯离子活度 α 等于氯离子浓度 C 与活度系数 f 的乘积, 则确定活度系数 f 后, 可直接根据监测电极电位得到混凝土的氯离子浓度。

将 Ag/AgCl 参比电极布置于混凝土结构易受氯盐侵蚀处。对冬季采用化冰盐的桥梁, 参比电极宜布置在桥面板上以及桥面板与主梁搭接处; 对海洋环境混凝土结构, 参比电极宜布置在浪溅区和水位变化区。参比电极安装方向应与混凝土保护层的厚度方向保持一致, 其沿深度间距不宜超过 10 mm, 水平间距不宜超过 50 mm。对于新建结构, 参比电极宜采取预埋式安装; 对于既有结构, 参比电极宜采取钻孔埋入式安装, 并对电极周围孔隙填浆密封。参比电极在每周内采样不宜少于 1 次。

3. 碳化和酸雨侵蚀监测

水泥的主要水化产物为硅酸钙凝胶、氢氧化钙和钙矾石等, 这使混凝土内部孔隙溶液的 pH 一般高于 12.8。引起混凝土中性化的环境侵蚀一般包括碳化和酸雨侵蚀, 然而以上两种侵蚀对混凝土力学性能的影响并不相同。碳化是指空气中二氧化碳扩散进入到混凝土内部, 与水泥的水化产物氢氧化钙等反应生成难溶于水的碳酸钙, 将混凝土的 pH 由 12.8 以上降低到 9 以下。碳化并不会降低混凝土的抗压强度, 相反, 碳酸钙的填充作用会导致混凝土强度的增加。碳化的主要危害是, 混凝土 pH 降低以后其对钢筋表面钝化膜的保护作用消失, 最终导致钢筋锈蚀的发生。酸雨是指 pH<5.6 的雨雪或其他形式的降水, 主要分为硝酸型和硫酸型酸雨。在酸雨侵蚀作用下, 水泥的水化产物氢氧化钙和硅酸钙凝胶等极易发生分解和膨胀, 致使表层混凝土的强度和弹性模量大幅度降低甚至丧失, 混凝土中的钢筋也很容易因此失去保护而加速锈蚀, 导致混凝土结构提前失效。

常用的 pH 传感器为玻璃电极、氢醌电极和金属/金属氧化物电极。混凝土内部 pH 监测可选用 Ir/IrO_2 固态电极。Ir/IrO_2 固态电极的工作原理与上文提到的 Ag/AgCl 参比电极相似, Ir/IrO_2 固态电极对混凝土孔隙溶液的 pH 响应灵敏, 电极电位与孔隙溶液的 pH 具有良好的线性关系。混凝土碳化监测测点宜布置在构件受拉应力最大位置处。酸雨侵蚀监测测点宜布置在桥梁上部结构易淋雨部位或积水区。Ir/IrO_2 固态电极方向应与混凝土保护层的厚度方向保持一致, 其沿深度间距不宜超过 10 mm, 水平间距不宜超过 50 mm。对于新建混凝土结构, 固态电极宜采取预埋式安装, 并加装适当的保护装置; 对于既有结构, 固态电极宜采取钻孔埋入式安装, 并对传感器周围孔隙填浆密封。碳化和酸雨侵蚀监测在每周内采样不宜少于 1 次。

5.3.2 钢制部件耐久性监测

钢制部件耐久性监测主要包括钢筋锈蚀监测、钢绞线锈蚀监测、钢材锈蚀深度监测和涂层老化监测, 具体监测方法介绍如下。

1. 钢筋锈蚀监测

混凝土结构耐久性设计规范中定义了混凝土结构构件的三种耐久性极限状态, 前两种为: ① 钢筋开始发生锈蚀的极限状态; ② 钢筋发生适量锈蚀的耐久性极限状态。监测服役混凝土结构内部钢筋的锈蚀状态对评估和预测其耐久性寿命至关重要。混凝土中普通钢筋锈蚀监测采用的传感器有电化学腐蚀传感器、电阻式腐蚀传感器、电感式腐蚀传感器、光纤光栅腐蚀传感器等, 其中使用最为广泛的为电化学腐蚀传感器。混凝土内部钢筋锈蚀发生的本质是原电池反应, 原电池反应发生需具备三个条件: ① 阴极、阳极和电势差; ② 离子通路; ③ 电子通路。碳化或者氯离子侵蚀造成钢筋表面钝化膜的溶解, 在钢筋表面形成阴极区、阳极区和电势差, 在适宜氧气和湿度条件下, 钢筋在阳极区发生氧化反应生成氧化铁, 最大可膨胀到原体积的 6 倍以上, 可引起混凝土保护层的顺筋开裂、脱落或分层破坏和钢筋截面的缩减, 降低混凝土和钢筋之间的黏结强度。

碳化与氯离子侵蚀引起的钢筋锈蚀分别如图 5.37 和图 5.38 所示, 阳极区和阴极区分别发生氧化反应和还原反应:

$$\mathrm{Fe} \rightarrow \mathrm{Fe}^{2+} + 2\mathrm{e}^- \tag{5.9}$$

$$\mathrm{O}_2 + 2\mathrm{H}_2\mathrm{O} + 4\mathrm{e}^- \rightarrow 4\mathrm{OH}^- \tag{5.10}$$

1) 监测原理

在钢筋锈蚀过程中, 钢筋表面阴极区、阳极区以及混凝土保护层之间形成了一个如图 5.39 所示的宏电池, R_a 为阳极极化电阻, R_c 为阴极极化电阻, R_st 为钢筋电阻, R_con 为混凝土电阻。发生钢筋锈蚀时, 阳极区失去的电子经钢筋 (电子通路) 传输至阴极区, 阴极区发生极化反应生成的 OH^- 经潮湿混凝土 (离子通路) 传输至阳极区与 Fe^{2+} 发生化学反应。钢筋锈蚀过程中阳极区失去电子的数量决定了钢筋的锈蚀程度, 如图 5.40 所示, 在混凝土不同深度处预埋

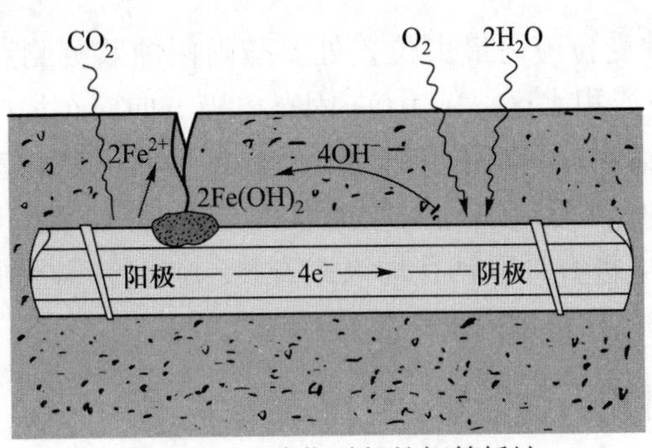

图 5.37 碳化引起的钢筋锈蚀

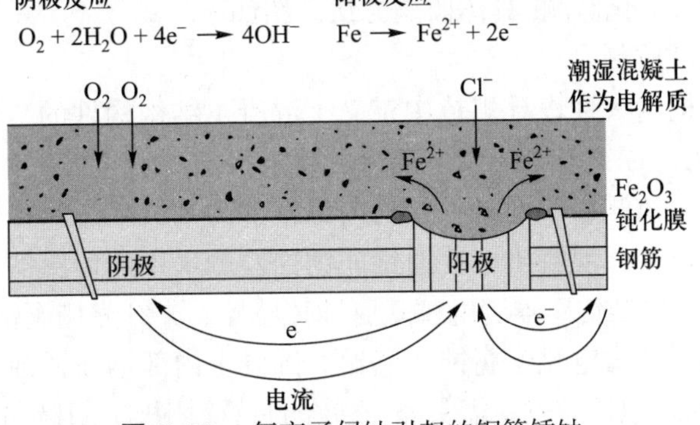

图 5.38 氯离子侵蚀引起的钢筋锈蚀

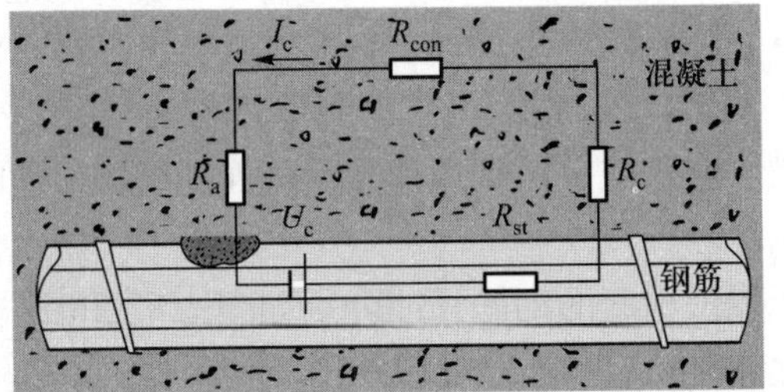

图 5.39 钢筋锈蚀宏电池示意图

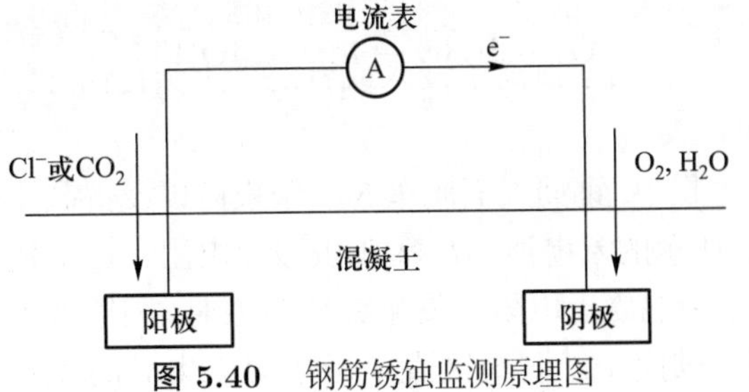

图 5.40 钢筋锈蚀监测原理图

一个阳极 (钢筋) 和一个阴极 (抗锈蚀贵金属), 并用导线连接在外部电流表上, 则可通过测量电流信号来评估阳极区锈蚀程度。

2) 监测方法

目前较为成熟的钢筋锈蚀监测系统为德国亚琛材料研究所开发的梯式阳极系统。如图 5.41 所示, 其主要由阳极梯、阴极棒、连接线、连接钢筋、接线盒和采集设备组成。阳极梯主体包括六个直径为 10 mm、长度为 50 mm 的普通碳钢棒和一个电阻式温度计, 六个碳钢棒固定在两侧钢槽上, 并由导线引出; 阴极棒是一个直径为 8 mm、长度为 40 cm 的钛铂合金棒, 具有良好的抗锈蚀能力; 连接钢筋选用与实际工程相同材质的钢材; 接线盒汇总所有导线, 将阳极棒、连接钢筋和阴极棒之间的电压、电流等信号输出到采集设备。

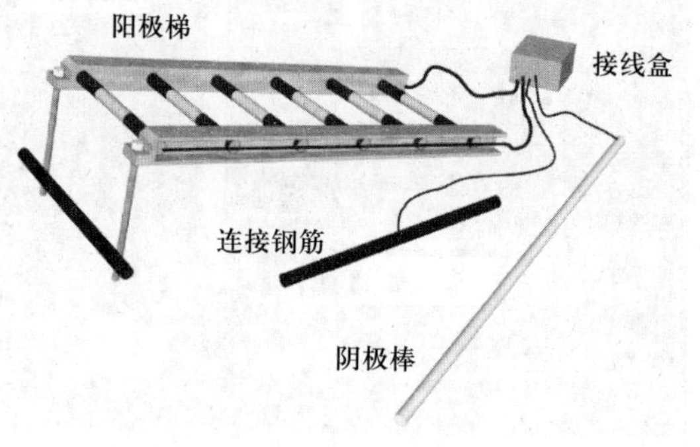

图 5.41 梯式阳极系统结构示意图

梯式阳极系统宜安装于建筑关键构件易发生钢筋锈蚀处, 具体安装方式如图 5.42 所示。可通过调节 10 cm 长的螺丝来调整阳极梯与混凝土表面的距离以及斜率, 以确定混凝土保护层中六个阳极棒不同的埋置深度, 最外侧阳极棒 (A1) 与混凝土表面的距离不应小于 10 mm。阴极棒应安装在阳极梯附近, 距离以 50 mm 左右为宜, 但应注意阴极棒安装位置不能处于渗水严重区域, 以保证阴极具有充足的氧气供应。每个阳极棒和阴极棒之间会组成一个宏电池, 当最外侧阳极棒 (A1) 由于氯离子侵入或者混凝土碳化而导致脱钝开始发生锈蚀时, 第一组宏电池电流会明显升高, 而其他组宏电池电流仍然非常小。根据现有的调查与研究发现, 阳极锈蚀与否的判断标准如下: ① 无锈蚀发生, 接通 5 s、测量电流值 $<15\ \mu A$ 或接通 24 h、测量电流值 $<1.5\ \mu A$; ② 脱钝锈蚀, 接通 5 s、测量电流值 $>15\ \mu A$ 或接通 24 h、测量电流值 $\gg 1.5\ \mu A$。

混凝土保护层内最外侧阳极开始发生锈蚀以后, 内侧阳极会随着时间依次逐渐发生锈蚀。为了较为精准地预测结构中钢筋的锈蚀时间, 梯形阳极系统还可测量相邻阳极棒之间混凝土电阻的大小。混凝土电阻的大小主要取决于其相

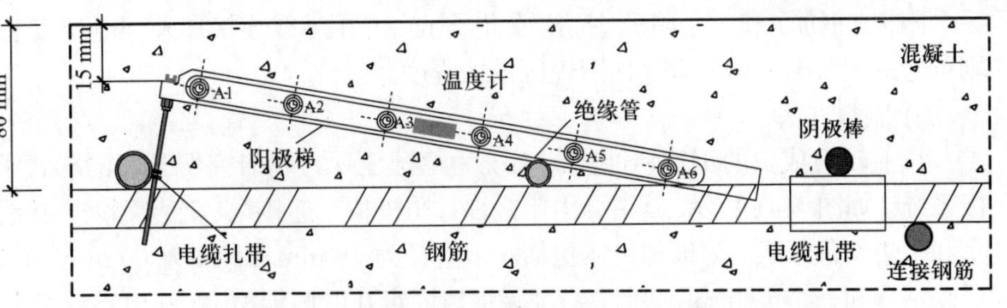

(a) 立面示意图

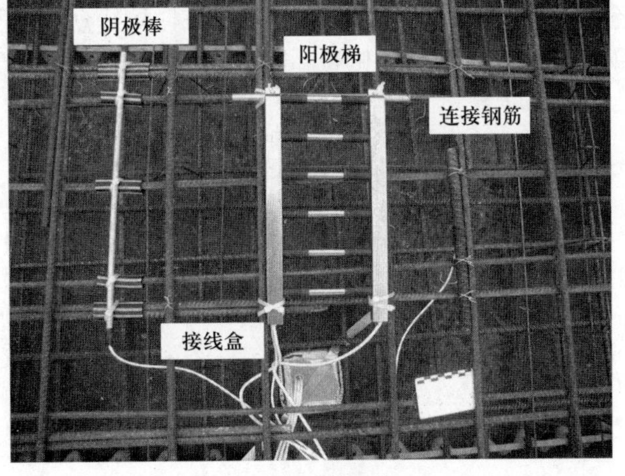

(b) 现场安装照片

图 5.42　梯式阳极系统安装

对湿度，由于相邻阳极棒之间的距离是相等的，相邻阳极棒之间电阻的大小就反映了阳极棒之间混凝土相对湿度的大小。阳极棒之间混凝土电阻越小，混凝土孔隙水越多，氯离子扩散速率越快，电极上发生化学反应的速率也越快。阳极棒之间混凝土电阻越大，混凝土内部越干燥，离子传输也越慢。如图 5.43 所示，可将六个单阳极先后锈蚀的时间和距离混凝土表面的距离 x 拟合成一条曲线，预测结构中钢筋锈蚀发生的大概时间，并可利用相邻阳极棒之间的电阻等数据校正锈蚀发展速率。

2. 钢绞线锈蚀监测

采用钢绞线的预应力结构中，钢绞线 (束) 是关键的承载构件，其对结构的整体安全性和耐久性具有决定性影响。由于钢绞线材料普遍采用高碳钢，索氏体化处理后其铁素体和渗碳体的片层间距较小，在适宜侵蚀环境下，广泛分布的渗碳体极易充当原电池反应的阴极，导致钢绞线锈蚀发生。钢绞线锈蚀监测可选用并列式电化学腐蚀传感器，其传感器结构如图 5.44 所示。传感器的工作

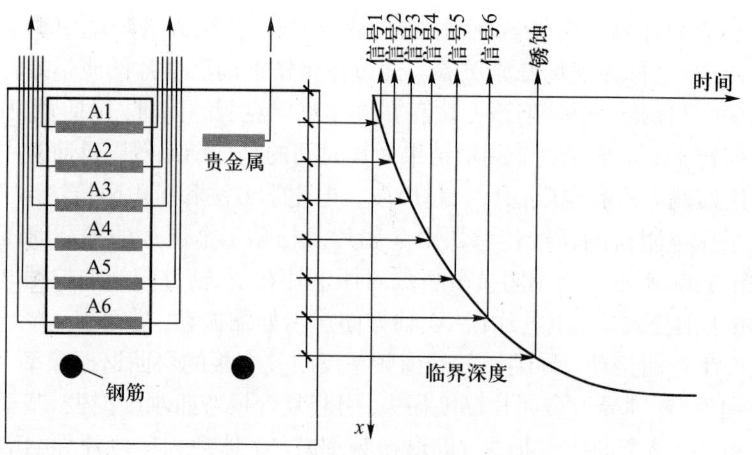

图 5.43 钢筋起始锈蚀时间预测曲线

电极为与钢绞线相同材质的钢材, 辅助电极为锌、铜或铝材, 按照工作电极—绝缘层—辅助电极—绝缘层—工作电极的方式排列, 工作电极和辅助电极并联后再经电流表连接, 测量原电池反应的腐蚀电流密度。

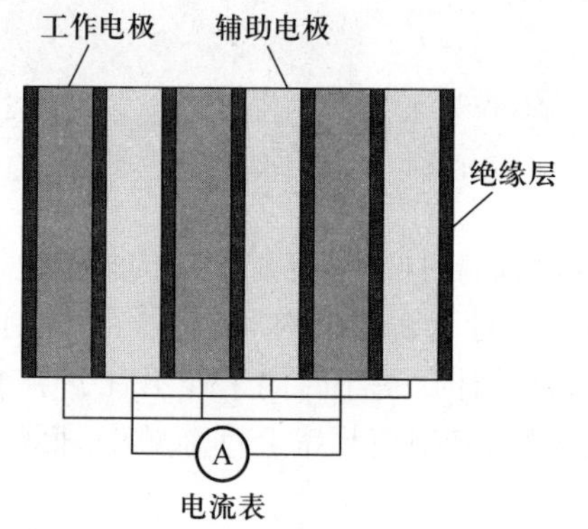

图 5.44 并列式电化学腐蚀传感器结构示意图

对于后张预应力钢绞线, 电化学腐蚀传感器应布置在钢绞线的锚固端附近位置; 对于先张预应力钢绞线, 传感器应布置在钢绞线锚固端和钢绞线拉应力最大位置处。对于新建预应力构件, 传感器宜采用预埋式安装; 对于既有预应力构件, 传感器宜采用钻孔埋入式安装。新建预应力构件传感器在每周内采样不宜少于 1 次, 如在服役阶段已出现锈蚀迹象, 传感器在每小时内采样不宜少于 1 次。

3. 钢材锈蚀深度监测

锈蚀钢结构的安全评价过程中通常认为钢构件发生均匀锈蚀, 因此锈蚀深度的大小成为计算钢构件截面损失的关键参数。传统大气环境中锈蚀检测方法为挂片法, 也称为现场暴露试验。通过称量锈蚀前后挂片的质量差计算钢材的锈蚀深度和锈蚀速率, 但该方法存在许多难以克服的困难, 包括腐蚀速率慢、测量周期长、人工成本高、测量结果为长时间的平均结果等。目前常用的钢材锈蚀深度监测方法有电阻探针、超声波、电化学方法和压电阻抗法 [10]。

基于压电阻抗的锈蚀传感器由金属片及粘贴于金属片的等截面压电片组成, 如图 5.45 所示。利用阻抗分析仪对压电片在 Z 轴方向施加扫频电压激励信号, 由于泊松效应, 压电片在 X 轴方向产生伸缩振动, 进而带动压电–金属复合板产生弯曲振动。导纳谱的峰值频率反映复合板的弯曲谐振频率。该锈蚀传感原理为, 锈蚀导致金属片厚度损失, 引起复合板弯曲刚度损失, 基于压电阻抗耦合机理, 该弯曲刚度损失 (即谐振频率减小) 体现为压电片导纳谱峰值频率的减小, 从而实现锈蚀传感及其定量监测。

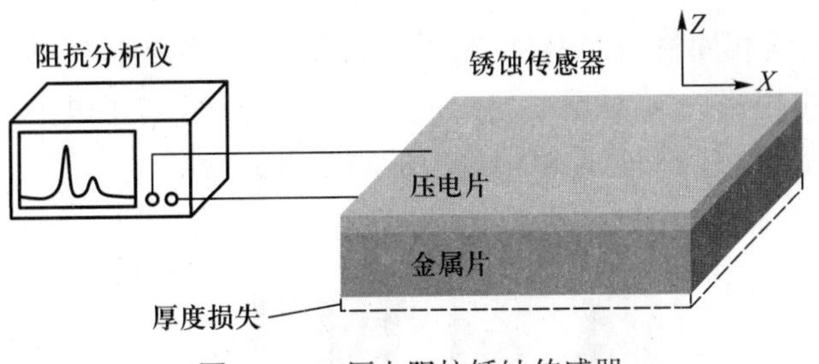

图 5.45　压电阻抗锈蚀传感器

将压电阻抗锈蚀传感器悬挂或固定于钢结构易发生锈蚀处, 使用阻抗分析仪监测压电片的导纳谱。对于新建结构, 传感器在每日内采样不宜少于 1 次; 对于出现锈蚀迹象的既有结构, 每小时内采样不宜少于 1 次。如图 5.46 所示, 随着锈蚀深度的增加, 导纳谱峰值频率会逐渐减小, 而如图 5.47 所示, 导纳谱

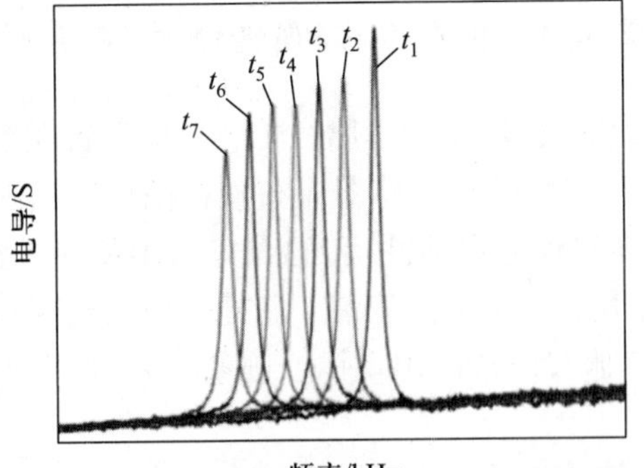

图 5.46　导纳谱峰值频率随锈蚀深度增加而减小

峰值频率与金属片厚度呈线性关系, 进而可以实现服役环境下钢材锈蚀深度的准确监测。

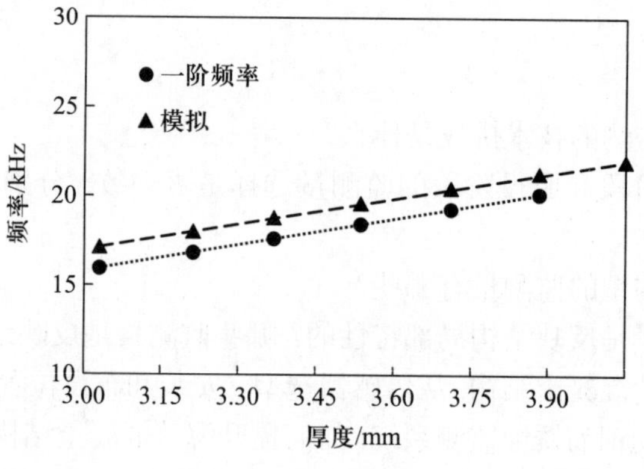

图 5.47　导纳谱峰值频率与金属片厚度呈线性关系

4. 涂层老化监测

涂层是最为广泛的一种钢材防锈蚀手段。自然环境中引起钢材锈蚀的三个重要因素是水、氧气和侵蚀性离子, 而涂层能够不同程度地阻滞上述三个因素的传输。因此, 监测涂层的老化、脱落过程可以有效预防钢材锈蚀。目前, 涂层性能评价技术可划分为化学测量技术和物理测量技术。其中, 化学测量技术包括交流阻抗技术、Kelvin 探头技术等; 物理测量技术包括红外光谱技术、电子自旋共振谱等。电化学技术具有方便快捷、准确度高等特点, 能更好地评价涂层的动态失效过程, 已成为涂层性能评价的主流方法。

涂层老化监测原理如图 5.48 所示, 涂层下面的钢材为工作电极, 参比电极可选用饱和甘汞电极, 辅助电极可选用铂电极, 将工作电极、参比电极、辅助电极与电化学工作站连接, 可实时测量涂层/钢体系的界面电容、电荷传递电阻和基体腐蚀速率, 进而推断出涂层的介电常数、含水率、孔隙率和老化系数, 可实现涂层与钢材的黏结状态以及涂层的老化状态的合理评价。涂层监测传感器应根据静力分析结果布置在构件应变最大的位置和构件节点处, 同时宜布

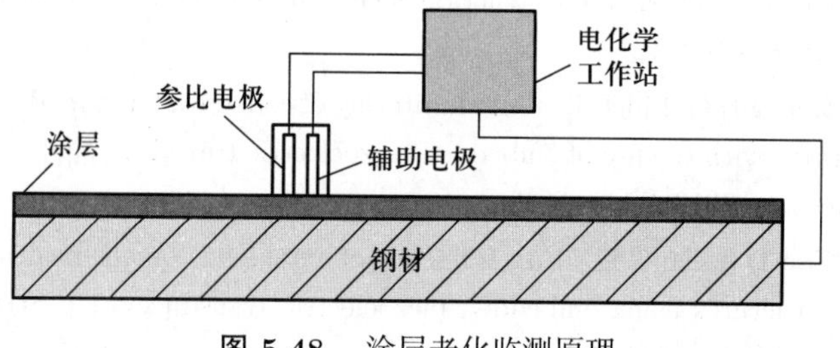

图 5.48　涂层老化监测原理

置在结构长期受紫外线照射位置和易积水位置。传感器与涂层表面的黏结应牢固, 每小时内采样不宜少于 1 次。

思考题

5.1　结构响应监测的技术挑战是什么?

5.2　结构施工阶段和服役阶段的监测量选择是否一致? 分别需要考虑哪些因素?

5.3　结构几何构型的监测量有哪些?

5.4　哪些监测量是反映结构局部特性的? 哪些监测量是反映结构整体特性的?

5.5　请针对海沙混凝土结构, 从传感器选型、安装和布设位置等方面讨论分析如何建立其钢筋锈蚀监测系统, 如何提升海沙混凝土结构的抗锈蚀能力?

参考文献

[1] Huston D. Structural sensing, health monitoring, and performance evaluation [M]. New York: CRC Press, 2011.

[2] Teng J, Lu W, Cui Y, et al. Temperature and displacement monitoring to steel roof construction of Shenzhen Bay Stadium [J]. International Journal of Structural Stability and Dynamics, 2015, 16: 1640020.

[3] Richardson M. Fundamentals of durable reinforced concrete [M]. Boca Raton, FL: CRC Press, 2014.

[4] Teng J, Lu W, Wen R F, et al. Instrumentation on structural health monitoring systems to real world structures [J]. Smart Structure System, 2015, 15(1): 151-167.

[5] 卢伟, 文润发, 王国保, 等. 转换梁高大模板支撑体系受力状态监测技术 [J]. 建筑技术, 2015, 46(8): 716-719.

[6] Yi T, Li H, Gu M. Recent research and applications of GPS-based monitoring technology for high-rise structures [J]. Structural Control and Health Monitoring, 2013, 20(5): 649-670.

[7] Lu W, Cui Y, Teng J, et al. Structural-performance tracking to multitype members of Shenzhen Vanke Center in construction phase [J]. Journal of Aerospace Engineering, 2017, 30(2): B4016013.

[8] Zou D J, Cheng H G, Liu T J, et al. Monitoring of concrete structure damage caused by sulfate attack with the use of embedded piezoelectric transducers [J]. Smart Materials and Structures, 2019, 28: 105039.

[9] Liu T J, Zou D J, Du C C, et al. Influence of axial loads on the health monitoring of concrete structures using embedded piezoelectric transducers [J]. Structural Health Monitoring, 2017, 16(2): 202-214.

[10] Li W J, Liu T J, Zou D J, et al. PZT based smart corrosion coupon using electromechanical impedance [J]. Mechanical Systems and Signal Processing, 2019, 129: 455-469.

第 6 章

数据同步采集、传输和存储*

数据的采集、传输和存储是结构健康监测系统的重要组成部分，传感器输出的信号首先要通过采集设备进行采集，转换成数字信号，然后通过数据传输系统以有线或无线网络传输的方式输出给后方的计算机系统，最终存储在安全、可靠的数据库服务器中，以便后续完成对数据的处理与分析。数据采集、传输和存储相关的技术方法选择与整个监测系统的构建方式密切相关，必须要保证数据采集、传输和存储的稳定和可靠。

本章从技术发展历程、基本概念、技术要求、系统组成和系统分类等方面介绍了结构健康监测的数据采集系统；针对监测数据的传输，从传输介质、网络拓扑结构、通信协议三部分介绍了数据传输网络，并着重介绍了当前的各种新型无线传输技术；针对数据存储，主要介绍了分布式数据库及一些新型数据库的相关理论，并提供了监测系统数据库的设计准则和通用数据库内容划分，简单介绍了数据预处理的相关方法。

* 本章执笔人：
朱鸿鹄，南京大学地球科学与工程学院，zhh@nju.edu.cn
裴华富，大连理工大学土木工程学院，huafupei@dlut.edu.cn

6.1　监测数据同步采集

数据采集 (data acquisition, DAQ) 是指从传感器和其他待测设备等模拟和数字被测单元中自动采集非电量或电量信号, 送到上位机中进行分析、处理。数据采集系统是一种基于计算机或其他专用测试平台的测量软硬件产品来实现灵活的、用户自定义的测量的系统。

数据的同步采集是结构健康监测系统中的一个重要技术。由于结构健康监测中感测装置的数据采集节点在待监测结构体上的分布是离散随机的, 各采集节点的数据相互独立, 彼此间没有关系, 因此必须采取一个统一的频率和周期, 使这些独立的采集节点同步进行采集, 这样得到的监测数据才具有时间、空间信息 [1]。为了获得结构面或结构整体的监测信息, 在对结构的整体或局部重要区域进行诊断时, 没有时间、空间信息的传感器节点的数据采集是无任何价值的, 因此准确可靠的同步采集技术至关重要。

数据采集系统的研究与应用始于二十世纪五十年代, 最早应用于军事领域, 二十世纪六十年代后期进入民用阶段。二十世纪七十年代后期, 随着微型机的发展, 诞生了采集器、仪表同计算机融为一体的数据采集系统。此时, 数据采集系统发展过程逐步分为两类: 一类是用于实验室的数据采集系统; 另一类是用于工业现场的数据采集系统。二十世纪八十年代, 计算机开始普及, 从而带动了数据采集系统的发展, 开始出现通用的数据采集和自动测试系统。该阶段的数据采集系统主要分为两类: 一类是由仪器仪表、采集器、计算机和通用接口总线等构成的, 例如国际标准 ICE 625 (GPIB) 接口总线系统就是一个很典型的代表, 这类系统主要用于实验室, 在工业生产现场也有一定的应用; 另一类是由数据采集卡、标准总线和计算机构成的, 例如 FTQ 总线系统就是这类系统的代表, 这种接口系统采用积木式结构, 把相应的接口卡装在专用机箱内, 最后由一台计算机控制。

二十世纪九十年代至今, 数据采集技术已广泛应用于军事、航空航天、工业控制等领域。由于集成电路技术的不断发展, 出现了高性能、低功耗的单片数据采集系统 (data acquisition system, DAS)。目前, DAS 产品精度已达到 32 位, 采集速率每秒达到几百万次以上。该阶段, 并行采集系统向高速化、模块化和即插即用的方向发展, 如 PCI/PXI 总线系统等; 串行采集系统向分布式系统结构和智能化方向发展, 可靠性不断提高, 如 RS485、RS422 总线系统等。随着局域网技术的发展, 目前, 采集系统已向网络化发展, 可以有效地将多台数据采集设备连接在一起, 以实现在线实时数据采集与监控。

6.1.1 基本概念

结构健康监测数据采集系统的主要性能指标包括如下内容。

(1) 系统分辨率, 即数据采集系统能分辨输入信号的最小变化量。通常用最低有效位值 (least significant bit, LSB) 占系统满刻度信号的百分比表示, 或用系统可分辨的实际电压值来表示。表 6.1 显示了满刻度值为 10 V 时的数据采集系统的分辨率。

表 6.1 数据采集系统分辨率 (满刻度值为 10 V)

位数	级数	1 LSB/% (满刻度值的百分比)	1 LSB/mV (10 V 可分辨电压值)
8	256	0.391	39.1
16	65 536	0.001 5	0.15
24	16 777 216	0.000 006	0.000 6

(2) 系统精度, 即系统工作在额定采集速率时每个离散子样的转换精度。系统精度的极限值就是 A/D 转换器的精度。实际情况是, 系统精度往往达不到 A/D 转换器的精度, 这是因为系统精度取决于系统的各个部件精度, 如前置放大器、滤波器、隔离器等。

(3) 采集速率 (系统通过速率、吞吐率等), 即在系统精度指标达到要求的前提下, 在单位时间内系统对输入模拟信号完成的采集次数。这里所说的 “采集” 是指对被测物理量的采样、量化、编码、传输、存储等。

(4) 动态范围, 即所允许输入的最大幅值 $V_{i\max}$ 与最小幅值 $V_{i\min}$ 之比的分贝数, 即 $L_i = 20\lg(V_{i\max}/V_{i\min})$。

(5) 非线性失真。给系统输入一个频率为 f 的正弦波时, 其输出信号出现很多频率为 kf (k 为正整数) 的新频率分量, 从而使得输出信号产生变形或失真。

6.1.2 采集系统技术要求

数据采集系统的技术要求包括如下内容。

(1) 系统可实现在无人值守条件下连续采样, 也可在报警状态下 (如台风、地震、船撞等) 进行人工干预采样和特殊采样。

(2) 所有模拟信号数据采集通道必须经由抗混滤波处理, 抗混滤波处理在 1/2 采样频率的点的衰减应大于 40 dB, 阻带衰减应大于 80 dB, 通带波动应小于 1%, 过渡带应当满足每倍频程衰减大于 60 dB; 3 dB 点大于等于 1/3 采样频率 [2]。

(3) 对于系统中任意模拟信号通道, 应保证系统不同的采样频率得到的数字序列的时间标准同步性优于 2 μs; 相同采样频率在不同外站上得到的数字序列的样本采集同步性优于 1 μs (相当于对 50 Hz 信号, 由于不同步采样造成的相位误差小于 $\pi/10\ 000$); 在采样保持环节中单台多通道数据采集设备应保证各通道之间的同步性优于 0.01 μs, 孔径时间内信号最大衰减小于 $1/1\ 000$。

(4) 系统中所有采集数据操作必须在同一时间标准下进行, 外站和数据采集系统之间的时间基准差异小于 1 μs。

(5) 数据采集软件应同时具有数据采集和 45 天缓存管理功能, 并可以进行现场数据在线统计运算和频域分析。例如, 使得每个传感器信号均可进行在线预览、拟合、滤波、变换和均值、方差、高阶矩及非参检验, 以便显示相应信息。

6.1.3　采集系统组成

数据采集系统由传感器输出信号、信号调理设备、模数转换器及相关配套软件组成。

1. 传感器输出信号

传感器输出信号的特征直接决定着数据采集设备的选型。根据输出信号特征的不同, 传感器输出信号分为模拟信号和数字信号两类。可直接或间接输出模拟信号的传感器有加速度计、振弦式应变计、位移计等, 这类传感器的输出信号需经过调理器的放大、滤波、A/D 转换; 可直接输出数字信号的传感器有风速仪、测斜仪、温度计、GNSS 等, 这类传感器通常内置 A/D 转换模块, 其信号输出方式通常为遵循标准传输协议的数字, 如遵循串口协议 RS232、RS485 等。

2. 信号调理设备

传感器输出的模拟信号通常极其微弱, 难以被数据采集系统直接采样, 而且由于输出信号受周围环境的干扰存在很多噪声, 所以必须对其进行调理。信号调理设备可以对模拟信号进行放大、隔离、滤波等处理, 从而获得标准化信号。信号调理设备应综合传感器类型、采样频率和通道数等因素来选择, 具体要求如下。

(1) 为保证通道性能稳定, 所有主要的选项、选件设置应采用模块化、程控化标准, 模块替换、选项变更和参数重新设定后, 数据采集工作不能被响应时间影响。

(2) 信号调理设备应能根据各类传感器的需要为其提供稳定、精确和低噪声的电源。

(3) 为便于对输出的信号进行检测和诊断, 信号调理设备必须结构紧凑。

(4) 信号调理设备应能适应所有可能的信号强度, 每个通道的量程可在数据采集单元控制下自动进行设置或切换。

(5) 程控滤波器应能在数据采集单元控制下实现自适应抗混滤波或抗噪滤波的功能。

3. 模数转换器

模数转换器主要是对经过调理后的信号进行由模拟量到数字量的转换 (A/D 转换), 将调理过的模拟量转换为计算机可识别、处理的数字量。随着技术的发展, 现在有些信号调理设备上也加上了模数转换器, 计算机可直接到信号调理设备上读取数字量。需要注意的是, 模拟量是一个连续信号, 但数字量是一个离散信号。在通过模数转化器进行数据采集时, 需要设置好采样频率 (每个点的时间间隔, 要求等时间距离), 多通道同时采样 (A/D 板卡上要有采样保持器)。

4. 相关配套软件

数据采集软件开发平台有很多选择, 数据采集软件编程方法正朝着可视图形化发展 [3]。例如, 由美国国家仪器有限公司 (NI 公司) 研制开发的 LabVIEW 软件开发平台在工程中应用较多。LabVIEW 是一个工业标准的图形化开发环境。它与 C、C++、Basic 等传统编程语言有着诸多相似之处, 如相似的数据类型、程序结构、程序调试工具, 以及层次化、模块化的编程特点等。两者的最大区别在于, 传统编程语言采用文本语言编程, 而 LabVIEW 采用图形化语言编程, 适合初学者。

6.1.4 采集系统分类

模拟信号是大部分传感器输出的信号模式, 如电流信号和电压信号, 计算机无法直接获取这些信号。数据采集系统负责采集、解调并将传感器信号传输到相连的计算机进行处理, 从而获取所需数据。现在已经有很多商业化的数据采集系统, 包括最简单的便携式数据记录仪及复杂的分布式数据采集系统。目前主要有三种数据采集系统, 包括基于计算机的数据采集系统、NI 数据采集系统、无主机的数据采集系统。

1. 基于计算机的数据采集系统

基于计算机的数据采集系统是最常用的数据采集架构之一。基于计算机的数据采集系统可以充分利用计算机硬件的优点, 能够实时地、连续地采集信号。目前主要有两种形式, 内置式数据采集系统和外置式数据采集系统。

内置式数据采集系统是在计算机的扩展插槽中插入数据采集卡 (如 PCI-6220 数采卡)。内置式数据采集卡通常有很高的采样频率。但是计算机的电流噪声会影响其采集信号的精度。且由于数据采集卡通常较小, 其需要额外的接线盒以便和传感器连接。此外, 数据采集卡的通道数目、传感器的类型也会受到限制。大多数的笔记本计算机都不具备扩展插槽, 因而内置式数据采集卡不能为笔记本计算机所用。

外置式数据采集系统由数据采集系统、信号调理单元和外层保护箱组成。外置式数据采集系统比内置式数据采集系统具有更好的可用行和工作性能。外置式数据采集系统通过电缆或光纤和计算机的通信端口相连, 它可以和计算机有一段很长的距离。通信接口包括并口、IEEE-488 (GPIB)、串口、PC 卡 (PCMCIA)、USB 端口和 IEEE-1394 端口等, 并口比串口具有更好的传输速度, 而串口比其他方式更适合于远距离传输。

这类采集系统具有计算机强大的处理能力和丰富的通信接口, 因此比较适于大型结构的健康监测数据采集。此外, 利用分布式数据采集系统能够减少传感器到数据采集单元的导线距离并降低噪声影响。

2. NI 数据采集系统

1997 年, 美国 NI 公司针对工程测试的需求提出了一个全新的解决方案, 即 PXI (PCI extensions for instrumentation)——专为测试任务而优化的 Compact PCI。1998 年, NI 与其他测试设备厂商合作的 PXI 系统联盟将 PXI 作为一个开放的工业标准推向市场。PXI 是一种专为工业数据采集与自动化应用量身定做的模块化仪器平台, 具备机械、电气与软件等多方面的专业特性, 具有级别更高、定义更严谨的环境一致性指标, 符合工业环境下撞击、振动、湿度与温度的极限条件, 通过在 Compact PCI 的机械规范上强制增加环境性能测试与主动冷却装置, PXI 能够简化系统集成并满足不同厂家生产产品之间的互用性。除此之外, 在高速 PCI 总线的基础上, PXI 补充了准确测量与自动化系统特用的定时与触发特性。

总地来说, PXI 是一种坚固的模块化仪器平台, 它提出了基于计算机的高性能标准化测量与自动化方案。NI 数据采集系统一般由 PXI 机箱、PXI 嵌入式控制器、PXI 数据采集卡、SCXI 信号调理模块等组成, 如图 6.1 所示。

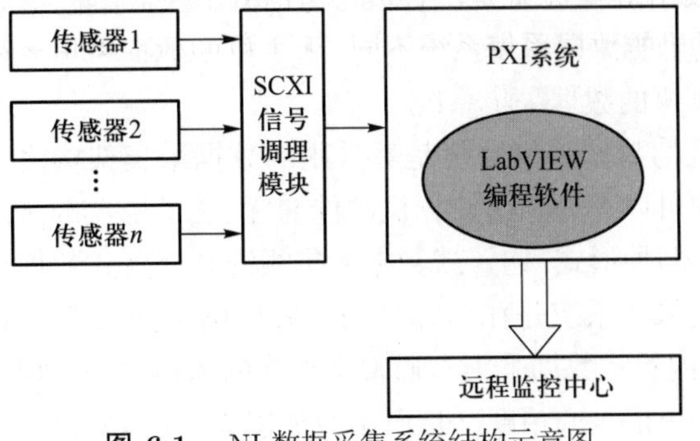

图 6.1　NI 数据采集系统结构示意图

如图 6.2 所示, PXI 数据采集设备的第一个插槽 (Slot 1) 是 PXI 嵌入式控制器 (主机), 它可以是标准桌面 PC 的远程控制, 也可以是包含 Microsoft 操作系统 (如 Windows XP/7) 或实时操作系统 (如 LabVIEW RT) 的高性能嵌入式控制, 剩下的插槽主要是一些常用扩展端口、网口及 PXI 数据采集卡槽。

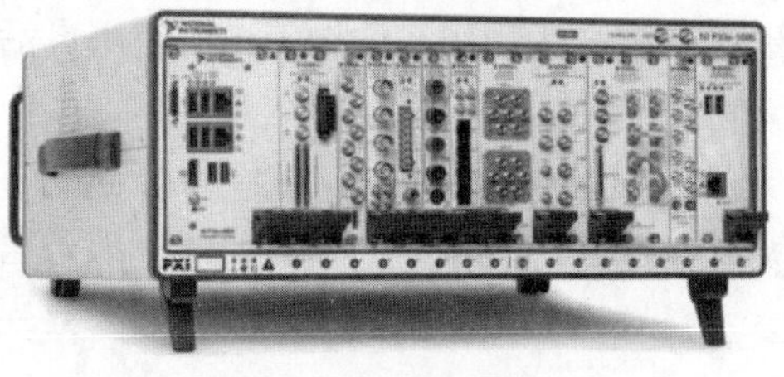

图 6.2 PXI 数据采集设备图

SCXI 信号调理模块主要是将传感器输出信号进行放大、隔离、滤波, 使其适应数模转换, 并把桥路及激励电压提供给应变信号。

PXI 数据采集卡对 SCXI 输出信号进行 A/D 转换, 并以 LabVIEW 为平台实现数据采集、分析和远程传输等功能。

3. 无主机的数据采集系统

传统结构健康监测系统通常把专用工业控制计算机配置于采集现场, 用于搭载各种扩展接口, 如 RS232、RS485 等, 从而适应多种测量参数的要求, 前述的基于计算机的数据采集系统及 NI 数据采集系统均是如此 [4]。这样的监测系统使得结构健康监测更加方便, 但伴随着网络化、小型化计算机系统的不断发展, 传统工业控制计算机系统 (包括基于计算机的数据采集系统和 NI 数据采集系统) 也凸显出大量弊端。例如, 工控机体积庞大, 携带不方便和安装不便; 集成度低, 板卡插件太多, 组织复杂易出现问题; 成本太高; 系统可适应性不好, 难以适应监测现场复杂、恶劣的环境, 或为了适应这些环境需要配置如机柜、空调等大量附属设备。因此, 为了在达到系统简易性的同时提高系统稳定性, 无主机的数据采集系统是一种值得考虑的解决方案。

与基于计算机的数据采集系统不同, 无主机的数据采集系统能够在无主机的情况下连续地独立采集信号。这类设备主要指数据记录器, 适用于远程及轻型化的结构健康监测系统。大多数无主机的数据采集系统耗电量少, 可以用电池进行供电。采集到的数据临时存储于内存。这类系统与计算机通信可以有多种方式, 包括 Modem、无线设备、RS232 和网络连接。基于核心不同, 其通常又可分为以微控制单元 (microcontroller unit, MCU) 为核心的数据采集系统和嵌入式系统。

1) 以 MCU 为核心的数据采集系统

微控制单元又称单片微型计算机 (single chip microcomputer) 或单片机, 它是集成了内处理器、存储器、计数器, 以及 I/O 端口为一体的集成芯片。该采集系统以 MCU 为核心, 即为 MCU+A/D 形式。其主要构成通常包括传感器、模拟多路开关、程控放大器、采样保持器、A/D 转换器、MCU 及相应的外设。该系统具有价格低廉、体积小、结构简单、应用灵活、稳定可靠等优点, 从而被广泛应用于实际工程中。

这种数据采集系统注重数据采集的实时性, 除了进行一些简单的数字处理外, 一般不进行大规模数据处理及数据存储, 因此一般适合小型结构的轻型化健康监测数据采集。

2) 嵌入式系统

嵌入式系统 (embedded system) 是以应用为中心, 以计算机技术为基础, 软硬件可裁剪, 适应应用系统, 对功能、可靠性、成本、体积、功耗有严格要求的专有计算机系统。它将操作系统和功能软件集成于硬件系统中, 具有软件代码小、高度自动化、响应速度快等特点, 特别适合于实时多任务数据采集。其通常由嵌入式处理器、嵌入式操作系统、外围硬件设备及应用软件四部分组成。

嵌入式处理器是嵌入式系统的核心, 是控制、辅助嵌入式系统运行的硬件单元, 一般可分为嵌入式微处理器、嵌入式微控制器、嵌入式 DSP 处理器和嵌入式片上系统四类。

嵌入式操作系统是嵌入式系统的重要组成部分, 通常包括与硬件相关的底层驱动软件、系统内核、设备驱动接口、通信协议、图形界面等。常见的嵌入式操作系统有 μC/OS-Ⅱ、Linux、VxWorks、Windows CE 等。

嵌入式系统的三个基本要素——嵌入性、专用性和计算机系统为结构健康监测系统和计算机系统的结合提供了保证。嵌入式系统与通用计算机系统相比, 具有如下一些主要特点。

(1) 该系统为专用系统, 具有特定功能, 通常只在特定领域内完成任务。

(2) 对于稳定性和时序有较高的要求。因为在机器控制的大型系统中, 程序运行如果稍有差错, 整个系统就可能失去控制, 甚至造成灾害。而且系统一般不进行交互动作, 因此要求系统具有自动运行稳定、纠错能力强、可靠运行等特点。

(3) 系统的性能指标决定了嵌入式系统中的硬件配置。除了附加的调试接口外, 不需要多余的硬件设备, 通常把计算机周边器件作为核心, 规模的变化范围较大, 而且软件和硬件在嵌入式系统中结合紧密。

(4) 具有实时性。因为过程控制在工业控制应用中较多, 这些领域要求系统必须具有实时性, 同时实时性的嵌入式操作系统也不可缺少。

(5) 宿主机/目标机模式是嵌入式系统开发一般采用的模式。目标机的软件和硬件在某个环境下调试好, 目标机才能离开开发环境, 独立运行。

这类数据采集系统具有一定的数据处理、数据存储能力, 一般适合于中小型结构的健康监测系统数据采集。

6.2 监测数据传输

数据采集系统初步预处理后的原始数据需要通过数据传输系统以有线或无线网络传输给后方的计算机系统, 并通过不同的方式存储在安全、可靠的数据库服务器中, 以便后续对数据进行处理与分析。数据传输技术是指将采集的数据通过一个或多个数据信道或链路, 遵循一个通信协议传输到指定设备的技术。主计算机或数据终端设备、数据电路终端设备及数据传输信道 (专线或交换网) 组成了监测数据传输系统。监测系统中的数据传输过程是将采集系统从传感器采集的数据及其相关信息传输给采集计算机, 再由采集计算机传输给中心计算机。在网络中数据传输需要遵循一个共同的通信协议。目前计算机网络应用可以分为物理层、数据链路层、网络层、传输层、应用层五层结构, 其中物理层、数据链路层、网络层、传输层主要处理网络控制与数据传输/接收问题。监测数据传输系统的传输介质和网络拓扑结构对应物理层和数据链路层的内容, 通信协议对应物理层、网络层、传输层、应用层的内容。

在二十世纪七十年代, 施耐德电气有限公司于 1978 年推出了世界上第一个生产现场控制和主机的通信协议 Modbus, 使用主从通信技术, 即主设备主动查询和操作从设备。该协议以其简洁、可靠、开放的优点而逐渐成为工业标准。在计算机网络的发展过程中曾经出现了多种工业控制网络, 1989 年推出的世界上第一个对等的工业控制网络 Modbus Plus, 实现了数据的高速、实时、对等传输。同时, 以太网凭借其开放性、低成本以及广泛的软硬件支持, 得到了更为广泛的应用。

6.2.1 数据传输介质

传输介质是指在网络中传输信息的载体, 对应网络结构中的物理层。常用的传输介质分为有线传输介质和无线传输介质两大类, 不同的传输介质对网络中数据的通信质量和通信速度有较大影响。选用正确的传输介质对监测系统的基础健壮性有直接影响。

有线传输介质是指在两个通信设备之间实现的物理连接部分, 常见的有线传输介质包括如下几种。

(1) 双绞线。由两条互相绝缘的铜线组成, 其典型直径为 1 mm (图 6.3)。两条铜线拧在一起, 可减少邻近线对电磁的干扰。双绞线性能较好且价格便宜, 因此得到广泛应用, 是现在最普遍的传输介质。双绞线可以分为非屏蔽双绞线和屏蔽双绞线两种, 屏蔽双绞线性能优于非屏蔽双绞线。

(2) 同轴电缆。以硬铜线为导体, 外包一层绝缘材料, 再用密织的网状导体环绕构成屏蔽, 最外层覆盖保护性材料 (图 6.4)。同轴电缆具有更高的带宽和极好的噪声抑制特性, 比双绞线的屏蔽性好, 传输距离更远。

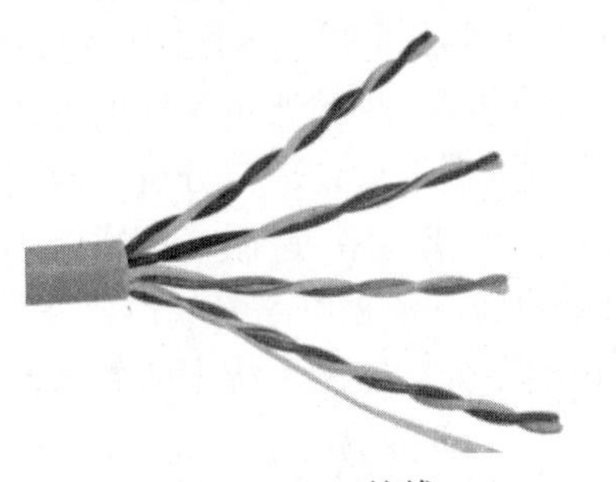

图 6.3　双绞线

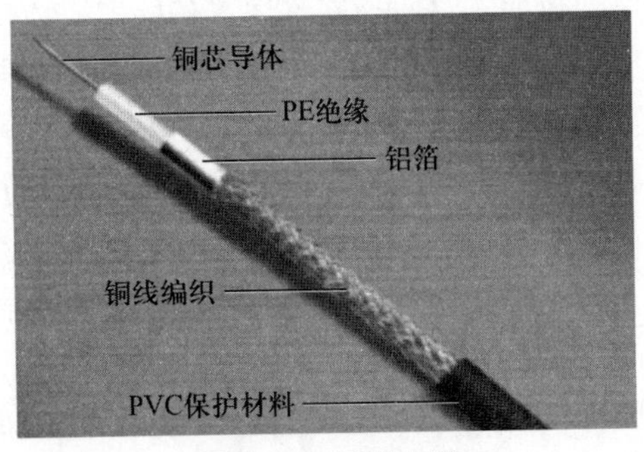

图 6.4　同轴电缆

(3) 光纤。以光脉冲的形式来传输信号, 材质是玻璃或塑料纤维。光纤光缆包括纤维芯、包层和保护套三部分。光纤传输具有衰减小、频带宽、抗干扰性强、安全性能高、体积小、质量轻等优点, 广泛用于长距离传输和特殊环境中 (图 6.5)。光纤可分为单模光纤和多模光纤。单模光纤只为光提供单一路径, 加工复杂, 但具有更大的通信容量和更远的传输距离。多模光纤提供多条光路传输同一信号, 通过光的折射来控制传输速度, 传输距离较短 [5]。

目前, 监测系统多使用光纤作为传输介质。

无线传输介质是指两个通信设备之间不使用任何物理连接器, 而是利用自由空间中的电磁波充当传输导体进行数据传输 [6], 常见的无线传输介质有如下几种。

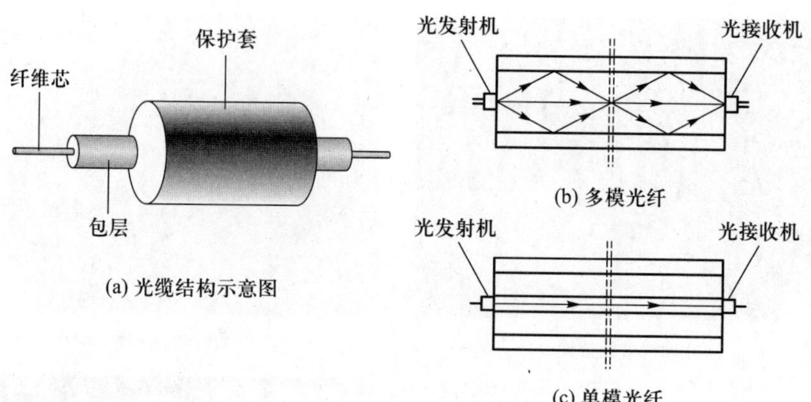

图 6.5 光纤及光缆结构示意图

(1) 无线电波。指在自由空间 (包括空气和真空) 传播的射频频段的电磁波。频率范围为 10 kHz~30 GHz。在不同波段内的无线电波具有不同的传播特性。频率越低, 传播损耗越小, 覆盖距离越远, 绕射能力也越强, 但是低频段的频率资源紧张, 系统容量有限, 因此低频段的无线电波在电视、广播、寻呼等系统中应用较广。高频段频率系统容量大, 资源丰富, 然而频率越高, 传播损耗也越大, 覆盖距离越近, 绕射能力越弱。无线电波的波长越短、频率越高, 相同时间内传输的信息就越多。另外, 频率越高, 技术难度也越大, 系统的成本相应提高, 典型无线电波传输设备如图 6.6(a) 所示。

(2) 微波。指频率为 300 MHz~300 GHz 的电磁波, 是无线电波中有限频带的简称, 即波长为 1 mm~1 m 的电磁波。微波通信具有良好的抗灾能力, 通常不受洪水、风和地震等自然灾害的影响。但是, 微波通过空气传播, 容易受到干扰, 在同一微波电路中不能在相同方向上使用相同频率; 而且, 微波的线性传播仅在可见范围内通信。微波通信主要用于几千米范围内, 只能用于点对点通信, 速度不高, 通常为几百 Kbps, 典型微波传输设备如图 6.6(b) 所示。

(3) 红外线。波长介于微波与可见光之间的电磁波, 波长为 1 mm~760 nm。红外线传输不受无线电波的影响, 抗干扰性强。如图 6.6(c) 所示, 红外线通信机具有质量轻、体积小、结构简洁、价格便宜等特点。然而它的传播易受天气的影响, 且必须在直视距离内通信。

(4) 激光。原子受激辐射的光, 故名 “激光”。比起普通光源, 其单色性好, 亮度高, 方向性好。如图 6.6(d) 所示, 激光空中通信具有安装方便、使用方便的特点, 非常适合在特殊地形、地貌和难以实现有线通信、需要机动性的地方工作。另外, 与其他无线电通信手段相比, 激光大气通信系统还具有不占用宝贵的射频资源、电磁兼容性好、抗电磁干扰能力强、不干扰其他传输设备、保

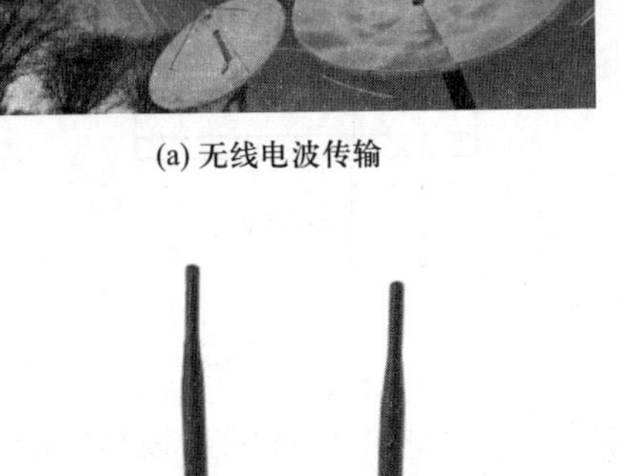

(a) 无线电波传输

(b) 微波传输

(c) 红外线传输

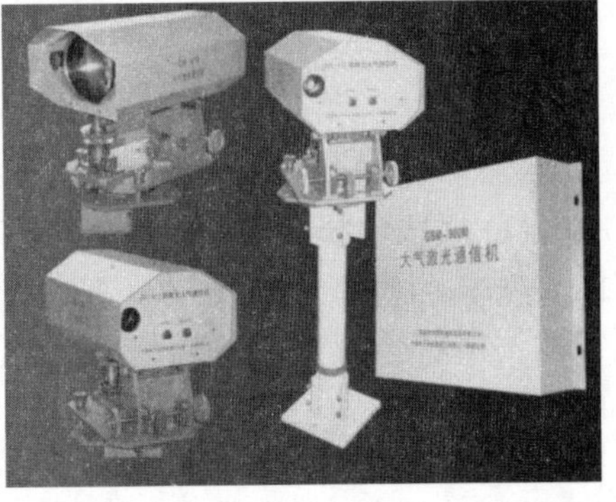

(d) 激光传输

图 6.6　常用无线传输设备

密性强的特点。

随着无线技术的日益发展，无线传输技术安装方便、灵活性强、性价比高等优越性使其具有巨大的应用前景。

选择数据传输介质时必须考虑以下五种特性：① 吞吐量和带宽。吞吐量是介质在给定时间段内可以传输的数据量，通常以每秒兆位或 Mbps 为单位进行测量。每个传输介质的物理特性决定其潜在的吞吐量。带宽是介质可以传输的最高频率和最低频率之间差异的度量，其范围与吞吐量直接相关。② 成本。要考虑传输硬件、安装、维护综合费用。③ 尺寸和可扩展性。由每个网络段的最大节点数、最大段长度、最大网络长度决定，这些规格都基于传输介质的物理特性。④ 连接器。连接器是连接电线缆与网络设备的硬件。每种传输介质都对应一种特定类型的连接器，网络安装和维护的成本、网络增加段和节点的容易度，以及维护网络所需的专业技术知识在一定程度上受所使用连接器的种类的影响。⑤ 抗噪性。噪声能使数据信号变形，其影响信号的程度与传输介质有一定关系，选取传输介质要考虑其防止噪声、电磁干扰的能力。

双绞线比较适用于短距离的信息传输，在传输期间信号衰减比较明显，易产生波形畸变。同轴电缆布线、连接和接口不方便，且无论粗缆还是细缆均为总线拓扑结构，这种结构适用于机器密集的环境，但当一个触点出现故障时，会影响整根缆上的其他机器，对于布点相对分散、环境复杂的监测场景，同轴电缆维护更加困难。由于野外干扰要素较多且屏蔽价格昂贵、安装困难，故双绞线、同轴电缆不适用于大范围野外监测数据传输。上述两种传输介质适用于小范围内计算机组网构建的有线局域网中的信息传递。

光纤具有体积小、精度高、抗电磁干扰性强、耐久性好等特点，但其成本较高，需要有相应调制解调设备，故在环境条件复杂的大规模工程场景，如桥隧、高层建筑、岩土、水利工程中，可以得到广泛应用。

对于无线网络传输介质，其突出优点是具有较好的保密性、设备小型化成本低、设备安装简单、具有较强抗干扰性且不受地形空间限制，故在有基站或卫星信号覆盖的区域内进行数据传输时可以作为首选，对于信号较弱的偏远山区等地区不宜适用。

6.2.2 数据通信协议

监测系统数据传输中的物理层、网络层、传输层、应用层都需要选择通信协议。

物理层主要任务是为它的上一层提供物理链接，信息的传递是基于物理介质的，数据在这一层表示为原始电流或者电压，物理层规定了通信双方相互连接的机械、电气、功能与规范特性，以此来保证数据在物理层间传递时的正确识别，物理层协议有 RS449、X.21、V.35、ISDN、FDDI、IEEE 802.3、IEEE 802.4 与 IEEE 802.5 等。

网络层主要任务是为位于不同地理位置的网络中的两个主机系统之间数据传输提供连接和路径选择，有 IP 协议、ICMP 协议、ARP 协议、RARP 协议和 BOOTP 协议可选择。IP 协议是目前应用最广的网络互联协议，计算机网络用户使用自己独立 IP 地址建立通信。

传输层主要是将从下层接收的数据进行分段和传输，到达目的地址后再进行重组。本层通信协议定义了传输数据的协议和端口号，主要有传输控制协议 (transmission control protocol, TCP) 和用户数据报协议 (user datagram protocol, UDP)。其中，TCP 传输效率低，可靠性强，用于传输可靠性要求高、数据量大的数据，而 UDP 与 TCP 特性恰恰相反，用于传输可靠性要求不高、数据量小的数据。在监测系统中，应根据不同的传输位置和目的混合使用两种协议。

应用层直接为用户的应用进程提供服务。在本层中，支持万维网应用的有

超文本传输协议 (hypertext transfer protocol, HTTP), 支持电子邮件的有简单邮件传输协议 (simple mail transfer protocol, SMTP), 支持文件传送的有文本传输协议 (file transfer protocol, FTP)、域名系统 (domain name system, DNS) 协议等。FTP 适合大文件的传输, 不适合大量小碎文件传输, 使用此方法进行传感器数据传输需要将其高度打包才能发挥优势。而 HTTP 擅长处理小而碎的数据, 近几年越来越受到重视。

6.2.3　无线传输技术

无线传感器网络 (wireless sensor networks, WSN) 是分布式传感器网络, 是通过无线通信技术以自由方式自由组织和组合成千上万个传感器节点而形成的网络, 可以实现数据收集、处理和传输。WSN 由大量固定或移动传感器以自组织和多跳方式组成, 通过协作感知、收集、处理和传输该网络所覆盖的地理区域中被感知物体的信息, 并最终将信息发送给网络所有者。WSN 主要包括传感器节点、汇聚节点、传感器网络、任务管理节点和用户, 如图 6.7 所示。其中, 节点通常以一定的方式覆盖一定范围内的节点, 整个范围可以满足一定要求的监控范围。传感器网络是最重要的部分, 它通过固定的通道收集所有节点信息, 然后分析并计算节点信息, 将分析结果汇总到基站, 最后通过卫星通信将其发送给指定用户, 以实现无线传感的要求。

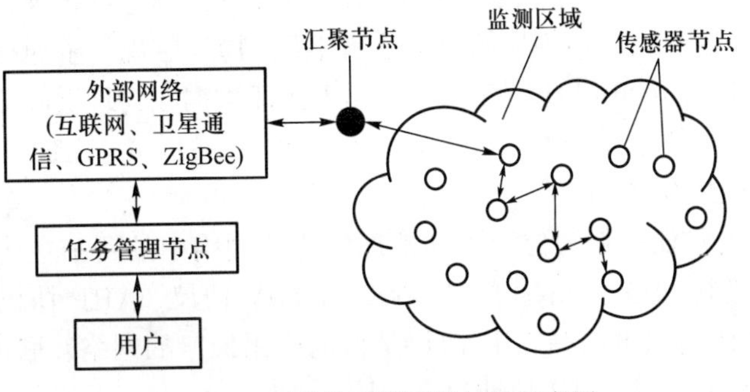

图 6.7　无线传感器网络结构示意图

常见的无线传输方式及技术分为两种, 短距离无线通信技术和远距离无线通信技术。短距离无线通信技术是指通信双方通过无线电波传输数据, 当传输距离在较近的范围时, 其应用范围特别广泛。近年来, 短距离无线通信技术应用较为广泛且发展前景较好, 如 ZigBee、蓝牙 (bluetooth)、无线宽带 (Wi-Fi)、近场通信 (near field communication, NFC) 和超宽带 (ultra-wideband, UWB)。目前广泛应用的远距离无线通信技术主要有 GPRS、CDMA、5G、无线数传电台、扩频微波、无线网桥、卫星通信、短波通信技术等。

(1) 紫蜂 (ZigBee)。这是一种低速、短距离的无线通信技术, 其最底层是使用 IEEE 802.15.4 标准的媒体访问层和物理层。它可以根据专门的无线电标准协调数千个微型传感器之间的通信。紫蜂技术可应用于基于无线通信的小范围控制和自动化, 省去计算机设备与一系列数字设备之间的有线电缆, 并实现各种不同数字设备之间的无线联网, 从而使它们可以彼此通信或访问互联网。紫蜂技术具有低复杂度、短距离、高容量、低成本和低功耗的优点, 因此被广泛用于人类的日常通信传输中。

(2) 蓝牙 (bluetooth)。该技术支持设备短距离通信 (通常在 10 m 以内), 从而可以在包括移动电话、PAD、无线耳机、笔记本计算机和相关外围设备在内的设备之间进行无线信息交换。蓝牙使用 IEEE 802.11 协议在 2.4 GHz ISM (即工业、科学和医学) 频带中工作。使用蓝牙技术可以有效地简化移动通信终端设备之间的通信, 也可以成功地简化设备与互联网之间的通信, 从而使数据传输变得更加快捷、高效, 拓宽了无线通信的道路。

(3) 无线宽带 (Wi-Fi)。它基于 IEEE 802.11 标准, 是当今使用最广泛的无线网络传输技术, 几乎所有智能手机、平板计算机和笔记本计算机都支持 Wi-Fi。Wi-Fi 技术的显著优势在于其广泛的局域网覆盖范围, 覆盖半径约为 100 m。与蓝牙技术相比, Wi-Fi 具有更广泛的覆盖范围 [7]。其传输速度非常快, 可以达到 11 Mbps (IEEE 802.11b) 或 54 Mbps (IEEE 802.11a), 适合于高速数据传输服务; 无接线, 不受接线条件的限制。

(4) 超宽带 (UWB)。它是一种无载波通信技术, 使用纳秒至微秒的非正弦窄脉冲来传输数据, 传输距离通常在 10 m 以内, 使用 1 GHz 以上带宽, 通信速度可以达到每秒几百兆位以上。UWB 技术解决了困扰传统无线通信技术多年的主要通信问题。它具有对信道衰落不敏感、功率谱密度低、拦截率低、系统复杂度低的优点, 并且可以提供几厘米的定位精度。

(5) 无线数传电台。它是一种具有数字信号处理、数字调制与解调、前向纠错、平衡软判决等功能的无线数据传输站。传输站的有效覆盖半径是几十千米, 可以覆盖一个城市或某个区域。它具有数话兼容、数据传输实时性好、专用数据传输通道、适用于恶劣环境、稳定性好等优点, 已在航空航天、铁路、电力、石油、气象、地震等行业广泛应用, 在遥控、遥测、遥感等领域也取得了长足的进步和发展。

(6) GPRS。它是通用分组无线服务 (general packet radio service) 的缩写, 是从 GSM 到第三代移动通信的过渡技术。GPRS 允许用户以端到端的分组传输模式发送和接收数据, 而无需使用电路交换的网络资源, 从而提供了一种高效且低成本的无线分组数据服务。它特别适用于间歇性、突发性和频繁性的少量数据传输, 但也适合偶尔的大型数据传输。

(7) 3G。它是支持 W-CDMA、CDMA-2000 和 TD-SCDMA 标准的第三代移动通信技术。第三代移动通信系统是国际电信联盟 (ITU) 提出的 2000 年国际移动通信系统, 具有全球移动、综合业务、蜂窝和无线数据传输、寻呼、集群等多种功能, 并且能满足频谱利用率、运行环境、能力和质量、网络无缝覆盖、灵活且兼容全球移动通信系统的要求。3G 网络的最大传输速度高达 384 Kb/s, 可以为蜂窝网络移动通信提供比 GPRS 更高的速度。

(8) 4G。指 TD-LTE 和 FDD-LTE 制式的第四代移动通信技术, 它集 3G 与 WLAN 为一体, 可以在一定程度上实现数据、音频、视频的快速传输。其数据传输速度较快, 可以达到 100 Mbps, 是 3G 数据传输速度的 20 倍以上; 此外, 其具有较强的抗干扰能力, 可以利用正交分频多任务技术进行多种增值服务, 可防止信号对其造成干扰; 而且覆盖能力较强, 在传输的过程中智能性极强。4G 基本可以满足现阶段的常见网络需求。

(9) 5G。即第五代移动通信技术, 是最新一代的蜂窝移动通信技术, 其主要优势在于: 数据传输速度远高于以前的蜂窝网络, 高达 10 Gbps, 比当前的速度更快; 电缆互联网, 比以前的 4G LTE 蜂窝网络快 100 倍, 网络延迟更短或响应时间更快, 从 4G 的 30~70 ms 缩短到不到 1 ms; 超大网络容量, 提供 1 000 亿个设备的连接能力, 满足物联网通信的需求, 流量密度和连接数密度大大增加。该系统具有协同作用, 智能水平高, 可实现具有多个用户、多个点、多个天线和多个摄取的协同网络, 以及网络之间的灵活自动调整。

各种主流无线通信技术之间的对比如表 6.2 所示。

表 6.2　主流无线通信技术对比

类型	传输距离	传输速度	工作频段	特点
ZigBee	50~80 m	20~250 Kbps	2.4 GHz	距离短、功耗小、时延短、芯片成本低
蓝牙	10 m 以内	1 Mbps	2.4 GHz	点对点短距离传输、芯片价格较高、抗干扰能力较弱
Wi-Fi	100 m 以内	54 Mbps	2.4 GHz	覆盖范围较广、传输速度高、传输速度和稳定性受距接入点位置远近影响
UWB	10 m 以内	1 Gbps	3.1~10.6 GHz	传输速度高、发射功率低、功耗小、保密性强、占用的带宽很高、可能会干扰其他无线通信系统

续表

类型	传输距离	传输速度	工作频段	特点
无线数传电台	几十千米	19.2 Kbps	220~240 MHz	数话兼容、数据传输实时性好、专用数据传输通道、一次投资、没有运行使用费、适用于恶劣环境、稳定性好
GPRS	8~10 km	171.2 Kbps	900 MHz	实时在线、按量计费、高速传输
3G	2~5 km	2.8 Mbps	1 880~1 900 MHz	频谱利用率高、支持多种通信接口、频谱灵活性强、系统性能稳定、与传统系统兼容性好、系统设备成本低、支持与传统系统间的切换功能
4G	1~3 km	100 Mbps	2 320~2 370 MHz	集 3G 与 WLAN 于一体, 安全性更强、传输速度大幅提升、传输效率更稳定、可支持多样化通信信息服务
5G	100~300 m	高	28 GHz	适应终端密集型系统环境和面积较大区域高速网络覆盖、时延短、数据传输容量大
卫星通信	3.6×10^4 km	小于 120 Mbps	5~40 GHz	覆盖范围广、工作频带宽、通信质量好、不受地理条件限制、成本与通信距离无关、有一定延迟

无线传输技术, 相对于传统有线传输技术有明显优势: ① 综合成本低, 性能更稳定。采用无线传输技术可以避免有线传输的大量电缆铺设, 有安装周期短、维护方便、扩容能力强、迅速收回成本的优点。② 适应性好, 可应用于有线传输布线极不方便的山地、港口和开阔地等特殊地理环境。③ 组网灵活, 可扩展性比较好, 即插即用。管理人员可以迅速将新的无线监测点加入到现有网络中, 不需要为新建传输铺设网络、增加设备, 很容易实现远程无线监测。④ 设备维护更容易。使用无线数据传输模块建立特殊的无线数据传输模式, 只需维

护数据传输模块即可, 万一发生故障, 可以迅速找出原因并恢复线路。

当前无线传输技术在应用中也有些难点: ① 链路只能在视线范围内建立。两个通信点之间的视线必须畅通。有必要考虑线路中间存在树木和建筑物等可能障碍物。② 通信距离有限。目前, 200~6 000 m 一般为地面民用无线通信设备的距离, 由于数据速度、安全传输功率、天气等原因, 实际使用的距离较短。③ 天气会影响链路的可靠性。天气因素, 尤其是雾引起的光散射会影响激光通信的可靠性。据估计, 当距离为 200~500 m 时, 世界上大多数地区可以达到 99.999% 的通信需求。④ 激光对准会受安装点晃动的影响, 如果楼顶发生晃动 (受日光、风力的影响), 两个点之间的激光对准将受到影响, 使链路质量下降。⑤ 突发因素使通信链路阻塞, 可用性受到点对点和点对多点模式的限制, 如果链路被阻塞, 通信将被阻塞。尽管目前无线传输技术有很多局限性, 但巨大的需求势必带动技术的研究与发展, 无线传感器系统在监控领域具有广阔的应用前景。

数据传输系统设计应包括数据传输硬件设计、软件开发、工程安装调试施工图设计。数据传输硬件设备的耐久性和技术指标要满足国家相关规范、指南要求。数据传输硬件应能保证安全监测系统各部分之间的物理连接, 提供足够的传输带宽并留有冗余。数据传输软件应能保证监测数据在各子系统和相应的通信协议之间的无障碍传输。

2003 年, 欧进萍和李宏伟研究开发了一种用于海洋平台和其他土木工程结构健康监测的无线传感器局域网 (wireless sensor local areal network, WSLAN)[8]。WSLAN 由两个子系统组成: 一个是远程控制系统, 由计算机组成; 另一个是本地无线采集系统, 由无线节点和基站组成。通过无线接入点 (wireless access point, WAP) 使用无线局域网协议和设备, 把远程控制系统和本地无线采集系统连接起来。实际应用中, 在远离中心海洋平台的各个独立卫星平台上安装本地无线采集系统, 中心海洋平台管理和监测 31 个独立的卫星平台, 该平台可以通过基于 IP 协议的无线网络识别和控制各个子监测系统 [9]。现场服务器接收由 WSLAN 测得的结构动力响应数据, 所有需要传输的数据通过运行于现场的服务器软件进行存储和分析, 这样极大减少了传输数据量, 解决了数据传输的瓶颈问题。远程监测中心经由无线局域网从各个本地采集系统获得数据, 根据数据进行分析, 从而对结构的运行情况进行评价, 同时实时显示结果。

图 6.8 为某桥梁结构健康监测无线传感系统示意图。该监测通过对桥梁结构状况的监控与评估, 在不同的环境、条件下, 当桥梁运营状况异常时发出预警提醒, 其采用的是无线智能传感、通信等高科技技术, 通过专业的监测方案及时提供准确的监测数据, 为桥梁的维护、维修和管理决策提供依据与指导。

现场通过位移计、测斜仪、GPS、加速度计、温度计、应变计、钢筋计等大量传感器实现对结构变形、应力应变、环境因素的监测。利用数据采集模块连接多个传感器, 模块与模块之间通过 ZigBee 技术实现低能耗、高可靠性、灵活组网, 收集和传送数据。网络组好之后通过适配器把无线数据转化成计算机可以识别的信号传输给监测现场计算机, 再利用互联网传输给远程中心计算机以供数据库存储和应用系统分析处理监测数据。

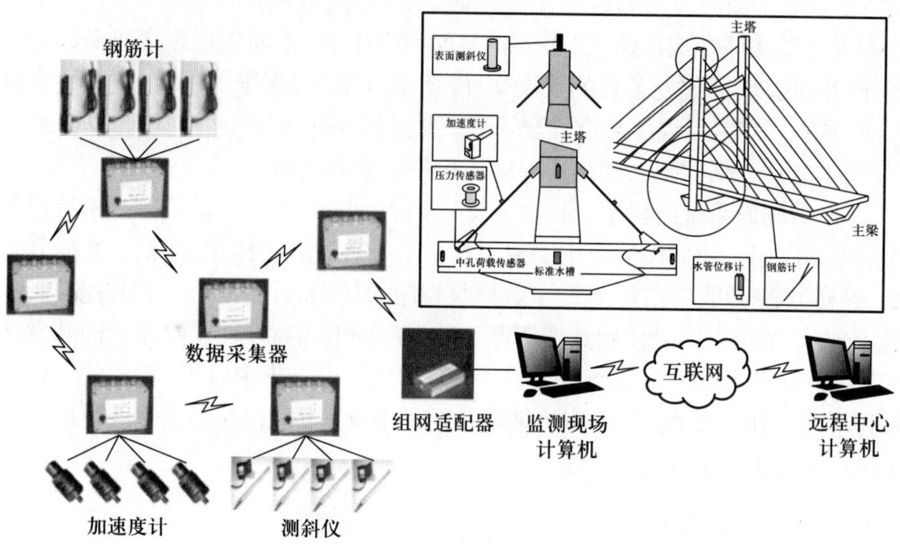

图 6.8 某桥梁结构健康监测无线传感系统示意图

无线数据传输中, 由于网络、硬件、软件、环境等原因, 常常会出现数据丢包现象。为了解决丢包问题, 国内外学者在改善硬件与通信协议两个方向上不断研究, 硬件方面通过提升无线节点的性能来提升数据传输可靠性; 通信方面主要采用构建算法来实现丢包避免策略与丢包补偿策略。

传统的丢包恢复方式有前向纠错 (forward error correction, FEC) 与自动重传 (automatic repeat request, ARQ)。前向纠错原理是, 发送方将要发送的数据附加上一定的冗余纠错码一并发送, 接收方则根据纠错码对数据进行差错检测, 如发现差错, 由接收方进行纠正。通常用实时传输协议 (real-time transport protocol, RTP) 监测丢包, 用 FEC 进行纠错。

6.3 监测数据存储

监测数据采集子系统收集到的大量实时数据和历史数据需由数据库有序存储, 供数据处理子系统、数据评估子系统分析。数据存储子系统一般由硬盘作为基本单元, 通过各种总线、网络连接成不同层次规模的存储系统。

随着计算机软硬件技术的发展, 数据存储方式也在不断变化, 数据存储技术的发展历程大致可分为以下三个阶段。

(1) 人工管理阶段 (二十世纪五十年代以前)。该阶段最基本的特征是无数据管理及完全分散的手工方式。

(2) 文件系统阶段 (二十世纪五十年代后期到六十年代中期)。该阶段的基本特征是有了面向应用的数据管理功能, 工作方式是分散的非手工方式。由于数据主要以文件方式存储, 其本质仍是面向应用的, 不同应用程序所需数据有部分相同时, 仍需建立各自的数据文件, 不能共享, 数据维护困难, 一致性难以保证; 同时, 数据与程序独立性仍不高, 数据仍存在不完全的物理与逻辑独立性, 尚未能把数据的定义和描述与应用程序完全分离开。

(3) 数据库系统阶段 (二十世纪六十年代后期以后)。该阶段的基本特征是数据库的应用。数据库的应用实现了整个组织数据的结构化, 降低了数据冗余度, 提高了数据可扩充性, 实现了数据与程序的独立, 具备了统一的数据控制功能, 允许多个用户同时使用数据资源。数据库的上述特性使信息系统的开发从流程中心转移到共享数据库, 这个过程使得数据可以集中管理, 数据的一致性和利用率得到了提高, 从而使决策服务更加准确。因此, 在信息系统使用数据库技术具有越来越重要的作用。

6.3.1　数据库系统

数据库系统主要提供监测数据的组织、存储、维护、访问等数据管理功能。数据库根据存储方式可分为集中式数据库和分布式数据库。

集中式数据库 (图 6.9) 是指数据库中的数据存储在一台计算机中, 数据处理在一台计算机中完成。这样, 可以集中信息资源, 方便管理, 实现标准化, 减少数据冗余和不一致性。但是它的系统庞大, 操作复杂; 对组织变革和技术发展的适应性较差, 应变能力较弱; 而且系统比较脆弱, 主机的故障可能会使整个系统停止工作。

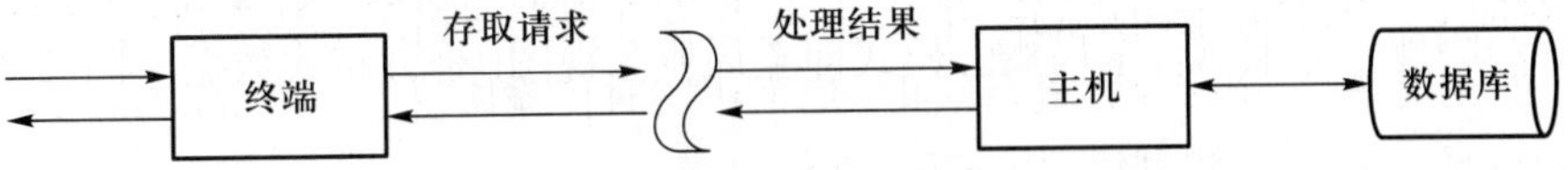

图 6.9　集中式数据库系统的工作原理

分布式数据库是存储在网络每个节点中的索引数据, 每个节点具有自主处理能力并完成本地应用; 每个节点还参与至少一个全局应用程序的执行, 该应用程序可以通过网络进行通信以访问系统中多个节点的数据。分布式数据库可以根据应用的需求和访问的便利性来配置信息资源。添加网络节点不会影响其他节点的工作, 并且系统具有较高的可伸缩性。其本地应用快速且经济, 但其在通信部分造价高、存取结构复杂、数据安全性保密性较差。分布式数据库的物理结构如图 6.10 所示。

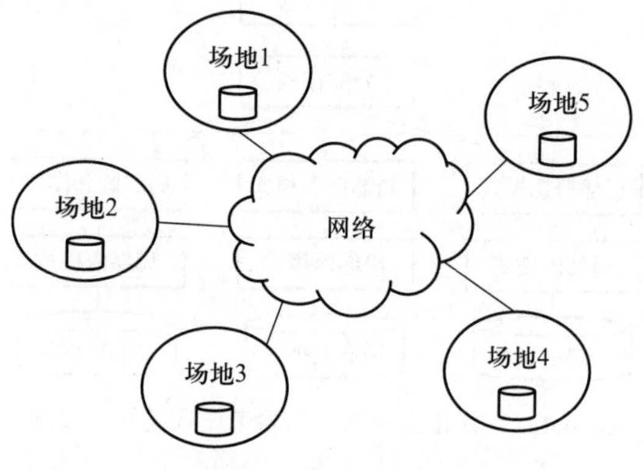

图 6.10　分布式数据库的物理结构示意图

1. 分布式数据库

随着计算机网络技术的迅速发展, 许多数据库应用于计算机网络之上, 传统的集中式数据库已无法适应地理上的分布, 因此分布式数据库得到广泛应用。

分布式数据库需达到 12 个目标, 分别为本地自治、非集中式管理、高可用性、位置独立性、数据复制独立性、数据分布独立性、分布式查询处理、分布式事务管理、网络独立性、操作系统独立性、硬件独立性、数据库管理系统独立性。其中, 本地自治、非集中式管理及高可用性是分布式数据库的最基本特征。

分布式数据库系统可抽象划分为四层模式结构, 即全局外模式、全局概念模式、局部概念模式和局部内模式, 模式与模式之间是映射关系, 其参考模式结构如图 6.11 所示。全局外模式即全局用户视图, 是分布式数据库全局用户对分布式数据库的最高层抽象, 全局用户使用视图时不需要考虑数据的分片和具体的物理分配细节。全局概念模式即全局概念视图, 是分布式数据库的整体抽象, 包含了全部数据特性及逻辑结构, 是对数据库全体的描述。全局概念模式再经过分片模式和分配模式映射到局部模式, 其中, 分片模式是描述全局数据的逻辑划分视图; 分配模式是描述局部数据逻辑的局部物理结构, 即划分后的分片物理分配视图。

数据分片按照一定规则将某一个全局关系划分为片段, 有如下四种基本方法。

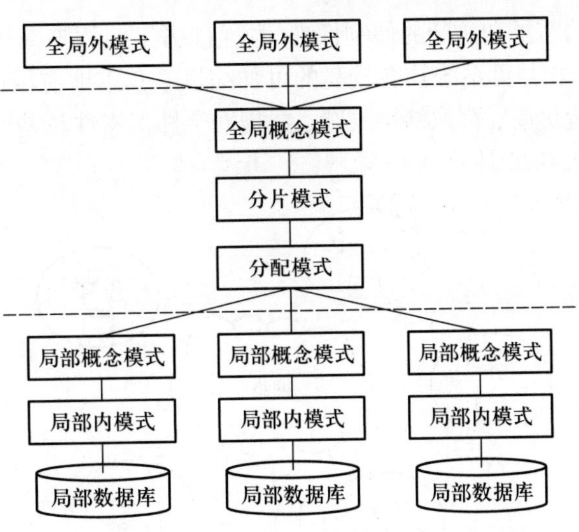

图 6.11　分布式数据库的参考模式结构示意图

(1) 水平分片。在关系中从行的角度 (元组) 依据一定条件划分为不同的片段, 关系中的每一行必须至少属于一个片段, 以便在需要时可以重构关系。

(2) 垂直分片。在关系中从列的角度 (属性) 依据一定条件划分为不同的片段, 各片段中应该包含关系的主码属性, 以便通过连接方法恢复关系。

(3) 导出分片。导出水平分片, 分片的依据不是本关系属性的条件, 而是其他关系属性的条件。

(4) 混合分片。指以上三种方法的混合。

数据分配是在分片结果的基础上, 将片段分配存储在各个场地上, 同样有四种分配方法。

(1) 集中式。所有数据片段都安排在一个场地。

(2) 分割式。所有全局数据有且只有一份, 它们被分割成若干片段, 每个片段被分配在一个特定场地上。

(3) 全复制式。全局数据有多个副本, 每个场地上都有一个完整的数据副本。

(4) 混合式。全局数据被分为若干个数据子集, 每个子集被安排在一个或多个不同的场地, 但是每个场地未必保存所有数据。这是一种介于分割式和全复制式之间的分配方法。

近年来, 数据库技术与其他技术相互结合渗透, 出现了许多新的技术成果, 如并行数据库、云计算数据库、海量数据压缩等。

2. 并行数据库

随着数据库规模的越来越大, 联机访问的用户越来越多, 对数据库的性能和可用性提出了更高的要求。并行数据库通过多个处理节点并行执行数据库任务, 提高整个数据库系统的性能和可用性。如图 6.12 所示, 并行数据库有多种体系结构, 可以分为如下四种。

(1) 共享内存结构。所有的处理机通过互联网共享一个公共的主存储器。

(2) 共享磁盘结构。所有的处理机拥有独立的主存储器, 通过互联网共享磁盘。

(3) 无共享结构。每个处理机拥有独立的主存储器和磁盘, 不共享任何资源。

(4) 层次结构。前三种体系结构的结合。

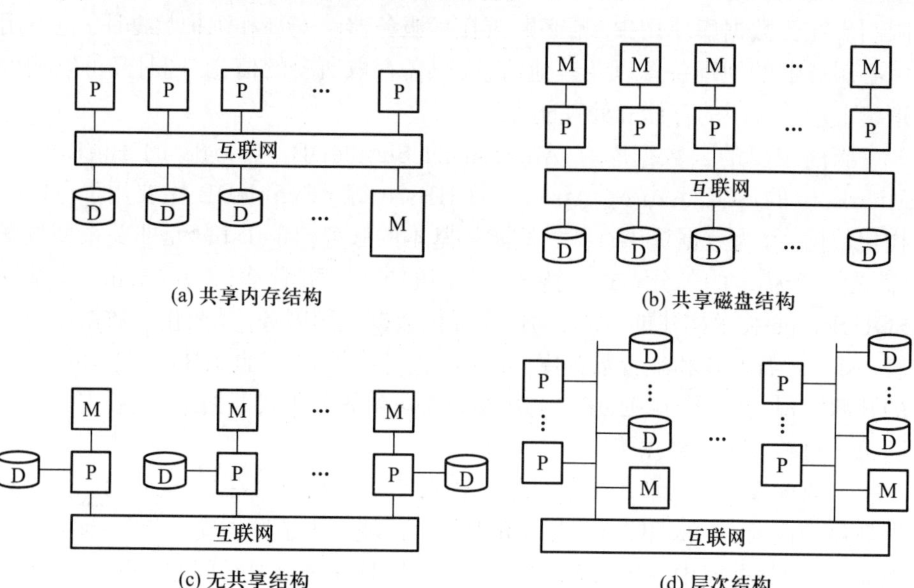

图 6.12 并行数据库系统结构示意图

P—处理器; M—内存; D—磁盘

并行式数据库的数据划分对系统性能有很大影响, 合理的数据划分可以使查询处理时间最小化、并行处理性能最大化。根据关系的某一个属性值来划分整个关系为一维数据划分, 主要方法有轮转法、散列划分法、范围划分法。为有效支持非划分属性上具有选择谓词的相关查询, 提出多维数据划分法, 如 CMD 多维划分法、BERD 多维划分法、MAGIC 多维划分法等, 可参考相关文献具体了解。

3. 云计算数据库

传统数据库在一定程度上满足了目前传统的应用需求, 但是其自身具有可扩展性差、海量数据条件下读写性能低下、运行维护成本高等缺陷, 加之信息技术的发展, 特别是在云计算平台上海量数据的管理和应用的背景之下, 云数据库逐渐成为新一代数据库的发展方向 [10]。

云计算是继互联网、计算机后在信息时代的又一种革新, 它集中了所有的计算资源, 采用硬件虚拟化技术, 为云计算使用者提供快速的计算能力、存储和带宽等资源, 它将计算任务分布在大量计算机构成的资源池上, 使各种应用系统能够根据需要获取计算力、存储空间和信息服务, 获得与传统大型服务器相同或者更高的计算能力。云数据库具有可扩展性高、可用性高、采用多租户形式和支持资源有效分发等特点, 极大地增强了数据库的存储能力。云数据库使用户通过网络就可以获取到无限的资源, 同时获取的资源不受时间和空间的限制。在云数据库应用中, 不必购买托管服务器、安装和维护数据库, 也不用关心服务器的地理位置以及其他信息, 只需存取所要的信息, 同时又可以获得理论上近乎无限的存储和处理能力。

当前主要的云数据库有 Amazon 的 SimpleDB、Google 的 BigTable、Microsoft 的 SQL Azure、Apache 的 HBase 等。SimpleDB 主要用于存储结构化数据, 并为数据提供查找、删除等基本的服务; BigTable 是非关系型数据库, 是一个稀疏的、分布式、持久化存储的多维度排序表; SQL Azure 是基于 SQL Server 技术构建的, 主要为用户提供数据应用服务, 其简化了数据库的部署, 用户无需安装和配置数据库, 也不需进行维护和管理; HBase 是 BigTable 的开源实现, 是一个在 HDFS 上开发的面向列的分布式数据库, 主要支持实时随机读写超大规模数据集。

云数据库不是无所不能的, 它还存在以下缺点: ① 数据安全问题。由于数据都存储在云端, 数据脱离了用户的控制。这就产生了数据安全与隐私的问题。因此, 在云数据库中, 能否确保数据的完整性是一个重要的问题。② 对云的管理问题。云是对硬件进行虚拟化, 这就使管理员不能直接对硬件进行管理, 从而加大了管理的难度。③ 对因特网的依赖问题。由于用户的数据都存储在云端, 用户使用数据时必须从云数据库中获得, 这就对网络有较高的要求。如果网速过慢, 甚至没有网络, 在数据获取时会有很大的问题。

云数据库有其自身的优点, 也存在着很多问题, 要正确认识和应用它。

4. 海量数据压缩

随着计算机科学技术水平不断发展, 我国信息化技术不断提高, 超过 10^{13} 字节的海量数据随处可见, 且量级在不断增长。针对不同领域问题, 数据压缩方法有多种, 这里主要针对网络数据库中海量数据的压缩与传递、无线数据传输与压缩问题, 介绍以下几种方法: 数字脉冲压缩、基于谓词索引的海量数据压缩、CUDA 并行数据压缩、小波算法等。

(1) 数字脉冲压缩是一种现代雷达信号处理技术, 其实质是使接收的回波信号通过本地的匹配滤波器后得到目标的距离信息，在时域上其本质是将接收信号频谱与发射信号频谱的复共轭相乘后再逆变换到时域上，利用快速傅里叶变换 (fast Fourier transform, FFT) 实现时频转换。快速傅里叶变换运算量小，且脉冲压缩算法可以进行并行分解，再在多核处理器上采用流水线技术即可实现系统并行流水运行，提高了运行速度。数字脉冲压缩原理如图 6.13 所示。

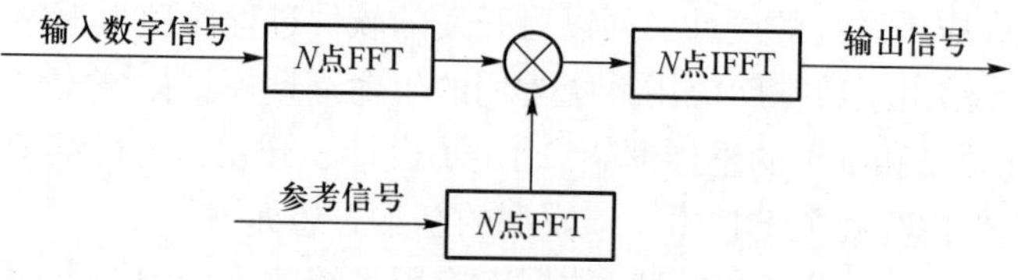

图 6.13 数字脉冲压缩原理示意图

(2) 海量数据存储包括在线压缩存储和离线压缩存储，实际应用中，当线上数据积累到一定程度后，数据将离线存储于第三级存储器，这一过程多采用文件级的压缩算法，该算法不足之处在于不存在删除和更新操作，缺乏对查询操作的有效支持。基于谓词索引的海量数据压缩，建立在第二级和第三级存储器相结合的海量数据离线压缩存储结构之上，通过以数据操作条件中的谓词为索引，快速定位满足操作条件的数据在第三级存储器中的物理位置，可减少数据操作响应时间，同时支持删除和更新功能。将二级存储器作为缓存，减少两存储器之间大规模数据的传输。该方法通过消除压缩文本中的冗余字符来实现对网络数据库中海量数据的压缩传递。

(3) 并行计算是指同时使用多种计算资源解决计算问题的过程，用多个处理器并发执行计算。bzip2 是采用 Burrows-Wheeler 块排序文本压缩算法和哈夫曼编码方式的一种数据压缩技术，而 BWT (Burrows-Wheeler transform) 是一种采用 bizp2 技术的压缩算法，其核心思想是对字符串轮转后得到的字符矩阵进行排序和交换，大致分为三个步骤：① 排序变换；② 解压变换；③ 输出原字符串。为了提高压缩速度和压缩比，我们可以在共享内存架构上并行 BWT 算法，这里采用的共享内存架构是 NVIDIA 公司提出的一个基于 GPU 通用计算的开发环境，即统一设备架构 (CUDA)。BWT 算法在运算过程中需要进行排序，其占用时间过长，而并行数据压缩能大大减少排序所占用时间，从而提高数据压缩效率。

(4) 小波算法首先建立初始网络小波矩阵，在数据库中存储大量数据，并去除大量的冗余数据，压缩采样理论结合恒定算法的小波周期减少了传输数据的总采集量，同时，在数据库中将数据传输误差控制在较小的范围内，以将大量数据压缩传输到网络数据库。

6.3.2 数据库设计

数据库应用系统是一种用于数据管理、数据处理的典型复杂软件系统, 其设计与开发应在满足实际应用需求的前提下, 遵循三阶段模型数据库系统的复杂数据库设计范式。软件系统开发应根据软件工程原理的定义, 以工程方法为原则, 按计划分步进行, 以保证系统开发的质量, 降低开发成本, 加快开发进度。因此, 数据库应用系统的设计必须以可开发的软件过程模型为指导。

图 6.14 给出了数据库应用系统常用的生命周期模型。该模型定义了数据库应用系统开发和维护的整体框架, 确定了设计、开发和运行维护各阶段的主要目标、工作内容和关键技术。该模型的基本思想如下。

(1) 基于软件开发瀑布模型, 数据库应用系统的生命周期由项目规划、需求分析、系统设计、实现与部署、运行与维护五个基本活动组成。

(2) 快速原型模型和螺旋模型的开发思想被引入数据库应用系统的生命周期模型中, 从而可以逐步、选择性地开发数据库应用系统。在选择的过程中, 通过需求分析、项目规划、系统设计、原型构建和其他基本开发活动开发原型系统, 以满足用户的基础需求。然后, 从该原型中, 在下一代开发过程中构建更完整的数据库应用程序系统原型。通过多代选择, 逐渐扩展每个原型系统的功能, 以最终满足所有用户的需求, 从而形成最终的数据库应用系统产品。

(3) 根据数据库应用系统的总体目标和实现功能, 在模型中引入数据库设计与实现的内容, 即按照数据组织与存储设计、数据访问与处理设计、应用程序设计三条设计主线, 分别设计与实现数据库应用系统中的数据库、数据库事务和应用程序。

监测系统的数据库设计应遵循数据库系统的可靠性、开放性、先进性、可扩展性、经济性和标准性的基本原则。应保证数据结构的整体性、数据的共享性、数据库系统与应用系统的统一性。监测系统中传感器数据的特点包括: ① 数据量较大; ② 大部分为数值型数据; ③ 数据格式相对规则, 例如数据收集的量相对稳定; ④ 不需要考虑多个属性数据之间复杂的联系, 相对独立地查询。设计监测数据平台的存储系统时, 需要综合这些数据特点, 结合各种存储系统的优缺点合理选择数据库。

监测数据库管理系统的选取设计宜考虑如下内容。

(1) 系统要支持对海量数据的高效管理机制、异常情况下的容错功能、系统恢复功能、分布式数据管理功能。

(2) 系统数据库应为模块化架构, 并分层管理, 宜根据数据需求构建。

(3) 应同时支持在线实时数据、离线数据处理分析两种工作模式。

(4) 应采用统一数据标准格式和统一数据接口, 以满足其信息系统应用的

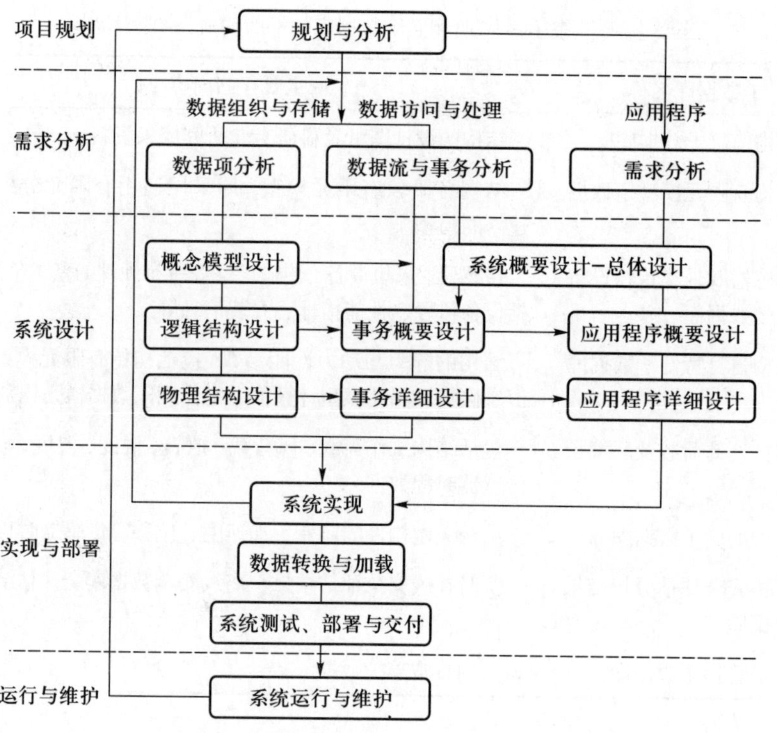

图 6.14　数据库应用系统常用生命周期模型

需求, 同时保证传输数据的安全性。

(5) 数据可存储在当地硬件设备上, 宜用云技术存储和管理数据。

(6) 数据库应具有网络防护功能, 防止恶意攻击和病毒破坏, 并根据用户级别设定相应权限。

监测系统所涵盖的数据库功能主要有监测信息管理、监测设备管理、结构模型信息管理、数据转储管理、评估分析信息管理、用户管理、安全管理及预警信息管理等。据此, 监测数据库一般由结构信息、结构有限元模型、传感器及采集传输设备信息、结构自身特性、结构外部荷载及环境、结构响应、结构安全评估分析结果、养护管理等子数据库组成。相关子数据库及主要存储内容如表 6.3 所示。

表 6.3　监测系统数据库的一般构成

子数据库名称	主要存储内容
结构信息子数据库	结构的设计图纸及科研专题研究成果资料
结构有限元模型子数据库	结构各阶段有限元模型, 即采用通用有限元分析软件建立的模型
传感器及采集传输设备信息子数据库	传感器、采集设备、传输设备等所有硬件的基本信息, 包括设备位置、性能指标、安装信息等
结构自身特性子数据库	结构的静力与动力性能参数, 包括初始有限元模型计算值、破坏有限元模型计算值、工作期间数据模态识别结果
结构外部荷载及环境子数据库	包括结构工作荷载、风荷载、地震、温度、湿度、雨量等传感器时程数据
结构响应子数据库	结构关键构件的应变、加速度、位移等传感器时程数据
结构安全评估分析结果子数据库	实时在线安全评估结果、离线安全数据安全评估结果
养护管理子数据库	结构日常养护数据

思考题

6.1　结构健康监测系统中的数据采集为什么需要同步?

6.2　数据采集系统分为哪几个组成部分? 其功能分别是什么?

6.3　数据库应用系统设计开发需要哪些步骤?

6.4　结构健康监测系统中若要采集实时数据, 通过什么方法能实现数据的有效传输, 减少丢包?

6.5　结构健康监测系统中监测数据信号与数据存储系统之间的数据通信属于哪一层? 可采用哪种协议?

参考文献

[1] 李小强. 面向结构健康监测的无线传感器网络系统及同步采集研究 [D]. 武汉: 武汉理工大学, 2010.

[2] 刘军. 桥梁长期健康监测系统集成与设计研究 [D]. 武汉: 武汉理工大学, 2010.

[3] 李惠, 周文松, 欧进萍, 等. 大型桥梁结构智能健康监测系统集成技术研究 [J]. 土木工程学报, 2006, 39(2):46-52.

[4] 张宇峰, 李贤琪. 桥梁结构健康监测与状态评估 [M]. 上海: 上海科学技术出版社, 2018.

[5] 施斌, 张丹, 朱鸿鹄. 地质与岩土工程分布式光纤监测技术 [M]. 北京: 科学出版社, 2019.

[6] Zhou G D, Yi T H, Xie M X, et al. Wireless sensor placement for structural monitoring using information-fusing firefly algorithm [J]. Smart Materials and Structures, 2017, 26(10): 104002.

[7] 康涛. 论无线传感技术系统利用云技术网络平台在新能源开发和利用中的应用 [J]. 中国新通讯, 2013, 18: 85-88.

[8] 欧进萍. 重大工程结构智能传感网络与健康监测系统的研究与应用 [J]. 中国科学基金, 2005, 19(1): 8-12.

[9] 伊廷华, 李宏男. 结构健康监测: GPS 监测技术 [M]. 北京: 中国建筑工业出版社, 2009.

[10] 青欣, 胥光辉, 戢瑶, 等. 云数据库应用研究 [J]. 计算机技术与发展, 2013, 23(5): 37-41.

第 7 章 监测大数据预处理*

大型结构健康监测系统普遍含有多种类型的传感器阵列, 通常单座大型工程结构监测传感器数量可达上千, 监测系统每天 24 h 的运行, 每年可产生 TB 级别的数据量。结构健康监测积累的海量数据具备大数据的 5 V 特征, 即大体量 (volume)、多样性 (variety)、时效性 (velocity)、准确性 (veracity) 和大价值 (value) 。监测大数据中蕴含着重要的结构荷载和环境作用、行为机制、性能演化规律、安全水平等信息, 挖掘和分析监测大数据以发现结构荷载和环境作用、结构响应、行为机制、性能演化规律, 评定和预测结构安全水平及其变化规律, 具有重要的理论意义和实际价值 [1]。

然而, 结构的服役环境较为恶劣, 监测系统的大部分功能模块如传感器阵列、数据传输线缆、子系统网关等均于户外工作, 由于传感器与传输系统的设备故障、接触故障、电磁干扰等问题, 常常造成结构健康监测系统所采集的数据存在大量异常。这些异常数据如不予以识别、剔除或修补而直接应用于后续分析, 则必然对评估结果的准确性带来巨大干扰。因此, 为有效利用测试数据中所包含描述结构健康监测系统当前状态的有用信息, 需对结构健康监测大数

* 本章执笔人:
鲍跃全, 哈尔滨工业大学土木工程学院, baoyuequan@hit.edu.cn
黄永, 哈尔滨工业大学土木工程学院, huangyong @hit.edu.cn
陈智成, 哈尔滨工业大学土木工程学院, zhichengchen@hit.edu.cn

据进行预处理以消除监测数据中所含不可避免的测试误差, 这是对监测数据进行后续分析从而对监测系统进行诊断的基础。监测大数据预处理主要包括监测数据的去噪滤波、数据重采样、异常数据诊断与恢复等内容, 针对不同的数据类型和分析目的, 监测数据预处理的方法也不同。考虑数据预处理的一般性和相关领域的新进展, 本章重点介绍监测数据去噪的小波分析方法、监测数据异常诊断的深度学习方法、基于压缩感知群稀疏优化的错误数据恢复方法, 以及基于监测数据相关性的缺损数据填补方法等内容, 并通过实例说明这些方法的应用效果。

7.1　典型异常监测数据类型

在结构健康监测中, 异常监测数据一般是指由传感器故障或外界干扰所引起的显著偏离真实结构响应的监测数据。总地来说, 结构健康监测数据一般有如下八种异常形式: 偏移、漂移、增益、精度下降、1 型完全失效 (常量)、2 型完全失效 (常量加噪声)、跳点和缺失 [2]。其中, 偏移是指监测数据与其正常值之间存在一个固定的偏差; 漂移是指监测数据与其正常值之间的差值随时间线性变化; 增益是指监测数据与其正常值之间具有倍乘关系; 精度下降是指监测数据淹没在一个较大的噪声中; 常量是指监测数据的数值不再随时间变化, 而始终保持为一个常数; 常量加噪声是指监测数据表现为一个以某常数为中心的随机波动; 跳点是指监测数据在离散时间点处出现幅值随机跳动; 缺失是指监测数据的记录消失。

令 $x^*(t)$ 表示结构响应的真实值, $w(t)$ 表示正常的测量噪声, 则结构监测数据的正常值应该表达为如下形式:

$$x(t) = x^*(t) + w(t) \tag{7.1}$$

式中, t 表示采样时刻。八种数据异常的表达式分别列于表 7.1, 其中, 参数 a、b 和 G 分别表示三个常量, 而 $e(t)$ 表示一个较大的随机噪声, $o(t)$ 表示随机跳点, NaN 表示 “非数值” 记录。图 7.1 所示的八张图用于直观地表示这八种典型的数据异常形式 [2]。

异常数据诊断是从大量数据中识别出不同于正常值的数据, 是统计学、信号处理以及机器学习等领域的重要研究问题。异常数据诊断方法可根据方法属性分为基于距离 (distance-based) 诊断方法、基于密度 (density-based) 诊断方法、基于聚类 (clustering-based) 诊断方法以及基于模型诊断方法等。基于距离诊断方法是根据数据对象之间的距离定义异常数据对象。基于密度诊断方法是通过局部异常因子 (local outlier factor, LOF) 度量数据对象的异常

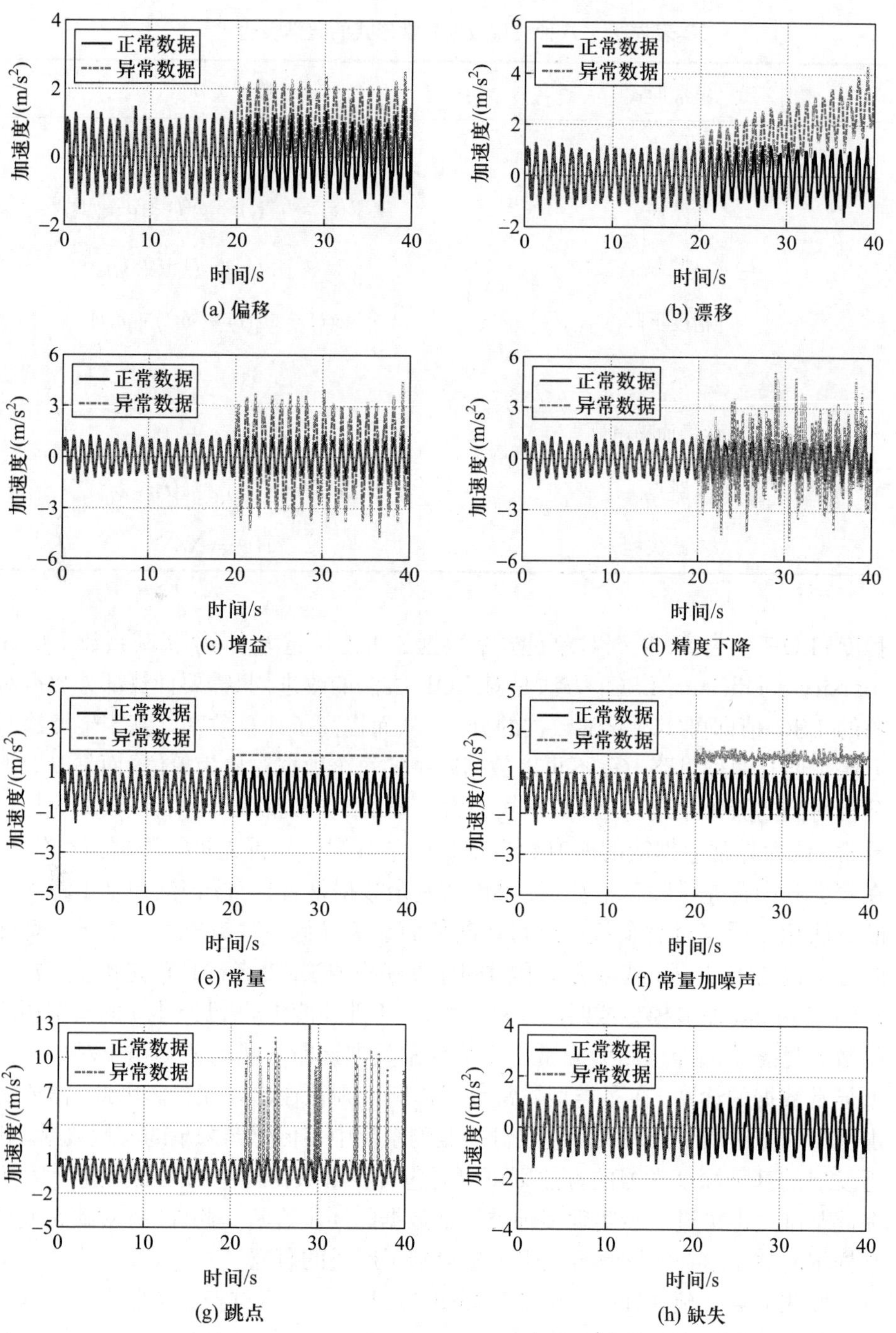

图 7.1　监测数据的异常形式 (数据共持续 40 s，从 20 s 开始出现异常; 见书后彩图)

表 7.1　八种典型数据异常形式的数学表达式

异常形式	数学表达式
偏移	$x(t) = x^*(t) + w(t) + a$
漂移	$x(t) = x^*(t) + w(t) + a + bt$
增益	$x(t) = G\left[x^*(t) + w(t)\right]$
精度下降	$x(t) = x^*(t) + w(t) + e(t)$
常量	$x(t) = a$
常量加噪声	$x(t) = a + e(t)$
跳点	$x(t) = x^*(t) + w(t) + o(t)$
缺失	$x(t) = \mathrm{NaN}$

程度, LOF 值越高, 数据对象是异常数据的可能性越大; 局部稀疏系数 (local sparsity coefficient, LSC) 方法是对 LOF 方法的改进, 只需要计算部分数据对象的 LSC 值即可实现异常数据的分类, 从而提高了计算效率。基于聚类诊断方法主要有两种思路: ① 不再以数据库中的每个数据对象为单位, 而是以聚类分析得到的簇为单位, 定义数据簇异常因子, 根据异常因子判断该数据簇是否异常, 认为异常数据簇的所有数据都是异常数据; ② 首先进行数据聚类分析, 在聚类簇中首先排除正常数据, 再诊断剩余数据是否异常, 该法与基于距离诊断方法相比因仅对剩余数据进行诊断从而显著降低了计算成本。基于模型诊断方法包括 Kalman 滤波方法和时间序列建模方法, 二者都是首先建立正常数据的 Kalman 滤波模型或时间序列模型, 一旦监测数据与已经建立的模型预测的数据显著不同即诊断为异常。传统异常数据诊断方法一般侧重于对单一类型异常数据的诊断, 在多类型异常数据诊断中则往往出现误检。因此, 需要更加智能的方法用于处理实际结构健康监测系统中多传感器采集的海量数据。新近发展的基于深度学习的方法则可以对包含异常数据样本的大数据进行学习, 在此基础之上可进一步实现多种类异常数据的同步诊断。此外, 针对缺失或异常样本的数据填补或恢复方法目前也得到了广泛的研究。

监测大数据预处理的一般流程如图 7.2 所示, 本章重点介绍监测数据的去噪、异常数据诊断和恢复的内容。

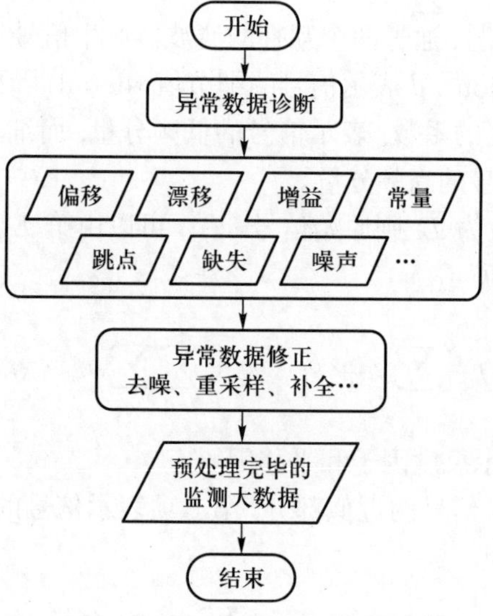

图 7.2　监测大数据预处理流程图

7.2　监测数据的噪声预处理

在实际工程中, 由于传感器测量误差和环境因素等的影响, 监测数据不可避免地存在噪声。噪声的存在会掩盖信号本身所要表达的信息, 为了尽量较少噪声对数据分析结果的干扰, 有必要对监测数据进行去噪处理。信号的去噪方法较多, 在信号分析相关类的教程里均有介绍, 在结构健康监测领域, 小波去噪 (wavelet denoising) 是一种较为常用的方法, 本章对小波去噪进行重点介绍。

小波去噪建立在小波变换多分辨分析基础上, 其基本思想是根据噪声与信号在不同频带上的小波分解系数具有不同强度分布的特点, 将各频带上的噪声对应的小波系数去除, 保留原始信号的小波系数, 然后对处理后的系数进行小波系数重构, 得到去噪后的信号。

小波变换多分辨分析的主要思想如图 7.3 所示, 其用滤波器执行离散小波变换。该方法是 Mallat 在 1989 年提出的, 称为 Mallat 算法 [3]。图 7.3 中,

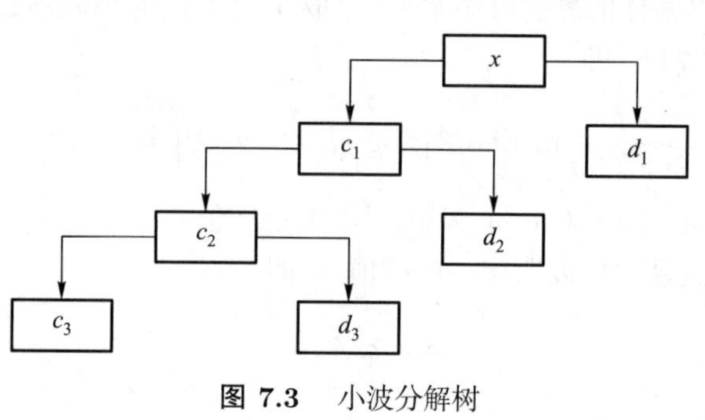

图 7.3　小波分解树

x 表示原始的输入信号, 通过两个互补的滤波器产生信号 c 和 d, c 表示信号的近似值 (approximation), d 表示信号的细节值 (detail)。在小波分解中, 近似值是大的缩放因子产生的系数, 表示信号的低频分量; 而细节值是小的缩放因子产生的系数, 表示信号的高频分量。

设小波分解层数为 L, 则原始信号 $x(n)$ 可以由第 L 层的近似值和各层的细节值重构, 如下式所示:

$$x(n) = \sum_{q} c_{l,q} \cdot \nu_{l,q}(n) + \sum_{l=1}^{L} \sum_{q} d_{l,q} \cdot \chi_{l,q}(n) \tag{7.2}$$

式中, l 和 q 分别表示尺度因子和平移因子。

上式第一项表示信号的近似部分, 第二项表示信号的细节部分。其中, 系数 $c_{l,q}$ 和 $d_{l,q}$ 分别为

$$c_{l,q} = \langle x, \nu_{l,q} \rangle = 2^{-\frac{l}{2}} \sum_{n} x(n) \nu \left(2^{-l} n - q\right) \tag{7.3}$$

$$d_{l,q} = \langle x, \chi_{l,q} \rangle = 2^{-\frac{l}{2}} \sum_{n} x(n) \chi_{l,q} \left(2^{-l} n - q\right) \tag{7.4}$$

式中, $\nu_{l,q}$ 和 $\chi_{l,q}$ 分别表示尺度函数和小波基函数。

进行小波分解之后, 需要选取阈值函数对小波系数进行阈值量化处理, 小波阈值函数有硬阈值函数和软阈值函数, 其表达式如下:

$$\text{硬阈值函数} \quad \eta^{\mathrm{H}}(w, \delta) = \begin{cases} w, & |w| \geqslant \delta \\ 0, & |w| < \delta \end{cases} \tag{7.5}$$

$$\text{软阈值函数} \quad \eta^{\mathrm{S}}(w, \delta) = \begin{cases} \operatorname{sgn}(w)(|w| - \delta), & |w| \geqslant \delta \\ 0, & |w| < \delta \end{cases} \tag{7.6}$$

式中, δ 表示阈值; $\eta^{\mathrm{H}}(w, \delta)$ 表示硬阈值滤波后的函数; $\eta^{\mathrm{S}}(w, \delta)$ 表示软阈值滤波后的函数; w 表示小波系数。硬阈值量化和软阈值量化函数如图 7.4 所示。

美国科学院院士、斯坦福大学教授 Donoho 于 1994 年给出了确定阈值 δ 的方法 [4], 首先估计信号的噪声水平 σ, 取 $L = 1$ 层的小波系数的细节部分的中间值除以 0.674 5, 即

$$\widehat{\sigma} = \frac{1}{0.674\,5} \operatorname{median} \left\{ |d_{l,q}| : l = 1, q = 0, 1, \cdots, 2^{l} - 1 \right\} \tag{7.7}$$

式中, $\operatorname{median}(\boldsymbol{X})$ 表示对向量 $\boldsymbol{X}$ 的元素取中间值。

对各层小波系数可以取统一的阈值 δ, 即

$$\delta = \sigma \sqrt{2 \ln n} \tag{7.8}$$

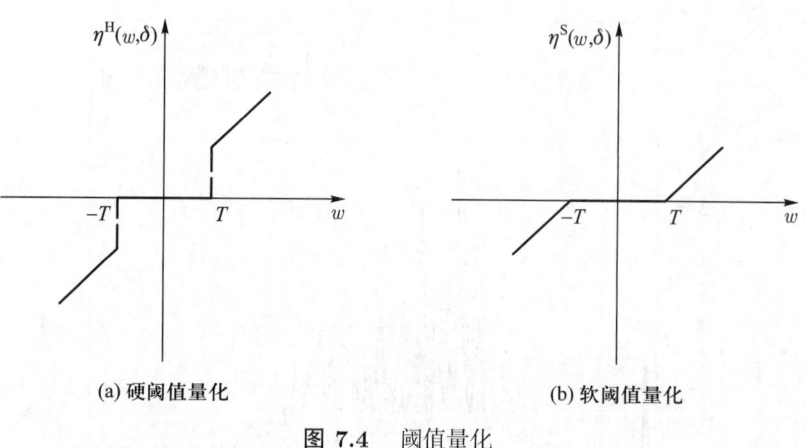

(a) 硬阈值量化　　(b) 软阈值量化

图 7.4　阈值量化

式中, n 表示信号长度。这是一种常用的阈值确定方法, MATLAB 程序里的小波变换工具箱就采用了此种方法。对于小波去噪, 阈值量化之后的小波系数则为去噪后的小波系数, 对其重构之后得到去噪后的信号。

【**案例 7.1**】对某桥主梁振动加速度监测数据采用小波去噪的方法进行软阈值去噪处理之后的结果如图 7.5 所示。图 7.5(a) 为去噪前后的加速度时程对比, 从图中可以看出, 去噪后加速度时程的幅值有所减小。图 7.5(b) 为频域的结果, 去噪前后数据低频段 (0~2 Hz) 能量分布基本重合; 中频段 (2~8 Hz)

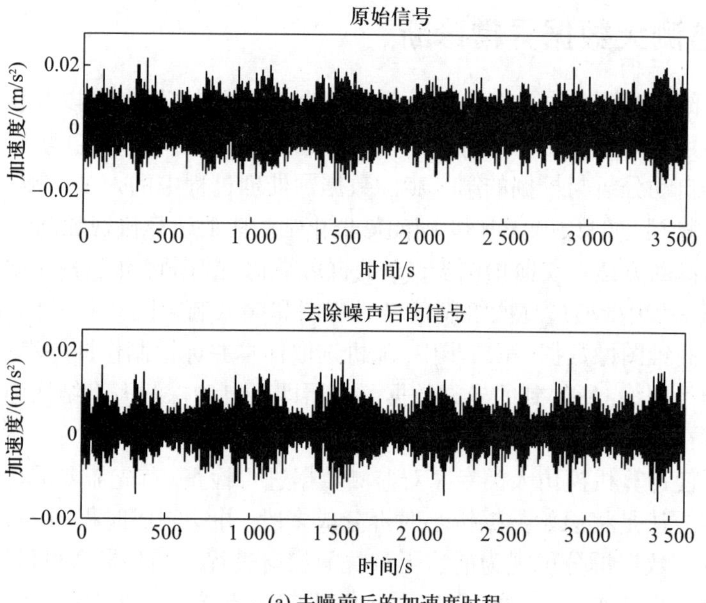

(a) 去噪前后的加速度时程

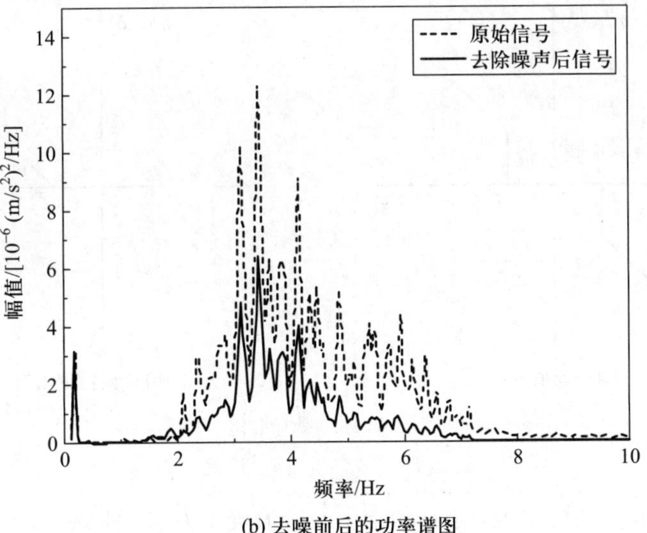

(b) 去噪前后的功率谱图

图 7.5　振动加速度监测数据去噪效果对比

能量分布降低, 约为去噪前的 50%; 高频段 (大于 8 Hz) 不变。通过设置不同阈值大小, 可以调整去噪的效果。但需要指出的一点是, 实际监测数据的噪声水平是较难准确估计的, 所去除的部分也不完全就是噪声, 因此在实际应用中需根据数据分析目的和所要关注的数据频段情况综合考虑。

7.3　监测大数据异常诊断

结构健康监测数据的全自动分析与挖掘, 是实现实时预警以及在线结构状态评估等数据分析任务的关键。而对异常数据的准确识别, 是实现结构健康监测数据全自动分析与挖掘的第一步。数据预处理过程中的人工干预, 可视为一个基于生物视觉的数据获取和大脑决策过程。基于计算机视觉和深度学习的异常数据诊断方法主要分为两步: ① 数据可视化 (数据转换); ② 深度神经网络训练。第一步中, 通过逐段绘制信号时程图和频域响应图, 将一维时间序列数据转换为高维图像数据; 第二步中, 随机选取样本并标记制作训练集, 构建并训练深度神经网络, 所得到的异常数据分类器即可自动探测海量结构健康监测数据中的潜在异常数据 [5,6]。方法流程如图 7.6 所示。

为了使计算机模仿人类专家对监测数据进行检查, 首先需要进行数据可视化。基本方法是将原始数据按小时拆分成多段, 并绘制成时程图, 随后保存为图片文件。数据拆分可视为前后无重叠的加窗过程。图片参数可设置为 8-bit 灰度、分辨率 100×100 像素, 以同时保证良好的图像清晰度和经济的数据存

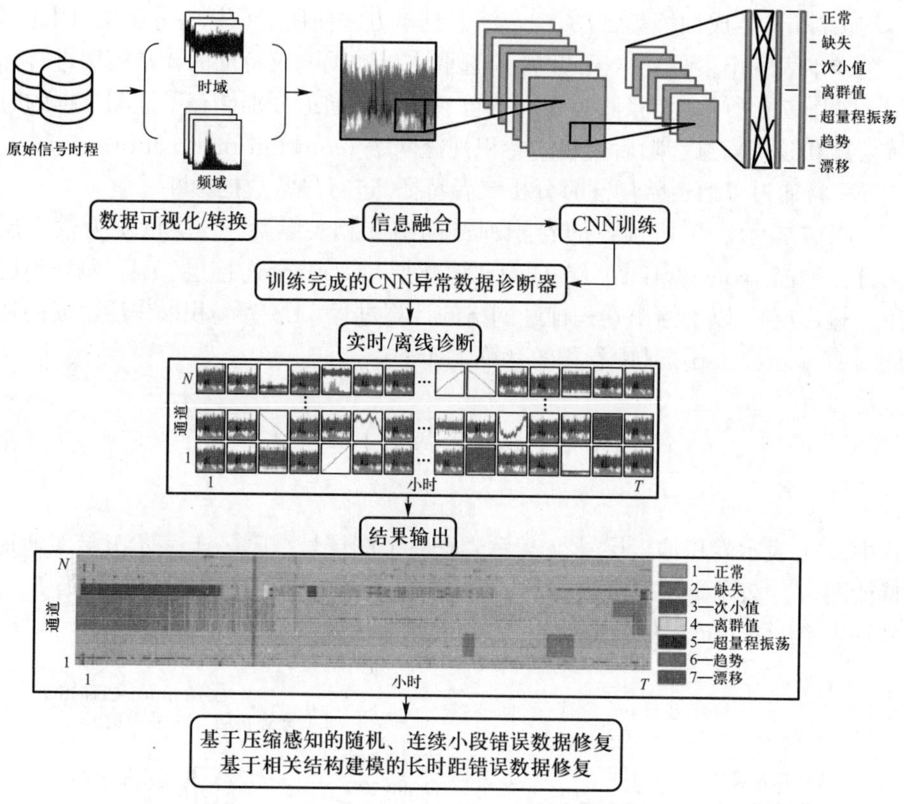

图 7.6 基于计算机视觉和深度学习的异常数据诊断方法流程图

储需求 (每张图片小于 2 KB)。按列将图片像素矩阵尾首连接, 即构成用于训练神经网络的图片向量 (尺寸为 10 000×1 像素)。值得注意的是, 一些异常模式在时域具有相似性, 可分性较差。改进方法是将原始监测时间序列数据在时域、频域分别表达并转化为图像数据, 构造监测数据的复合二维图像表达空间, 图片维度扩展为 100×100×2 像素。与原始的一维时序表达空间相比较, 该空间可改善异常模式特征表达, 增强多异常模式的可分性。具体为将待诊断监测数据按照时距 w 切割成 n 个数据段 d, 生成数据集 $D\{d\}$。分别绘制数据集 D 内各数据段 d 的时域响应图 (时程图) 和频域响应图, 生成双通道时频响应图 p, 构成数据集 $D\{d,p\}$。

结构健康监测系统的异常数据随监测对象、传感器类型以及传感器布设位置而变。在进行数据标记前, 人类专家需要先浏览待标记图片以获取先验知识。从 D 中随机抽取 m 个图片样本 p 组成训练集 $S\{p\}$。在训练集 S 中, 根据时域、频域响应特征评估样本 p 的异常类型, 并给 p 打标签 L(例如, 数据正常标记为 “1”, 数据缺失标记为 “2”)。重复该过程, 直至训练集 S 中 m 个样本均被标记，生成训练集 $S\{p, L\}$。注意到本方法使用了单标签分类法，因此当一个样本表现出多种异常模式时，应选取主导数据响应特征的异常模型进行标记。如图 7.6 所示，单张图片在深灰色、浅灰色通道分别储存了监测数据的时域信息和频域信息。随后构建的卷积神经网络 (convolutional neural network, CNN) 将通过多通道架构同时分析二者特征，进行异常数据诊断 [6]。

图 7.7 示意了所构建的卷积神经网络和相关参数，各层依次为输入层 (L1)、卷积 (convolution) 层 (L2)、池化层 (L3)、全连接层 (L4) 和分类层 (L5, 输出层)。以下给出卷积神经网络的计算过程。L2 为卷积操作后生成的特征图 (feature map)，其中卷积的计算式如下：

$$x_j^l = f\left(\sum_{i=1}^{I} x_i^{l-1} \cdot F_{ij}^l + b_j^l\right), \quad j \in [1, J] \tag{7.9}$$

式中，l–1 表示卷积输入层号，l 表示卷积特征图层号，于是 x_j^l 表示 l 层 j 通道特征图；F_{ij}^l 表示 l 层 j 滤波器的 i 通道；b_j^l 表示 l 层 j 滤波器的偏置项；I、J 分别表示 l–1 和 l 层的通道数量；$f(\cdot)$ 表示激活函数。

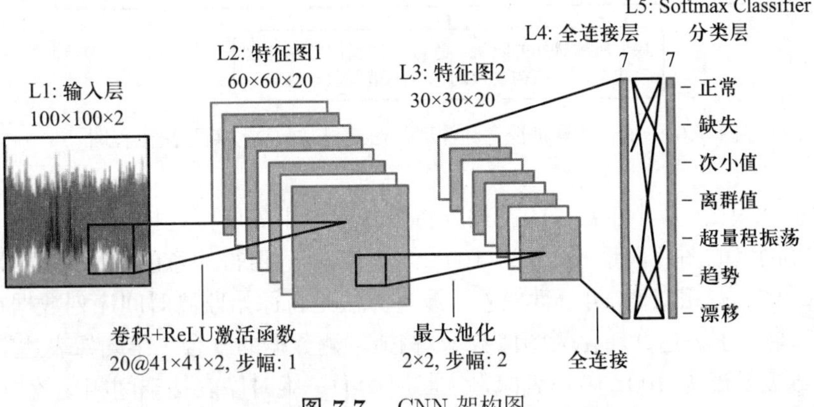

图 7.7　CNN 架构图

图 7.7 中 L3 为最大池化 (maxpooling) 操作后生成的特征图，其中池化操作的数学表达式如下：

$$x_i^l = x_i^{l-1} \cdot P_i^l, \quad i \in [1, I] \tag{7.10}$$

式中，假设池化层为 l 层，于是 x_i^l 表示 l 层 i 通道数据；P_i^l 表示 l 层 i 通道的池化算子；$l-1$ 和 l 层的通道数量相等，均为 I。

图 7.7 中 L4 为全连接层。该层的每个神经元均与上一层的所有神经元连

接。其式如下:

$$x_j^l = f\left(\sum_{i_1=1}^{\text{height}}\sum_{i_2=1}^{\text{width}}\sum_{i_3=1}^{\text{channel}} x_{i_1i_2i_3}^{l-1} W_{i_1i_2i_3}^l + b_j^l\right),\quad j \in [1, J] \tag{7.11}$$

式中, 假设全连接层为 l 层, 于是 x_j^l 表示 l 层的 j 神经元, J 表示 l 层尺寸, 即该层神经元数量; $x_{i_1i_2i_3}^{l-1}$ 表示上一层三维特征图中的神经元, i_1、i_2 和 i_3 分别表示神经元在高度 (height) 方向、宽度 (width) 方向和通道 (channel) 中的位置; $W_{i_1i_2i_3}^l$ 表示与 $x_{i_1i_2i_3}^{l-1}$ 对应的 $l-1$ 层和 l 层间的权值; b_j^l 表示与 x_j^l 对应输入的偏置项; $f(\cdot)$ 表示激活函数。

图 7.7 中 L5 选用了 Softmax Classifier 作为分类层, 定义如下:

$$\begin{cases} y_k = \left[P\left(\text{ prediction } = k \mid \boldsymbol{x}^{l-1}; \boldsymbol{W}_k^l\right)\right] = \dfrac{\mathrm{e}^{\boldsymbol{W}_k^l \boldsymbol{x}^{l-1}}}{\sum\limits_{m=1}^{K} \mathrm{e}^{\boldsymbol{W}_m^l \boldsymbol{x}^{l-1}}},\ k \in [1, K] \\ \boldsymbol{x}^{l-1} = \left[x_1^{l-1}, \cdots, x_i^{l-1}, \cdots, x_I^{l-1}\right]^{\mathrm{T}} \\ \boldsymbol{W}_k^l = \left[W_{k1}^l, \cdots, W_{ki}^l, \cdots, W_{kI}^l\right],\ \boldsymbol{W}^l = \left[\boldsymbol{W}_1^l, \cdots, \boldsymbol{W}_k^l, \cdots, \boldsymbol{W}_K^l\right]^{\mathrm{T}} \end{cases} \tag{7.12}$$

式中, 假设 Softmax Classifier 为 l 层, 则 y_k 为第 k 类的概率值, K 为类别总数; $\boldsymbol{x}^{l-1}$ 表示 l 层的特征向量, 尺寸为 $I \times 1$; $\boldsymbol{W}_k^l$ 表示权重矩阵中第 k 行的权重向量, 尺寸为 $1 \times I$。

选用交叉熵 (cross entropy) 函数作为目标函数对 CNN 进行优化。其定义如下:

$$\begin{aligned} E(\boldsymbol{W}) &= -\frac{1}{P}\left[\sum_{p=1}^{P}\sum_{k=1}^{K} 1\left\{L^p = k\right\} \lg\left(y_k^p\right)\right] \\ &= -\frac{1}{P}\left[\sum_{p=1}^{P}\sum_{k=1}^{K} 1\left\{L^p = k\right\} \lg\left(\frac{\mathrm{e}^{\left[\boldsymbol{W}_k^l \boldsymbol{x}^{l-1}\right]^p}}{\sum\limits_{m=1}^{K} \mathrm{e}^{\left[\boldsymbol{W}_m^l \boldsymbol{x}^{l-1}\right]^p}}\right)\right] \end{aligned} \tag{7.13}$$

式中, $E(\boldsymbol{W})$ 表示目标函数; P 表示样本总数; $1\{\cdot\}$ 表示指示函数, 即 $1\{$ 陈述为真 $\} = 1$, $1\{$ 陈述为假 $\} = 0$, 在此表达了各样本真实类别的离散概率分布值; y_k^p 表示样本 p 的第 k 类的网络输出概率值; L^p 表示样本 p 的标签，即真实类别; $[\cdot]^p$ 表示样本 p 对应参数的矩阵运算。

CNN 构建完成后, 使用第一步中制作的训练集进行训练, 然后使用任意基于梯度的反向传播算法对网络参数进行调优。训练完成后, 将待诊断的结构健康监测大数据输入 CNN, 即可进行异常数据自动诊断。需要注意的是, 诊断得到的异常数据既可能是记录有特殊事件以及结构损伤等蕴含丰富信息的罕遇数据, 也可能是由于监测系统故障生成的错误数据, 在后续的数据清洗过程中需要综合多方面信息进行判断。确定异常数据是错误数据后, 仅需对错误数据段, 根据错误模式使用适当方法进行修复。例如, 数据缺失可以利用压缩感知方法进行重构, 也可采用基于相关性的方法进行恢复。其中压缩感知方法适用于随机缺失, 而基于相关性的数据填补方法则可利用完好数据与残缺数据间的相关信息对长时段缺损数据进行填补。数据离群值可以通过低秩优化来剔除并填补合理值。对于其他种类的错误数据, 均可将错误数据段视为缺失, 然后选用合适的缺损数据填补方法进行修复。以下介绍基于压缩感知群稀疏优化和相关性的方法。

【案例 7.2】选取某大跨度斜拉桥 2012 年的加速度数据为例加以阐述具体过程。该桥长 1 088 m, 两边各跨 300 m, 两塔高 306 m。其健康监测系统自 2008 年建成通车起运行。加速度计布设位置如图 7.8 所示。所用数据共有六种异常模式, 即缺失、次小值、离群值、超量程振荡、趋势以及漂移, 对应简述如表 7.2 所示。

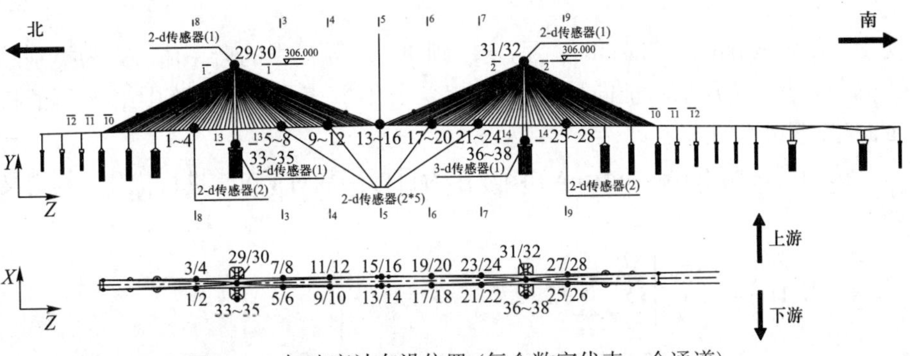

图 7.8　加速度计布设位置 (每个数字代表一个通道)

表 7.2　六种数据异常模式的特征简述

序号	数据异常模式	简述
1	缺失	所有/大部分数据缺失, 图片中所有/大部分区域空白
2	次小值	振动响应幅度微小, 时程图呈锯齿状
3	离群值	时程图中出现一个或多个跳点
4	超量程振荡	振动响应非正常地超量程振荡, 导致时程图呈块状
5	趋势	振动响应呈现出非平稳的单调增大或减小的趋势
6	漂移	振动响应呈现出非平稳的随机漂移

图 7.9 展示了某大跨度斜拉桥健康监测系统 2012 年振动加速度数据 (共计 38 通道) 的异常数据自动诊断结果。不同颜色代表不同类别的异常数据。

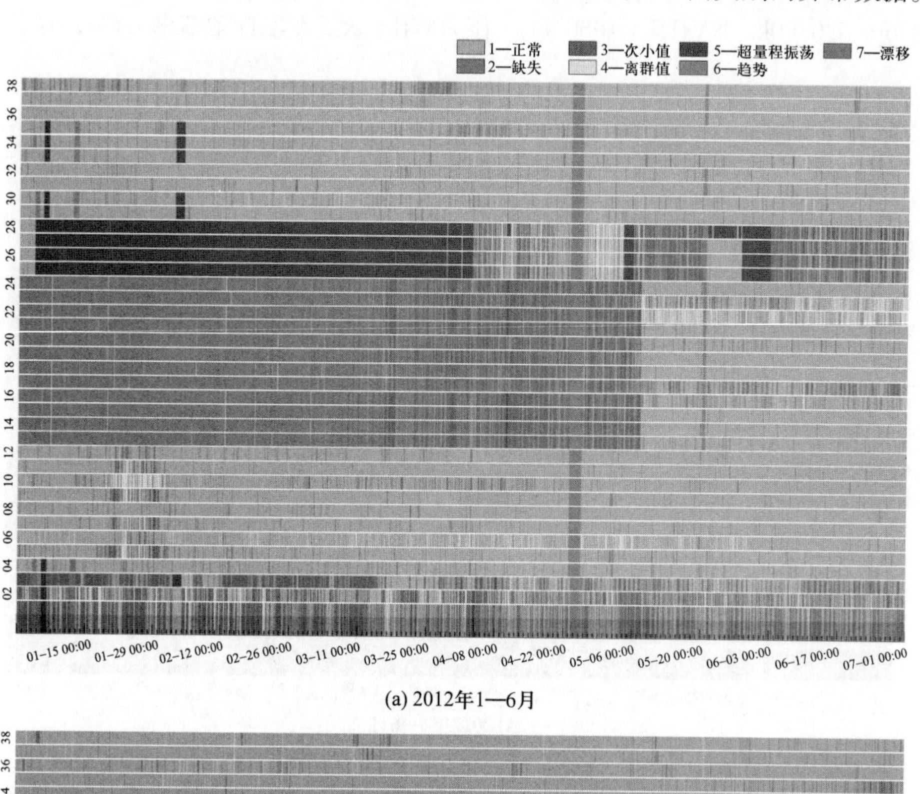

(a) 2012年1—6月

(b) 2012年7—12月

图 7.9 异常数据自动诊断结果 (见书后彩图)

时间窗口取为 1 h, 38 通道的全年数据对应生成 333 792 个待诊断样本。CNN 诊断器训练耗时约 20 min, 全年数据诊断耗时约 40 min (计算机硬件为 Intel Core i7 6850k、NVIDIA 1080 Ti)。作为对比, 人工专家标记结果 (图 7.10) 耗

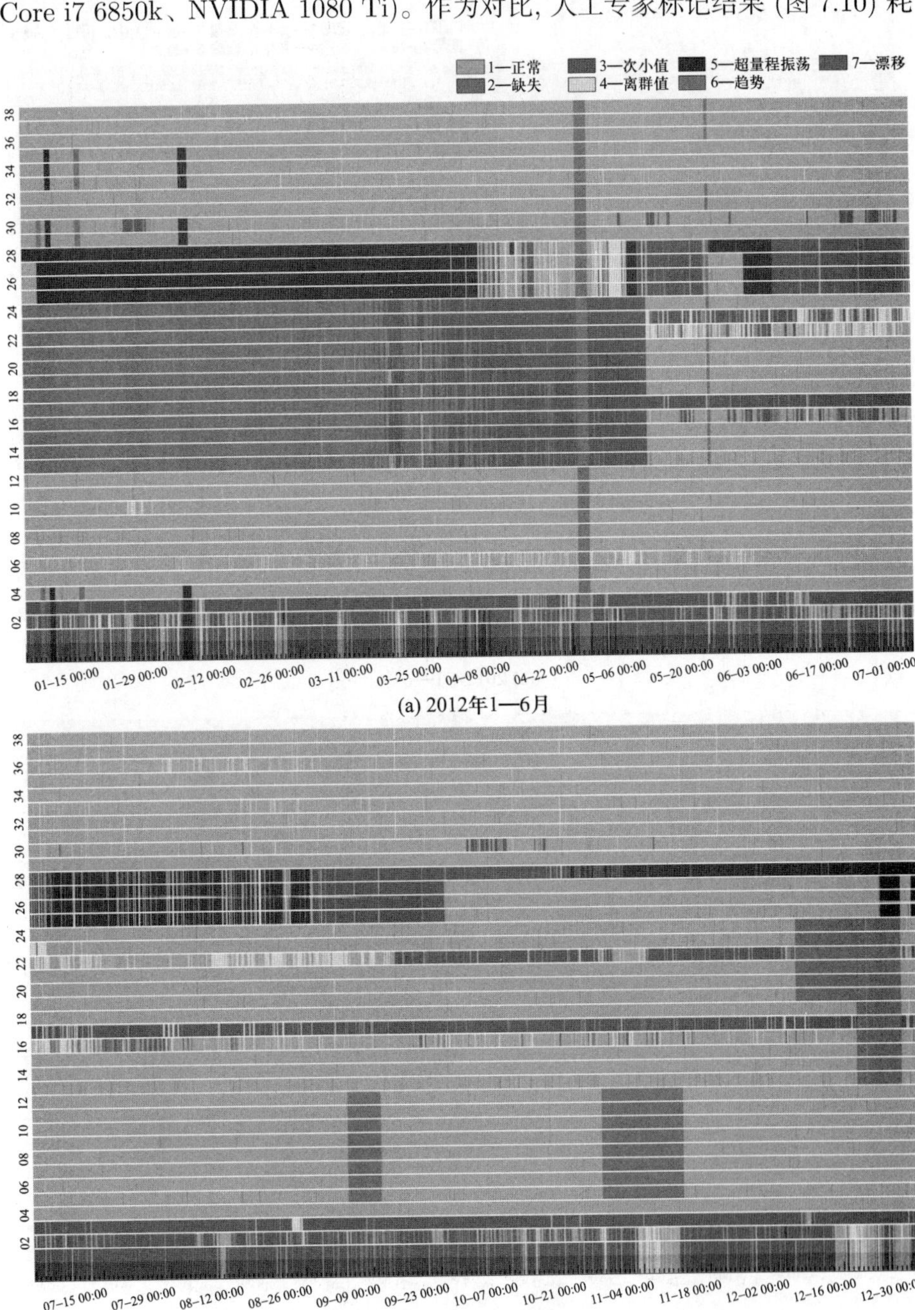

(a) 2012年1—6月

(b) 2012年7—12月

图 7.10　异常数据人工标记结果 (见书后彩图)

时约 50 h, 可估算出该方法效率约是人工方法的 75 倍。由图 7.11 的混淆矩阵可知, 本方法的诊断结果准确率 (accuracy) 达到 94.1%, 各类异常数据的召回率 (recall) 和精度 (precision) 良好 [6]。

实际 \ 预测	1	2	3	4	5	6	7	
1	200 777 60.2%	4 0.0%	7 173 2.1%	1 790 0.5%	1 340 0.4%	165 0.0%	10 0.0%	95.0% 5.0%
2	1 0.0%	16 712 5.0%	3 0.0%	76 0.0%	0 0.0%	262 0.1%	7 0.0%	98.0% 2.0%
3	2 214 0.7%	0 0.0%	49 641 14.9%	1 167 0.3%	1 618 0.5%	800 0.2%	35 0.0%	89.5% 10.5%
4	95 0.0%	22 0.0%	278 0.1%	11 462 3.4%	25 0.0%	395 0.1%	109 0.0%	92.5% 7.5%
5	79 0.0%	1 0.0%	170 0.1%	43 0.0%	16 585 5.0%	20 0.0%	3 0.0%	98.1% 1.9%
6	1 0.0%	0 0.0%	586 0.2%	19 0.0%	0 0.0%	16 226 4.9%	979 0.3%	91.1% 8.9%
7	0 0.0%	0 0.0%	3 0.0%	7 0.0%	0 0.0%	72 0.0%	2 817 0.8%	97.2% 2.8%
	98.8% 1.2%	99.8% 0.2%	85.8% 14.2%	78.7% 21.3%	84.8% 15.2%	90.4% 9.6%	71.1% 28.9%	94.1% 5.9%

图 7.11 自动诊断结果与人工标记结果对比

1—正常; 2—缺失; 3—次小值; 4—离群值; 5—超量程振荡; 6—趋势; 7—漂移

7.4 异常 (错误) 数据恢复

7.4.1 基于压缩感知群稀疏优化的错误数据恢复方法

近年来, 应用数学领域的压缩感知和稀疏优化理论被用于结构健康监测错误数据的恢复 [7,8]。假设某一桥梁健康监测系统中测量同一类型信号的 H 个传感器均匀采样, 在一定的时间长度内得到测量数据 $\boldsymbol{A} \in \boldsymbol{R}^{M\times H}$:

$$\boldsymbol{A} = \begin{bmatrix} a_{11} & a_{12} & \cdots & a_{1H} \\ a_{21} & a_{22} & \cdots & a_{2H} \\ \vdots & \vdots & & \vdots \\ a_{M1} & a_{M2} & \cdots & a_{MH} \end{bmatrix} \tag{7.14}$$

式中, a_{mh} 表示第 h 个传感器在 m 时刻测得的数据。假设测量数据 $\boldsymbol{A}$ 中存在错误数据, 通过 7.3 节介绍的方法或其他方法识别之后, 用 0 代替错误数据, 得到新的测量矩阵 $\boldsymbol{Z}$。数学实现过程如下。定义一个集合 $\Lambda = [(m,h) : a_{mh}$ 是正常的数据] 和一个补零算子 $P_\Omega : \boldsymbol{R}^{M\times H} \to \boldsymbol{R}^{M\times H}$, 并且定义

$$\begin{cases} \boldsymbol{Z} = P_\Omega \boldsymbol{A} \\ z_{mh} = \begin{cases} a_{mh}, & (m,h) \in \Lambda \\ 0, & \text{其他} \end{cases} \end{cases} \tag{7.15}$$

接下来需要解决的问题是用对错误数据进行补 0 处理后的矩阵 $\boldsymbol{Z}$ 对数据进行重构, 实现测量数据矩阵 $\boldsymbol{A}$ 中的错误数据纠错。

当 $\boldsymbol{A}$ 为完好数据时, 其在频域具有稀疏性, 表达式如下:

$$\boldsymbol{A} = \boldsymbol{\Psi}\boldsymbol{X} \tag{7.16}$$

式中, $\boldsymbol{\Psi}$ 表示傅里叶矩阵; $\boldsymbol{X}$ 表示傅里叶系数矩阵, 只有少数的非零行。傅里叶系数矩 $\boldsymbol{X}$ 可以通过求解如下群稀疏优化问题来得到:

$$\min_{\boldsymbol{X}\in\boldsymbol{C}^{M\times H}} \|\boldsymbol{X}\|_{2,1} + \frac{\mu}{2}\|P_\Omega(\boldsymbol{\Psi}\boldsymbol{X}) - P_\Omega(\boldsymbol{A})\|_2^2 \tag{7.17}$$

只要求得上式的最优解 $\boldsymbol{X}_{\text{rec}}$, 就可以通过式 $\boldsymbol{A} = \boldsymbol{\Psi}\boldsymbol{X}_{\text{rec}}$ 获得对存在错误数据的矩阵 $\boldsymbol{A}$ 纠错的结果。

【案例 7.3】如 7.4.1 节所述, 在使用深度神经网络识别出异常数据位置和类型并确定是由系统故障等原因产生的错误数据后, 这些错误数据点、数据段可视为缺失数据, 然后进行修复。以下使用某桥梁的桥面振动数据, 介绍基于压缩感知群稀疏优化的错误数据恢复效果, 模拟实际监测数据的多种错误类型给出算例说明 [8]。

1) 随机离群值

选择 30%、40%、50% 和 70% 的错误率模拟离群值错误类型。以 30% 错误率为例说明模拟过程。对于正常的监测数据随机选取其中 30% 的点, 对这些点的值随机赋予一个 x 值, 其中 $5\sigma \leqslant x \leqslant 9\sigma$, σ 表示数据的标准差。图 7.12

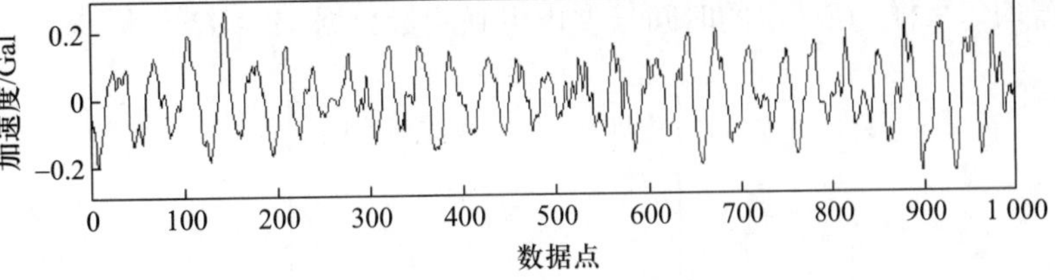

图 7.12　原始数据时程图

是原始数据时程图, 图 7.13 是模拟离群值 30% 错误率数据的时程图, 图 7.14、图 7.15 和图 7.16 分别是错误率为 40%、50% 和 70% 的随机离群值错误模拟示意图。

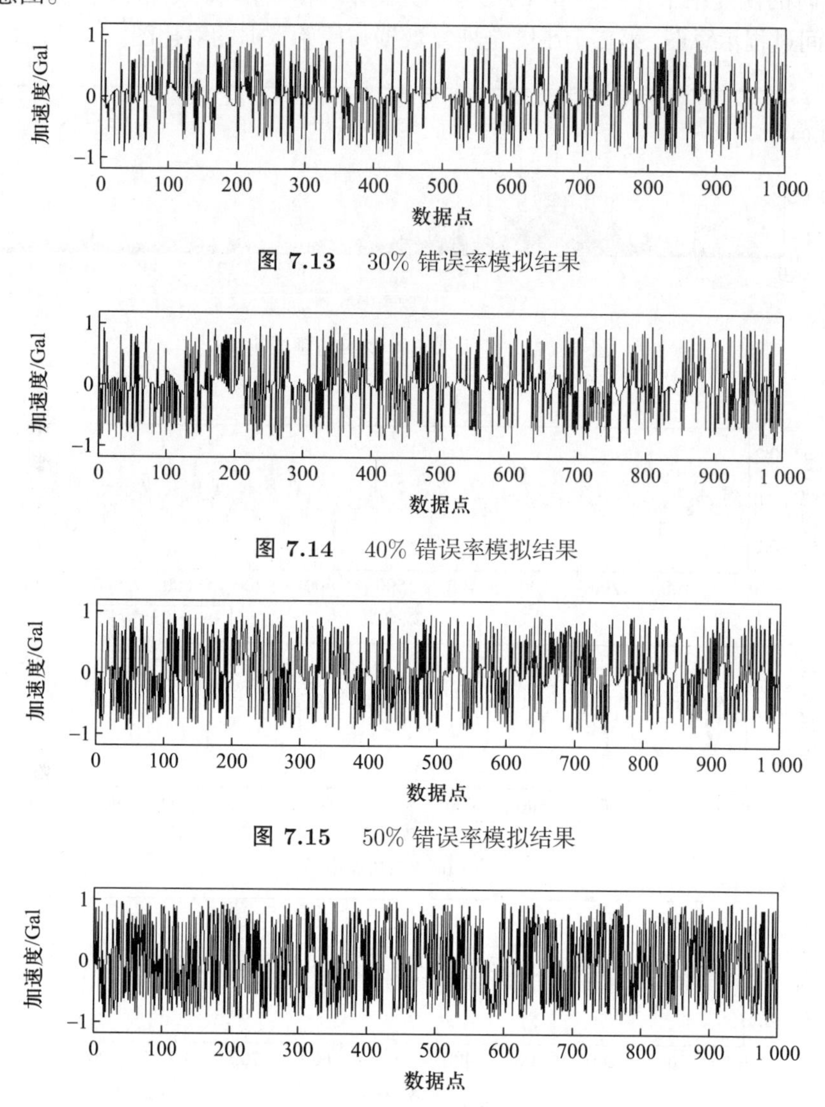

图 7.13　30% 错误率模拟结果

图 7.14　40% 错误率模拟结果

图 7.15　50% 错误率模拟结果

图 7.16　70% 错误率模拟结果

群稀疏优化算法是基于同一结构上的传感器监测数据在频域上有相似的稀疏性, 所以是否可以用群稀疏优化算法进行数据纠错的一个判定标准就是数据在频域是否具有相似的稀疏性, 对所使用的数据进行傅里叶变换, 结果如图 7.17 所示, 从图中可以看出, 不同传感器的数据在频域有基本相似的稀疏性。不同传感器数据的频域响应相关系数最小为 0.691 0, 最大为 0.856 4, 进一步说明信号在傅里叶域具有较好的相关性, 故可以用群稀疏优化算法进行数据纠错。恢复结果如图 7.18 所示, 其中分图分别是错误率为 30%、40%、50% 和 70% 时的恢复结果。图 7.18 的每一个分图中, 第一个小图是错误数据取 0 后的中间过程示意图, 第二个小图是恢复数据与原始数据的对比图。

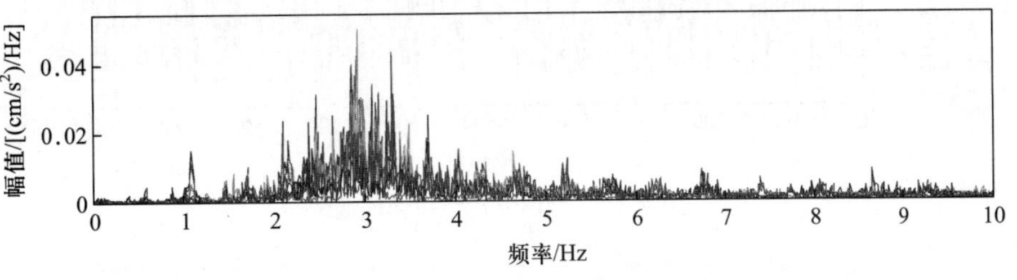

图 7.17　基于傅里叶变换的频域响应

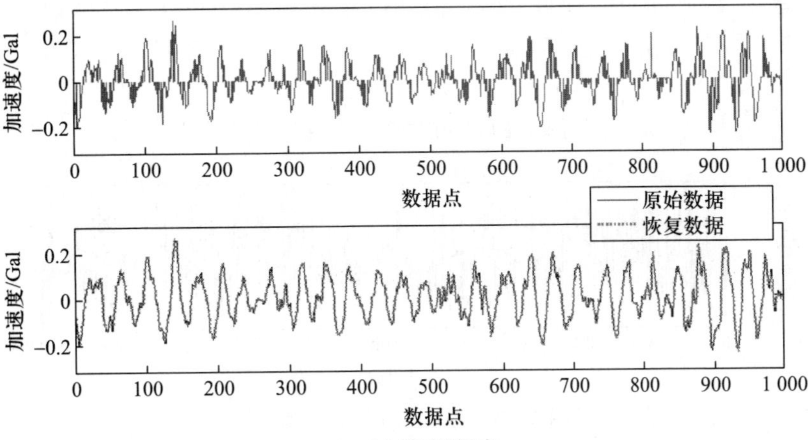

(a) 30%错误率

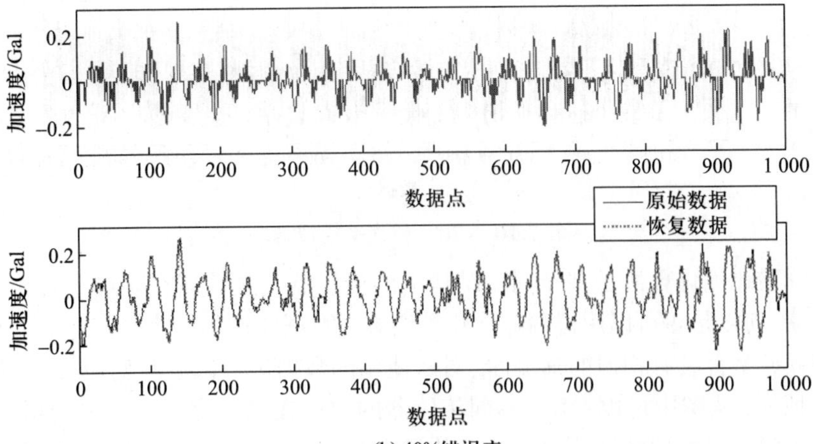

(b) 40%错误率

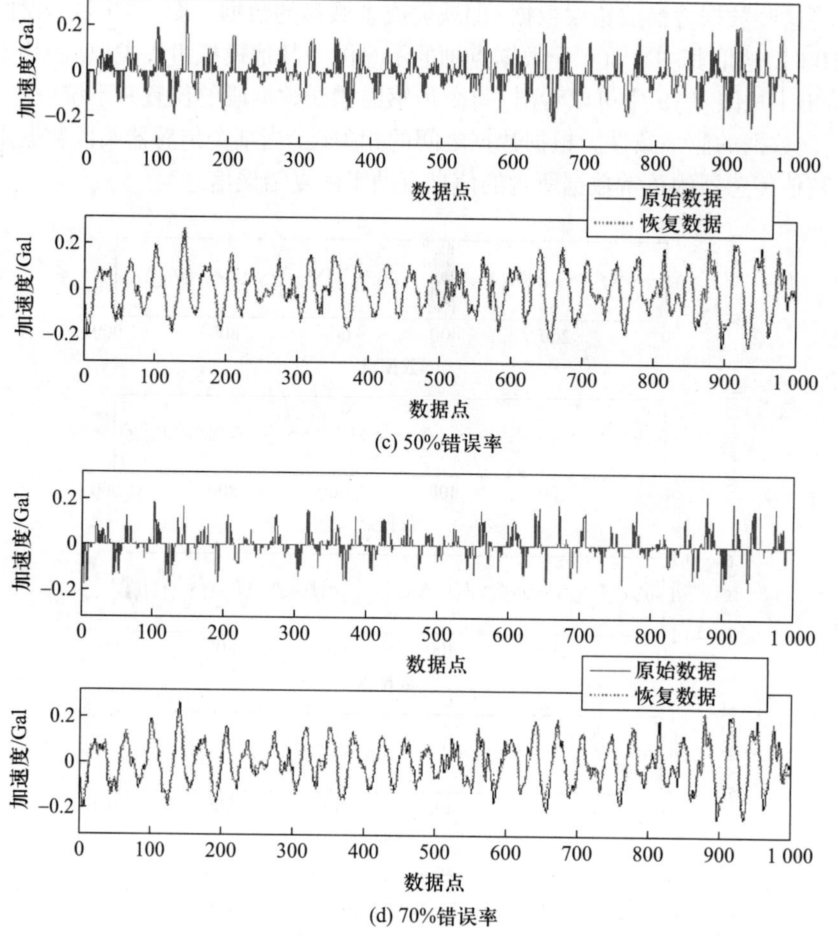

图 7.18 数据离群值恢复结果

从图 7.18 中可以看出, 数据恢复结果和原始数据基本接近, 当错误率为 30% 时, 重构误差最小达到 0.072 5, 最大为 0.174 8; 当错误率为 40% 时, 重构误差最小为 0.094 7, 最大为 0.191 1; 当错误率为 50% 时, 重构误差最小为 0.124 9, 最大为 0.214 8; 当错误率达到 70% 时, 重构误差最小为 0.224 0, 最大为 0.300 3。重构误差值也明确说明了群稀疏优化算法在数据离群值纠错中有很好的应用效果。

2) 小段连续数据错误

选择长度为 10 000 的正常数据, 模拟时每段错误数据的长度选为 50, 错误段数的选取为 10 段、15 段、20 段、25 段和 30 段五种情况。以随机错误段为 10 段为例说明模拟过程, 每个传感器数据随机选取 10 段长度为 50 的数据段, 将这些数据替换成错误数据, 即缺失或者漂移的数据。图 7.19 是错误段数为 10 时, 选取其中 1 000 个数据点画的示意图。其他模拟过程类似, 图片不具体给出。从图 7.19 中可以看出, 每个传感器错误数据段的位置并不统一, 显示出错误数据的非一致性。根据数据之间的相关性, 当某个传感器某段数据出错时, 其他传感器的正常数据所含的信息有助于恢复错误信息。

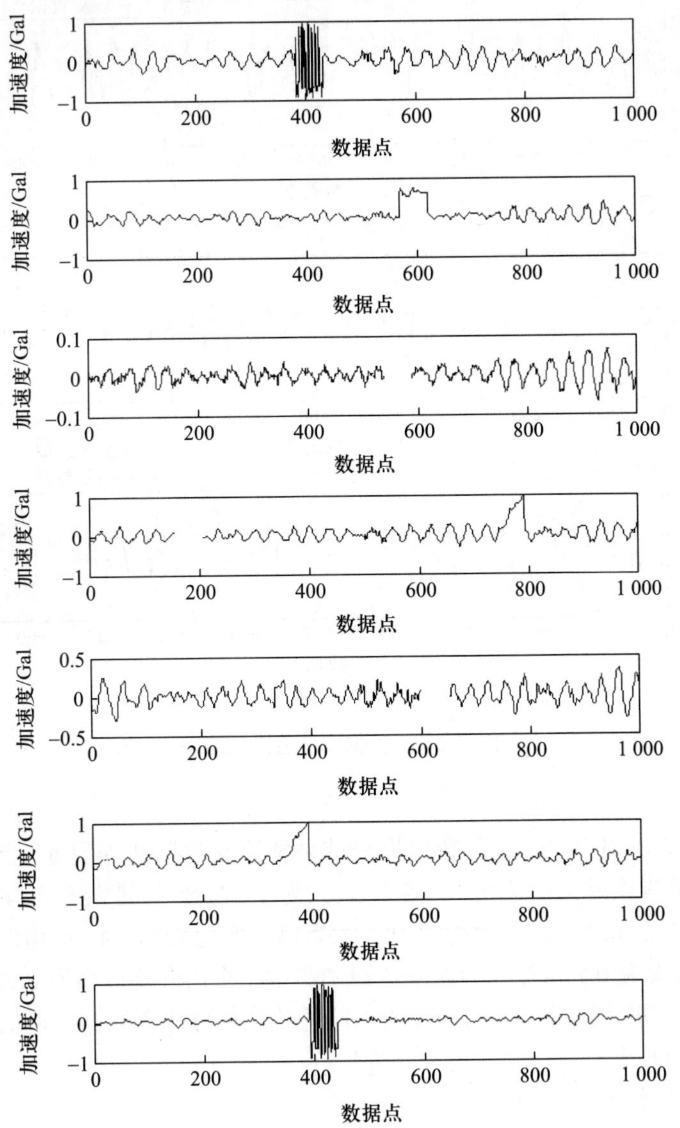

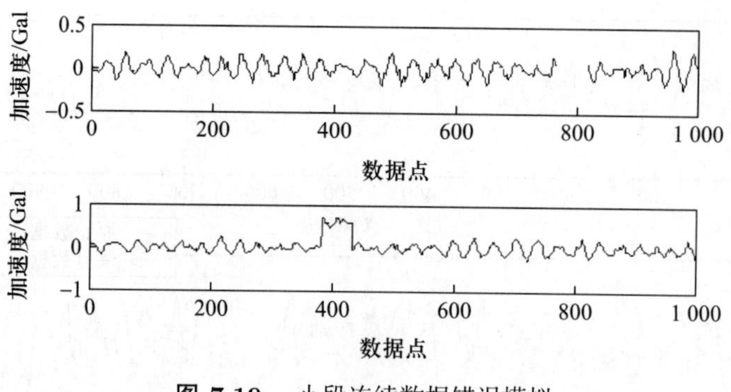

图 7.19 小段连续数据错误模拟

根据压缩感知理论, 将缺失数据用 0 代替原数值然后用群稀疏优化算法进行数据重构。数据能够被恢复是因为采样数据保留了信号的大部分主要信息, 成段缺失后如果没有任何的数据信息则无法重构出原始信号。但是, 不同传感器信号之间存在时空相关性, 它们在频域有相似的稀疏性, 当某个传感器成段信息缺失而其他传感器在这一段的信息就可以用群稀疏优化算法对数据进行重构。数据恢复结果如图 7.20 所示, 其中分图分别是错误数据段为 10 段、15 段、20 段、25 段和 30 段时的恢复结果图。同样, 每个分图中的第一个小图为错误数据取 0 后的中间过程示意图, 第二个小图是恢复数据与原始数据的对比图。从图 7.20 可以看出, 错误数据段的恢复数据与原始数据非常接近, 振动趋势基本一致, 只是在振动幅值上存在少许差别。通过计算重构误差, 可知当错误数据段为 10 段时, 重构误差最小为 0.095 6, 最大为 0.197 6; 当错误数据段为 15 段时, 重构误差最小为 0.141 8, 最大为 0.212 1; 当错误数据段为 20 段时, 重构误差最小为 0.168 2, 最大为 0.234 9; 当错误数据段为 25 段时, 重构误

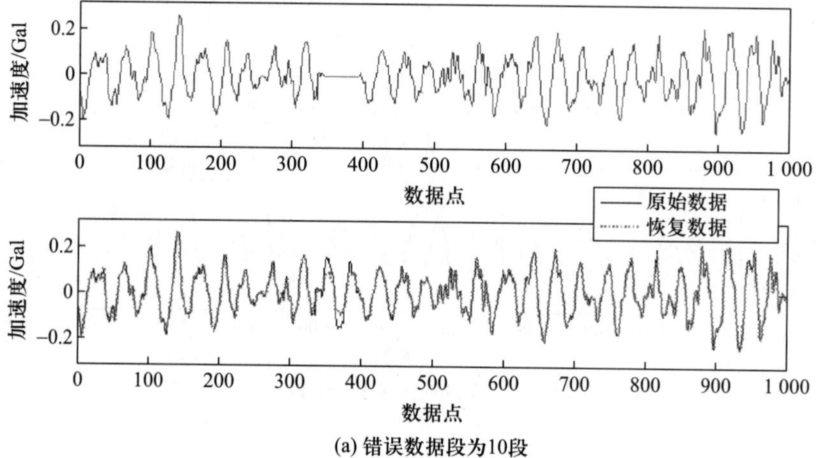

(a) 错误数据段为10段

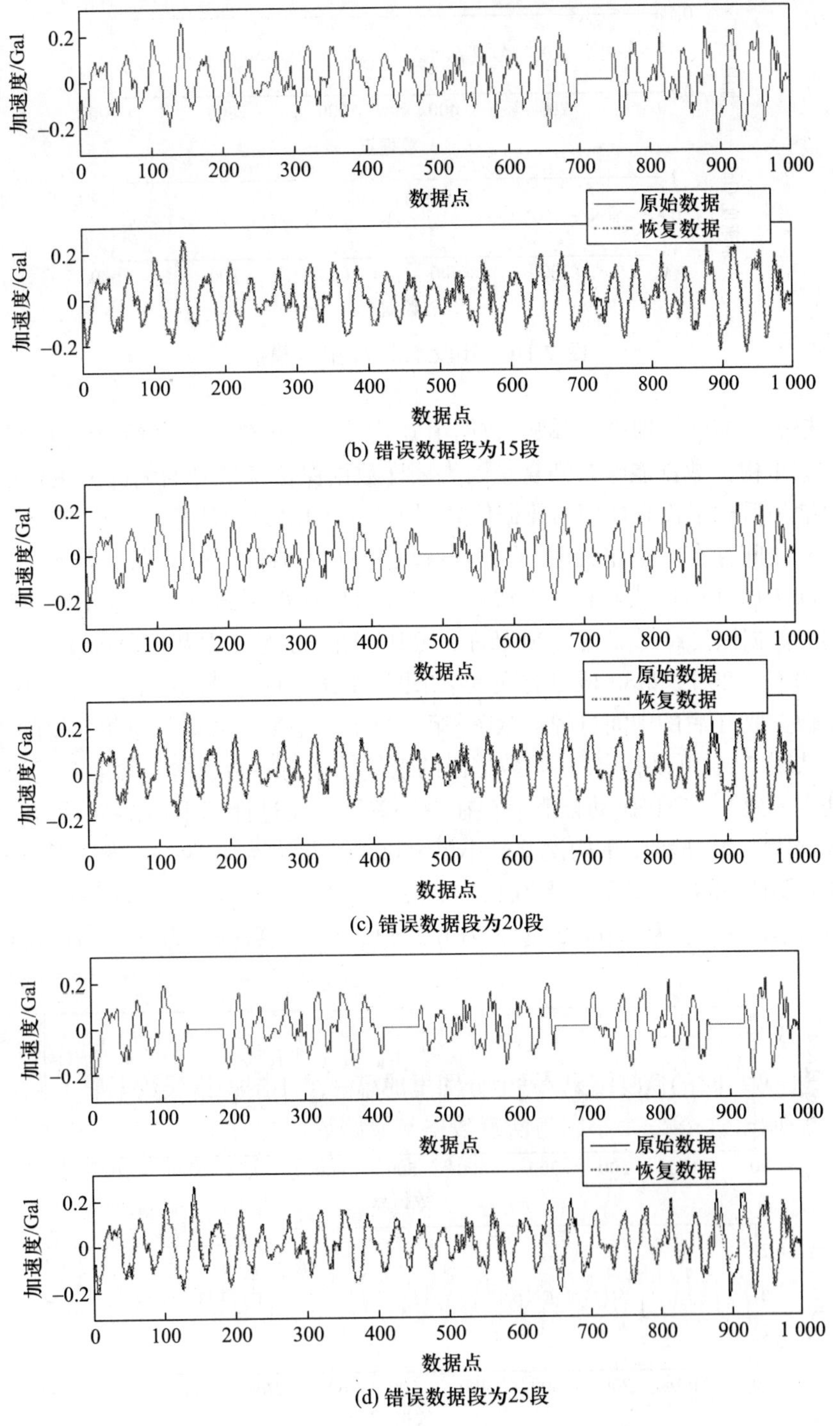

(b) 错误数据段为15段

(c) 错误数据段为20段

(d) 错误数据段为25段

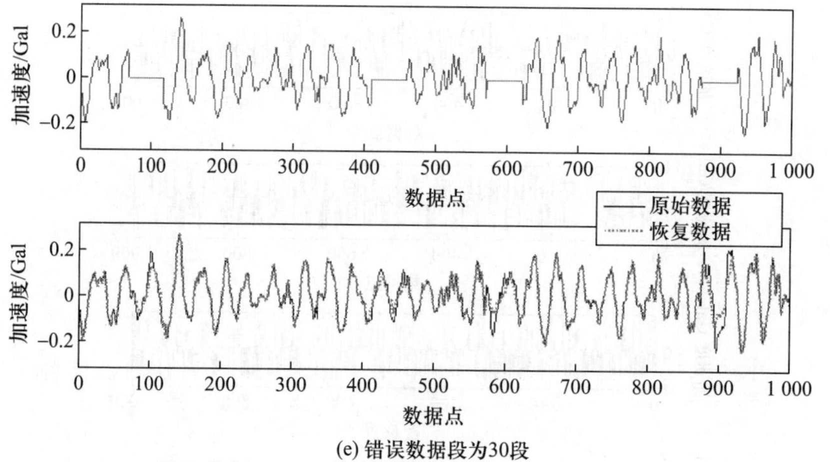

图 7.20 小段连续数据错误恢复结果 (为了显示清晰, 只截取 1 000 个数据点进行展示)

差最小为 0.177 4, 最大为 0.262 7; 当错误数据段为 30 段时, 重构误差最小为 0.211 7, 最大为 0.251 7。结果表明, 群稀疏优化算法在小段连续数据错误纠错中也有较好的应用效果。

3) 混合数据错误

随机离群值和小段连续数据错误可能同时存在于同一段数据里。模拟过程中, 首先模拟成段错误, 每段长度为 50, 随机选取 10 段, 这里的成段数据错误统一取数据缺失的情况, 然后对其余数据分别以 30%、40% 和 50% 的错误率模拟随机离群值。图 7.21 展示的是错误率为 30% 时的模拟示意图, 同样选取其中 1 000 个点画示意图。

混合数据错误包括随机离群值、数据缺失、数据漂移和连续数据离群值等, 识别和处理方法与上文所述一致, 这里不再重复叙述, 这里连续数据错误的段数统一取为 10 段, 恢复结果如图 7.22 所示, 其中分图分别是错误率为 30%、40% 和 50% 时的恢复结果, 每个分图里的第一个小图是错误数据取 0 后的中间过程示意图, 第二个小图为恢复数据与原始数据的对比图。从图 7.22 中可以看出, 不论是随机离群值错误还是连续数据错误, 恢复数据与原数据都能非常接近, 说明群稀疏优化算法能够获得好的恢复效果。通过计算其重构误差可知, 当错误率为 30% 时, 重构误差最小为 0.150 9, 最大为 0.207 7; 当错误率为 40% 时, 重构误差最小为 0.122 8, 最大为 0.234 3; 当错误率为 50% 时, 重构误差最小为 0.178 6, 最大为 0.251 4。所有重构误差均小于 0.3, 说明群稀疏优化算法在混合数据错误的数据纠错中有较好的应用效果。

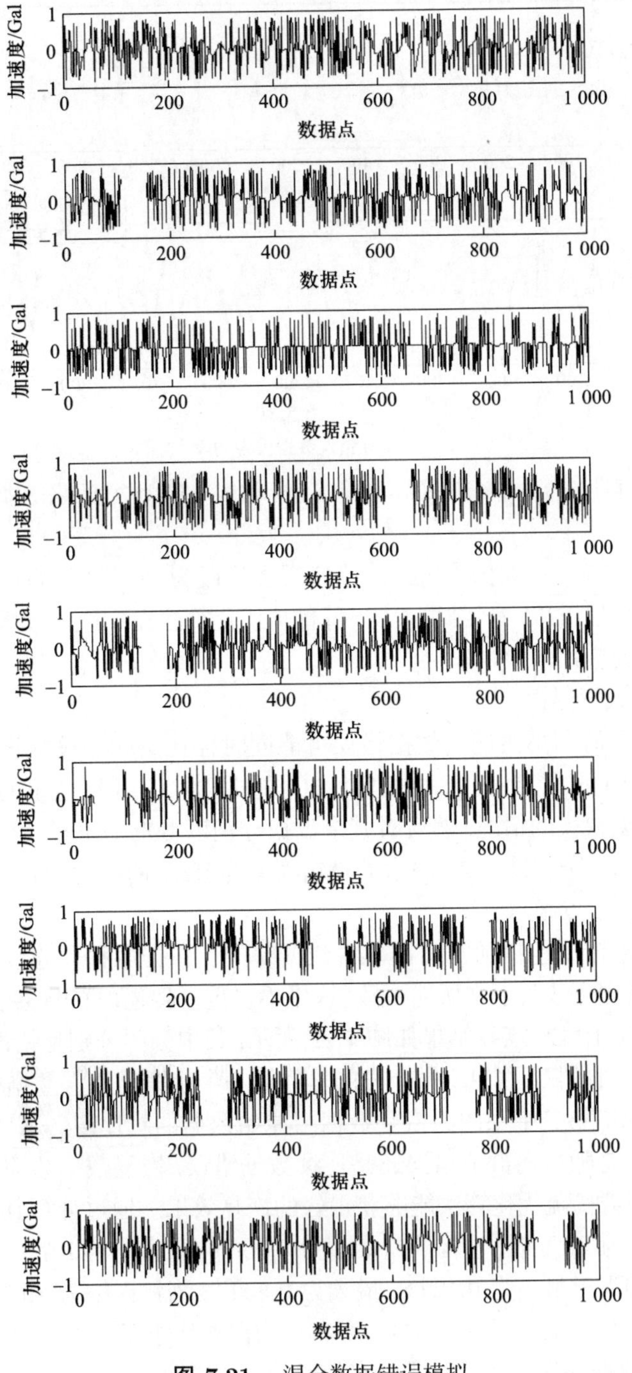

图 7.21　混合数据错误模拟

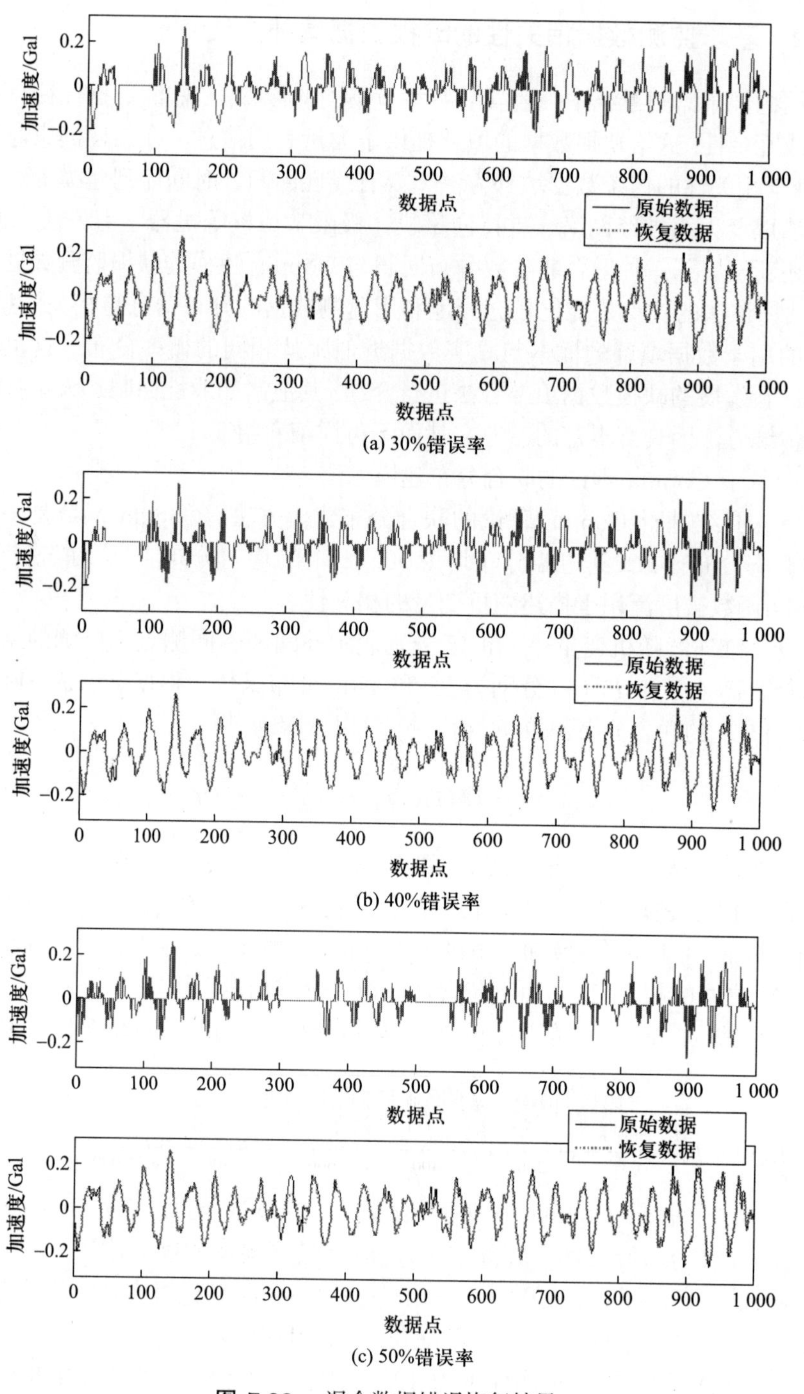

(a) 30%错误率

(b) 40%错误率

(c) 50%错误率

图 7.22 混合数据错误恢复结果

7.4.2 基于监测数据相关性的缺损数据填补方法

结构健康监测系统中一般安装有大量不同的传感器, 监测数据往往具有相关性或冗余性, 这给缺损数据的填补提供了大量有用信息。在结构健康监测领域, 基于相关性的传统数据填补方法主要有线性回归、时间序列建模等经典统计方法以及人工神经网络、支持向量机、极限学习机等机器学习方法。此外, 最近还新发展了一种融合非参数分布回归与 Copula 建模的缺损监测数据填补方法 [9], 该法的优点是能比较充分地利用监测数据的分布信息与相关信息, 且生成的用于数据填补的样本与真实数据近似服从相同的概率分布。这里着重对这一新发展的缺损数据填补方法进行介绍, 其他诸如线性回归、人工神经网络等传统方法因具有丰富的参考文献而不再详细介绍。

1. 基于 Copula 理论的联合分布建模方法

首先介绍基于 Copula 理论的联合分布建模方法。Copula 函数是一种特殊的概率分布函数, 其边缘分布均为 [0, 1] 上的均匀分布 [10]。在统计学中, Copula 函数被广泛用于描述随机变量的相关性。

设一维连续随机变量 X 和 Y 分别表示空间两不同测点所监测的结构响应, 并设 $F_X(x)$ 和 $F_Y(y)$ 分别为 X 和 Y 的分布函数。根据著名的 Sklar 定理, X 和 Y 的联合分布函数 $F_{XY}(x,y)$ 可以分解为 [10]

$$F_{XY}(x,y) = C\left(F_X(x), F_Y(y)\right) = C(u,v) \tag{7.18}$$

式中, $C(u,v)$ 表示 Copula 函数。式 (7.18) 中的 $u = F_X(x)$ 和 $v = F_Y(y)$ 也称为概率积分变换, 经该变换后得到的新随机变量 $U = F_X(X)$ 和 $V = F_Y(Y)$ 分别服从 [0,1] 上的均匀分布。因此，Copula 函数 $C(u,v)$ 中仅含有随机变量 X 和 Y 之间的相关信息, 而不包含任何边缘分布信息。

利用式 (7.18) 所示的联合分布函数易导出 X 和 Y 的联合概率密度函数为

$$f_{XY}(x,y) = c\left(F_X(x), F_Y(y)\right) f_X(x) f_Y(y) = c(u,v) f_X(x) f_Y(y) \tag{7.19}$$

式中, $c(u,v)$ 表示 Copula 密度函数, 它与 Copula 函数 $C(u,v)$ 的关系为 $c(u,v) = \partial^2 C(u,v)/\partial u \partial v$; $f_X(x)$ 和 $f_Y(y)$ 为边缘概率密度函数。

从式 (7.18) 和式 (7.19) 可以看出, 利用 Copula 理论可实现边缘分布和相关结构 (Copula 函数描述) 的分开建模, 然后组装成联合分布函数。给定随机变量 X 和 Y 的结构化观测样本为 $\{X_i, Y_i\}_{i=1}^n$, 边缘概率密度函数和 Copula 密度函数均可以利用这些样本进行估计。作为一种特殊的分布函数, Copula 函数也有许多不同的参数模型, 如高斯 Copula 模型、t Copula 模型等 [10]。但是, 在实际结构健康监测数据建模时, 参数模型因模型固定而在灵活性方面存在局限性。为降低模型误设 (model misspecification) 的风险, 这里采用非参数方法, 即边缘概率密度函数和 Copula 密度函数均采用核密度估计方法进行估计, 下面将分别介绍。

1) 边缘概率密度函数核密度估计

在空间两测点监测数据的二元联合分布模型中, 所谓的边缘概率密度函数就是单个测点监测数据的概率密度函数。以随机变量 X 为例, 在给定其观测样本 $\{X_i\}_{i=1}^n$ 的情况下, 概率密度函数 $f_X(x)$ 的核密度估计为

$$\widehat{f}_X(x) = \frac{1}{nh_\mathrm{d}} \sum_{i=1}^{n} K\left(\frac{x - X_i}{h_\mathrm{d}}\right) \tag{7.20}$$

式中, $K(\cdot)$ 表示满足条件 $K(\tau) \geqslant 0, \forall\tau \in \mathrm{R}$ 和 $\int K(\tau)\mathrm{d}\tau = 1$ 的核函数; h_d 表示带宽参数。

2) Copula 密度函数核密度估计

在给定二元随机变量 (X, Y) 的观测样本 $\{X_i, Y_i\}_{i=1}^n$ 的情况下，首先利用概率积分变换将原始样本 $\{(X_i, Y_i)\}_{i=1}^n$ 转换为 Copula 样本, 即

$$\begin{cases} U_i = \widehat{F}_{\mathrm{E},X}(X_i) \\ V_i = \widehat{F}_{\mathrm{E},Y}(Y_i) \end{cases}, \quad i = 1, 2, \cdots, n \tag{7.21}$$

式中, $\widehat{F}_{\mathrm{E},X}$ 和 $\widehat{F}_{\mathrm{E},Y}$ 分别表示随机变量 X 和 Y 的经验分布函数。该经验分布函数可以采用不同的途径获得, 其一是利用前面估计得到的核密度函数积分得到, 其二是利用观测样本按照下式直接估计得到:

$$\widehat{F}_{\mathrm{E},X}(x) = \frac{1}{n} \sum_{i=1}^{n} I_{(-\infty,x]}(X_i), \quad x \in R \tag{7.22}$$

式中, n 表示样本容量; $I_{(-\infty,x]}(\cdot)$ 表示示性函数, 即

$$I_{(-\infty,x]}(u) = \begin{cases} 1, & \text{若} u \leqslant x \\ 0, & \text{其他} \end{cases} \tag{7.23}$$

$\widehat{F}_{\mathrm{E},Y}$ 的计算过程与 $\widehat{F}_{\mathrm{E},X}$ 相类似。

在获得 Copula 样本之后, 即可开始 Copula 密度函数的估计。统计学中有多种不同的核密度估计器可用于 Copula 密度函数的估计, 这里采用 Beta 核密度估计器来估计 Copula 密度函数 $c(u, v)$, 具体为

$$\widehat{c}(u, v) = \frac{1}{n} \sum_{i=1}^{n} K_\mathrm{B}\left(U_i \middle| \frac{u}{h_\mathrm{c}} + 1, \frac{1-u}{h_\mathrm{c}} + 1\right) K_\mathrm{B}\left(V_i \middle| \frac{v}{h_\mathrm{c}} + 1, \frac{1-v}{h_\mathrm{c}} + 1\right),$$
$$(u, v) \in [0, 1] \times [0, 1] \tag{7.24}$$

式中, $h_{\mathrm{c}} > 0$ 表示带宽参数; $K_{\mathrm{B}}(x \mid \alpha,\beta)$ 表示以 α 和 β 为参数的 Beta 分布的概率密度函数, 即

$$K_{\mathrm{B}}(x \mid \alpha,\beta) = \frac{\Gamma(\alpha+\beta)}{\Gamma(\alpha)\Gamma(\beta)} x^{\alpha-1}(1-x)^{\beta-1}, \quad x \in [0,1] \tag{7.25}$$

式中, $\Gamma(\cdot)$ 表示 Gamma 函数。Beta 分布的概率密度函数 $K_{\mathrm{B}}(x \mid \alpha,\beta)$ 的定义域为 $[0,1]$, 因而利用上述 Beta 核密度估计器估计得到的 Copula 密度函数 $\widehat{c}(u,v)$ 能自动满足取值范围为 $[0,1]\times[0,1]$ 的约束。

2. 缺损数据填补

下面讨论如何利用上述基于 Copula 理论的联合分布建模方法来进行缺损数据填补。令 X 和 Y 分别表示空间两不同位置所采集的且具有相关性的监测数据, 假设 X 代表的监测数据完整, Y 代表的监测数据部分缺损。在已知完整数据集 X 在 t 时刻的记录 $X = x_t$ 的条件下, 利用式 (7.19) 所示的联合分布模型可以获得 Y 关于 $X = x_t$ 的条件分布模型, 即

$$f_{Y|X=x_t}(y \mid X = x_t) = \frac{f_{XY}(x_t, y)}{f_X(x_t)} = c\left(F_X(x_t), F_Y(y)\right) f_Y(y) \tag{7.26}$$

式中, $f_{Y|X=x_t}(y \mid X = x_t)$ 所表示的条件概率密度函数是以 y 为自变量的一元函数。利用该条件分布模型可以生成 Y 在条件 $X = x_t$ 下的随机数，那么 Y 在 t 时刻的缺损记录可以利用生成的随机数或经处理后的结果 (如可对生成的随机序列 $\{y_{t-T},\cdots,y_t,\cdots,y_{t+T}\}$ 再做适当的平滑处理) 进行填补。

从式 (7.26) 可以看出, 缺损数据的概率分布 $f_Y(y)$ 对上述基于 Copula 理论的数据填补结果具有重要影响。为了提高分布模型的准确性, 可以结合分布回归方法对缺损数据的概率分布本身也进行填补或修复。以两个传感器 (传感器 A 和传感器 B) 为例, 首先将各个传感器采集的监测数据等距分成 n 个不同的时段 (如 1 h、1 d 等), 相同传感器在同一时段内的监测数据假设服从相同的分布。利用上述核密度估计方法可以获得 n 对概率密度函数样本, 表示为 $\left\{\widehat{g}_i(x), \widehat{f}_i(x)\right\}_{i=1}^{n}$, 其中 $\widehat{g}_i(x)$ 和 $\widehat{f}_i(x)$ 分别表示传感器 A 和传感器 B 第 i 段监测数据的概率密度函数估计。假设传感器 B 某段时间监测数据缺损, 那么其对应的概率密度函数也缺失。为了借助传感器 A 的概率分布信息来对传感器 B 缺失的概率分布进行填补, 首先建立从传感器 A 到传感器 B 的分布回归模型, 其一般形式可以表述为

$$f = Q_{\mathrm{reg}}(g) + \varepsilon \tag{7.27}$$

式中, 概率密度函数 g 和 f 分别表示回归模型的解释变量和响应变量; Q_{reg} 表示回归算子 (函数空间到函数空间的映射), 其与普通标量数据回归分析中的回

归函数具有相似的功能; ε 表示误差项。Q_{reg} 可以基于已知的概率密度函数样本 $\left\{\widehat{g}_i(x), \widehat{f}_i(x)\right\}_{i=1}^n$ 进行估计, 如简单易用的函数型核回归估计

$$\widehat{Q}_{\mathrm{reg}}(g) = \sum_{i=1}^{n} \frac{K_{\mathrm{r}}\left(d\left(g, \widehat{g}_i\right)/h_{\mathrm{r}}\right)}{\sum_{j=1}^{n} K_{\mathrm{r}}\left(d\left(g, \widehat{g}_j\right)/h_{\mathrm{r}}\right)} \widehat{f}_i \tag{7.28}$$

式中, K_{r} 表示核函数 [如高斯核函数 $K_{\mathrm{r}}(u) = (1/\sqrt{2\pi})\exp\left(-u^2/2\right)$, 三角核函数 $K_{\mathrm{r}}(u) = (1-|u|)\mathrm{I}_{\{|u|\leqslant 1\}}$ 等]; $d(g, \widehat{g}_i)$ 表示计算分布相似性的度量 [如 L_1 距离 $d\left(g, \widehat{g}_i\right) = \int |g(\tau) - \widehat{g}_i(\tau)|\,\mathrm{d}\tau$]; h_{r} 表示带宽参数。在上述分布回归模型的基础之上, 可以以传感器 A 的分布为输入对传感器 B 某时段缺损数据的概率分布进行回归预测, 预测结果即可作为相应缺失分布的填补。

分布回归方法为缺损监测数据概率分布的填补提供了有效工具, 结合基于 Copula 理论的联合分布建模与抽样方法则能使得用于缺损数据填补的样本与真实数据近似服从相同的分布。除这里介绍的传统分布核回归方法之外, 结构健康监测领域还发展了新的分布回归方法用于缺损监测数据概率分布的填补, 感兴趣的读者可查阅相关文献, 这里不再进行详细介绍。

【案例 7.4】 考虑位于某大跨度斜拉桥钢箱梁同一截面的两个应变计 (传感器 A 与传感器 B)。这两个传感器均安装于钢箱梁底板, 一个位于上游侧, 一个位于下游侧。提取某日 24 h 的完整监测数据, 并去除温度效应所引起的趋势项。假设传感器 B 有连续 3 h(02:00—05:00) 的监测数据完全缺失, 传感器 A 的监测数据则完整。两个传感器经处理后的监测数据时间序列如图 7.23 所示, 其中图 7.23(b) 中的空白段为假设缺失的监测数据。本例将以传感器 A 为协作传感器对传感器 B 的缺失数据进行填补。

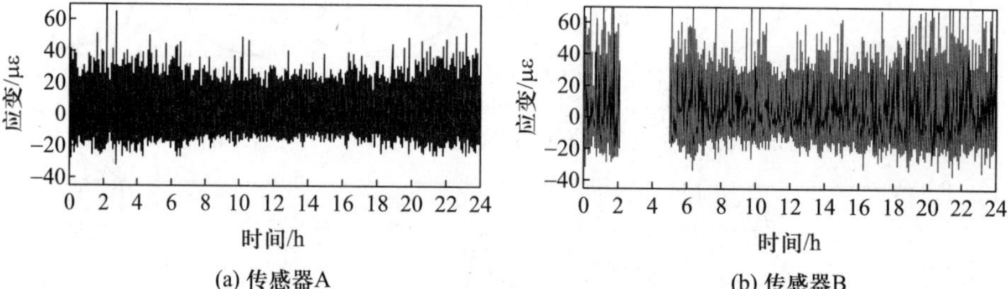

图 7.23 去除温度趋势项后的应变监测数据 (传感器 B 时间序列中的空白段为假设缺失数据)

首先利用上述分布核回归方法对缺失数据的概率分布进行填补。各个传感器的应变监测数据按每半小时进行分段, 同一时段的应变监测数据假设服从相同的分布。令 $\widehat{g}_k$ 和 $\widehat{f}_k$ 分别表示利用传感器 A 和传感器 B 第 k 段监测数

据估计得到的概率密度函数, 那么可以得到如下由概率密度函数组成的函数型数据集:

$$\overbrace{\left\{\begin{matrix}\widehat{g}_1\\ \widehat{f}_1\end{matrix}\right\},\left\{\begin{matrix}\widehat{g}_2\\ \widehat{f}_2\end{matrix}\right\}}^{\text{时间:00:00 — 01:00}},\overbrace{\left\{\begin{matrix}\widehat{g}_3\\ \widehat{f}_3\end{matrix}\right\},\left\{\begin{matrix}\widehat{g}_4\\ \widehat{f}_4\end{matrix}\right\}}^{\text{时间:01:00 — 02:00}},\overbrace{\left\{\begin{matrix}\widehat{g}_5\\ \times\end{matrix}\right\},\left\{\begin{matrix}\widehat{g}_6\\ \times\end{matrix}\right\}}^{\text{时间:02:00 — 03:00}},\overbrace{\left\{\begin{matrix}\widehat{g}_7\\ \times\end{matrix}\right\},\left\{\begin{matrix}\widehat{g}_8\\ \times\end{matrix}\right\}}^{\text{时间:03:00 — 04:00}},$$
$$\overbrace{\left\{\begin{matrix}\widehat{g}_9\\ \times\end{matrix}\right\},\left\{\begin{matrix}\widehat{g}_{10}\\ \times\end{matrix}\right\}}^{\text{时间:04:00 — 05:00}},\overbrace{\left\{\begin{matrix}\widehat{g}_{11}\\ \widehat{f}_{11}\end{matrix}\right\},\left\{\begin{matrix}\widehat{g}_{12}\\ \widehat{f}_{12}\end{matrix}\right\}}^{\text{时间:05:00 — 06:00}},\cdots,\overbrace{\left\{\begin{matrix}\widehat{g}_{47}\\ \widehat{f}_{47}\end{matrix}\right\},\left\{\begin{matrix}\widehat{g}_{48}\\ \widehat{f}_{48}\end{matrix}\right\}}^{\text{时间:23:00 — 24:00}} \tag{7.29}$$

式中,“×”表示因样本缺损而缺失的概率密度函数。

为了借助传感器 A 的概率分布信息来对传感器 B 缺失的概率分布进行填补, 采用上文提到的分布核回归方法建立两个传感器之间的分布回归模型。回归算子 Q_{reg} 的核估计形式如前文式 (7.28) 所示, 本例中分布相似性度量取为 $d(g,\widehat{g}_k)=\int|g(\tau)-\widehat{g}_k(\tau)|\,\mathrm{d}\tau$, 核函数选用三角核函数 [即 $K_{\mathrm{r}}(u)=(1-|u|)\mathrm{I}_{\{|u|\leqslant 1\}}$], 核回归中的带宽参数 h_{r} 设置为 0.18。除去 6 个时段的假设缺失数据, 共有 42 对概率密度函数可以作为分布回归模型估计用的函数型数据样本。6 个时段监测数据概率密度函数相应的填补结果如图 7.24 所示, 图中虚线表示以真实监测数据 (假设已缺失) 为样本估计得到的概率密度函数, 粗实线则表示填补的概率密度函数。

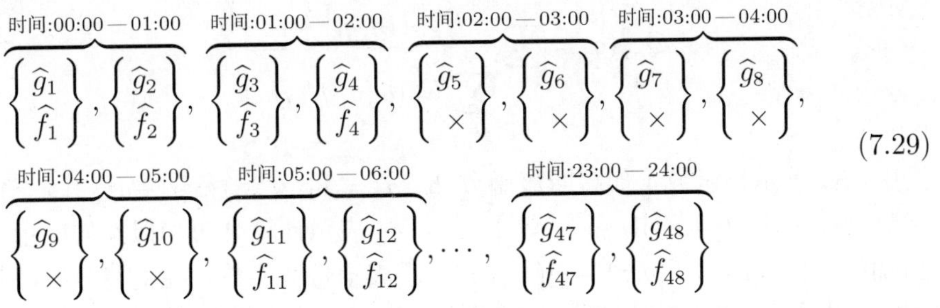
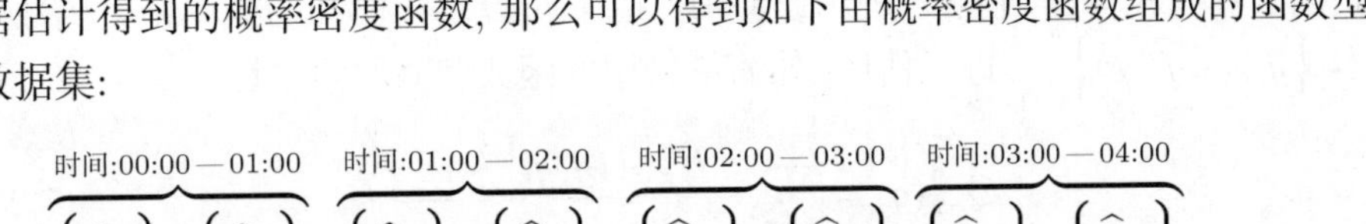

图 7.24　缺失监测数据的概率密度函数填补结果

接下来结合填补的概率分布和 Copula 建模方法对缺失的时序样本进行填补。Copula 密度函数直接以未缺失数据为样本利用式 (7.24) 所示的 Beta 核密度估计器估计, 相应的带宽参数 h_c 设置为 0.04。结合估计得到的 Copula 密度函数和填补的边缘概率密度函数即可得到式 (7.26) 所示的条件分布模型。这里对缺失的应变数据序列进行一次随机抽样, 并对抽取的原始随机时间序列做适当的平滑处理。然后, 用经平滑处理后的随机时间序列替换缺失的时间序列作为缺失数据的一次随机填补, 相应的填补结果与真实监测数据 (假设已缺失) 的对比如图 7.25 所示。

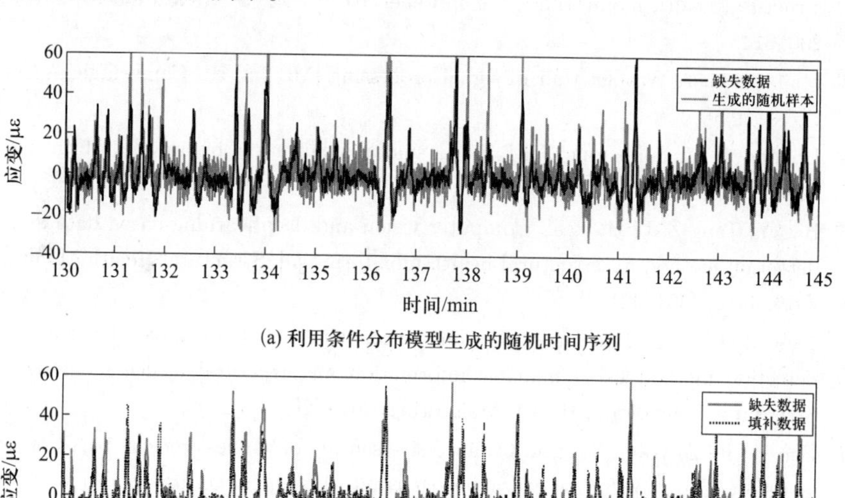

(a) 利用条件分布模型生成的随机时间序列

(b) 缺失数据的填补结果(利用生成的随机时间序列作局部平滑处理之后进行填补)

图 7.25 缺失监测数据填补典型示例 [15 min 数据, 对应图 7.23(b) 所示监测数据的 04:10—04:25 时间段]

思考题

7.1 本章介绍的异常数据诊断方法是将异常数据问题建模为 (基于图像的) 分类问题, 其关键是选取适当的表达空间以增强异常数据间的可分性。除了将异常数据在时域、频域分别进行可视化, 还有什么数据表达方法?

7.2 是否能将异常数据诊断问题建模为回归问题?

7.3 监测大数据预处理时, 对数据的欠处理和过处理分别会对后续数据分析有什么影响?

7.4　怎样确定分布核密度估计和分布核回归中的最优带宽参数?

7.5　Copula 密度函数核密度估计与普通多元概率密度函数的核密度估计有什么区别?

参考文献

[1] 李惠, 鲍跃全, 李顺龙, 等. 结构健康监测数据科学与工程 [M]. 北京: 科学出版社, 2016.

[2] Yi T H, Huang H B, Li H N. Development of sensor validation methodologies for structural health monitoring: A comprehensive review [J]. Measurement, 2017, 109: 200–214.

[3] Mallat S G. A Wavelet tour of signal processing [M]. 2nd ed. Cambridge: Academic Press, 1999.

[4] Donoho D L, Johnstone J M. Ideal spatial adaptation by wavelet shrinkage [J]. Biometrika, 1994, 81(3): 425–455.

[5] Bao Y, Tang Z, Li H, et al. Computer vision and deep learning-based data anomaly detection method for structural health monitoring [J]. Structural Health Monitoring, 2019, 18(2): 401–421.

[6] Tang Z, Chen Z, Bao Y, et al. Convolutional neural network-based data anomaly detection method using multiple information for structural health monitoring [J]. Structural Control and Health Monitoring, 2019, 26(1): e2296.

[7] Bao Y, Shi Z, Wang X, et al. Compressive sensing of wireless sensors based on group sparse optimization for structural health monitoring [J]. Structural Health Monitoring, 2018, 17(4):823–836.

[8] 王晓玉. 结构健康监测数据压缩采样与重构的群稀疏优化算法 [D]. 哈尔滨: 哈尔滨工业大学, 2016.

[9] Chen Z, Li H, Bao Y. Analyzing and modeling inter-sensor relationships for strain monitoring data and missing data imputation: A copula and functional data analytic approach [J]. Structural Health Monitoring, 2019, 18(4): 1168–1188.

[10] Nelsen R B. An introduction to copulas [M]. New York: Springer, 2007.

第 8 章 监测大数据统计分析*

工程结构在其服役过程中会受到风、车辆、人群、温度、地震等外部激励, 这些激励一般都含有相当程度的随机成分, 且来自各种途径的噪声会对激励和响应造成一定污染, 因此, 由结构健康监测系统获得的结构荷载与作用及结构响应的监测数据往往具有随机性, 且不可避免存在观测误差, 可以当作随机变量来处理。长期监测获得的海量数据构成了庞大的随机变量样本, 若想提取监测大数据的基本特征及变化规律, 解析两个或多个监测量之间的相关关系并建立数学模型对其进行分析与预测, 则必然需要对这些随机变量样本进行统计分析。监测大数据统计分析常用方法主要包括基本统计分析、概率密度函数估计、极值分析、相关性分析和回归分析等。基本统计分析可获得统计区间内监测数据的数字特征, 即数据的集中趋势和离散程度, 用于表征统计区间内监测数据的宏观概况。概率密度函数估计可对监测数据的总体分布情况做全面描述, 是建立结构荷载或作用及其效应模型的重要基础。极值分析可获得监测数据极大、极小值概率分布模型, 通过外推理论还可计算出给定年限内的极值, 常用于估计一定重现期内某类荷载或作用的极值, 或为结构响应报警阈值设置提供依据。相关性是反映事物间相互影响、相互作用关系的统计分析特性。对

* 本章执笔人:
杨娜, 北京交通大学土木建筑学院, nyang@bjtu.edu.cn
王娟, 北京交通大学土木建筑学院, juanwang@bjtu.edu.cn

于工程结构而言, 结构与外部环境之间以及结构内部子系统之间都存在相互作用关系, 因此监测大数据相关性分析主要包括荷载或作用与结构响应相关性分析以及结构响应在时间与空间尺度上的相关性分析。如果某监测量和另一个或多个监测量相关, 且变量间存在明确依赖关系, 则可采用回归分析方法构建自变量与因变量之间的数学关系模型。实际中常采用回归方程描述结构荷载或作用与结构响应间以及不同结构位置处响应间的定量关系, 并据此对结构响应进行预测。

综上, 监测大数据统计分析就是采用概率论、数理统计、随机过程等统计分析理论与技术, 把监测数据作为随机变量进行分析处理的数值计算方法, 它是监测数据分析与处理的基本步骤, 也是进行监测数据挖掘与深度分析的重要基础。本章将从基本统计分析、概率密度函数估计、极值分析、相关性分析和回归分析五个方面介绍监测大数据统计分析方法, 给出方法求解的基本步骤及所涉及的主要计算公式, 同时附上相关案例供读者参考。

8.1　基本统计分析

基本统计分析是处理监测大数据的最基本方法, 其目的是获得表征统计区间内监测数据宏观特征的代表值。数据宏观特征主要包括集中趋势和离散程度。

8.1.1　集中趋势

集中趋势主要反映统计区间内监测样本值的总体大小特征。在数理统计学中, 作为描述随机样本总体大小特征的统计量有算术平均值、几何平均值和中位数等多个。何时选用何种统计量不能由研究者主观意愿决定, 而需要根据随机变量的分布特征确定。

1. 算术平均值

反映随机变量大小特征的统计量是数学期望, 当随机变量服从正态分布时, 其数学期望可以用样本的算术平均值来描述, 此时可以用随机变量样本的算术平均值来描述其集中趋势。设一维监测数据 X 为 $x_1, x_2, \cdots, x_n$ (n 为样本数), 则算术平均值计算公式如下:

$$\overline{X} = \frac{\sum\limits_{i=1}^{n} x_i}{n} \tag{8.1}$$

2. 几何平均值

如果随机变量不服从正态分布, 则算术平均值不能准确反映该变量的大小特征, 在这种情况下可通过假设检验来判断随机变量是否服从对数正态分布, 如服从, 则几何平均值就是数学期望的值, 此时可以用随机变量样本的几何平均值来描述其集中趋势:

$$g = \sqrt[n]{x_1 \cdot x_2 \cdot \cdots \cdot x_n} = \left(\prod_{i=1}^{n} x_i\right)^{\frac{1}{n}} \tag{8.2}$$

3. 中位数

如果随机变量既不服从正态分布也不服从对数正态分布, 按现有的数理统计学知识, 尚无合适统计量描述该变量的大小特征, 此时可以用随机变量样本的中位数来描述其集中趋势。

中位数是将数据按大小顺序排列起来, 形成一个数列, 居于数列中间位置的那个数据就是中位数。在数列中存在极端变量值的情况下, 用中位数作为代表值要比用均值更好。对于未分组的原始监测数据, 首先须将样本值按大小排序 $x_1 \leqslant x_2 \leqslant x_3 \leqslant \cdots \leqslant x_n$, 中位数可按下式计算:

$$M_{\mathrm{e}} = \begin{cases} x_{\frac{n+1}{2}}, & n \text{ 为奇数} \\ \dfrac{x_{\frac{n}{2}} + x_{\frac{n}{2}+1}}{2}, & n \text{ 为偶数} \end{cases} \tag{8.3}$$

8.1.2 离散程度

离散程度是指随机变量各个取值之间的差异程度, 可用来衡量监测数据的波动程度及误差大小, 主要通过方差或标准差、极差及变异系数来描述。

1. 方差与标准差

方差用来度量随机变量和其均值之间的偏离程度。随机变量样本方差的计算公式为

$$S^2 = \frac{1}{n-1} \sum (X - \overline{X})^2 \tag{8.4}$$

方差的算术平方根称为 X 的标准差或均方差, 即

$$S = \sqrt{S^2} \tag{8.5}$$

2. 极差

极差用来反映随机变量分布的变异范围和离散幅度, 在总体中任何两个单位的标准值之差都不能超过极差, 可以用来反映监测数据的波动范围。其计算公式为

$$R = X_{\max} - X_{\min} \tag{8.6}$$

式中, X_{max} 表示样本最大值; X_{min} 表示样本最小值。

3. 变异系数

变异系数 (coefficient of variation, CV) 也称为离散系数, 是概率分布离散程度的归一化量度, 其定义为标准差 S 与算术平均值 $\overline{X}$ 之比, 常用在两个总体均值不等或量纲不同的指标离散程度的比较上。其计算公式为

$$CV = \frac{S}{\overline{X}} \tag{8.7}$$

在进行监测数据统计分析时, 如果变异系数大于 15%, 则要考虑该数据可能不正常, 应作为异常数据进行处理。

实际中, 常对温度、风速、相对湿度、车重等荷载或作用以及线位移和静应变等结构响应进行集中趋势与离散程度的计算与分析。对一定统计区间内结构响应监测数据进行基本统计分析还可初步判断结构的安全状态。以桥梁结构为例, 由于运营期活荷载的随机性和温度效应剔除过程的随机误差, 结构响应的活载效应信息和劣化效应信息均呈随机变化, 可分别看作一个随机过程。当结构处于正常状态时, 其均值近似为一个恒值; 而当结构出现安全问题时, 其数值将出现持续的单向变化 (增大或减小), 其波动幅度将持续增大并偏离平衡点 (即均值), 如图 8.1 所示。通过对这个过程的基本统计分析, 监测过程均值是否出现不可恢复的单向变化趋势, 即可初步评价结构的安全状态。

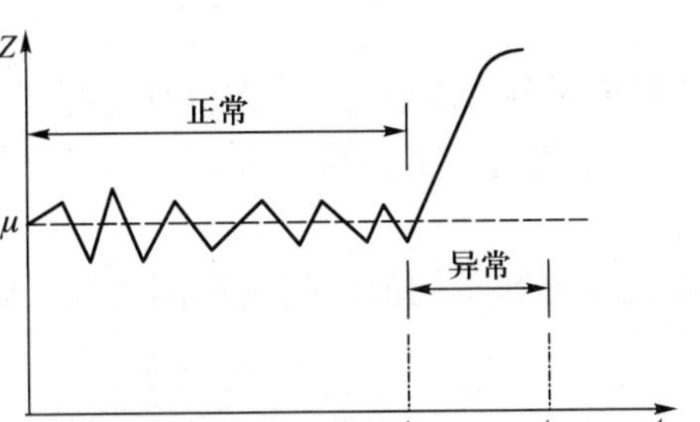

图 8.1　基于均值变化的结构安全状态初步评价

如对桥梁结构不同位置处的竖向挠度进行监测, 通过基本统计分析方法可初步评价结构健康状况。图 8.2(a) 中, 桥梁上某测点五个时间段的均值在 0 mm 处上下波动, 表明测点均值差异性不大。图 8.2(b) 中第一时段的标准差明显偏大, 可能是重车荷载影响。从第二时间段开始, 其标准差随时间增加而不断增大, 可以定性判断出主梁结构性能可能发生了改变。

【案例 8.1】图 8.3 给出了某城市道路与轨道交通相结合的跨江大型桥梁 [1], 结构形式为双层钢管混凝土拱组合结构。拱脚是结构最关键部位, 受温度影响明显, 因此在主拱一侧拱脚截面的四支钢管表面及内部混凝土上进行应

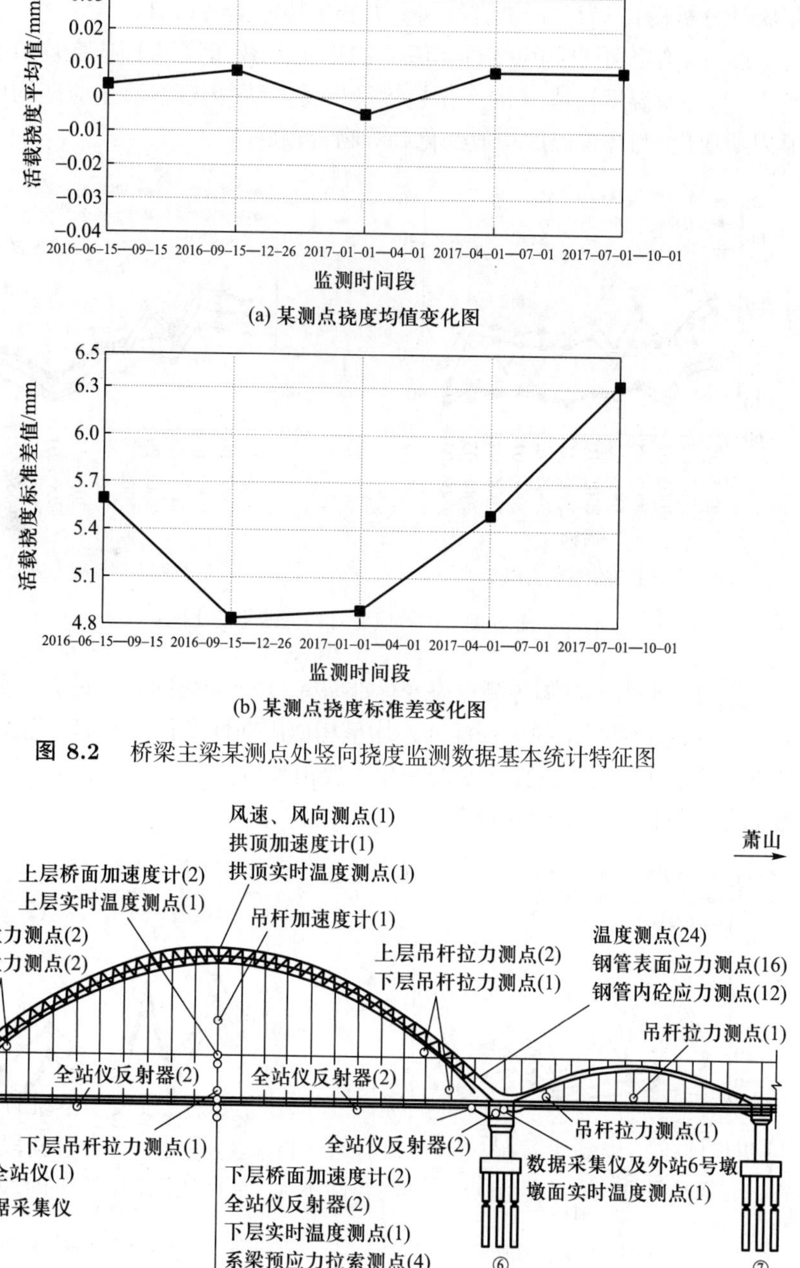

(a) 某测点挠度均值变化图

(b) 某测点挠度标准差变化图

图 8.2　桥梁主梁某测点处竖向挠度监测数据基本统计特征图

图 8.3　某桥第五跨监测系统测点布置图

力监测。由于一年内气温变化呈现规律性，因此可建立拱脚应变与环境温度的年统计分析模式，为分析拱脚长期受力变形特征提供基础。

图 8.4 给出了拱脚应变月均值 $\bar{\varepsilon}$ 的年变化图，钢管表面应变均值变化幅值较小，与环境温度均值 $\bar{\theta}$ 的变化趋势呈相反关系；内部混凝土应变均值呈现明显周期变化，与环境温度均值变化趋势吻合较好。

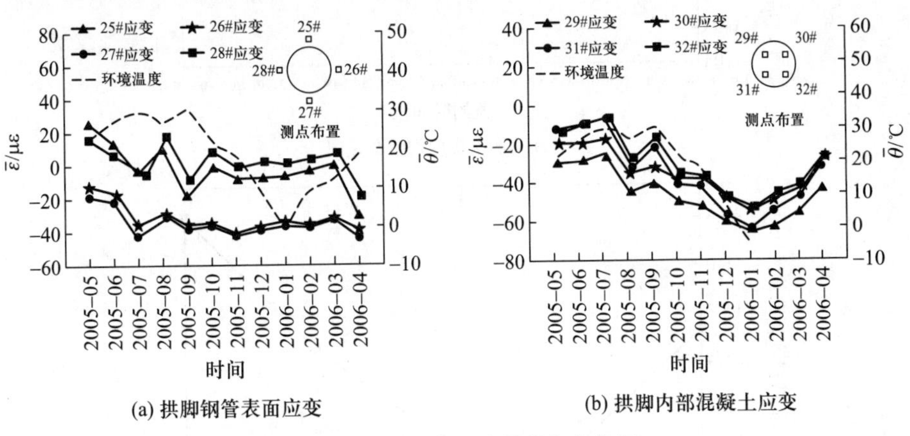

(a) 拱脚钢管表面应变　　(b) 拱脚内部混凝土应变

图 8.4　拱脚应变月均值的年变化图

图 8.5 给出了拱脚各测点应变标准差 δ_c 的年变化图。不同于应变均值，钢管表面和内部混凝土的应变标准差均呈相似周期性变化，且与环境温度标准差曲线吻合较好，表明拱脚应变的变化主要由温度变化引起，后续可采用相关性及回归分析进行定量精确研究。

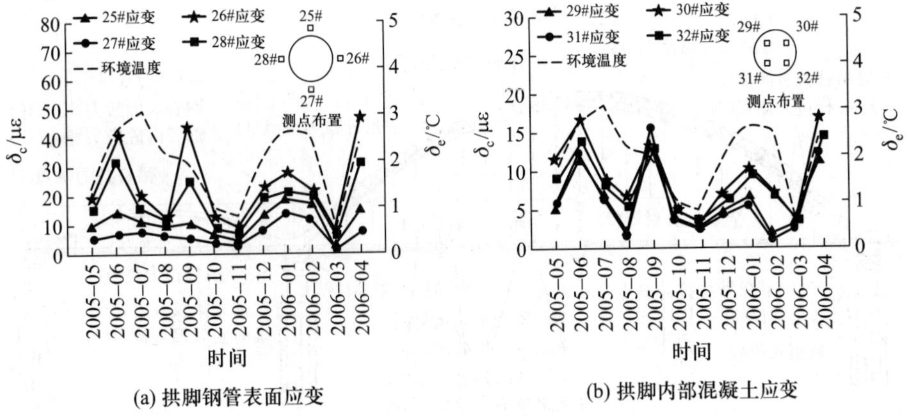

(a) 拱脚钢管表面应变　　(b) 拱脚内部混凝土应变

图 8.5　拱脚应变标准差的年变化图

8.2 概率密度函数估计

工程结构在服役期内往往会受到风、温度、车辆等具有明显时变特征的复杂荷载与作用，其精准模型的建立是进行结构分析与安全评价的重要基础。概率密度函数估计可对监测数据的总体分布情况做全面描述。对温度、风速、相对湿度、车重等结构荷载或作用以及线位移和静应变等结构响应的概率密度估计，是建立结构荷载或作用及其效应模型的重要基础。此外，根据监测数据获得一定统计区间的数据最佳拟合分布后，还可依据分布规律补充由于某些原因造成的缺失数据。

概率密度是数学统计中最为常用的概念，其种类繁多，例如，离散型数据常用的二项分布、超几何分布、几何分布、泊松分布等，以及连续型数据常用的均匀分布、正态分布、柯西分布、指数分布等。本节只对实际中常用的正态分布、高斯混合模型及核密度估计拟合方法予以详细介绍。

8.2.1 正态分布

正态分布也称为高斯分布。若一维监测数据 X 服从一个集中趋势为 μ、离散程度为 σ 的概率分布，其概率密度函数 (probability density function, PDF) 可表示为

$$f(x) = \frac{1}{\sqrt{2\pi}\sigma}\mathrm{e}^{-\frac{1}{2\sigma^2}(x-\mu)^2} \tag{8.8}$$

则该监测数据服从正态分布 (图 8.6)。

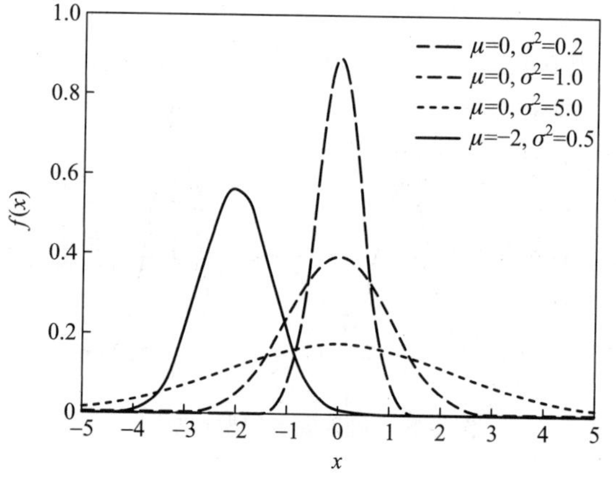

图 8.6 正态分布模型示意图

当 $\mu = 0, \sigma = 1$ 时, 正态分布就成为标准正态分布, 即

$$f(x) = \frac{1}{\sqrt{2\pi}}\mathrm{e}^{-\frac{x^2}{2}} \tag{8.9}$$

进行概率分布拟合时, 具体步骤如下 (图 8.7):

(1) 根据统计数据得到统计量的频率分布直方图;

(2) 根据直方图及先验知识确定统计数据的概率密度分布模型;

(3) 对概率密度分布模型进行参数估计;

(4) 对得到的概率密度分布模型参数进行检验。

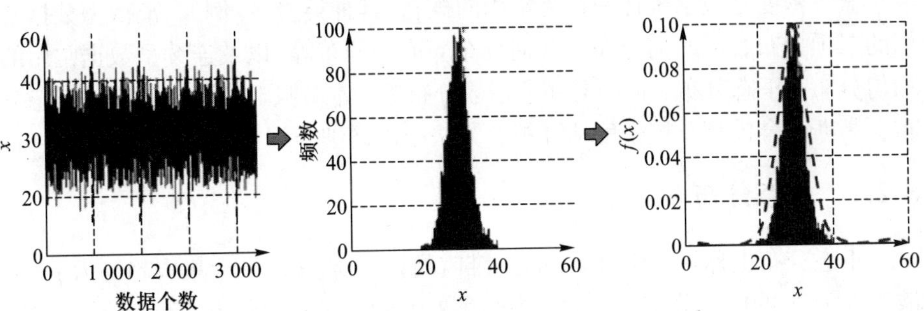

图 8.7　概率分布拟合步骤

8.2.2　高斯混合模型

高斯混合模型是多个高斯分布函数的线性组合, 当被监测量的概率分布由两个及以上高斯分布构成时, 可采用高斯混合模型拟合其概率密度函数 (图 8.8)。一般可通过观察监测数据频率分布直方图中所包含的“峰”数, 来确定高斯分布的个数。

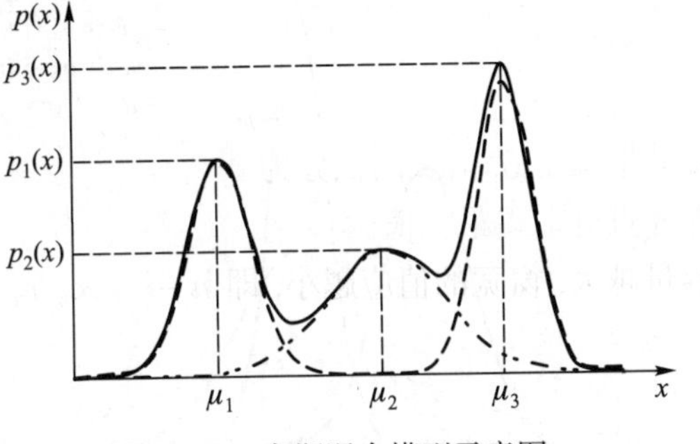

图 8.8　高斯混合模型示意图

不失一般性, 令某一维监测数据 X 为取自 M 个高斯分布的混合体, 则高

斯混合概率密度函数可表示为

$$f(x\,|\theta) = \sum_{i=1}^{M} w_i N(x\,|\mu_i\,,\sigma_i^2) = \sum_{i=1}^{M} w_i \frac{1}{\sqrt{2\pi}\sigma_i} \exp[-\frac{(x-\mu_i)^2}{2\sigma_i^2}] \tag{8.10}$$

式中, $N(x\,|\mu_i\,,\sigma_i^2)$ 表示第 i 个高斯分布的概率密度函数; μ_i 和 σ_i^2 分别表示对应的均值和方差; w_i 表示第 i 个高斯分布的权系数; $\theta(w_1,\ w_2,\ \cdots,\ w_M;\ \mu_1,\ \mu_2,\ \cdots,\ \mu_M;\ \sigma_1^2,\ \sigma_2^2,\ \cdots,\ \sigma_M^2)$ 表示高斯混合模型参数, 可利用最大期望算法求得。

8.2.3 核密度估计

核密度估计是一种估计分布未知情况下概率密度函数的非参数检验方法。该方法不利用有关数据分布的先验知识, 对数据分布不附加任何假定, 是一种从数据样本本身出发研究数据分布特征的方法。因此, 当对被监测量的概率分布无先验知识时, 或当被监测量的概率分布十分复杂时, 应采用核密度估计拟合其概率密度函数。

令一维监测数据 $(x_1, x_2, \cdots, x_n)$ 表示服从某分布的 n 个样本点, 由核密度估计方法可得监测数据的概率密度函数为

$$\widehat{f}(x) = \frac{1}{nh_n} \sum_{i=1}^{n} K\left(\frac{x-x_i}{h_n}\right) \tag{8.11}$$

式中, $K(\cdot)$ 表示核函数, 一般选用高斯核, 且 $K(x) \geqslant 0$, $\int_{-\infty}^{+\infty} K(x)\mathrm{d}x = 1$; h_n 表示窗口宽度, 简称窗宽或带宽。

核密度估计是一个以核函数为权函数的加权平均过程, 通过核函数控制用来估计点 x 处的概率密度值的样本个数以及对应的权重大小。直观来看, 核密度估计的精度与核函数的选取、窗宽的大小有关。通常情况下, 核函数与窗宽应该满足:

(1) 核函数是对称的, 即 $K(x) = K(-x)$;

(2) 核函数应大于等于 0, 值域内积分为 1, 即 $K(x) \geqslant 0$, $\int_{-\infty}^{+\infty} K(x)\mathrm{d}x = 1$;

(3) 核函数在原点处取得最大值;

(4) 样本的容量越大, 窗宽的值应越小, 即 $n \to +\infty, h_n \to 0$。

常见核函数表达式如表 8.1 所示。

选取不同核函数其实就是选取了不同的加权平均过程, 例如, 均匀核函数赋予研究范围内的点相同的权重; 三角核函数的权重赋予线性趋势下降; Epanechikov 核函数下降则相对缓慢; 而高斯核函数无边界, 可以对所有点进行权重赋予。

表 8.1　常见核函数表达式

核函数名称	表达式
高斯核函数	$K(u)=\dfrac{1}{\sqrt{2\pi}}\mathrm{e}^{-\frac{u^2}{2}}$
均匀核函数	$K(u)=\begin{cases}0.5, & -1\leqslant u\leqslant 1\\ 0, & \text{其他}\end{cases}$
三角核函数	$K(u)=1-\lvert u\rvert,\quad \lvert u\rvert\leqslant 1$
Epanechikov 核函数	$K(u)=0.75\left(1-u^2\right),\quad \lvert u\rvert\leqslant 1$
四次核函数	$K(u)=\dfrac{15}{16}\left(1-\lvert u\rvert^2\right),\quad \lvert u\rvert\leqslant 1$
指数核函数	$K(u)=\mathrm{e}^{\lvert u\rvert}$
余弦核函数	$K(u)=\begin{cases}\dfrac{1}{2}\cos(u), & \lvert u\rvert\leqslant\dfrac{\pi}{2}\\ 0, & \text{其他}\end{cases}$

窗宽值的选取对于样本的核密度估计函数 $\widehat{f}(x)$ 的影响很大, 决定了核密度估计曲线是否光滑以及数据包含的信息量。当窗宽值过小, 核密度估计会更倾向于将概率密度分布限定在样本数据的周围, 虽然可以反映更多的数据所包含的细节信息, 但核密度估计曲线较粗糙, 变成点与点之间的折线, 从而导致核密度估计曲线有较多异常峰值。当窗宽值过大, 核密度估计更倾向于将概率密度分布范围扩大, 此时核密度估计曲线较为光滑, 致使忽略掉原函数某些重要的细节信息。故需要选取合理的窗宽来进行核密度估计, 以在保留样本数据分布特征的基础上尽可能减少数据包含信息的损失。

通常采用估计密度与真实密度之间的均方误差来确定窗宽, 均方误差反映的是核密度估计函数 $\widehat{f}(x)$ 与真实概率密度函数 $f(x)$ 的平均偏差程度。表达式如下:

$$MSE\left[\widehat{f}(x)\right]=E\left[\widehat{f}(x)-f(x)\right]^2 \tag{8.12}$$

对式 (8.12) 积分, 使积分均方误差最小的窗宽即为最优窗宽。

$$MISE\left(h_n\right)=E\left\{\int\left[\widehat{f}(x)-f(x)\right]^2\mathrm{d}x\right\}=AMISE\left(h_n\right)+o\left(\frac{1}{nh_n}+h_n^4\right) \tag{8.13}$$

式中, $AMISE(h_n)=\dfrac{\displaystyle\int K^2(x)\mathrm{d}x}{nh_n}+\dfrac{h_n^4k^4\displaystyle\int f(x)^2\mathrm{d}x}{4}$ 表示渐近均方误差。

对 $AMISE(h_n)$ 进行变化可得最优窗宽

$$\widehat{h}_n=k^{\frac{2}{5}}\left\{\int K''(x)\mathrm{d}x\right\}^{\frac{1}{5}}\left\{\int f(x)^2\mathrm{d}x\right\}^{\frac{1}{5}} \tag{8.14}$$

由式 (8.14) 可看出, 式中含有未知函数 $f(x)$。

若 $f(x)$ 为方差 σ^2 的正态分布概率密度函数, 则

$$\int f(x)^2\mathrm{d}x=\sigma^{-5}\int \varPhi(x)^2\mathrm{d}x=\frac{3}{8}\pi^{-\frac{1}{2}}\sigma^{-5}\approx 0.212\sigma^{-5} \tag{8.15}$$

故采用高斯核函数作为核密度估计的核函数时的最优窗宽为

$$\widehat{h}_n=(4\pi)^{-\frac{1}{10}}\left(\frac{3}{8}\pi^{-\frac{1}{2}}\right)^{-\frac{1}{5}}\sigma n^{-\frac{1}{5}}\approx 1.06\sigma n^{-\frac{1}{5}} \tag{8.16}$$

在实际使用中, σ 可以用样本标准差 S 来代替。由于 $\widehat{h}_n\approx 1.06\sigma n^{-\frac{1}{5}}$ 是近似值, 且假设 $f(x)$ 为方差 σ^2 的正态分布概率密度函数, 故在选用窗宽时可以根据式 (8.16) 初步估计窗宽的大小, 并采用启发式方法, 确定合理窗宽。

为了验证核密度估计的概率密度函数是否能够较好拟合样本数据, 可采用 χ^2 拟合检验法对核密度估计分布进行拟合检验。

χ^2 分布拟合检验的步骤如下:

(1) 分组, 将总体 ξ 分成互不相交的 k 个区间 $A_1=[a_0,a_1),[a_1,a_2),\cdots,[a_{k-1},a_k)$;

(2) 计算各区间的理论频率 $\widehat{p}_i$, 计算 $n\widehat{p}_i$;

(3) 分别计算样本落在 $[a_{i-1},a_i)$ 的实际频数 ν_i;

(4) 计算统计量 $\chi^2=\sum\limits_{i=1}^{k}\dfrac{(\nu_i-n\widehat{p}_i)^2}{n\widehat{p}_i}$;

(5) 根据所给的显著性水平 α, 查表得 $\chi^2_{1-\alpha}(k-r-1)$;

(6) 比较 (4) 与 (5) 中的计算值确定检验结果。

【案例 8.2】现有大跨度悬索桥和斜拉桥主梁多采用扁平钢箱梁结构形式。受环境温度、日照辐射和边界空气流动等因素影响, 钢箱梁存在随时间和地域变化而变化的温度场。钢箱梁上出现多种温差模式, 使得钢箱梁出现较大的温度次应力, 影响结构安全。为反映钢箱梁的年温度分布特征, 根据某钢箱梁桥上的测点一年期的温度监测数据 [2], 统计并建立钢箱梁温度的概率模型, 得到钢箱梁的年温度分布符合高斯混合模型。分别选用分量数为 1~10 的加权混合

模型，采用最大期望算法对 10 种混合模型进行参数估计，利用赤池信息准则 (Akaike information criterion, AIC) 和贝叶斯信息准则 (Bayesian information criterion, BIC) 作为模型选择标准。计算各模型的 V_{AIC} 和 V_{BIC} 值。由图 8.9 可知，当高斯分量数为 3 时，拟合模型达到最优。测点的年温度概率分布图和高斯混合模型拟合曲线如图 8.10 所示，模型参数分别如表 8.2 所示。

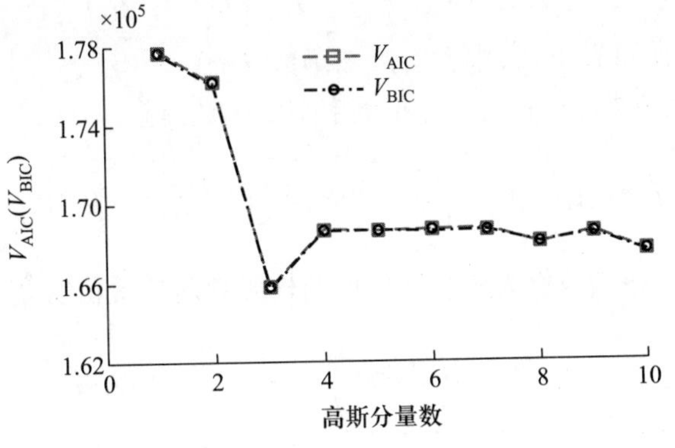

图 8.9　不同高斯混合模型的 V_{AIC} 和 V_{BIC} 值

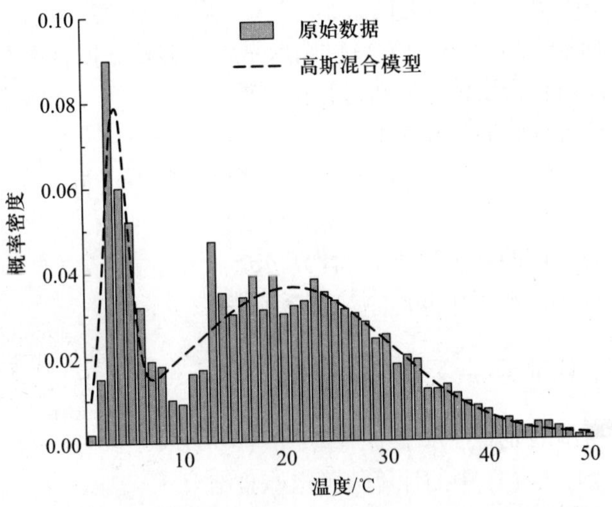

图 8.10　测点的年温度概率分布图和高斯混合模型拟合曲线

【案例 8.3】车辆荷载是桥梁服役过程中的主要外界激励之一。车辆行驶速度是一个随机变量，其分布特征对桥梁结构健康监测与安全评价具有重要意义。对监测系统 [3] 所测一个月的车辆速度数据做基本统计分析，可以得到其均值、中位数、标准差、方差、极大值和极小值分别为 83.72 km/h、92.71 km/h、

表 **8.2** 基于 AIC 与 BIC 的参数值

测点	M	w_i	均值	方差
T1	1	0.49	19.60	27.72
	2	0.32	31.27	75.25
	3	0.19	7.71	0.89

24.33 km/h、591.97 km/h、120 km/h 和 0.5 km/h。计算对应不同百分位数的车辆速度统计值 (表 8.3), 进而得到速度频率直方图 (图 8.11)。

表 **8.3** 基于车辆速度的基本统计数据

百分位数/%	速度/(km/h)
5	22.64
15	57.00
25	81.00
50	92.71
75	98.82
85	101.43
95	105.65

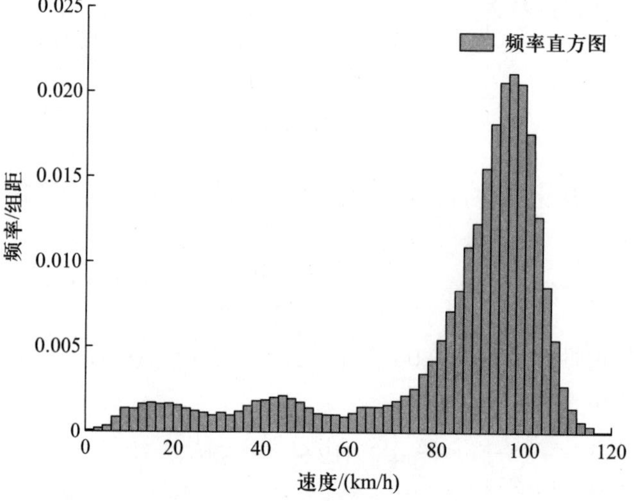

图 **8.11** 速度频率直方图

为得到交通流速度的概率统计分布特征, 采用核密度估计法来估计速度总体的概率分布, 初步计算近似最优窗宽:

$$\widehat{h}_n \approx 1.06\sigma n^{-\frac{1}{5}} = 106 \times 24.33 \times 41\ 760^{-\frac{1}{5}} = 3.07 \tag{8.17}$$

选取窗宽分别为 1、2、3、4、5 进行核密度估计, 如图 8.12 所示。

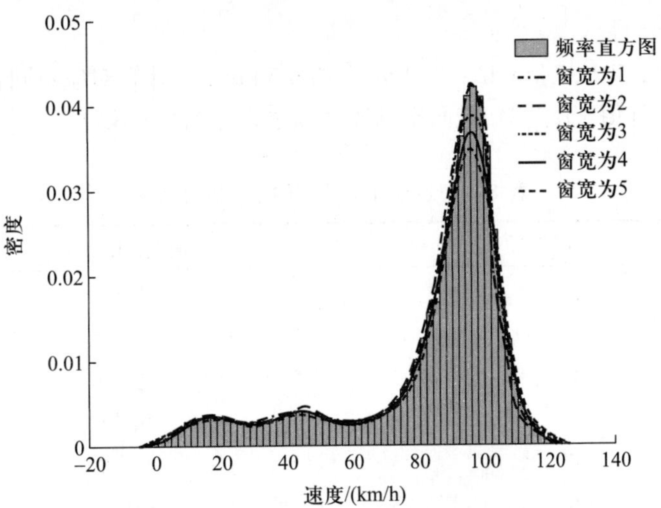

图 8.12　不同窗宽下的速度核密度估计图

根据图示结果可知, 当窗宽为 1 时, 拟合效果较好, 由此可得到基于样本的速度核密度估计函数为

$$\widehat{f}(x) = \frac{1}{41\ 760}\sum_{i=1}^{41\ 760}\left[\frac{1}{\sqrt{2\pi}}\mathrm{e}^{-\frac{(x-x_i)^2}{2}}\right] \tag{8.18}$$

为验证上述核密度估计的准确性, 对窗宽为 1 时的核密度估计进行检验, 结果列于表 8.4。

由表 8.4 得, 统计量为 $\chi^2 = \sum_{i=1}^{10}\frac{(\nu_i - 39\ 696\widehat{p}_i)^2}{39\ 696\widehat{p}_i} = 7.312\ 8$。

根据去显著性水平 $\alpha = 0.05$ 查 χ^2 分布表得 $\chi^2_{1-\alpha}(k-r-1) = \chi^2_{1-0.05}(10-1-1) = 15.507$, 因

$$\chi^2 = 7.312\ 8 < 15.507$$

故认为当窗宽为 1 时的核密度估计是合理的。

表 8.4 检验计算表

组别	分组	ν_i	$\widehat{p}_i$	$n\widehat{p}_i$	$\frac{(\nu_i - n\widehat{p}_i)^2}{n\widehat{p}_i}$
1	[0,8.91)	277	0.007 1	296.50	1.282 0
2	[8.91,21.59)	1 689	0.039 6	1 653.70	0.753 7
3	[21.59,34.26)	1 227	0.030 0	1 252.80	0.531 3
4	[34.26,46.94)	1 885	0.045 2	1 887.55	0.003 5
5	[46.94,59.62)	1 385	0.033 2	1 386.43	0.001 5
6	[59.62,72.29)	1 590	0.037 9	1 582.70	0.033 6
7	[72.29,84.97)	4 647	0.113 0	4 718.88	1.094 9
8	[84.97,97.65)	16 549	0.394 0	16 453.44	0.555 0
9	[97.65,110.32)	12 109	0.285 9	12 089.52	0.031 4
10	[110.32,123.00)	402	0.010 5	438.48	3.035 0
	合计	417 60	1.000 0	41 760	7.321 8

8.3 极值分析

极值统计理论是专门研究极值事件的建模方法和统计分析方法, 并基于已有数据对极值事件发生的概率进行预测。自十九世纪二十年代以来, 极值理论被人们广泛运用于气象和地震预测、海洋工程、水文观测、环境工程等领域。极值理论在结构健康监测领域的应用主要体现在两个方面: 一方面, 通过长期监测数据并结合有效极值分析方法, 准确估计结构设计使用年限内某类荷载或作用的极值, 这不仅对制订被监测结构的运营维护策略有益, 也对同类结构的设计具有指导意义; 另一方面, 基于长期运营监测数据分析结构响应的极值分布规律, 并据此建立起合理阈值, 为结构健康监测系统的预警报警提供数据支撑。若运营阶段结构响应超过阈值, 可能是由结构性能退化或极端荷载引起的, 但无论何种原因, 都会使结构安全冗余度下降, 并影响结构性能和寿命, 因此预警系统需要对这些情况重点关注并提供相关应对措施。极值统计理论就是专门研究很少发生, 然而一旦发生就产生极大影响的随机事件, 因此适用于确定预警阈值。近代极值理论起源于 1922 年的德国, 其主要方法包括区间极值法、过阈法以及平均条件穿越率法。

8.3.1　区间极值法

区间极值法的理论基础是广义极值 (generalized extreme value, GEV) 分布。广义极值分布是将三类经典极值分布类型经过恰当变换之后得到的, 只需推断形状参数, 就能得到准确的极值分布类型。广义极值分布模型、参数估计及极值外推方法具体介绍如下。

假设随机变量 $X_1, X_2, \cdots, X_N$ 相互独立, 并服从同一分布 $F(x)$(母体分布), 令 $M_N = \max\{X_1, X_2, \cdots, X_N\}$ 表示 N 个随机变量的最大值, 则有

$$P(M_N \leqslant x) = P(X_1 \leqslant x, X_2 \leqslant x, \cdots, X_N \leqslant x) = [F(x)]^N \tag{8.19}$$

由此可知, 如果母体分布 $F(x)$ 已知, 则可以精确地求出最大值 M_N 的分布函数。然而在实际应用中, $F(x)$ 通常未知, 因此很难直接用于最大值的统计分析。根据经典极值理论, 若 $[F(x)]^N$ 不是退化分布函数 (不等于 0 或 1), 则 $[F(x)]^N$ 趋向于某种渐近分布 $F_M(x)$, 且 $F_M(x)$ 必为以下三个分布之一。

$$\text{I 型分布:}\quad H_1(x) = \exp\left(-\mathrm{e}^{-x}\right), \quad -\infty < x < +\infty \tag{8.20}$$

$$\text{II 型分布:}\quad H_2(x;\alpha) = \begin{Bmatrix} 0, & x \leqslant 0 \\ \exp\left(-x^{-\alpha}\right), & x > 0 \end{Bmatrix}, \quad \alpha > 0 \tag{8.21}$$

$$\text{III 型分布:}\quad H_3(x;\alpha) = \begin{Bmatrix} \exp\left[-(-x)^{\alpha}\right], & x \leqslant 0 \\ 1, & x > 0 \end{Bmatrix}, \quad \alpha > 0 \tag{8.22}$$

上述Ⅰ型、Ⅱ型、Ⅲ型分布即为三类经典极值分布, 分别称为耿贝尔 (Gumbel) 分布、弗雷歇 (Fréchet) 分布与韦布尔 (Weibull) 分布。当 $\alpha = 1$ 时, $H_2(x;1)$ 为标准 Fréchet 分布, $H_3(x;1)$ 为标准 Weibull 分布。三种极值函数的一般表达形式为

$$H(x;\mu,\sigma,\xi) = \exp\left[-\left(1+\xi\frac{x-\mu}{\sigma}\right)^{-\frac{1}{\xi}}\right], 1+\xi\frac{x-\mu}{\sigma} > 0,\ \sigma > 0,\ \mu,\xi \in R \tag{8.23}$$

式 (8.23) 被称为广义极值分布, 简称 GEV 分布。式中, μ 表示位置参数; σ 表示尺度参数; ξ 表示形状参数。当 $\xi = 0$ 时, $H(x;\mu,\sigma,\xi)$ 表示 Gumbel 分布；当 $\xi > 0$, 取 $\alpha = 1/\xi$ 时, $H(x;\mu,\sigma,\xi)$ 表示 Fréchet 分布, 其位置参数与尺度参数分别为 $\mu - \alpha\sigma$ 和 $\alpha\sigma$; 当 $\xi < 0$, 取 $\alpha = -1/\xi$ 时, $H(x;\mu,\sigma,\xi)$ 表示 Weibull 分布, 其位置参数与尺度参数分别为 $\mu + \alpha\sigma$ 和 $\alpha\sigma$。由此可知, 极值类型由形状参数的取值确定, 与位置参数和尺度参数无关。极值Ⅲ型分布具有

有限的上端点, 是一个截尾分布: 极值Ⅰ型、Ⅱ型分布均为长尾分布, 其中以极值Ⅱ型分布的尾部最长。

广义极值分布模型参数估计的常用方法主要有矩估计法、极大似然估计法、最小二乘法等。其中极大似然估计法应用最普遍, 其结果可反映总体样本的统计信息, 具有良好的统计性质。基于极大似然估计法的参数估计过程如下。

$$h(x)=\frac{1}{\sigma}\exp\left[-\left(1+\xi\frac{x-\mu}{\sigma}\right)^{-\frac{1}{\xi}}\right]\cdot\left(1+\xi\frac{x-\mu}{\sigma}\right)^{-(1+\frac{1}{\xi})},\quad 1+\xi\frac{x-\mu}{\sigma}>0 \tag{8.24}$$

其似然函数为

$$L(\mu,\sigma,\xi)=\frac{1}{\sigma^N}\cdot\exp\left[-\sum_{i=1}^{N}\left(1+\xi\frac{X_i-\mu}{\sigma}\right)^{-\frac{1}{\xi}}\right]\cdot\prod_{i=1}^{N}\left(1+\xi\frac{X_i-\mu}{\sigma}\right)^{-\left(1+\frac{1}{\xi}\right)} \tag{8.25}$$

其对数似然函数为

$$\ln L=-\sum_{i=1}^{N}\left[\left(1+\xi\frac{X_i-\mu}{\sigma}\right)^{-\frac{1}{\xi}}\right]-N\ln\sigma-\left(1+\frac{1}{\xi}\right)\cdot\sum_{i=1}^{N}\ln\left(1+\xi\frac{X_i-\mu}{\sigma}\right) \tag{8.26}$$

对数似然函数分别对三个参数 μ、σ、ξ 一阶求导, 联立求解。当 $\xi=0$ 时, 似然方程组可简化为

$$\begin{cases}\mu=-\sigma\ln\left(\dfrac{1}{n}\displaystyle\sum_{i=1}^{N}\mathrm{e}^{-\frac{X_i}{\sigma}}\right)\\ \sigma=\dfrac{1}{n}\displaystyle\sum_{i=1}^{N}X_i-\sum_{i=1}^{N}X_i\mathrm{e}^{-\frac{X_i}{\sigma}}\Big/\sum_{i=1}^{N}\mathrm{e}^{-\frac{X_i}{\sigma}}\end{cases} \tag{8.27}$$

联立方程组 (8.27) 即可得出 Gumbel 分布参数的极大似然估计。当 $\xi\neq0$ 时, μ、σ、ξ 三个参数的求解过程相对复杂, 可通过迭代法得到参数的极大似然估计值。

结构在服役过程中受到多种荷载的作用, 短时间内的荷载及其效应通常并不是关注重点, 结构设计使用年限内的荷载及其效应极值才是影响结构安全的关键因素。通过外推理论可计算出给定年限内荷载或其效应的极值, 可为结构设计、现役结构状态评估及结构响应报警阈值设置提供支撑。

基于广义极值分布进行极值外推的具体过程: 先将随机过程 $X(t)$ 的样本观测时间 T_m 等分为 N 个区间 ($T_i=T_m/N$), 根据极值理论, 若时段 T_i 足

够长, 即区间 T_i 内的观测样本 n 足够多时, 可得 $X(t)$ 在各时段内的最大值 $\{X_1, X_2, \cdots, X_N\}$ 应服从广义极值分布, 由此可以推出随机过程 $X(t)$ 任意时间 $(0, T_p)(T_p > T_m)$ 内极值 $X_M = \max\{X(t), 0 < t < T_p\}$ 的分布函数 $F_M(x)$ 为

$$\begin{aligned} F_M(x) &= [F(x)]^{\frac{T_p}{T_i}} \\ &= \exp\left[-\frac{T_p}{T_i} \cdot \left(1 + \xi\frac{x-\mu}{\sigma}\right)^{-\frac{1}{\xi}}\right], 1 + \xi\frac{x-\mu}{\sigma} > 0,\ \sigma > 0,\ \mu,\ \xi \in R \end{aligned} \tag{8.28}$$

式中, 广义极值分布的三个参数 (μ、σ、ξ) 可以基于已有的区间极大值 $\{X_1, X_2, \cdots, X_N\}$ 利用极大似然估计得出。

8.3.2　过阈法

区间极值法的缺点在于数据的不合理使用, 如某一区间内发生了多个独立的极值事情, 其次大值甚至大于其他区间内的最大值, 也仍将被舍弃, 由此造成许多有价值的较大数据不被利用, 有限的观察样本被严重浪费。为解决区间极值法的上述问题, 1989 年提出了过阈法, 通过选用所有高于某界限值 (阈值) 的独立数据作为研究样本, 一定程度上克服了区间极值法的缺点, 但是其阈值的选择同样也是一个不可回避的难题。本质上, 过阈法阈值的选取与区间极值法区间大小的确定是相似的, 阈值过大或区间过长, 会使得观测样本中可用的数据很少, 信息量小, 利用仅有的几个数据进行极值估计, 将会导致估计量的方差较大, 结果不够稳定; 阈值过小或区间过短, 将会导致样本与极值模型的理论要求不符, 从而使得极值估计的偏差增大, 估计结果不准确。

过阈法的理论基础是广义帕累托分布 (generalized Pareto distribution, GPD), 其分布模型、参数估计和极值外推方法具体如下。

随机变量 X 的分布函数 $F(x)$ 通常未知, 因此其超阈值分布函数 $F_{[u]}(x)$ 也未知。当阈值足够大时, Pickands 在 $F(x)$ 未知的条件下, 给出了阈值分布函数的渐进分布——GPD:

$$G(x;\mu,\sigma,\xi) = 1 - \left(1 + \xi\frac{x-\mu}{\sigma}\right)^{-\frac{1}{\xi}},\ x \geqslant \mu,\ \sigma > 0,\ 1 + \xi\frac{x-\mu}{\sigma} > 0 \tag{8.29}$$

式中, σ 表示尺度参数; $\xi \in R$ 表示形状参数; $\mu \in R$ 表示位置参数即阈值。当 $\mu = 0$ 时, 称随机变量 X 服从两参数 GPD; 当 $\mu = 0$, 且 $\sigma = 1$ 时, 式 (8.29) 为标准 GPD, 取 $\xi = 0$ 时, 标准 GPD 为指数分布, 即

$$G(x) = 1 - \mathrm{e}^{-x},\ x \geqslant 0 \tag{8.30}$$

GPD 的概率密度函数为

$$g(x;\mu,\sigma,\xi)=\frac{1}{\sigma}\left(1+\xi\frac{x-\mu}{\sigma}\right)^{-\frac{1}{\xi-1}},\ x\geqslant\mu,\ \sigma>0,\ 1+\xi\frac{x-\mu}{\sigma}>0 \tag{8.31}$$

GPD 通常用于拟合随机变量的尾部分布, 以描述超阈值的极值行为。GPD 的尾部分布与形状参数 ξ 的取值关系密切。对于 GPD 的参数估计, 首先应确定其位置参数 μ, 即阈值, 然后再估计形状参数 ξ 与尺度参数 σ。

阈值的选取是一个非常复杂的问题, 其常用方法主要包括超阈值均值图法、Hill 图解法、峰度法、均方误差最小法等。下面对前两种方法进行介绍。

1. 超阈值均值图法

超阈值均值图法是最为常用的一种选取阈值的方法, 此法通过建立样本平均超出量函数与阈值的关系曲线图选取最优阈值。对于服从 GPD 的样本, 其平均超出量函数可以表示为

$$e(u)=E(X-u\mid X>u)=\frac{\sigma_u+\xi u}{1-\xi},\xi<1 \tag{8.32}$$

式中, u 和 ξ 分别表示阈值和 GPD 的形状参数; σ_u 表示与阈值 u 对应的尺度参数; 条件 $\xi<1$ 用于保证平均超出量函数的存在。根据式 (8.32) 可知平均超出量函数 $e(u)$ 为阈值 u 的线性函数, 对于已知的数据集 $(X_1, X_2, \cdots, X_n)$, 样本平均超出量函数 $e(u)$ 的经验估计为

$$e_n(u)=\frac{1}{N_u}\sum_{i=1}^{N_u}(X_i-u),X_i>u \tag{8.33}$$

式中, N_u 表示数据集中超阈值的数量。

根据式 (8.32) 可知, 假设对于某个阈值 u_0, 样本超出量服从参数为 $(\sigma_{u_0}, \xi_{u_0})$ 的 GPD, 则有大于 u_0 的 u, 其平均超出量函数 $e_n(u)$ 的斜率应近似保持不变。由此定义点集 $\{u,e_n(u)\}$, 称为超阈值均值图。在图中选择适当的 $u_0>0$ 作为阈值, 使得当 $u>u_0$ 时, 平均超出量 $e_n(u)$ 近似在一条直线附近波动。

2. Hill 图解法

Hill 估计适用于厚尾型分布, 是帕累托 (Pareto) 类型分布 $(\xi>0)$ 的经典尾部指数估计。假设 $X_{(n,n)}<\cdots<X_{(2,n)}<X_{(1,n)}$ 为独立同分布样本 $(X_1, X_2, \cdots, X_n)$ 的次序统计量, 其尾部指数的 Hill 统计量可以表示为

$$H_{k,n}=\frac{1}{k}\sum_{i=1}^{k}\ln\left(\frac{X_{(i,n)}}{X_{(k,n)}}\right),\ k\leqslant n \tag{8.34}$$

Hill 图定义为点 $(k,H_{k,n}^{-1})$ 构成的曲线, 选取 Hill 图尾部指数稳定区域的起始点为最优阈值。

采用极大似然估计法对 GPD 形状参数和尺度参数进行估计。

假设随机变量满足条件 $X_1 \geqslant X_2 \geqslant \cdots \geqslant X_k > u > X_{k+1} \geqslant \cdots \geqslant X_N$, 根据 GPD 概率密度公式, 可得超阈值样本 $\{X_1, X_2, \cdots, X_k\}$ 的似然函数为

$$L(\sigma, \xi) = \frac{1}{\sigma^k} \cdot \prod_{i=1}^{k} \left(1 + \xi \frac{X_i - u}{\sigma}\right)^{-\left(1+\frac{1}{\xi}\right)} \tag{8.35}$$

其对数似然函数为

$$\ln L = -k \ln \sigma - \left(1 + \frac{1}{\xi}\right) \cdot \sum_{i=1}^{k} \ln \left(1 + \xi \frac{X_i - u}{\sigma}\right) \tag{8.36}$$

对数似然函数分别对参数 σ 和 ξ 一阶求导, 化简后的似然方程组为

$$\begin{cases} \displaystyle\sum_{i=1}^{k} \frac{(X_i - u)/\sigma}{1 + \xi (X_i - u)/\sigma} = \frac{k}{1+\xi} \\ \displaystyle\sum_{i=1}^{k} \ln \left(1 + \xi \frac{X_i - u}{\sigma}\right) = k\xi \end{cases} \tag{8.37}$$

联立方程即可得出 GPD 参数的极大似然估计。

利用 GPD 作为样本超阈值的概率模型, 滤过的泊松过程作为样本超阈值随机过程的概率模型, 结合经典极值理论, 即可估计随机变量的极值。

下面以车辆荷载导致桥梁结构产生的应变极值为例介绍极值估计过程。定义车辆荷载通过桥梁时测点产生的最大应变为应变峰值。根据《公路工程结构可靠性设计统一标准》(JTG 2120—2020), 车辆荷载随机过程服从一个滤过的泊松过程 (图 8.13), 同理各测点车辆荷载产生的应变峰值也应服从一个滤过的泊松过程 $\{X(t),\ t \geqslant 0\}$:

$$X(t) = \sum_{k=0}^{N(t)} \omega(\zeta_k, t, \tau_k), \quad t \geqslant 0 \tag{8.38}$$

式中, $\{N(t), t \geqslant 0\}$ 表示泊松过程, $N(t)$ 表示时间 t 内事件发生的次数, 即时间 t 内应变峰值出现的个数; $\{\zeta_k, k = 0, 1, 2, \cdots\}$ 表示一组服从独立同分布的随机序列, 与 $\{N(t)\}$ 相互独立, ζ_k表示第 k 个应变峰值, 响应函数为

$$\omega(\zeta_k, t, \tau_k) = \begin{cases} 1, & t \in \tau_k \\ 0, & 其他 \end{cases}, \quad k = 0, 1, 2, \cdots \tag{8.39}$$

式中, τ_k 表示第 k 个应变峰值出现的时间。

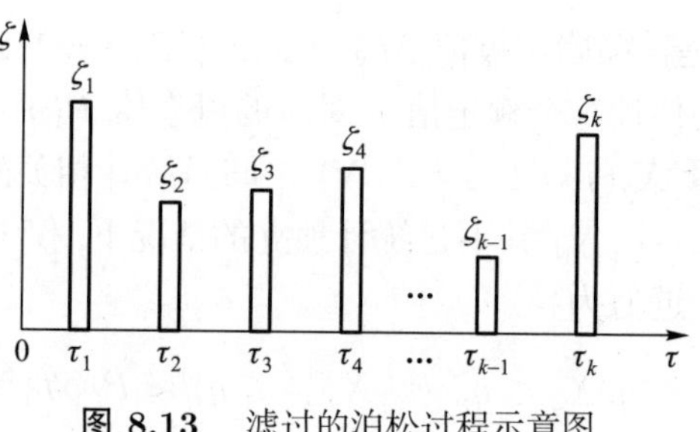

图 8.13　滤过的泊松过程示意图

基于上述随机过程理论, 可推得桥梁在预测期 T_p 内应变极值的累积概率分布 $F_M(x)$ 为

$$\begin{aligned}F_M(x) &= P\left[X_{\max} \leqslant x\right] \\ &= \sum_{k=0}^{\infty}\left\{P\left(X_i \leqslant x\right)^k \cdot P[N(t)=k]\right\},\ x \geqslant 0,\ i=1,2,\cdots,k \\ &= \sum_{k=0}^{\infty}[F(x)]^k \frac{\left(\lambda T_p\right)^k \exp\left(-\lambda T_p\right)}{k!} \\ &= \begin{cases}\exp\left\{-\lambda T_p\left[1-F(x)\right]\right\}, & x \geqslant 0 \\ 0, & x<0\end{cases}\end{aligned} \tag{8.40}$$

式中, λ 表示泊松过程强度, 即单位时间内产生应变峰值的个数; $F(x)$ 表示随机过程 $X(t)$ 任意时点的分布函数, 即截口分布。将式 (8.29) 代入式 (8.40), 即有

$$F_M(x) = \exp\left[-\lambda T_p\left(1+\xi\frac{x-\mu}{\sigma}\right)^{-\frac{1}{\xi}}\right] \tag{8.41}$$

8.3.3　平均条件穿越率法

无论区间极值法还是过阈法均要求选取的样本服从独立同分布, 并不适用于某些变化规律未知的随机过程, 如温度作用下的应变。平均条件穿越率法与过阈法相似, 选取高于某一阈值的数据用于极值估计, 区别在于平均条件穿越率法通过引入条件穿越率消除数据间的相关性对极值估计的影响, 克服了过阈法要求数据独立的缺点, 从而将极值估计推广到更一般的随机过程。平均条件穿越率法理论如下。

考虑一个在时间间隔为 $(0,T)$ 内观察的随机过程 $X(t)$, 在 $(0,T)$ 内的离散时间序列为 $t_1,t_2,\cdots,t_N$, 其对应的观测值分别为 $X_1,X_2,\cdots,X_N$。令 X_j 为随机过程 $X(t)$ 在 $t_j(j=1,2,\cdots,N)$ 时刻所对应的函数值, 每一个 X_j 都是一个随机变量。目标是精确确定极值 $M_N=\max\{X_j,j=1,2,\cdots,N\}$ 的分布函数。具体地说, 想要估计每个额定值 η 对应的概率值 $P(\eta)=Prob\{M_N<\eta\}$。一般来说, 随机变量 $X_j(j=1,2,\cdots,N)$ 之间是统计相关的。因此, 在所有随机变量 $X_j(j=1,2,\cdots,N)$ 并不是统计独立的情况下, 仅考虑随机变量 X_j 与 X_{j-1} 之间的相关性近似为

$$Prob\{X_j\leqslant\eta\mid X_1\leqslant\eta,X_2\leqslant\eta,\cdots,X_{j-1}\leqslant\eta\}\approx Prob\{X_j\leqslant\eta\mid X_{j-1}\leqslant\eta\} \tag{8.42}$$

对于一般值 $k,2\leqslant k\leqslant N$, 假设随机变量 X_j 仅与之前的 $k-1$ 个随机变量 $X_{j-1},X_{j-2},\cdots,X_{j-k+1}(j>k-1)$ 相关, 与其他变量无关, 则

$$\begin{aligned}P(\eta)\approx&\prod_{j=k}^{N}Prob\{X_j\leqslant\eta\mid X_{j-k+1}\leqslant\eta,\cdots,X_{j-1}\leqslant\eta\}\cdot\\&\prod_{j=2}^{k-1}Prob\{X_j\leqslant\eta\mid X_{j-1}\leqslant\eta,\cdots,X_1\leqslant\eta\}\cdot\\&Prob\{X_1\leqslant\eta\}\end{aligned} \tag{8.43}$$

对于相关性未知的随机变量, 可采用上面的公式来考虑样本之间的相关性, 即用马尔可夫链 “转移概率” 考虑样本时间序列前后的相关性。定义 $\alpha_{kj}(\eta)$ 表示随机过程 $X(t)$ 在连续 $k-1$ 个随机变量均不超过额定值 η, 第 k 个变量超越该额定值的概率, 即条件穿越率, 其表达式为

$$\begin{aligned}\alpha_{kj}(\eta)&=P\{X_j>\eta\mid X_{j-k+1}\leqslant\eta,X_{j-k}\leqslant\eta,\cdots,X_{j-1}\leqslant\eta\}\\&=1-P\{X_j\leqslant\eta\mid X_{j-k+1}\leqslant\eta,X_{j-k}\leqslant\eta,\cdots,X_{j-1}\leqslant\eta\}\\&=1-\frac{P\left(X_{j-k+1}\leqslant\eta,\cdots,X_j\leqslant\eta\right)}{P\left(X_{j-k+1}\leqslant\eta,\cdots,X_{j-1}\leqslant\eta\right)}\\&=1-\frac{P_{kj}(\eta)}{P_{k-1,j-1}(\eta)},\quad 2\leqslant k\leqslant j\end{aligned} \tag{8.44}$$

式中, $P_{kj}(\eta)=P\{X_{j-k+1}\leqslant\eta,\cdots,X_j\leqslant\eta\}$, 表示连续 $k-1$ 个随机变量均不超过额定值 η 的概率, 且 $j\geqslant k$。

式 (8.43) 可写成如下形式:

$$P(\eta)\approx\prod_{j=1}^{N}[1-\alpha_{1j}(\eta)] \tag{8.45}$$

式中,

$$\alpha_{1j}(\eta)=Prob\{X_j>\eta\},j=1,2,\cdots,N \tag{8.46}$$

基于假设的独立数据，当随机变量 X_j 相互独立时，式 (8.45) 可近似表达为

$$P(\eta) \approx \exp\left[\sum_{j=1}^{N} -\alpha_{1j}(\eta)\right], \quad \eta \to \infty \tag{8.47}$$

当仅考虑随机变量 X_j 与 X_{j-1} 之间的相关性时，随机过程 $X(t)$ 的极值分布函数为

$$\begin{aligned}
P(\eta) &= \prod_{j=2}^{N} P\left\{X_j \leqslant \eta \mid X_{j-1} \leqslant \eta\right\} \cdot P\left\{X_1 \leqslant x\right\} \\
&= \frac{\prod\limits_{j=2}^{N} P\left\{X_j \leqslant \eta, X_{j-1} \leqslant \eta\right\}}{\prod\limits_{j=1}^{N-1} P\left\{X_j \leqslant \eta\right\}} \cdot P_{11} \\
&= \frac{\prod\limits_{j=2}^{N} P_{2j}(\eta)}{\prod\limits_{j=2}^{N} P_{1,j-1}(\eta)} \cdot P_{11} \\
&= \prod_{j=2}^{N} [1-\alpha_{2j}(\eta)] \cdot [1-\alpha_{11}(\eta)] \\
&\approx \exp\left[-\sum_{j=2}^{N} \alpha_{2j}(\eta) - \alpha_{11}(\eta)\right]
\end{aligned} \tag{8.48}$$

对于一般值 $k, 2 \leqslant k \leqslant N$，假设随机变量 X_j 仅与之前的 $k-1$ 个随机变量 $X_{j-1}, X_{j-2}, \cdots, X_{j-k+1} (j > k-1)$ 相关时，随机过程 $X(t)$ 的极值分布函数为

$$\begin{aligned}
P(\eta) &\approx \prod_{j=k}^{N} [1-\alpha_{kj}(\eta)] \prod_{j=1}^{k-1} [1-\alpha_{jj}(\eta)] \\
&\approx \exp\left[-\sum_{j=k}^{N} \alpha_{kj}(\eta) - \sum_{j=1}^{k-1} \alpha_{jj}(\eta)\right], \quad \eta \to \infty
\end{aligned} \tag{8.49}$$

极值预测通过上述描述的条件方法减小函数 $\alpha_{kj}(\eta)$ 的估计。当 $k \ll N$，

$\sum\limits_{j=1}^{k-1}\alpha_{jj}(\eta)$ 与 $\sum\limits_{j=k}^{N}\alpha_{kj}(\eta)$ 相比可以忽略。因此, 式 (8.49) 可以表示为

$$P(\eta) \approx \exp\left[-\sum_{j=k}^{N}\alpha_{kj}(\eta)\right], \quad k \geqslant 1 \tag{8.50}$$

k 阶平均条件穿越率的表达式为

$$\alpha_k(\eta) = \frac{1}{N-k+1}\sum_{j=k}^{N}\alpha_{kj}(\eta) \tag{8.51}$$

式中, N 表示观测样本点数。

在实际中, 随机过程 $X(t)$ 通常有两种典型情况。一个是平稳过程, 另一个是将随机过程 $X(t)$ 看成一种取决于特定参数的过程, 参数的变化在时间序列上可以建模为一个遍历过程本身。对于这两种情况, 平均条件穿越率方程 $\alpha_k(\eta)$ 的经验估计有完全类似的估计, 首先引入以下随机函数:

$$\begin{cases} A_{kj}(\eta) = 1\left\{X_j > \eta, X_{j-1} \leqslant \eta, \cdots, X_{j-k+1} \leqslant \eta\right\}, j = k, \cdots, N, k = 2, 3, \cdots \\ B_{kj}(\eta) = 1\left\{X_{j-1} \leqslant \eta, \cdots, X_{j-k+1} \leqslant \eta\right\},\ j = k, \cdots, N,\ k = 2, 3, \cdots \end{cases} \tag{8.52}$$

式中, $1\{\ell\}$ 表示事件 ℓ 的指示函数; $A_{kj}(\eta)$ 表示随机过程 $X(t)$ 的事件 A: 连续 $k-1$ 个随机变量均不超过某个额定值, 第 k 个随机变量超过某个额定值; $B_{kj}(\eta)$ 表示随机过程 $X(t)$ 的事件 B: 连续 $k-1$ 个随机变量均不超过某个额定值。

$$\alpha_{kj}(\eta) = \frac{E\left[A_{kj}(\eta)\right]}{E\left[B_{kj}(\eta)\right]},\ j = k, \cdots, N,\ k = 2, 3, \cdots \tag{8.53}$$

式中, $E[\cdot]$ 表示期望算子。假设随机过程是遍历随机过程, 显然, $\alpha_k(\eta) = \alpha_{kk}(\eta) = \cdots = \alpha_{kN}(\eta)$, 用时间平均代替总体平均, 则时间序列可假定为

$$\alpha_k(\eta) = \lim_{N\to\infty}\frac{\sum\limits_{j=k}^{N}a_{kj}(\eta)}{\sum\limits_{j=k}^{N}b_{kj}(\eta)} \tag{8.54}$$

对于观测的时间序列, $a_{kj}(\eta)$ 和 $b_{kj}(\eta)$ 分别表示随机函数 $A_{kj}(\eta)$ 和 $B_{kj}(\eta)$ 的观测数。显然, $\lim\limits_{\eta\to\infty}E\left[B_{kj}(\eta)\right] = 1$, 因此, $\lim\limits_{\eta\to\infty}\dfrac{\widehat{\alpha}_k(\eta)}{\alpha_k(\eta)} = 1$, 所以平均超越率

的估计值 $\widehat{\alpha}_k(\eta)$ 为

$$\widehat{\alpha}_k(\eta)=\frac{\sum\limits_{j=k}^{N}E\left[A_{kj}(\eta)\right]}{N-k+1} \tag{8.55}$$

由式 (8.55) 定义的 $\widehat{\alpha}_k(\eta)$ 同样适用于非平稳序列, 可以得到

$$\begin{aligned}P(\eta)&\approx\exp\left(-\sum_{j=k}^{N}\alpha_{kj}(\eta)\right)=\exp\left(-\sum_{j=k}^{N}\frac{E\left[A_{kj}(\eta)\right]}{E\left[B_{kj}(\eta)\right]}\right)\\&\underset{\eta\to\infty}{\approx}\exp\left(-\sum_{j=k}^{N}E\left[A_{kj}(\eta)\right]\right)\end{aligned} \tag{8.56}$$

如果时间序列被分成 k 段, $E\left[A_{kj}(\eta)\right]$ 在每一小段里近似保持不变, 在给定充分的 η 范围里, 有 $\sum\limits_{k\in C_i}E\left[A_{kj}(\eta)\right]$, 其中, C_i 表示数据分割后的 i 段号 $(i=1,2,\cdots,K)$, 然后, $\sum\limits_{j=k}^{N}E\left[A_{kj}(\eta)\right]=\sum\limits_{j=k}^{N}\alpha_{kj}(\eta)$。因此

$$\widehat{\alpha}_k(\eta)=\frac{1}{N-k+1}\sum_{j=k}^{N}\alpha_{kj}(\eta) \tag{8.57}$$

对于平稳随机过程 $X(t)$, 其平均条件穿越率 $\alpha_k(x)$ 的 95% 置信区间 (confidence interval, CI) 为

$$CI^{\pm}(x)=\alpha_k(x)\left[1\pm\frac{1.96}{\sqrt{(N-k+1)\alpha_k(x)}}\right] \tag{8.58}$$

下面以截尾分布为 Gumbel 分布为例, 进行极值分布的推导。

假设随机过程的分布函数 $X(t)$ 属于极值 I 型——Gumbel 分布的最大值吸引场, 那么平均条件穿越率的右尾分布可以表示为

$$\alpha_k(x)=q\exp\left[-a(x-b)^c\right],\quad x>u,a>0 \tag{8.59}$$

式中, q、a、b、c、u 均为常数, 且 u 为较大阈值。

以残差平方和最小准则建立目标优化函数 $F(q、a、b、c)$, 可采用最小二乘法或其他智能算法如模拟退火算法确定参数 q、a、b、c 的值, 进而得到极值分布模型。

将式 (8.51) 代入式 (8.50), 联立式 (8.59), 即可得到随机过程 $X(t)$ 在 $(0, T_p)$ 时段内的极值分布函数:

$$\begin{aligned} F_M(x) &\approx \exp\left[-(N-k+1)\alpha_k(x)\right] \\ &\approx \exp\left[-N\cdot\alpha_k(x)\right] \\ &\approx \exp\left[-\lambda T_p\cdot\alpha_k(x)\right] \\ &\approx \exp\left\{-\lambda T_p q \exp\left[-a(x-b)^c\right]\right\} \end{aligned} \tag{8.60}$$

式中, N 表示观察时间 T_m 内采集的样本数量; $\lambda = N/T_m$ 表示泊松强度, 即单位时间内样本数量; 参数 q、a、b、c 可采用最小二乘法计算得到。

【**案例 8.4**】本案例数据来源于某地区四个站台的多年份风速监测数据 [4], 包括 24 h 内每小时的平均风速和瞬时最大风速。按照我国标准转换风速数据, 得到每 10 min 的平均风速值。应用区间极值法, 对分别对应四个站台的四组风速数据进行极值分析, 分别使用 Gumbel 分布、Weibull 分布、Fréchet 分布和广义极值 (GEV) 分布对其进行拟合。把四组风速数据分成多个区间画出频率直方图, 并在图中画出拟合分布函数的概率密度函数 (PDF) 曲线, 如图 8.14 所示。其参数估计、参数拟合度指标和不同重现期下的风速计算结果如表 8.5 所示。

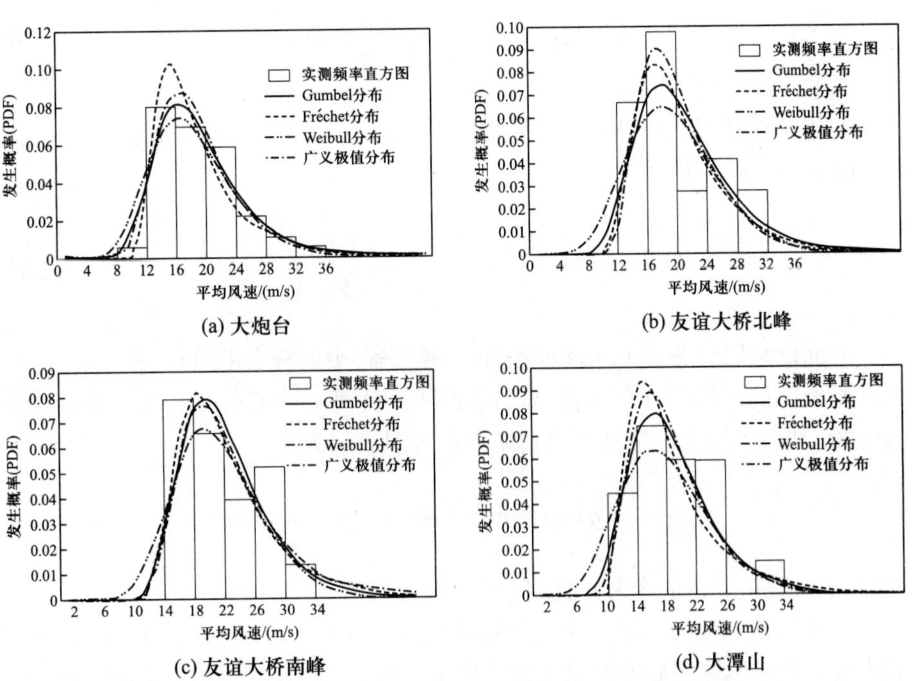

图 8.14　四个站台的平均风速直方图与概率分布曲线

表 8.5　四个站台的四种不同分布参数及计算结果

站台	概率分布	参数估计方法	位置参数	尺度参数	形状参数	剩余方差	柯尔莫哥洛夫指标	五十年重现期风速
大炮台	Gumbel	规范法	16.353 2	4.524 9	0	0.295 8	8.351 4	34.01
	Fréchet	相关系数法	0	16.005 7	4.315 9	1.240 7	32.242 1	39.53
	Weibull	相关系数法	68.899 8	52.456 7	10.485 0	0.551 2	13.290 7	32.74
	GEV	概率权值法	16.415 8	4.227 0	0.007 4	0.301 1	7.874 5	32.67
友谊大桥北峰	Gumbel	规范法	17.822 8	4.699 8	0	0.831 1	8.388 5	36.16
	Fréchet	相关系数法	0	17.456 6	4.192 2	1.110 6	10.996 2	44.28
	Weibull	相关系数法	62.481 6	44.622 1	7.778 6	1.205 6	9.138 2	35.46
	GEV	概率权值法	17.649 7	4.008 1	−0.086 6	1.196 4	10.959 2	36.63
友谊大桥南峰	Gumbel	规范法	19.289 0	4.619 6	0	0.994 9	8.056 9	37.31
	Fréchet	相关系数法	0	18.814 6	4.354 4	2.530 3	18.346 9	46.10
	Weibull	相关系数法	62.469 2	43.080 4	7.865 8	0.878 5	8.024 0	36.23
	GEV	概率权值法	19.447 7	4.845 5	0.099 0	0.992 3	7.257 2	35.13
大潭山	Gumbel	规范法	16.311 4	4.636 7	0	1.504 3	9.147 9	34.40
	Fréchet	相关系数法	0	15.885 2	3.930 4	1.660 6	12.100 8	41.19
	Weibull	相关系数法	63.660 1	47.332 7	8.186 4	2.069 6	13.361 1	34.21
	GEV	概率权值法	16.249 1	4.166 4	−0.044 3	1.795 5	11.701 8	33.99

图 8.14 中的直方图与概率分布曲线和表 8.5 中的数据表明, 对于大炮台和大潭山, 极值Ⅰ型分布的拟合度更佳; 对于友谊大桥北峰, 极值Ⅱ型分布的拟合度更佳; 而对于友谊大桥南峰, 极值Ⅲ型分布的拟合度更佳。这四个站台的风速概率分布并不符合同一种概率曲线, 但极值Ⅰ型分布均给出了较优的结果, 可用于对极值风速的估计。四种分布函数给出的估计风速中, 极值Ⅱ型分布给出了更为保守的估计, 而极值Ⅲ型分布所得的结果偏小。

【案例 8.5】某独塔单索面预应力混凝土斜拉桥 [5] (图 8.15) 主塔两侧共设 27 对斜拉索, 呈扇形对称布置, 主梁采用三室的预应力混凝土箱形截面。如图 8.16 所示, 在车辆荷载效应最大的 3 个截面布设了动应变测点: A 截面 1 个点 (5#), B 截面 3 个点 (1#、2#、3#), C 截面 1 个点 (4#)。

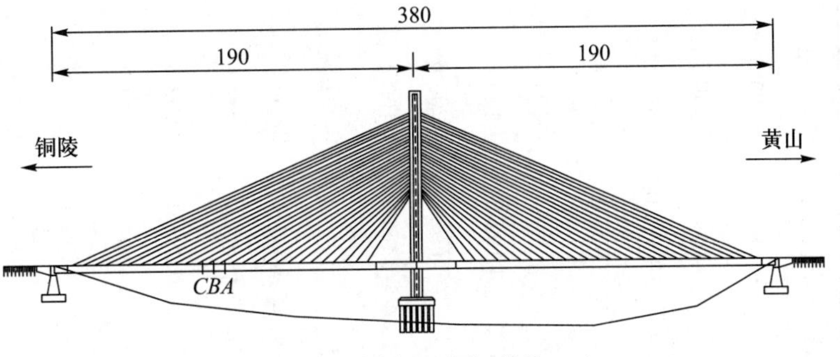

图 8.15　大桥立面图 (单位: m)

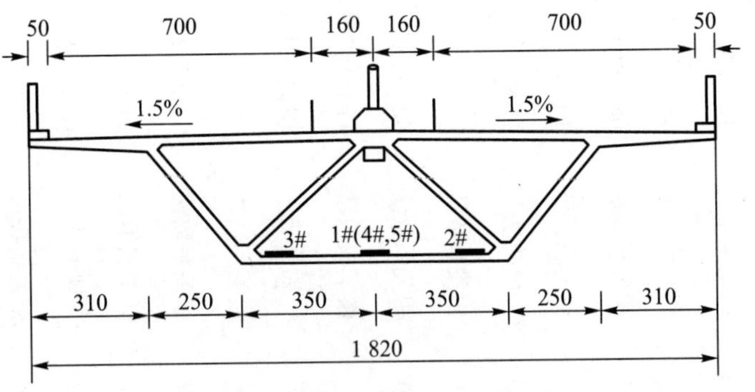

图 8.16　主梁横截面及测点布置图 (单位: cm)

5# 测点 1 天的实测动应变时程曲线如图 8.17 所示。图 8.18 为经解析模态分解法得到的车辆荷载作用下应变时程曲线。

选取实测数据中 5# 测点应变峰值作为研究对象, 采用 GPD 模型作为超阈值样本的截口分布, 计算结果如下:

(1) 选择超阈值均值图法, 确定模型阈值取 $39 \times 10^{-6}\varepsilon$。

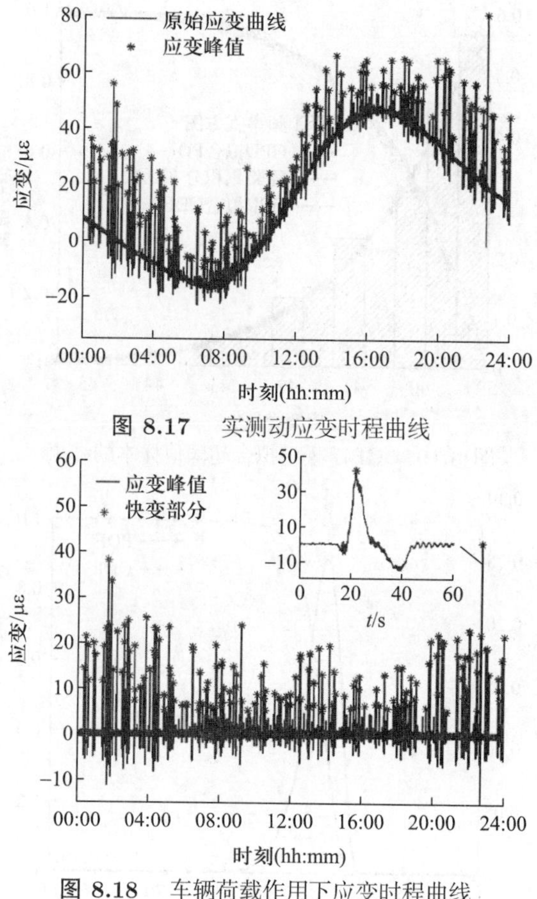

图 8.17 实测动应变时程曲线

图 8.18 车辆荷载作用下应变时程曲线

(2) 采用快速模拟退火算法估计模型的分布参数, 估计结果为 $\sigma = 1.47$, $\xi = 0.005\,4$。

(3) 样本超阈值的直方图与累积分布函数拟合结果如图 8.19 所示, 经 K-S 检验, GPD 能较好地拟合超阈值样本, 可选作其截口分布。

应变采样时间 t=120 d, 样本超阈值的个数 n=129, 泊松过程强度 $\lambda = 392/a$, 代入式 (8.41), 得到剩余服役期内车辆荷载引起的应变极值的概率密度分布, 即车辆荷载作用下主桥 5# 测点 (主梁上车辆荷载效应最大位置) 的最大应变的概率密度分布, 如图 8.20 所示。

【案例 8.6】温度作用下的应变是变化规律未知的随机过程, 且环境温度的时间序列样本之间明显相关。由于应变与环境温度关系密切, 所以应变的时间序列也相关。采用平均条件穿越率法可消除数据间的相关性影响, 进而得到应变极值估计。以太平湖大桥 [5] 主梁 4# 测点为研究对象, 将 4# 测点 355 天的温度应变以小时为单位划分区间, 选取每个区间内的应变极值作为样本。

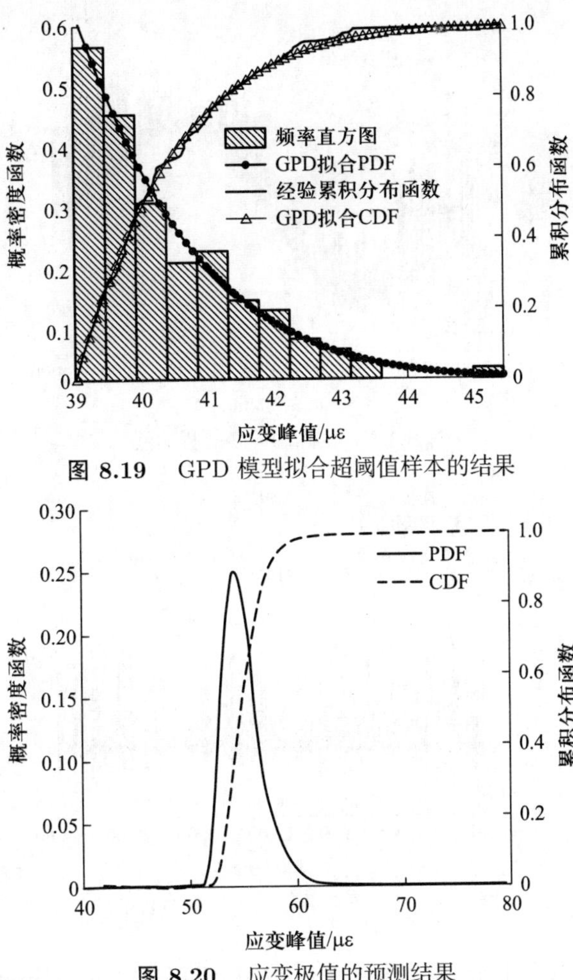

图 8.19　GPD 模型拟合超阈值样本的结果

图 8.20　应变极值的预测结果

图 8.21 为 $k = 1, 2, 4, 8$ 时, 样本对应的平均条件穿越率 $\alpha_1(x)$、$\alpha_2(x)$、$\alpha_4(x)$ 和 $\alpha_8(x)$ 的对比图。当 $k = 2, 4, 8$ 时, 样本对应的平均条件穿越率 $\alpha_2(x)$、$\alpha_4(x)$ 和 $\alpha_8(x)$ 基本重合, 与 $k = 1$ 对应的平均条件穿越率明显不等, 即 $\alpha_2(x) \approx \alpha_4(x) \approx \alpha_8(x) \neq \alpha_1(x)$。当 $k \geqslant 2$ 时, 相关性对平均条件穿越率的影响可忽略, 因此 k=2 对应的平均条件穿越率 $\alpha_2(x)$ 可用于温度作用下的应变极值估计。选取阈值 u=80, 将对应的平均条件穿越率 $\alpha_2(x)$ 代入式 (8.59) 的左端, 利用模拟退火算法估计参数 q、a、b、c, 结果为 $q = 0.007\ 4$, $a = 3.7 \times 10^{-4}$, $b = 89.91$, $c = 2.54$, $\alpha_2(x)$ 的最优拟合曲线及其 95% 的置信区间如图 8.22 所示。将以上参数代入式 (8.60) 即可估计出桥梁剩余服役期限内温度作用下 4# 测点的应变极值分布, 如图 8.23 所示, 极值分布的 95% 分位值及期望分别为 148.50 με 和 143.20 με。

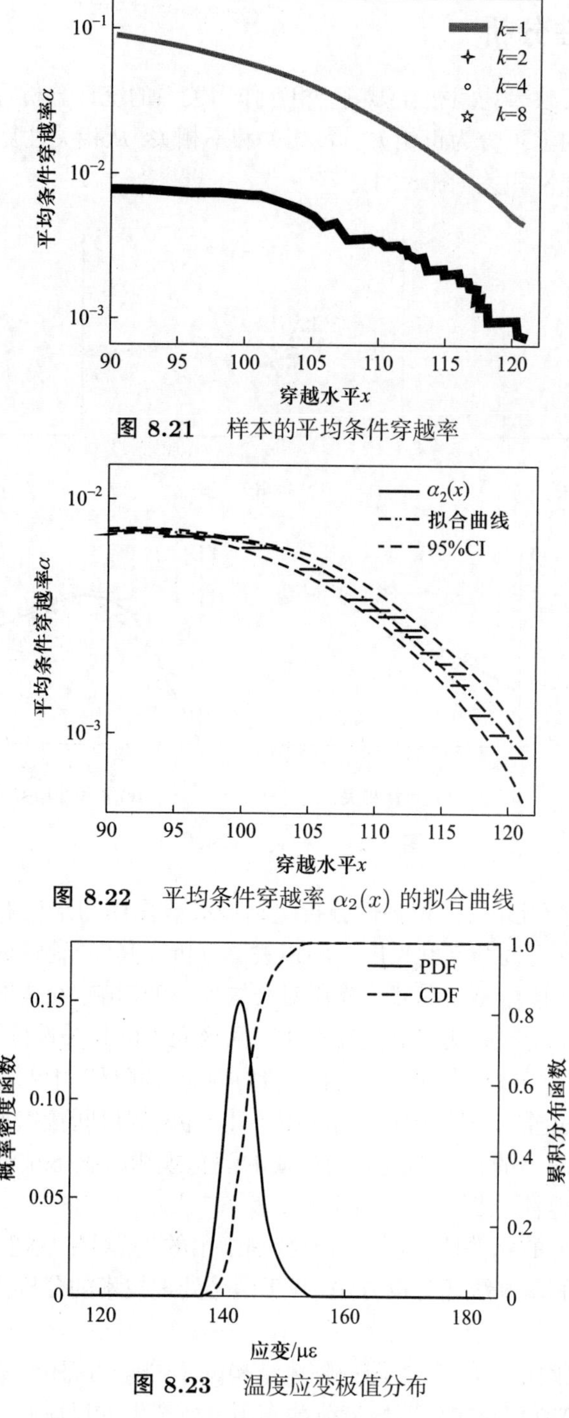

图 8.21　样本的平均条件穿越率

图 8.22　平均条件穿越率 $\alpha_2(x)$ 的拟合曲线

图 8.23　温度应变极值分布

8.4　相关性分析

相关性是反映事物间相互影响、相互作用关系的统计分析特性。相关性从相关程度和方向上可分为正相关、负相关和不相关; 从相关性复杂性上可分为线性相关和非线性相关 (图 8.24)。

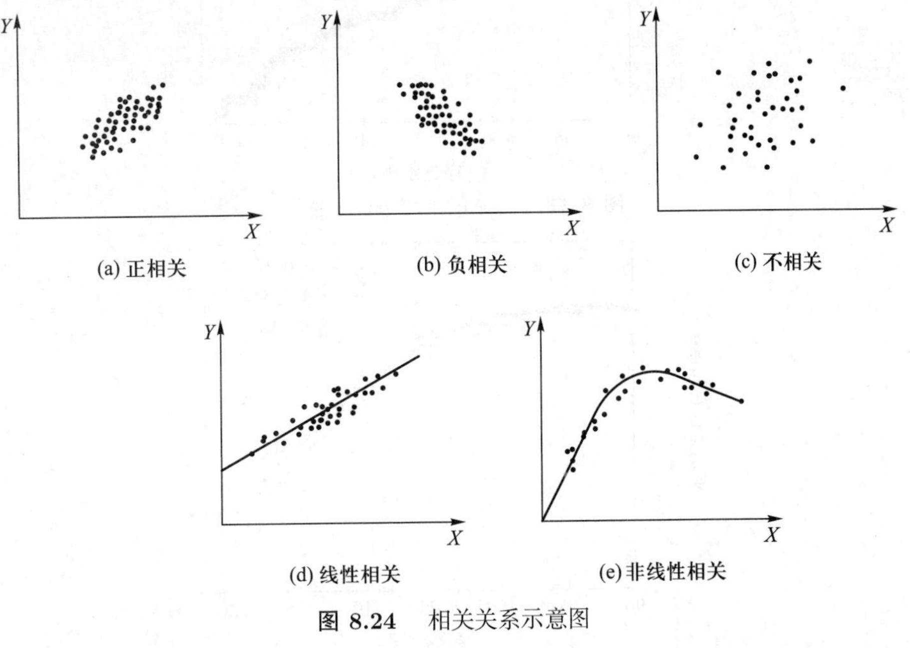

图 8.24　相关关系示意图

工程结构监测大数据相关性分析包括荷载或作用与结构响应相关性分析以及结构响应在时间与空间尺度上的相关性分析。其中, 荷载或作用与结构响应相关性分析可度量某种荷载或作用对结构反应的影响; 结构响应时间尺度上的相关性分析是指同一测点响应在不同时间区间上的相关性分析, 可度量监测物理量在时间演变过程中的变化规律; 结构响应空间尺度上的相关性分析是指不同结构空间位置响应监测数据间的相关性分析, 其可间接揭示结构不同部位在结构力学层面上的相关性随时间推演的演化规律。表 8.6 给出了荷载或作用与结构响应监测数据间相关性分析, 表 8.7 给出了结构响应监测数据在时间与空间尺度上的相关性分析。需要特别指出的是, 对于加速度数据, 本章仅涉及与之相关的基本统计分析方法, 基于信号处理技术的分析方法可参考本书附录。

在结构健康监测中, 作为同一整体结构的不同监测部位, 其本质属于结构大系统, 各个监测部位在外部环境荷载作用下所产生的反应必然存在某种联系或相关性, 绝对不是相互孤立的。这种相关性蕴含着结构本身力学层面的本质

表 8.6 荷载或作用与结构响应监测数据间相关性分析

监测物理量	线位移	静应变	加速度
温度	□	□	—
风速	●	●	●
车重	●	●	●

注: □ 表示应进行项, ● 表示宜进行项, — 表示不涉及项。

表 8.7 结构响应监测数据间相关性分析

监测物理量	线位移	静应变	加速度
线位移	●	●	—
静应变	●	●	—
加速度	—	—	●

注: ● 表示宜进行项, — 表示不涉及项。

关系。因此, 分析多传感器测点间相互关系不仅是直接分析测点数据在时间演变过程中的相关性, 同时更是间接揭示结构不同部位在结构力学层面上的相关性随时间推演的演化规律。一般意义上, 测点间的相关性将在一个合理的范围内变化。测点间相关性的异常变化可能是传感器故障、通信系统故障或者是结构出现了导致测点间力学关系变化的损伤。因此, 在保证传感器和通信正常的情况下, 可以利用相关性对结构损伤进行识别。除此之外, 还可根据测点间的相关程度进行后续回归分析, 构建测点间的数据关系模型。对于相关度较高的测点, 除可进行相互修正与校验外, 当其中某个测点出现故障无有效数据时, 可以利用相关测点数据进行补充。

本节将详细介绍两种经典的相关性分析方法, 即考察两个变量之间相关程度的皮尔逊 (Pearson) 相关性分析方法和考察多个变量与多个变量之间相关性的典型相关性分析方法。然而值得注意的是, 近年来, 很多新兴方法被应用于结构健康监测数据的相关性分析中。如基于支持向量机的数据相关性分析, 可通过核函数将实际结构的监测大数据空间转换到高维特征空间, 并在该空间中构造线性判别函数以代替原空间中的非线性判别函数, 该方法可有效避免局部最优解, 得到监测大数据空间中的全局最优相关性分析结果; 针对多监测变量, 在基本典型相关性分析方法的基础上, 提出一系列衍生方法以适用于海量监测数据, 如核化非线性典型相关性判别分析方法、集成学习典型相关性判别分析方法及多核多视图降维典型相关性判别分析方法等; 作为人工智能核心技术的机器学习方法可清晰描述大数据所含信息特征及众多变量与内容间的关联性, 使包含超多变量的监测大数据相关性分析成为可能。

8.4.1　皮尔逊相关性分析

考察两个随机变量之间的相关程度时常采用皮尔逊相关性分析方法。

设二元总体 $(X,Y)^{\mathrm{T}}$ 的分布函数为 $F(x,y)$, X 和 Y 的方差分别为 $\mathrm{var}(X)$ 和 $\mathrm{var}(Y)$, 总体协方差为 $\mathrm{cov}(X,Y)$, 总体的相关系数定义为

$$\rho_{XY}=\frac{\mathrm{cov}(X,Y)}{\sqrt{\mathrm{var}(X)}\sqrt{\mathrm{var}(Y)}} \tag{8.61}$$

设 $(X_1,Y_1),(X_2,Y_2),\cdots,(X_n,Y_n)$ 为取自某个二元总体的独立样本, 可以计算样本的相关系数

$$r_{XY}=\frac{S_{XY}}{\sqrt{S_{XX}}\sqrt{S_{YY}}} \tag{8.62}$$

式中, $S_{XX}=\frac{1}{n-1}\sum\limits_{i=1}^{n}\left(X_i-\overline{X}\right)^2$; $S_{YY}=\frac{1}{n-1}\sum\limits_{i=1}^{n}\left(Y_i-\overline{Y}\right)^2$; $S_{XY}=\frac{1}{n-1}\sum\limits_{i=1}^{n}\left(X_i-\overline{X}\right)\left(Y_i-\overline{Y}\right)$。

在通常情况下, 由样本计算出的 r_{XY} 不为零, 即使在随机变量 X 和 Y 独立的情况下。因此, 当 $\rho_{XY}=0$ 时, 用 r_{XY} 去度量 X 和 Y 的关联性没有实际意义。所以需要进行假设检验 $H_0:\rho_{XY}=0\quad H_1:\rho_{XY}\neq 0$, 可以证明, 当 (X,Y) 为二元正态总体, 且当 H_0 为真时, 统计量 $t=r_{XY}\sqrt{n-2}/(1-r_{XY}^2)$ 服从自由度为 $n-2$ 的 t 分布 $t(n-2)$。利用统计量 t 服从自由度为 $n-2$ 的 t 分布的性质, 可以对数据 X 和 Y 的相关性进行检验。由于相关系数 r_{XY} 被称为皮尔逊相关系数, 因此, 此检验方法也被称为皮尔逊相关性检验。

8.4.2　典型相关性分析

在实际监测数据分析时, 常常不仅要考察两个变量之间的相关程度, 还需要考察多个变量与多个变量之间即两组变量之间的相关性。典型相关性分析是测度两组变量之间相关程度的一种多元统计方法, 它是两个随机变量之间的相关性在两组变量之下的推广。在监测数据分析中, 针对两组随机变量 $(X_1,X_2,\cdots,X_p)$ 和 $(Y_1,Y_2,\cdots,Y_p)$, 寻找一个 $(X_1, X_2, \cdots, X_p)$ 线性组合 U 及一个 $(Y_1,Y_2,\cdots,Y_p)$ 线性组合 V, 希望找到的 U 和 V 之间有最大可能的相关系数, 以充分反映两组变量间的关系。这样就把研究两组随机变量间相关关

系的问题转化为研究两个随机变量间的相关关系。如果一对变量 (U,V) 还不能完全描述两组变量间的相关关系时, 可以继续找第二对变量, 希望这对变量在与第一对变量 (U,V) 不相关的情况下也具有尽可能大的相关系数, 直到找不到相关变量对时为止。这便引出了典型相关变量的概念。

设有两组随机变量 $\boldsymbol{X}=(X_1,X_2,\cdots,X_p)^{\mathrm{T}},\boldsymbol{Y}=(Y_1,Y_2,\cdots,Y_q)^{\mathrm{T}}(p\leqslant q)$, 将它们合并成一组向量:

$$\boldsymbol{\Sigma}=\begin{bmatrix}\Sigma_{11} & \Sigma_{12}\\ \Sigma_{21} & \Sigma_{22}\end{bmatrix} \tag{8.63}$$

式中, $\Sigma_{11}=\mathrm{cov}(\boldsymbol{X})$; $\Sigma_{22}=\mathrm{cov}(\boldsymbol{Y})$; $\Sigma_{12}=\Sigma_{21}=\mathrm{cov}(\boldsymbol{X},\boldsymbol{Y})$。

$$U_1=\boldsymbol{a}_1^{\mathrm{T}}\boldsymbol{X}=a_{11}X_1+a_{12}X_2+\cdots+a_{1p}X_p \tag{8.64}$$

$$V_1=\boldsymbol{b}_1^{\mathrm{T}}\boldsymbol{Y}=b_{11}Y_1+b_{12}Y_2+\cdots+b_{1q}Y_q \tag{8.65}$$

使得 U_1、V_1 的相关系数 $\rho_{U_1V_1}$ 达到最大, 所以 U_1 和 V_1 的相关系数为

$$\rho_{U_1V_1}=\frac{\boldsymbol{a}_1^{\mathrm{T}}\Sigma_{12}\boldsymbol{b}_1}{\sqrt{\boldsymbol{a}_1^{\mathrm{T}}\Sigma_{11}\boldsymbol{a}_1}\sqrt{\boldsymbol{b}_1^{\mathrm{T}}\Sigma_{22}\boldsymbol{b}_1}} \tag{8.66}$$

又由于相关系数与量纲无关, 因此可设约束条件 $\boldsymbol{a}_1^{\mathrm{T}}\Sigma_{11}\boldsymbol{a}_1=\boldsymbol{b}_1^{\mathrm{T}}\Sigma_{22}\boldsymbol{b}_1=1$。满足此约束条件的相关系数的最大值称为第一典型相关系数, U_1、V_1 称为第一对典型相关变量。

典型相关性分析是在约束条件 $\boldsymbol{a}_1^{\mathrm{T}}\Sigma_{11}\boldsymbol{a}_1=\boldsymbol{b}_1^{\mathrm{T}}\Sigma_{22}\boldsymbol{b}_1=1$ 下求 $\boldsymbol{a}_1$、$\boldsymbol{b}_1$, 使 $\rho_{U_1V_1}=\boldsymbol{a}_1^{\mathrm{T}}\Sigma_{12}\boldsymbol{b}_1$ 取得最大值。

如果 U_1、V_1 还不足以反映 $\boldsymbol{X}$、$\boldsymbol{Y}$ 之间的相关性, 还可构造第二对线性组合:

$$U_2=\boldsymbol{a}_2^{\mathrm{T}}\boldsymbol{X}=a_{21}X_1+a_{22}X_2+\cdots+a_{2p}X_p \tag{8.67}$$

$$V_2=\boldsymbol{b}_2^{\mathrm{T}}\boldsymbol{Y}=b_{21}Y_1+b_{22}Y_2+\cdots+b_{2q}Y_q \tag{8.68}$$

使得 (U_1,V_1) 与 (U_2,V_2) 不相关, 即 $\mathrm{cov}(U_1,U_2)=\mathrm{cov}(U_1,V_2)=\mathrm{cov}(U_2,V_1)=\mathrm{cov}(V_1,V_2)=0$, 在约束条件 $\mathrm{var}(U_1)=\mathrm{var}(V_1)=\mathrm{var}(U_2)=\mathrm{var}(V_2)=1$ 下求 $\boldsymbol{a}_2$、$\boldsymbol{b}_2$, 使 $\rho_{U_2V_2}=\boldsymbol{a}_2^{\mathrm{T}}\Sigma_{12}\boldsymbol{b}_2$ 取得最大值。

一般地, 若前 $k-1$ 对典型变量还不足以反映 $\boldsymbol{X}$、$\boldsymbol{Y}$ 之间的相关性, 还可构造第 k 对线性组合:

$$U_{\boldsymbol{k}}=\boldsymbol{a}_k^{\mathrm{T}}\boldsymbol{X}=a_{k1}X_1+a_{k2}X_2+\cdots+a_{kp}X_p \tag{8.69}$$

$$V_{\boldsymbol{k}}=\boldsymbol{b}_k^{\mathrm{T}}\boldsymbol{Y}=b_{k1}Y_1+b_{k2}Y_2+\cdots+b_{kq}Y_q \tag{8.70}$$

在约束条件 $\mathrm{var}(U_k) = \mathrm{var}(V_k) = 1$ 及 $\mathrm{cov}(U_k, U_j) = \mathrm{cov}(U_k, V_j) = \mathrm{cov}(V_k, U_j) = \mathrm{cov}(V_k, V_j) = 0$, $(1 \leqslant j \leqslant k)$ 下求 $\boldsymbol{a}_k$、$\boldsymbol{b}_k$, 使 $\rho_{U_k V_k} = \boldsymbol{a}_k^{\mathrm{T}} \Sigma_{12} \boldsymbol{b}_k$ 取得最大值。

如此确定的 U_k、V_k 称为 $\boldsymbol{X}$、$\boldsymbol{Y}$ 的第 k 对典型相关变量, 相应的 $\rho_{U_k V_k}$ 称为第 k 个典型相关系数。

【案例 8.7】以某公路大桥 300 天实测风速的每日最大 10 min 平均风速为基础 [6], 计算桥梁湍流度 (从脉动能量比角度描述风的脉动强度, 表示湍流中脉动量与平均量的比例关系, 其定义为风的脉动分量平均变化幅度与平均风速之比) 与阵风因子的相关性, 如图 8.25 所示。

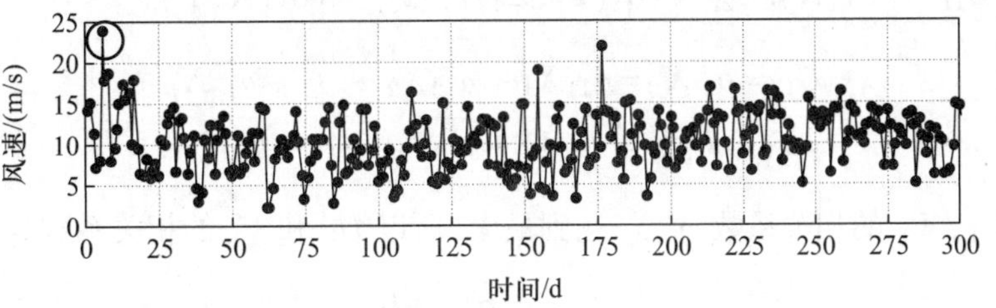

图 8.25　某公路大桥日最大 10 min 平均风速的 300 天变化曲线

图 8.26(a)、图 8.26(b) 分别给出了桥梁纵向和横向湍流度与阵风因子间的相关性, 并计算了皮尔逊相关系数 ρ。虽然湍流度与阵风因子两个参数侧重点不同, 但均能表达风场脉动强度, 因此表现出线性相关性。皮尔逊相关性分析较为清晰地表达了场址区湍流度和阵风因子间的共变关系。

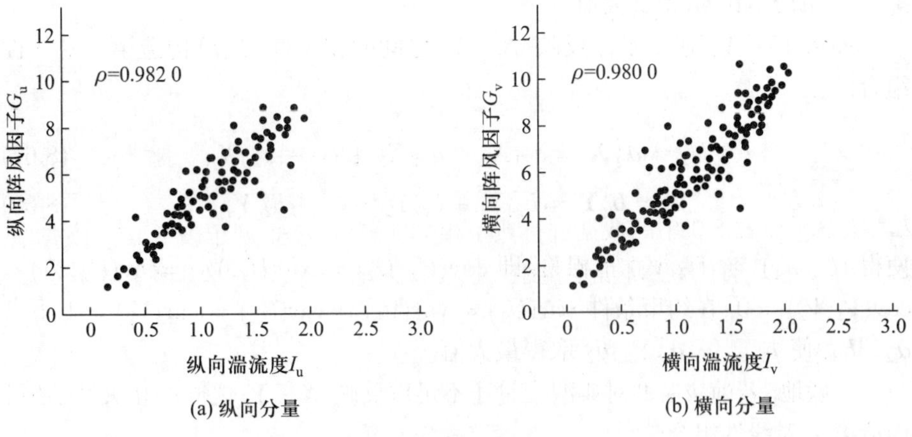

图 8.26　湍流度与阵风因子间的相关关系图

【案例 8.8】以西藏地区某些桥梁为研究对象, 分析西藏自然环境与桥梁各部位沉降量间的典型相关性 [7]。西藏地区特殊的自然环境易引起桥梁结构产生损伤和变形。本例选择了六个自然环境指标 (x_1 — 高寒; x_2 — 高温差; x_3 — 太阳辐射; x_4 — 日照长; x_5 — 降雨量; x_6 — 空气湿度), 以及五个桥梁沉降量监测点指标 (y_1 — 桥面系; y_2 — 桥台和桥墩; y_3 — 基础; y_4 — 上部承重结构; y_5 — 其他), 沉降量由安装在桥梁不同位置的沉降观测仪获取, 数据为沉降观测仪所获取的一年内的累积沉降量。表 8.8 和表 8.9 分别给出了西藏三个桥梁桥址区的自然环境指标和桥梁不同位置的沉降量。

表 8.8 西藏三个桥梁的自然环境指标

桥梁	高寒/°C	高温差/°C	太阳辐射/(kcal/cm^2)	日照长/(h/a)	降雨量/mm	空气湿度
江孜	−27	14	192.4	3 300	350	0.35
扎朗	−16	15	201.0	2 886	377	0.30
米林	−5	11	134.6	2 001	641	0.75

表 8.9 西藏三个桥梁不同位置的沉降量监测数据 (单位：mm)

桥梁	桥面系	桥台和桥墩	基础	上部承重结构	其他
江孜	1	2	5	2	1
扎朗	3	4	6	8	8
米林	5	2	3	7	7

对上述数据进行典型相关性分析, 首先在每组变量内部找到具有最大相关性的一对线性组合, 然后在每组变量内找出第二对线性组合, 使其本身具有最大相关性, 并分别与第一对线性组合不相关。如此类推, 直到两组变量内各变量之间的相关性被提取完毕为止。有了最大相关性的线性组合, 则两组变量之间的相关性问题就转化为研究这些线性组合的最大相关性问题。通过上述方法对表 8.8 和表 8.9 中的数据进行典型相关性分析, 结果列于表 8.10。以典型变量 u_1、u_2 代替 "自然环境变量组" 中六个变量指标关系, 以典型变量 v_1、v_2 代替 "桥梁不同位置沉降量变量组" 中五个变量指标关系。

表 8.10 中数据表明, 自然环境主要影响因素为 x_1、x_4、x_5 和 x_6, 因此自然环境中影响桥梁不同位置沉降量的主要因素是高寒、日照长、降雨量和空气湿度。桥梁不同位置沉降量的第一对相关典型变量与 y_2 呈高度相关, 说明在桥梁不同位置沉降量中, 桥台和桥墩的沉降量占有主导地位。同时, x_2、x_4、x_5 和 x_6 与 "自然环境" 的典型变量相关, 说明高温差、降雨量、日照长和空气湿度在反映自然环境方面占有主导地位。另外, "桥梁不同位置沉降量变量组" 的

表 8.10　结构分析 (相关系数)

指标	u_1	u_2	v_1	v_2
x_1	−0.096 9	−0.108 3	0.082 1	0.080 9
x_2	−0.246 3	0.218 8	0.208 6	−0.163 4
x_3	−0.367 2	−0.122 4	0.311 0	0.091 4
x_4	0.507 5	−0.200 5	−0.429 8	0.149 8
x_5	−0.326 5	0.511 4	0.276 5	−0.381 9
x_6	−0.199 0	0.441 8	0.168 5	−0.329 9
指标	v_1	v_2	u_1	u_2
y_1	−0.319 7	0.654 9	0.270 8	−0.489 1
y_2	0.547 1	0.464 7	−0.463 3	−0.347 1
y_3	−0.277 2	−0.202 4	0.234 8	0.151 2
y_4	−0.285 7	0.814 0	0.241 9	−0.607 9
y_5	−0.007 3	0.040 1	0.006 2	−0.030 0

典型变量之间的相关性比较高, 体现了在反映桥梁的不同位置沉降量中桥台和桥墩、桥面系及上部承重结构占有主导地位。同时还能够看出 “桥梁不同位置沉降量变量组” 中的典型变量与桥面系、桥台和桥墩、基础及上部承重结构都呈高度相关, 并且与 “自然环境变量组” 中的典型变量太阳辐射、降雨量等有较高的相关性。

8.5　回归分析

回归分析是建立变量间关系的数学表达式的一种统计分析方法。该方法首先根据相关关系的形态及机理分析明确谁是自变量, 谁是因变量, 其次选择合适的数学模型来近似表达变量间的变化关系, 最后在此基础上进行变量的控制与预测。回归分析不仅依赖对变量间相关程度的度量 (需要相关性分析的辅助), 更依赖变量间真实相关性的存在。然而, 现象之间是否存在真实相关性并存在因果关系, 必须根据相关专业理论来确定。因此, 回归分析不能仅进行建模与计算, 还必须在定性机理分析的前提下进行。值得注意的是, 结构健康监测数据使用回归分析时, 首先应对结构进行初步的力学分析和简化, 并进行相关性分析, 这样有助于判断各物理量间是否可使用回归分析方法。

相关性分析与回归分析是较容易被混淆的概念。实际中两者既有区别又有联系。相关性分析中所包含的变量并无自变量和因变量的划分, 属于平等的相关关系。而回归分析中, 必须根据研究对象的性质和分析目的对两个变量进行划分, 因此回归分析包含的变量不对等。另外, 相关性分析主要通过一个指标来衡量相关程度的大小, 相关系数唯一确定, 而回归分析中互为因果的两个变量, 可能存在多个回归方程。应意识到, 相关性分析是回归分析的基础和前提, 回归分析是相关性分析的深入和继续。相关性分析需要依靠回归分析来表现变量之间数量相关性的具体形式, 而回归分析则需要依靠相关性分析来表现变量之间数量变化的程度, 只有当变量之间存在高度相关时, 进行回归分析寻求其相关性的具体形式才有意义。如果在对变量之间是否相关以及相关方向和程度做出正确判断之前就进行回归分析, 很容易造成“虚假回归”[8]。

回归分析包括线性回归分析和非线性回归分析。其中, 线性回归分析包括一元或多元线性回归分析; 非线性回归分析可通过多项式回归分析、支持向量机或神经网络等方法建立其非线性关系模型。支持向量机和神经网络的非线性建模效果优于多项式回归分析, 但模型较为复杂且包含一些参数需要寻优, 不便于工程实际应用。此外, 土木工程结构健康监测数据间的非线性相关程度不高, 较低阶的多项式函数即可对其进行很好的拟合, 故宜采用多项式回归分析建立两组监测数据间的非线性依赖关系。以下给出这几种常用方法的分析步骤与计算公式。

8.5.1 线性回归

1. 一元线性回归

设 x 是自变量, y 是因变量, 则一元线性回归模型为

$$y = \alpha + \beta x + \varepsilon, \quad \varepsilon \sim N(0, \sigma^2) \tag{8.71}$$

式中, α 和 β 称为模型参数; ε 称为模型随机误差。求线性函数 $E(y) = \alpha + \beta x$ 的经验回归方程 $\widehat{y} = \widehat{\alpha} + \widehat{\beta} x$, 称为建立一元线性回归模型。其中, $\widehat{y}$ 是 $E(y)$ 的统计估计; $\widehat{\alpha}$ 和 $\widehat{\beta}$ 分别是 α 和 β 的统计估计, 称为经验回归系数。

设数据对 $(x_i, y_i)\,(i = 1, 2, \cdots, n)$ 是变量对 (x, y) 的观测数据, 则

$$y_i = \alpha + \beta x_i + \varepsilon_i \tag{8.72}$$

称为一元样本回归方程 (数据模型)。其中, $\varepsilon_i \sim N\left(0, \sigma^2\right)(i = 1, 2, \cdots, n)$, 且各个 ε_i 相互独立。

2. 多元线性回归

多元线性回归分析是应用最广泛的多元分析法之一, 其原理与一元线性回归分析相同, 但在计算上要复杂得多, 通常需要借助统计软件才可应用。

设 $x_1, x_2, \cdots, x_p$ 是 $p(p \geqslant 2)$ 个自变量, y 是因变量, 则多元线性回归模型为

$$y = \beta_0 + \beta_1 x_1 + \beta_2 x_2 + \cdots + \beta_p x_p + \varepsilon, \quad \varepsilon \sim N\left(0, \sigma^2\right) \tag{8.73}$$

式中, $\beta_0, \beta_1, \beta_2, \cdots, \beta_p$ 表示 $p+1$ 个模型参数 (β_0 称为常数项, $\beta_1, \beta_2, \cdots, \beta_p$ 称为模型系数); $\varepsilon \sim N(0, \sigma^2)$ 表示模型随机误差。

求 p 元线性函数

$$E(y) = \beta_0 + \beta_1 x_1 + \beta_2 x_2 + \cdots + \beta_p x_p \tag{8.74}$$

的经验回归方程

$$\widehat{y} = \widehat{\beta}_0 + \widehat{\beta}_1 x_1 + \widehat{\beta}_2 x_2 + \cdots + \widehat{\beta}_p x_p \tag{8.75}$$

称为建立多元线性回归模型。其中, $\widehat{y}$ 是 $E(y)$ 的统计估计; $\widehat{\beta}_0, \widehat{\beta}_1, \widehat{\beta}_2, \cdots, \widehat{\beta}_p$ 分别是 $\beta_0, \beta_1, \beta_2, \cdots, \beta_p$ 的统计估计, 称为经验回归系数。

8.5.2 非线性回归

非线性回归分析可通过多项式回归分析、支持向量机或神经网络等方法建立其非线性关系模型。本节对非线性回归中的多项式回归进行详细介绍。多项式回归为研究一个因变量与一个或多个自变量间多项式的回归分析方法。如果自变量只有一个, 称为一元多项式回归; 如果自变量有多个, 则称为多元多项式回归。在一元回归分析中, 如果因变量 y 与自变量 x 的关系为非线性的, 但是又找不到适当的函数曲线来拟合, 则可以采用一元多项式回归。

一元 m 次多项式回归方程为

$$\widehat{y} = b_0 + b_1 x + b_2 x^2 + \cdots + b_m x^m \tag{8.76}$$

二元二次多项式回归方程为

$$\widehat{y} = b_0 + b_1 x_1 + b_2 x_2 + b_3 x_1^2 + b_4 x_2^2 + b_5 x_1 x_2 \tag{8.77}$$

多项式回归的最大优点就是可以通过增加 x 的高次项对实测点进行逼近, 直至满意为止。事实上, 多项式回归可以处理相当一类非线性问题, 它在回归分析中占有重要的地位, 因为任一函数都可以分段用多项式来逼近。因此在实际问题中, 不论因变量与其他自变量的关系如何, 总可以用多项式回归来进行分析。

多项式回归问题可以通过变量转换化为多元线性回归问题来解决。

对于一元 m 次多项式回归方程, 令 $x_1 = x, x_2 = x^2, \cdots, x_m = x^m$, 则 $\widehat{y} = b_0 + b_1 x + b_2 x^2 + \cdots + b_m x^m$ 就转化为 m 元线性回归方程:

$$\widehat{y} = b_0 + b_1 x_1 + b_2 x_2 + \cdots + b_m x_m \tag{8.78}$$

在多项式回归分析中，检验回归系数 b_i 是否显著，实质上就是判断自变量 x 的 i 次方项对因变量 y 的影响是否显著。

对于二元二次多项式回归方程，令 $z_1 = x_1$，$z_2 = x_2$，$z_3 = x_1^2$，$z_4 = x_2^2$，$z_5 = x_1x_2$，则该二元二次多项式方程就转化为五元线性回归方程：

$$\widehat{y} = b_0 + b_1z_1 + b_2z_2 + b_3z_3 + b_4z_4 + b_5z_5 \tag{8.79}$$

但随着自变量个数的增加，多元多项式回归分析的计算量急剧增加。多元多项式回归属于多元非线性回归问题。

【案例 8.9】以某公铁两用大桥 [9]2015 年 1—9 月的主梁竖向挠度和温度实测数据为例，介绍一元线性回归分析在构建荷载与响应关系模型及不同位置处响应关系模型时的应用。大桥主梁竖向挠度的监测点分别位于边跨跨中、辅助跨跨中、主跨 1/4 跨、主跨跨中、主跨 3/4 跨以及黄冈侧桥塔处，共计 8 个测点，如图 8.27 所示。

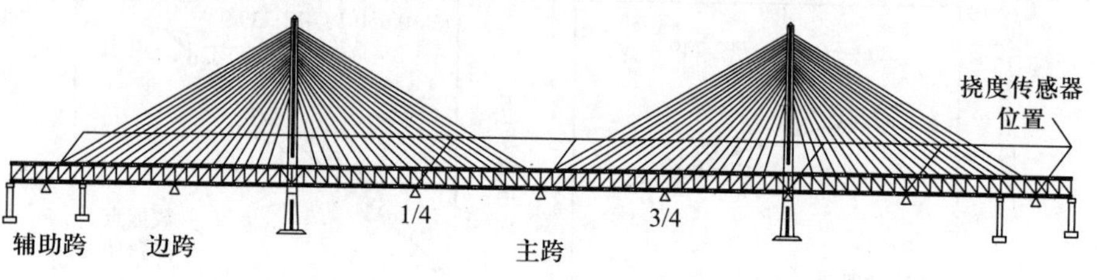

图 8.27 某公铁两用大桥测点布置图

图 8.28(a) 给出了采用小波变换的多尺度分解法提取出的温度引起的挠度(以下简称温度挠度)。图 8.28(b) 给出了环境温度监测结果。主梁竖向挠度的

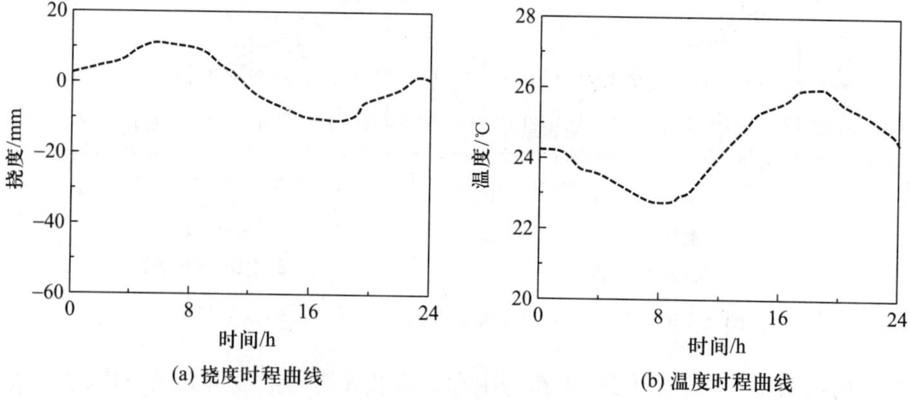

图 8.28 挠度与温度监测数据时程曲线

日变化曲线整体呈现正弦曲线的特征。当夜间温度较低时, 主梁上拱; 当午后温度较高时, 主梁下挠, 说明温度与主梁竖向挠度之间存在相关性。

在回归分析前需要定量给出相关性分析结果, 基于 8.4.1 节皮尔逊相关性分析方法计算得到该桥梁典型位置处温度–温度挠度相关性系数, 列于表 8.11。结果表明温度与桥梁典型位置处温度挠度存在较强负相关性, 可进行回归分析。图 8.29 给出了桥梁各部分温度挠度与环境温度的一元线性回归方程式及拟合曲线。

表 8.11　温度–温度挠度相关性系数

位置	相关性系数
温度–边跨跨中挠度	−0.716 6
温度–辅助跨跨中挠度	−0.931 7
温度–主跨跨中挠度	−0.814 0
温度–主跨 3/4 跨挠度	−0.899 2

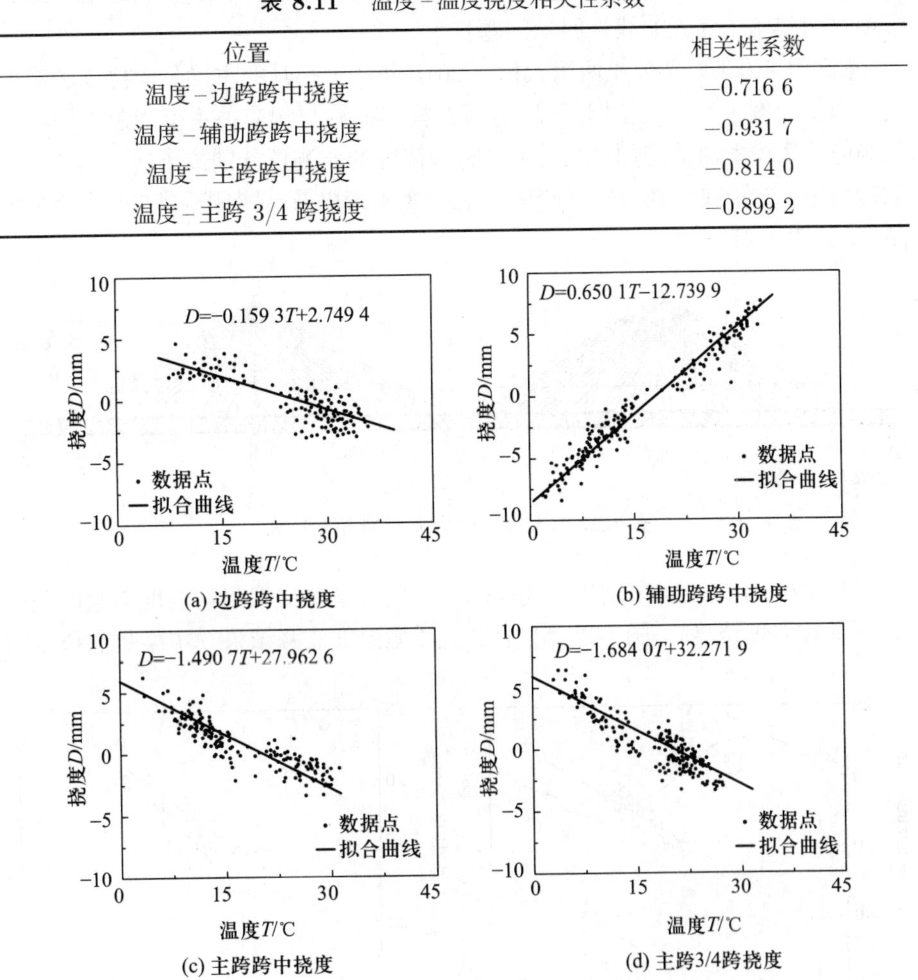

图 8.29　温度挠度与环境温度的一元线性回归数学模型

边跨跨中、主跨 1/4 跨、主跨跨中和主跨 3/4 跨随温度升高呈下挠趋势; 相应地, 辅助跨跨中随环境温度升高呈上拱趋势, 主梁挠度变化满足变形协调关系。温度每升高 1 °C, 辅助跨跨中上拱 0.650 1 mm, 主跨跨中下挠 1.490 7 mm, 辅助跨跨中上拱挠度与主跨跨中下挠挠度比值的绝对值为 0.436, 而辅助跨跨度与主跨跨度的比值为 0.429, 两者之间误差仅为 1.63%, 表明了主梁挠度变化的几何连续性。

以下将给出桥梁各部分温度挠度的空间回归分析结果。典型位置处温度挠度相关系数计算结果如表 8.12 所示。

表 8.12 典型位置处温度挠度相关系数

位置	相关系数
主跨跨中挠度与边跨跨中挠度	0.246 2
主跨跨中挠度与辅助跨跨中挠度	0.801 3
主跨跨中挠度与主跨 1/4 跨挠度	0.968 0
主跨跨中挠度与主跨 3/4 跨挠度	0.980 4

图 8.30 分别给出了主跨跨中与边跨跨中、辅助跨跨中、主跨 1/4 跨、主

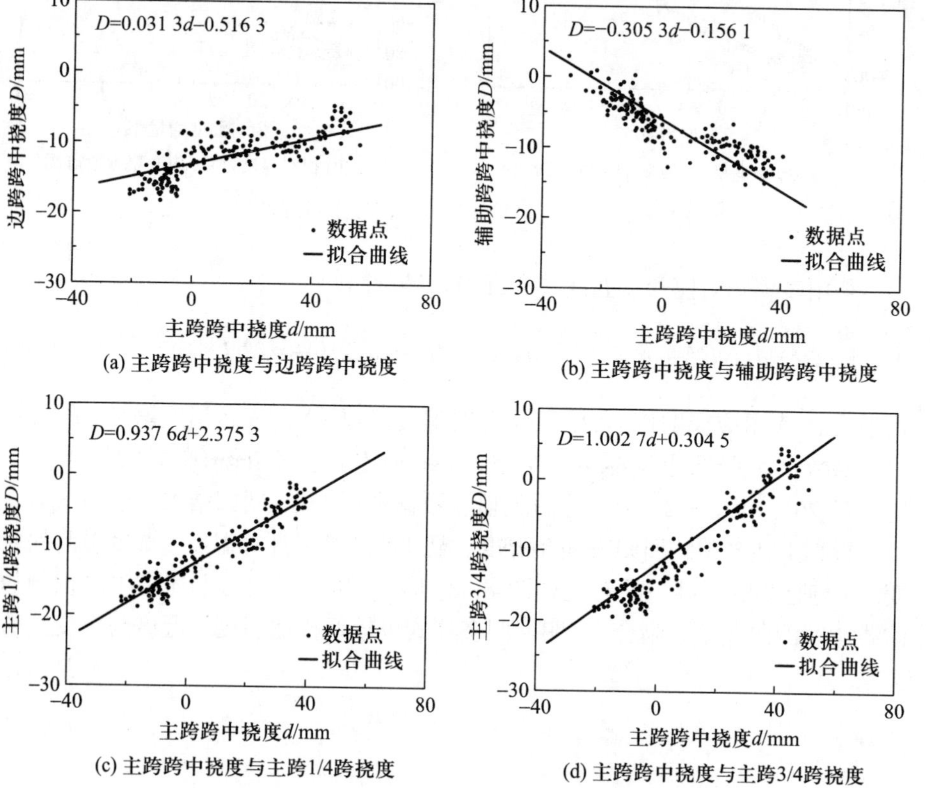

图 8.30 温度挠度日平均值的一元线性回归方程

跨 3/4 跨位置处温度挠度日平均值的一元线性回归方程。

辅助跨跨中与主跨跨中的温度挠度变化趋势相反, 即主跨跨中下挠时辅助跨跨中上拱, 而主跨 1/4 跨与主跨 3/4 跨 2 个测点关于主跨跨中对称, 因此这 2 个测点的温度挠度与主跨跨中的温度挠度变化趋势相同。

【案例 8.10】在木结构建筑中, 温度、湿度等环境作用会导致结构构件产生变形。本例基于某藏式古建筑木结构健康监测数据 [10], 建立了应变与温度、湿度的回归模型。该模型可解析温度、湿度对藏式古建筑木结构应变的影响, 同时也能将温度、湿度作为常规影响因素, 将总响应中由温度和湿度引起的效应予以剔除, 以分析结构的自身劣化效应。图 8.31 给出温度–应变以及湿度–应变的关系, 可以看出它们之间存在非线性关系。

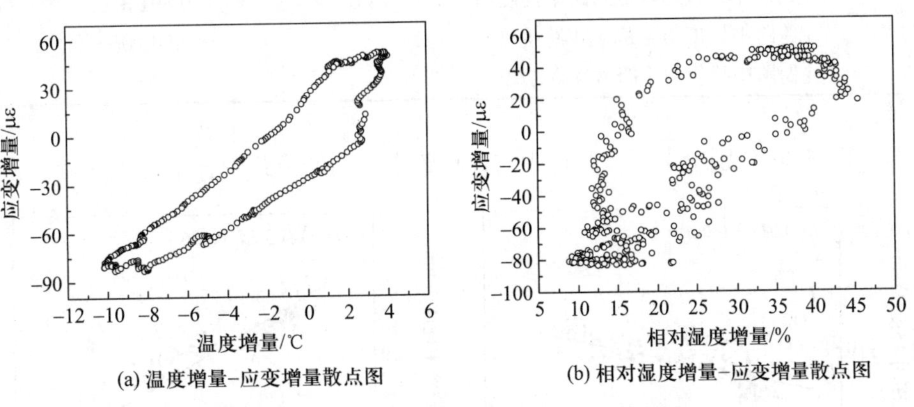

图 8.31　应变增量与温度、湿度增量散点图

采用多项式对应变与温度、湿度关系进行回归:

$$\Delta\varepsilon = a_1\Delta H^2 + a_2\Delta T^2 + a_3\Delta T\Delta H + a_4\Delta H + a_5\Delta T + a_0 \tag{8.80}$$

式中, $\Delta\varepsilon$ 表示应变增量; ΔH 表示相对湿度增量; ΔT 表示温度增量; a_i 表示回归系数。为便于理解, 采用三维空间曲线描述上述多项式 (图 8.32)。

对 2016 年 7—12 月六个月的监测数据进行拟合, 回归结果列于表 8.13。

根据上述多项式回归方程及温度、湿度监测结果计算温度、湿度引起的应变, 其与监测所得结果的对比如图 8.33 所示。可以看出由上述多项式预测的曲线与实测曲线基本吻合, 表明回归多项式可较好描述温度、湿度与应变间的关系。

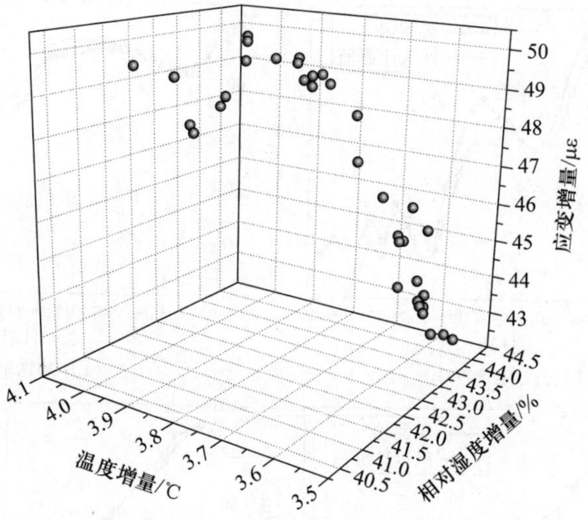

图 8.32 应变-温湿度多项式数学模型三维示意图

表 8.13 应变-温湿度多项式回归方程

月份	表达式
2016-07	$\Delta\varepsilon = -41.5\Delta H^2 + 0.85\Delta T^2 + 15.5\Delta T\Delta H - 29.1\Delta H + 5.3\Delta T + 4.4$
2016-08	$\Delta\varepsilon = -17.8\Delta H^2 + 0.85\Delta T^2 + 2.2\Delta T\Delta H + 12.8\Delta H + 6.3\Delta T + 16.5$
2016-09	$\Delta\varepsilon = 52.9\Delta H^2 - 0.15\Delta T^2 + 1.96\Delta T\Delta H + 43.8\Delta H + 0.86\Delta T + 14.6$
2016-10	$\Delta\varepsilon = 18\Delta H^2 + 2.5\Delta T^2 + 8.4\Delta T\Delta H + 25\Delta H + 20\Delta T + 18$
2016-11	$\Delta\varepsilon = 24\Delta H^2 - 0.38\Delta T^2 + 13\Delta T\Delta H + 70\Delta H + 2.4\Delta T - 16.8$
2016-12	$\Delta\varepsilon = 34.4\Delta H^2 - 0.29\Delta T^2 + 5.2\Delta T\Delta H + 18.4\Delta H + 4.2\Delta T - 3.3$

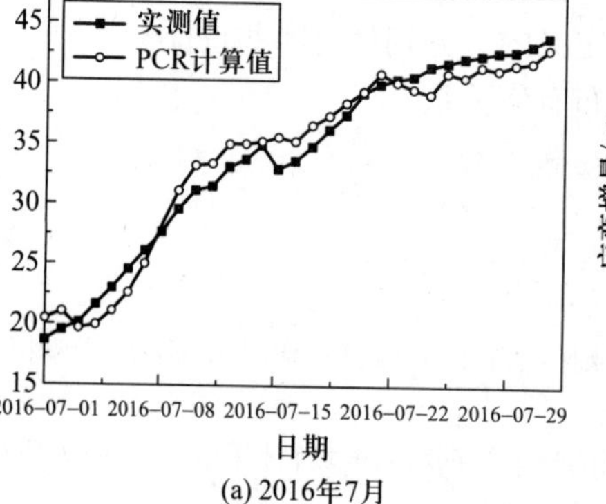

(a) 2016年7月

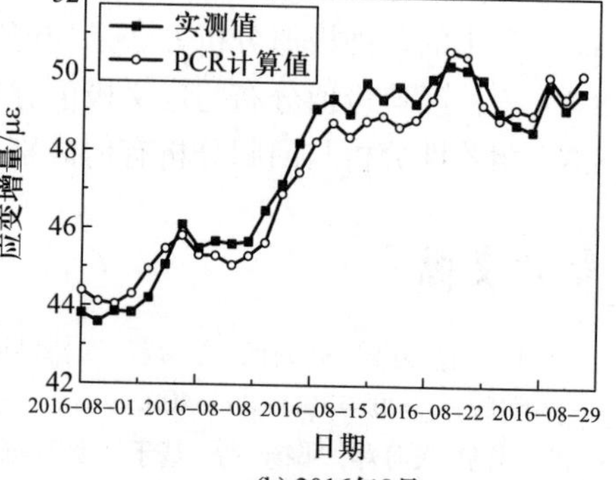

(b) 2016年8月

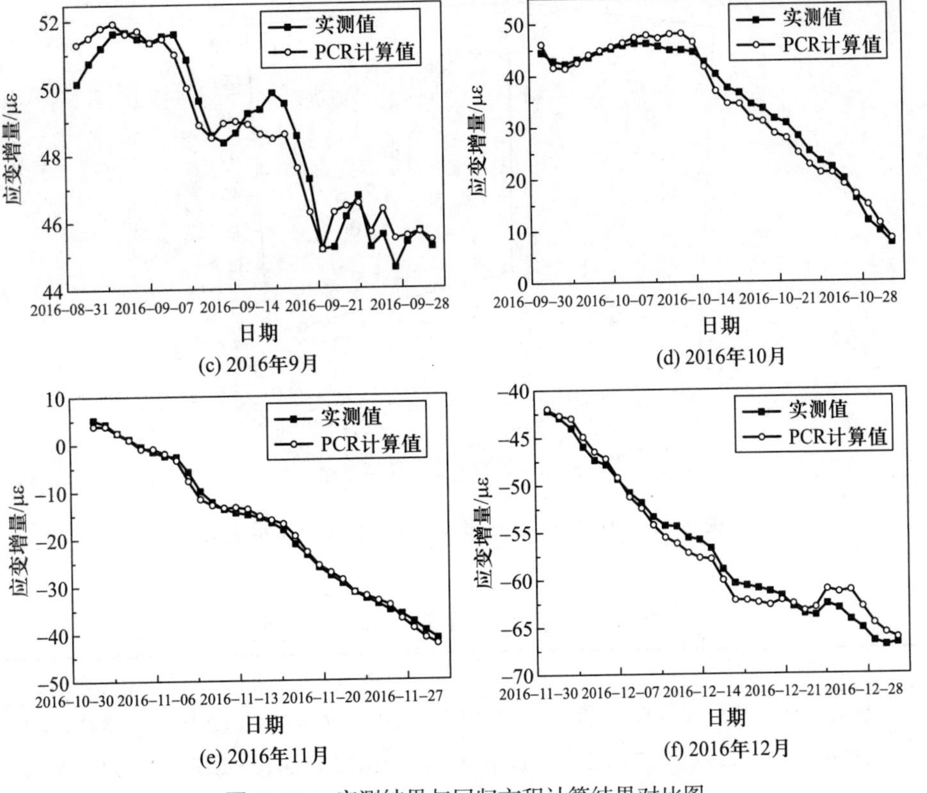

图 8.33　实测结果与回归方程计算结果对比图

思考题

8.1　监测数据概率密度函数估计的主要计算步骤有哪些？

8.2　不同窗宽值的选取对核密度估计函数有何影响？

8.3　常用的几种极值分析方法是如何定义的？分别具有哪些特征？

8.4　三种经典极值分布与广义极值分布有何关系？

8.5　相关性分析与回归分析有何区别与联系？

参考文献

[1] 叶雨清, 陈勇, 孙炳楠, 等. 钱江四桥健康监测特征指标趋势分析 [J]. 浙江大学学报 (工学版), 2009, 43(2): 395–400.

[2] 刘扬, 张海萍, 邓扬, 等. 基于实测数据的悬索桥钢箱温度场特性研究 [J]. 中国公路学报, 2017, 30(3): 56–63.

[3] 郑伟, 朱洪磊, 符锌砂, 等. 基于核密度估计的交通流速度分布 [J]. 公路工程, 2018, 43(2): 113–117, 128.

[4] 纪鹏远, 邸小坛, 徐骋. 关于风速概率分布的分析研究 [J]. 建筑科学, 2016, 32(7): 14–18.

[5] 阳霞. 基于应变极值估计的桥梁车辆荷载与温度效应 [D]. 合肥: 合肥工业大学, 2017.

[6] 周广东, 丁幼亮, 李爱群, 等. 基于润扬大桥南塔顶长期监测数据风场特性分析 [J]. 工程力学, 2012, 29(7): 93–101.

[7] 解玉侠, 周建庭, 杨建喜, 等. 基于典型相关系数法的西藏自然环境与桥梁病害相关性分析 [J]. 公路, 2013, 5(5): 5–9.

[8] Yang D H, Yi T H, Li H N, et al. Correlation-based estimation method for cable-stayed bridge girder deflection variability under thermal action [J]. Journal of Performance of Constructed Facilities, 2018, 32(5): 04018070.

[9] 丁幼亮, 卞宇, 赵瀚玮, 等. 公铁两用斜拉桥竖向挠度的长期监测与分析 [J]. 铁道科学与工程学报, 2017, 14(2): 271–277.

[10] Bai X B, Yang N, Yang Q S. Temperature effect on the structural strains of an ancient Tibetan building based on long- term monitoring data [J]. Earthquake Engineering and Engineering Vibration, 2018, 17(3): 641–657.

第 9 章
结构物理参数识别*

系统识别在土木工程中广泛应用到参数识别、模型修正、结构控制、健康监测、状态评估和损伤诊断等方向, 它是这些研究或工程应用的支柱理论。由于土木工程结构投资巨大, 类型复杂, 尺寸大并且质量重, 其寿命可达到几十年甚至上百年, 对国民经济建设具有深远的影响, 因此土木工程的系统识别具有重要的意义。土木工程结构与航空工程、机械工程等结构工程具有明显的差别, 如高层建筑、桥梁结构、海洋平台和水库大坝等, 它们具有较低的自振频率, 结构的动力响应容易受到环境因素以及非结构构件等的影响, 在结构的使用寿命中受到各种损伤, 如建筑材料老化、遭受地震荷载作用等, 因此依据健康监测数据进行系统识别获得结构的物理参数、进而确定损伤的发生和位置是非常必要的。

在结构工程领域所涉及的各种系统识别中, 有多种不同的划分方法。系统识别的识别对象既可以是结构的物理参数 (质量、刚度等), 也可以是结构的模态参数 (频率、阻尼比和振型等), 因此可以分为结构的物理参数识别 (第 9 章) 和模态参数识别 (第 10 章)。在结构的物理参数识别中, 识别方法根据用于建模的是时域信号还是频域信号, 可以分为时域识别和频域识别两大类, 这分别

* 本章执笔人:
张建, 东南大学土木工程学院, jian@seu.edu.cn
周云, 湖南大学土木工程学院, zhouyun05@hnu.edu.cn

是本章 9.4 节和 9.6 节要阐述的内容。在实际工程的动力测试中, 由于动力学信息测试不完备, 就需要利用理论方法重构所需要的信号, 从而支撑时域识别, 这形成了 9.3 节的内容。与此同时, 当需要同时识别结构的物理参数和结构的输入信号时, 需要采用一种新的识别方法即动力复合反演, 这就形成了 9.5 节的内容。而当结构物理参数为不确定量时, 在进行结构识别的过程中通常利用经典统计理论或贝叶斯理论, 即文中所描述的贝叶斯方法, 这就形成了 9.7 节的内容。

9.1　结构系统识别内涵

系统识别的理论最初源于现代控制领域, 近几十年来在航空、航天、水文、机械、土木等学科领域都受到了越来越广泛的关注。在土木工程领域, 建筑、桥梁、工业塔架、海洋平台和大坝都可被视为 “系统”。1962 年, Zade 给出了识别的含义: “识别就是在输入和输出数据的基础上, 从一组给定的模型中, 确定一个与所测系统等价的模型。” 1974 年, Eykhoff 定义识别问题为 “用一个模型来表示客观系统 (或要构建的系统) 本质特征的一种验算, 并利用这个模型把对客观系统的理解表示成为有用的形式”。1978 年, Ljung 定义识别为 “识别有三个要素 —— 数据、模型和准则, 识别就是按照一个准则在一组模型中选择一个与数据吻合得最好的模型”。可给出与现实工程结构物等价的计算模型及其参数的过程。1978 年, Liu 和 Yao 在土木工程领域率先提出 “结构识别” 的概念, 将其定义为 “利用校验过的模型进行与参数相关的结构响应预测”, 其本质上仍然是结构建模问题, 即模型阶和模型参数的识别。系统识别方法在土木工程中的应用主要包括大型结构控制、结构健康监测、状态评估和损伤诊断等方向。

9.1.1　结构动力学三类问题

系统识别起源于现代控制理论, 在现代控制理论中, 被控对象的数学模型是未知的, 因此需要按状态方程或高阶差分方程形式给出模型类, 然后根据观测数据建立具体的模型和参数。其中, 确立模型的工作称为模型识别或模型阶识别, 而确立模型中的参数的工作称为参数识别。土木工程结构系统属于动力学系统, 由于动力学系统在外力作用下的运动规律遵循牛顿力学定律, 因此系统的基本数学理论模型一般是已知的, 需要识别的对象简化为系统的特征参数 (一般包括物理参数和动力特性参数)。因此, 土木工程结构系统识别问题通常归结为参数识别问题。

在结构健康监测的过程中, 结构的振动与结构本身的动力特性和所受到的外力密不可分。结构动力学问题, 包含激励、结构本身 (包含描述特性的各种参数) 和响应三要素, 即称为输入、系统和输出, 本质上就是研究和分析输入、系统和输出三者之间的相互关系, 通常用图 9.1 表示。

激励（输入）→ 结构本身（系统）→ 响应（输出）

图 9.1 结构动力学问题三要素之间的关系

以上三部分关系便产生了振动问题的三个方面, 动力响应分析、系统识别和荷载预测。结构物理参数识别方法, 通常按照激励、系统和响应分为正问题和反问题, 反问题又可以分为第一类反问题和第二类反问题。在结构健康监测的研究中, 通常把所研究的结构称为振动系统; 把外界对系统的作用称为激励或输入, 激励或输入不是固定的, 可以随着时间发生变化, 可以用时间的确定函数来描述的激励称为确定性激励, 不能用时间的确定函数表示的激励称为随机激励。结构在激励作用下产生的动态行为称为响应或输出, 常见的响应有结构的加速度、速度、位移以及应变响应等。

振动分析就是研究系统、激励和响应之间的关系, 组成的三方面是紧密关联的, 三个方面一起构成了一个封闭的系统, 理论上只要知道了其中的两者, 就可以确定第三者。同时三者也可以构成一个数学模型, 当系统中有两个参量已知的时候, 另一个参量通过计算可以得到确定。因此可以演变出动力学中的正反问题: 当输入部分和系统特性已知, 求解输出部分, 此为动力学求解的正问题, 即分析问题; 当输入和输出部分已知, 需要求解系统的特性 (参数识别), 此为动力学求解中的第一类反问题; 当系统特性和输出部分已知, 需要求解输入部分 (荷载识别), 此为动力学中的第二类反问题, 如表 9.1 所示。

表 9.1 结构动力学中的正反三类问题

问题分类	激励 (输入)	系统 (模型)	响应 (输出)
正问题	√	√	?
第一类反问题	√	?	√
第二类反问题	?	√(或?)	√

第一类反问题的研究目前已经形成了较成熟和系统的理论, 在工程中的运用也取得了非常好的效果。第二类反问题的研究, 即荷载识别, 由于起步相对比较晚, 相关的理论仍有待于进一步完善。随着科学技术的不断发展, 人们对

这方面的研究也越来越重视, 近年来逐渐成为研究热点。

9.1.2　参数识别基本过程

结构参数识别的基本过程如图 9.2 所示。

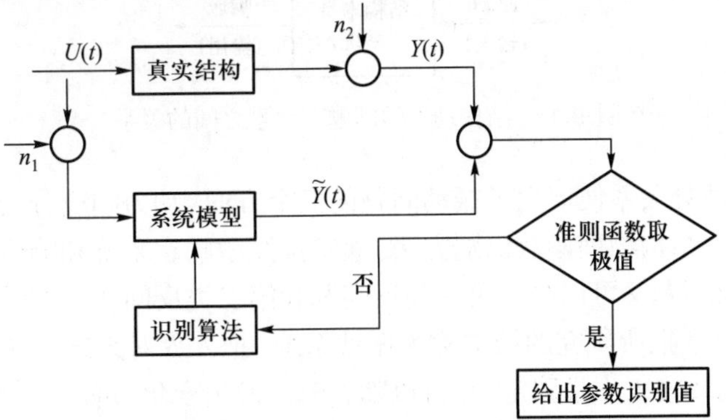

图 9.2　结构参数识别基本过程

其中, $U(t)$ 是结构输入激励的时程, n_1 是输入信号中的噪声, n_2 是量测的噪声, $Y(t)$ 是加入量测噪声后实测的实际结构的响应时程, $\widetilde{Y}(t)$ 是系统模型的动力响应时程。参数识别过程即通过引入识别算法, 确定出使识别准则函数取极值的参数, 作为系统模型的最优参数, 这将使系统模型的动力响应时程最接近于实际结构的响应时程, 从而获得与真实结构系统最接近的系统模型。

由以上过程可看出, 识别算法在整个参数识别过程中至关重要。识别算法可以划分为一次完成型算法、递推算法与迭代算法。一次完成型算法指根据参数识别准则, 利用部分或全部观测数据一次求解出系统参数估计值。递推算法是采用逐步逼近的方法来估计模型参数, 即由前一时刻 (k–1 时刻) 的参数估计值求出 k 时刻的模型输出, 其与实际结构在 k 时刻的输出观测值之差构成预报误差, 再根据某种参数估计准则, 计算出下一时刻 (k+1 时刻) 的参数估计值, 并据此更新系统模型。这样不断递推, 直至准则函数取极值, 获得最优的参数估计。迭代算法一般是根据观测时段内全部或者大部分时程观测数据以及初始参数估计值, 计算出系统模型的输出时程, 再根据观测时段内的预报误差以及准则函数取极值原则, 利用数学优化算法更新迭代模型参数, 经过不断迭代, 最终获得最优的模型参数估计值。

9.2　结构系统识别方法分类

系统识别的过程包含以下几个不同阶段: 测量信号的采集和处理、结构系统力学模型选择、数学模型选择、参数识别及验证。识别对象也是不同的, 可以是模态参数, 也可以是物理参数。因此根据不同阶段识别参数的不同, 系统识别可以划分为模态参数识别和物理参数识别。系统识别方法按照所利用信号的形式可分为两类, 频域识别方法和时域识别方法, 即存在模态参数频域识别技术、时域识别技术以及物理参数频域识别技术、时域识别技术之分; 另外还有时–频方法及基于模拟进化的方法两类。结构的物理参数包括结构的质量和刚度等, 这些参数的识别对于结构损伤定位和定量是非常必要的。利用实际结构的测量动力反应, 通过识别方法来确定结构的物理参数, 然后判别结构的物理参数是否与真实值或分析值一致, 从而确定损伤的位置并采取相应加固措施; 或利用已识别得到的结构物理参数修正有限元模型, 使有限元分析得到的结构理论反应与实际结构的测量反应吻合得最好。

9.2.1 时域识别方法

假设结构的输入与输出信息可以完备测量, 而系统识别则是在此前提下确立系统模型或系统参数。对于线性参数系统而言主要有以下方法 [1]。

1. 最小二乘类识别算法

最小二乘估计方法最早由高斯 (Gauss) 于 1809 年发表在《天体运动理论》中, 但是直到二十世纪六十年代才被用于动态系统参数识别问题。最小二乘估计方法的直观意义是, 未知参数的最优估计将使实际测量响应与模型理论计算响应之间的误差的累计平方和达到最小。已经证明, 如果噪声与模型输入统计无关, 可以得到参量的无偏估计; 进一步地, 如果是白噪声过程, 即零均值的平稳随机过程, 将得到参量的一致估计。当观测序列长度趋于无穷大时, 估计参数依概率收敛于真实值。即只要观测时刻和获得的测量数据足够多, 就可以应用最小二乘法进行参数识别。其特点是算法简单, 在使用之前不必预先知道与被估计参量以及观测量有关的任何统计信息, 但对于扰动有时很敏感。最近几十年来, 在经典最小二乘法的基础上, 还进一步发展起了加权最小二乘法、递推最小二乘法、遗忘因子算法等。特别在现代控制理论中, 还发展了增广最小二乘法、广义最小二乘法、多级最小二乘法、限定记忆法等多种修正算法。上述各种算法可以归为一类最小二乘类识别算法, 这类算法在目前的参数识别技术中占据了主要的地位。

2. 卡尔曼滤波类识别算法

上述最小二乘算法原则上仅适用于线性参数系统的识别, 而卡尔曼滤波类算法还适用于非线性参数系统识别。1960 年由 R. E. Kalman 首次提出的卡尔曼滤波 (Kalman filter) 方法是一种递推最小方差估计 (sequential least-squares estimation), 尚不能处理非线性问题。1970 年, Jazwinski 提出了扩展卡尔曼滤波 (extended Kalman filter, EKF) 方法, 通过在滤波估计值附近做线性化处理，即将观测方程用泰勒级数展开并忽略二阶以上的小量，解决了非线性滤波问题。EKF 方法的基本思想是，把系统参量作为增广状态向量，利用系统参量对时间的导数为零，将其并入卡尔曼滤波的状态方程与测量方程中，然后在对系统的动态测量数据进行滤波、估计的同时，得到系统参数的估计值。后来，相关学者又提出了 EKF-WGI (EKF with weighted global iteration) 方法等。

9.2.2　时域动力复合反演方法

在实际工程问题中，结构的动力信息往往难以全部测量，这就大大限制了经典系统识别理论的应用。而动力复合反演问题则能解决这一实际工程问题。动力复合反演问题是指系统输入信息与系统输出信息均不完备情况下的结构参数识别问题或结构力学参数未知条件下的荷载反演问题。该方法也是本章主要采用的方法之一。主要包括以下几种。

(1) 部分输入信息未知条件下结构物理参数识别。采用最小二乘算法和全量补偿法迭代估计，每次估计时用已知信息代替估计信息，直至收敛为止。

(2) 荷载未知条件下结构物理参数识别。借助于分组归一统计平均算法和最小二乘算法，通过逐步迭代就可以完成结构物理参数的识别。

(3) 基底输入未知条件下结构物理参数识别及输入反演。考虑到在任一时刻结构同方向的所有自由度承受的等效激振力中输入相同这一特性，而采用统计平均算法，再运用最小二乘算法，多次迭代直到收敛，即可在最后一次迭代中估计出输入时程信息和结构物理参数。

(4) 基底输入未知、局部测试条件下结构物理参数识别及输入反演。首先，利用子结构法和最小二乘算法迭代识别子结构物理参数和反演输入时程；然后，在已知子结构物理参数和输入信息的基础上，利用扩展卡尔曼滤波技术，估计整体结构的物理参数和未知动力响应。

9.2.3　频域识别方法

结构物理参数的频域识别方法利用实测结构的模态参数 (固有频率和振型)，通过求解结构动力特征值的反问题识别结构的物理参数。模态转换识别方法的准则是由结构模型 (或有限元模型) 计算的结构模态与实测结构模态相吻合。其根据识别对象的不同分为两种方法。

(1) 矩阵型识别法。识别对象为结构物理特征矩阵 (如质量矩阵、刚度矩阵)。不以结构分析为基础，而直接利用实测结构的全部或部分模态信息识别结构的刚度矩阵、质量矩阵的方法，称为矩阵型直接识别法；基于结构实测模态信息，通过对结构理论分析所获质量矩阵、刚度矩阵进行修正来确定结构实际质量矩阵、刚度矩阵的方法, 称为矩阵型修正识别法 [2], 它又包括最小修正量法 (认为理论分析获得的质量矩阵和刚度矩阵能较好地估计实际结构的物理特征, 以与理论矩阵的差值最小的解为最优解来修正结构物理矩阵) 和摄动法 (认为结构物理参数有较小的变化时, 结构模态参数变化也较小, 利用实测模态参数和理论模态参数的差值确定物理参数的修正量) 等方法。

(2) 参数型识别法。识别对象为结构物理特征参数 (如弹性模量、弯曲刚度、构件尺寸等)。根据所建立的参数方程的特点及其是否需要迭代求解, 可分为两类识别法: 其一, 参数型直接识别法, 具体有 Newmark 法 (利用实测模态直接识别结构物理矩阵元素) 和 Ibrahim 法 (利用实测模态修正理论分析物理矩阵元素) 等; 其二, 参数型迭代识别法, 具体有雅可比迭代识别法 [2](利用雅可比矩阵及最小二乘准则修正物理参数, 并确定相应模态参数直到接近实测模态参数为止)、摄动迭代法 (采用摄动关系迭代计算雅可比矩阵和近似计算物理参数变化后模态参数的变化, 直到物理参数变化量接近于零)、Douglas-Reid 法 (确定理论分析模态参数与物理参数的关系式, 利用 Newton-Raphson 法和最小二乘准则将识别结构参数的特征值问题转换为优化问题, 采用优化算法求解) 等。

9.3 时域信号重构

在进行结构参数时域识别前, 一个重要的工作就是完善结构的测试信息。在对实际工程结构进行结构健康监测的过程中, 由于测试设备和测试成本的限制, 通常只能测试结构的某一个状态量 (如加速度或位移响应) 的时程。时域识别算法往往要求同一测点处的状态信息是完备的, 即位移、速度和加速度均已知。然而在实际工程中, 对于结构物理参数识别问题, 需要考虑不完备测量信息的进行重构的问题。实际工程监测中, 加速度信号的测量较为容易实现而且测量得到的信号精度较高, 因此, 相对于位移和速度测试来说, 加速度测试在工程实际中应用更为广泛, 测试技术也更为成熟。而对于许多的研究来说, 绝对位移才是真正需要测量的值。如果测试的状态量为加速度响应, 则可通过积分方法得到速度和位移响应; 如果测试的状态量为位移响应, 则可通过微分方法得到速度和加速度响应。完善动力测试信息主要有 FFT 变换法、微分算子变换法、积分算子变换法和转角信息的重构法等。加速度信号通常受到的噪声污染以及与基线数据的偏差将通过积分放大。信号通常包含低频和高频误差, 低频误差影响着基线, 它们通常与安装噪声、背景噪声、初始值和操作误差有关。

9.3.1 时域算法

1. 加速度时程积分重构速度和位移时程

在实际工程测试中, 通常是等时间间隔采样的, 取采样间隔为 Δt。

若已测试采样得到加速度响应 $\ddot{y}_k(k=0,1,2,\cdots,N-1)$, 由线性加速度假定, 可得到速度和位移离散递推公式 [3]:

$$\dot{y}_{k+1}=\dot{y}_k+\left(\ddot{y}_k+\ddot{y}_{k+1}\right)\frac{\Delta t}{2} \tag{9.1}$$

$$y_{k+1}=y_k+\dot{y}_k\Delta t+\left(2\ddot{y}_k+\ddot{y}_{k+1}\right)\frac{(\Delta t)^2}{6} \tag{9.2}$$

式中, $k=0,1,2,\cdots,N-1$, N 为总采样点数。

利用上述积分方法得到的速度和位移时程, 有时会偏离真实时程, 产生很大的残余速度和位移, 可通过基线修正法进行修正。

2. 位移时程微分重构速度和加速度时程

如果测试采样得到位移响应 $y_k(k=0,1,2,\cdots,N-1)$, 由线性加速度假定, 通过推导可得到加速度和速度离散递推公式:

$$\ddot{y}_{k+1}=\frac{6}{(\Delta t)^2}\left(y_{k+1}-y_k\right)-\frac{6}{\Delta t}\dot{y}_k-2\ddot{y}_k \tag{9.3}$$

$$\dot{y}_{k+1}=\frac{3}{\Delta t}\left(y_{k+1}-y_k\right)-2\dot{y}_k-\frac{\Delta t}{2}\ddot{y}_k \tag{9.4}$$

9.3.2 频域算法

利用频域傅里叶变换法对已测试状态量进行积分或微分运算时, 不仅能重构出未测试状态量, 而且能够辨识出时间历程中所含的频率分量。实际上, 频域分析和时域分析是完全对等的, 但在有些情况下, 以离散值给出的时间历程进行微分时, 在频域中计算会变得相对简单易行。

1. 频域积分

如果已测试得到加速度响应 $\ddot{y}_k(k=0,1,2,\cdots,N-1)$, 利用频域积分方法可得到其速度响应 (一次积分) 和位移响应 (两次积分) 离散递推公式:

$$\int_0^t y_k\mathrm{d}t=\frac{N\Delta t}{2\pi}\sum_{m=0}^{N-1}S_m\mathrm{e}^{\mathrm{i}\left(\frac{2\pi km}{N}\right)} \tag{9.5}$$

式中,

$$S_0=-2\sum_{m=1}^{\frac{N}{2}-1}\frac{\xi\left(C_m\right)}{m}+\frac{\pi(N-1)C_0}{N} \tag{9.6}$$

$$S_m = \frac{\pi C_0}{N}\left[-1 + \mathrm{i}\cot\left(\frac{\pi m}{N}\right)\right] - \frac{\mathrm{i}C_m}{N}, \quad m = 1, 2, \cdots, \frac{N}{2} - 1 \tag{9.7}$$

$$S_{\frac{N}{2}} = -\frac{\pi C_0}{N} \tag{9.8}$$

$$S_{N-m} = S_m^*, \quad m = 0, 1, 2, \cdots, N-1 \tag{9.9}$$

式中, $\xi(C_m)$ 为 C_m 的虚部; C_m 为 y_k 的复傅里叶系数 (傅里叶正变换):

$$C_m = \frac{1}{N}\sum_{m=0}^{N-1} y_k \mathrm{e}^{-\mathrm{i}\left(\frac{2\pi km}{N}\right)}, \quad m = 0, 1, 2, \cdots, N-1 \tag{9.10}$$

傅里叶逆变换 (有限傅里叶级数) 为

$$y_k = \sum_{m=0}^{N-1} C_m \mathrm{e}^{\mathrm{i}\left(\frac{2\pi km}{N}\right)}, \quad k = 0, 1, 2, \cdots, N-1 \tag{9.11}$$

2. 频域微分

若已测试得到位移响应 $y_k(k = 0, 1, 2, \cdots, N-1)$, 利用频域微分方法可得到其速度响应 (一次微分) 和加速度响应 (两次微分) 的离散递推公式:

$$\dot{y}_k = \sum_{m=0}^{N-1} D_m \mathrm{e}^{\mathrm{i}\left(\frac{2\pi km}{N}\right)} \tag{9.12}$$

式中, 复傅里叶系数为

$$D_0 = 0 \tag{9.13}$$

$$D_m = \mathrm{i}\omega_m C_m, \quad m = 1, 2, \cdots, \frac{N}{2} - 1 \tag{9.14}$$

$$D_{\frac{N}{2}} = 0 \tag{9.15}$$

$$D_{N-m} = D_m^*, \quad m = 1, 2, \cdots, \frac{N}{2} - 1 \tag{9.16}$$

式中, C_m 为 y_k 的复傅里叶系数, 表达式见式 (9.10)。

9.3.3 结构转角信息重构

由于工程中大多测量信息都为位移类信息 (即加速度、速度和位移), 而结构的转角类信息难以测量, 对于结构响应信息的完备性而言则存在较大的障碍。解决结构转角信息的计算问题, 则是通过理论转换的研究方法进行转角信息的重构。以下所示为利用矩阵 QR 分解由水平位移测量值计算结构转角信息的方法, 该方法无需预估结构的参数, 因此具有一定的实用价值。设一般多

自由度结构的动力运动方程, 可用下式表示:

$$\begin{bmatrix} \boldsymbol{M} & \mathbf{0} \\ \mathbf{0} & \boldsymbol{J} \end{bmatrix} \begin{Bmatrix} \ddot{\boldsymbol{y}} \\ \ddot{\boldsymbol{\theta}} \end{Bmatrix} + \begin{bmatrix} \boldsymbol{C}_{yy} & \boldsymbol{C}_{y\theta} \\ \boldsymbol{C}_{\theta y} & \boldsymbol{C}_{\theta\theta} \end{bmatrix} \begin{Bmatrix} \dot{\boldsymbol{y}} \\ \dot{\boldsymbol{\theta}} \end{Bmatrix} + \begin{bmatrix} \boldsymbol{K}_{yy} & \boldsymbol{K}_{y\theta} \\ \boldsymbol{K}_{\theta y} & \boldsymbol{K}_{\theta\theta} \end{bmatrix} \begin{Bmatrix} \boldsymbol{y} \\ \boldsymbol{\theta} \end{Bmatrix} = \begin{Bmatrix} \boldsymbol{f}(\boldsymbol{t}) \\ \mathbf{0} \end{Bmatrix} \tag{9.17}$$

为推导方便，不妨令系统阻尼矩阵为 $\boldsymbol{C} = a_0\boldsymbol{K}, a_0$ 由结构的第一振型阻尼比确定; $\boldsymbol{y}$ 为结构各节点的平动位移, $\boldsymbol{\theta}$ 为结构各节点的转角。展开式 (9.17) 后有

$$\boldsymbol{M}\ddot{\boldsymbol{y}} + a_0\boldsymbol{K}_{yy}\dot{\boldsymbol{y}} + a_0\boldsymbol{K}_{y\theta}\dot{\boldsymbol{\theta}} + \boldsymbol{K}_{yy}\boldsymbol{y} + \boldsymbol{K}_{y\theta}\boldsymbol{\theta} = \boldsymbol{f}(\boldsymbol{t}) \tag{9.18}$$

$$\boldsymbol{J}\ddot{\boldsymbol{\theta}} + a_0\boldsymbol{K}_{\theta y}\dot{\boldsymbol{y}} + a_0\boldsymbol{K}_{\theta\theta}\dot{\boldsymbol{\theta}} + \boldsymbol{K}_{\theta y}\boldsymbol{y} + \boldsymbol{K}_{\theta\theta}\boldsymbol{\theta} = \mathbf{0} \tag{9.19}$$

若忽略转角方向的惯性力和阻尼力, 则由式 (9.19) 可得

$$\boldsymbol{K}_{\theta y}\boldsymbol{y} + \boldsymbol{K}_{\theta\theta}\boldsymbol{\theta} = \mathbf{0} \tag{9.20}$$

解上式可得

$$\boldsymbol{\theta} = -\boldsymbol{K}_{\theta\theta}^{-1}\boldsymbol{K}_{\theta y}\boldsymbol{y} \tag{9.21}$$

式 (9.21) 是结构动力分析中为减少自由度而采用的静力凝聚法的典型方程，它给出了位移与转角之间的关系。然而，在系统识别中，由于在矩阵 $\boldsymbol{K}_{\theta\theta}$ 及 $\boldsymbol{K}_{\theta y}$ 中含有待识别参数，因此事实上无法直接由实测的位移信息计算转角响应。

研究发现, 利用“虚拟结构”方法, 可以导出一种不含有待识别参数的位移–转角关系式。根据有限元法原理, 式 (9.17) 中结构的总刚度矩阵 $\boldsymbol{K}$ 是由结构单元的贡献矩阵叠加而成的, 即

$$\boldsymbol{K} = \sum_{i=1}^{n} b_i\overline{\boldsymbol{K}}_i \tag{9.22}$$

式中, b_i 为单元 i 提取的待识别参数因子; $\overline{\boldsymbol{K}}_i$ 为提取因子 b_i 后单元 i 整体坐标系下的单元刚度贡献矩阵。显然, 对总刚度矩阵的各分块矩阵同样有

$$\boldsymbol{K}_{\theta y} = \sum_{i=1}^{n} b_i\overline{\boldsymbol{K}}_{\theta y}^{(i)} \tag{9.23}$$

$$\boldsymbol{K}_{\theta\theta} = \sum_{i=1}^{n} b_i\overline{\boldsymbol{K}}_{\theta\theta}^{(i)} \tag{9.24}$$

令

$$\boldsymbol{B}=(b_1\boldsymbol{I}_n,b_2\boldsymbol{I}_n,\cdots,b_n\boldsymbol{I}_n) \tag{9.25}$$

$$\overline{\boldsymbol{K}}_{\theta y}=\left(K_{\theta y}^{(1)},K_{\theta y}^{(2)},\cdots,K_{\theta y}^{(N)}\right)^{\mathrm{T}} \tag{9.26}$$

$$\overline{\boldsymbol{K}}_{\theta\theta}=\left(K_{\theta\theta}^{(1)},K_{\theta\theta}^{(2)},\cdots,K_{\theta\theta}^{(N)}\right)^{\mathrm{T}} \tag{9.27}$$

式 (9.25) 中, $\boldsymbol{I}_n$ 为 $n\times n$ 阶单位矩阵。

由此有

$$\boldsymbol{K}_{\theta y}=\boldsymbol{B}\overline{\boldsymbol{K}}_{\theta y} \tag{9.28}$$

$$\boldsymbol{K}_{\theta\theta}=\boldsymbol{B}\overline{\boldsymbol{K}}_{\theta\theta} \tag{9.29}$$

将上两式代入式 (9.21) 后得

$$\boldsymbol{\theta}=-\left(\boldsymbol{B}\overline{\boldsymbol{K}}_{\theta\theta}\right)^{-1}\boldsymbol{B}\overline{\boldsymbol{K}}_{\theta y}\boldsymbol{y} \tag{9.30}$$

对 $\boldsymbol{K}_{\theta\theta}$ 做 QR 分解:

$$\overline{\boldsymbol{K}}_{\theta\theta}=\boldsymbol{QR} \tag{9.31}$$

式中, $\boldsymbol{Q}$ 为 $m\times n$ 阶实矩阵; $\boldsymbol{R}$ 为 n 阶非奇异上三角矩阵。

以式 (9.31) 代入式 (9.29), 有

$$\boldsymbol{K}_{\theta\theta}=\boldsymbol{BQR}=\overline{\boldsymbol{Q}}\boldsymbol{R} \tag{9.32}$$

此式表明, $\overline{\boldsymbol{Q}}=\boldsymbol{BQ}$ 实际上为 $\boldsymbol{K}_{\theta\theta}$ 的 QR 分解结果，因此 $\boldsymbol{BQ}$ 必为非奇异矩阵。于是，注意到 $\boldsymbol{Q}$ 矩阵的性质，则以式 (9.31) 代入式 (9.30) 有

$$\begin{aligned}\boldsymbol{\theta}&=-(\boldsymbol{BQR})^{-1}\boldsymbol{B}\overline{\boldsymbol{K}}_{\theta y}\boldsymbol{y}\\&=-\boldsymbol{R}^{-1}(\boldsymbol{BQ})^{-1}\boldsymbol{BQQ}^{+}\overline{\boldsymbol{K}}_{\theta y}\boldsymbol{y}\\&=-\boldsymbol{R}^{-1}\boldsymbol{Q}^{+}\overline{\boldsymbol{K}}_{\theta y}\boldsymbol{y}\end{aligned} \tag{9.33}$$

式中, $\boldsymbol{Q}^{+}$ 为 $\boldsymbol{Q}$ 的广义逆。在上式中，已经不含有待求参数 b_1, 而且方程右端的各项均已知或可求。此式即为基于 QR 分解的结构位移–转角关系式。

对式 (9.33) 两边取一阶导数，则可得

$$\dot{\boldsymbol{\theta}}=-\boldsymbol{R}^{-1}\boldsymbol{B}\overline{\boldsymbol{K}}_{\theta y}\dot{\boldsymbol{y}} \tag{9.34}$$

由于 QR 分解方法具有不需预估结构参数的优点, 因此可以应用此方法由结构的水平位移测量值计算结构的转角响应, 从而完成转角信息的重建工作。

9.4　物理参数时域识别经典算法

9.4.1　时域识别法概述

该法根据结构系统时不变动力方程, 根据系统的输入、输出确定系统的参数。求解过程需要获得测试的加速度、速度和位移信息, 从而构造结构的方程组, 方程数目大于未知量数目采用以最小二乘为主的算法求解。时域法可以直接从响应信号中识别模态参数, 这样无需了解方程构造机理可单独从响应数据中辨识模态参数, 这对无法测得信号的工程结构的模态信息的结构来说是十分重要的。时域法给直接从响应信号中识别模态参数创造了条件, 提供了在线结构健康监测和识别的可能性。然而其缺点也很明显, 主要在于时域识别需要获得结构动态位移类响应如加速度、速度和位移, 而作为结构转角类响应, 面临结构识别精度相对而言偏低、抗噪声干扰能力差、分辨由噪声引起的虚假模态能力低、模型定阶困难等难点。

时域法发展比较晚, 1873—1976 年间 Ibrahim 提出的时域模态参数辨识方法称为 Ibrahim 时域 (Ibrahim time domain, ITD) 法。二十世纪七十年代后期发展的另一种单输入多输出时域模态参数辨识方法是最小二乘复指数 (least squares complex exponent, LSCE) 法。1984 年, 美国国家航空航天局 (National Aeronautics and Space Administration, NASA) 所属的 Langley 研究中心发展了多输入多输出时域模态参数辨识法, 称为特征系统实现算法 (eigensystem realization algorithm, ERA)。卡尔曼 (Kalman) 滤波理论的系统辨识方法被提出并不断被完善, 它可对已知系统的状态做最佳的估计 (线性最小方差估计)。

9.4.2　时域识别最小二乘法

结构物理参数时域识别 [4] 常用的准则包括最小二乘准则、贝叶斯估计准则、最大似然估计准则、预报误差准则等。本书采用实际应用中最广泛的最小二乘准则。最小二乘法在 1809 年由数学家高斯提出, 先后形成了经典最小二乘法、加权最小二乘法、递推最小二乘法、遗忘因子算法和增广最小二乘法等多种改进算法。这些算法在一定程度上考虑了测试噪声、方程性态对识别结果的影响。

在实际问题中, 系统输入与输出时程信息不可避免地存在测量噪声, 这必然会影响系统参数的识别精度。为了消除观测噪声的影响, 可以采用扩展采样区间的方式, 应用最小二乘原理识别系统参数。它相当于求解下述单自由度系统动力方程组:

$$\begin{cases} m\ddot{y}(t_1)+c\dot{y}(t_1)+ky(t_1)=f(t_1) \\ m\ddot{y}(t_2)+c\dot{y}(t_2)+ky(t_2)=f(t_2) \\ \cdots\cdots\cdots\cdots \\ m\ddot{y}(t_N)+c\dot{y}(t_N)+ky(t_N)=f(t_N) \end{cases} \tag{9.35}$$

式中, N 为给定采样点数。

由于方程数目大于未知量数目, 所以可利用最小二乘解。为此, 可将单自由度系统的动力方程

$$m\ddot{y}(t)+c\dot{y}(t)+ky(t)=f(t) \tag{9.36}$$

在任意时点表示为

$$\boldsymbol{h}_j\boldsymbol{\theta}=z_j \tag{9.37}$$

式中, $z_j=f(t_j)$; $\boldsymbol{h}_j=(\ddot{y}(t_j),\ \dot{y}(t_j),y(t_j))$; $\boldsymbol{\theta}=(m,c,k)^{\mathrm{T}}$。则有

$$\boldsymbol{H}\boldsymbol{\theta}=\boldsymbol{Z} \tag{9.38}$$

式中, $\boldsymbol{Z}=(z_1,z_2,\cdots,z_N)^{\mathrm{T}}$; $\boldsymbol{H}=(\boldsymbol{h}_1,\boldsymbol{h}_2,\cdots,\boldsymbol{h}_N)^{\mathrm{T}}$。

式 (9.38) 的最小二乘解为

$$\widehat{\boldsymbol{\theta}}=\left(\boldsymbol{H}^{\mathrm{T}}\boldsymbol{H}\right)^{-1}\boldsymbol{H}^{\mathrm{T}}\boldsymbol{Z} \tag{9.39}$$

此时 $\widehat{\boldsymbol{\theta}}$ 也称为经典最小二乘估计。

众所周知, 算法是参数估计准则实现的手段, 最小二乘算法也不例外。而最小二乘准则与最大似然估计准则、贝叶斯估计准则和预报误差准则共同组成四种基本的参数估计准则。

对于最小二乘准则, 我们设系统的输入输出关系 (为简单计, 仅考虑单自由度系统) 为

$$z_k=\boldsymbol{h}_k\boldsymbol{\theta}+n_k \tag{9.40}$$

式中, n_k 为均值是零的随机噪声; 其余符号同前。

则有如下准则:

$$J(\boldsymbol{\theta})=\sum_{k=1}^{N}(z_k-\boldsymbol{h}_k\boldsymbol{\theta})^2\rightarrow\min \tag{9.41}$$

称为参数 $\boldsymbol{\theta}$ 的最小二乘估计准则。

由于最小二乘准则对于系统先验信息的要求最低，且有学者 [5] 研究指出，当观测序列长度 $N \to +\infty$ 时，估计参数值 $\widehat{\boldsymbol{\theta}}_N$ 依概率收敛于真实值 $\boldsymbol{\theta}$，因此，最小二乘准则成为实际工作中应用最广泛的准则。

通过最小二乘准则，可以构建经典最小二乘估计的系统识别算法。

对于线性参数系统，其时域识别模型为

$$\boldsymbol{Z} = \boldsymbol{H\theta} + \boldsymbol{e} \tag{9.42}$$

又已知观测序列长度 $N \to +\infty$ 时，估计参数值 $\widehat{\boldsymbol{\theta}}_N$ 依概率收敛于真实值 $\boldsymbol{\theta}$。在实际应用中，通常取 $N \geqslant M$，M 为待识别参数的个数。

经典最小二乘算法要求噪声 $\boldsymbol{e}$ 中诸序列是白噪声序列，即

$$\boldsymbol{e} = \boldsymbol{n} = (n_1, n_2, \cdots, n_N)^{\mathrm{T}} \tag{9.43}$$

$$E(\boldsymbol{n}) = 0 \tag{9.44}$$

$$\operatorname{cov}(\boldsymbol{n}) = \sigma_n^2 \boldsymbol{I} \tag{9.45}$$

式中，σ_n^2 为 n_k 的方差。

虽然上述白噪声假定在最小二乘计算格式推导中并不需要，但为保证最小二乘估计具有一致收敛性质，需做出上述假定。

最小二乘准则如式 (9.41) 所示。为了便于考虑观测数据的可信度，可将式 (9.41) 中的准则函数修改为

$$J(\boldsymbol{\theta}) = \sum_{k=1}^{N} a_k \left(z_k - \boldsymbol{h}_k \boldsymbol{\theta}\right)^2 \to \min \tag{9.46}$$

式中，a_k 为加权因子；k 为观测数据时点序号，且以 $\boldsymbol{h}_k$ 表示多自由度系统反应矩阵。

对于矩阵方程式 (9.43)，上述准则函数可写成二次型形式：

$$J(\boldsymbol{\theta}) = (\boldsymbol{Z} - \boldsymbol{H\theta})^{\mathrm{T}} \boldsymbol{\Lambda} (\boldsymbol{Z} - \boldsymbol{H\theta}) \tag{9.47}$$

式中，$\boldsymbol{\theta}$ 为待识别参数向量，即 $\boldsymbol{X}$；

$$\boldsymbol{\Lambda} = \begin{bmatrix} a_1 & & & \\ & a_2 & & \\ & & \ddots & \\ & & & a_N \end{bmatrix} \tag{9.48}$$

为正定加权矩阵。设 $\widehat{\boldsymbol{\theta}}$ 使 $J(\boldsymbol{\theta})|_{\widehat{\theta}}=\min$, 则有

$$\left.\frac{\partial J(\boldsymbol{\theta})}{\partial \boldsymbol{\theta}}\right|=\left.\frac{\partial}{\partial \boldsymbol{\theta}}\left[(\boldsymbol{Z}-\boldsymbol{H}\boldsymbol{\theta})^{\mathrm{T}}\boldsymbol{\Lambda}(\boldsymbol{Z}-\boldsymbol{H}\boldsymbol{\theta})\right]\right|_{\widehat{\theta}}=\mathbf{0} \tag{9.49}$$

展开上式, 并运用向量微分公式:

$$\frac{\partial}{\partial \boldsymbol{y}}\left(\boldsymbol{a}^{\mathrm{T}}\boldsymbol{y}\right)=\boldsymbol{a}^{\mathrm{T}} \tag{9.50}$$

$$\frac{\partial}{\partial \boldsymbol{y}}\left(\boldsymbol{y}^{\mathrm{T}}\boldsymbol{A}\boldsymbol{y}\right)=2\boldsymbol{y}^{\mathrm{T}}\boldsymbol{A}, \quad \boldsymbol{A}\text{ 为对称矩阵} \tag{9.51}$$

可得

$$\left(\boldsymbol{H}^{\mathrm{T}}\boldsymbol{\Lambda}\boldsymbol{H}\right)\widehat{\boldsymbol{\theta}}=\boldsymbol{H}^{\mathrm{T}}\boldsymbol{\Lambda}\boldsymbol{Z} \tag{9.52}$$

当 $\boldsymbol{H}^{\mathrm{T}}\boldsymbol{\Lambda}\boldsymbol{H}$ 为可逆矩阵时, 有

$$\widehat{\boldsymbol{\theta}}=\left(\boldsymbol{H}^{\mathrm{T}}\boldsymbol{\Lambda}\boldsymbol{H}\right)^{-1}\boldsymbol{H}^{\mathrm{T}}\boldsymbol{\Lambda}\boldsymbol{Z} \tag{9.53}$$

在另一方面,

$$\left.\frac{\partial^2 J(\boldsymbol{\theta})}{\partial \boldsymbol{\theta}^2}\right|_{\widehat{\theta}}=2\boldsymbol{H}^{\mathrm{T}}\boldsymbol{\Lambda}\boldsymbol{H} \tag{9.54}$$

因 $\boldsymbol{H}^{\mathrm{T}}\boldsymbol{\Lambda}\boldsymbol{H}$ 为正定矩阵, 故

$$\left.\frac{\partial^2 J(\boldsymbol{\theta})}{\partial \boldsymbol{\theta}^2}\right|_{\widehat{\theta}}>\mathbf{0} \tag{9.55}$$

所以, 满足 $\boldsymbol{H}^{\mathrm{T}}\boldsymbol{\Lambda}\boldsymbol{H}$ 为可逆矩阵时, $\widehat{\boldsymbol{\theta}}$ 必使 $J(\boldsymbol{\theta})|_{\widehat{\theta}}=\min$, 且估计值 $\widehat{\boldsymbol{\theta}}$ 唯一。

综上所述, 利用最小二乘准则, 得到参数估计的表达式为

$$\widehat{\boldsymbol{\theta}}=\left(\boldsymbol{H}^{\mathrm{T}}\boldsymbol{\Lambda}\boldsymbol{H}\right)^{-1}\boldsymbol{H}^{\mathrm{T}}\boldsymbol{\Lambda}\boldsymbol{Z} \tag{9.56}$$

由于引用了加权矩阵 $\boldsymbol{\Lambda}$, 故上式即为加权最小二乘估计。若加权矩阵为单位矩阵, 即 $\boldsymbol{\Lambda}=\boldsymbol{I}$, 上式简化为

$$\widehat{\boldsymbol{\theta}}=\left(\boldsymbol{H}^{\mathrm{T}}\boldsymbol{H}\right)^{-1}\boldsymbol{H}^{\mathrm{T}}\boldsymbol{Z} \tag{9.57}$$

此时 $\widehat{\boldsymbol{\theta}}$ 称为经典最小二乘估计, 也即式 (9.41) 的最小二乘解。

以上算法根据观测数据直接计算参数估计值, 称为一次完成型算法 (非递推型算法)。当观测数据增多时, 为减少计算工作量, 可引入递推最小二乘算法, 采取逐步逼近的办法得到模型参数 $\boldsymbol{\theta}$ 的估计值 $\widehat{\boldsymbol{\theta}}$。而在现代控制论中, 最小二

乘类系统识别算法还有限定记忆法、增广最小二乘法、广义最小二乘法、多级最小二乘法等多种修正算法。

【**案例 9.1**】为了研究动力学信号重构和利用最小二乘原理的结构物理参数时域识别的相关问题, 开展以下实验室结构健康监测模型试验研究 [6]。试验开展于湖南大学风洞实验室, 试验结构模型如图 9.3 所示, 钢框架模型构件采用 Q235 钢, 取 0.5 m 长的钢梁构件做测试, 实测密度为 7 832.60 kg/m^3, 用脉冲锤击法识别梁的固有频率, 然后利用固有频率识别梁的弹性模量, 经过 10 次测试平均得到钢梁的弹性模量为 2.072×10^{11} N/m^2, 基于弯剪型结构计算模型, 可得钢框架结构的层间抗弯刚度参数 EI 的计算值为 22.622 1 N/m。

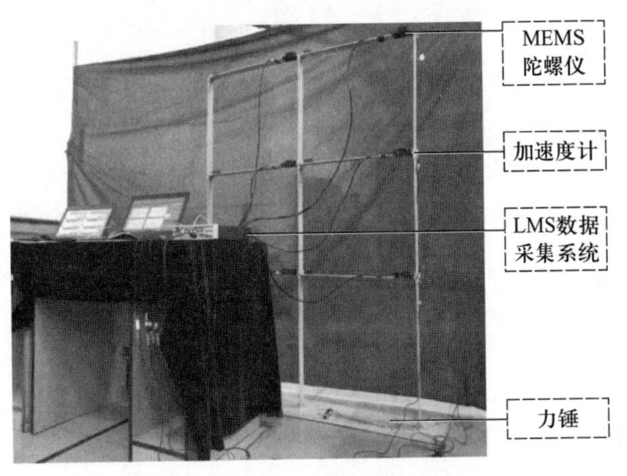

图 9.3　钢框架试验的结构模型

使用脉冲锤击法对框架结构进行动力测试, 试验中采用力锤在钢框架的 3# 节点位置水平方向上激励一次, 力锤的锤击力测量结果经放大后如图 9.4 所示, 采样频率为 100 Hz, 采样点数为 12 000。

由于结构完全对称, 可将框架左侧与右侧梁柱连接节点的转动响应视为相等, 仅在一侧布置 MEMS 陀螺仪传感器。为保证框架结构质量对称, 在每根梁上未布置 MEMS 陀螺仪传感器的一侧, 均放置了 100 g 的配重磁铁用于模拟 MEMS 陀螺仪传感器的质量。传感器测点布置如图 9.5 所示, 加速度计布置于 7#~9# 测点, 采集得到的加速度响应信号如图 9.6 所示。MEMS 陀螺仪传感器布置于 4#~9# 测点, 采集框架右边 7#~9# 测点的角度和角速度响应信号。

以上为试验系列实测数据, 为进行参数识别, 需要对试验数据进行预处理, 以提高参数识别结果的准确度。试验数据处理工作包括由加速度积分得到速度、位移, 由角速度求导得到角加速度, 由位移响应重构角位移响应, 消除趋势

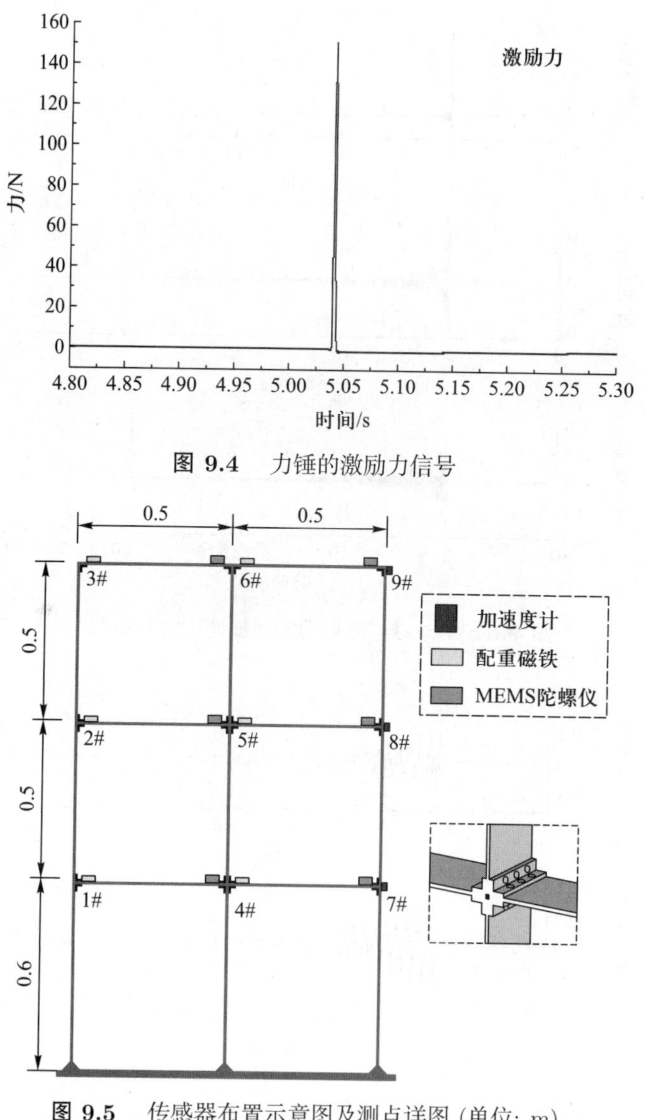

图 9.4　力锤的激励力信号

图 9.5　传感器布置示意图及测点详图 (单位: m)

项和噪声等。加速度积分成速度、位移采用 FFT 变换方法, 由于受到环境噪声及仪器自身引起的噪声的影响, 在积分过程中会遇到响应信号偏离基线的现象。这样需要消除趋势项, 修正响应信号的基线。对实测加速度响应进行积分并消除趋势项后的 7#～9# 测点的速度响应和位移响应分别如图 9.7 和图 9.8 所示。

为对比使用广义逆方法重构转角和使用 MEMS 陀螺仪传感器测量转角两种情况下的结构物理参数识别效果, 设置转角重构为工况 1, 转角实测为

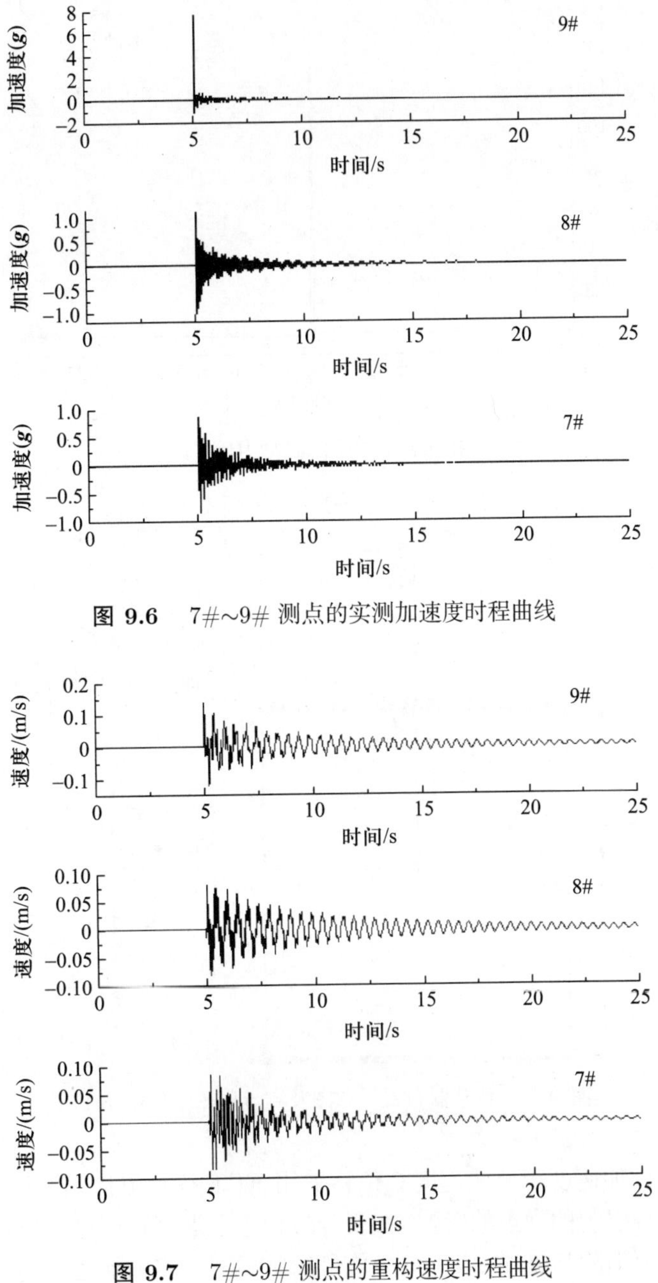

图 9.6　7#~9# 测点的实测加速度时程曲线

图 9.7　7#~9# 测点的重构速度时程曲线

工况 2。为进行工况 1 下的结构物理参数识别, 先利用 7#~9# 测点的实测加速度响应重构速度和位移响应, 然后重构 7#~9# 测点的角加速度响应。7#~9# 测点的实测加速度、重构角加速度响应分别如图 9.6 和图 9.9 所示。

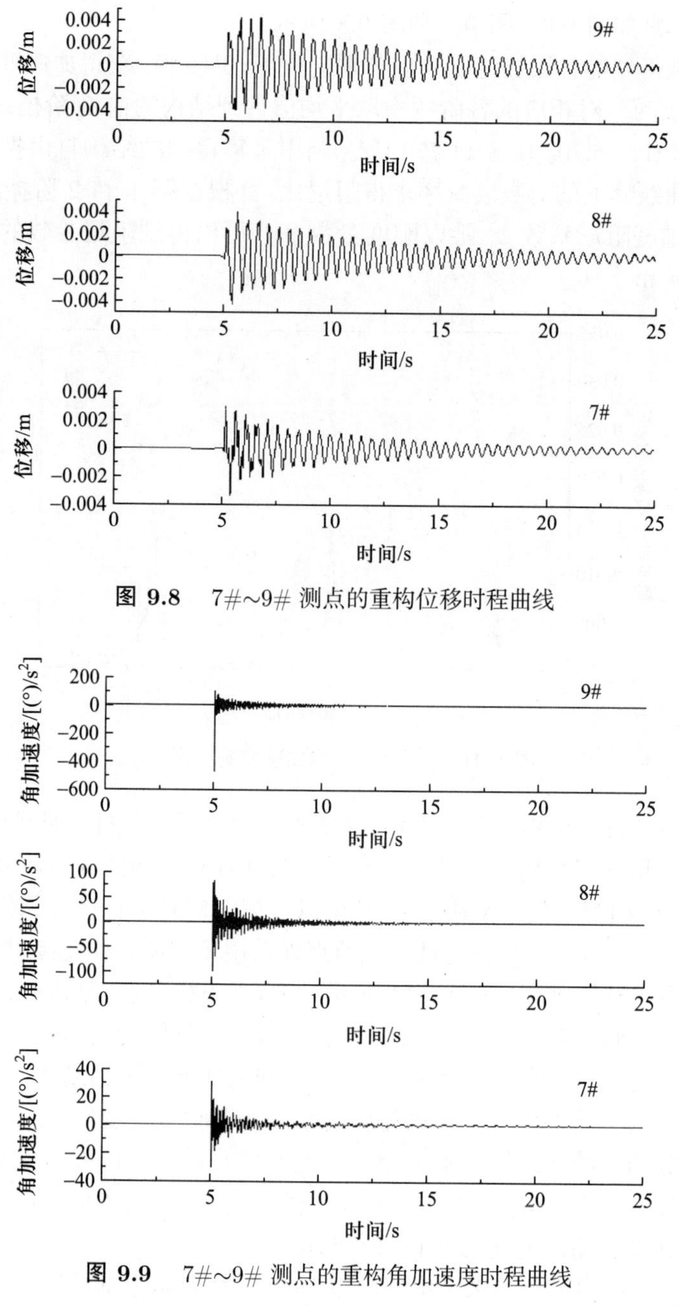

图 9.8 7#~9# 测点的重构位移时程曲线

图 9.9 7#~9# 测点的重构角加速度时程曲线

为进行工况 2 下的结构物理参数识别, 先利用 7#~9# 测点的实测加速度响应, 重构速度和位移响应。然后利用 7#~9# 测点的实测角速度响应, 重构 7#~9# 测点的角加速度响应。7#~9# 测点的实测加速度、重构速度和重构位移响应分别如图 9.6、图 9.7 和图 9.8 所示。

对测试得到的各层加速度响应分别进行 FFT 变换, 获得加速度响应频谱如图 9.10 所示, 对相应的各阶频率取平均值得到结构的前 3 阶模态频率, 分别为 2.073 Hz、6.704 Hz、11.773 Hz。利用采集得到的结构自由振动时的加速度时程曲线峰值的对数衰减率求得阻尼比, 并根据第 1 和 2 阶振型的频率, 可以得到刚度阻尼系数 b, 乘以刚度参数 EI 可以得到阻尼参数的计算值为 0.024 4 N·s/m。

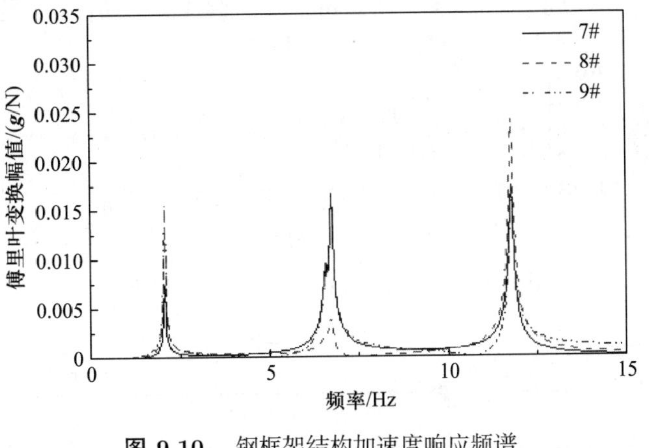

图 9.10　钢框架结构加速度响应频谱

接下来进行结构物理参数识别, 考虑框架模型的梁与柱构件等刚度, 因此可视为弯剪型框架结构。模型中所有梁柱构件具有相同的截面尺寸和材料特性, 梁的跨度相等, 整体结构对称, 基于以下假定对其进行参数识别: ① 框架模型的材料为线弹性; ② 梁与柱连接节点处采用角钢加螺栓连接, 假设梁与柱的连接具有足够的刚度, 如图 9.11 所示, 当框架发生弹性变形时, 能保持相交的梁柱杆件之间原有的角度不变, 即梁柱连接节点整体转动, 但杆件间夹角不变; ③ 框架底部用膨胀螺丝固定于地面, 可视为底部与地面刚接, 在结构分析中忽略框架的平面外变形; ④ 梁与柱的轴向变形和剪切变形较之转动变形可以忽略, 因此假设框架同一层内的各梁柱连接节点的水平位移均相等。

在不考虑单元轴向变形时, 试验结构模型共 18 个自由度, 包含 9 个平动自由度和 9 个转动自由度, 如图 9.12 所示。

基于同一层内节点的水平位移均相等的假设, 可将上部结构的平动自由度简化成 3 个。对于转角重构的工况 1 和转角实测的工况 2, 由于工况 1 将由平动响应重构转动响应, 所以将 9 个转动自由度简化为 3 个; 工况 2 则考虑所有的转动自由度。

已知 MEMS 陀螺仪传感器和配重磁铁的质量均为 100 g, 根据钢梁构件

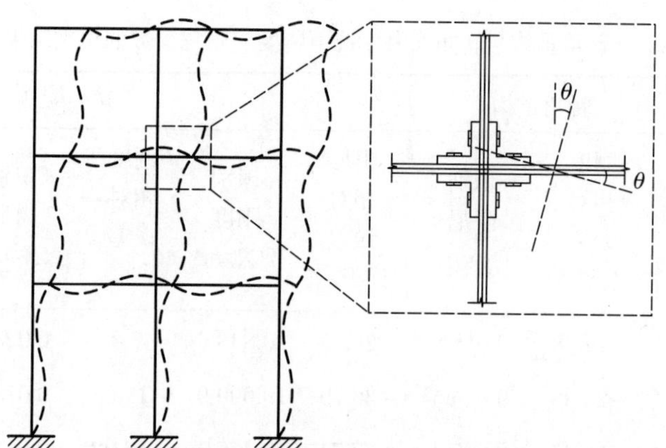

图 9.11 考虑梁柱弯曲变形的框架结构模型

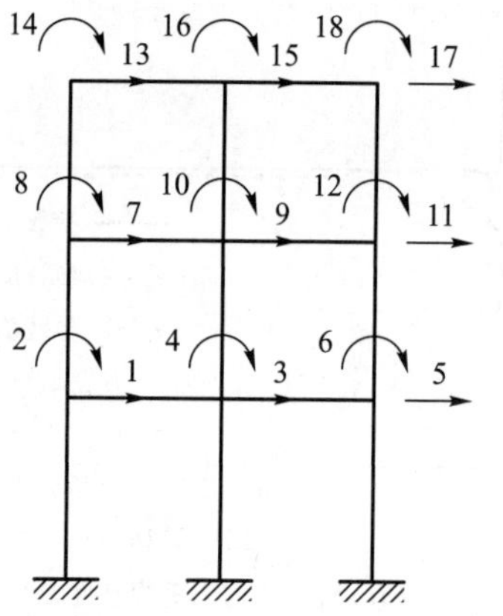

图 9.12 框架试验的结构计算完整自由度模型

的尺寸和密度, 可求出梁单元的质量, 同理可求出柱单元的质量, 进而可求得 4×4 阶的单元质量矩阵。将单元质量矩阵组装后可获得框架结构总协调质量矩阵, 转角重构和转角实测工况分别采用 6×6 阶和 12×12 阶的协调质量矩阵。将响应信息、外激励、质量矩阵和层高代入递推最小二乘算法, 识别出结构的刚度和阻尼参数, 如表 9.2 所示, 转角重构与转角实测工况下刚度参数估计收敛过程如图 9.13 所示。

从识别结果可看出, 转角实测工况下的刚度参数识别效果明显优于转角重构工况, 转角重构工况下的最大和最小误差分别为 20.36% 和 14.38%, 转角实测工况下的最大和最小误差分别为 13.92% 和 7.84%。由结构的质量矩阵和转角实测工况下识别得到的刚度矩阵可以计算出结构的前 3 阶频率分别为 1.928 Hz、6.402 Hz、11.840 Hz, 与实测的结构频率 2.073 Hz、6.704 Hz、

表 9.2　转角重构与转角实测工况下刚度、阻尼参数的识别结果对比

楼层	转角重构				转角实测			
	识别刚度/(N/m)	刚度相对误差/%	识别阻尼/(N·s/m)	阻尼相对误差/%	识别刚度/(N/m)	刚度相对误差/%	识别阻尼/(N·s/m)	阻尼相对误差/%
1 层	19.369 6	−14.38	0.018 8	−23.25	20.848 0	−7.84	0.023 3	−4.58
2 层	18.016 2	−20.36	0.015 5	−36.79	19.990 9	−11.63	0.018 4	−24.69
3 层	18.895 6	−16.47	0.005 4	−77.74	19.472 5	−13.92	0.011 6	−52.46

注: 相对误差 =(识别值 − 真实值)/真实值 ×100%。

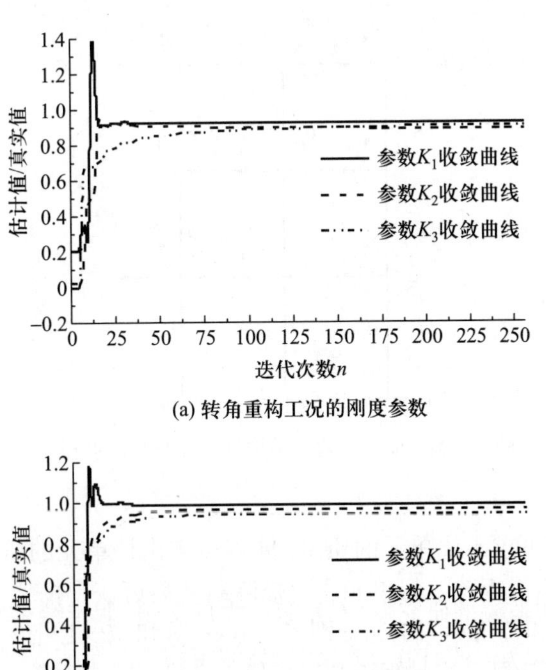

图 9.13　转角重构与转角实测工况下刚度参数估计收敛过程

11.773 Hz 相比, 误差分别为 6.99%、4.50% 和 0.57%, 频率基本符合, 说明通过实测角度、角速度和加速度响应, 由递推最小二乘算法识别结构刚度参数的方法可行。阻尼参数的识别结果受噪声影响较大, 失去了参考价值。

分析转角实测工况下刚度参数识别的误差产生的主要原因如下。由加速度响应重构速度、位移响应的过程中, 由于存在趋势项和噪声, 会使得积分结果产生误差。由于该框架结构的转动变形较小, 而 MEMS 陀螺仪传感器的动态测量精度仅为 0.1°, 因此识别效果不够理想。另外受试验条件限制, 由于 MEMS 陀螺仪传感器为接触式传感器, 其不能完全测得节点连接处的实际转动变形, 只能以节点附近的转动变形近似替代。

9.5 动力复合反演方法

结构动力学研究中, 通常结构参数识别要求输入已知, 或者假设荷载为白噪声, 仅仅对结构参数进行识别, 不要求识别结构外荷载。而在实际工程中, 很多情况无法实现输入信息的测定, 例如, 现场的试验条件、结构的复杂性以及激振设备的昂贵限制了工程人员直接获得输入信息。在实验室或能得到输入信息的现场测试中, 由已知的输入和输出信息推导而得到结构的模态参数或者物理参数, 即为经典的系统识别理论; 而由已知结构的各种参数和输出信息推导结构的输入信息, 即为输入反演理论。目前工程应用领域结合这两种理论拓展了现代系统识别理论, 称为复合反演理论, 即在未知输入信息和结构各种参数的情况下, 仅由已知的输出信息去反演得到输入信息, 并在输入反演的推导过程中得到结构的各种参数。通过拓展的系统识别理论, 系统识别在工程领域得到了更广泛的应用。动力复合反演即同时反演结构参数与未知输入荷载, 不需对输入做任何假设, 有效地提高了未知荷载情况下的结构参数识别精度。

9.5.1 方法概述

在结构健康监测的研究中, 对于第一类反问题, 假定结构的输入 (激励) 和输出 (响应) 均已知, 对于第二类反问题, 假定输出及结构模型和参数已知。这些假定统称为系统的完备信息假定, 在实际工程中完备信息假定往往难以满足。以建筑物的环境随机激励 (地脉动、脉动风) 及强迫激励动力测试为例, 在实际测试过程中精确测量输入的信息往往相当困难。例如, 在采用激振器激励方式进行建筑结构的动力测试时, 结构仅在安置有激振器的某一层上作用有外荷载, 而其余各层上的作用力为零。多层厂房因某些楼层安装动力设备而引起的振动, 也属于此种类型。又如, 固定式海洋平台结构的动力测试, 当风力作用较小时, 只有平台水下部分受到海浪力的作用, 而水面以上部分结构的外作用力近似为零。对于输入信息不完备的情况下结构参数识别问题的研究是结构识别技术实用化过程中需要解决的问题。当系统的输入信息未知时, 为获得结构系统的参数估计, 事实上系统的参数识别问题和荷载反演问题必须同时考虑。结构的动力复合反演是指在输入未知的条件下识别结构的参数或者在参数未知条件下反演结构的输入。复合反演是以联合而不是割裂的观点看待动力学系统的两类基本的反问题。通常的复合反演算法主要分为补偿算法和分解算法, 本节主要介绍分解算法。

9.5.2 分解算法

该算法用于线性参数系统, 在不经过任何迭代计算的情况下可识别结构参数并反演荷载; 用于非线性参数系统, 能有效地抑制参数收敛过程中的振荡、发散现象, 收敛速度显著提高 [7]。对于非线性参数系统, 动力方程式可以化为

$$F(\{\boldsymbol{\theta}\}) = \{\boldsymbol{P}\} \tag{9.58}$$

对于不同的具体问题, 非线性参数识别方程的表达式 $F(\{\boldsymbol{\theta}\})$ 有不同的形式, 求解思路不尽相同, 可以应用分解算法的思想。以识别比例阻尼动力系统的刚度和阻尼参数为例说明, 比例阻尼 $\boldsymbol{C}$ 可以表示为

$$\boldsymbol{C} = a\boldsymbol{M} + b\boldsymbol{K} \tag{9.59}$$

式中, a 和 b 为比例阻尼系数。

将式 (9.59) 代入式 (9.58) 可得

$$a\boldsymbol{M}\dot{\boldsymbol{y}} + \boldsymbol{K}\boldsymbol{y} + b\boldsymbol{K}\dot{\boldsymbol{y}} = \boldsymbol{F} - \boldsymbol{M}\ddot{\boldsymbol{y}} \tag{9.60}$$

根据有限元法的基本概念, 可将刚度矩阵表示为各单元刚度矩阵的和, 即

$$\boldsymbol{K} = \sum_{i=1}^{N} \boldsymbol{k}_i = \sum_{i=1}^{N} \theta_i \overline{\boldsymbol{k}}_i \tag{9.61}$$

式中, $\boldsymbol{k}_i$ 为整体坐标系下单元的刚度矩阵; θ_i 为单元 i 的待识别刚度参数; $\overline{\boldsymbol{k}}_i$ 为提取因子后的单元刚度矩阵。

将式 (9.61) 代入式 (9.60) 并整理得

$$a\boldsymbol{M}\dot{\boldsymbol{y}} + \boldsymbol{H}_y\boldsymbol{\theta} + b\boldsymbol{H}_{\dot{y}}\boldsymbol{\theta} = \boldsymbol{F} - \boldsymbol{M}\ddot{\boldsymbol{y}} \tag{9.62}$$

式中, $\boldsymbol{H}_y$ 和 $\boldsymbol{H}_{\dot{y}}$ 分别包含位移响应或速度响应的系统响应矩阵; $\boldsymbol{\theta}$ 为待识别的刚度参数向量。

根据系统输入特性, 式 (9.62) 可分块表示为

$$a\begin{bmatrix}\boldsymbol{M}_1\\ \boldsymbol{M}_2\end{bmatrix}\dot{\boldsymbol{y}}+\begin{bmatrix}\boldsymbol{H}_{y_1}\\ \boldsymbol{H}_{y_2}\end{bmatrix}\boldsymbol{\theta}+b\begin{bmatrix}\boldsymbol{H}_{\dot{y}_1}\\ \boldsymbol{H}_{\dot{y}_2}\end{bmatrix}\boldsymbol{\theta}=\begin{Bmatrix}\boldsymbol{F}_k\\ \boldsymbol{F}_u\end{Bmatrix}-\begin{bmatrix}\boldsymbol{M}_1\\ \boldsymbol{M}_2\end{bmatrix}\ddot{\boldsymbol{y}} \tag{9.63}$$

上式可拆分为

$$a\boldsymbol{M}_1\dot{\boldsymbol{y}}+\boldsymbol{H}_{y_1}\boldsymbol{\theta}+b\boldsymbol{H}_{\dot{y}_1}\boldsymbol{\theta}=\boldsymbol{F}_k-\boldsymbol{M}_1\ddot{\boldsymbol{y}} \tag{9.64}$$

$$a\boldsymbol{M}_2\dot{\boldsymbol{y}}+\boldsymbol{H}_{y_2}\boldsymbol{\theta}+b\boldsymbol{H}_{\dot{y}_2}\boldsymbol{\theta}=\boldsymbol{F}_u-\boldsymbol{M}_2\ddot{\boldsymbol{y}} \tag{9.65}$$

式 (9.64) 对于待识别参数 a、b 和 $\boldsymbol{\theta}$ 而言是非线性的, 但系统输入是已知的, 应用松弛法的思想, 可以构造基于最小二乘法的迭代算法。

该算法的主要步骤如下。

(1) 任意选取比例阻尼系数的初值 $\widehat{a}_0$ 和 $\widehat{b}_0$。

(2) 由式 (9.64) 可得

$$\left(\boldsymbol{H}_{y_1}+\widehat{b}_0\boldsymbol{H}_{y_1}\right)\boldsymbol{\theta}=\boldsymbol{F}_k-\boldsymbol{M}_1\ddot{\boldsymbol{y}}-\widehat{a}_0\boldsymbol{M}_1\dot{\boldsymbol{y}} \tag{9.66}$$

应用最小二乘准则, 则上式可求出 $\boldsymbol{\theta}$ 的估计值

$$\widehat{\boldsymbol{\theta}}_1=\left(\boldsymbol{H}^{\mathrm{T}}\boldsymbol{H}\right)^{-1}\boldsymbol{H}^{\mathrm{T}}\boldsymbol{P} \tag{9.67}$$

式中,

$$\boldsymbol{H}=\boldsymbol{H}_{y_1}+\widehat{b}_0\boldsymbol{H}_{y_1},\quad \boldsymbol{P}=\boldsymbol{F}_k-\boldsymbol{M}_1\ddot{\boldsymbol{y}}-\widehat{a}_0\boldsymbol{M}_1\dot{\boldsymbol{y}} \tag{9.68}$$

(3) 将刚度参数估计值 $\widehat{\boldsymbol{\theta}}$ 代入式 (9.61) 可求出总刚度矩阵的估计值

$$\widehat{\boldsymbol{K}}=\sum_{i=1}^{N}\widehat{\boldsymbol{\theta}}_i\boldsymbol{K}_i \tag{9.69}$$

(4) 将 $\widehat{\boldsymbol{K}}$ 代入式 (9.60) 可得

$$a\boldsymbol{M}_1\dot{\boldsymbol{y}}+b\widehat{\boldsymbol{K}}_1\dot{\boldsymbol{y}}=\boldsymbol{F}_k-\boldsymbol{M}_1\ddot{\boldsymbol{y}}-\widehat{\boldsymbol{K}}_1\boldsymbol{y} \tag{9.70}$$

$$a\boldsymbol{M}_2\dot{\boldsymbol{y}}+b\widehat{\boldsymbol{K}}_2\dot{\boldsymbol{y}}=\boldsymbol{F}_u-\boldsymbol{M}_2\ddot{\boldsymbol{y}}-\widehat{\boldsymbol{K}}_2\boldsymbol{y} \tag{9.71}$$

式 (9.70) 可表示为

$$\begin{bmatrix}\boldsymbol{M}_1\dot{\boldsymbol{y}} & \widehat{\boldsymbol{K}}_1\dot{\boldsymbol{y}}\end{bmatrix}\begin{Bmatrix}a\\ b\end{Bmatrix}=\boldsymbol{F}_k-\boldsymbol{M}_1\ddot{\boldsymbol{y}}-\widehat{\boldsymbol{K}}_1\boldsymbol{y} \tag{9.72}$$

(5) 应用最小二乘准则由上式可得 a 和 b 的估计值

$$\begin{Bmatrix} \widehat{a} \\ \widehat{b} \end{Bmatrix} = \left(\boldsymbol{A}^{\mathrm{T}} \quad \boldsymbol{A}\right)^{-1} \boldsymbol{A}^{\mathrm{T}}\boldsymbol{L} \tag{9.73}$$

式中,

$$\boldsymbol{A} = \begin{bmatrix} \boldsymbol{M}_1\dot{\boldsymbol{y}} & \widehat{\boldsymbol{K}_1}\dot{\boldsymbol{y}} \end{bmatrix}, \quad \boldsymbol{L} = \boldsymbol{F}_k - \boldsymbol{M}_1\ddot{\boldsymbol{y}} - \widehat{\boldsymbol{K}}_1\boldsymbol{y} \tag{9.74}$$

(6) 将步骤 (5) 求出的 $\widehat{a}$ 和 $\widehat{b}$ 作为新的参数初值, 重复步骤 (2)~(6) 直至参数收敛。

(7) 将满足收敛进度要求的参数估计值 $\widehat{a}$、$\widehat{b}$ 和 $\widehat{\boldsymbol{\theta}}$ 代入式 (9.65) 可直接反演未知荷载 $\boldsymbol{F}_u$, 即

$$\boldsymbol{F}_u = \widehat{a}\boldsymbol{M}_2\dot{\boldsymbol{y}} + \boldsymbol{H}_{y_2}\widehat{\boldsymbol{\theta}} + \widehat{b}\boldsymbol{H}_{\dot{y}_2}\widehat{\boldsymbol{\theta}} + \boldsymbol{M}_2\ddot{\boldsymbol{y}} \tag{9.75}$$

对于非线性参数系统识别, 松弛法具有很大的局限性, 只有当非线性识别问题能够处理为两步线性最小二乘问题来求解时, 松弛法才是适用的。非线性参数系统识别最终都可以归结为求解一个非线性的优化问题。

【案例 9.2】 为了验证本节所讲述的动力复合反演算法, 给出如图 9.14 所示的桁架桥结构。图中各桁架杆上数字为杆件单元编号, 带圈的数字为节点编号。

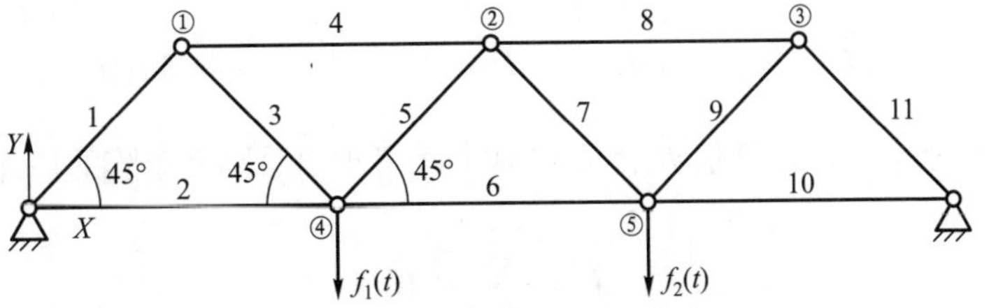

图 9.14 桁架桥计算模型结构

根据有限元法有

$$\dot{\boldsymbol{M}} = \sum_{i=1}^{N} \rho_i \boldsymbol{L}_i \widehat{\boldsymbol{m}}_i \boldsymbol{L}_i^{\mathrm{T}}, \quad \boldsymbol{K} = \sum_{i=1}^{N} a_i \boldsymbol{L}_i \widehat{\boldsymbol{k}}_i \boldsymbol{L}_i^{\mathrm{T}}$$

式中, N 为单元个数; ρ_i 为杆件单元的密度; $a_i = E_iA_i$ 为杆件单元轴向刚度; $\boldsymbol{L}_i$ 为单元定位矩阵; 矩阵 $\widehat{\boldsymbol{m}}_i$ 和 $\widehat{\boldsymbol{k}}_i$ 分别为

$$\widehat{\boldsymbol{m}}_i = \frac{1}{6}\begin{bmatrix} 2C^2 & 2CS & C^2 & CS \\ 2CS & 2S^2 & CS & S^2 \\ C^2 & CS & 2C^2 & 2CS \\ CS & S^2 & 2CS & 2S^2 \end{bmatrix}$$

$$\widehat{\boldsymbol{k}}_i = \frac{1}{l_i}\begin{bmatrix} C^2 & CS & -C^2 & -CS \\ CS & S^2 & -CS & -S^2 \\ -C^2 & -CS & C^2 & CS \\ -CS & -S^2 & CS & S^2 \end{bmatrix}$$

式中, $C=\cos(\alpha)$, α 为桁架单元轴线与整体坐标系的夹角; $S=\sin(\alpha)$; l_i 为杆长。

设结构阻尼为比例阻尼 $\boldsymbol{C} = a\boldsymbol{M} + b\boldsymbol{K}$, 比例系数 a 和 b 已知, 且 $a=-0.566$, $b=-0.000\,862$。表 9.3 为该桁架桥的主要力学与几何参数。

表 9.3 桁架桥计算参数

单元编号	$\frac{E_iA_i}{l_i}$	$\frac{\rho_i l_i}{6}$	α	单元编号	$\frac{E_iA_i}{l_i}$	$\frac{\rho_i l_i}{6}$	α
1	14 142	540	$\pi/4$	7	15 627	550	$3\pi/4$
2	11 000	520	0	8	11 500	510	0
3	16 617	530	$3\pi/4$	9	16 617	530	$\pi/4$
4	11 500	510	0	10	11 000	520	0
5	15 627	550	$\pi/4$	11	14 142	540	$3\pi/4$
6	10 000	560	0				

表 9.4 给出了不同噪声条件下分解算法的刚度参数识别结果。结果表明, 尽管分解算法是一种一次性完成算法, 但分解算法具有精度高、速度快的双重优点。分解算法具有较好的噪声适应能力, 在 5% 的随机噪声条件下 (此时测试数据的最大波动为 ±15%), 刚度参数识别误差的最大值也在 5% 左右。

表 9.4　分解算法的刚度参数识别结果 (采样点 300)

单元编号	1% 噪声		5% 噪声	
	识别值	误差/%	识别值	误差/%
1	14 160	0.13	14 091	0.36
2	10 983	0.16	10 901	0.90
3	16 645	0.17	16 722	0.63
4	11 439	0.53	11 181	2.78
5	15 652	0.16	15 730	0.66
6	10 081	0.81	10 266	2.66
7	15 609	0.12	15 489	0.89
8	11 454	0.40	11 236	2.30
9	16 631	0.08	16 591	0.16
10	11 088	0.80	11 493	4.48
11	14 141	0.01	14 049	0.66

9.6　物理参数频域识别经典算法

9.6.1　频域识别法概述

在结构健康监测中, 结构物理参数频域识别是指利用实测结构的模态参数 (固有频率和振型), 通过求解结构动力特征值的反问题识别结构物理参数的方法。识别准则是由结构模型所计算的结构模态与实测结构模态一致。模态转换识别理论或方法, 按识别对象是结构物理特征矩阵 (如质量矩阵和刚度矩阵) 还是结构物理特征参数 (如弹性模量、构件截面尺寸、刚度矩阵元素等), 可分为矩阵型识别法和参数型识别法 [8]。矩阵型识别法按是否以结构分析为基础, 又可分为矩阵型直接识别法和矩阵型修正识别法。参数型识别法按所建立的参数方程是线性方程还是非线性方程, 是否需要迭代求解, 又可分为参数型直接识别法和参数型迭代识别法。以下将以灵敏度分析方法为例介绍结构物理参数的频域识别方法。

9.6.2 灵敏度分析方法

该方法通过结构动态特性参数对结构物理参数进行灵敏度分析，选择对结构动态性能指标影响较大的结构参数 (弹性模量、质量密度、截面几何特性等) 进行修改，修正有限元模型。

无阻尼自由振动的特征方程可表示为

$$[\boldsymbol{K}-\boldsymbol{\omega}_i(\boldsymbol{P})\boldsymbol{M}]\{\boldsymbol{Y}(\boldsymbol{P})\}_i=0 \tag{9.76}$$

将特征对组成的向量用 $\{\boldsymbol{P}\}$ 的一阶泰勒级数展开后，有

$$\begin{bmatrix}\boldsymbol{\omega}(\boldsymbol{P})\\ \boldsymbol{Y}(\boldsymbol{P})\end{bmatrix}=\begin{bmatrix}\boldsymbol{\omega}(\boldsymbol{P})\\ \boldsymbol{Y}(\boldsymbol{P})\end{bmatrix}_{\{\boldsymbol{P}\}=\{\boldsymbol{P}\}_a}+[\boldsymbol{S}](\{\boldsymbol{P}\}-\{\boldsymbol{P}\}_a) \tag{9.77}$$

式中，$\boldsymbol{\omega}(\boldsymbol{P})$ 和 $\boldsymbol{Y}(\boldsymbol{P})$ 为实测数据中展开得到的频率和振型；$\{\boldsymbol{P}\}$ 为结构物理参数；$\{\boldsymbol{P}\}_a$ 为待识别参数在未修正时的初始值；$[\boldsymbol{S}]$ 为灵敏度矩阵：

$$[\boldsymbol{S}]=\begin{bmatrix}\boldsymbol{S}_\omega\\ \boldsymbol{S}_Y\end{bmatrix}=\begin{bmatrix}\partial\boldsymbol{\omega}/\partial\boldsymbol{P}\\ \partial\boldsymbol{Y}/\partial\boldsymbol{P}\end{bmatrix} \tag{9.78}$$

式中，

$$[\boldsymbol{S}_\omega]=\begin{bmatrix}\dfrac{\partial\omega_1}{\partial P_1} & \dfrac{\partial\omega_1}{\partial P_2} & \cdots & \dfrac{\partial\omega_1}{\partial P_s}\\ \dfrac{\partial\omega_2}{\partial P_1} & \dfrac{\partial\omega_2}{\partial P_2} & \cdots & \dfrac{\partial\omega_2}{\partial P_s}\\ \vdots & \vdots & & \vdots\\ \dfrac{\partial\omega_m}{\partial P_1} & \dfrac{\partial\omega_m}{\partial P_2} & \cdots & \dfrac{\partial\omega_m}{\partial P_s}\end{bmatrix},\quad [\boldsymbol{S}_Y]=\begin{bmatrix}\dfrac{\partial Y_{11}}{\partial P_1} & \dfrac{\partial Y_{11}}{\partial P_2} & \cdots & \dfrac{\partial Y_{11}}{\partial P_s}\\ \dfrac{\partial Y_{12}}{\partial P_1} & \dfrac{\partial Y_{12}}{\partial P_2} & \cdots & \dfrac{\partial Y_{12}}{\partial P_s}\\ \vdots & \vdots & & \vdots\\ \dfrac{\partial Y_{nm}}{\partial P_1} & \dfrac{\partial Y_{nm}}{\partial P_2} & \cdots & \dfrac{\partial Y_{nm}}{\partial P_s}\end{bmatrix} \tag{9.79}$$

式中，m 为特征频率阶数；n 为测点个数。将式 (9.77) 改写为

$$\begin{aligned}\{\Delta\boldsymbol{P}\}=\{\boldsymbol{P}\}-\{\boldsymbol{P}\}_a&=[\boldsymbol{W}]\left(\begin{bmatrix}\boldsymbol{\omega}(\boldsymbol{P})\\ \boldsymbol{Y}(\boldsymbol{P})\end{bmatrix}-\begin{bmatrix}\boldsymbol{\omega}(\boldsymbol{P})\\ \boldsymbol{Y}(\boldsymbol{P})\end{bmatrix}_{\{\boldsymbol{P}\}=\{\boldsymbol{P}\}_a}\right)\\ &=[\boldsymbol{W}]\begin{bmatrix}\Delta\boldsymbol{\omega}(\boldsymbol{P})\\ \Delta\boldsymbol{Y}(\boldsymbol{P})\end{bmatrix}\end{aligned} \tag{9.80}$$

设灵敏度矩阵的行数为 C，即式 (9.80) 特征对方程组的个数。有 $C=m+n\times k$，其中 k 为振型阶数。根据未知参数的个数 X 与特征对方程组的个

数 C, 可以判断式 (9.80) 为亚定、适定或超定方程。然后通过广义逆方法根据实测特征值的改变量求得结构参数的改变量 $\{\Delta\boldsymbol{P}\}$。$[\boldsymbol{W}]$ 为估计矩阵, 可通过下式求得:

$$[\boldsymbol{W}]=\begin{cases}[\boldsymbol{S}]^{-1}, & X=C\\ \left([\boldsymbol{S}]^{\mathrm{T}}[\boldsymbol{S}]\right)^{-1}[\boldsymbol{S}]^{\mathrm{T}}, & X>C\\ [\boldsymbol{S}]^{\mathrm{T}}\left([\boldsymbol{S}]^{\mathrm{T}}[\boldsymbol{S}]\right)^{-1}, & X<C\end{cases}\tag{9.81}$$

通过数值计算方法可以获得灵敏度矩阵, 其具体步骤如下。

(1) 将待识别的 1~3 层的层间抗弯刚度 EI_1、EI_2、EI_3 的设计值代入计算模型, 计算结构前 m 阶特征对 $\left(\{\boldsymbol{\omega}(EI)\}^{\mathrm{T}}\quad\{\boldsymbol{Y}(EI)\}^{\mathrm{T}}\right)^{\mathrm{T}}$。

(2) 设置第 i 层刚度的变化范围 ΔEI, 可取待识别参数的 1%~2%, 保持其余层刚度不变, 计算特征对。

(3) 由下式计算灵敏度矩阵 $[\boldsymbol{S}]$ 的第 i 列:

$$\begin{bmatrix}\{\Delta\boldsymbol{\omega}(EI)\}\\ \{\Delta\boldsymbol{Y}(EI)\}\end{bmatrix}=\Delta\boldsymbol{K}_i\begin{bmatrix}\dfrac{\partial\omega_1}{\partial EI_i} & \cdots & \dfrac{\partial\omega_m}{\partial EI_i} & \dfrac{\partial Y_{11}}{\partial EI_i} & \cdots & \dfrac{\partial Y_{nm}}{\partial EI_i}\end{bmatrix}^{\mathrm{T}}\tag{9.82}$$

(4) 令各层刚度依次改变, 可得到灵敏度矩阵 $[\boldsymbol{S}]$ 的各个元素。

在对刚度参数识别时, 振型数据需经过质量归一法进行标准化。当单独运用频率或振型数据时, 可用式 (9.82) 计算灵敏度矩阵。由于本节中测试的频率与振型信息均被利用于计算灵敏度矩阵, 而两种数据的量级不匹配将会使得灵敏度矩阵病态, 因此需使用频率和振型的相对变化值构造灵敏度矩阵, 如式 (9.83) 所示:

$$\begin{bmatrix}\{\Delta\boldsymbol{\omega}(EI)\}/\{\boldsymbol{\omega}(EI)\}\\ \{\Delta\boldsymbol{Y}(EI)\}/\{\boldsymbol{Y}(EI)\}\end{bmatrix}=\Delta\boldsymbol{K}_i\left[\frac{\partial\omega_1/\omega_1}{\partial EI_i}\cdots\frac{\partial\omega_m/\omega_m}{\partial EI_i}\frac{\partial Y_{11}/Y_{11}}{\partial EI_i}\cdots\frac{\partial Y_{nm}/Y_{nm}}{\partial EI_i}\right]^{\mathrm{T}}\tag{9.83}$$

同时, 需将 (9.80) 式替换为

$$\{\Delta\boldsymbol{P}\}=[\boldsymbol{S}]^{-1}\begin{bmatrix}\{\Delta\boldsymbol{\omega}(EI)\}/\{\boldsymbol{\omega}(EI)\}\\ \{\Delta\boldsymbol{Y}(EI)\}/\{\boldsymbol{Y}(EI)\}\end{bmatrix}\tag{9.84}$$

其余计算保持不变。值得指出的是, 该识别方法需要利用结构有限元模型, 在大型结构有限元模型复杂的情况下, 可以考虑利用商业级的有限元软件建模, 利用商业计算软件交互访问技术进行物理参数的识别。

【案例 9.3】为了验证结构健康监测频域识别灵敏度分析方法的准确性, 开展了野外来华大桥试验研究。广西来华大桥位于广西壮族自治区来宾市, 是一座中承式钢管混凝土拱桥。大桥全长 465 m, 桥面宽 36 m, 主跨拱肋为双肋悬链线无铰拱, 计算跨径 210 m, 计算拱高 60 m, 矢跨比 1/3.5。每片拱肋由 4 根直径 750 mm、厚度 20 mm 的 Q345C 钢管组成, 内部灌注 C50 微膨胀混凝土。拱肋之间由水平连通钢管和斜腹钢管连接, 整体结构形成桁架式拱肋。桥面板与钢管混凝土拱由立柱和吊杆连接, 桥面上下游方向各有 8 根立柱、21 根吊杆, 实际结构照片如图 9.15 所示。湖南大学土木工程结构健康监测研究团队于 2013 年 6 月对该桥进行了系统的动静载测试。

图 9.15　来华大桥照片

在各种不同的荷载组合作用下, 钢管混凝土拱和主跨桥面竖向变形及应变是本次静载试验的主要内容。加载的位置主要集中在主跨 1/2 跨位置和主跨 1/4 跨位置。按照不同的车辆数分别设置沿桥梁纵轴对称加载和偏心加载两种加载形式, 每台加载车辆的质量荷载均约为 300 kN。来华大桥静载试验共预设了 20 个加载工况, 其中主跨 1/4 跨位置加载 10 台车的工况如图 9.16 所示。

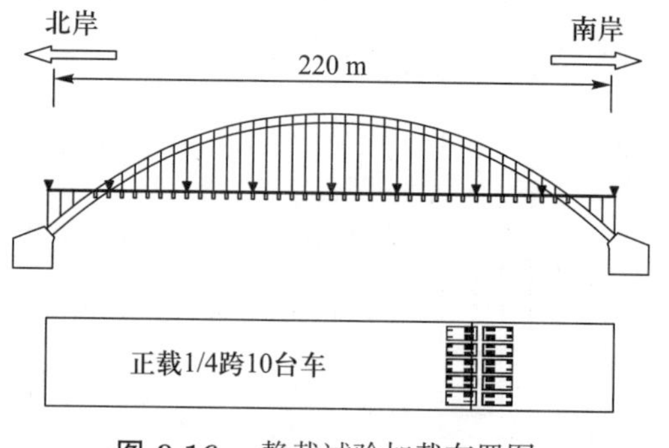

图 9.16　静载试验加载布置图

桥面测点布置在沿桥面均匀分布的 8 等分点上, 位于桥面防撞护栏内侧平坦处。测试过程采用电子水准仪和光学人工水准仪分别进行测量读数, 并相互校核测试结果。在进行钢管拱的静载卡车试验前, 预先将全站仪棱镜安放在钢管拱上各个 8 等分点位置, 分别在上下游河滩安置全站仪测量各个测点的位移结果。

本例使用 LMS Cadax-8 系统进行数据采集工作, 3 个参考点 (4#、11# 和 16# 测点, 图 9.17) 的传感器固定布置, 每次测试改变其余 5 个传感器所测试的位置。测试过程首先将传感器竖直放置, 拾取竖向的加速度时程响应, 然后将传感器水平放置, 完成桥梁横向振动测试, 数据采集时间为 10~20 min, 采样频率为 512 Hz, 由随机子空间法获得的桥面竖向振动稳态图如图 9.18 所示。

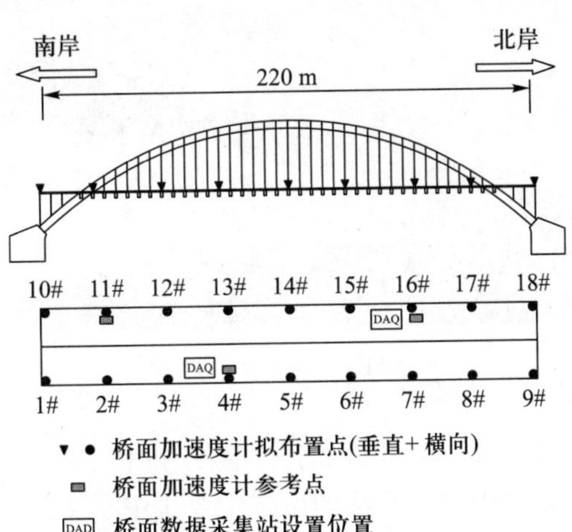

图 9.17　来华大桥模态测试测点布置图

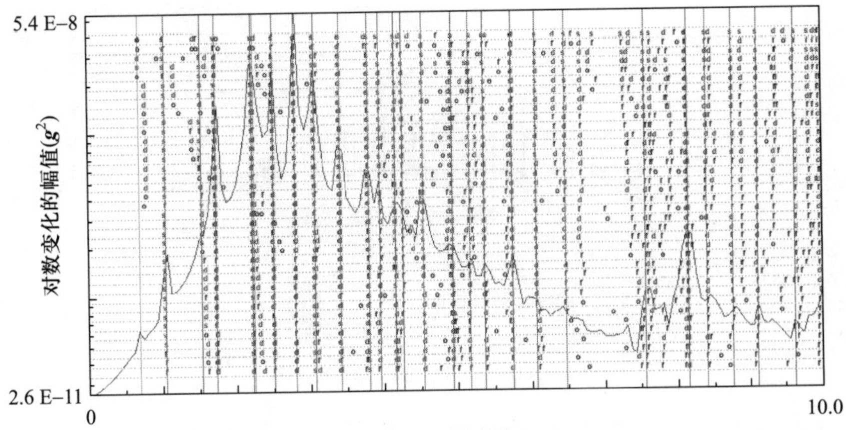

图 9.18　由随机子空间法获得的桥面竖向振动稳态图

根据来华大桥在设计和成桥试验两个阶段的研究目的, 分别使用有限元软件 Midas Civil 和 Strand7 建立来华大桥的空间有限元模型 (后文分别以设计模型和校验模型指代), 从模型校验前后所得到的不同结果可以预测实际结构和计算模型在性能方面的差异。来华大桥设计模型通过 Midas 建立 (图 9.19), 根据其进行全桥施工过程控制, 各个施工阶段的线型和应力都在合理的范围内。主要控制参数能直观地反映实际工作状况, 相应的有限元计算结果可以作为成桥静载试验的有力参考。

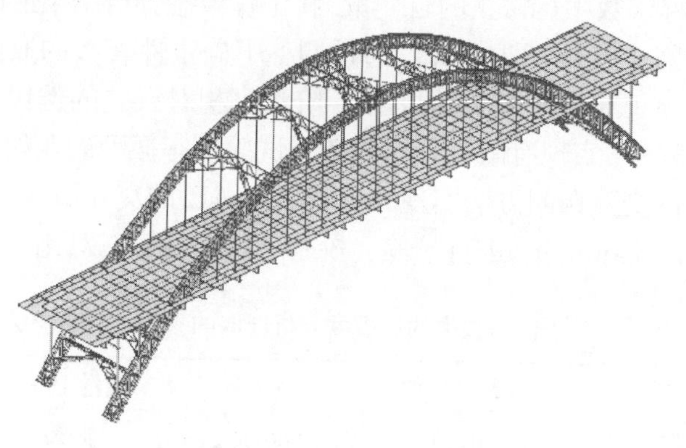

图 9.19 初始设计模型

在完成静载控制试验和模态测试后, 笔者使用 Strand7 建立了来华大桥校验模型 (图 9.20)。所有单元的几何特征和物理参数都详细按照现场勘测结果确定。拱肋、纵梁和横梁、K 型横撑、立柱等均使用两节点的 Beam 单元模拟; 拉索的模拟使用仅承受拉力的三维 Cable 单元; 桥面板、人行道板和人行道扶手由 Plate 单元模拟。桥面板两端与引桥部分通过伸缩缝隔开, 其边界条件在有限元模型中被模拟为理想铰支座 (限制相应节点的纵向、横向和竖向平

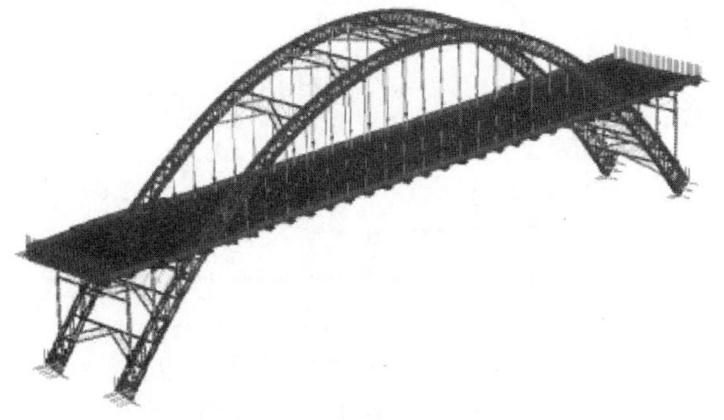

图 9.20 经过校验的有限元模型

动位移)。钢拱的两端边界条件假定为固定约束 (限制相应位置节点的全部平动及转动位移)。

参数变化范围也根据工程经验、施工工艺和相关参考文献的常用取值范围选取, 本文对每个不确定性参数选取的合理约束界限统计于表 9.5。来华大桥部分不确定性参数的基于模态参数的灵敏度分析结果如图 9.21 所示。其中, 横轴为不确定性参数的标准化弹性模量, 纵轴为基于前 7 阶模态频率的目标函数值。根据灵敏度分析结果, 选取 4 个对模态分析结果有显著影响的关键不确定性参数为目标函数中待修正的自变量, 将工作模态分析结果最可靠的前 7 阶模态频率选为修正参数 (即 n=7), 通过调整不确定性参数的取值实现有限元模态分析结果与工作模态分析结果前 7 阶频率相对误差的迭代寻优。目标函数迭代优化过程中, 实现有限元计算模态与试验模态振型的匹配。采用有限元软件 Strand7 的交互访问方法实现其与 MATLAB 的交互访问, 并使用最小二乘迭代优化算法 Isqnonlin 进行校验。校验后识别的模态对比如表 9.6 所示。

表 9.5　基于模态频率的灵敏度分析选取的参数及其校验结果

参数	参数设计值	变量下界	变量上界	校验结果
混凝土拱弹性模量/MPa	4.40×10^4	$0.60E_0$	$1.50E_0$	3.06×10^4
钢拱弹性模量/MPa	2.06×10^5	$0.60E_0$	$1.50E_0$	2.06×10^5
人行道板密度/(kg/m^3)	2.40×10^3	1.80×10^3	2.80×10^3	2.40×10^3
支座竖向刚度/(N/mm)	$+\infty$	10^4	$+\infty$	10^{12}

注: E_0 表示混凝土标准弹性模量。

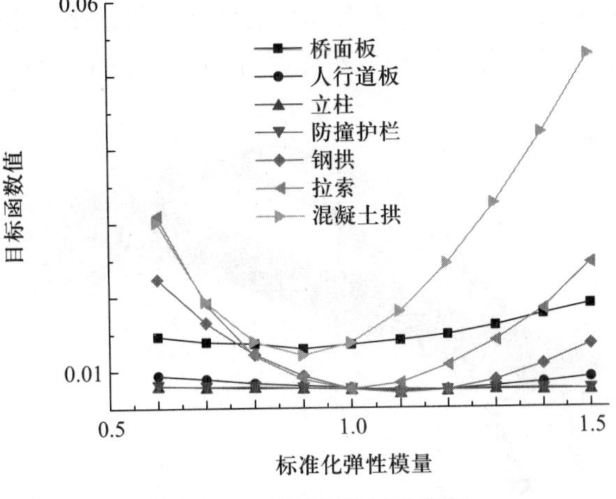

图 9.21　灵敏度分析曲线图

表 **9.6** 前 3 阶有限元软件计算模态振型与实测结果对比

	1 阶	2 阶	3 阶
实测模态	f_1=0.6	f_2=1.04	f_3=1.5
设计模型模态	f_1=0.4	f_2=0.93	f_3=1.2
校验模型模态	f_1=0.7	f_2=1.07	f_3=1.4

选取加载挠曲变形最大的主跨 1/4 跨位置加载 10 台车的工况, 对现场试验结果、设计模型和校验模型预测的结果进行对比。桥梁钢拱和桥面板的竖向变形如图 9.22 和图 9.23 所示。

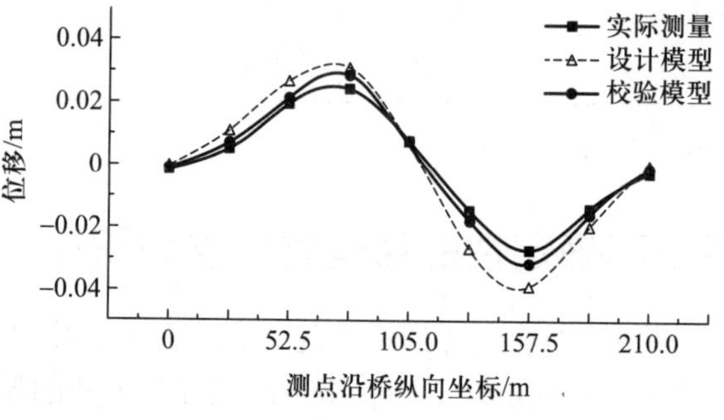

图 9.22 1/4 跨加载 10 台车作用下的钢拱变形

从静载变形曲线可以看出, 两种模型均能正确反映大跨度拱桥在荷载作用下的变形状况, 对比于设计模型, 校验模型的变形结果与试验测试数据更为一致。设计模型中各个测点的校验系数值较小, 说明由其模拟的桥梁结构具有较

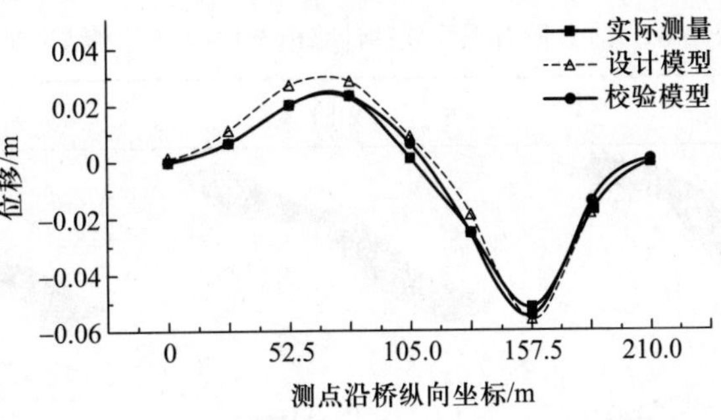

图 9.23 1/4 跨加载 10 台车作用下的桥面板变形

高的安全储备。校验模型的结果则分布集中, 所有校验系数都稳定在 0.9~1.0 范围内, 如表 9.7 所示, 模型评估结果较为准确可靠。此外, 对比两种模型的模态分析结果, 来华大桥校验模型的理论模态分析与现场试验工作模态分析的频率误差相较于设计模型大幅减小。

表 9.7 挠度校验系数对比

位置	拱肋		桥面板	
	主跨 1/4 跨	主跨 3/4 跨	主跨 1/4 跨	主跨 3/4 跨
实测挠度/mm	20	−27	20	−51
设计模型挠度/mm	27	−38	26	−55
校验模型挠度/mm	22	−30	20	−53
校验前 η	0.74	0.71	0.77	0.92
校验后 η	0.91	0.90	1.00	0.96

9.7 考虑系统不确定性的结构物理参数识别

在客观实际问题中, 不确定性是不可避免的。不确定性的来源主要分为固有型不确定性与认知型不确定性。固有型不确定性与天然的随机性有关, 为事件的本质属性, 不能通过人为的努力降低或者消除 [9]。例如结构材料的不确定性或者系统识别过程中的不确定性。认知型不确定性与对客观世界的预测和估计不精确有关, 源于认识不足或了解的信息不够全面, 通过人的努力可以降低甚至消除此类不确定性。例如对于测量误差, 可以通过使用高精度的传感器降低测试数据的不确定性; 提高所处理数据的长度, 可以降低结构识别模型的不确定性。

面对结构材料、荷载、模型等的不确定性, 结构物理参数识别问题成为不确定性问题。但在进行基于模型的结构物理参数识别时, 通常是寻找结构模型物理参数的唯一最优解, 并没有考虑不确定性对物理参数的影响 [10]。本节将模型物理参数看作随机变量, 利用贝叶斯理论进行结构物理参数的识别, 不但给出物理参数最优估计, 而且能够得到参数估计值的概率分布, 很好地解释了物理参数识别的不确定性问题。

9.7.1　贝叶斯定理

贝叶斯定理可以根据总体信息、样本信息和先验信息来推断得到后验信息。根据贝叶斯定理, 模型 M 基于 “观测” 值 G 的后验概率为

$$P(M/G) = \frac{P(G/M)P(M)}{\int P(G/M)P(M)} \tag{9.85}$$

式中, $P(M/G)$ 为已知 G 发生后 M 的条件概率, 也由于得自 G 的取值而被称作 M 的后验概率; $P(M)$ 为 M 的先验概率, 之所以称为 “先验” 是因为它不考虑任何 G 方面的因素, 先验分布需要满足能够反映有关问题的已知信息, 以及与观测值相互独立的特征; $P(G/M)$ 为已知 M 发生后 G 的条件概率, 也由于得自 M 的取值而被称作 G 的后验概率; $\int P(G/M)P(M)$ 为 G 的先验概率, 也作标准化常量。

详细的介绍参见附录。在实际应用时, 当贝叶斯模型太复杂或者维度太高时, 通过解析方法计算贝叶斯推断往往会失效。随着计算机科学的发展, 基于贝叶斯理论的仿真求解方法变得越来越有影响力。下面首先介绍物理参数的直接识别方法, 再介绍如何利用高级抽样算法进行结构参数的后验概率抽样估计。

9.7.2　基于贝叶斯理论与有限元模型的物理参数直接识别

结构物理参数直接识别可以在监测数据、模型参数先验分布估计的基础上, 直接利用贝叶斯理论估算结构模型物理参数的后验概率。在贝叶斯推论中模型采用有限元模型, 确定结构有限元模型的物理参数过程, 即为利用贝叶斯理论进行物理参数后验概率识别的过程。例如, 在建模中选择不同的参数即代表不一样的有限元模型, 这些不同的物理参数可看作未知的随机变量, 从而能够利用贝叶斯理论去估计参数的后验概率。当这样处理时, 模型 M 是由不同模型物理参数组成的随机变量; G 为现场结构健康监测所测量得到的结构值; 利用贝叶斯理论求解的是在现场监测值情况下的结构有限元模型中关键参数

值的后验概率。下面结合结构健康监测实际逐项进行分析。

1. 模型的先验概率分布

在进行结构识别和性能评估时，首先需要依据结构分析目的建立合适的有限元模型。例如，分析结构局部应力分布时需要进行局部建模；在分析桥梁整体抗震性能时需要建立全桥的有限元模型。但是在建立初始有限元模型中，总是存在各种各样的模型误差，使得结构模型与实际结构存在偏差。例如，建模中所使用的不同的单元，结构连接部位的各种假设，结构可能的损伤等。这些误差统称为建模不确定性参数，也即我们进行物理参数识别的目标。结合结构性能评估目的和现场实测数据，挑选出对结构分析占主导地位的建模不确定性参数 $\boldsymbol{\theta}=(\theta_1 \ \cdots \ \theta_i \ \cdots \ \theta_n)$，$\theta_i$ 为建模不确定性参数，n 为总的建模不确定性参数的个数。结构模型 $\boldsymbol{M}$ 可以表示为建模不确定性参数 $\boldsymbol{\theta}$ 的函数，即

$$\boldsymbol{M}=M(\boldsymbol{\theta}) \tag{9.86}$$

对所选的参数进行分析，得出建模不确定性参数 $\boldsymbol{\theta}$ 的先验分布概率 $P(\boldsymbol{\theta})$。有了建模不确定性参数 $\boldsymbol{\theta}$ 的先验分布概率，则由物理参数所代表的结构模型 $\boldsymbol{M}$ 的先验分布为

$$P(M(\boldsymbol{\theta}))=\prod_{i=1}^{n} P(\theta_i) \tag{9.87}$$

式中，$P(M(\boldsymbol{\theta}))$ 为有限元模型的先验分布；$M(\boldsymbol{\theta})$ 为有限元模型；$P(\theta_i)$ 为参数 θ_i 的先验分布。

2. 观测值的获取

组织实施结构健康监测，对监测数据进行分析挖掘，得到一系列数据 $\boldsymbol{G}$:

$$\boldsymbol{G}=\begin{pmatrix}\widetilde{\boldsymbol{Y}}_1 & \widetilde{\boldsymbol{Y}}_2 & \cdots & \widetilde{\boldsymbol{Y}}_m\end{pmatrix} \tag{9.88}$$

观测值 $\boldsymbol{G}$ 是对健康监测数据进行挖掘的结果，可以是结构的观测静位移、结构的振型和阻尼、结构应变模态等。m 为用来修正有限元模型经过挖掘的观测值的总数。数据挖掘方法可以是各种试验模态分析理论、损伤识别技术等。总之，$\boldsymbol{G}$ 代表从健康监测技术中得到的关于结构的现场信息。

3. 通过贝叶斯理论计算结构物理参数的后验概率

概率 $P(\boldsymbol{G}/M(\boldsymbol{\theta}))$ 可利用观测值 $\boldsymbol{G}$ 和相对应的有限元模型计算值之间的误差来计算。假设与观测值 $\boldsymbol{G}$ 相对应的有限元模型计算值为 $(Y_1(M(\boldsymbol{\theta})) \ Y_2(M(\boldsymbol{\theta})) \ \cdots \ Y_m(M(\boldsymbol{\theta})))$。则对观测值 $\boldsymbol{G}$ 中的每一项有

$$\widetilde{\boldsymbol{Y}}_j=Y_j(M(\boldsymbol{\theta}))+\boldsymbol{e}_j \tag{9.89}$$

式中, $\boldsymbol{e}_j$ 为模型结果与根据监测数据结果之间的误差, 称为模型误差。假设 $\boldsymbol{e}_j$ 符合均值为 0、方差为 σ_j 的正态分布。根据误差的概率密度函数, 有

$$P\left(\widetilde{\boldsymbol{Y}}_j/M(\boldsymbol{\theta})\right)=\frac{1}{\sqrt{2\pi\sigma_j^2}}\exp\left(-\frac{\boldsymbol{e}_j^{\mathrm{T}}\boldsymbol{e}_j}{2\sigma_j^2}\right) \tag{9.90}$$

式中, σ_j 为所对应的观测值的内在标准差, 它代表经过观测值挖掘所得到的响应之间的准确程度。从式 (9.90) 可以看到, σ_j 影响模型的概率大小, 从而对模型的抽样概率有很大的影响。

考虑到观测值 $\boldsymbol{G}$ 中存在多种指标, 假设各个指标是相互独立的, 则选择的有限元模型的概率为

$$P(\boldsymbol{G}/M(\boldsymbol{\theta}))=\prod_{j=1}^{m}P\left(\widetilde{\boldsymbol{Y}}_j/M(\boldsymbol{\theta})\right)=\prod_{j=1}^{m}\frac{1}{\sqrt{2\pi\sigma_j^2}}\exp\left(-\frac{\boldsymbol{e}_j^{\mathrm{T}}\boldsymbol{e}_j}{2\sigma_j^2}\right) \tag{9.91}$$

通过式 (9.87) 得到了模型概率。将模型概率、模型先验概率代入贝叶斯定理, 有模型的后验概率

$$P(M(\boldsymbol{\theta})/\boldsymbol{G})=\frac{P(\boldsymbol{G}/M(\boldsymbol{\theta}))P(M(\boldsymbol{\theta}))}{\int P(\boldsymbol{G}/M(\boldsymbol{\theta}))P(M(\boldsymbol{\theta}))} \tag{9.92}$$

式中, 等式右边的值都已知, 因此基于观测值的有限元模型的后验概率可以得到。根据式 (9.86), 模型是由结构物理参数所代表的, 从而得到物理参数的概率分布。

通过以上分析, 可得到基于贝叶斯理论的物理参数识别的解析表达式。但式 (9.89) 中的 $Y_j(M(\boldsymbol{\theta}))$ 项并不是一个显式函数, 而是代表在参数 $\boldsymbol{\theta}$ 取值时有限元运算的响应值, 因此在实际工作中不能直接利用式 (9.92) 计算结构模型物理参数的概率分布, 需要利用抽样算法对其进行抽样, 求得样本空间的数值解。

9.7.3 利用抽样算法进行间接求解

复杂模型的后验概率分布无法通过解析的方法得到。这一节介绍如何利用抽样算法求解式 (9.92)。为了处理结构识别中的不确定性问题, 首先介绍两种抽样算法, 分别为蒙特卡罗抽样与马尔可夫链蒙特卡罗抽样; 接着将抽样算法与贝叶斯理论结合, 利用抽样算法进行结构模型的物理参数识别工作。

1. 蒙特卡罗抽样

蒙特卡罗 (Monte Carlo) 抽样是按抽样调查法求取统计值来推定未知函数的计算方法。蒙特卡罗是摩纳哥的著名赌城, 该法为表明其随机抽样的本质

而得名。蒙特卡罗方法是把概率现象作为研究对象的数值模拟方法。适用于对离散系统进行计算仿真试验。通过在计算仿真中构造一个和系统性能相近似的概率模型在数字计算机上进行随机试验, 可以模拟系统的随机特性。蒙特卡罗方法通过生成随机数, 可以实现对一个过程的模拟, 随着生成随机数的增加越来越逼近真实的过程。

采用蒙特卡罗方法进行模型抽样的抽样效率不高, 需要产生大量的抽样样本才能代表整体的不确定性空间。当抽样个数过小时, 抽取的样本库可能会遗漏掉很多有代表性的样本, 使得样本库不具有代表性, 不能反映不确定性参数空间的情况; 当抽样个数过大时, 又会造成计算量十分巨大的问题。随着不确定性参数维数的增加, 为了模拟这个不确定性参数空间所增加的抽样样本数是以指数倍增长的。因此迫切需要开发新的抽样算法, 提高计算效率。

2. 马尔可夫链蒙特卡罗抽样

马尔可夫链蒙特卡罗 (Markov chain Monte Carlo, MCMC) 抽样方法的基本思想是, 通过构建一个马尔可夫链使得该马尔可夫链的稳定分布是我们所要采样的函数分布。如果这个马尔可夫链达到稳定状态, 那么来自这个马尔可夫链的每个样本都是函数分布的样本, 从而实现抽样的目的。马尔可夫链蒙特卡罗抽样方法在抽样统计中是一个强有力的工具, 该方法通过将马尔可夫链引入蒙特卡罗抽样中, 在贝叶斯理论框架下, 可以实现对过程的链式抽样, 能够克服高维参数的影响, 使抽样样本迅速稳定于目标函数。该方法自从出现以后, 在仿真问题、优化问题等很多领域有很广泛的应用。蒙特卡罗方法是直接从目标函数中随机抽样, 但是加入马尔可夫链的蒙特卡罗方法并不是每一个抽样的候选模型都会接受, 而是根据上一个模型和候选模型的相差结果判断候选模型是否接受, 这样被接受的模型就成为一条链式结构, 称为马氏链。加入了马氏链的蒙特卡罗方法相当于在进行模型的生成过程中有一个筛选的过程, 这个过程可以大大提高样本模型库收敛到目标函数的速度。同时, 为了进一步提高收敛速度而在马氏链中加入自适应和延迟拒绝技术。

在 MCMC 抽样方法体系中, 有各种形式的方法, 其中经典的为 Metropolis-Hastings (M-H) 算式, M-H 算式构建一条马氏链收敛于目标函数, 具体做法为利用用户自定义的抽样函数 q, 在参数空间进行选择抽样, 使抽样结果收敛于目标函数 $\pi(\boldsymbol{\theta})$。我们首先简单介绍下 M-H 算式的抽样步骤, 再进一步地介绍对 M-H 算式进行改进的自适应和延迟拒绝算法。马氏链开始时的初始抽样参数是随机选择的, 假设第 i 次循环的候选参数 $\boldsymbol{\theta}_{\mathrm{c}}$ 为

$$\boldsymbol{\theta}_{\mathrm{c}} = q\left(\boldsymbol{\theta}_{\mathrm{c}}/\boldsymbol{\theta}_{i-1}\right) \tag{9.93}$$

式中, $\boldsymbol{\theta}_{i-1}$ 为马氏链上第 $i-1$ 个被接受的参数; q 为预定义的抽样函数。可以

看出，下一个候选参数 $\boldsymbol{\theta}_{\mathrm{c}}$ 的产生只与上一个被接受参数 $\boldsymbol{\theta}_{i-1}$ 有关。当

$$q\left(\boldsymbol{\theta}_{i-1}/\boldsymbol{\theta}_{\mathrm{c}}\right)=q\left(\boldsymbol{\theta}_{\mathrm{c}}/\boldsymbol{\theta}_{i-1}\right) \tag{9.94}$$

成立时，候选参数 $\boldsymbol{\theta}_{\mathrm{c}}$ 的接受概率为

$$\alpha\left(\boldsymbol{\theta}_{i-1},\boldsymbol{\theta}_{\mathrm{c}}\right)=\min\left\{1,\frac{\pi\left(\boldsymbol{\theta}_{\mathrm{c}}\right)q\left(\boldsymbol{\theta}_{\mathrm{c}},\boldsymbol{\theta}_{i-1}\right)}{\pi\left(\boldsymbol{\theta}_{i-1}\right)q\left(\boldsymbol{\theta}_{i-1},\boldsymbol{\theta}_{\mathrm{c}}\right)}\right\} \tag{9.95}$$

一般情况下有 $q(\boldsymbol{\theta}_{i-1}/\boldsymbol{\theta}_{\mathrm{c}})=q(\boldsymbol{\theta}_{\mathrm{c}}/\boldsymbol{\theta}_{i-1})$，则 $\pi(\boldsymbol{\theta}_{\mathrm{c}})\,q(\boldsymbol{\theta}_{\mathrm{c}},\boldsymbol{\theta}_{i-1})/\pi(\boldsymbol{\theta}_{i-1})\,q(\boldsymbol{\theta}_{i-1},\boldsymbol{\theta}_{\mathrm{c}})=\pi(\boldsymbol{\theta}_{\mathrm{c}})/\pi(\boldsymbol{\theta}_{i-1})$。如若 $\boldsymbol{\theta}_{\mathrm{c}}$ 被接受，则 $\boldsymbol{\theta}_i=\boldsymbol{\theta}_{\mathrm{c}}$；否则回到式 (9.93) 重新进行。当马氏链稳定后，抽样参数 $\boldsymbol{\theta}$ 即稳定到目标分布 $\pi(\boldsymbol{\theta})$。

整个 MCMC 抽样过程中，不同于蒙特卡罗抽样，候选模型有被接受的，也有被拒绝的。如图 9.24 所示为二维马尔可夫链蒙特卡罗抽样结果示意图，图中等高线代表目标函数，通过抽样来模拟目标函数；“○”代表被接受的候选模型；“+”代表被拒绝的候选模型。可以看到，被拒绝的模型都出于边缘的位置；而被接受的模型在目标函数值较高的位置集中。

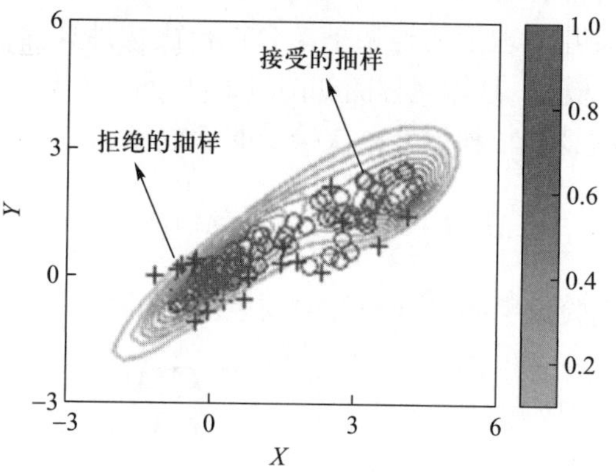

图 9.24 二维变量目标函数 MCMC 抽样示意图

为了进一步提高抽样效率，发展了许多基于 M-H 算式的改进 MCMC 抽样方法，例如 Gibbs 抽样、跳跃 MCMC 抽样等。扩展的 M-H 算式结合了两个关键性的思想：自适应 Metropolis(adapted Metropolis, AM) 抽样和延迟拒绝 (delayed reject, DR)，大大提高了 MCMC 抽样的运算效率，下面简单介绍。

(1) 自适应 Metropolis 抽样。在 M-H 算式计算中，抽样函数 $q(\boldsymbol{\theta})$ 需要用户提前预定义。但是，合适的抽样函数一般很难得到。例如，如果抽样函数的方差过大，则生成的候选参数 $\boldsymbol{\theta}_{\mathrm{c}}$ 变化过大，很可能会被拒绝；而抽样函数的方差过小，则生成的候选参数 $\boldsymbol{\theta}_{\mathrm{c}}$ 变化过小，会导致收敛缓慢甚至完不成对函数值的

遍历性。AM 方法的基本思想是根据过往的抽样参数实时改变抽样函数 $q(\boldsymbol{\theta})$ 的方差, 增加抽样效率。

(2) 延迟拒绝。其基本思想为, 当拒绝了一个候选参数 $\boldsymbol{\theta}_{\mathrm{c}}$ 时, 不是将其丢弃, 而是在下次计算时用到。延迟拒绝方法提高了局部收敛的自适应性。将自适应 Metropolis 和延迟拒绝方法结合在 M-H 方法中, 大大提高了抽样的效率。

如果候选模型被拒绝, 不是像传统的马尔可夫链蒙特卡罗那样将候选模型抛弃, 继续从式 (9.93) 生成下一个候选模型; 而是利用上一个被接受的模型和被拒绝的模型一起决定下一个候选模型是否被接受。结合 AM 和 DR 方法到 MCMC 抽样中, 可以大幅度提高抽样的效率, 使抽样快速地收敛到目标函数。自适应 Metropolis 抽样可从宏观上改变抽样函数的抽样方差, 克服了可能出现的局部最优解的影响。而延迟拒绝算法又在抽样的局部空间提高了抽样的准确性, 增加了局部抽样的效率。

下面进行抽样算法下物理参数的识别。为了对式 (9.92) 进行求解, 在实际实施过程中利用了贝叶斯理论和马尔可夫链蒙特卡罗等一系列的高级数学方法进行抽样处理。下面就在贝叶斯理论框架下详细讨论如何进行结构物理参数的不确定性识别与量化。

上述运算在贝叶斯理论的框架下结合抽样算法计算在观测值下的结构关键物理参数的后验概率, 具体流程图如图 9.25 所示。开始的初始点 $\boldsymbol{\theta}_0$ 是随意选取的, 在第 i 次循环中, 根据上一次接受的参数 $\boldsymbol{\theta}_{i-1}$ 生成的候选模型参数为

$$M\left(\boldsymbol{\theta}_{\mathrm{c}}\right)=q\left(M\left(\boldsymbol{\theta}_{\mathrm{c}}\right)/M\left(\boldsymbol{\theta}_{i-1}\right)\right) \tag{9.96}$$

当预定义的先验概率函数 q 对称时, 接受候选模型 $\boldsymbol{\theta}_{\mathrm{c}}$ 的概率为

$$\alpha\left(\boldsymbol{\theta}_{i-1},\boldsymbol{\theta}_{\mathrm{c}}\right)=\min\left\{1,\ \frac{P\left(\boldsymbol{G}/M\left(\boldsymbol{\theta}_{\mathrm{c}}\right)\right)}{P\left(\boldsymbol{G}/M\left(\boldsymbol{\theta}_{i-1}\right)\right)}\right\} \tag{9.97}$$

式中, $P(\boldsymbol{G}/M(\boldsymbol{\theta}))$ 可由式 (9.91) 计算得到, 因此上式可以执行。如果 $\boldsymbol{\theta}_{\mathrm{c}}$ 被接受, 则 $\boldsymbol{\theta}_i=\boldsymbol{\theta}_{\mathrm{c}}$; 否则将这次的候选模型 $\boldsymbol{\theta}_{\mathrm{c}}$ 遗弃并生成新的候选模型, 直至有候选模型被接受, 再进行下一个循环。初始的抽样会受到所选择的抽样点的影响, 当经历足够多次的循环后, 去掉受初始点影响的抽样点, 产生的抽样样本收敛于我们所要采样的分布 $P(M(\boldsymbol{\theta})/\boldsymbol{G})$。从式 (9.97) 可以看到, 当新生成的抽样使得观测值与模型计算值更接近, 即 $P\left(\boldsymbol{G}/M\left(\boldsymbol{\theta}_{\mathrm{c}}\right)\right)/P\left(\boldsymbol{G}/M\left(\boldsymbol{\theta}_{i-1}\right)\right)>1$ 时, 所生成的新的抽样一定会被接受; 而当新生成的抽样使得观测值与模型计算值远离, 即 $P\left(\boldsymbol{G}/M\left(\boldsymbol{\theta}_{\mathrm{c}}\right)\right)/P\left(\boldsymbol{G}/M\left(\boldsymbol{\theta}_{i-1}\right)\right)<1$ 时, 所生成的新的抽样同样按一定概率值 $P\left(\boldsymbol{G}/M\left(\boldsymbol{\theta}_{\mathrm{c}}\right)\right)/P\left(\boldsymbol{G}/M\left(\boldsymbol{\theta}_{i-1}\right)\right)$ 被接受。这一特征使 MCMC 算法既能够快速遍历整个所要抽样的参数空间, 又能够避免局部最优问题。加入了马

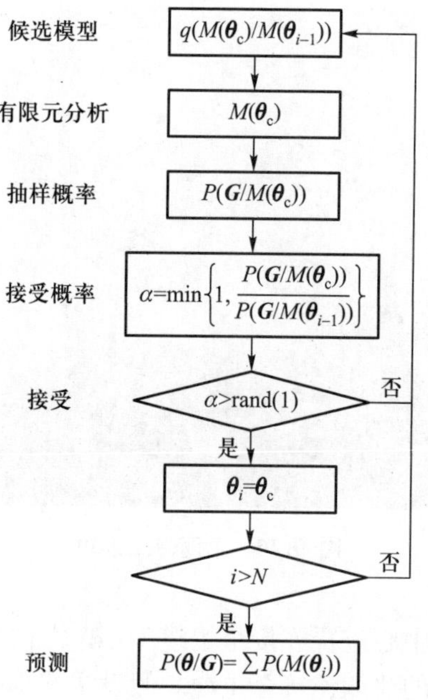

图 9.25 基于 MCMC 抽样的参数识别流程图

氏链的蒙特卡罗方法相当于在进行模型的生成过程中有一个筛选的过程, 这个过程可以大大提高样本模型库收敛到目标函数的速度。但是以上的 M-H 方法仍然存在收敛缓慢的问题, 为了解决这一问题, 扩展的 M-H 方法即带 DRAM 算法的 MCMC 通过自适应调整先验的概率函数的方差, 并延迟拒绝那些被拒绝的抽样点, 从而能够大大加快收敛进度。

【案例 9.4】南京夹江大桥采用空间线性的钢–混凝土混合梁独柱塔自锚式悬索桥, 如图 9.26 所示。孔跨布置为 (35+77+60+248+35) m, 主梁分为两幅设置, 净距 8.2 m, 两幅主梁之间以多道横梁连为一体, 形成纵横梁体系。主跨主梁采用钢箱梁, 边跨及锚跨主梁采用预应力混凝土箱梁。主缆在横桥向分为两根, 在边跨位于竖直平面内, 锚固于横梁中部; 在主跨为空间索形, 锚固于横梁两端。桥塔为独柱形式, 塔身为变截面。

采用大型商业软件 ANSYS 进行全桥有限元建模, 主要构件包括主缆、吊索、主梁、桥塔、桥墩和弹塑性阻尼器等。将主缆被吊索点、主塔 IP 点以及散索鞍点分散成多个索单元, 吊索由主缆和主梁连接点形成一个单元。假设主缆单元和吊索单元只受拉, 利用 link10 单元模拟主缆和吊索, 并根据设计图纸的初始主缆力和初始吊索力, 给主缆 link10 单元和吊索 link10 单元分别赋予初始应变, 使缆索系统形成初始刚度。主梁包括钢箱梁、混凝土箱梁以及替代锚碇的重力式横梁, 主梁分为南北两幅, 采用横梁连接。在箱梁边跨, 吊索通过

图 9.26　南京夹江大桥

连接两幅箱梁的横梁中心位置连接至主缆; 在箱梁主跨, 吊索分别通过南幅箱梁的南侧和北幅箱梁的北侧连接至主缆。假设主梁维持弹性, 采用 Beam4 单元模拟, 不考虑具体的截面形式, 只需输入截面特性和考虑初始应力的初始应变。桥墩和桥塔考虑非线性行为, 采用实体单元 Solid65 模拟钢筋混凝土建立三维实体模型, 由于实体模型单元划分过多, 与其他部分组成全桥模型时计算容易不收敛, 这里采用一种简化方法, 即首先根据桥塔和桥墩的实际尺寸及配筋利用 Solid65 单元建立精细化模型, 再基于精细化模型进行 pushover 推覆分析, 最后根据分析结果将桥塔和桥墩的实体模型简化为梁单元模型。桥墩均采用 E 型弹塑性阻尼支座, 用于横桥向减振; 桥塔处纵桥向采用弹塑性阻尼器进行纵桥向减振, 同时给主梁提供纵桥向约束, 横桥向塔壁与主梁之间各设一个 3 000 kN 级 GJZF4 板式橡胶支座, 用以横桥向限位。建模时采用 Combine39 单元模拟非线性的弹簧阻尼器特性。

对本例中所选择的五个关键参数, 即主缆弹性模量、主梁延米质量、主缆初始应变、纵桥向阻尼器、横桥向阻尼器进行 MCMC 抽样, 如表 9.8 所示。抽

表 9.8　关键抽样参数

参数	主梁延米质量	主缆弹性模量	主缆初始应变	横桥向阻尼器	纵桥向阻尼器
范围	[0.5,1.5]	[0.5,1.5]	[0.5,1.5]	[0.5,1.5]	[0.5,1.5]
先验分布	正态分布	正态分布	正态分布	正态分布	正态分布
后验分布	正态分布 N(1.031,0.063)	正态分布 N(1.016,0.064)	正态分布 N(0.989,0.0653)	正态分布 N(1.007,0.086)	正态分布 N(0.978,0.083)

样过程如图 9.27 所示, 横坐标代表抽样样本时间序列, 纵坐标代表关键参数抽样值。在本例中采用归一化的参数表达方式, 即将初始值归一化为 1。抽样开始时关键参数取值为 [0.8 0.8 0.8 0.8 0.8], 从图 9.27 可以看到, 仅仅经过几百个抽样点, 各个关键参数即稳定在 1 附近, 显示了 MCMC 抽样能够快速收敛的特性。去除掉开头的 5 000 个抽样点, 取稳定后的抽样点进行统计分析, 如图 9.28 所示。点划线代表对关键参数取值的先验概率分布, 这一部分包括了初始的有限元修正与工程师对参数的先验判断; 直方图以及相对应的拟合曲线代表了关键参数取值的后验分布, 这一部分不仅仅包括先验的概率, 更是受结构健康监测现场的实测值以及对应实测值不确定性所影响; 而虚线代表后验概率最大值位置, 即为通过算法寻求最优的关键参数取值处。正如前面叙述的, 有限元模型的值很难恰好与观测值匹配上, 由于有限元模型误差与观测值测量误差的存在, 再加上参数修正过程的参数替代效应, 能够与目标函数相匹配的关键参数组合有多个。通常, 使目标函数小于一定的阈值之后即完成修正, 进而利用有限元模型代替实际结构进行响应预测与性能评估。但是正是不确定性的存在, 使得结构各个关键物理参数为随机变量。通过前述的处理方法, 不仅可以得到各个关键物理参数的后验概率最大值, 而且可以得到其分布, 从而对物理参数不确定性进行量化。

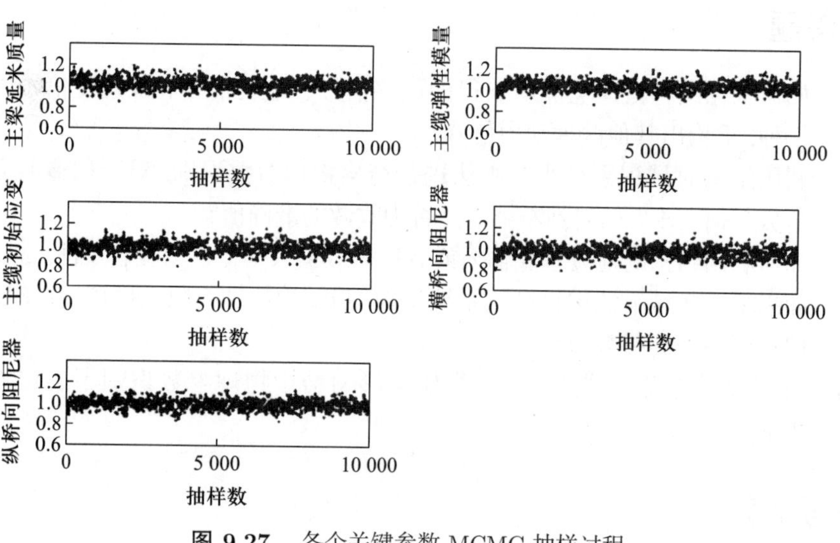

图 9.27 各个关键参数 MCMC 抽样过程

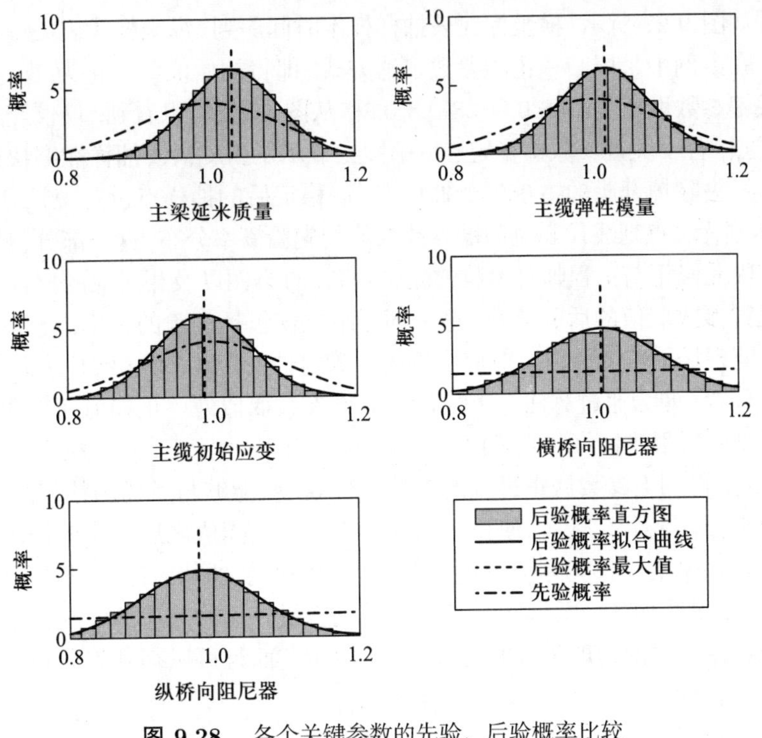

图 9.28　各个关键参数的先验、后验概率比较

思考题

9.1　如何根据结构健康监测所获得的位移信号、速度信号和加速度信号中的一种, 重构出其他两种动力信号?

9.2　利用结构时域识别最小二乘法进行结构物理参数识别, 对于构造的方程个数有何要求? 如何判断结果是否为收敛的准确值?

9.3　如何利用结构的地震基底输入或者风荷载输入构造动力复合反演方法?

9.4　如果采用频域方法进行结构系统识别, 当结构物理有限元模型复杂时, 如何进行结构的参数识别?

9.5　模型误差与哪些因素有关, 是如何影响结构物理参数识别不确定性结果的?

参考文献

[1] 武魏娜. 土木工程结构参数识别时域法研究 [D]. 天津: 天津大学, 2006.

[2] 李国强, 李杰. 工程结构动力检测理论与应用 [M]. 北京: 科学出版社, 2002.

[3] 陈为真, 汪秉文, 胡晓娅. 基于时域积分的加速度信号处理 [J]. 华中科技大学学报 (自

然科学版), 2010, 38(1): 1-4.

[4] 王详建. 土木工程中的物理参数时域识别及地震动反演研究 [D]. 哈尔滨: 中国地震局工程力学研究所, 2011.

[5] Ljung L. Asymptotic behavior of the extended Kalman filter as a parameter estimator for linear system [J]. IEEE Transactions on Automatic Control, 1979, 24(1): 36-50.

[6] 曾雅丽斯. 基于动态转角测量技术的框架结构参数识别与广义模态柔度理论 [D]. 长沙: 湖南大学, 2019.

[7] 谢献忠, 易伟建, 刘锡军. 部分输入未知条件下结构动力复合反演的分解算法 [J]. 计算力学学报, 2005, 22(6): 745-749.

[8] 陈隽, 李杰. 部分输入未知条件下的结构系统识别研究 [J]. 地震工程与工程振动, 1998, 18(4): 40-47.

[9] 张建, 吴刚. 长大跨桥梁健康监测与大数据分析——方法与应用 [M]. 北京: 中国建筑工业出版社, 2019.

[10] Lai T, Yi T H, Li H N. Parametric study on sequential deconvolution for force identification [J]. Journal of Sound and Vibration, 2016, 377: 76-89.

第 10 章 结构模态参数识别*

模态是结构的固有振动特性, 每一个模态都具有特定的振型、频率和阻尼比。模态参数一般由计算或试验分析取得, 该过程称为模态分析。模态分析是研究结构动力特性的一种方法, 是系统辨识方法在工程振动领域的应用。该分析过程如果是由有限元计算的方法得到模态参数, 则称为计算模态分析; 如果是通过试验将采集的结构响应经过参数识别获得模态参数, 则称为试验模态分析。按照是否需要输入信息又可分为实验模态分析 (experimental modal analysis, EMA) 和运营模态分析 (operational modal analysis, OMA)。实验模态分析因输入和输出均需已知, 条件非常理想, 一般常用于实验室模型的模态参数识别; 运营模态分析因输入信息无需已知, 而在现场测试或结构健康监测领域得到广泛应用。然而, 相比于实验模态分析可获取准确振型, 运营模态分析因识别所需的信息量较少, 会造成识别结果的损失, 主要体现在振型的幅值难以准确确定, 也就是说运营模态分析识别出的振型是一个含有比例信息的振型, 而非带有准确幅值的振型。

通过模态参数的准确识别可掌握结构在荷载与环境作用下的规律特性, 为有限元模型修正、损伤识别和状态评估提供基础数据。本章首先介绍了模态

* 本章执笔人:
伊廷华, 大连理工大学土木工程学院, yth@dlut.edu.cn
曲春绪, 大连理工大学土木工程学院, quchunxu@dlut.edu.cn

参数识别的基本方法 [频域分解法 (frequency domain decomposition, FDD)、随机子空间法 (stochastic subspace identification, SSI) 和特征系统实现算法 (eigensystem realization algorithm, ERA) 等], 然后阐述了结构健康监测领域常用的时变模态参数识别方法 (慢变、快变和瞬变模态参数识等), 并给出了一些实际工程案例分析。

10.1　模态参数识别基本方法

模态参数识别方法有多种, 主要分为频域法、时域法和时–频法三大类 [1], 如表 10.1 所示。

表 10.1　常用的模态参数识别方法

类别	数据域	常用方法
实验模态参数识别	频域	有理分式多项式法、最小二乘复频域法、复模态指示函数法
	时域	多参考点复指数法、Ibrahim 时域法、特征系统实现算法、确定随机子空间法
	时–频域	短时傅里叶变换法、小波变换法、希尔伯特–黄变换法
运营模态参数识别	频域	快速傅里叶变换法、频域分解法、增强频域分解法
	时域	随机子空间法、自然激励技术–特征系统实现算法、简洁时域法、Ibrahim 时域法
	时–频域	短时傅里叶变换法、小波分析法、希尔伯特–黄变换法

在结构健康监测领域, 模态参数识别主要侧重于运营模态。因受篇幅所限, 这里仅对最常用的频域分解法, 时域的随机子空间法和特征系统实现算法进行详细介绍, 对其他识别方法进行简要介绍。

10.1.1　频域分解法

频域分解法是在复模态指示函数的基础上发展而来的一种运营模态识别方法。该方法通过将结构振动响应进行傅里叶变换到频域, 在频域中建立自互功率谱与模态参数的关系模型, 然后对自互功率谱在各谱线处分别进行奇异值分解, 奇异值曲线上峰值点对应的频率代表结构频率, 结构频率处的奇异向量等价于模态振型向量。为了解决频域分解法无法识别阻尼比的问题, 又发展出了一种增强频域分解法 (enhance FDD, EFDD)。该方法在频域分解法的基础上将频域信息做逆傅里叶变换再次转换到时域, 然后在时域中使用对数衰减 (logarithmic decrement, LD) 法来求解阻尼比。

频域分解法基于的输入和输出功率谱密度函数 [2] (power spectrum density, PSD) 关系如式 (10.1) 所示:

$$\boldsymbol{G}_{yy}(\mathrm{j}\omega)=\boldsymbol{H}^{*}(\mathrm{j}\omega)\boldsymbol{G}_{ff}(\mathrm{j}\omega)\boldsymbol{H}^{\mathrm{T}}(\mathrm{j}\omega) \tag{10.1}$$

式中, 上角标 "*" 和 "T" 分别表示共轭和转置; $\boldsymbol{G}_{ff}(\mathrm{j}\omega)\in\mathbb{R}^{L\times L}$ 表示 L 个输入的自互功率谱密度函数; $\boldsymbol{G}_{yy}(\mathrm{j}\omega)\in\mathbb{R}^{M\times M}$ 表示 M 个输出响应的自互功率谱密度函数; $\boldsymbol{H}(\mathrm{j}\omega)\in\mathbb{R}^{M\times L}$ 表示频响函数 (frequency response function, FRF) 矩阵, 用部分分式形式可表示为

$$\boldsymbol{H}(\mathrm{j}\omega)=\sum_{i=1}^{n}\left(\frac{\boldsymbol{R}_i}{\mathrm{j}\omega-\lambda_i}+\frac{\boldsymbol{R}_i^{*}}{\mathrm{j}\omega-\lambda_i^{*}}\right) \tag{10.2}$$

式中, n 表示模态阶数; λ_i 表示第 i 阶系统极点, $\lambda_i=-\xi_i\omega_i+\mathrm{j}\sqrt{1-\xi_i^2}\omega_i$, ξ_i 和 ω_i 分别表示第 i 阶阻尼比和固有圆频率; $\boldsymbol{R}_i$ 表示第 i 阶留数, 可写为第 i 阶模态振型 $\boldsymbol{\phi}_i=\begin{bmatrix}\phi_{1i} & \phi_{2i} & \cdots & \phi_{Mi}\end{bmatrix}^{\mathrm{T}}$ 和模态参与向量转置 $\boldsymbol{\gamma}_i^{\mathrm{T}}=\begin{bmatrix}\gamma_{i1} & \gamma_{i2} & \cdots & \gamma_{iL}\end{bmatrix}$ 的乘积, 即 $\boldsymbol{R}_i=\boldsymbol{\phi}_i\boldsymbol{\gamma}_i^{\mathrm{T}}$; $\boldsymbol{R}_i^{*}$ 和 λ_i^{*} 分别表示 $\boldsymbol{R}_i$ 和 λ_i 的共轭。

假定输入为白噪声激励, 则 $\boldsymbol{G}_{ff}(\mathrm{j}\omega)$ 为一实常数对角矩阵 $\boldsymbol{G}_{ff}(\mathrm{j}\omega)=\boldsymbol{G}_0$, 将式 (10.2) 代入式 (10.1) 可得

$$\boldsymbol{G}_{yy}(\mathrm{j}\omega)=\sum_{i=1}^{n}\sum_{k=1}^{n}\left(\frac{\boldsymbol{R}_i}{\mathrm{j}\omega-\lambda_i}+\frac{\boldsymbol{R}_i^{*}}{\mathrm{j}\omega-\lambda_i^{*}}\right)\boldsymbol{G}_0\left(\frac{\boldsymbol{R}_k}{\mathrm{j}\omega-\lambda_k}+\frac{\boldsymbol{R}_k^{*}}{\mathrm{j}\omega-\lambda_k^{*}}\right)^{\mathrm{H}} \tag{10.3}$$

式中, 上角标 "H" 表示共轭转置。

基于赫维赛德展示定理 (Heaviside partial fraction theorem, HPFT), 式 (10.3) 中的输出功率谱密度函数可以写为极点/留数的形式, 如式 (10.4) 所示:

$$\boldsymbol{G}_{yy}(\mathrm{j}\omega)=\sum_{i=1}^{n}\left(\frac{\boldsymbol{A}_i}{\mathrm{j}\omega-\lambda_i}+\frac{\boldsymbol{A}_i^{*}}{\mathrm{j}\omega-\lambda_i^{*}}+\frac{\boldsymbol{B}_i}{-\mathrm{j}\omega-\lambda_i}+\frac{\boldsymbol{B}_i^{*}}{-\mathrm{j}\omega-\lambda_i^{*}}\right) \tag{10.4}$$

式中, $\boldsymbol{A}_i$ 和 $\boldsymbol{B}_i$ 表示第 i 阶输出功率谱密度函数的留数矩阵, 且为 $M\times M$ 阶的厄米 (Hermitian) 矩阵, 分别表示为

$$\boldsymbol{A}_i=\boldsymbol{R}_i\boldsymbol{G}_0\left(\sum_{s=1}^{n}\frac{\boldsymbol{R}_s^{\mathrm{H}}}{-\lambda_i-\lambda_s^{*}}+\frac{\boldsymbol{R}_s^{\mathrm{T}}}{-\lambda_i-\lambda_s}\right) \tag{10.5}$$

$$\boldsymbol{B}_i=\left(\sum_{s=1}^{n}\frac{\boldsymbol{R}_s}{-\lambda_i-\lambda_s}+\frac{\boldsymbol{R}_s^{*}}{-\lambda_i-\lambda_s^{*}}\right)\boldsymbol{G}_0\boldsymbol{R}_i^{\mathrm{T}} \tag{10.6}$$

在结构为小阻尼且模态耦合不严重时, $\boldsymbol{A}_i$ 和 $\boldsymbol{B}_i$ 中起主导作用的部分为 $i=k$ 项, 这样留数矩阵可分别简化为

$$\boldsymbol{A}_i \approx \frac{\boldsymbol{R}_i\boldsymbol{G}_0\boldsymbol{R}_i^{\mathrm{H}}}{2\sigma_{mi}} = \beta_i\boldsymbol{\phi}_i\boldsymbol{\phi}_i^{\mathrm{H}} \tag{10.7}$$

$$\boldsymbol{B}_i \approx \frac{\boldsymbol{R}_i^*\boldsymbol{G}_0\boldsymbol{R}_i^{\mathrm{T}}}{2\sigma_{mi}} = \beta_i\boldsymbol{\phi}_i^*\boldsymbol{\phi}_i^{\mathrm{T}} \tag{10.8}$$

式中, σ_{mi} 表示系统极点 λ_i 的实部的绝对值; β_i 表示实常数, 如式 (10.9) 所示:

$$\beta_i = \frac{\boldsymbol{\gamma}_i^{\mathrm{T}}\boldsymbol{G}_0\boldsymbol{\gamma}_i^*}{2\sigma_{mi}} \tag{10.9}$$

在特定的频率范围内, 若只有部分模态占主导地位, 即 $\boldsymbol{G}_{yy}(\mathrm{j}\omega)$ 可由少数几阶模态的叠加得到, 将这些模态集合定义为 $\mathrm{Sub}(\omega)$, 则对于小阻尼结构, 响应谱密度可表示为

$$\boldsymbol{G}_{yy}(\mathrm{j}\omega) = \sum_{k\in\mathrm{Sub}(\omega)} \frac{\beta_i\boldsymbol{\phi}_i\boldsymbol{\phi}_i^{\mathrm{T}}}{\mathrm{j}\omega-\lambda_i} + \frac{\beta_i\boldsymbol{\phi}_i^*\boldsymbol{\phi}_i^{\mathrm{H}}}{\mathrm{j}\omega-\lambda_i^*} \tag{10.10}$$

在频域分解法中, 首先是估计功率谱密度函数矩阵, 然后对估计的功率谱密度函数矩阵 $\widetilde{\boldsymbol{G}}_{yy}(\mathrm{j}\omega)$ 在任一离散频率处进行奇异值分解, 可以得到

$$\widetilde{\boldsymbol{G}}_{yy}(\mathrm{j}\omega_i) = \boldsymbol{U}_i\boldsymbol{S}_i\boldsymbol{U}_i^{\mathrm{H}} \tag{10.11}$$

式中, 矩阵 $\boldsymbol{U}_i = \begin{bmatrix}\boldsymbol{u}_{i1} & \boldsymbol{u}_{i2} & \cdots & \boldsymbol{u}_{iM}\end{bmatrix}$; $\boldsymbol{S}_i = \mathrm{diag}(s_{i1}, s_{i2}, \cdots, s_{iM})$。

反映在第一阶奇异值曲线 $s_{i1}\,(i=\Delta f, 2\Delta f, \cdots, f_s/2)$ 峰值处谱线所对应的频率代表结构的频率。相应地, 在接近第 k 阶模态的谱线处, 若只有第 k 阶模态贡献较大, 则对应谱线处的第一阶奇异向量为第 k 阶模态向量的估计量为

$$\widetilde{\boldsymbol{\phi}}_k = \boldsymbol{u}_{i1} \tag{10.12}$$

由于频域分解法无法识别阻尼比, 增强频域分解法作为它的一种改进方法, 选取奇异值曲线峰值附近模态保证准则 (modal assurance criterion, MAC) 值较大的频段, 通过对其做逆傅里叶变换转换到时域, 获得近似的单自由度相关函数曲线, 然后用对数衰减法即可识别出阻尼比。

【案例 10.1】 以某公路桥为例, 在主梁上布置 14 个竖向加速度计 (图 10.1 和图 10.2) 采集加速度响应。加速计的采样频率为 100 Hz, 监测数据选择凌晨 00:00—01:00 时间段, 假设环境激励为白噪声。

对加速度数据去均值处理, 从图 10.3 可以看出数据质量较好, 虽然该数据受一定噪声影响, 但幅值差异不大, 符合白噪声激励假设。采用汉明 (Hamming) 窗对数据进行加窗处理, 先分段求得功率谱后再进行平均获得功率谱。

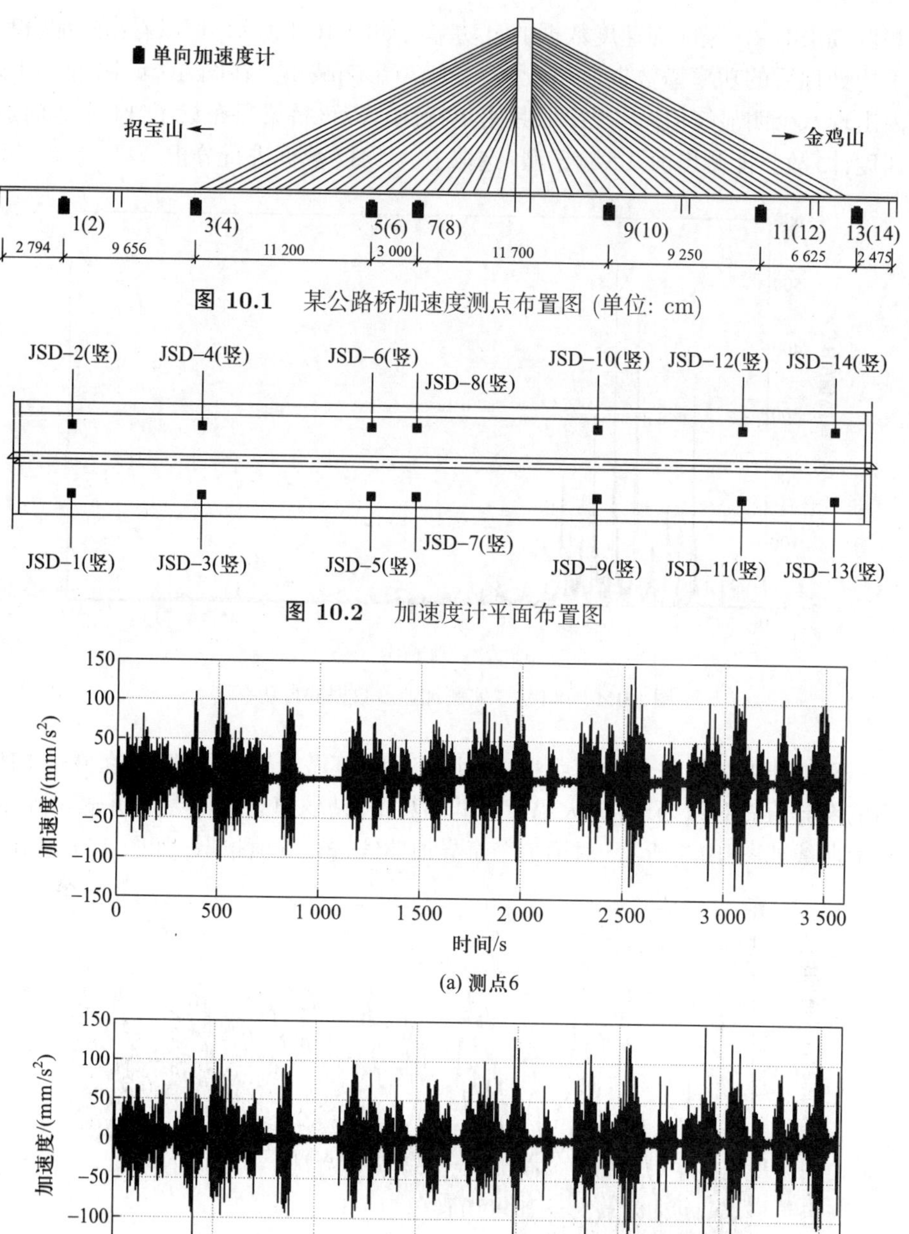

图 10.1 某公路桥加速度测点布置图 (单位: cm)

图 10.2 加速度计平面布置图

(a) 测点6

(b) 测点12

图 10.3 典型竖向加速度数据

测点 3(JSD–3) 竖向加速度数据的自功率谱如图 10.4 所示, 可以看出经加窗和平均处理后的功率谱数据质量较好, 受噪声影响减小。在图 10.4 中, 前 4 Hz 内出现八个明显峰值, 呈现出低频密集特性。因该桥梁只布设了 14 个竖向加速度计, 故只能测出前 14 阶振型, 选取 $0 \sim 4$ Hz 数据进行分析。

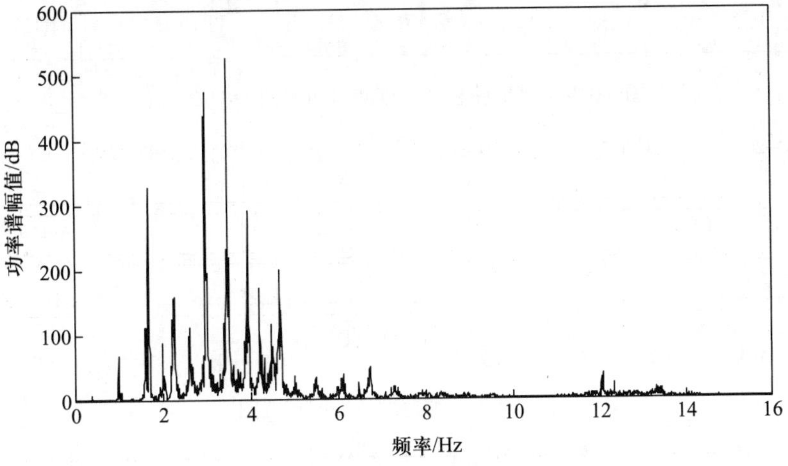

图 10.4　测点 3 实测加速度数据的自功率谱

对加速度数据各个频率点互功率谱密度矩阵做奇异值分解, 对在 $0 \sim 4$ Hz 内的奇异值做对数处理, 放大幅值较低的数据, 使弱模态峰值更加明显, 得到奇异值曲线如图 10.5 所示, 对第一个奇异值曲线进行峰值拾取, 如图 10.6 所示。

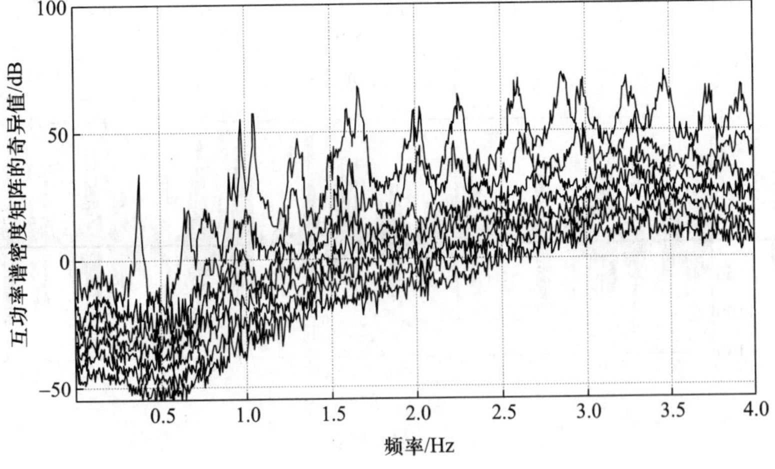

图 10.5　竖向加速度功率谱密度的奇异值曲线

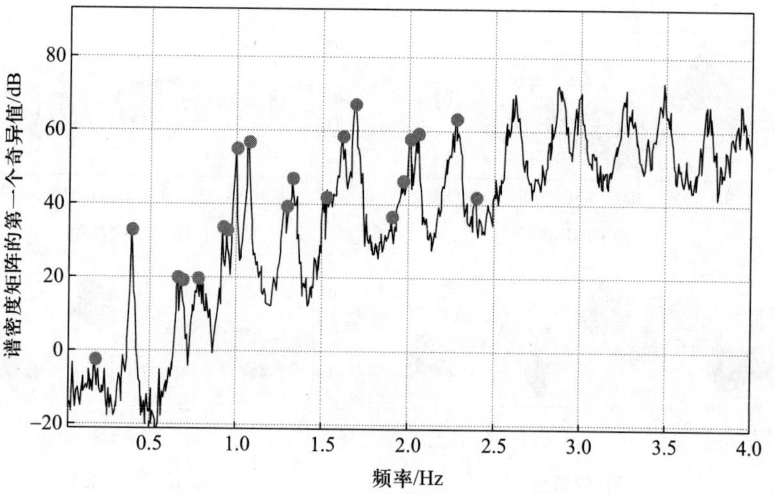

图 10.6 选取第一个奇异值曲线峰值点

该桥识别得到的模态频率结果如表 10.2 所示, 归一化的前 8 阶模态振型识别结果如图 10.7 所示。

表 10.2 频域分解法识别出的模态频率

模态阶数	频率/Hz	模态阶数	频率/Hz
1	0.384 5	8	1.318 4
2	0.653 1	9	1.513 7
3	0.769 0	10	1.611 3
4	0.939 9	11	1.678 5
5	0.988 8	12	2.001 9
6	1.062 0	13	2.044 7
7	1.281 7	14	2.264 4

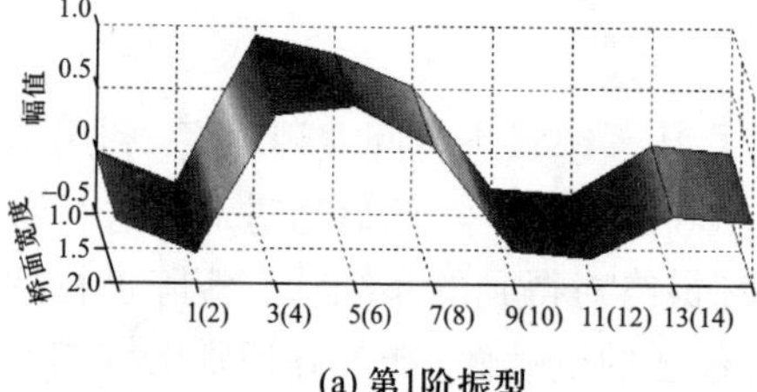

(a) 第1阶振型

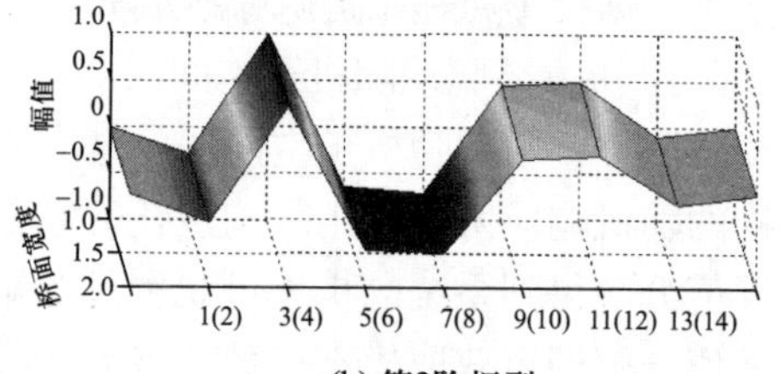

(b) 第2阶振型

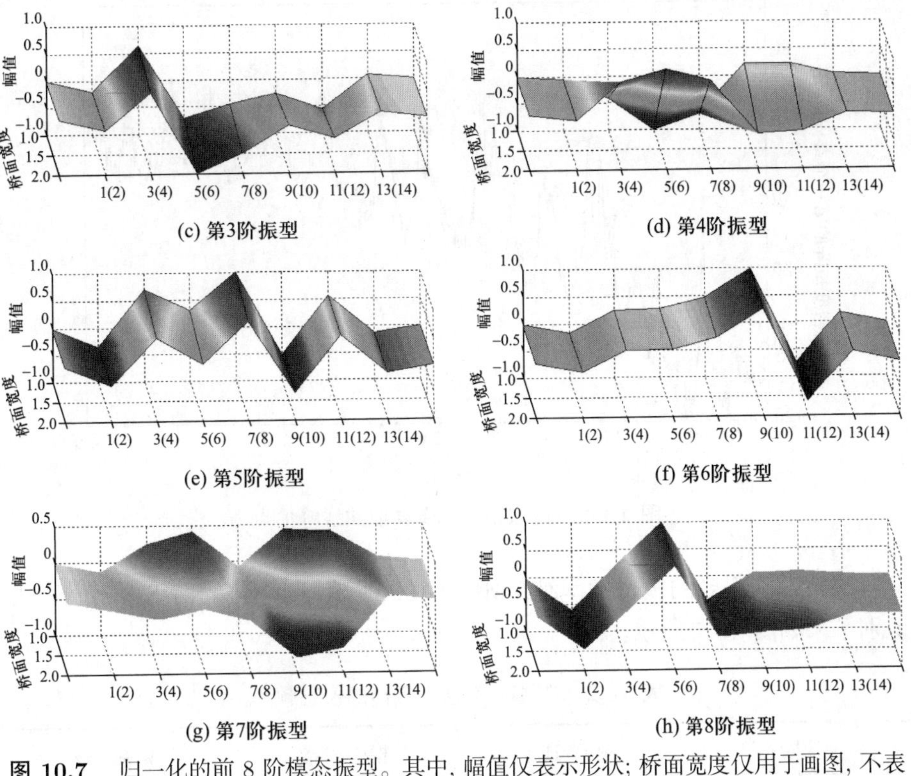

图 10.7　归一化的前 8 阶模态振型。其中, 幅值仅表示形状; 桥面宽度仅用于画图, 不表示度量; 1(2), ···, 13(14) 表示传感器序号

10.1.2　随机子空间法

随机子空间法 [3] 包括协方差驱动随机子空间法 (covariabce–driven stochastic subspace identification, COV–SSI) 和数据驱动随机子空间法 (data–driven stochastic subspace identification, DATA–SSI)。两者虽然均是利用原始数据构造矩阵形成子空间, 但原理却截然不同, 前者基于协方差来处理数据因随机激励而产生的随机振动, 利用平均的思想来消除噪声成分, 而后者则是基于数据投影原理来消除噪声成分。

1. 协方差驱动随机子空间法

协方差驱动随机子空间法的基本思想是从系统状态空间方程出发, 利用结构的随机响应协方差矩阵构造托普利兹 (Toeplitz) 矩阵, 然后通过对其进行奇异值分解得到系统的扩展可观和可控矩阵, 最终对得到的系统状态矩阵进行特征值分解即可获取模态参数。该方法具有很强的抗噪性, 能准确识别出结构的频率、振型和阻尼比。

随机子空间的状态方程为

$$\begin{cases} \boldsymbol{z}_{k+1} = \boldsymbol{A}\boldsymbol{z}_k + \boldsymbol{w}_k \\ \boldsymbol{y}_k = \boldsymbol{C}\boldsymbol{z}_k + \boldsymbol{v}_k \end{cases} \tag{10.13}$$

式中, $\boldsymbol{w}_k$ 表示处理过程和建模误差引起的噪声向量; $\boldsymbol{v}_k$ 表示测量噪声向量; $\boldsymbol{z}_k$ 表示状态向量; $\boldsymbol{y}_k$ 表示输出向量。

假设 $\boldsymbol{w}_k$ 和 $\boldsymbol{v}_k$ 均为均值为零且互不相关的白噪声, 噪声协方差矩阵如式 (10.14) ~ 式 (10.17) 所示:

$$E\left[\begin{bmatrix} \boldsymbol{w}_p \\ \boldsymbol{v}_p \end{bmatrix} \begin{bmatrix} \boldsymbol{w}_q^{\mathrm{T}} & \boldsymbol{v}_q^{\mathrm{T}} \end{bmatrix}\right] = \begin{bmatrix} \boldsymbol{Q} & \boldsymbol{S} \\ \boldsymbol{S}^{\mathrm{T}} & \boldsymbol{R} \end{bmatrix} \delta_{pq} \tag{10.14}$$

$$E\left[\begin{bmatrix} \boldsymbol{w}_p \\ \boldsymbol{v}_p \end{bmatrix} \begin{bmatrix} \boldsymbol{w}_q^{\mathrm{T}} & \boldsymbol{v}_q^{\mathrm{T}} \end{bmatrix}\right] = \begin{bmatrix} \boldsymbol{Q} & \boldsymbol{S} \\ \boldsymbol{S}^{\mathrm{T}} & \boldsymbol{R} \end{bmatrix} \delta_{pq} \tag{10.15}$$

$$E\left[\begin{bmatrix} \boldsymbol{w}_p \\ \boldsymbol{v}_p \end{bmatrix} \begin{bmatrix} \boldsymbol{w}_q^{\mathrm{T}} & \boldsymbol{v}_q^{\mathrm{T}} \end{bmatrix}\right] = E\begin{bmatrix} \boldsymbol{w}_p\boldsymbol{w}_q^{\mathrm{T}} & \boldsymbol{w}_p\boldsymbol{v}_q^{\mathrm{T}} \\ \boldsymbol{v}_p\boldsymbol{w}_q^{\mathrm{T}} & \boldsymbol{v}_p\boldsymbol{v}_q^{\mathrm{T}} \end{bmatrix} \tag{10.16}$$

$$\begin{cases} \boldsymbol{Q} = E\left[\boldsymbol{w}_p\boldsymbol{w}_q^{\mathrm{T}}\right] \\ \boldsymbol{S} = E\left[\boldsymbol{w}_p\boldsymbol{v}_q^{\mathrm{T}}\right] \\ \boldsymbol{R} = E\left[\boldsymbol{v}_p\boldsymbol{v}_q^{\mathrm{T}}\right] \end{cases} \tag{10.17}$$

式中, E 表示数学期望; δ_{pq} 表示克罗内克 (Kronecker) 函数; p 和 q 表示两个任意时间点。

因状态自协方差矩阵 $\boldsymbol{\Sigma}$ 与时间 k 无关, 故可得

$$\begin{cases} E\left[\boldsymbol{z}_k\boldsymbol{z}_k^{\mathrm{T}}\right] = \boldsymbol{\Sigma} \\ E\left[\boldsymbol{z}_k\right] = 0 \end{cases} \tag{10.18}$$

因为 $\boldsymbol{w}_k$ 和 $\boldsymbol{v}_k$ 为零均值白噪声随机序列, 所以与结构的状态向量 $\boldsymbol{z}_k$ 无关, 故可得

$$\begin{cases} E\left[\boldsymbol{z}_k\boldsymbol{w}_k^{\mathrm{T}}\right] = 0 \\ E\left[\boldsymbol{z}_k\boldsymbol{v}_k^{\mathrm{T}}\right] = 0 \end{cases} \tag{10.19}$$

输出自协方差矩阵 $\boldsymbol{R}_i$ 为

$$\boldsymbol{R}_i = E\left[\boldsymbol{y}_{k+i}\boldsymbol{y}_k^{\mathrm{T}}\right] \tag{10.20}$$

式中, i 表示任意时延。

定义下一状态与输出协方差矩阵 $\boldsymbol{G}$ 为

$$\boldsymbol{G} = E\left[\boldsymbol{z}_{k+1}\boldsymbol{y}_k^{\mathrm{T}}\right] \tag{10.21}$$

将随机子空间的状态方程代入状态自协方差矩阵 $\boldsymbol{\Sigma}$ 可得

$$\begin{aligned}\boldsymbol{\Sigma} &= E\left[\left(\boldsymbol{A}\boldsymbol{z}_k+\boldsymbol{w}_k\right)\left(\boldsymbol{A}\boldsymbol{z}_k+\boldsymbol{w}_k\right)^{\mathrm{T}}\right]\\ &= E\left[\left(\boldsymbol{A}\boldsymbol{z}_k\boldsymbol{z}_k^{\mathrm{T}}\boldsymbol{A}^{\mathrm{T}}+\boldsymbol{w}_k\boldsymbol{w}_k^{\mathrm{T}}\right)\right]\\ &= \boldsymbol{A}E\left[\boldsymbol{z}_k\boldsymbol{z}_k^{\mathrm{T}}\right]\boldsymbol{A}^{\mathrm{T}}+E\left[\boldsymbol{w}_k\boldsymbol{w}_k^{\mathrm{T}}\right]\\ &= \boldsymbol{A}\boldsymbol{\Sigma}\boldsymbol{A}^{\mathrm{T}}+\boldsymbol{Q}\end{aligned} \tag{10.22}$$

同样可以得到式 (10.23) ~ 式 (10.25):

$$\begin{aligned}\boldsymbol{R}_0 &= E\left[\boldsymbol{y}_k\boldsymbol{y}_k^{\mathrm{T}}\right]\\ &= E\left[\left(\boldsymbol{C}\boldsymbol{z}_k+\boldsymbol{v}_k\right)\left(\boldsymbol{C}\boldsymbol{z}_k+\boldsymbol{v}_k\right)^{\mathrm{T}}\right]\\ &= E\left[\left(\boldsymbol{C}\boldsymbol{z}_k\boldsymbol{z}_k^{\mathrm{T}}\boldsymbol{C}^{\mathrm{T}}+\boldsymbol{v}_k\boldsymbol{v}_k^{\mathrm{T}}\right)\right]\\ &= \boldsymbol{C}E\left[\boldsymbol{z}_k\boldsymbol{z}_k^{\mathrm{T}}\right]\boldsymbol{C}^{\mathrm{T}}+E\left[\boldsymbol{v}_k\boldsymbol{v}_k^{\mathrm{T}}\right]\\ &= \boldsymbol{C}\boldsymbol{\Sigma}\boldsymbol{C}^{\mathrm{T}}+\boldsymbol{R}\end{aligned} \tag{10.23}$$

$$\begin{aligned}\boldsymbol{G} &= E\left[\boldsymbol{z}_{k+1}\boldsymbol{y}_k^{\mathrm{T}}\right]\\ &= E\left[\left(\boldsymbol{A}\boldsymbol{z}_k+\boldsymbol{w}_k\right)\left(\boldsymbol{C}\boldsymbol{z}_k+\boldsymbol{v}_k\right)^{\mathrm{T}}\right]\\ &= E\left[\boldsymbol{A}\boldsymbol{z}_k\boldsymbol{z}_k^{\mathrm{T}}\boldsymbol{C}^{\mathrm{T}}\right]+E\left[\boldsymbol{w}_k\boldsymbol{v}_k^{\mathrm{T}}\right]\\ &= \boldsymbol{A}\boldsymbol{\Sigma}\boldsymbol{C}^{\mathrm{T}}+\boldsymbol{S}\end{aligned} \tag{10.24}$$

$$\boldsymbol{z}_{k+i} = \boldsymbol{A}^i\boldsymbol{z}_k+\boldsymbol{A}^{i-1}\boldsymbol{w}_k+\boldsymbol{A}^{i-2}\boldsymbol{w}_{k+1}+\cdots+\boldsymbol{A}\boldsymbol{w}_{k+i-1}+\boldsymbol{w}_{k+i} \tag{10.25}$$

利用上述推导结果可进一步得到输出自协方差矩阵 $\boldsymbol{R}_i$ 的表达式为

$$\begin{aligned}\boldsymbol{R}_i &= E\left[\boldsymbol{y}_{k+i}\boldsymbol{y}_k^{\mathrm{T}}\right]\\ &= E\left[\boldsymbol{C}\left(\left(\boldsymbol{A}\boldsymbol{z}_{k+i}+\boldsymbol{w}_{k+i}\right)+\boldsymbol{w}_k\right)\left(\boldsymbol{C}\boldsymbol{z}_k+\boldsymbol{v}_k\right)^{\mathrm{T}}\right]\\ &= E\left[\boldsymbol{C}\left(\boldsymbol{A}^i\boldsymbol{z}_k+\boldsymbol{A}^{i-1}\boldsymbol{w}_k+\boldsymbol{A}^{i-2}\boldsymbol{w}_{k+1}+\cdots+\right.\right.\\ &\qquad\left.\left.\boldsymbol{A}\boldsymbol{w}_{k+i-1}+\boldsymbol{w}_{k+i}\right)\left(\boldsymbol{C}\boldsymbol{z}_k+\boldsymbol{v}_k\right)^{\mathrm{T}}\right]\\ &= \boldsymbol{C}E\left[\boldsymbol{A}^i\boldsymbol{z}_k\boldsymbol{z}_k^{\mathrm{T}}\boldsymbol{C}^{\mathrm{T}}\right]+\boldsymbol{C}\boldsymbol{A}^{i-1}E\left[\boldsymbol{w}_k\boldsymbol{v}_k^{\mathrm{T}}\right]\\ &= \boldsymbol{C}\boldsymbol{A}^i\boldsymbol{\Sigma}\boldsymbol{C}^{\mathrm{T}}+\boldsymbol{C}\boldsymbol{A}^{i-1}\boldsymbol{S}\\ &= \boldsymbol{C}\boldsymbol{A}^{i-1}\left(\boldsymbol{A}\boldsymbol{\Sigma}\boldsymbol{C}^{\mathrm{T}}+\boldsymbol{S}\right)\\ &= \boldsymbol{C}\boldsymbol{A}^{i-1}\boldsymbol{G}\end{aligned} \tag{10.26}$$

利用实测数据构建汉克尔 (Hankel) 矩阵, 然后可通过计算协方差序列组成块托普利兹矩阵为

$$\boldsymbol{T}_{1|i}=\boldsymbol{Y}_{\mathrm{f}}\boldsymbol{Y}_{\mathrm{p}}^{\mathrm{T}}=\begin{bmatrix}\boldsymbol{R}_i & \boldsymbol{R}_{i-1} & \cdots & \boldsymbol{R}_1\\ \boldsymbol{R}_{i+1} & \boldsymbol{R}_i & \cdots & \boldsymbol{R}_2\\ \vdots & \vdots & & \vdots\\ \boldsymbol{R}_{2i-1} & \boldsymbol{R}_{2i-1} & \cdots & \boldsymbol{R}_i\end{bmatrix} \tag{10.27}$$

将式 (10.26) 所示 $\boldsymbol{R}_i$ 表达式代入式 (10.27) 可得

$$\begin{aligned}\boldsymbol{T}_{1|i}&=\begin{bmatrix}\boldsymbol{CA}^{i-1}\boldsymbol{G} & \boldsymbol{CA}^{i-2}\boldsymbol{G} & \cdots & \boldsymbol{CG}\\ \boldsymbol{CA}^{i}\boldsymbol{G} & \boldsymbol{CA}^{i-1}\boldsymbol{G} & \cdots & \boldsymbol{CAG}\\ \vdots & \vdots & & \vdots\\ \boldsymbol{CA}^{2i-2}\boldsymbol{G} & \boldsymbol{CA}^{2i-3}\boldsymbol{G} & \cdots & \boldsymbol{CA}^{i-1}\boldsymbol{G}\end{bmatrix}\\ &=\begin{bmatrix}\boldsymbol{C}\\ \boldsymbol{CA}\\ \vdots\\ \boldsymbol{CA}^{i-1}\end{bmatrix}\begin{bmatrix}\boldsymbol{A}^{i-1}\boldsymbol{G} & \cdots & \boldsymbol{AG} & \boldsymbol{G}\end{bmatrix}=\boldsymbol{O}_i\boldsymbol{\Gamma}_i\end{aligned} \tag{10.28}$$

$$\boldsymbol{O}_i=\begin{bmatrix}\boldsymbol{C} & \cdots & \boldsymbol{CA} & \boldsymbol{CA}^{i-1}\end{bmatrix}^{\mathrm{T}} \tag{10.29}$$

$$\boldsymbol{\Gamma}_i=\begin{bmatrix}\boldsymbol{A}^{i-1}\boldsymbol{G} & \cdots & \boldsymbol{AG} & \boldsymbol{G}\end{bmatrix} \tag{10.30}$$

对托普利兹矩阵进行奇异值分解可以得

$$\boldsymbol{T}_{1|i}=\boldsymbol{USV}^{\mathrm{T}}=\begin{bmatrix}\boldsymbol{U}_1 & \boldsymbol{U}_2\end{bmatrix}\begin{bmatrix}\boldsymbol{S}_1 & \boldsymbol{0}\\ \boldsymbol{0} & \boldsymbol{S}_2=\boldsymbol{0}\end{bmatrix}\begin{bmatrix}\boldsymbol{V}_1^{\mathrm{T}}\\ \boldsymbol{V}_2^{\mathrm{T}}\end{bmatrix}=\boldsymbol{U}_1\boldsymbol{S}_1\boldsymbol{V}_1^{\mathrm{T}} \tag{10.31}$$

式中, $\boldsymbol{S}_1$、$\boldsymbol{\Gamma}_i$ 可表示为

$$\boldsymbol{S}_1=\mathrm{diag}\left(\sigma_i\right),\sigma_1\geqslant\sigma_2\geqslant\cdots\geqslant\sigma_n\geqslant 0 \tag{10.32}$$

$$\boldsymbol{\Gamma}_i=\boldsymbol{S}_1^{\frac{1}{2}}\boldsymbol{V}_1^{\mathrm{T}} \tag{10.33}$$

则状态矩阵 $\boldsymbol{A}$ 的求解如式 (10.34) 所示:

$$\boldsymbol{A}=\boldsymbol{\Gamma}_u^{\dagger}\boldsymbol{\Gamma}_d \tag{10.34}$$

式中, $\boldsymbol{\Gamma}_u$ 表示 $\boldsymbol{\Gamma}_i$ 的前 $i-1$ 行; $\boldsymbol{\Gamma}_d$ 表示 $\boldsymbol{\Gamma}_i$ 的后 $i-1$ 行; 上角标“†”表示广义逆。

根据 $\boldsymbol{O}_i$ 矩阵的定义可知, 状态矩阵 $\boldsymbol{C}$ 等于 $\boldsymbol{O}_i$ 的前 l 行, 其中 l 表示传感器数目。

2. 数据驱动随机子空间法

该方法基于状态空间理论, 直接利用实测数据进行分析, 无需进行协方差计算, 与协方差驱动随机子空间法相比, 该方法省去了协方差计算过程, 大幅减少了计算量。

设实测数据序列为 $\boldsymbol{y}_i$, 将其构成汉克尔矩阵如式 (10.35) 所示:

$$\boldsymbol{Y}_{0,2i-1}=\begin{bmatrix} \boldsymbol{y}_0 & \boldsymbol{y}_1 & \boldsymbol{y}_2 & \cdots & \boldsymbol{y}_{j-2} & \boldsymbol{y}_{j-1} \\ \boldsymbol{y}_1 & \boldsymbol{y}_2 & \boldsymbol{y}_3 & \cdots & \boldsymbol{y}_{j-1} & \boldsymbol{y}_j \\ \boldsymbol{y}_2 & \boldsymbol{y}_3 & \boldsymbol{y}_4 & \cdots & \boldsymbol{y}_j & \boldsymbol{y}_{j+1} \\ \vdots & \vdots & \vdots & & \vdots & \vdots \\ \boldsymbol{y}_{2i-1} & \boldsymbol{y}_{2i} & \boldsymbol{y}_{2i+1} & \cdots & \boldsymbol{y}_{2i+j-3} & \boldsymbol{y}_{2i+j-2} \end{bmatrix} \tag{10.35}$$

式中, $\boldsymbol{Y}_{0,2i-1}$ 下角标的第一个数字为汉克尔矩阵左上角元素的时间系数, 第二个数字为矩阵左下角元素的时间系数。

将汉克尔矩阵分为两部分: 一部分称为 “过去” 输出矩阵; 另一部分称为 “将来” 输出矩阵。主要采用两种不同形式的划分: 一种是 “过去” 和 “将来” 部分的每一列由 i 个 $\boldsymbol{y}$ 向量组成, 如式 (10.36) 所示; 另一种是把 “将来” 输出矩阵的第一行向量移到 “过去” 输出矩阵中, “将来” 部分的每一列由 $i-1$ 个 $\boldsymbol{y}$ 向量组成, 如式 (10.37) 所示。

$$\boldsymbol{Y}_{0,2i-1}=\left[\begin{array}{cccc} \boldsymbol{y}_0 & \boldsymbol{y}_1 & \cdots & \boldsymbol{y}_{j-1} \\ \boldsymbol{y}_1 & \boldsymbol{y}_2 & \cdots & \boldsymbol{y}_j \\ \vdots & \vdots & & \vdots \\ \boldsymbol{y}_{i-1} & \boldsymbol{y}_i & \cdots & \boldsymbol{y}_{i+j-2} \\ \hline \boldsymbol{y}_i & \boldsymbol{y}_{i+1} & \cdots & \boldsymbol{y}_{i+j-1} \\ \boldsymbol{y}_{i+1} & \boldsymbol{y}_{i+2} & \cdots & \boldsymbol{y}_{i+j} \\ \vdots & \vdots & & \vdots \\ \boldsymbol{y}_{2i-1} & \boldsymbol{y}_{2i} & \cdots & \boldsymbol{y}_{2i+j-2} \end{array}\right]=\begin{bmatrix} \boldsymbol{Y}_{0,i-1} \\ \boldsymbol{Y}_{i,2i-1} \end{bmatrix}=\left[\begin{array}{c} \boldsymbol{Y}_{\mathrm{p}} \\ \hline \boldsymbol{Y}_{\mathrm{f}} \end{array}\right] \tag{10.36}$$

式中, $\boldsymbol{Y}_{\mathrm{p}}$ 和 $\boldsymbol{Y}_{\mathrm{f}}$ 分别表示 “过去” 和 “将来” 的输出。

$$\boldsymbol{Y}_{0,2i-1}=\left[\begin{array}{cccc} \boldsymbol{y}_0 & \boldsymbol{y}_1 & \cdots & \boldsymbol{y}_{j-1} \\ \boldsymbol{y}_1 & \boldsymbol{y}_2 & \cdots & \boldsymbol{y}_j \\ \vdots & \vdots & & \vdots \\ \boldsymbol{y}_{i-1} & \boldsymbol{y}_i & \cdots & \boldsymbol{y}_{i+j-2} \\ \boldsymbol{y}_i & \boldsymbol{y}_{i+1} & \cdots & \boldsymbol{y}_{i+j-1} \\ \hline \boldsymbol{y}_{i+1} & \boldsymbol{y}_{i+2} & \cdots & \boldsymbol{y}_{i+j} \\ \vdots & \vdots & & \vdots \\ \boldsymbol{y}_{2i-1} & \boldsymbol{y}_{2i} & \cdots & \boldsymbol{y}_{2i+j-2} \end{array}\right]=\begin{bmatrix} \boldsymbol{Y}_{0,i} \\ \boldsymbol{Y}_{i+1,2i-1} \end{bmatrix}=\left[\begin{array}{c} \boldsymbol{Y}_{\mathrm{p}}^{+} \\ \hline \boldsymbol{Y}_{\mathrm{f}}^{-} \end{array}\right] \tag{10.37}$$

式中, $\boldsymbol{Y}_{\mathrm{p}}^{+}$ 和 $\boldsymbol{Y}_{\mathrm{f}}^{-}$ 分别表示 “过去” 和 “将来” 的输出。

数据驱动随机子空间的识别过程从正交投影开始, 把组成 “将来” 部分的行空间投影到组成“过去”部分的行空间上, 这样投影的结果保留了过去的全部信息, 可用此来预测未来。由空间投影的性质可得出行空间的正交投影, 定义为

$$\boldsymbol{O}_i=\frac{\boldsymbol{Y}_\mathrm{f}}{\boldsymbol{Y}_\mathrm{p}}=\boldsymbol{Y}_\mathrm{f}\boldsymbol{Y}_\mathrm{p}^\mathrm{T}\left(\boldsymbol{Y}_\mathrm{p}\boldsymbol{Y}_\mathrm{p}^\mathrm{T}\right)^\dagger\boldsymbol{Y}_\mathrm{p} \tag{10.38}$$

式中, $\boldsymbol{Y}_\mathrm{f}/\boldsymbol{Y}_\mathrm{p}$ 表示 $\boldsymbol{Y}_\mathrm{f}$ 的行空间在 $\boldsymbol{Y}_\mathrm{p}$ 行空间上的正交投影; $\left(\boldsymbol{Y}_\mathrm{p}\boldsymbol{Y}_\mathrm{p}^\mathrm{T}\right)^\dagger$ 表示 $\boldsymbol{Y}_\mathrm{f}\boldsymbol{Y}_\mathrm{p}^\mathrm{T}$ 的广义逆矩阵。

实际测试时, 由于采样时间较长, 采集的数据量很大, 因此组成的汉克尔矩阵列数很大, 需要进行数据量缩减。在数据驱动随机子空间法中, 采用 QR 分解进行数据量缩减。通过分析协方差托普利兹矩阵的定义式可知, 矩阵乘积 $\boldsymbol{Y}_\mathrm{f}\boldsymbol{Y}_\mathrm{p}^\mathrm{T}$ 和 $\boldsymbol{Y}_\mathrm{p}\boldsymbol{Y}_\mathrm{p}^\mathrm{T}$ 其实质是输出协方差矩阵。然而, 当数据量较大时, 若使用定义式直接进行矩阵乘法计算投影非常耗时, 因此在计算中一般采用矩阵分解进行数据量缩减。

对汉克尔矩阵进行 QR 分解可得

$$\boldsymbol{Y}_{0,2i-1}=\begin{bmatrix}\boldsymbol{Y}_\mathrm{p}\\ \hline \boldsymbol{Y}_\mathrm{f}\end{bmatrix}=\boldsymbol{R}\boldsymbol{Q}^\mathrm{T} \tag{10.39}$$

$$\begin{bmatrix}\boldsymbol{Y}_\mathrm{p}\\ \hline \boldsymbol{Y}_\mathrm{f}\end{bmatrix}=\begin{matrix}li\{\\ li\{\end{matrix}\begin{bmatrix}\overbrace{\boldsymbol{R}_{11}}^{li} & \overbrace{\boldsymbol{0}}^{li} & \overbrace{\boldsymbol{0}}^{j-2li}\\ \boldsymbol{R}_{21} & \boldsymbol{R}_{22} & \boldsymbol{0}\end{bmatrix}\begin{bmatrix}\overbrace{\boldsymbol{Q}_1^\mathrm{T}}^{j\to\infty}\\ \boldsymbol{Q}_2^\mathrm{T}\\ \boldsymbol{Q}_3^\mathrm{T}\end{bmatrix}\begin{matrix}\}\ li\\ \}\ li\\ \}\ j-2li\end{matrix}=\begin{bmatrix}\boldsymbol{R}_{11} & \boldsymbol{0}\\ \boldsymbol{R}_{21} & \boldsymbol{R}_{22}\end{bmatrix}\begin{bmatrix}\boldsymbol{Q}_1^\mathrm{T}\\ \boldsymbol{Q}_2^\mathrm{T}\end{bmatrix} \tag{10.40}$$

根据两矩阵在同一矩阵中投影的推导, 可用 QR 分解把未来输入向过去输出的投影表示为 $\boldsymbol{O}_i=\boldsymbol{R}_{21}\boldsymbol{Q}_1^\mathrm{T}$。经 QR 分解后, 数据由原来的 $2li\times j$ 阶汉克尔矩阵变为了 $li\times li$ 阶的矩阵。由子空间系统识别理论可知, 数据驱动随机子空间法的关键是投影 $\boldsymbol{O}_i$, 其可分解为可观矩阵 $\boldsymbol{\Gamma}_i$ 和卡尔曼 (Kalman) 滤波状态向量的乘积, 如式 (10.41) 所示:

$$\boldsymbol{O}_i=\boldsymbol{\Gamma}_i\widehat{\boldsymbol{X}}_i=\begin{bmatrix}\boldsymbol{C}\\ \boldsymbol{C}\boldsymbol{A}\\ \vdots\\ \boldsymbol{C}\boldsymbol{A}^{i-1}\end{bmatrix}\begin{bmatrix}\widehat{\boldsymbol{z}}_i & \widehat{\boldsymbol{z}}_{i+1} & \cdots & \widehat{\boldsymbol{z}}_{i+j-1}\end{bmatrix} \tag{10.41}$$

对 $\boldsymbol{O}_i$ 做奇异值分解, 可以得

$$\boldsymbol{O}_i=\boldsymbol{U}\boldsymbol{S}\boldsymbol{V}^\mathrm{T}=\begin{bmatrix}\boldsymbol{U}_1 & \boldsymbol{U}_2\end{bmatrix}\begin{bmatrix}\boldsymbol{S}_1 & \boldsymbol{0}\\ \boldsymbol{0} & \boldsymbol{S}_2=\boldsymbol{0}\end{bmatrix}\begin{bmatrix}\boldsymbol{V}_1^\mathrm{T}\\ \boldsymbol{V}_2^\mathrm{T}\end{bmatrix}=\boldsymbol{U}_1\boldsymbol{S}_1\boldsymbol{V}_1^\mathrm{T} \tag{10.42}$$

式中, $\boldsymbol{S}_1 = \mathrm{diag}\,(\sigma_i)\,,\quad \sigma_1 \geqslant \sigma_2 \geqslant \cdots \geqslant \sigma_n \geqslant 0$。

将奇异值分解结果分为两部分, 则可观矩阵 $\boldsymbol{\Gamma}_i$ 和卡尔曼滤波序列 $\widehat{\boldsymbol{X}}_i$ 可表示为

$$\boldsymbol{\Gamma}_i = \boldsymbol{U}_1 \boldsymbol{S}_1^{\frac{1}{2}} \boldsymbol{T} \tag{10.43}$$

$$\widehat{\boldsymbol{X}}_i = \boldsymbol{\Gamma}_i^{\dagger} \boldsymbol{O}_i \tag{10.44}$$

式中, 上角标 “†” 表示广义逆。

定义另一个投影 $\boldsymbol{O}_{i-1}$ 为

$$\boldsymbol{O}_{i-1} = \frac{\boldsymbol{Y}_{\mathrm{f}}^{-}}{\boldsymbol{Y}_{\mathrm{p}}^{+}} \tag{10.45}$$

式中, 上角标 “−” 和 “+” 分别表示增加和减少一个块行。

类似可以得

$$\boldsymbol{O}_{i-1} = \boldsymbol{\Gamma}_{i-1} \widehat{\boldsymbol{X}}_{i+1} \tag{10.46}$$

将 $\boldsymbol{\Gamma}_{i-1}$ 的最后行删除可得到可观矩阵 $\boldsymbol{\Gamma}_i$, 这样状态序列 $\widehat{\boldsymbol{X}}_{i+1}$ 可表示为

$$\widehat{\boldsymbol{X}}_{i+1} = \boldsymbol{\Gamma}_{i-1}^{\dagger} \boldsymbol{O}_{i-1} \tag{10.47}$$

由上述可知, 卡尔曼滤波序列仅用输出数据即可得到。通过状态空间模型方程可以组成如式 (10.48) 所示线性方程组:

$$\begin{bmatrix} \boldsymbol{X}_{i+1} \\ \boldsymbol{Y}_{i|i} \end{bmatrix} = \begin{bmatrix} \boldsymbol{A} \\ \boldsymbol{C} \end{bmatrix} \widehat{\boldsymbol{X}}_i + \begin{bmatrix} \boldsymbol{W}_i \\ \boldsymbol{V}_i \end{bmatrix} \tag{10.48}$$

式中, $\boldsymbol{Y}_{i|i}$ 表示只有一个块行 $l \times j$ 的汉克尔矩阵; $\boldsymbol{W}_i$ 和 $\boldsymbol{V}_i$ 表示残余量。

由于卡尔曼滤波序列和输出已知, 残余量和 $\widehat{\boldsymbol{X}}_i$ 无关, 因此可以通过最小二乘法求解线性方程组, 得到系统矩阵 $\boldsymbol{A}$ 和 $\boldsymbol{C}$ 的渐近无偏估计, 如式 (10.49) 所示:

$$\begin{bmatrix} \boldsymbol{A} \\ \boldsymbol{C} \end{bmatrix} = \begin{bmatrix} \widehat{\boldsymbol{X}}_{i+1} \\ \boldsymbol{Y}_{i|i} \end{bmatrix} \widehat{\boldsymbol{X}}_i^{\dagger} \tag{10.49}$$

系统矩阵 $\boldsymbol{A}$ 也可以按如式 (10.50) 所示方式求出:

$$\boldsymbol{A} = \boldsymbol{\Gamma}_u^{\dagger} \boldsymbol{\Gamma}_d \tag{10.50}$$

式中, $\boldsymbol{\Gamma}_u$ 表示 $\boldsymbol{\Gamma}_i$ 的前 $i-1$; $\boldsymbol{\Gamma}_d$ 表示 $\boldsymbol{\Gamma}_i$ 的后 $i-1$ 行。

由此可见, 状态矩阵可通过观测矩阵直接求出, 该方法因便于求解状态矩阵。对 $\boldsymbol{A}$ 进行特征值分解, 如式 (10.51) 所示:

$$\boldsymbol{A}=\boldsymbol{\Psi}\boldsymbol{\Lambda}\boldsymbol{\Psi}^{-1} \tag{10.51}$$

式中, $\boldsymbol{A}=\operatorname{diag}(\lambda_i)\in \boldsymbol{C}^{n\times n}, i=1,2,\cdots,n; \lambda_i$ 表示离散时间系统的特征值; $\boldsymbol{\Psi}\in \boldsymbol{C}^{n\times n}$ 表示系统的特征向量矩阵。

根据离散时间系统与连续时间系统特征值的关系, 可以得

$$\lambda_i^{\mathrm{c}}=\frac{\ln\lambda_i}{\Delta t} \tag{10.52}$$

代入如式 (10.53) 所示条件

$$\lambda_i^{\mathrm{c}}, \lambda_i^{\mathrm{c}^*}=a_i\pm \mathrm{j}b_i \tag{10.53}$$

模型特征值 $\lambda_i^{\mathrm{c}}, \lambda_i^{\mathrm{c}^*}$ 与系统固有振动频率 ω 和阻尼比 ξ 的关系如式 (10.54) 所示:

$$\lambda_i^{\mathrm{c}}, \lambda_i^{\mathrm{c}^*}=-\xi_i\omega_i\pm \mathrm{j}\omega_i\sqrt{1-\xi_i^2} \tag{10.54}$$

这样即可得到系统的固有频率 ω、阻尼比 ξ 和振型 $\boldsymbol{\Phi}$:

$$\omega_i=\sqrt{a_i^2+b_i^2}\ (\mathrm{rad/s}) \tag{10.55}$$

$$\xi_i=\frac{-a_i}{\sqrt{a_i^2+b_i^2}} \tag{10.56}$$

$$f_i=\frac{\sqrt{a_i^2+b_i^2}}{2\pi} \tag{10.57}$$

$$\boldsymbol{\Phi}=\boldsymbol{C}\boldsymbol{\Psi} \tag{10.58}$$

【案例 10.2】仍然采用 10.1.1 节的桥梁实测数据进行分析, 采用数据驱动随机子空间法进行模态参数识别。选择凌晨期间 14 个测点处 2 min 的加速度数据进行分析, 图 10.8 给出了 JSD–6 加速度计测得的数据时程。

首先对得到的加速度数据进行自功率谱分析。为了减少频谱泄漏, 可对数据时程加汉明窗后分段平均进行处理。图 10.9 给出了 JSD–7 加速度计测得数据的自功率谱, 其峰值主要分布在 $0\sim 5$ Hz 之间, 且模态较为密集。

对 14 个测点处的加速度数据进行分析可得到稳定图, 如图 10.10 所示。因在模态求解的过程中, 包含在数据中的结构自由度数未知, 故算法中的模型阶次也就未知。为了将结构的模态成分尽可能地识别出来, 通常需要设定一个较高的模型阶次, 但较高的模型阶次会在计算结果中引入虚假模态的问题。此

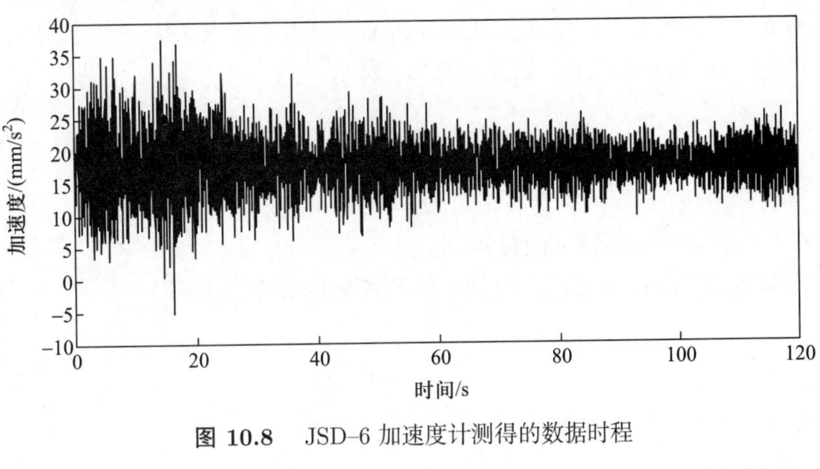

图 10.8　JSD–6 加速度计测得的数据时程

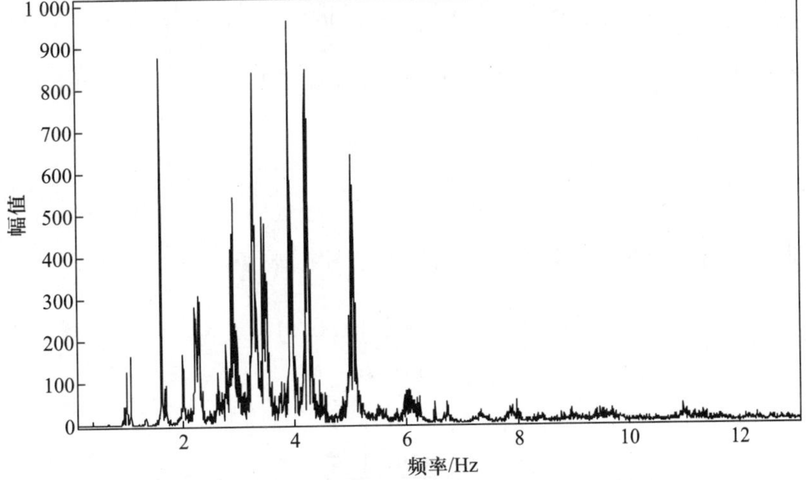

图 10.9　JSD–7 加速度计测得的数据自功率谱图

时, 可利用不同模型阶次下, 结构的真实模态会稳定出现, 而虚假模态随机出现这一特性对两者进行区分。本例设定的最大计算阶次为 100, 设定的不同阶次模态参数允许偏差阈值, 频率允许偏差阈值为 1%, 阻尼允许偏差阈值为 5%, MAC 下限阈值为 98%。

以自功率谱最明显的四个峰值对应的稳定轴为例进行结果展示, 四个峰值对应的频率和阻尼比如表 10.3 所示, 振型如图 10.11 所示。图 10.11 中虚线为 JSD–1、JSD–3、JSD–5、JSD–7、JSD–9、JSD–11 和 JSD–13 加速度计所在位置处对应的振型, 实线为 JSD–2、JSD–4、JSD–6、JSD–8、JSD–10、JSD–12 和 JSD–14 加速度计所在位置处对应的振型。

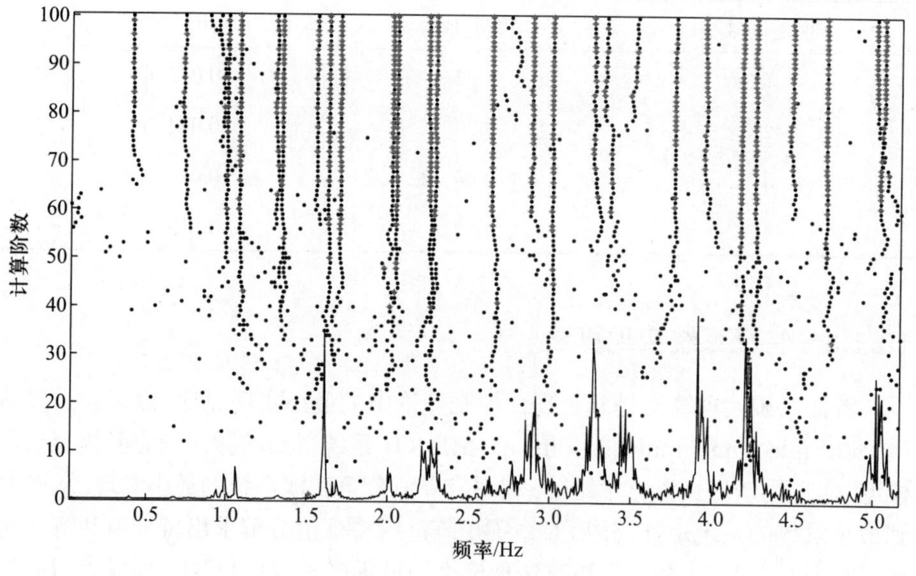

图 10.10 稳定图

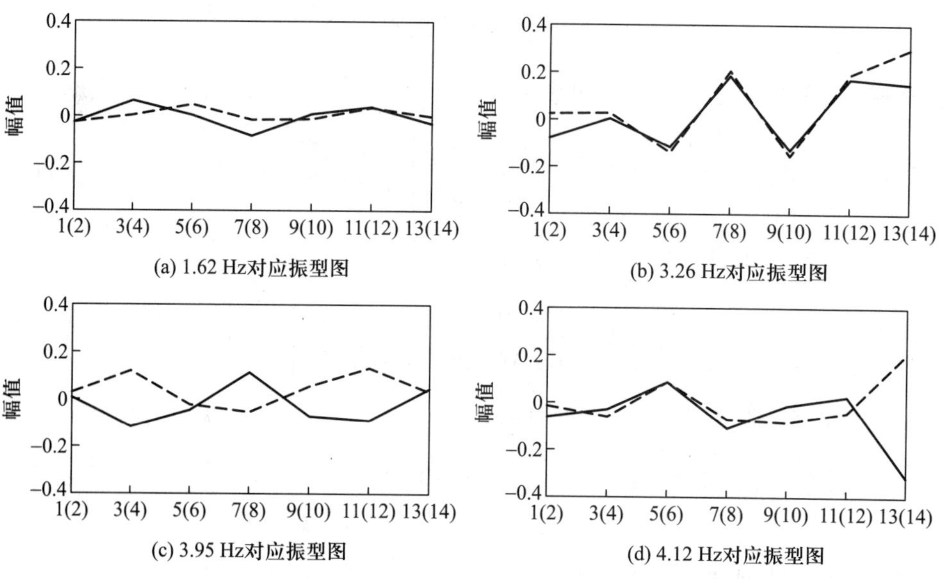

(a) 1.62 Hz对应振型图

(b) 3.26 Hz对应振型图

(c) 3.95 Hz对应振型图

(d) 4.12 Hz对应振型图

图 10.11 四个峰值对应的振型

表 10.3　识别出的频率和阻尼比

模态编号	频率/Hz	阻尼比
1	1.62	0.007 6
2	3.26	0.014 5
3	3.95	0.010 6
4	4.12	0.010 9

10.1.3　特征系统实现算法

特征系统实现算法是基于现代控制理论中的最小实现原理, 以多输入多输出 (multiple–input multiple–output, MIMO) 系统得到的脉冲响应函数为基本模型, 通过构造广义汉克尔矩阵, 利用奇异值分解获取系统的最小实现, 从而得到最小阶数的系统矩阵, 然后对系统矩阵进行特征值分解求出特征值和特征向量, 进而得到模态参数。因该算法理论推导过程严密, 计算量小, 而成为当前常用的模态识别方法之一。

1. 状态空间模型

具有 n 个自由度黏性阻尼线性时不变系统的状态方程为

$$\dot{\boldsymbol{z}} = \boldsymbol{A}\boldsymbol{z} + \boldsymbol{B}\boldsymbol{F}(t) \tag{10.59}$$

式中, 状态向量 $\boldsymbol{z} \in \mathbb{R}^{2n\times 1}$, 可表示为

$$\boldsymbol{z} = \begin{bmatrix} \boldsymbol{x} \\ \dot{\boldsymbol{x}} \end{bmatrix} \tag{10.60}$$

式中, 系统矩阵 $\boldsymbol{A} \in \mathbb{R}^{2n\times 2n}$, 可表示为

$$\boldsymbol{A} = \begin{bmatrix} \boldsymbol{0} & \boldsymbol{I} \\ -\boldsymbol{M}^{-1}\boldsymbol{K} & -\boldsymbol{M}^{-1}\boldsymbol{C} \end{bmatrix} \tag{10.61}$$

式中, 控制矩阵 $\boldsymbol{B} \in \mathbb{R}^{2n\times n}$, 可表示为

$$\boldsymbol{B} = \begin{bmatrix} \boldsymbol{0} \\ \boldsymbol{M}^{-1} \end{bmatrix} \tag{10.62}$$

式中, 激励阵列 $\boldsymbol{F}(t) \in \mathbb{R}^{n\times 1}$。

状态方程反映了系统输入激励对状态的影响。设激励点数为 L, 测点数为 M, 则控制矩阵 $\boldsymbol{B}$ 的阶数为 $2n\times L$, 激励列阵的阶数为 L。输出向量 (观测向

量) $\boldsymbol{y} \in \mathbb{R}^{M\times 1}$ 如式 (10.63) 所示:

$$\boldsymbol{y} = \boldsymbol{G}\boldsymbol{z} \tag{10.63}$$

式中, $\boldsymbol{G} \in \mathbb{R}^{M\times 2n}$ 表示观测矩阵或输出矩阵。

式 (10.63) 称为观测方程或输出方程, 其反映了系统输出对状态的依赖。状态方程与观测方程一起构成了系统的状态空间模型, 其反映了系统输入、输出和状态之间的关系。系统矩阵 $\boldsymbol{A}$、控制矩阵 $\boldsymbol{B}$ 和观测矩阵 $\boldsymbol{G}$ 一起构成了系统的一个实现, 记为 $[\boldsymbol{A}, \boldsymbol{B}, \boldsymbol{G}]$, 它是与系统固有特性有关的量。如果激励点数和测点数均为 n, 则 $\boldsymbol{G} = \begin{bmatrix} \boldsymbol{I} & \boldsymbol{0} \end{bmatrix} \in \mathbb{R}^{n\times 2n}$ 或 $\boldsymbol{G} = \begin{bmatrix} \boldsymbol{0} & \boldsymbol{I} \end{bmatrix} \in \mathbb{R}^{n\times 2n}$, 分别对应的输出向量为 $\boldsymbol{y} = \boldsymbol{x}$ 和 $\boldsymbol{y} = \dot{\boldsymbol{x}}$。

实际系统均为离散时间系统, 因此需要讨论离散时间系统的状态方程和观测方程。状态方程 (10.59) 的解为

$$\boldsymbol{z}(t) = \mathrm{e}^{\boldsymbol{A}t}\boldsymbol{z}(0) + \int_0^t \mathrm{e}^{\boldsymbol{A}(t-\tau)}\boldsymbol{B}\boldsymbol{F}(\tau)\mathrm{d}\tau \tag{10.64}$$

式中, $\mathrm{e}^{\boldsymbol{A}t}$ 可表示为

$$\mathrm{e}^{\boldsymbol{A}t} = \sum_{i=0}^{\infty} \frac{\boldsymbol{A}^i t^i}{i!} \tag{10.65}$$

设离散时间点为 $k = 0, 1, 2, \cdots, s$, 采样时间间隔为 Δt, 则 $t = k\Delta t$。由式 (10.64) 可以得到

$$\boldsymbol{z}(k\Delta t) = \mathrm{e}^{\boldsymbol{A}k\Delta t}\boldsymbol{z}(0) + \int_0^{k\Delta t} \mathrm{e}^{\boldsymbol{A}(k\Delta t-\tau)}\boldsymbol{B}\boldsymbol{F}(\tau)\mathrm{d}\tau \tag{10.66}$$

$$\begin{aligned} \boldsymbol{z}((k+1)\Delta t) &= \mathrm{e}^{\boldsymbol{A}(k+1)\Delta t}\boldsymbol{z}(0) + \int_0^{(k+1)\Delta t} \mathrm{e}^{\boldsymbol{A}((k+1)\Delta t-\tau)}\boldsymbol{B}\boldsymbol{F}(\tau)\mathrm{d}\tau \\ &= \mathrm{e}^{\boldsymbol{A}\Delta t}\boldsymbol{z}(k\Delta t) + \mathrm{e}^{\boldsymbol{A}\Delta t}\boldsymbol{B}\boldsymbol{F}(k\Delta t)\Delta t \end{aligned} \tag{10.67}$$

令 $\boldsymbol{A}_1$、$\boldsymbol{B}_1$ 如式 (10.68)、式 (10.69) 所示:

$$\boldsymbol{A}_1 = \mathrm{e}^{\boldsymbol{A}\Delta t} \tag{10.68}$$

$$\boldsymbol{B}_1 = \mathrm{e}^{\boldsymbol{A}\Delta t}\boldsymbol{B}\Delta t = \boldsymbol{A}_1\boldsymbol{B}\Delta t \tag{10.69}$$

简记 $k\Delta t = k$, 则式 (10.67) 变为

$$\boldsymbol{z}(k+1) = \boldsymbol{A}_1\boldsymbol{z}(k) + \boldsymbol{B}_1\boldsymbol{F}(k) \tag{10.70}$$

式 (10.70) 即为离散时间系统的状态方程, $\boldsymbol{A}_1$ 和 $\boldsymbol{B}_1$ 分别为系统矩阵和控制矩阵。由式 (10.63), 离散时间系统的观测方程为

$$\boldsymbol{y}(k) = \boldsymbol{G}\boldsymbol{z}(k) \tag{10.71}$$

$[\boldsymbol{A}_1, \boldsymbol{B}_1, \boldsymbol{G}]$ 即为离散时间系统的一个实现。对于一个系统, 可以有无穷多个实现, 可以证明对任意一个 $2n \times 2n$ 阶非奇异方阵 $\boldsymbol{T}$, $[\boldsymbol{T}^{-1}\boldsymbol{A}_1\boldsymbol{T}, \boldsymbol{T}^{-1}\boldsymbol{B}_1, \boldsymbol{G}\boldsymbol{T}]$ 都是系统的实现, 其中阶次最小的实现称为最小实现。最小实现理论是指已知观测向量 $\boldsymbol{y}(k)$, 构造常值矩阵 $\boldsymbol{A}_1$、$\boldsymbol{B}_1$ 和 $\boldsymbol{G}$, 使 $[\boldsymbol{A}_1, \boldsymbol{B}_1, \boldsymbol{G}]$ 的阶次最小。具有最小实现的系统完全能控和能观。其中, 能控性是指系统输入对状态的控制能力, 能观性是指系统输出对内部状态的观测或反应能力。分别定义能控矩阵 $\boldsymbol{Q}$ 和能观矩阵 $\boldsymbol{\varGamma}$ 为

$$\boldsymbol{Q} = \begin{bmatrix} \boldsymbol{B}_1 & \boldsymbol{A}_1\boldsymbol{B}_1 & \cdots & \boldsymbol{A}_1^{2n-1}\boldsymbol{B}_1 \end{bmatrix} \tag{10.72}$$

$$\boldsymbol{\varGamma} = \begin{bmatrix} \boldsymbol{G} \\ \boldsymbol{G}\boldsymbol{A}_1 \\ \vdots \\ \boldsymbol{G}A_1^{\alpha-1} \end{bmatrix} \tag{10.73}$$

系统状态能控的充要条件如式 (10.74) 所示:

$$\operatorname{rank}\boldsymbol{Q} = 2n \tag{10.74}$$

系统状态能观的充要条件如式 (10.75) 所示:

$$\operatorname{rank}\boldsymbol{\varGamma} = 2n \tag{10.75}$$

由式 (10.70) 和式 (10.71) 可知, 当输入激励为单位脉冲函数, 即当 $k=0$ 时, $\boldsymbol{F}(k)=1$; 当 $k \neq 0$ 时, $\boldsymbol{F}(k)=0$; 观测向量可表示为

$$\begin{cases} \boldsymbol{y}(k) = \boldsymbol{0}, & k = 0 \\ \boldsymbol{y}(k) = \boldsymbol{G}\boldsymbol{A}_1^{k-1}\boldsymbol{B}_1, & k \neq 0 \end{cases} \tag{10.76}$$

式 (10.76) 即为特征系统实现算法的数学模型, 其目的是由 $\boldsymbol{y}(k)$ $(k \neq 0)$ 构造出系统的最小实现 $[\boldsymbol{A}_1, \boldsymbol{B}_1, \boldsymbol{G}]$。

2. 系统最小实现

利用已测得的脉冲响应矩阵 $\boldsymbol{y}(k) \in \mathbb{R}^{M \times L}$, 可构造出广义汉克尔矩阵, 表

示为

$$\boldsymbol{H}(k-1)=\begin{bmatrix} \boldsymbol{y}(k) & \boldsymbol{y}(k+1) & \boldsymbol{y}(k+2) & \cdots & \boldsymbol{y}(k+\beta-1) \\ \boldsymbol{y}(k+1) & \boldsymbol{y}(k+2) & \boldsymbol{y}(k+3) & \cdots & \boldsymbol{y}(k+\beta) \\ \boldsymbol{y}(k+2) & \boldsymbol{y}(k+3) & \boldsymbol{y}(k+4) & \cdots & \boldsymbol{y}(k+\beta+1) \\ \vdots & \vdots & \vdots & & \vdots \\ \boldsymbol{y}(k+\alpha-1) & \boldsymbol{y}(k+\alpha) & \boldsymbol{y}(k+\alpha+1) & \cdots & \boldsymbol{y}(k+\alpha+\beta-2) \end{bmatrix} \tag{10.77}$$

矩阵 $\boldsymbol{H}(k-1)$ 的阶数为 $\alpha M\times\beta L$, 理论上 $\boldsymbol{H}(k-1)$ 的秩不变, 且等于系统的阶次。然而由于噪声影响, $\boldsymbol{H}(k-1)$ 的秩会随着 $\alpha M\times\beta L$ 的变化而变化, 当 α 和 β 增大到一定程度时, 秩才会趋于不变。参数 α 和 β 的选择标准是获得该不变秩且使 $\boldsymbol{H}(k-1)$ 的阶数最小。

将式 (10.76) 代入式 (10.77), 可得

$$\boldsymbol{H}(k-1)=\boldsymbol{\Gamma}\boldsymbol{A}_1^{k-1}\boldsymbol{Q} \tag{10.78}$$

式中, 能观矩阵和能控矩阵分别为

$$\boldsymbol{\Gamma}=\begin{bmatrix} \boldsymbol{G} \\ \boldsymbol{G}\boldsymbol{A}_1 \\ \vdots \\ \boldsymbol{G}\boldsymbol{A}_1^{2n-1} \end{bmatrix} \tag{10.79}$$

$$\boldsymbol{Q}=\begin{bmatrix} \boldsymbol{B}_1 & \boldsymbol{A}_1\boldsymbol{B}_1 & \cdots & \boldsymbol{A}_1^{\beta-1}\boldsymbol{B}_1 \end{bmatrix} \tag{10.80}$$

式中, α 和 β 分别表示能观和能控指数, 且有式 (10.81) 所示条件:

$$\begin{cases} \dfrac{2n}{M}\leqslant\alpha\leqslant 2n \\ \dfrac{2n}{L}\leqslant\beta\leqslant 2n \end{cases} \tag{10.81}$$

在式 (10.78) 中, 令 $k=1$, 则有

$$\boldsymbol{H}(0)=\boldsymbol{\Gamma}\boldsymbol{Q} \tag{10.82}$$

同时有

$$\boldsymbol{H}(k)=\boldsymbol{\Gamma}\boldsymbol{A}_1^{k}\boldsymbol{Q} \tag{10.83}$$

对 $\boldsymbol{H}(0)$ 做奇异值分解, 可得

$$\boldsymbol{H}(0)=\boldsymbol{U\Sigma V}^{\mathrm{T}} \tag{10.84}$$

式中, $\boldsymbol{U}\in\mathbb{R}^{\alpha M\times 2n}$ 和 $\boldsymbol{V}\in\mathbb{R}^{\beta L\times 2n}$ 均为列正交矩阵, 即

$$\begin{cases}\boldsymbol{U}^{\mathrm{T}}\boldsymbol{U}=\boldsymbol{I}\\ \boldsymbol{V}^{\mathrm{T}}\boldsymbol{V}=\boldsymbol{I}\end{cases} \tag{10.85}$$

式 (10.84) 中 $\boldsymbol{\Sigma}\in\mathbb{R}^{2n\times 2n}$ 阶的对角阵, 即

$$\boldsymbol{\Sigma}=\mathrm{diag}\begin{pmatrix}\sigma_1 & \sigma_2 & \cdots & \sigma_{2n}\end{pmatrix} \tag{10.86}$$

式中, $\sigma_i^2(i=1,2,\cdots,2n)$ 表示 $\boldsymbol{H}^{\mathrm{T}}(0)\boldsymbol{H}(0)$ 的非零特征值, σ_i 为 σ_i^2 的正平方根, 也就是 $\boldsymbol{H}(0)$ 的奇异值; $\boldsymbol{U}$ 表示 $\boldsymbol{H}(0)\boldsymbol{H}^{\mathrm{T}}(0)$ 对应非零特征值的特征向量按列组成的矩阵; $\boldsymbol{V}$ 表示 $\boldsymbol{H}^{\mathrm{T}}(0)\boldsymbol{H}(0)$ 对应非零特征值的特征向量按列组成的矩阵。

引入 $\beta L\times\alpha M$ 阶矩阵 $\boldsymbol{H}^{\#}$, 且代入式 (10.87) 所示条件:

$$\boldsymbol{QH}^{\#}\boldsymbol{\Gamma}=\boldsymbol{I} \tag{10.87}$$

式 (10.82) 和式 (10.87) 存在如式 (10.88) 所示关系:

$$\boldsymbol{H}(0)\boldsymbol{H}^{\#}\boldsymbol{H}(0)=\boldsymbol{\Gamma QH}^{\#}\boldsymbol{\Gamma Q}=\boldsymbol{\Gamma IQ}=\boldsymbol{\Gamma Q}=\boldsymbol{H}(0) \tag{10.88}$$

因此 $\boldsymbol{H}^{\#}$ 是 $\boldsymbol{H}(0)$ 的一种广义逆, 可表示为 $\boldsymbol{H}^{\#}=\boldsymbol{H}^{-}(0)$。根据式 (10.84), 式 (10.88) 可变为

$$\boldsymbol{H}(0)\boldsymbol{H}^{\#}\boldsymbol{H}(0)=\boldsymbol{U\Sigma V}^{\mathrm{T}}\boldsymbol{H}^{\#}\boldsymbol{U\Sigma V}^{\mathrm{T}}=\boldsymbol{H}(0)=\boldsymbol{U\Sigma V}^{\mathrm{T}} \tag{10.89}$$

因而得到

$$\boldsymbol{V}^{\mathrm{T}}\boldsymbol{H}^{\#}\boldsymbol{U\Sigma}=\boldsymbol{I} \tag{10.90}$$

引入非奇异矩阵 $\boldsymbol{S}$, 对式 (10.90) 左乘 $\boldsymbol{S}^{-1}$ 和右乘 $\boldsymbol{S}$ 后, 与式 (10.87) 的形式对比, 可得

$$\boldsymbol{Q}=\boldsymbol{S}^{-1}\boldsymbol{V}^{\mathrm{T}},\boldsymbol{\Gamma}=\boldsymbol{U\Sigma S} \tag{10.91}$$

由于 $\boldsymbol{Q}$ 为行满秩矩阵, $\boldsymbol{\Gamma}$ 为列满秩矩阵, 由式 (10.87) 可得

$$\boldsymbol{H}^{\#}=\boldsymbol{Q}^{\dagger}\boldsymbol{\Gamma}^{\dagger} \tag{10.92}$$

式中, $\boldsymbol{Q}^{\dagger}$ 和 $\boldsymbol{\Gamma}^{\dagger}$ 分别表示 $\boldsymbol{Q}$ 和 $\boldsymbol{\Gamma}$ 的广义逆, 即

$$\begin{cases}\boldsymbol{Q}^{\dagger}=\boldsymbol{Q}^{\mathrm{T}}\left(\boldsymbol{Q}\boldsymbol{Q}^{\mathrm{T}}\right)^{-1}\\ \boldsymbol{\Gamma}^{\dagger}=\left(\boldsymbol{\Gamma}^{\mathrm{T}}\boldsymbol{\Gamma}\right)^{-1}\boldsymbol{\Gamma}^{\mathrm{T}}\end{cases}\tag{10.93}$$

将式 (10.93) 代入式 (10.92), 并考虑式 (10.91) 和正交关系 (10.85), 可得

$$\boldsymbol{H}^{\#}=\boldsymbol{V}\boldsymbol{\Sigma}^{-1}\boldsymbol{U}^{\mathrm{T}}\tag{10.94}$$

设如式 (10.95) 所示条件:

$$\begin{cases}\boldsymbol{E}_M^{\mathrm{T}}=\begin{bmatrix}\boldsymbol{I}_M & \mathbf{0}_M & \cdots & \mathbf{0}_M\end{bmatrix}\in\mathbb{R}^{M\times\alpha M}\\ \boldsymbol{E}_L^{\mathrm{T}}=\begin{bmatrix}\boldsymbol{I}_L & \mathbf{0}_L & \cdots & \mathbf{0}_L\end{bmatrix}\in\mathbb{R}^{L\times\beta L}\end{cases}\tag{10.95}$$

式中, $\boldsymbol{I}_M$ 和 $\mathbf{0}_M$ 分别表示 M 阶单位矩阵和零矩阵。由式 (10.77), 可得

$$\boldsymbol{y}(k+1)=\boldsymbol{E}_M^{\mathrm{T}}\boldsymbol{H}(k)\boldsymbol{E}_L\tag{10.96}$$

将式 (10.83) 代入式 (10.96), 可得

$$\boldsymbol{y}(k+1)=\boldsymbol{E}_M^{\mathrm{T}}\boldsymbol{\Gamma}\boldsymbol{A}_1^k\boldsymbol{Q}\boldsymbol{E}_L\tag{10.97}$$

在式 (10.97) 中 $\boldsymbol{A}_1^k$ 两边各插入式 (10.87) 形式的单位矩阵, 并将式 (10.82) 代入, 可得

$$\begin{aligned}\boldsymbol{y}(k+1)&=\boldsymbol{E}_M^{\mathrm{T}}\boldsymbol{\Gamma}\boldsymbol{Q}\boldsymbol{H}^{\#}\boldsymbol{\Gamma}\boldsymbol{A}_1^k\boldsymbol{Q}\boldsymbol{H}^{\#}\boldsymbol{\Gamma}\boldsymbol{Q}\boldsymbol{E}_L\\ &=\boldsymbol{E}_M^{\mathrm{T}}\boldsymbol{H}(0)(\boldsymbol{H}^{\#}\boldsymbol{\Gamma}\boldsymbol{A}_1^k\boldsymbol{Q})\boldsymbol{H}^{\#}\boldsymbol{H}(0)\boldsymbol{E}_L\end{aligned}\tag{10.98}$$

结合式 (10.87), 可得

$$\begin{aligned}\boldsymbol{H}^{\#}\boldsymbol{\Gamma}\boldsymbol{A}_1^k\boldsymbol{Q}&=\boldsymbol{H}^{\#}\boldsymbol{\Gamma}\boldsymbol{A}_1^k\boldsymbol{Q}\boldsymbol{H}^{\#}\boldsymbol{\Gamma}\boldsymbol{A}_1^k\boldsymbol{Q}\cdots\boldsymbol{H}^{\#}\boldsymbol{\Gamma}\boldsymbol{A}_1^k\boldsymbol{Q}\\ &=(\boldsymbol{H}^{\#}\boldsymbol{\Gamma}\boldsymbol{A}_1^k\boldsymbol{Q})^k=(\boldsymbol{H}^{\#}\boldsymbol{H}(1))^k\end{aligned}\tag{10.99}$$

将式 (10.94) 代入式 (10.99), 则有

$$\begin{aligned}\boldsymbol{H}^{\#}\boldsymbol{\Gamma}\boldsymbol{A}_1^k\boldsymbol{Q}&=(\boldsymbol{V}\boldsymbol{\Sigma}^{-1}\boldsymbol{U}^{\mathrm{T}}\boldsymbol{H}(1))^k\\ &=\boldsymbol{V}(\boldsymbol{\Sigma}^{-1}\boldsymbol{U}^{\mathrm{T}}\boldsymbol{H}(1)\boldsymbol{V})^{k-1}\boldsymbol{\Sigma}^{-1}\boldsymbol{U}^{\mathrm{T}}\boldsymbol{H}(1)\end{aligned}\tag{10.100}$$

将式 (10.100)、式 (10.94)、式 (10.84) 和式 (10.85) 代入式 (10.98), 由于 $\boldsymbol{\Sigma}$ 为对角阵, 可得

$$
\begin{aligned}
\boldsymbol{y}(k+1) &= \boldsymbol{E}_M^{\mathrm{T}}\boldsymbol{H}(0)\boldsymbol{V}\left(\boldsymbol{\Sigma}^{-1}\boldsymbol{U}^{\mathrm{T}}\boldsymbol{H}(1)\boldsymbol{V}\right)^{k-1}\boldsymbol{\Sigma}^{-1}\boldsymbol{U}^{\mathrm{T}}\boldsymbol{H}(1)\boldsymbol{V}\boldsymbol{\Sigma}^{-1}\boldsymbol{U}^{\mathrm{T}}\boldsymbol{H}(0)\boldsymbol{E}_L \\
&= \boldsymbol{E}_M^{\mathrm{T}}\boldsymbol{H}(0)\boldsymbol{V}\left(\boldsymbol{\Sigma}^{-1}\boldsymbol{U}^{\mathrm{T}}\boldsymbol{H}(1)\boldsymbol{V}\right)^{k}\boldsymbol{\Sigma}^{-1}\boldsymbol{U}^{\mathrm{T}}\boldsymbol{H}(0)\boldsymbol{E}_L \\
&= \boldsymbol{E}_M^{\mathrm{T}}\boldsymbol{U}\boldsymbol{\Sigma}\boldsymbol{V}^{\mathrm{T}}\boldsymbol{V}\left(\boldsymbol{\Sigma}^{-1}\boldsymbol{U}^{\mathrm{T}}\boldsymbol{H}(1)\boldsymbol{V}\right)^{k}\boldsymbol{\Sigma}^{-1}\boldsymbol{U}^{\mathrm{T}}\boldsymbol{U}\boldsymbol{\Sigma}\boldsymbol{V}^{\mathrm{T}}\boldsymbol{E}_L \\
&= \boldsymbol{E}_M^{\mathrm{T}}\boldsymbol{U}\boldsymbol{\Sigma}\left(\boldsymbol{\Sigma}^{-1}\boldsymbol{U}^{\mathrm{T}}\boldsymbol{H}(1)\boldsymbol{V}\right)^{k}\boldsymbol{V}^{\mathrm{T}}\boldsymbol{E}_L \\
&= \boldsymbol{E}_M^{\mathrm{T}}\boldsymbol{U}\boldsymbol{\Sigma}^{\frac{1}{2}}\left(\boldsymbol{\Sigma}^{-\frac{1}{2}}\boldsymbol{U}^{\mathrm{T}}\boldsymbol{H}(1)\boldsymbol{V}\boldsymbol{\Sigma}^{-\frac{1}{2}}\right)^{k}\boldsymbol{\Sigma}^{\frac{1}{2}}\boldsymbol{V}^{\mathrm{T}}\boldsymbol{E}_L \\
&= \boldsymbol{G}\boldsymbol{A}_1^k\boldsymbol{B}_1
\end{aligned} \tag{10.101}
$$

$$
\begin{cases}
\boldsymbol{A}_1 = \boldsymbol{\Sigma}^{-\frac{1}{2}}\boldsymbol{U}^{\mathrm{T}}\boldsymbol{H}(1)\boldsymbol{V}\boldsymbol{\Sigma}^{-\frac{1}{2}} \\
\boldsymbol{B}_1 = \boldsymbol{\Sigma}^{\frac{1}{2}}\boldsymbol{V}^{\mathrm{T}}\boldsymbol{E}_L \\
\boldsymbol{G} = \boldsymbol{E}_M^{\mathrm{T}}\boldsymbol{U}\boldsymbol{\Sigma}^{\frac{1}{2}}
\end{cases} \tag{10.102}
$$

因 $\boldsymbol{A}_1$ 的阶数为 $2n$, 故由式 (10.102) 确定的 $[\boldsymbol{A}_1, \boldsymbol{B}_1, \boldsymbol{G}]$ 即为系统的最小实现, 式 (10.102) 即是特征系统实现算法的基本公式。从逼近理论来看, 在所有秩为 $2n$ 的矩阵组成的子空间中, $\boldsymbol{U}\boldsymbol{\Sigma}\boldsymbol{V}^{\mathrm{T}}$ 为 $\boldsymbol{H}(0)$ 的最佳逼近。从信号处理的角度来看, 用 $\boldsymbol{U}\boldsymbol{\Sigma}\boldsymbol{V}^{\mathrm{T}}$ 代替 $\boldsymbol{H}(0)$ 相当于对数据做了一次维纳滤波, 被滤掉的是对应零奇异值且与输入输出无关的随机噪声。

3. 模态参数求解

设连续时间系统特征矩阵 $\boldsymbol{A}$ 的特征值和特征向量矩阵分别为 $\boldsymbol{\Lambda}$ 和 $\boldsymbol{\Psi}$, 则有

$$
\boldsymbol{A} = \boldsymbol{\Psi}\boldsymbol{\Lambda}\boldsymbol{\Psi}^{-1} \tag{10.103}
$$

代入式 (10.68), 由指数矩阵的性质可得 $\boldsymbol{A}_1 = \mathrm{e}^{\boldsymbol{A}\Delta t}$, 则有

$$
\boldsymbol{A}_1 = \mathrm{e}^{\boldsymbol{\Psi}\boldsymbol{\Lambda}\boldsymbol{\Psi}^{-1}\Delta t} = \boldsymbol{\Psi}\mathrm{e}^{\boldsymbol{\Lambda}\Delta t}\boldsymbol{\Psi}^{-1} \tag{10.104}
$$

连续时间系统 $\boldsymbol{A}$ 的特征向量与离散时间系统 $\boldsymbol{A}_1$ 的特征向量相同, 特征值矩阵 $\boldsymbol{\Lambda}_1$ 为

$$
\boldsymbol{\Lambda}_1 = \mathrm{e}^{\boldsymbol{\Lambda}\Delta t} \tag{10.105}
$$

式中, $\boldsymbol{\Lambda}_1$ 的对角元素可表示为

$$
\Lambda_{1,i} = \mathrm{e}^{\lambda_i\Delta t} \tag{10.106}
$$

式中, λ_i 与结构固有角频率和阻尼比的关系为

$$\lambda_i = -\xi_i\omega_i \pm \mathrm{j}\sqrt{1-\xi_i^2}\omega_i \tag{10.107}$$

相应地, 各测点下系统的振型矩阵为

$$\boldsymbol{\Phi} = \boldsymbol{G}\boldsymbol{\Psi} \tag{10.108}$$

10.1.4 其他模态参数识别方法

1. 有理分式多项式法

有理分式多项式 (rational fraction polynomial, RFP) 法也称为幂多项式法或列维 (Levy) 法, 该方法采用频响函数的有理分式形式构建实测频响函数与理论频响函数误差函数, 通过最小二乘法使误差函数最小来求解频响函数有理分式的待定系数, 进而获取模态参数。由这种方法思想演化而来的正交多项式法, 是采用正交多项式代替幂多项式来表示频响函数有理分式的分子和分母。有理分式多项式法的理论模型精确, 具有很高的识别精度, 但需要分别拟合有理分式的分子和分母, 拟合过程的计算量较大, 且在多项式阶次较高时易出现病态; 而正交多项式法能有效地缓解病态解问题, 提高数值稳定性, 且由于正交性, 使得分母系数可独立于分子系数求解, 因此降低了方程组阶数, 节省了计算时间, 但对于密集模态或模态耦合较大的情况, 正交多项式法的计算结果要差一些。

2. 最小二乘复频域法

最小二乘复频域法 (least squares complex frequency domain method, LSCF) 的核心思想的框架与有理分式多项式法相似, 均是通过最小二乘法使实测频响函数与理论频响函数误差函数最小来拟合频响函数, 不同之处在于最小二乘复频域法的频响函数在 z 域中采用右矩阵分式模型表示。对于多参考点, 可采用同样的思想, 得到多参考点最小二乘复频域法 (polyreference LSCF, p–LSCF), 该方法即为比利时 LMS 公司开发的 Test.Lab 模态测试系统中的 PolyMAX 方法。由于最小二乘复频域法在 z 域进行, 相比于在拉普拉斯域的有理分式多项式法具有更好的数值稳定性; 多参考点最小二乘复频域法针对多参考点, 不仅能同时估计系统极点和模态参与系数, 还能够产生非常清晰的稳定图, 因此在密集模态识别方面较传统方法有很大提高。

3. 复模态指示函数法

复模态指示函数法 (complex mode indicator function, CMIF) 的核心思想是采用有理分式模型来拟合增强频响函数, 首先对实测频响函数矩阵进行奇异值分解, 来确定在频响函数矩阵每根单独的谱线上存在多少个“重要的”特

征参数, 再利用振型向量的正交性将频响函数降维和解耦为单自由度单模态的频响函数, 然后构建每阶模态的增强频响函数, 对该函数采用单自由度识别算法识别系统极点, 进而获取模态参数。经过实践证明, 复模态指示函数法对密集模态具有很好的识别效果, 然而该方法因需对频响函数矩阵做奇异值分解, 所以需要多点输入多点输出测试, 不适于单点输入或者单点输出测试。此外, 复模态指示函数法作为一种频域识别方法, 对于输入的要求较高, 常常需要采用单峰值冲击激励, 而在实际复杂工程结构中, 利用脉冲激励往往无法得到足够的信息, 常表现为衰减过快, 能用于分析的有效数据偏少。

4. 多参考点复指数法

多参考点复指数法 (polyreference complex exponintial, PRCE) 为多参考点最小二乘复指数法 (least squares complex complex exponintial, LSCE), 它以 z 变换因子表示脉冲响应, 通过构造 Prony 多项式, 将脉冲响应模型中复频率的识别转化为与之等效的自回归模型中自回归系数的识别, 然后由脉冲响应数据序列构造该测点各阶脉冲响应幅值的线性方程组, 通过最小二乘法求解, 对各点均作上述识别, 即可得到各阶模态向量。多参考点复指数法对于结构简单的小阻尼构件具有较高的识别精度, 对于一些复杂结构, 该方法则存在自由度数无法准确确定、受噪声干扰严重、需要重复测试计算等缺点。

5. Ibrahim 时域法

Ibrahim 时域法 (Ibrahim time domain, ITD) 的基本思想是使用同时测得的各测点自由振动响应 (位移、速度或加速度三者之一), 通过三次不同采样, 构造自由响应采样数据的增广矩阵, 并由响应与特征值之间的复指数关系建立特征矩阵的数学模型, 求解特征值问题, 然后根据模型特征值与振动系统特征值的关系即可求解出系统的模态参数。Ibrahim 也提出了一种较为省时的简洁时域法 (spare time domain, STD), 该方法在求解中直接构造海森伯格 (Hessenberg) 矩阵, 避免了对求特征值的矩阵进行 QR 分解, 这使得计算量大大降低, 此外该方法具有可免除有偏误差、对用户的参数选择要求较低的优点。Ibrahim 时域法和简洁时域法均需使用全部测点的自由响应数据, 故不适用于局部识别。

10.2　时变模态参数识别方法

土木工程结构在服役过程中, 受环境因素的影响、边界条件的改变、材料自身的劣化和损伤, 其动力性能会呈现随时间变化的特性。时变模态参数识别就是指针对这种时变结构所进行的模态参数识别。土木工程结构的时变研究分为两种情况: ① 结构在短时间内性能变化很小 (可看作时不变), 但在较长的时间段内性能会发生较大的变化, 这种情况称为慢变, 如温度引起的结构性能变化; ② 结构的某些构件在短时间内性能会发生较大变化, 这种情况称为快变或瞬变, 如强风引起的桥梁斜拉索的索力变化。因此, 时变模态参数识别方法可分为慢变、快变和瞬变这三类, 主要有时域法和时–频法这两种, 如表 10.4 所示。

表 10.4 时变模态参数识别方法

类别	时变方式	方法
时域法	慢变	模态参数识别常用方法 (表 10.1)、递推随机子空间法
	快变	时间序列分析法
	瞬变	自适应卡尔曼滤波法
时–频法	快变	短时傅里叶变换法、盲源分离法、小波变换法
	瞬变	希尔伯特–黄变换法、变分模态分解–希尔伯特变换法

慢变、快变和瞬变这三类模态参数识别思想主要区别如下。

(1) 慢变和瞬变。慢变模态参数识别通常是将较长的监测数据段划分为多个小段, 在每个小段内认为结构的性能不变 (俗称 “时间冻结”) 并采用传统方法进行求解, 最后将每一小段的模态参数识别结果按时间先后进行排列, 以此来体现结构性能的时变性; 而瞬变模态参数识别面对的问题是结构性能在每个时刻均发生快速变化, 因此这种方法可用于慢变的情况, 但因计算量较大, 在实际工程中并不适用, 而慢变模态参数识别方法则不能用于瞬变的情况。

(2) 快变和慢变。快变模态参数识别相对于慢变模态参数识别, 是将较长的监测数据段划分为更小的小段, 其基本思想仍是将每一小段内结构的性能看作不变进行求解, 这种方法识别效果的好坏有赖于数据的长度, 若数据段过短, 将很难获取理想的识别结果。此外, 由于这种方法在每一小段内的数据量相对较少, 所以慢变模态参数识别中含有数据平均思想的方法均不适用, 否则会存在识别不准的问题。

(3) 快变和瞬变。瞬变模态参数识需要给出结构在每个时刻的模态值, 因此快变模态参数识方法不能用于瞬变的情况。在工程应用中, 经常将快变模态参数识别方法用于结构构件的时变模态识别。但需要指出的是, 快变模态参数识别的思想是随着时间窗逐个时刻点移动来选取数据进行计算, 虽然这种方法可以得到每个时刻点的模态信息, 但该模态信息表示的是以此时刻为参考点所选时段上平均意义上的模态信息, 并不是瞬时模态。

受篇幅所限, 这里针对慢变、快变和瞬变这三种情况, 分别选取自然激励技术–特征系统实现算法 (natural excitation technique ERA, NExT–ERA)、小波变换 (wavelet transform, WT) 法、变分模态分解–希尔伯特变换 (variational mode decomposition–Hilbert transform, VMD–HT) 法进行介绍。

10.2.1　基于自然激励技术–特征系统实现算法的慢变模态参数识别

慢变模态参数识别需要将数据进行分段, 对每一小段采用传统方法进行单次识别, 最后所有小段的识别结果按照时间先后连接形成时变模态。本节以 10.1.1 节中的桥梁实际监测数据为例, 采用自然激励技术–特征系统实现算法进行慢变模态参数识别过程的介绍, 具体步骤如下。

1. 时间段划分和数据预处理

将 2016 年 8—9 月采集的加速度数据, 按照 1 h 为一个数据段进行划分。由于特征系统实现算法需要以自由振动数据作已知量进行求解, 因此首先需要利用自然激励技术将采集的加速度数据做自互相关处理 (自互相关函数具有与自由振动响应相同的物理表达式)。用于模态参数识别的数据段和相应地在某一参考测点下的自互相关函数如图 10.12 所示。

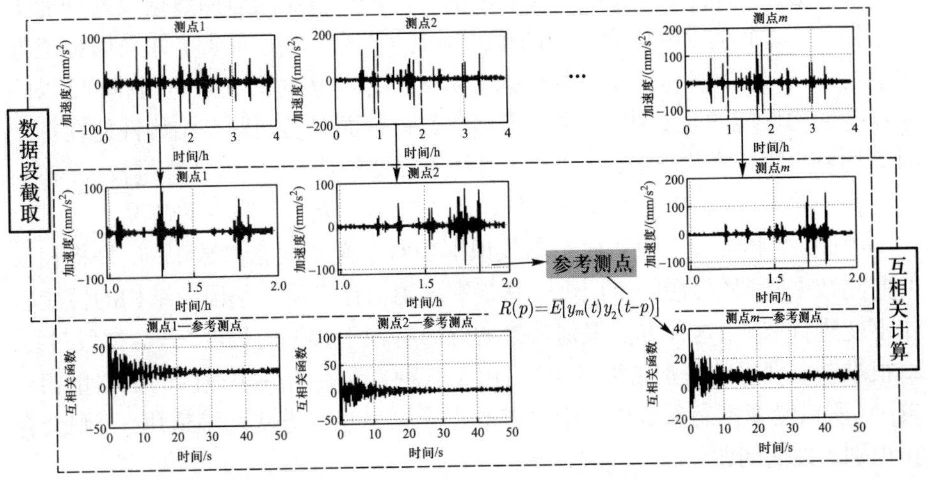

图 10.12　数据段划分和自互相关函数

2. 稳定图和虚假模态剔除

图 10.13 给出了在不同模型阶次下通过特征系统实现算法计算得到的模态频率值, 该频率–模型阶次图通常被称为稳定图 (stabilization diagram)。为了准确确定结构的模态, 在图 10.13 中也给出了平均自功率谱作为参考。可以看到, 在图 10.13 中, 模型阶次在 20 以下时, $0 \sim 1.5$ Hz 频段内无频率点, 也就

是没有出现相应的模态。当模型阶次定位 60 以上时, 结构的第 1 阶模态由于振动能量过低 (功率谱峰值上基本看不到) 而没有被激励出来; 而在 2 ~ 4 Hz 的频段内则出现了许多与峰值点位置不匹配的频率点。值得注意的是, 与功率谱峰值吻合的频率点在各个模型阶次下均会出现, 在稳定图上呈现出一条条垂直于频率轴的竖线, 而在高频段则出现了与功率谱峰值不吻合的散乱频率点。这一现象也印证了利用真实模态在各个模型阶次下均会稳定出现的特性, 可有效区分出结构真实模态和噪声虚假模态。

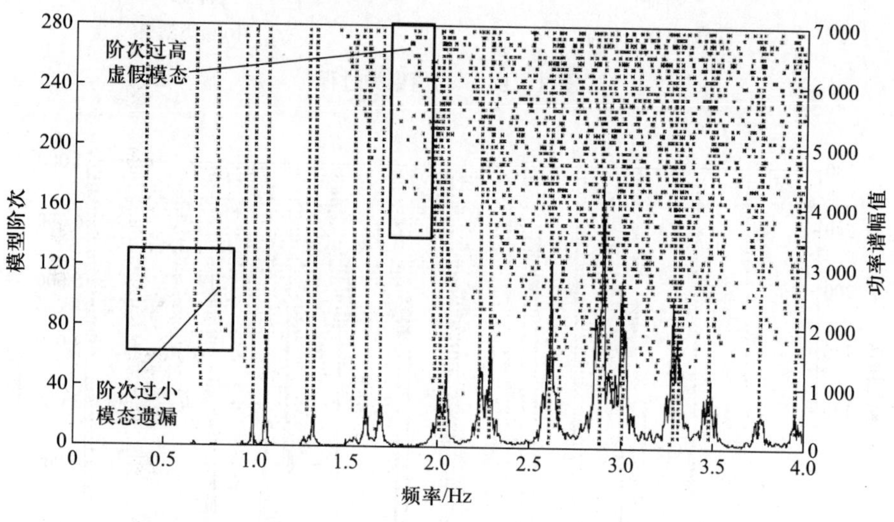

图 10.13 不同模型阶次下的计算频率值分布

3. 模态参数自动识别

在结构健康监测领域, 模态参数识别需要在线自动连续地进行。为了解决在稳定图中需要人工选取模态而效率低下的问题, 可采用聚类方法对物理模态和虚假模态进行区分。这里采用均值聚类的思想, 聚类个数为 2, 分为稳定类和不稳定类, 如图 10.14 所示。其主要流程包括: ① 给定样本的两个特征, 如图 10.14(a) 所示; ② 根据样本分布选定初始聚类中心 (也可随机给定); ③ 计算各样本特征到各聚类中心的距离; ④ 然后根据样本特征与聚类中心之间的距离之和最小来确定两类。需要指出的是, 初始聚类结果未必最优, 因此根据已经确定的类重新确定聚类中心 (也就是类内样本各特征的均值) 进行再次聚类, 以此类推, 直到内类样本特征不再发生变化为止。本工程案例的聚类结果如图 10.14(b) 所示。

通过聚类方法获得稳定类和不稳定类后, 它们的模态频率点在稳定图上如图 10.15 所示, 各阶模态频率和振型如图 10.16 所示。

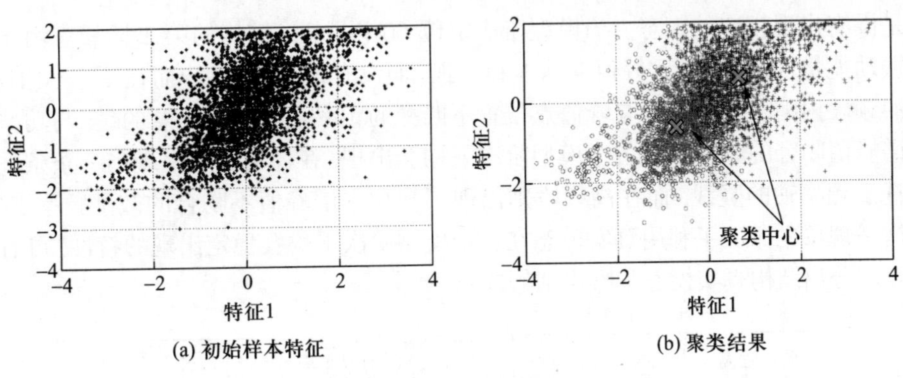

(a) 初始样本特征　　(b) 聚类结果

图 10.14　均值聚类过程

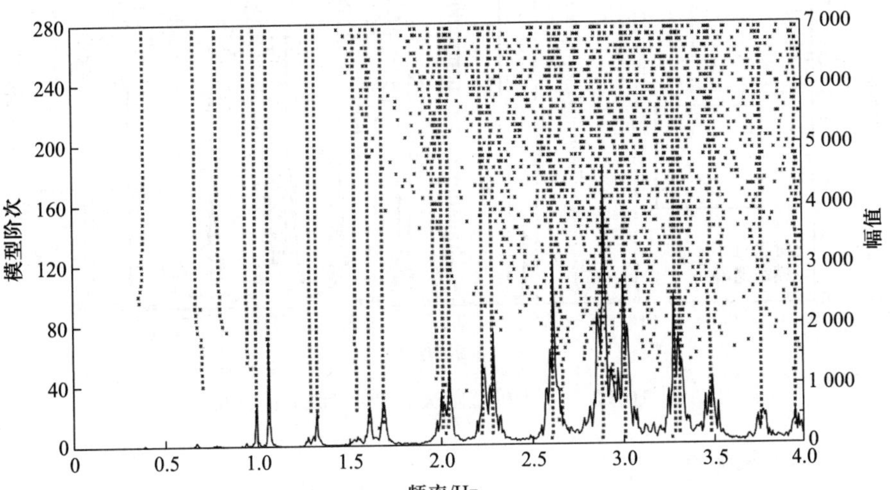

图 10.15　不同模型阶次下计算的模态频率：稳定模态类（“■”）和不稳定模态类（“×”）（见书后彩图）

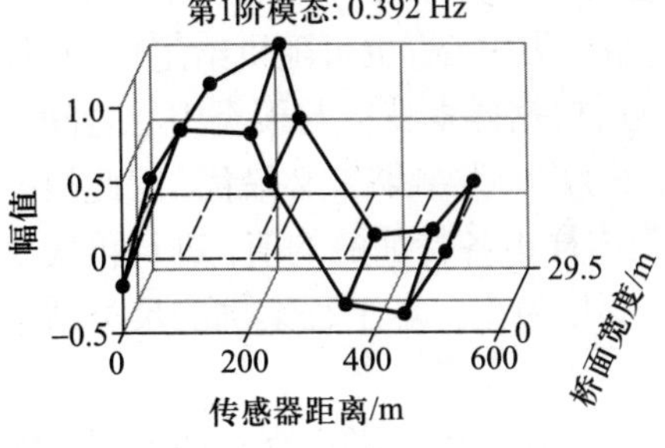

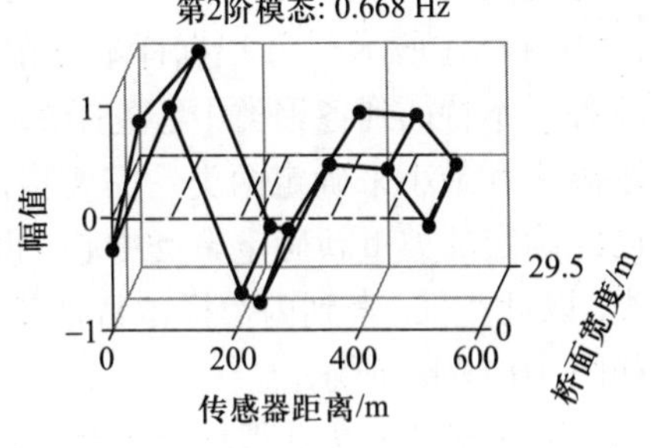

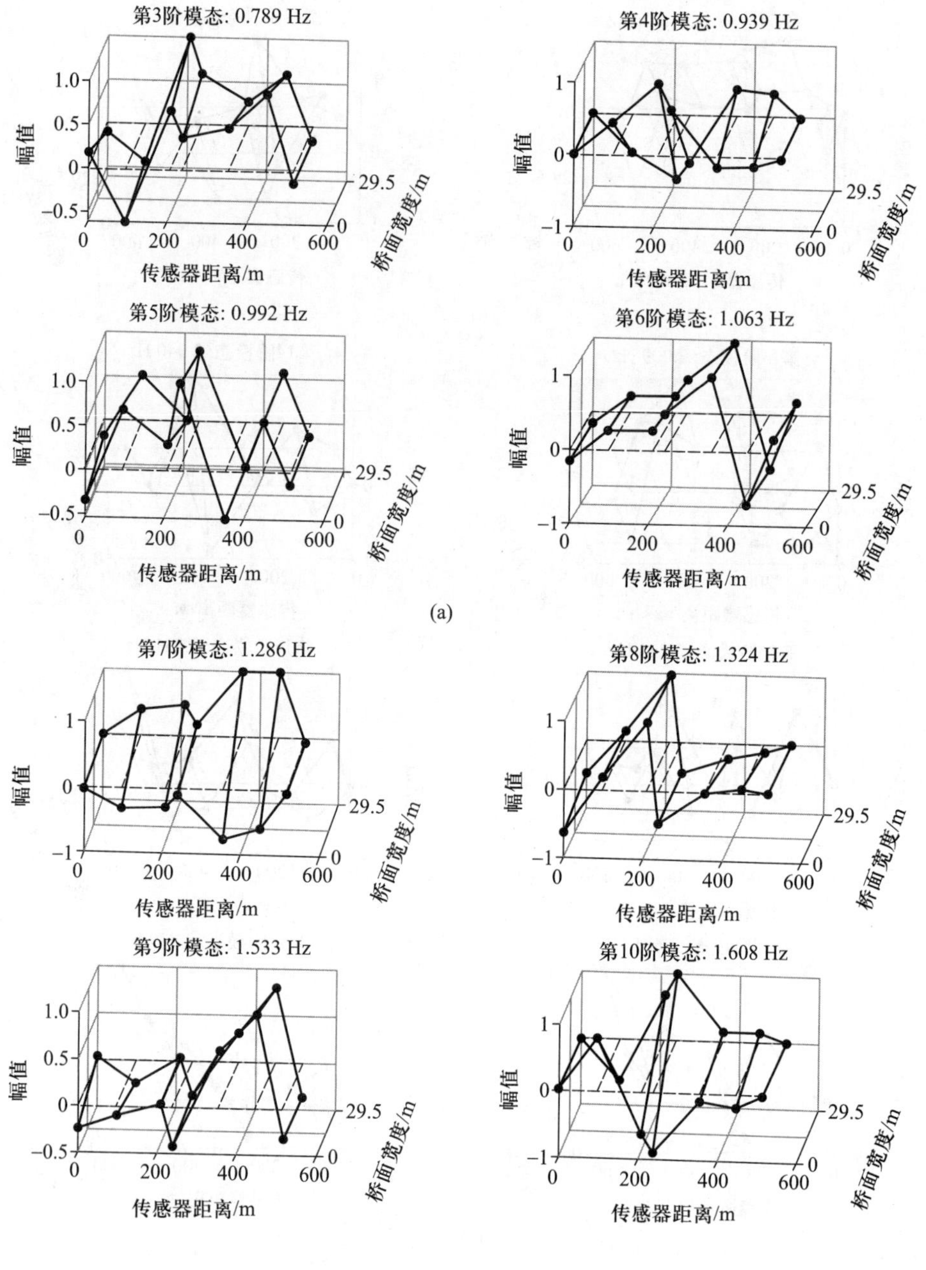
第3阶模态: 0.789 Hz
第4阶模态: 0.939 Hz
第5阶模态: 0.992 Hz
第6阶模态: 1.063 Hz
第7阶模态: 1.286 Hz
第8阶模态: 1.324 Hz
第9阶模态: 1.533 Hz
第10阶模态: 1.608 Hz
幅值
传感器距离/m
桥面宽度/m
0
200
400
600
29.5
1.0
0.5
−0.5
1
−1

(a)

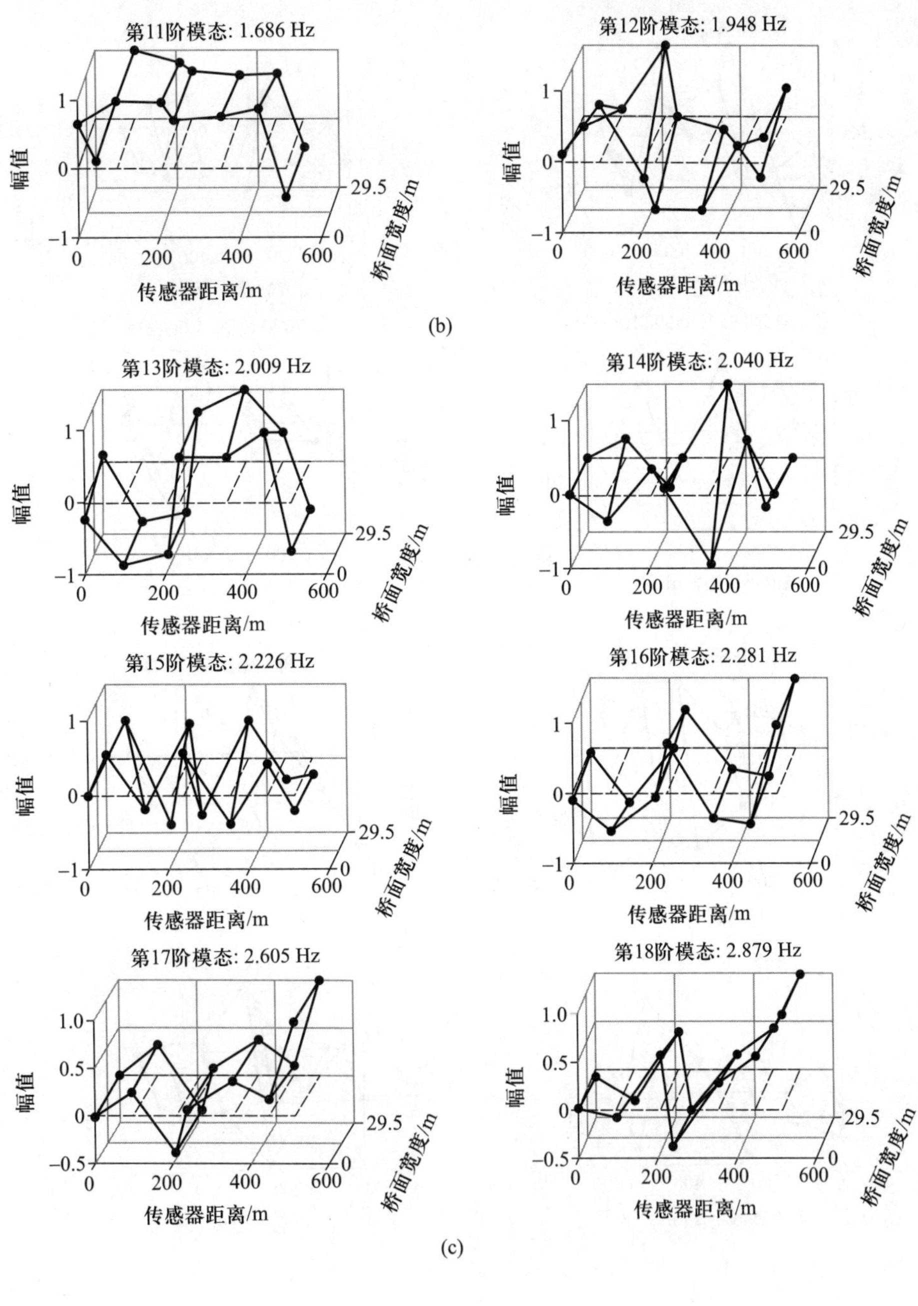

第11阶模态: 1.686 Hz
第12阶模态: 1.948 Hz
第13阶模态: 2.009 Hz
第14阶模态: 2.040 Hz
第15阶模态: 2.226 Hz
第16阶模态: 2.281 Hz
第17阶模态: 2.605 Hz
第18阶模态: 2.879 Hz
幅值
传感器距离/m
桥面宽度/m
29.5
0
200
400
600
1
0.5
1.0
−0.5
−1

(b)

(c)

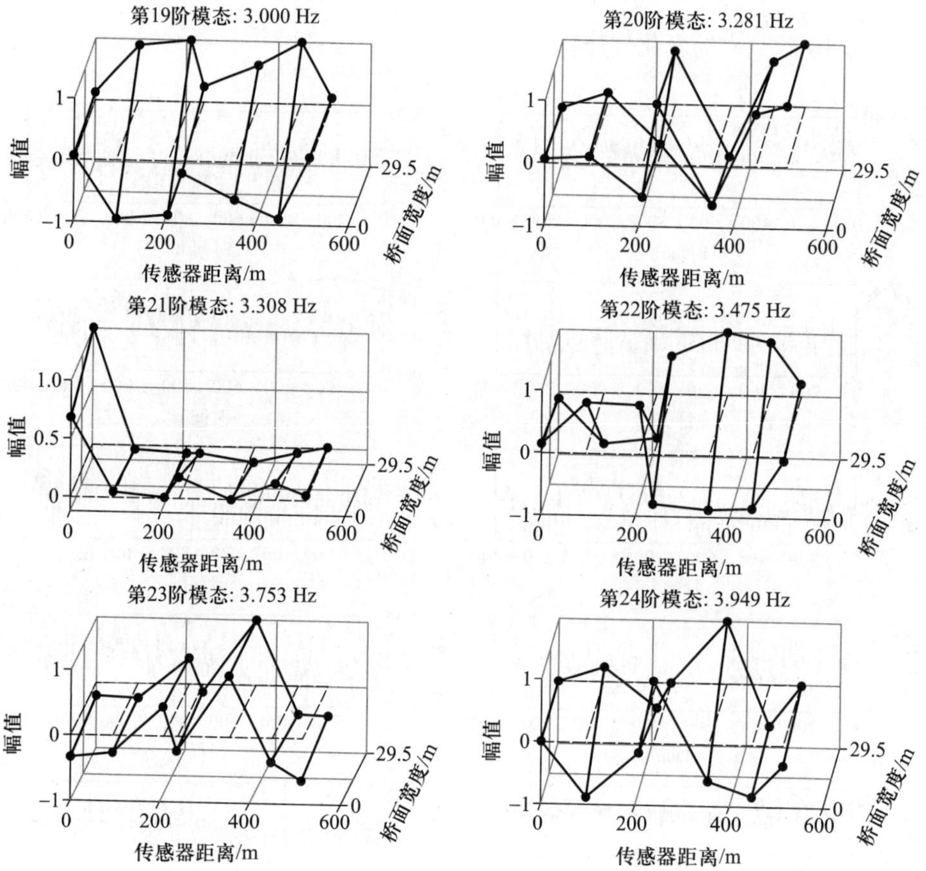

(d)

图 **10.16**　模态频率和振型

以上为某一小段数据的模态参数识别结果, 对各段数据均可做相同的处理, 然后可将各段数据识别的频率进行串联, 结果如图 10.17 所示, 图 10.18 给

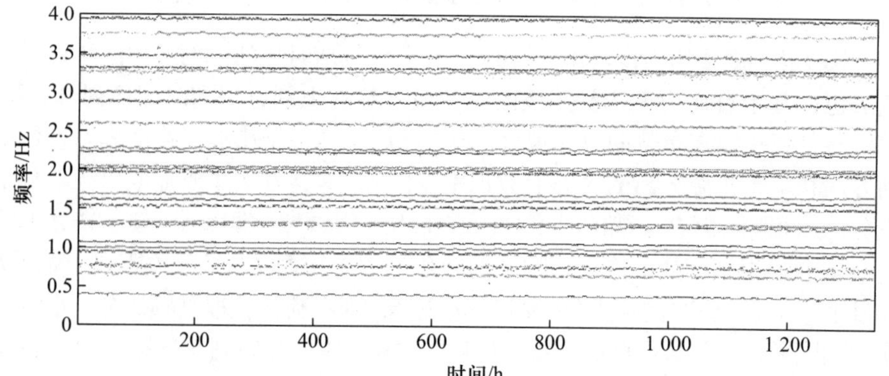

图 **10.17**　某公路桥 2016 年 8—9 月频率变化图

出了前 10 阶频率的变化规律。

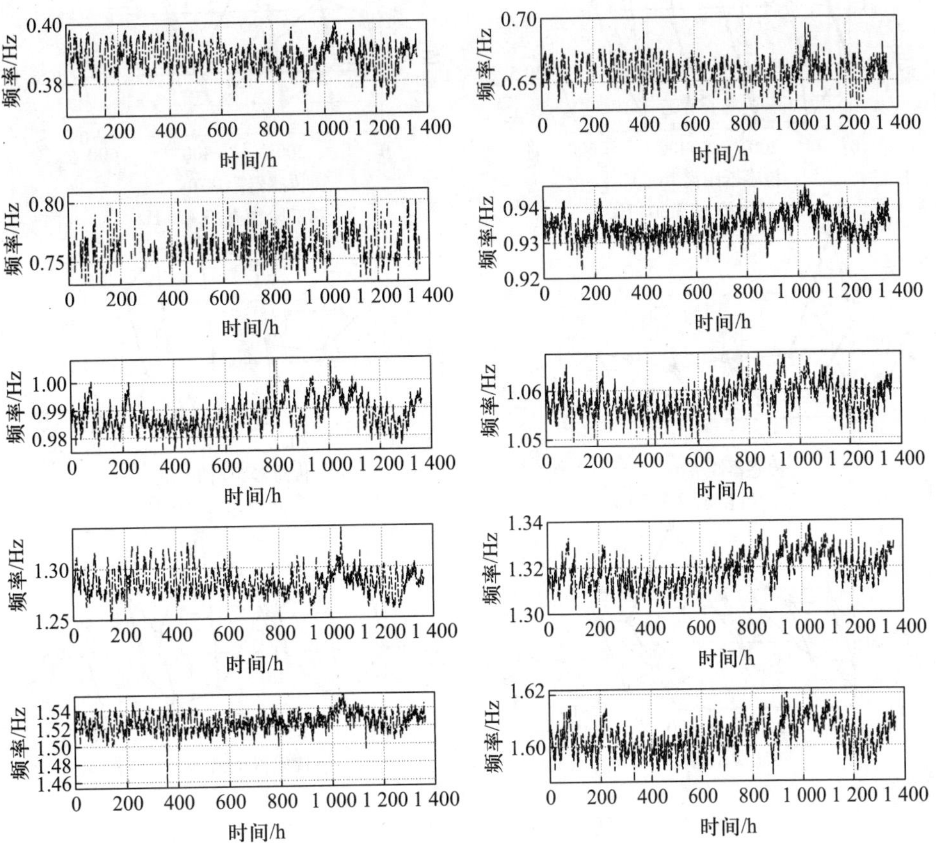

图 10.18　前 10 阶频率变化图

10.2.2 基于小波变换的快变模态参数识别

快变模态参数识别因与时间相关, 故主要包括时域法和时–频法两种。时域法包括基于自适应卡尔曼滤波的时变模态参数识别方法和时间序列分析法, 其核心思想是模态参数的时变拟合。时–频法包括基于小波变换的模态参数识别方法和基于盲源分离的模态参数识别方法等, 这类方法主要提取单频率分量成分, 从而跟踪模态参数的时变性。在土木工程领域, 常用时–频法来处理快变模态参数识别问题。在时–频域的转化过程中, 窗的选择至关重要, 窗口选择过窄, 不利于获取低频成分; 窗口选择过宽, 则不利于获取高频成分。小波变换 [4] 提供了一个具有自适应特性的时–频窗, 其具有在高频数据段窗口自动变窄, 而在低频数据段窗口自动变宽的优良特性。因此, 通过小波变换可以获取数据的局部时–频信息, 使得其非常适用于非稳态数据的分析。小波及小波变换的基本理论参考本书附录, 不再赘述, 这里仅对如何利用小波变换进行时变模态参数识别进行介绍, 主要步骤如下文所述。

1. 环境激励下的振动响应

对于具有 n 个自由度系统的运动方程为

$$\boldsymbol{M}(t)\ddot{\boldsymbol{x}}(t)+\boldsymbol{C}(t)\dot{\boldsymbol{x}}(t)+\boldsymbol{K}(t)\boldsymbol{x}(t)=\boldsymbol{F}(t) \tag{10.109}$$

考虑长度为 T 的时间窗函数, 且假定在该时间窗内系统的质量、阻尼和刚度矩阵保持不变, 则式 (10.109) 等效为

$$\boldsymbol{M}_i\ddot{\boldsymbol{x}}(t)+\boldsymbol{C}_i\dot{\boldsymbol{x}}(t)+\boldsymbol{K}_i\boldsymbol{x}(t)=\boldsymbol{F}(t) \tag{10.110}$$

式中, $t\in[t_i-T/2,t_i+T/2]$。

因此, 时变系统模态辨识的问题可以等效转化为在每个时间窗内的时不变系统的模态识别问题。在环境激励下, 一般采用 $\boldsymbol{S}_0$ 表示激励的能量谱密度矩阵, 系统在时间窗内的振动响应可看作均值为零的高斯白噪声, 则系统振动响应的相关函数如式 (10.111) 所示:

$$\boldsymbol{R}_{xx}(\tau)=\sum_{k=1}^{N}\boldsymbol{\phi}_k\mathrm{e}^{\lambda_k\tau}\boldsymbol{q}_k^{\mathrm{T}}+\boldsymbol{\phi}_k^*\mathrm{e}^{\lambda_k^*\tau}\left[\boldsymbol{q}_k^*\right]^{\mathrm{T}} \tag{10.111}$$

结构响应的能量谱密度矩阵可以表示为

$$\widehat{\boldsymbol{R}}_{xx}(\omega)=\sum_{k=1}^{N}\frac{\boldsymbol{\phi}_k\boldsymbol{q}_k^{\mathrm{T}}}{\mathrm{j}\omega-\lambda_k}+\frac{\boldsymbol{\phi}_k^*\left[\boldsymbol{q}_k^*\right]^{\mathrm{T}}}{\mathrm{j}\omega-\lambda_k^*} \tag{10.112}$$

式中, $\boldsymbol{\phi}_k$ 和 λ_k 分别表示第 k 阶模态振型和模态的极点; $\boldsymbol{q}_k$ 为常值向量; $\lambda_k=-\xi_k\omega_k+\mathrm{j}\widetilde{\omega}_k$ 且 $\widetilde{\omega}_k=\omega_k\sqrt{1-\xi_k^2}$; $(\cdot)^*$ 和 $(\cdot)^{\mathrm{T}}$ 分别表示向量的共轭和转置。

在环境激励和结构小阻尼的条件下, 响应的能量谱密度矩阵可进一步表示为

$$\widehat{\boldsymbol{R}}_{xx}(\omega)=\sum_{k=1}^{N}\frac{d_k\boldsymbol{\phi}_k\boldsymbol{\phi}_k^{\mathrm{T}}}{\mathrm{j}\omega-\lambda_k}+\frac{d_k\boldsymbol{\phi}_k^*\left[\boldsymbol{\phi}_k^*\right]^{\mathrm{T}}}{\mathrm{j}\omega-\lambda_k^*}=\sum_{k=1}^{N}\frac{\boldsymbol{A}_k}{\mathrm{j}\omega-\lambda_k}+\frac{\left[\boldsymbol{A}_k^*\right]^{\mathrm{T}}}{\mathrm{j}\omega-\lambda_k^*} \tag{10.113}$$

式中, $\boldsymbol{A}_k=d_k\boldsymbol{\phi}_k\boldsymbol{\phi}_k^{\mathrm{T}}$ 表示残差矩阵; d_k 为常数。

2. 能量谱密度矩阵的连续小波变换

这里在 L^2 空间上定义小波变换, 当然也可以根据应用要求, 推广到更一般的 L^p 空间上定义小波变换, 表示为

$$W_x(a,b)=\frac{1}{a^{\frac{1}{p}}}\int_{-\infty}^{\infty}x(t)\varphi\left(\frac{t-b}{a}\right)\mathrm{d}t \tag{10.114}$$

根据帕塞瓦尔恒等式 (Parseval's Identity) 可得

$$W_x(a,b)=\frac{1}{2\pi a^{\frac{1}{p}}}\int_{-\infty}^{\infty}X(\omega)a\varphi(a\omega)\mathrm{e}^{\mathrm{j}b\omega}\mathrm{d}\omega \tag{10.115}$$

结构振动响应的能量谱矩阵的连续小波时–频变换可表示为

$$\boldsymbol{W}_R(a,b)=\frac{1}{a^{\frac{1}{p}}}\int_{-\infty}^{\infty}\widehat{\boldsymbol{R}}_{xx}(\omega)\varphi\left(\frac{\omega-b}{a}\right)\mathrm{d}\omega \tag{10.116}$$

这里采用莫雷特 (Morlet) 小波的对偶形式, 即

$$\varphi(\omega)=\mathrm{e}^{-\frac{\omega^2}{2\delta^2}}\mathrm{e}^{-\mathrm{j}\beta\omega} \tag{10.117}$$

式 (10.117) 中要求 $\beta\delta\geqslant 5$, 以满足容许条件; 记 $\phi^*(\omega)=\mathrm{e}^{-\frac{\omega}{2\delta^2}}\mathrm{e}^{\mathrm{j}\beta\omega}=\varphi(\omega)$。令 $p=1/(\beta-1/\delta^2)>0$, 这样设置可使得系统的极点在尺度–频率平面上非常突出。可以看到, δ 会影响小波的频率分辨率和时间分辨率, 而 β 则决定了小波的时间中心。频率中心和时间中心分别为

$$\begin{cases}\omega_\phi=0\\ \tau_\phi=-\beta\end{cases} \tag{10.118}$$

而频率分辨率和时间分辨率分别为

$$\begin{cases}\omega_\phi=0\\ \tau_\phi=-\beta\end{cases} \tag{10.119}$$

基于对偶的莫雷特小波, 通过连续小波变换 $\boldsymbol{W}_R(a,b)$ 在频域窗可给出数据局部频谱信息, 表示为

$$[b-c_\omega a\Delta\omega_\phi,b+c_\omega a\Delta\omega_\phi]=\left[b-c_\omega\frac{a\delta}{\sqrt{2}},b+c_\omega\frac{a\delta}{\sqrt{2}}\right] \tag{10.120}$$

同样, 也可给出数据的局部时域信息, 表示为

$$\left[\frac{\tau_\phi}{a}-c_\tau\frac{\Delta\tau_\phi}{a},\frac{\Delta\tau_\phi}{a}+c_\tau\frac{\Delta\tau_\phi}{a}\right]=\left[-\frac{\beta}{a}-c_\tau\frac{1}{\sqrt{2}a\delta},-\frac{\beta}{a}+c_\tau\frac{1}{\sqrt{2}a\delta}\right] \tag{10.121}$$

基于式 (10.120) 和式 (10.121), 可得到对偶的莫雷特小波的时–频窗, 表示为

$$\left[-\frac{\beta}{a}-c_\tau\frac{1}{\sqrt{2}a\delta},-\frac{\beta}{a}+c_\tau\frac{1}{\sqrt{2}a\delta}\right]\times\left[b-c_\omega\frac{a\delta}{\sqrt{2}},b+c_\omega\frac{a\delta}{\sqrt{2}}\right] \tag{10.122}$$

式中, $c_\omega>1$ 和 $c_\tau>1$ 表示确定对偶的莫雷特小波在频域和时域中紧支集的参数, 一般建议采用 $c_\omega=5$ 和 $c_\tau=5$。

将式 (10.113) 代入式 (10.116) 可得

$$\boldsymbol{W}_R(a,b)=\frac{\sqrt{2\pi}}{a^{\frac{1}{p}}}\sum_{k=1}^{N}\left[\boldsymbol{A}_k\underbrace{\int_{-\infty}^{\infty}\mathrm{e}^{-\frac{u^2}{2}-\mathrm{j}\frac{-\mathrm{j}\lambda_k-b}{a\delta}(u-\beta\delta)}\mathrm{d}u}_{I}+\boldsymbol{A}_k^*\underbrace{\int_{-\infty}^{\infty}\mathrm{e}^{-\frac{u^2}{2}-\mathrm{j}\frac{-\mathrm{j}\lambda_k-b}{a\delta}(u-\beta\delta)}\mathrm{d}u}_{K}\right] \tag{10.123}$$

考虑式 (10.123) 中的积分项, 可表示为

$$\begin{aligned}I&=\int_{-\infty}^{\infty}\mathrm{e}^{-\frac{u^2}{2}-\mathrm{j}\frac{-\mathrm{j}\lambda_k-b}{a\delta}(u-\beta\delta)}\mathrm{d}u=\sqrt{2\pi}\mathrm{e}^{-\frac{(-\mathrm{j}\lambda_k-b)^2}{2a^2\delta^2}}\mathrm{e}^{\mathrm{j}\beta\frac{-\mathrm{j}\lambda_k-b}{a}}\\&=\sqrt{2\pi}\varphi\left(\frac{-\mathrm{j}\lambda_k-b}{a}\right)\end{aligned} \tag{10.124}$$

$$\begin{aligned}K&=\int_{-\infty}^{\infty}\mathrm{e}^{-\frac{u^2}{2}-\mathrm{j}\frac{-\mathrm{j}\lambda_k-b}{a\delta}(u-\beta\delta)}\mathrm{d}u=\sqrt{2\pi}\mathrm{e}^{-\frac{(-\mathrm{j}\lambda_k^*-b)^2}{2\delta^2}}\mathrm{e}^{\mathrm{j}\beta\frac{-\mathrm{j}\lambda_k^*-b}{a}}\\&=\sqrt{2\pi}\varphi\left(\frac{-\mathrm{j}\lambda_k^*-b}{a}\right)\end{aligned} \tag{10.125}$$

将式 (10.124) 和式 (10.125) 代入式 (10.123), 整理可得

$$\boldsymbol{W}_R(a,b)=2\pi\sum_{k=1}^{N}\left[\boldsymbol{A}_k a^{-\frac{1}{p}}\varphi\left(\frac{-\mathrm{j}\lambda_k-b}{a}\right)+\boldsymbol{A}_k^* a^{-\frac{1}{p}}\varphi\left(\frac{-\mathrm{j}\lambda_k^*-b}{a}\right)\right] \tag{10.126}$$

由于 $\lambda_k=-\xi_k\omega_k+\mathrm{j}\widetilde{\omega}_k$, 故式 (10.126) 可改写为

$$\boldsymbol{W}_R(a,b)=2\pi\sum_{k=1}^{N}\left[\boldsymbol{A}_k a^{-\frac{1}{p}}\varphi\left(\frac{\widetilde{\omega}_k-b+\mathrm{j}\xi_k\omega_k}{a}\right)+\boldsymbol{A}_k^* a^{-\frac{1}{p}}\varphi\left(\frac{-\widetilde{\omega}_k-b+\mathrm{j}\xi_k\omega_k}{a}\right)\right] \tag{10.127}$$

3. 模态参数识别过程

基于莫雷特小波具有良好的时–频局部化特性, 因此可通过合理地选择参数 δ 和 β 将系统的某阶模态从众多的模态中分离出来。例如, 需要分离第 k 阶模态, 式 (10.127) 可以近似表示为

$$\begin{aligned}\boldsymbol{W}_R(a,b)&\approx 2\pi\boldsymbol{A}_k a^{-\frac{1}{p}}\varphi\left(\frac{\widetilde{\omega}_k-b+\mathrm{j}\xi_k\omega_k}{a}\right)\\&=2\pi\boldsymbol{A}_k a^{-\frac{1}{p}}\mathrm{e}^{-\frac{(\widetilde{\omega}_k-b)^2+(\xi_k\omega_k)^2}{2a^2\delta^2}-\beta\frac{\xi_k\omega_k}{a}}\mathrm{e}^{-\mathrm{j}\frac{(\widetilde{\omega}_k-b)\left(\xi_k\omega_k-\beta\delta^2 a\right)^2}{a^2\delta^2}}\end{aligned} \tag{10.128}$$

对式 (10.128) 两边取模, 可得

$$|\boldsymbol{W}_R(a,b)|\approx 2\pi|\boldsymbol{A}_k|\underbrace{a^{-\frac{1}{p}}\mathrm{e}^{-\frac{(\widetilde{\omega}_k-b)^2+(\xi_k\omega_k)^2}{2a^2\delta^2}-\beta\frac{\xi_k\omega_k}{a}}}_{f(a,b)>0} \tag{10.129}$$

通过确定 (a,b) 值使得在尺度–频率平面内 $|\boldsymbol{W}_R(a,b)|$ 在 (a_m,b_m) 取最大值, 可表示为

$$(a_m,b_m)=\arg\max_{(a,b)} f(a,b) \Leftrightarrow (a_m,b_m)=\arg\max_{(a,b)} \ln(f(a,b)) \tag{10.130}$$

因此可得

$$(a_m,b_m)=\arg\max_{(a,b)}\{\underbrace{-\frac{1}{p}\ln a\frac{(\widetilde{\omega}_k-b)^2+(\xi_k\omega_k)^2}{2a^2\delta^2}-\beta\frac{\xi_k\omega_k}{a}}_{g(a,b)}\} \tag{10.131}$$

令 $g(a,b)$ 分别对 a 和 b 求导, 可得

$$\begin{cases}\dfrac{\partial g}{\partial a}=-\dfrac{1}{pa}+\dfrac{(\widetilde{\omega}_k-b)^2-(\xi_k\omega_k)^2}{a^3\delta^2}+\beta\dfrac{\xi_k\omega_k}{a^2}=0\\[2ex] \dfrac{\partial g}{\partial b}=\dfrac{\widetilde{\omega}_k-b}{2a^2\delta^2}=0\end{cases} \tag{10.132}$$

可知 $b=b_m=\widetilde{\omega}_k$, 同时将 $b_m=\widetilde{\omega}_k$ 和 $p=1/(\beta-1/\delta^2)$ 代入 $\partial g/\partial a=0$ 化简可得

$$\begin{aligned}\frac{\partial g}{\partial a}&=-\frac{1}{pa}+\frac{(\widetilde{\omega}_k-b)^2-(\xi_k\omega_k)^2}{a^3\delta^2}+\beta\frac{\xi_k\omega_k}{a^2}\\&=\frac{1}{a\delta^2}\left[\left(\frac{\xi_k\omega_k}{a}-1\right)\left(\frac{\xi_k\omega_k}{a}-\beta\delta^2+1\right)\right]=0\end{aligned} \tag{10.133}$$

求解可得 $a_1=\xi_k\omega_k/(\beta\delta^2-1)$ 和 $a_2=\xi_k\omega_k$, 总可以找到合适的 β 和 δ, 使得 $\beta\delta^2>2$。通过对比分析, 可以确定 $a_m=\xi_k\omega_k=-\operatorname{Re}(\lambda_k)$ 和 $b_m=\widetilde{\omega}_k=\operatorname{Im}(\lambda_k)$ 以使 $f(a,b)$ 有极值。通过确定 $|W_R(a,b)|$ 在第 k 阶模态附近的局部最大值, 可以找到尺度–频率平面的坐标 (a_m,b_m), 进而可确定出该阶模态的频率和阻尼比, 表示为

$$\omega_k=\sqrt{a_m^2+b_m^2} \tag{10.134}$$

$$\xi_k=\frac{a_m}{\sqrt{a_m^2+b_m^2}} \tag{10.135}$$

通过对 $\boldsymbol{W}_R(a,b)$ 进行奇异值分解 (singular value decomposition, SVD) 可得

$$\boldsymbol{W}_R(a,b)=\boldsymbol{U}\boldsymbol{S}\boldsymbol{V}^{\mathrm{H}} \tag{10.136}$$

在第 k 阶模态附近时, 可表示为

$$\|\boldsymbol{W}_R(a,b)\|_{\mathrm{F}}^2=\sum_{i=1}^{N}\sigma_1^2(a,b)\approx\sigma_1^2(a,b) \tag{10.137}$$

式中, $\|\cdot\|_{\mathrm{F}}$ 表示 F 范数。

最大奇异值 $\sigma_1(a,b)$ 与尺度–频率平面的坐标 (a_m,b_m) 相对应, 此时 $\boldsymbol{W}_R(a,b)$ 的奇异值分解后的左奇异向量的第一个列向量 $\boldsymbol{u}_1(a_m,b_m)$ 即为第 k 阶模态振型 $\boldsymbol{\phi}_k$ 的估计。

4. 参数 β 和 δ 的选择

只有对参数 β 和 δ 进行合理选择, 才能确保从系统众多模态中提取出第 k 阶模态。第 k 阶模态的频带宽度 $\Delta\omega=\min\left(|\omega_{k+1}-\omega_k|,(\omega_k-\omega_{k-1})\right)$, 基于频域中的局部定位功能 [式 (10.120)], 将第 k 阶模态分离时需要满足式 (10.138) 所示条件:

$$\frac{c_\omega a\delta}{\sqrt{2}}\leqslant\Delta\omega_k\Rightarrow\delta\leqslant\frac{\sqrt{2}}{c_\omega}\frac{\Delta\omega_k}{a} \tag{10.138}$$

因为 $a_m=\xi_k\omega_k$, 所以可得

$$\delta\leqslant\frac{\sqrt{2}}{c_\omega}\frac{\Delta\omega_k}{\xi_k\omega_k} \tag{10.139}$$

在时域中, 需要充分考虑参数 β 和 δ 以及尺度 a 的信息, 基于时域局部定位功能 [式 (10.121)], 需要满足式 (10.140) 所示条件:

$$\begin{cases}-\dfrac{\beta}{a}-c_\tau\dfrac{1}{\sqrt{2}a\delta}\geqslant-\dfrac{L_\tau}{2}\\-\dfrac{\beta}{a}+c_\tau\dfrac{1}{\sqrt{2}a\delta}\leqslant 0\end{cases} \tag{10.140}$$

同时考虑 $a_m=\xi_k\omega_k$ 和 $L_\tau=1/\Delta f$(Δf 表示响应能量谱密度的频率分辨率), 可得

$$\frac{c_\tau}{\delta\sqrt{2}}\leqslant\beta\leqslant\left(\frac{\xi_k\omega_k}{2\Delta f}-\frac{c_\tau}{\delta\sqrt{2}}\right) \tag{10.141}$$

此外, 如式 (10.142) 所示两个条件需要考虑:

$$\begin{cases}\beta\delta\geqslant 5\\\beta\delta^2>2\end{cases} \tag{10.142}$$

根据以上得到的结果, 参数 β 和 δ 取值范围为

$$\begin{cases} 0<\delta \leqslant \dfrac{\sqrt{2}}{c_\omega}\dfrac{\Delta\omega_k}{\xi_k\omega_k}=\delta_{\max} \\ \beta_{\min}=\max\left\{\dfrac{5}{\delta},\dfrac{2}{\delta^2},\dfrac{c_\tau}{\delta\sqrt{2}}\right\}\leqslant\beta\leqslant\left(\dfrac{\xi_k\omega_k}{2\Delta f}-\dfrac{c_\tau}{\delta\sqrt{2}}\right)=\beta_{\max} \end{cases} \tag{10.143}$$

需要注意的是, 式 (10.143) 需要提供 $\Delta\omega_k$、ξ_k、ω_k 以确定参数 β 和 δ, 但它们的值不需要非常准确, 可通过响应的能量谱曲线大致估计得到。

综上, 基于小波变换的时变模态参数识别的一般步骤为, 首先计算结构振动响应的能量谱密度 $\boldsymbol{W}_R(a,b)$, 合理选择参数 β 和 δ 以确保将系统的第 k 阶模态分离; 然后对 $\boldsymbol{W}_R(a,b)$ 进行奇异值分解, 得到奇异值 $\sigma_1(a,b)\geqslant\sigma_2(a,b)\geqslant\cdots\geqslant\sigma_s(a,b)$ 以及对应的左奇异向量 $\boldsymbol{u}_1(a,b),\boldsymbol{u}_2(a,b),\cdots,\boldsymbol{u}_s(a,b)$, 这里 s 表示传感器个数; 再根据 $\sigma_1(a,b)$ 和 $\boldsymbol{u}_1(a,b)$ 确定第 k 阶模态参数, 即式 (10.129)~式 (10.131) 的第一左奇异向量; 最后随着滑动时间窗的移动, 即可依次识别出模态参数。

【案例 10.3】外界激励特别是车辆过桥时会引起桥梁索力发生较大变化, 且这种变化持续时间较短。在工程领域, 一般是采用索力与索振动频率的对应关系对其进行识别。然而, 由于索力变化较快, 若采用慢变模态参数识别的思想将无法捕捉频率的时变特性; 若将时间缩短则会导致数据量较少, 模态参数识别方法难以适应。这里以某铁路桥梁列车通过时的拉索振动加速度数据为例, 采用小波变换的方法进行快变模态参数识别。从拉索长期监测的振动加速度数据 [图 10.19(a)] 中选取列车经过前后的 60 s 振动数据进行分析 [图 10.19(b)], 其进行带通滤波 (滤波频带根据图 10.20 所示的功率谱确定) 后的时程如图 10.19(c) 所示, 下文以频带 2.3 ~ 2.8 Hz 的数据进行分析。

图 10.21(a) 和图 10.21(b) 分别给出了滤波前后 60 s 加速度数据的小波能量分布情况。从图 10.21(a) 中可以看到, 列车通过时拉索振动响应在高频部分的能量远高于低频部分, 但能量分布整体较为混乱。从图 10.21(b) 可以看到 (虚线表示没有列车通过时拉索的频率 2.48 Hz), 在 10 ~ 40 s 内主要能量分布所对应的频率范围高于虚线所对应的无车时段拉索的频率。

为了提取该阶模态对应的频率随时间的变异程度, 图 10.22 给出了基于频谱能量最大值的分析结果。将图 10.21(b) 表示成图 10.22(a) 的三维形式, 可以看出在各个时间点对应的各谱线的能量分布情况, 通过提取各时刻点处谱线的最大值, 可以得到频率–时间关系。提取过程如图 10.22(a) 和图 10.22(b) 所示, 首先将任意时刻下对应的能量谱 (幅值–频率曲线) 提取出来, 然后找到该能量谱峰值对应的频率值, 该值即为当前时刻的频率值, 将所有时刻点对应的峰值处的频率提取出来可得到频率的时程曲线图 10.22(c)。可以看到, 在

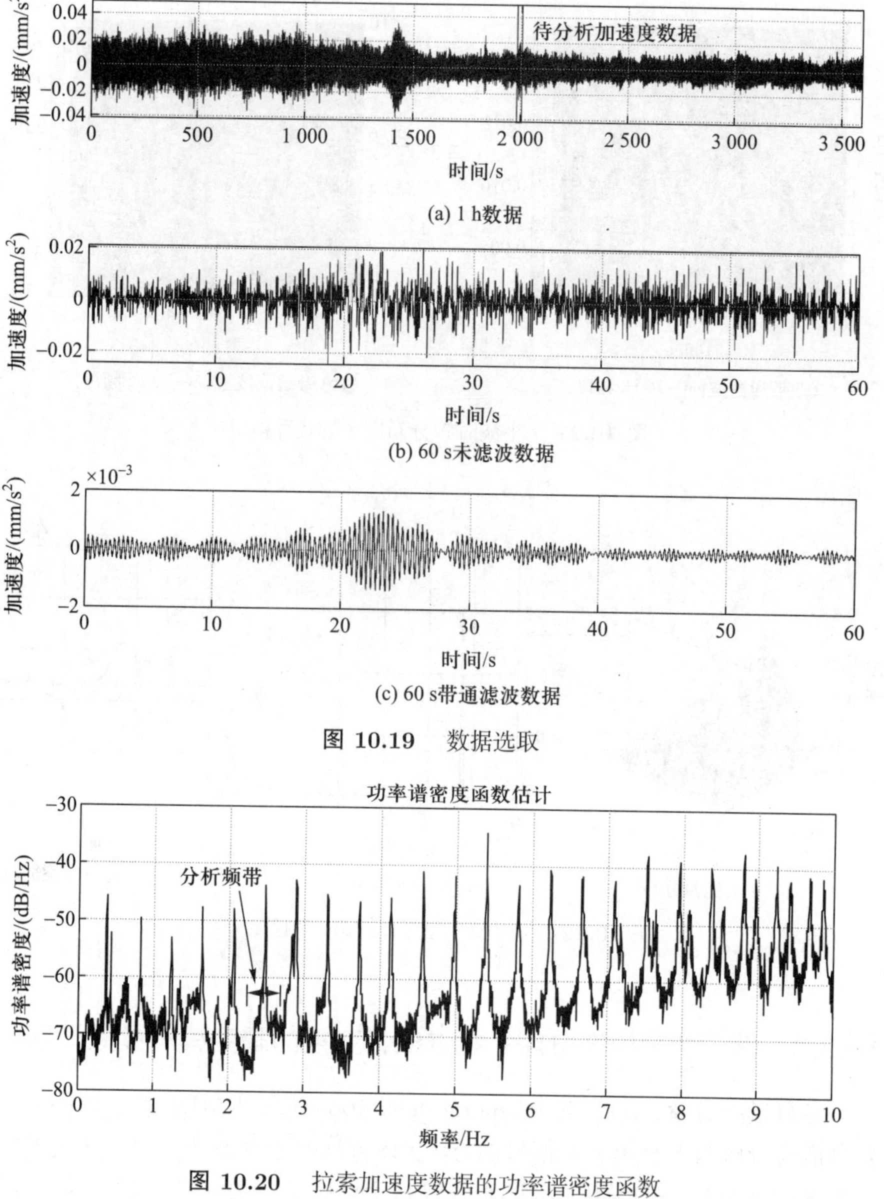

图 10.19　数据选取

图 10.20　拉索加速度数据的功率谱密度函数

0 ~ 10 s 和 40 ~ 60 s 时, 列车未经过该拉索, 其频率集中在 2.48 Hz 左右; 而在 10 ~ 40 s 时, 列车经过该拉索, 其频率值有所增大。求得拉索的时变频率之后, 即可根据索力与频率的关系式求得时变索力。

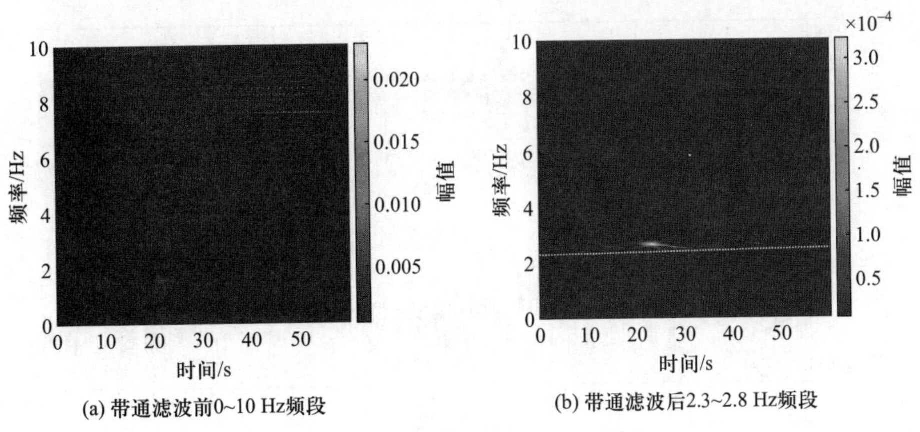

图 10.21　小波时频分布图 (见书后彩图)

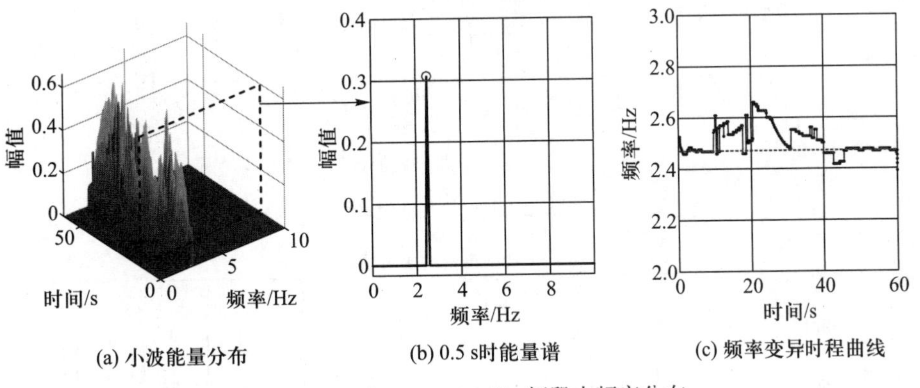

图 10.22　在 2.3 ~ 2.8 Hz 频段内频率分布

10.2.3　基于变分模态分解 – 希尔伯特变换的瞬变模态参数识别

变分模态分解 (variational mode decomposition, VMD) 是一种将一般信号自适应分解为多个单分量信号的方法。该方法通过频域非递归的迭代求解方式来搜索变分模型的最优解, 进而确定每个调幅调频分量的中心频率及带宽, 最终自适应地实现各分量信号的分离, 将各分量信号通过希尔伯特变换, 获取每个时刻点的模态参数, 即为瞬变模态参数。变分模态分解过程在本质上相当于一系列维纳滤波 (Wiener filtering) 过程。因此, 为了更好地理解变分模态分解, 这里介绍一些关于维纳滤波和变分模态分解过程中用到的信号处理理论。

1. 维纳滤波

这里以单自由度信号去噪 (信号恢复) 为例, 建立信号恢复过程与维纳滤

波的关系。假定观测信号 $x_0(t)$ 由原信号 $x(t)$ 叠加零均值高斯噪声组成, 即

$$x_0(t) = x(t) + \eta(t) \tag{10.144}$$

从有噪信号 $x_0(t)$ 中恢复原信号 $x(t)$ 的过程属于一种典型的不适定逆问题, 通常利用吉洪诺夫 (Tikhonov) 正则化方法进行求解, 如式 (10.145) 所示:

$$\min_{x(t)} \left\{ \|x(t) - x_0(t)\|_2^2 + \alpha \|\partial_t(x(t))\|_2^2 \right\} \tag{10.145}$$

式 (10.145) 第一项为了保证精度以希望恢复信号与观测信号尽可能一致, 第二项为了避免在噪声存在的情况下过拟合。式 (10.145) 可进一步写成连续函数的形式, 可表示为

$$J\left(x(t), \partial_t(x(t)), t\right) = \int_{t_1}^{t_2} \left([x(t) - x_0(t)]^2 + \alpha \left\{ \partial_t [x(t)] \right\}^2 \right) \mathrm{d}t \tag{10.146}$$

求解 (10.145) 式取最小值相当于求解式 (10.146) 的极小值点, 可通过引入欧拉–拉格朗日方程 (Euler–Lagrange equation) 求解该极值。将单变量实值函数的梯度记为导数形式 $\partial_t(x(t)) = \dot{x}(t)$, 得到

$$L\left(x(t), \dot{x}(t), t\right) = \left(x(t) - x_0(t)\right)^2 + \alpha \left(\dot{x}(t)\right)^2 \tag{10.147}$$

引入欧拉–拉格朗日方程, 如式 (10.148) 所示:

$$\frac{\partial L}{\partial x} - \frac{\mathrm{d}}{\mathrm{d}x}\left(\frac{\partial L}{\partial \dot{x}}\right) = 0 \tag{10.148}$$

将式 (10.147) 代入式 (10.148), 可得

$$x(t) - x_0(t) - \alpha \ddot{x}(t) = 0 \tag{10.149}$$

对式 (10.149) 做傅里叶变换转换到频域得到

$$X(\mathrm{j}\omega) - X_0(\mathrm{j}\omega) + \alpha\omega^2 X(\mathrm{j}\omega) = 0 \tag{10.150}$$

则有

$$\widehat{X}(\mathrm{j}\omega) = \frac{X_0(\mathrm{j}\omega)}{1 + \alpha\omega^2} \tag{10.151}$$

从式 (10.151) 可以看出, 恢复信号 $\widehat{X}(\mathrm{j}\omega)$ 相当于观测信号 $X_0(\mathrm{j}\omega)$ 在中心频率 $\omega = 0$ 处的低通窄带选择过程。分别将式 (10.151) 的左右两边变换到时

域, 则信号的估计值 $\widetilde{x}(t)$ 即相当于观测信号 $x(t)$ 与一个维纳滤波器 $\omega(t)$ 的卷积, 如式 (10.152) 所示:

$$\widetilde{x}(t)=x_0(t)\omega(t)=\int_0^{\infty}\omega(\tau)x_0(t-\tau)\mathrm{d}\tau \tag{10.152}$$

参数 α 与信号中的噪声协方差或信噪比有关。信号中噪声协方差越大, 信噪比越小, 参数 α 也就越大。

2. 解析信号的频域性质

解析信号的表达式为

$$x_A(t)=x(t)+\mathrm{j}H[x(t)]=x(t)+\mathrm{j}\left(x(t)\frac{1}{\pi t}\right)=\left(\delta(t)+\frac{\mathrm{j}}{\pi t}\right)x(t) \tag{10.153}$$

实信号经希尔伯特变换处理后得到的解析信号为复信号, 该解析信号经傅里叶变换到频域后只有单边频率分量, 且解析信号的幅值与原信号的幅值保持一致。对于信号 $x(t)=A(t)\cos\theta(t)$, 其解析信号如式 (10.154) 所示:

$$x_A(t)=A(t)\cos\theta(t)+\mathrm{j}A(t)\sin\theta(t)=A(t)\mathrm{e}^{\mathrm{j}\theta(t)} \tag{10.154}$$

对于负频带, 其成分均为 0。此外, 解析信号 $x_A(t)$ 具有式 (10.155) 所示频移性质:

$$x_A(t)\mathrm{e}^{-\mathrm{j}\omega_0 t}\stackrel{\mathrm{FT}}{\longleftrightarrow}X_A(\mathrm{j}\omega)\delta\left(\omega+\omega_0\right)=X_A\left(\mathrm{j}\left(\omega+\omega_0\right)\right) \tag{10.155}$$

因为期望的消噪过程是以 $\omega=\omega_0$ 为中心频率的带通滤波过程, 所以将观测信号和待估计信号设定为解析信号, 以保证原实信号的负频段信息可以在解析信号的单边谱中体现而不会被带通滤波滤掉。此外, 应以 $\omega=\omega_0$ 为中心频率而不是在式 (10.151) 中始终以 $\omega=0$ 作为中心频率。也就是说, 按照式 (10.151), 希望得到的滤波表达式为

$$\widehat{X}_A(\mathrm{j}\omega)=\frac{X_{A0}(\mathrm{j}\omega)}{1+\alpha\left(\omega-\omega_0\right)^2},\quad \omega=0,\cdots,\pi f_s \tag{10.156}$$

由于在 $\omega=0,\cdots,\pi f_s$ 范围内 $X_A(\mathrm{j}\omega)=2X(\mathrm{j}\omega)$, 式 (10.156) 又等价于式 (10.157):

$$\widehat{X}(\mathrm{j}\omega)=\frac{X_0(\mathrm{j}\omega)}{1+\alpha\left(\omega-\omega_0\right)^2},\quad \omega=0,\cdots,\pi f_s \tag{10.157}$$

为了得到如式 (10.156) 或式 (10.157) 这样的频域表达, 将式 (10.145) 中的第二项用解析信号表示, 同时对梯度函数乘以 $\mathrm{e}^{-\mathrm{j}\omega_0 t}$, 则变为

$$\min_{x(t)}\left\{\|x(t)-x_0(t)\|_2^2+\alpha\left\|\partial_t\left(x_A(t)\right)\mathrm{e}^{-\mathrm{j}\omega_0 t}\right\|_2^2\right\} \tag{10.158}$$

将式 (10.153) 代入式 (10.158), 可得

$$\min_{x(t)}\left\{\|x(t)-x_0(t)\|_2^2+\alpha\left\|\partial_t\left(\left(\delta(t)+\frac{\mathrm{j}}{\pi t}\right)x(t)\right)\mathrm{e}^{-\mathrm{j}\omega_0 t}\right\|_2^2\right\} \tag{10.159}$$

将式 (10.159) 做傅里叶变换, 然后根据帕塞瓦尔 (Parseval) 定理可得

$$\min_{X(\mathrm{j}\omega)}\left\{\|X(\mathrm{j}\omega)-X_0(\mathrm{j}\omega)\|_2^2+\alpha\left\|\mathrm{j}\omega\left(\left(1+\operatorname{sgn}\left(\omega+\omega_0\right)\right)X\left(\mathrm{j}\left(\omega+\omega_0\right)\right)\right)\right\|_2^2\right\} \tag{10.160}$$

利用 $\omega-\omega_0$ 代替式 (10.160) 中的 ω, 又因为 $\|X(\mathrm{j}(\omega-\omega_0))-X_0(\mathrm{j}(\omega-\omega_0))\|_2^2=\|X(\mathrm{j}\omega)-X_0(\mathrm{j}\omega)\|_2^2$, 则式 (10.160) 变为

$$\min_{X(\mathrm{j}\omega)}\left\{\|X(\mathrm{j}\omega)-X_0(\mathrm{j}\omega)\|_2^2+\alpha\left\|\mathrm{j}\left(\omega-\omega_0\right)\left((1+\operatorname{sgn}(\omega))X(\mathrm{j}\omega)\right)\right\|_2^2\right\} \tag{10.161}$$

将式 (10.161) 写为在非负频段内连续函数的形式, 可表示为

$$\min_{X(\mathrm{j}\omega)}\left\{\int_0^{\infty}2\left|X(\mathrm{j}\omega)-X_0(\mathrm{j}\omega)\right|^2+4\alpha\left(\omega-\omega_0\right)^2|X(\mathrm{j}\omega)|^2\mathrm{d}\omega\right\} \tag{10.162}$$

令 $L(X(\mathrm{j}\omega),\omega)=2\left|X(\mathrm{j}\omega)-X_0(\mathrm{j}\omega)\right|^2+4\alpha\left(\omega-\omega_0\right)^2|X(\mathrm{j}\omega)|^2$ 在 ω 处取极小值, 则有

$$\frac{\partial L}{\partial X(\mathrm{j}\omega)}=4\left|X(\mathrm{j}\omega)-X_0(\mathrm{j}\omega)\right|+8\alpha\left(\omega-\omega_0\right)^2|X(\mathrm{j}\omega)|=0 \tag{10.163}$$

进一步可求解得到

$$\widehat{X}(\mathrm{j}\omega)=\frac{X_0(\mathrm{j}\omega)}{1+2\alpha\left(\omega-\omega_0\right)^2},\quad \omega=0,\cdots,\infty \tag{10.164}$$

式 (10.164) 是在信号先验信息为 $1/\left(\omega-\omega_0\right)^2$ 下的维纳滤波。将式 (10.164) 获得的单边频谱利用厄米 (Hermitian) 对称补充为双边谱, 即为原实信号的频谱。实信号也可以通过对该滤波解析信号的逆傅里叶变换, 然后取实部来获得。

对于多自由度观测信号, 若想从中恢复出一系列的单自由度信号, 可用一组如前所述的维纳滤波器以实现以中心频率为 ω_k 的窄带滤波过程, 即变分模态分解过程。变分模态分解将固有模态函数 (intrinsic mode function, IMF) 定义为一个调幅调频信号, 可表示为

$$x_i(t)=a_i(t)\cos\theta_i(t) \tag{10.165}$$

式中, $a_i(t)$ 表示 $x_i(t)$ 的瞬时幅值; $\omega_i(t)=\mathrm{d}\theta_i(t)/\mathrm{d}t$ 表示 $x_i(t)$ 的瞬时角频率。

假设多分量信号 $y(t)$ 由 n 个有限带宽的固有模态函数分量 $x_i(t)$ 构成, 且各固有模态函数的中心频率为 ω_i, 可建立约束变分模型, 如式 (10.166) 所示:

$$\min_{\{x_i(t)\},\{\omega_i\}}\left\{\sum_i\left\|\partial_t\left(\left(\delta(t)+\frac{\mathrm{j}}{\pi t}\right)x_i(t)\right)\mathrm{e}^{-\mathrm{j}\omega_i t}\right\|_2^2\right\}\quad \text{s.t.}\ \sum_i x_i(t)=y(t) \tag{10.166}$$

式中, $\{\omega_i\}=\{\omega_1,\omega_2,\cdots,\omega_n\}$ 表示各固有模态函数分量 $\{x_i(t)\}=\{x_1(t), x_2(t),\cdots,x_n(t)\}$ 的中心频率; ∂ 表示梯度函数; $\delta(t)$ 表示狄拉克 (Dirac) 函数; $\|\cdot\|_2$ 表示 L2 范数。

该约束变分模型的构建分三步进行, 首先, 通过希尔伯特变换得到 $x_i(t)$ 的解析信号 (为获得信号的单边谱); 然后, 对解析信号乘以指数函数 $\mathrm{e}^{-\mathrm{j}\omega_i t}$, 在频域上理解为将所估计分量 $x_i(t)$ 的单边谱 $X_i(\mathrm{j}\omega)$ 进行频移 (目的是进行滤波时确定滤波器的中心频带位置); 最后, 以频移信号的高斯平滑指标, 即梯度 2 范数的平方作为衡量各分量带宽的标准, 信号梯度的 L2 范数和越大, 则说明包含的噪声 (非指定频带的信号) 越多, 反映在频带上也就越宽。为获取上述约束变分问题的最优解, 可采用增广拉格朗日惩罚函数法 (augmented Lagrangian method, ALM) 将式 (10.166) 的约束变分问题变为式 (10.167) 所示非约束变分问题:

$$\begin{aligned}&L\left(\{x_i(t)\},\{\omega_i\},\lambda\right)\\&=\alpha\sum_i\left\|\partial_t\left(\left(\delta(t)+\frac{\mathrm{j}}{\pi t}\right)x_i(t)\right)\mathrm{e}^{-\mathrm{j}\omega_i t}\right\|_2^2+\\&\quad\left\|y(t)-\sum_i x_i(t)\right\|_2^2+\left\langle\lambda(t),y(t)-\sum_i x_i(t)\right\rangle\end{aligned} \tag{10.167}$$

式中, α 表示确保重构精度的罚函数项权重; λ 表示拉格朗日乘子; $\langle\cdot\rangle$ 表示内积符号。

在高斯白噪声存在的情况, 权重 α 可根据数据的贝叶斯先验推导出其与噪声水平成反比例; 从窄带信号的数据保真度考虑, 希望在无噪声的情况下权重应趋于无穷大。但实际工程中, 有阻尼信号并非满足式 (10.165) 的理想窄带信号, 因此权重过大可能会导致信号失真。此外, 权重 α 在多自由度信号分离时还会影响密集模态的分离。因此, 在信号的各阶模态成分比较稀疏时可取较小值; 而各阶成分较密集时, 可取较大值以保证各阶模态可分离。可以看到, 式 (10.167) 中采用的增广拉格朗日罚函数法与一般的罚函数法相比, 不仅将限制条件化为目标函数的惩罚项, 使原问题变为了一个无约束优化问题, 还在目标函数中额外添加了用来模仿拉格朗日乘子的一项。从另一角度看，无约束目标函数 (10.167) 相当于带约束问题的拉格朗日对偶加上一个额外的惩罚项 (或称为“增广量”)。目标函数中包含多个未知量待求解，常用的求解方法是交替方向乘子法 (alternating direction method of multipliers, ADMM)，该方法结合了对偶上升 (dual ascent) 法的可分解性和乘子法 (method of multipliers) 的上界收敛属性，将式 (10.167) 中的目标函数分解为一系列迭代子优化问题，其伪代码如下。

算法: VMD 中的 ADMM 优化流程

初始参数 $k \leftarrow 0, \{x_i^k\}, \{\omega_i^k\}, \lambda^k$

循环

  $k \leftarrow k+1$

  当 $i = 1:n$ 执行

    更新 x_i:

  $x_i^k \leftarrow \underset{x_i}{\arg\min} L\left(\{x_{l<i}^k\}, \{x_{l\geqslant i}^{k-1}\}, \{\omega_i^{k-1}\}, \lambda^{k-1}\right)$

  结束

  当 $i = 1:n$ 执行

    更新 ω_i:

  $\omega_i^k \leftarrow \underset{x_i}{\arg\min} L\left(\{x_i^k\}, \{\omega_{l<i}^k\}, \{\omega_{l\geqslant i}^{k-1}\}, \lambda^{k-1}\right)$

  结束

  对偶上升法:

$$\lambda^k \leftarrow \lambda^{k-1} + \tau\left(y - \sum_i x_i^k\right)$$

直到收敛: $\sum_i \left\|x_i^k - x_i^{k-1}\right\|_2^2 / \left\|x_i^{k-1}\right\|_2^2 < \varepsilon$

利用交替方向乘子法解上述非约束变分问题，即交替更新固有模态函数分量 $x_i^{k+1}(t)$、中心频率 ω_i^{k+1} 和拉格朗日乘子 λ^{k+1}。在迭代过程中，更新固有模态函数分量 $x_i(t)$ 的子优化问题等价于式 (10.168) 所示最小化问题:

$$x_i^{k+1}(t) = \underset{x_i(t)}{\arg\min}\left\{\alpha\left\|\partial_t\left(\left(\delta(t) + \frac{\mathrm{j}}{\pi t}\right)x_i(t)\right)\mathrm{e}^{-\mathrm{j}\omega_i t}\right\|_2^2 + \left\|y(t) - \sum_i x_i(t) + \frac{\lambda(t)}{2}\right\|_2^2\right\} \tag{10.168}$$

式中，k 表示迭代次数。

在 L2 范数的条件下, 利用帕塞瓦尔 (Parseval) 傅里叶等距变换将式 (10.168) 变换到频域得到

$$X_i^{k+1}(\omega)=\underset{X_i^{k+1}(\omega)}{\arg\min}\left\{\alpha\left\|\mathrm{j}\omega\left(\left(1+\operatorname{sgn}\left(\omega+\omega_i\right)\right)X_i\left(\omega+\omega_i\right)\right)\right\|_2^2+\right.$$
$$\left.\left\|Y(\omega)-\sum_i X_i(\omega)+\frac{\lambda(\omega)}{2}\right\|_2^2\right\} \tag{10.169}$$

式中, sgn 表示符号函数; $X(\omega)$、$Y(\omega)$ 和 $\lambda(\omega)$ 分别为 $x(t)$、$y(t)$ 和 $\lambda(t)$ 的频域表达。

将式 (10.169) 第一项中的 ω 用 $\omega-\omega_i$ 代替可得

$$X_i^{k+1}(\omega)=\underset{X_i^{k+1}(\omega)}{\arg\min}\left\{\alpha\left\|\mathrm{j}\left(\omega-\omega_i\right)\left(\left(1+\operatorname{sgn}(\omega)\right)X_i(\omega)\right)\right\|_2^2+\right.$$
$$\left.\left\|Y(\omega)-\sum_i X_i(\omega)+\frac{\lambda(\omega)}{2}\right\|_2^2\right\} \tag{10.170}$$

将式 (10.170) 转换为在整个非负频率区间的半空间积分形式, 可表示为

$$X_i^{k+1}(\omega)=\underset{X_i^{k+1}(\omega)}{\arg\min}\left\{\int_0^{\infty}\left(4\alpha\left(\omega-\omega_i\right)^2\left|X_i(\omega)\right|^2+2\left|Y(\omega)-\right.\right.\right.$$
$$\left.\left.\left.\sum_i X_i(\omega)+\frac{\lambda(\omega)}{2}\right|^2\right)\right\} \tag{10.171}$$

则式 (10.171) 中二次优化问题的解为

$$X_i^{k+1}(\omega)=\frac{Y(\omega)-\sum\limits_{s\neq i}X_s(\omega)+\lambda(\omega)/2}{1+2\alpha\left(\omega-\omega_i\right)^2} \tag{10.172}$$

在迭代过程中, 按照各分量计算的先后顺序, 式 (10.172) 又可表示为

$$X_i^{k+1}(\omega)=\frac{Y(\omega)-\sum\limits_{l<i}X_l^{k+1}(\omega)-\sum\limits_{l>i}X_l^{k}(\omega)+\lambda^k(\omega)/2}{1+2\alpha\left(\omega-\omega_i^k\right)^2} \tag{10.173}$$

在更新中心频率 ω_i 的过程中, 由于中心频率 ω_i 没有出现在式 (10.167) 惩罚函数项中, 因此子优化问题可进一步表述为

$$\omega_i^{k+1}=\underset{\omega_i}{\arg\min}\left\{\left\|\partial_t\left(\left(\delta(t)+\frac{\mathrm{j}}{\pi t}\right)x_i(t)\right)\mathrm{e}^{-\mathrm{j}\omega_i t}\right\|_2^2\right\} \tag{10.174}$$

将式 (10.174) 变换到频域可得

$$\omega_i^{k+1}=\underset{\omega_i}{\arg\min}\left\{\int_0^{\infty}(\omega-\omega_i)^2\left|X_i(\omega)\right|^2\mathrm{d}\omega\right\} \tag{10.175}$$

关于 ω_i 对 $L(\omega_i)=\int_0^{\infty}(\omega-\omega_i)^2\left|X_i(\omega)\right|^2\mathrm{d}\omega$ 求导, 可得

$$\omega_i^{k+1}=\frac{\int_0^{\infty}\omega\left|X_i(\omega)\right|^2\mathrm{d}\omega}{\int_0^{\infty}\left|X_i(\omega)\right|^2\mathrm{d}\omega} \tag{10.176}$$

在迭代过程中, 按照更新的分量信息, 式 (10.176) 又可表示为

$$\omega_i^{k+1}=\frac{\int_0^{\infty}\omega\left|X_i^{k+1}(\omega)\right|^2\mathrm{d}\omega}{\int_0^{\infty}\left|X_i^{k+1}(\omega)\right|^2\mathrm{d}\omega} \tag{10.177}$$

拉格朗日乘子更新为

$$\lambda^{k+1}(\omega)=\lambda^k(\omega)+\tau\left(Y(\omega)-\sum_i X_i^{k+1}(\omega)\right) \tag{10.178}$$

式中, τ 表示噪声容限参数, 当信号中含有强噪声时, 分解后的固有模态函数分量无需重构原信号, 因此一般将 λ 和 τ 设为 0 即可。

变分模态分解在频域内的计算流程如下。

(1) $k=0$ 时, 初始化各固有模态函数分量 $x_i(t)$ 的频域表达 $X_i(\omega)$、中心角频率 ω_i 和拉格朗日乘子 $\lambda(\omega)$。

(2) $k=k+1$ 时, 分别按式 (10.173)、式 (10.177) 和式 (10.178) 更新各固有模态函数分量的频域表达 $X_i^{k+1}(\omega)$、中心角频率 ω_i^{k+1} 和拉格朗日乘子 $\lambda^{k+1}(\omega)$。

(3) 重复步骤 (2) 直到满足式 (10.156) 中的收敛条件, 结束迭代过程, 即可得到 n 个窄带固有模态函数分量, 如式 (10.179) 所示:

$$\sum_i\frac{\left\|X_i^{k+1}(\omega)-X_i^k(\omega)\right\|_2^2}{\left\|X_i^k(\omega)\right\|_2^2}\leqslant\varepsilon \tag{10.179}$$

从上面可以看到, 变分模态分解提取的固有模态函数分量有明确的物理意义, 各固有模态函数分量在频域上有特定的中心频率。实际上, 变分模态分解过程就是针对一系列窄带分量的维纳滤波过程。

变分模态分解过程在应用中存在一定的弊端。例如, 用其对非整周期信号和有限长非周期信号进行分解时, 获取的固有模态函数分量边端存在明显的误差。这主要是由于信号在进行变分模态分解前需要进行延拓, 对于非整周期信号, 对称延拓后在端点仍然是不连续的, 如图 10.23 所示。这种不连续现象反映在频域中为一个高频成分, 依据采样定理, 这个高频成分将混叠为频谱上一个非常小的低频信号。因此, 当这一低频信号混叠在变分模态分解中, 导致分解效果不理想, 在边端体现尤为明显, 如图 10.24 所示。

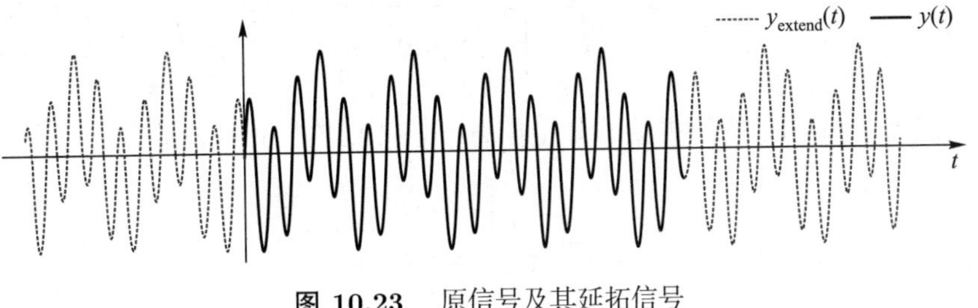

图 10.23　原信号及其延拓信号

IMF−$x_1(t)$

t

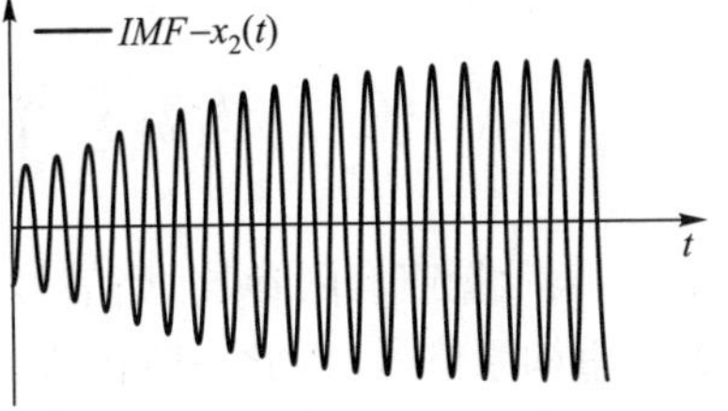

图 10.24　固有模态函数信号

在获得固有模态函数信号后, 可通过希尔伯特变换获得时变频率。阻尼比可通过自由振动响应的方式, 通过拟合响应衰减程度来获取。振型可通过同一阶模态下各测点的自由振动曲线, 在任一时刻点的比值来获取。

3. 桥梁时变索力分析实例

由于拉索响应具有倍频特性, 而变分模态分解方法依据信号频带宽度分解信号, 其分解个数可通过此倍频特性进行确定。因此, 采用变分模态分解进行时变频率识别非常便捷。采用 10.2.2 节的实例进行分析, 主要步骤如下文所述。

1) 数据预处理与时间段选取

选取主跨某拉索的加速度响应实测数据进行分析, 数据采样频率为 20 Hz, 图 10.25 为某一小时加速度数据的频谱图。从图中可以看出, 高频区域除了拉索本身的倍频分量外还有其他等间隔分量, 这说明该加速度采样频率设置过低, 在高频处产生了模态混叠; 此外, 低频部分因易受主梁振动的影响, 故通过带通滤波选取第 6、7 和 8 阶频率的数据作为输入数据, 如图 10.25 中方框内三个峰所示。

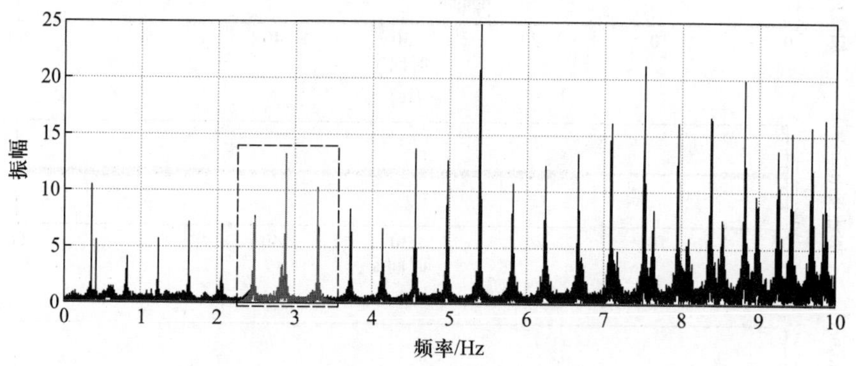

图 10.25　某一小时加速度数据的频谱图

2) 采用变分模态分解方法分解信号

由于识别的目的在于识别出索力的动态变化过程, 故结合主梁跨中位置的挠度时程曲线进行判断, 选取了列车通过桥梁时的 60 s 数据, 如图 10.26 所示。与图 10.26 对应时间段滤波后的加速度响应如图 10.27(a) 所示。将该数据输入到变分模态分解方法中, 得到 3 个固有模态函数, 如图 10.27(b)、图 10.27(c) 和图 10.27(d) 所示, 这 3 个分量包含的频率成分从高到低分别对应于第 8、7 和 6 阶频率。

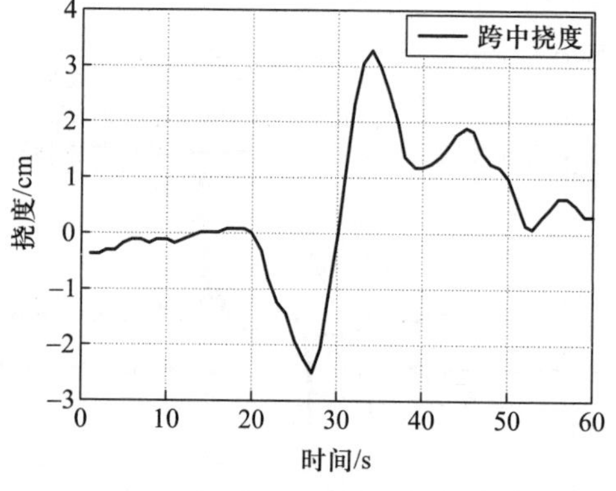

图 10.26　列车过桥时跨中挠度时程曲线

3) 拉索时变频率和索力识别

通过变分模态分解方法将信号分解为 3 个单分量信号后, 应用希尔伯特变换可识别出每一阶的时变频率, 如图 10.28 所示。

由于数据经带通滤波后, 靠近上下截止频率处的分量失真, 所以采用中间

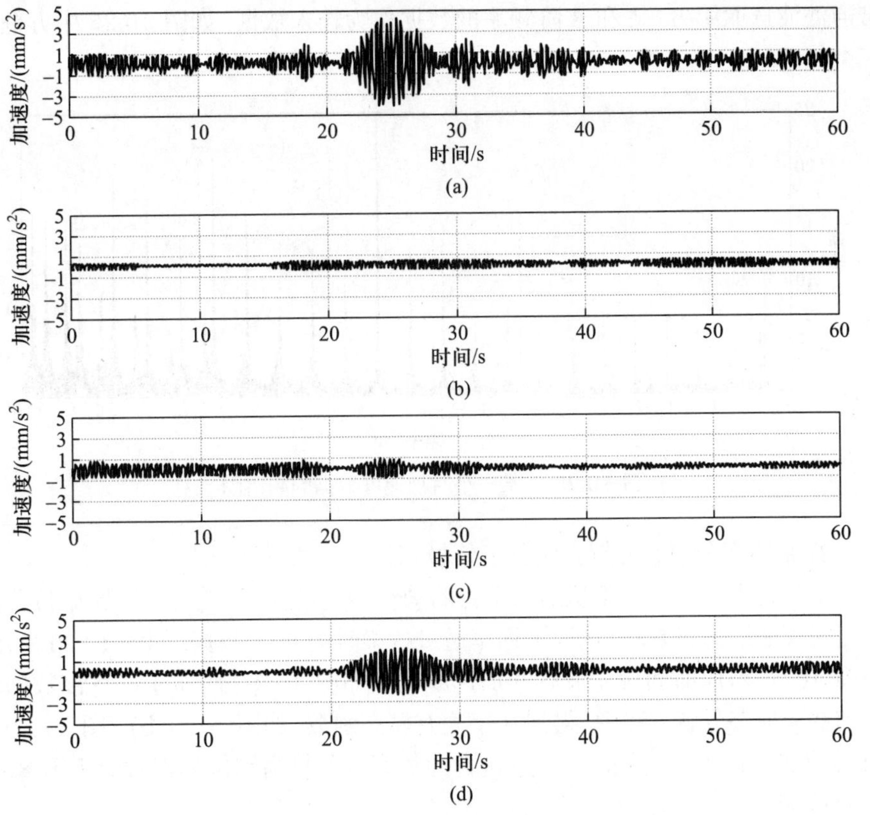

图 10.27　滤波后加速度数据及各固有模态函数数据

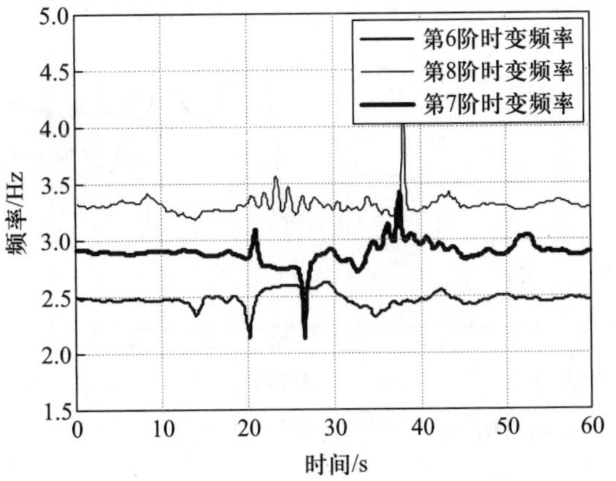

图 10.28　变分模态分解方法识别的各阶时变频率

阶即第 7 阶频率的识别结果作为最终结果。将频率的变化时程和跨中的挠度变化时程进行对比，可以发现两者具有很高的相关性 (图 10.29)，这也印证了识别结果可信。求得拉索的时变频率之后, 即可根据索力与频率的关系式求得时变索力。

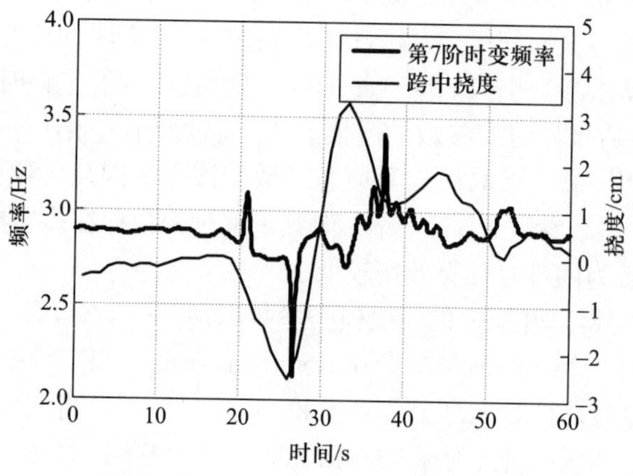

图 10.29 时变频率与跨中挠度对比

10.2.4 其他时变模态参数识别方法

1. 基于递推子空间法的时变模态参数识别

递推子空间法 [5] 核心是根据数据驱动随机子空间法推导出左奇异向量的递推形式, 从而便于通过其他方法来替换原随机子空间法中的奇异值分解, 替换方法主要有三种, 即投影近似子空间跟踪 (projection approximation subspace tracking, PAST)、快速估计子空间跟踪 (fast approximate subspace tracking, FAST)、转置 QR 分解 (transposed QR decomposition, TQR)。原随机子空间法因数据量增大会导致矩阵维数较高, 计算效率较低, 而递推子空间法采用递推的方式, 不会增大矩阵维度; 但该方法需要输入已知, 因此在实际运营模态辨识中, 常把一部分响应数据作为输入来进行操作。

2. 基于自适应卡尔曼滤波的时变模态参数识别

自适应卡尔曼滤波 (adaptive Kalman filtering, AKF) 法源自扩展卡尔曼滤波 (extended Kalman filtering, EKF), 其核心思想是在状态空间中以模态参数作为状态变量, 并推导带有卡尔曼增益矩阵的状态变量递推形式, 并在状态变量误差协方差矩阵递推公式中引入自适应因子矩阵, 来实时跟踪结构模态参数的变化。该方法不要求数据和噪声是平稳过程, 数据可实时处理, 且不必存储大量的观测数据, 故可用于动态时变系统; 但其也有一些缺点, 如需要给出估计量的初值, 每次优化更新自适应因子或矩阵都需要数学推导和计算, 造成效率比较低, 且由于实际结构系统的动态模型与噪音的统计模型难以准确表达,易出现发散现象。

3. 基于时间序列分析法的时变模态参数识别

时间序列分析 (time series analysis, TSA) 法源自时间序列模型, 如自回归滑动平均模型、自回归模型和滑动平均模型等, 该方法的核心思想是对时间序列模型中的待求参数引入时间变量形成时变参数, 并假定该时变参数由加权基函数组成, 然后推导时变参数的递推形式, 通过最小二乘法使响应残差最小, 以获取时变参数, 最终求取极点等模态参数。该方法因从传递函数理论推导, 物理意义明确, 模态参数分辨率较高; 但其求解过程中存在多个参数设置, 参数模型定阶问题较为困难且计算效率较低。

4. 基于短时傅里叶变换的时变模态参数识别

短时傅里叶变换 (short time Fourier transform, STFT) 法 [6] 源自傅里叶变换, 其核心思想是把数据划分为若干较小的时段, 然后再利用傅里叶变换法求取每个时段的频率信息, 随着时间窗在时间轴上移动, 可得到整个时域上的频谱。傅里叶变换及其逆变换属于一种整体变换, 即要么完全在时域进行分析, 要么完全在频域进行分析, 无法得到频谱含量随时间的变化规律; 而短时傅里叶变换将数据的时域和频域分析结合起来, 其变换结果反映了频率随时间变化的规律。该方法对时变模态参数识别的精度, 依赖于数据长短及窗函数的选择, 并不是严格意义上的连续时变方法。

5. 希尔伯特–黄变换的时变模态参数识别

希尔伯特–黄变换 (Hilbert–Huang transform, HHT)[7] 的核心是通过经验模态分解 (empirical mode decomposition, EMD)[8] 提取固有模态函数, 并通过希尔伯特变换, 来获取频率参数。经验模态分解过程是找出原始数据所有的极大值和极小值点, 并分别用三次样条函数拟合成上下包络线; 原始数据减去上下包络线的均值所获得的数据再进行上一步的取极值拟合包络线的过程, 循环多次直到均值趋于零, 获得第一个固有模态函数分量, 代表原始数据中的最高频率分量; 将获得的固有模态函数分量从原始数据中分离出来, 再重复上述获得固有模态函数的过程, 获得第二个固有模态函数; 以此类推, 可获得多阶频率的固有模态函数。该方法操作简单, 但缺乏严格的物理含义, 对分出的固有模态函数是否为单分量难以证实, 此外有较严重的边界问题。

6. 基于盲源分离的时变模态参数识别

盲源分离法 (blind source separation, BSS)[9] 的核心是获取具有单阶模态信号特点的未知源信号, 即 “盲源”。通常采用的稀疏分量分析 (sparse component analysis, SCA)[10] 方法。由于结构响应变换到时–频域后, 可体现时–频域内绝大多数元素的能量很小, 只有少部分的元素能量很大且分布较离散, 根据这种稀疏性, 可找出具有较高能量的稀疏点, 然后通过比例关系获取振型, 最终从单模态主导的时频点中直接提取频率和阻尼比。该方法可以首先获得振型, 但难以达到严格意义上的连续时变; 此外, 其对高能量点频率信息识别准确, 对能量不明显的位置识别精度较低。

思考题

10.1 频域分解法中传递函数的分式表达形式是如何推导得来的, 其分子有什么含义?

10.2 数据驱动随机子空间法为何要做投影, 投影有什么作用或好处?

10.3 在特征系统实现法中, 通过奇异值分解获得的系统特征矩阵是结构真实特征矩阵吗? 两者有何异同?

10.4 实验模态和运营模态识别法有什么区别和联系? 两者的优缺点是什么?

10.5 慢变模态参数自动识别中, 除了可采用聚类方式解决自动识别问题, 还可采用什么方法?

参考文献

[1] 王济. MATLAB 在振动信号处理中的应用 [M]. 北京: 知识产权出版社, 2006.

[2] Qu C X, Yi T H, Zhou Y Z, et al. Frequency identification of practical bridges through higher order spectrum [J]. Journal of Aerospace Engineering, 2018, 31(3): 04018018.

[3] Peeters B, De Roeck G. Stochastic system identification for operational modal analysis: a review [J]. Journal of Dynamic Systems, Measurement, and Control, 2001, 123(4): 659-667.

[4] Dziedziech K, Staszewski W J, Uhl T, et al. Wavelet-based modal analysis for time-variant systems [J]. Mechanical Systems and Signal Processing, 2015, 50-51: 323-337.

[5] 庞世伟, 于开平, 邹经湘. 用于时变结构模态参数识别的投影估计递推子空间方法 [J]. 工程力学, 2005, 22(5): 115-119.

[6] 续秀忠, 华宏星, 张志谊, 等. 应用时频表示进行结构时变模态频率辨识 [J]. 振动与冲击, 2012, 21(2): 36-40.

[7] Huang N E, Zheng S, Long S R, et al. The empirical mode decomposition and the Hilbert spectrum for nonlinear and non-stationary time series analysis [J]. Proceedings Mathematical Physical & Engineering Sciences, 1998, 454(1971): 903-995.

[8] 杨佑发, 程亚鹏, 李华新. 环境激励下基于经验模式分解的结构模态参数识别方法 [J]. 土木工程学报, 2013(s2): 73-78.

[9] Yao X J, Yi T H, Qu C X, et al. Blind modal identification in frequency domain using independent component analysis for high damping structures with classical damping [J]. Computer-Aided Civil and Infrastructure Engineering, 2018, 33(1): 35-50.

[10] Yi T H, Yao X J, Qu C X, et al. Clustering number determination for sparse component analysis during output-only modal identification [J]. Journal of Engineering Mechanics, 2019, 145(1): 04018122.

第 11 章

结构有限元模型修正*

随着有限元法的发展, 使用有限元模型可以计算各种荷载、各种边界条件下的动力响应, 分析速度快, 结构设计周期短, 与结构动力试验比较效率高且费用低, 而且还可以广泛应用于结构健康监测。基于有限元模型精确模拟基础的结构健康监测技术使用安装在结构上的传感器采集的数据, 并结合一定的损伤识别和评估方法, 从而实现结构安全及可靠性评估。在此结构健康监测技术中, 应该使建立的有限元模型能够全面、正确地反映结构的真实状况。然而, 因为有限元模型与真实结构不可避免地存在差异, 基于有限元法的结构分析并不能精确地预测真实结构的动力特性。通常, 这种建模误差源于不完全准确的边界条件、不够精确的材料模型参数设置、不精细的网格划分和结构静动力测试结果误差等。有限元模型修正方法是通过结构健康监测的测试数据, 如频率、振型、频响函数、应变、位移等, 来修正模型的刚度、质量、边界约束、几何尺寸等参数, 进而使有限元模型计算获得的静动力特性尽最大可能地接近真实结构的测量值。经过修正后的有限元模型可以再进行结构静动力响应分析、结构损伤识别、结构健康监测和安全评估、结构优化设计和模型修改等。

目前为止, 大量研究工作的开展形成了不同种类的有限元模型修正方法。

* 本章执笔人:
李俊, 广州大学土木工程学院, jun.li@gzhu.edu.cn
翁顺, 华中科技大学土木与水利工程学院, wengshun@hust.edu.cn

例如, 基于测量信息是属于频域或时域, 可分为基于频域信息的有限元模型修正方法和基于时域动力响应的有限元模型修正方法。本章将抛砖引玉地对这两种模型修正方法做详细介绍。通常, 由于修正对象自由度和修正参数多, 模型修正是一个耗时的过程。子结构方法是将整体结构分成若干个小的子结构进行分析, 然后再将各个子结构组集起来, 得到整体的特性。子结构方法可以减少有限元模型修正的计算负担。因此, 在本章中, 基于子结构的有限元方法将做详细介绍。11.1 节将详细介绍有限元模型修正的基础理论知识, 包括有限元建模及动力测试、模态的缩聚与扩展、模态相关性判别准则、目标函数确定、修正参数选择、优化算法、模型修正流程。11.2 节将介绍不同类型的有限元模型修正方法。11.3 节将重点介绍基于频域子结构的模型修正方法, 具体包括基于子结构方法快速计算结构特征解及其灵敏度、基于子结构的有限元模型修正过程。11.4 节还将介绍基于时域动力响应及灵敏度分析的整体结构有限元模型修正方法。

11.1 有限元模型修正基础理论

11.1.1 有限元建模及动力测试

有限元建模的理论基础是有限元法。有限元法是将连续的结构分割为离散的面和体, 即所谓的单元。每个有限单元具有与其各自几何外形密切相关而与结构整体形状无关的数学表达式。节点通过一个用多项式表示的曲线或曲面相互连接, 即确定了单元的边界。通过形函数插值建立节点位移与单元内部位移的关联。质量和刚度矩阵是按照具有各自形状的简单形式的有限单元对质量和刚度的贡献组装而成的。大型通用有限元软件, 如 ANSYS, 提供了多种用于建模的单元类型。有限元模型对真实结构, 特别是大型结构的静动力行为进行模拟和预测存在一定的误差, 这些误差主要来源于以下几个方面: 建模时采用的单元形式和网格尺寸引起的离散误差; 对局部简化引起的形状误差; 几何参数、材料参数、边界条件等不确定因素引起的参数误差 [1,2]。

目前最常用的动力测试技术是试验模态测试与分析。在模态测试中, 首先要对结构进行激励, 然后通过传感器拾取结构响应, 最后用模态识别技术识别出结构的动力特性。结构动力特性一般用频率、振型和阻尼比表示。结构振动测试有强迫振动测试、自由振动测试、环境振动测试。强迫振动测试一般用于小型结构, 需要对结构进行人工激励。对于大型土木工程结构, 若要为其提供较高激励水平并且可以控制的激励, 需要很大的设备, 因此会给测试造成极大的困难, 费用比较高。自由振动测试可以通过突然放松连接在结构上的重物来实现。无论是强迫振动，还是自由振动，都需要人工激励，而且需要排除其他干扰。环境振动测试被证明是一种较好的模态测试方法。环境振动测试利用结构或结构附近的自然环境激励 (自然风、随机人行和车辆等)，不需要专门的激励装置。但是环境振动测试的信号比较微弱，受噪声干扰大。对振动试验测得的数据进行分析有很多种方法，但基本可以归纳为时域和频域两大类。目前，环境振动系统参数识别用得最多的是随机子空间法。测试系统及环境噪声所导致的结构动静力响应测量以及动力特性识别的误差，也是有限元模型修正的误差重要来源 [3]。

有限元分析和模态测试各有所长，有限元模型可以提供结构动力特性的近似估计，而模态测试与分析来自真实结构，一般认为模态测试的结果尽管存在误差，但更具有可信度。通常假定试验数据是正确的，是有限元模型修正的基本依据。

11.1.2 模型缩聚与扩阶

试验模态与计算模态的自由度数经常是不一致的，特别是大型桥梁结构，由于有限元模型中存在着大量的材料、几何特性和边界条件的不确定性以及测量信息的不完备，使得有限元法离散得到的模型自由度数远远大于测试的自由度数。另外一方面，工程结构的试验模型也是不完备的，一般只在结构一些选定位置的选定自由度上进行试验测试，即试验模型自由度数远小于理论模型自由度数。为了解决这个问题有两种方法，一是把理论模型的自由度数缩聚到试验模态自由度数；另一种方法是把试验模态自由度数扩展到理论模态自由度数 [4,5]。

1. 模态的缩聚

1) 物理型缩聚技术

缩聚变换阵中仅包含物理参数 (质量 $\boldsymbol{M}$ 和刚度 $\boldsymbol{K}$) 信息，经典的特征方程关于测试自由度坐标和未测试自由度坐标展开为

$$\begin{bmatrix} \boldsymbol{K}_{\mathrm{aa}} & \boldsymbol{K}_{\mathrm{ab}} \\ \boldsymbol{K}_{\mathrm{ba}} & \boldsymbol{K}_{\mathrm{bb}} \end{bmatrix} \begin{Bmatrix} \boldsymbol{\Phi}_{\mathrm{a}}^{\mathrm{A}} \\ \boldsymbol{\Phi}_{\mathrm{b}}^{\mathrm{A}} \end{Bmatrix} - \boldsymbol{\Lambda}^{\mathrm{A}} \begin{bmatrix} \boldsymbol{M}_{\mathrm{aa}} & \boldsymbol{M}_{\mathrm{ab}} \\ \boldsymbol{M}_{\mathrm{ba}} & \boldsymbol{M}_{\mathrm{bb}} \end{bmatrix} \begin{Bmatrix} \boldsymbol{\Phi}_{\mathrm{a}}^{\mathrm{A}} \\ \boldsymbol{\Phi}_{\mathrm{b}}^{\mathrm{A}} \end{Bmatrix} = \begin{Bmatrix} \boldsymbol{0} \\ \boldsymbol{0} \end{Bmatrix} \tag{11.1}$$

式中，下角标 “a” 和 “b” 分别表示测试自由度坐标和未测试自由度坐标的相关量；上角标 “A” 表示特征模态是由有限元模型计算得到。

测试自由度坐标振型 $\boldsymbol{\Phi}_{\mathrm{a}}^{\mathrm{A}}$ 和未测试自由度坐标振型 $\boldsymbol{\Phi}_{\mathrm{b}}^{\mathrm{A}}$ 满足关系式

$$\begin{Bmatrix} \boldsymbol{\Phi}_{\mathrm{a}}^{\mathrm{A}} \\ \boldsymbol{\Phi}_{\mathrm{b}}^{\mathrm{A}} \end{Bmatrix} = \boldsymbol{T}\boldsymbol{\Phi}_{\mathrm{a}}^{\mathrm{A}} \tag{11.2}$$

$$\boldsymbol{T}=\begin{bmatrix}\boldsymbol{I}\\ \boldsymbol{\Phi}_{\mathrm{b}}^{\mathrm{A}}\left(\boldsymbol{\Phi}_{\mathrm{a}}^{\mathrm{A}}\right)^{-1}\end{bmatrix} \tag{11.3}$$

上式的缩聚变换矩阵 $\boldsymbol{T}$ 是由 Guyan 静态缩聚方法推导得到, 还有基于其他改进缩聚方法得到的缩聚变换矩阵, 限于篇幅, 这里不做一一介绍。

由此, 缩聚的刚度矩阵和质量矩阵表示为

$$\boldsymbol{K}_{\mathrm{R}}=\boldsymbol{T}^{\mathrm{T}}\boldsymbol{K}\boldsymbol{T} \tag{11.4}$$

$$\boldsymbol{M}_{\mathrm{R}}=\boldsymbol{T}^{\mathrm{T}}\boldsymbol{M}\boldsymbol{T} \tag{11.5}$$

缩聚的特征方程表示为

$$\boldsymbol{K}_{\mathrm{R}}\boldsymbol{\Phi}_{\mathrm{a}}^{\mathrm{A}}=\boldsymbol{\Lambda}_{\mathrm{a}}^{\mathrm{A}}\boldsymbol{M}_{\mathrm{R}}\boldsymbol{\Phi}_{\mathrm{a}}^{\mathrm{A}} \tag{11.6}$$

2) 模态型缩聚技术

缩聚变换阵内仅包含模态参数信息, 测试自由度坐标振型 $\boldsymbol{\Phi}_{\mathrm{a}}^{\mathrm{A}}$ 和未测试自由度坐标振型 $\boldsymbol{\Phi}_{\mathrm{b}}^{\mathrm{A}}$ 满足以下关系式:

$$\begin{Bmatrix}\boldsymbol{\Phi}_{\mathrm{a}}^{\mathrm{A}}\\ \boldsymbol{\Phi}_{\mathrm{b}}^{\mathrm{A}}\end{Bmatrix}=\boldsymbol{T}\boldsymbol{\Phi}_{\mathrm{a}}^{\mathrm{A}} \tag{11.7}$$

$$\boldsymbol{T}=\begin{bmatrix}\boldsymbol{I}\\ \boldsymbol{\Phi}_{\mathrm{b}}^{\mathrm{A}}\left(\boldsymbol{\Phi}_{\mathrm{a}}^{\mathrm{A}}\right)^{+}\end{bmatrix} \tag{11.8}$$

式中, 缩聚变换矩阵 $\boldsymbol{T}$ 只包含通过有限元模型计算得到的振型; 下角标 "+" 表示矩阵的伪逆。其余缩聚的刚度矩阵和质量矩阵、缩聚的特征方程均与通过物理型缩聚技术得到的有相同的表达形式, 这里不再赘述。

2. 模态的扩展

从缩聚的角度, 测试的自由度坐标不一定是最佳的自由度坐标位置, 因此, 将有限元模型的尺寸缩聚到跟测试自由度一致, 不一定是最佳方案。另外, 如果目标是从实测的数据中估计转角自由度信息, 那么需要将测试的振型扩展到与有限元模型相同的尺寸上。下文将介绍三种最常用的模态扩展方法。

(1) 利用插值将自由度扩展到整个模型上。

通常, 转角位移的测量比平动位移的测量更为困难。可以利用空间两点的位置关系得到两点的相对转角位移。另外, 利用插值可以得到未布置测点位置上的位移, 避免了大量布置传感器。虽然这个方法简单、方便、快捷, 并且不需要已知有限元模型的相关信息, 但是当结构空间构成复杂或者有结构几何突变的话, 插值技术并不适用。

(2) 利用有限元模型特性, 比如质量和刚度矩阵, 得到有关测试自由度的振型。

这种利用刚度和质量矩阵扩展实测模态信息的方法正是物理型模态缩聚方法的逆向方法。因此, 基于逆向物理型模态缩聚方法, 未测试自由度坐标模态可以表示为

$$\boldsymbol{\Phi}_{\mathrm{b}}^{\mathrm{E}} = -\boldsymbol{K}_{\mathrm{bb}}^{-1}\boldsymbol{K}_{\mathrm{ba}}\boldsymbol{\Phi}_{\mathrm{a}}^{\mathrm{E}} \tag{11.9}$$

式中, 上角标 “E” 表示试验实测模态。

(3) 基于有限元模态扩展未知自由度模态。

与上文中利用刚度矩阵和质量矩阵扩展模态方法不同, 本方法只利用有限元模型计算的模态来扩展未测试自由度坐标模态。其中, 最简单的模态扩展是直接将用有限元模型计算的未测试自由度坐标上的模态作为实测模态, 但是这种方法只适用于计算模态和实测模态是同一个比例的。在模型坐标关系中, 未测试自由度模态信息也可以满足如下关系式:

$$\boldsymbol{\Phi}_{\mathrm{b}}^{\mathrm{E}} = \boldsymbol{\Phi}_{\mathrm{b}}^{\mathrm{A}}\left(\boldsymbol{\Phi}_{\mathrm{a}}^{\mathrm{A}}\right)^{+}\boldsymbol{\Phi}_{\mathrm{a}}^{\mathrm{E}} \tag{11.10}$$

完整的实测模态也可以表示为已测试自由度模态的线性组合, 即

$$\boldsymbol{\Phi}^{\mathrm{E}} = \boldsymbol{T}\boldsymbol{\Phi}_{\mathrm{a}}^{\mathrm{E}} \tag{11.11}$$

式中, 转换矩阵 $\boldsymbol{T}$ 有多种表达形式, 即

$$\boldsymbol{T} = \boldsymbol{\Phi}^{\mathrm{A}}\left(\boldsymbol{\Phi}_{\mathrm{a}}^{\mathrm{A}}\right)^{+} \tag{11.12}$$

$$\boldsymbol{T} = \boldsymbol{\Phi}^{\mathrm{A}}\left(\boldsymbol{\Phi}_{\mathrm{a}}^{\mathrm{E}}\right)^{+} \tag{11.13}$$

$$\boldsymbol{T} = \begin{bmatrix} \boldsymbol{\Phi}_{\mathrm{a}}^{\mathrm{E}} \\ \boldsymbol{\Phi}_{\mathrm{b}}^{\mathrm{A}} \end{bmatrix}\left(\boldsymbol{\Phi}_{\mathrm{a}}^{\mathrm{A}}\right)^{+} \tag{11.14}$$

$$\boldsymbol{T} = \begin{bmatrix} \boldsymbol{\Phi}_{\mathrm{a}}^{\mathrm{E}} \\ \boldsymbol{\Phi}_{\mathrm{b}}^{\mathrm{A}} \end{bmatrix}\left(\boldsymbol{\Phi}_{\mathrm{a}}^{\mathrm{E}}\right)^{+} \tag{11.15}$$

11.1.3　相关性判断准则

有限元模型修正时, 应该比较试验和数值分析数据以评估修正的准确性。相关性判定准则通常是采用某个值来衡量有限元模型和试验模型之间的差异或者关联程度。模态模型的相关性准则是模态分析理论中较为成熟的部分, 下文重点介绍频率相关性、振型相关性、交叉正交性。

1. 频率相关性

试验频率 ω^{E} 与计算频率 ω^{A} 之间的相关性表示为

$$E_\omega(\%) = \frac{\omega^{\mathrm{E}} - \omega^{\mathrm{A}}}{\omega^{\mathrm{E}}}(\%) \tag{11.16}$$

一般要求试验频率 ω^{E} 与计算频率 ω^{A} 的误差不超过 $\pm 5\%$。

2. 振型相关性

模态保证准则 (modal assurance criteria, MAC) 是广泛用于评价模态振型向量之间相似程度的方法。MAC 方法经常用于对有限元模型计算所得的模态振型向量和试验模态振型向量进行配对, 试验振型向量 $\boldsymbol{\phi}^{\mathrm{E}}$ 与计算振型向量 $\boldsymbol{\phi}^{\mathrm{A}}$ 之间的 MAC 定义为

$$MAC = \frac{\left|\left(\boldsymbol{\phi}^{\mathrm{E}}\right)^{\mathrm{T}} \boldsymbol{\phi}^{\mathrm{A}}\right|^2}{\left(\left(\boldsymbol{\phi}^{\mathrm{E}}\right)^{\mathrm{T}} \boldsymbol{\phi}^{\mathrm{E}}\right)\left(\left(\boldsymbol{\phi}^{\mathrm{A}}\right)^{\mathrm{T}} \boldsymbol{\phi}^{\mathrm{A}}\right)} \tag{11.17}$$

MAC 的值介于 0 和 1 之间, 值为 0 意味着振型向量完全不相关, 值为 1 意味着两个振型向量是倍数关系, 相似程度最高。

3. 交叉正交性

正交性检验指振型向量对质量矩阵的正交性, 是判断试验振型向量 $\boldsymbol{\phi}^{\mathrm{E}}$ 与计算振型向量 $\boldsymbol{\phi}^{\mathrm{A}}$ 之间相关性的简单方法。两组振型之间的正交性为

$$XOR\left(\boldsymbol{\phi}^{\mathrm{E}}, \boldsymbol{\phi}^{\mathrm{A}}\right) = \left(\boldsymbol{\phi}^{\mathrm{E}}\right)^{\mathrm{T}} \boldsymbol{M} \boldsymbol{\phi}^{\mathrm{A}} = \begin{bmatrix} 0 \\ \vdots \\ 1 \\ \vdots \\ 0 \end{bmatrix} \tag{11.18}$$

当试验振型向量与计算振型向量对分析质量矩阵正交时, 对角线元素为 1, 而非对角元素为 0。一般要求对角线元素大于 90%, 非对角线元素小于 10%。

11.1.4　有限元模型修正过程

1. 目标函数

有限元模型修正利用实测数据进行迭代修正的目标是提高试验测量数据与有限元模型计算结果的相关性。在频域内, 两者的相关性通常使用频率值以及模态振型的试验测量值与其对应有限元模型计算值之间差异的平方和确定, 称为模型修正的目标函数。目标函数能否有效选取关系到有限元模型修正成功与否。目前, 按照目标函数的数目, 有限元模型修正的方法分为两种: 一是单目标函数的优化方法; 二是多目标函数的优化方法 [3]。在基于多目标优化函数的土木工程结构有限元模型修正方法中, 不存在不同残差目标函数的组合的权

重问题, 因为不同残差的目标函数不需要组合一个目标函数, 而是作为独立的目标进行有限元模型修正。比较常用的是单目标优化函数的有限元模型修正。下面主要针对单目标优化函数模型修正的目标函数作简单介绍。

用于有限元模型修正的静力参数一般为位移和应变, 可以用于构造目标函数的动力参数通常有频率、振型、模态柔度、模态应变能、功率谱等。通常, 静力修正是以有限元模型的节点位移或应变作为修正目标。基于静力测量信息的有限元模型修正, 位移静力数据受噪声的影响较小, 所以将其运用到有限元模型修正中, 会提高模型修正结构的可靠程度。基于动力测量信息的有限元模型修正中, 频率是结构的基本动力特性且对结构的刚度变化敏感。所以在有限元模型修正中, 特征频率残差是一个最基本但非常重要的目标函数。用模态振型构建的目标函数, 不仅可以得到结构的空间信息, 而且可以提供结构的局部信息。模态柔度包括了固有频率和振型的影响。模态柔度在损伤识别上比单独使用频率和振型更为敏感, 所以在结构的模型修正中得到了很好的应用 [5]。

具体来说, 如果目标函数选取动力参数, 如频率和振型, 则可以定义为

$$\boldsymbol{J}(\boldsymbol{r}) = \boldsymbol{\varepsilon}^{\mathrm{T}}(\boldsymbol{r})\boldsymbol{W}\boldsymbol{\varepsilon}(\boldsymbol{r}) \tag{11.19}$$

$$\boldsymbol{\varepsilon}(\boldsymbol{r}) = \boldsymbol{\Upsilon}^{\mathrm{A}}(\boldsymbol{r}) - \boldsymbol{\Upsilon}^{\mathrm{E}} \tag{11.20}$$

$$\boldsymbol{\Upsilon}^{\mathrm{A}}(\boldsymbol{r}) = \left[\lambda_1^{\mathrm{A}}, \cdots, \lambda_i^{\mathrm{A}}, \cdots, \lambda_n^{\mathrm{A}}, \boldsymbol{\phi}_1^{\mathrm{A}}, \cdots, \boldsymbol{\phi}_i^{\mathrm{A}}, \cdots, \boldsymbol{\phi}_n^{\mathrm{A}}\right]^{\mathrm{T}} \tag{11.21}$$

$$\boldsymbol{\Upsilon}^{\mathrm{E}} = \left[\lambda_1^{\mathrm{E}}, \cdots, \lambda_i^{\mathrm{E}}, \cdots, \lambda_n^{\mathrm{E}}, \boldsymbol{\phi}_1^{\mathrm{E}}, \cdots, \boldsymbol{\phi}_i^{\mathrm{E}}, \cdots, \boldsymbol{\phi}_n^{\mathrm{E}}\right]^{\mathrm{T}} \tag{11.22}$$

式中, $\boldsymbol{\varepsilon}(\boldsymbol{r})$ 表示有限元模态参数与真实结构试验模态参数的差值; λ_i^{A} 表示有限元模型的第 i 阶特征值, 为结构圆频率的平方 $\lambda_i^{\mathrm{A}} = (\omega_i^{\mathrm{A}})^2 = (2\pi f_i^{\mathrm{A}})$; $\boldsymbol{\phi}_i^{\mathrm{A}}$ 表示有限元模型的第 i 阶特征向量。λ_i^{A} 和 $\boldsymbol{\phi}_i^{\mathrm{A}}$ 表示关于设计参数 $\{\boldsymbol{r}\}$ 的函数; λ_i^{E} 和 $\boldsymbol{\phi}_i^{\mathrm{E}}$ 分别表示结构试验模态特征值和模态特征向量。$\boldsymbol{W}$ 是正定的加权矩阵, 对结构每阶试验频率和振型施加了不同的权系数。模态振型数据的测量误差要大于固有频率, 高阶固有频率也无法如低阶频率那样可以精确地测量。权重系数的引入可以在模型修正中考虑测试数据的不同可靠度。此目标函数是一个多目标函数, 同时使有限元固有频率和振型接近实测频率和振型。结构固有频率是最容易精确的测量数据, 体现了结构的整体动力特性。结构振型虽然测量误差相对高, 但其体现了结构的局部特性。建立在多目标函数上的模型修正能够得到更加接近真实结构的基准有限元模型。利用优化搜索技术不断调整结构设计参数 $\{\boldsymbol{r}\}$, 从而最小化目标函数。

目标函数也可以选取时域上的结构响应, 时域结构动力响应可以从结构动力方程计算出。结构动力运动方程可以表示为

$$\boldsymbol{M}\ddot{\boldsymbol{x}}(t) + \boldsymbol{C}\dot{\boldsymbol{x}}(t) + \boldsymbol{K}\boldsymbol{x}(t) = \boldsymbol{B}\boldsymbol{F}(t) \tag{11.23}$$

式中, $\boldsymbol{M}$、$\boldsymbol{C}$ 和 $\boldsymbol{K}$ 分别表示结构质量、阻尼和刚度矩阵; $\ddot{\boldsymbol{x}}(t)$、$\dot{\boldsymbol{x}}(t)$ 和 $\boldsymbol{x}(t)$ 分别表示结构节点加速度、速度和位移动力响应; $\boldsymbol{F}(t)$ 表示施加在结构相应自由度 $\boldsymbol{B}$ 上的外荷载。结构假设为瑞利阻尼 $\boldsymbol{C}=a_1\boldsymbol{M}+a_2\boldsymbol{K}$, a_1 和 a_2 表示瑞利阻尼系数, 可根据结构模态信息计算获得。结构动力响应可以通过逐步积分法, 如纽马克-β 法求解。

2. 参数选择

参数的选择是有限元模型修正中最重要的工作。所选的修正参数必须是那些对结构系统没有充分模拟的部分进行描述的参数。不仅需要对不确定区域进行参数化建模, 而且要求特征值 (或其他模型输出) 对所选择的参数灵敏。若选择不灵敏的参数, 则无法起到修正模型误差的目的。若选择的参数过多, 则模型修正的计算量大、效率低, 而且容易导致修正过程出现病态、不收敛情况。目前主要有两种方式来选取修正参数: 经验法和灵敏度分析法。经验法依赖于工程师的经验判断模型误差来源。通常他们选择的修正参数是对计算分析影响较大的参数, 如结构几何参数、杨氏模量、质量密度、泊松比等。灵敏度分析法是量化各参数变化对结构动力响应的影响。对结构动力响应影响大的参数灵敏度高, 可以作为修正参数, 以提高模型修正的效率。

3. 修正流程

有限元模型修正过程如图 11.1 所示, 首先建立参数化的有限元模型, 用有限元分析理论计算初始有限元模型的模态参数。然后, 将现场实测模态参数同有限元分析模态参数进行相关性分析, 其中, 将匹配好的试验模态数据和计算模态数据的残差作为目标方程, 通过最优化算法不断调整结构参数, 使目标方程收敛, 最终得到识别的结构参数。修正后的有限元模型被认为是精确的, 能够预测真实结构的动力响应。

4. 优化算法

模型修正的过程也就是寻找使目标函数最小化的一组结构参数的过程, 这是一个数学的优化问题, 即

$$\min \boldsymbol{J}(\boldsymbol{r})=\boldsymbol{\varepsilon}^{\mathrm{T}}(\boldsymbol{r})\boldsymbol{W}\boldsymbol{\varepsilon}(\boldsymbol{r}) \tag{11.24}$$

本章将重点讲述常用的最优化算法, 即基于灵敏度的信赖域法。信赖域法的思想是, 在当前参数估计值 $\boldsymbol{r}^{(j)}$ 处, 构造一近似于原问题的逼近模型。由于该模型主要是基于原问题在 $\boldsymbol{r}^{(j)}$ 的信息, 故有理由认为此模型仅在 $\boldsymbol{r}^{(j)}$ 附近可以很好地描述原问题。所以人们仅在 $\boldsymbol{r}^{(j)}$ 附近的某一邻域内相信该模型。信赖域法的子问题都是在当前 $\boldsymbol{r}^{(j)}$ 附近的某一邻域内求逼近模型的最优点, 该邻域称为信赖域。它通常是以 $\boldsymbol{r}^{(j)}$ 为中心的广义球, 信赖域的大小通过迭代逐步调节。一般来说, 如果当前模型较好地逼近原问题, 则信赖域可扩大, 否则信赖

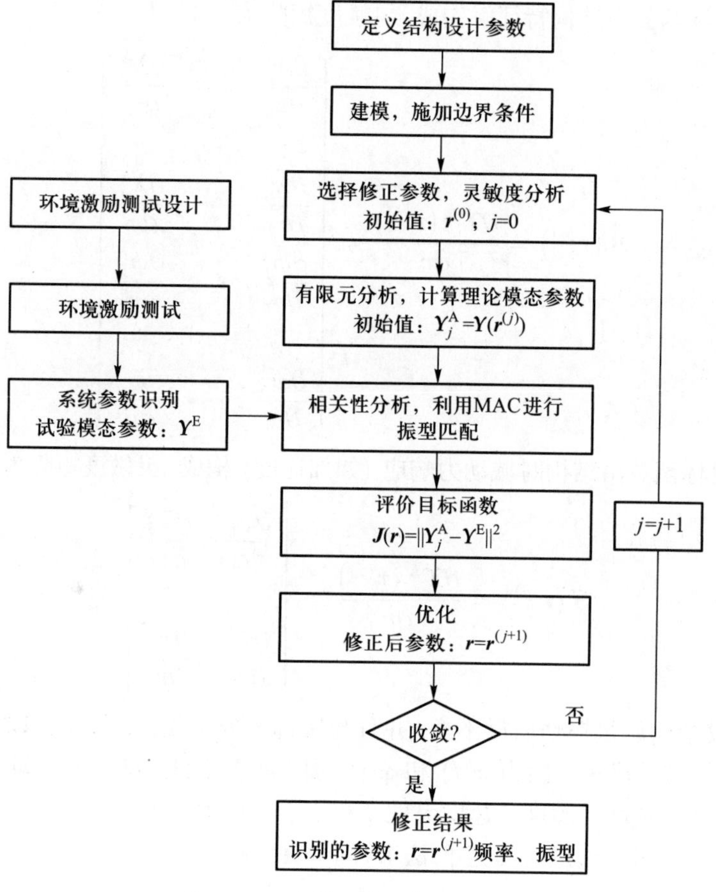

图 11.1　有限元模型修正流程图

域应缩小。

二阶逼近模型定义为目标函数关于当前 j 步参数估计值 $\boldsymbol{r}^{(j)}$ 二阶泰勒展开, 式 (11.24) 所示问题近似简化为

$$\min \boldsymbol{Z}(\boldsymbol{r}) \approx \boldsymbol{J}\left(\boldsymbol{r}^{(j)}\right)+\left[\nabla \boldsymbol{J}\left(\boldsymbol{r}^{(j)}\right)\right]^{\mathrm{T}}\{\Delta \boldsymbol{r}\}+\frac{1}{2}\{\Delta \boldsymbol{r}\}^{\mathrm{T}}\left[\nabla^{2} \boldsymbol{J}\left(\boldsymbol{r}^{(j)}\right)\right]\{\Delta \boldsymbol{r}\} \tag{11.25}$$

$$\nabla \boldsymbol{J}\left(\boldsymbol{r}^{(j)}\right)=\left[\boldsymbol{S}\left(\boldsymbol{r}^{(j)}\right)\right]^{\mathrm{T}} \boldsymbol{W}\left\{2 \varepsilon\left(\boldsymbol{r}^{(j)}\right)\right\} \tag{11.26}$$

$$\nabla^{2} \boldsymbol{J}\left(\boldsymbol{r}^{(j)}\right) \approx \boldsymbol{S}\left(\boldsymbol{r}^{(j)}\right)^{\mathrm{T}} \boldsymbol{W} \boldsymbol{S}\left(\boldsymbol{r}^{(j)}\right) \tag{11.27}$$

式中, $\{\Delta \boldsymbol{r}\}$ 表示 $\boldsymbol{r}$ 的变化量, $\{\Delta \boldsymbol{r}\}=\boldsymbol{r}-\boldsymbol{r}^{(j)}$; $\nabla \boldsymbol{J}(\boldsymbol{r}^{(j)})$ 和 $\nabla^2 \boldsymbol{J}(\boldsymbol{r}^{(j)})$ 分别表示 $\boldsymbol{J}(\boldsymbol{r})$ 在当前参数估计值 $\boldsymbol{r}^{(j)}$ 的梯度和 Hessian 矩阵; $\boldsymbol{S}(\boldsymbol{r}^{(j)})$ 表示灵敏度矩阵, 为优化提供一个搜索方向。

当目标函数由结构特征解构成, 灵敏度矩阵为

$$\boldsymbol{S}\left(\boldsymbol{r}^{(j)}\right)=\frac{\partial \boldsymbol{\Upsilon}^{\mathrm{A}}\left(\boldsymbol{r}^{(j)}\right)}{\partial \boldsymbol{r}}=\begin{bmatrix}\dfrac{\partial \lambda_1^{\mathrm{A}}}{\partial r_1} & \cdots & \dfrac{\partial \lambda_1^{\mathrm{A}}}{\partial r_l}\\ \vdots & & \vdots\\ \dfrac{\partial \lambda_n^{\mathrm{A}}}{\partial r_1} & \cdots & \dfrac{\partial \lambda_n^{\mathrm{A}}}{\partial r_l}\\ \dfrac{\partial \boldsymbol{\phi}_1^{\mathrm{A}}}{\partial r_1} & \cdots & \dfrac{\partial \boldsymbol{\phi}_1^{\mathrm{A}}}{\partial r_l}\\ \vdots & & \vdots\\ \dfrac{\partial \boldsymbol{\phi}_n^{\mathrm{A}}}{\partial r_1} & \cdots & \dfrac{\partial \boldsymbol{\phi}_n^{\mathrm{A}}}{\partial r_l}\end{bmatrix} \tag{11.28}$$

当目标函数由结构时域动力响应 (如加速度) 构成, 灵敏度矩阵为

$$\boldsymbol{S}\left(\boldsymbol{r}^{(j)}\right)=\frac{\partial \boldsymbol{\Upsilon}^{\mathrm{A}}\left(\boldsymbol{r}^{(j)}\right)}{\partial \boldsymbol{r}}=\begin{bmatrix}\dfrac{\partial \ddot{x}_1^{\mathrm{A}}}{\partial r_1} & \dfrac{\partial \ddot{x}_1^{\mathrm{A}}}{\partial r_l}\\ \vdots & \vdots\\ \dfrac{\partial \ddot{x}_n^{\mathrm{A}}}{\partial r_1} & \dfrac{\partial \ddot{x}_n^{\mathrm{A}}}{\partial r_l}\end{bmatrix} \tag{11.29}$$

假设结构质量损伤前后不变, 并且与所选参数不相关, 系统参数与结构刚度相关, 如弹性模量。因为 $\boldsymbol{x}(t)$ 和 $\dot{\boldsymbol{x}}(t)$ 可以通过式 (11.23) 获得, 动态响应灵敏度, 包括加速度灵敏度、速度灵敏度和位移灵敏度, 即 $\partial \ddot{\boldsymbol{x}}(t)/\partial \boldsymbol{r}$、$\partial \dot{\boldsymbol{x}}(t)/\partial \boldsymbol{r}$ 和 $\partial \boldsymbol{x}(t)/\partial \boldsymbol{r}$ 可以通过纽马克-β 法求解下式获得:

$$\boldsymbol{M}\frac{\partial \ddot{\boldsymbol{x}}(t)}{\partial \boldsymbol{r}}+\boldsymbol{C}\frac{\partial \dot{\boldsymbol{x}}(t)}{\partial \boldsymbol{r}}+\boldsymbol{K}\frac{\partial \boldsymbol{x}(t)}{\partial \boldsymbol{r}}=-\frac{\partial \boldsymbol{K}}{\partial \boldsymbol{r}}\boldsymbol{x}(t)-a_2\frac{\partial \boldsymbol{K}}{\partial \boldsymbol{r}}\dot{\boldsymbol{x}}(t) \tag{11.30}$$

信赖域法的关键步骤是, 如何在给定的信赖域区间内求得式 (11.25) 的解, 即第 j 步的步长 $\{\Delta \boldsymbol{r}\}^{(j)}$, 以及决定当前步长是否使目标函数值下降。若 $\{\Delta \boldsymbol{r}\}^{(j)}$ 不能使目标函数下降, 则缩小信赖域, 重新求解式 (11.25); 若 $\{\Delta \boldsymbol{r}\}^{(j)}$ 能使目标函数下降, 则更新当前参数估计值

$$\boldsymbol{r}^{(j+1)}=\boldsymbol{r}^{(j)}+\{\Delta \boldsymbol{r}\}^{(j)} \tag{11.31}$$

经过若干个迭代步, 当目标函数符合收敛条件后迭代停止, 此时的 $\boldsymbol{r}$ 为识别的参数。

【案例 11.1】图 11.2 为一悬臂梁模型, 共 10 个单元, 11 个节点。材料密度为 7 800 $\mathrm{kg/m^3}$, 弹性模量为 200 GPa, 每个单元长 0.1 m、宽 0.02 m、高 0.02 m。假设将悬臂梁单元 2 刚度折减 10% 计算得到的结构前 10 阶频率作为实测的数据。基于有限元模型修正方法进行单元刚度折减系数的识别。

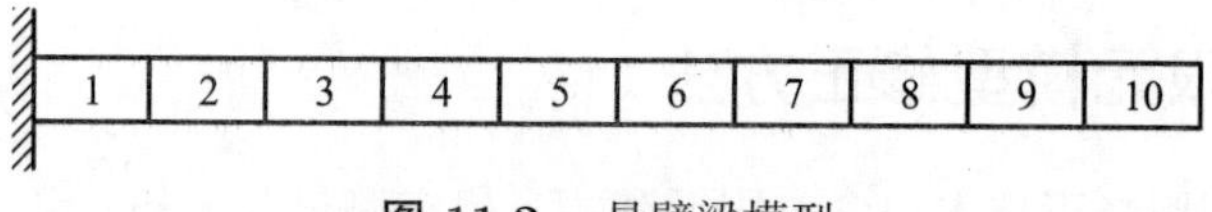

图 11.2 悬臂梁模型

单元刚度折减系数识别结果如图 11.3 所示, 单元 2 的刚度折减系数为 10%, 而其余 9 个单元的刚度没有变化, 与预设值完全吻合。悬臂梁有限元模型修正前后的前 10 阶频率值如表 11.1 所示, 可以看出, 修正后的频率与试验频率完全相同, 表明修正后的有限元模型能够预测真实结构的特性。

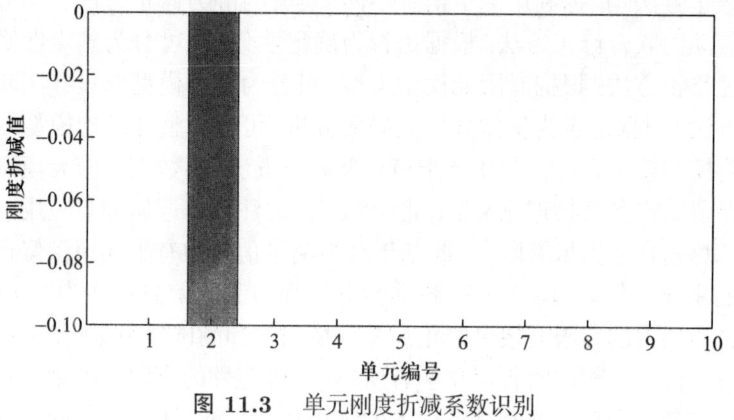

图 11.3 单元刚度折减系数识别

表 11.1 有限元模型修正前后的频率

模态阶数	试验频率/Hz	修正前频率/Hz	修正后频率/Hz
1	16.04	16.26	16.04
2	100.56	100.79	100.56
3	279.13	279.39	279.13
4	539.63	541.78	539.63
5	879.97	885.61	879.97
6	1 251.51	1 264.62	1 251.51
7	1 297.34	1 305.05	1 297.34
8	1 778.01	1 786.27	1 778.01
9	2 282.25	2 295.62	2 282.25
10	2 744.06	2 765.59	2 744.06

11.2　有限元模型修正方法

有限元模型修正技术包含有限元建模、模态测试与分析、静动力响应计算分析、灵敏度分析和优化算法等多方面内容。本节主要简要介绍不同种类有限元模型修正方法的概念和原理。

11.2.1　修正方法分类

有限元模型修正方法众多, 根据修正对象不同, 可分为矩阵型修正方法和参数型修正方法; 根据利用测量信息不同, 可分为静力修正方法、动力修正方法或者静动力联合修正方法; 根据是否为确定性分析, 可分为确定性修正方法和随机性修正方法; 根据有限元模型类型, 可分为直接模型修正方法和代理模型修正方法; 根据是否为整体分析或局部分析, 可分为整体结构模型修正方法和子结构模型修正方法。相比较于矩阵型修正方法, 参数型有限元模型修正方法能够保留结构参数物理意义, 因此受到广泛关注和普遍研究与应用。静力响应测量信息通常数据量有限, 因此基于动力测量信息的有限元模型修正方法是此领域的主流。但如有必要, 荷载试验下的静力测量信息可作为有力的补充, 进行联合静动力的有限元模型修正。受环境因素和测试噪声影响, 测试获得的结构动力特性或者响应时程信息会有所不同, 确定性的有限元模型修正结果难以准确代表各不同环境及测试条件下的结构动力性能。因此, 不确定性的有限元模型修正方法是重要的发展方向, 形成有限元模型确认技术。整体结构有限元模型修正效率低。子结构方法是将整体结构分成若干个小的子结构进行分析, 然后再将各个子结构组集起来, 得到整体特性。子结构方法可减少有限元模型修正的计算负担。子结构方法将在 11.3 节具体讲解。图 11.4 给出了有限

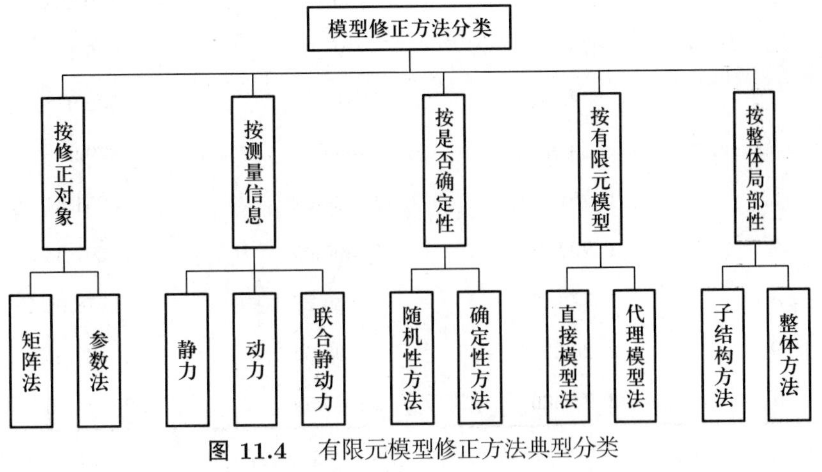

图 11.4　有限元模型修正方法典型分类

元模型修正方法的典型分类。应注意到, 有些方法可划分到不同分类里面, 本节介绍一些常用的确定性及不确定性有限元模型修正方法。

11.2.2 确定性模型修正方法

1. 矩阵型有限元模型修正法

矩阵型的有限元模型修正方法在二十世纪八十年代就开始有相关研究, 即通过直接修改质量、刚度矩阵来匹配试验测试数据。总体矩阵修正的基本思想为, 一般先将已知的质量矩阵和刚度矩阵进行摄动, 即

$$\boldsymbol{M} = \boldsymbol{M}^{\mathrm{A}} + \Delta \boldsymbol{M}, \quad \boldsymbol{K} = \boldsymbol{K}^{\mathrm{A}} + \Delta \boldsymbol{K} \tag{11.32}$$

式中, $\boldsymbol{M}^{\mathrm{A}}$ 和 $\boldsymbol{K}^{\mathrm{A}}$ 分别表示通过结构的分析计算得到的质量和刚度矩阵的近似值; $\Delta \boldsymbol{M}$ 和 $\Delta \boldsymbol{K}$ 分别表示质量矩阵和刚度矩阵的修正量; $\boldsymbol{M}$ 和 $\boldsymbol{K}$ 分别表示修正后系统的质量矩阵和刚度矩阵。然后通过一定的数学运算求出摄动量 $\Delta \boldsymbol{M}$、$\Delta \boldsymbol{K}$。根据所满足的不同条件或要求, 有很多种具体的矩阵型模型修正方法。例如, 先在质量矩阵正则化条件 $(\boldsymbol{\Phi}^{\mathrm{E}})^{\mathrm{T}} \boldsymbol{M} \boldsymbol{\Phi}^{\mathrm{E}} = \boldsymbol{I}$ 下最小化矩阵各元素的相对误差范数, 求得修正的质量矩阵 $\boldsymbol{M}$, 再在此基础上得到修正的刚度矩阵 $\boldsymbol{K}$。其中相对误差范数为

$$\varepsilon_{\mathrm{m}} = \left\| \boldsymbol{M}_0^{-\frac{1}{2}} \left(\boldsymbol{M} - \boldsymbol{M}_0 \right) \boldsymbol{M}_0^{-\frac{1}{2}} \right\| \tag{11.33}$$

也可以考虑质量矩阵和刚度矩阵的相关性, 用正交性条件修正质量矩阵、用特征方程来修正刚度矩阵, 还有考虑质量和刚度矩阵的对称性及其他约束条件, 通过总误差的极小化同时求得修正的质量和刚度矩阵。

但是矩阵型模型修正破坏了质量矩阵、刚度矩阵原有的带状和稀疏特征, 从而导致修正后的质量矩阵、刚度矩阵可能失去普遍的物理意义。修正过后的模型只在数学结果上与测试数据对应, 而不具备实际物理参数意义和工程实际应用可能, 因此此类方法的研究已经较为不普遍, 并已逐渐被参数型修正方法取代。

2. 参数型有限元模型修正法

参数型有限元模型修正方法基于结构动力特性或者静动力响应来定义目标函数, 将有限元模型修正问题转化为优化问题, 通过反复迭代求解, 改变选取的待修正有限元模型物理参数, 如弹性模量、密度和边界条件等, 使得目标函数值最小化, 从而达到有限元模型修正的目的。基于灵敏度分析的有限元模型修正方法是这类方法的最典型代表, 有大量研究成果和理论发展。其目标函数可以是频域内测试信息, 如频率、振型、柔度、模态应变能和频响函数等, 也可以是时域内测试信息, 如动力时程响应或者时频域特性等, 也可以是多种测

试信息的多目标函数的组合。参数型有限元模型修正方法中，参数的有效选择非常重要，而这取决于频域内的动力特性或者时域动力响应对结构不同物理参数的灵敏性。因此，在有限元模型修正之前进行有限元模型的物理参数灵敏度分析是必要的。如果将灵敏度低的物理参数也纳入待修正参数变量，那么可能使有限元模型修正的效率和精度受到显著影响，同时也提高了待修正的参数数目，增加了计算量和迭代次数。子结构的方法则可以降低计算量，提高有限元模型修正的效率和精度，这部分将在 11.3 节详细介绍。

3. 基于响应面的有限元模型修正法

响应面方法在变量的设计空间内，选择合适的试验设计方法生成样本点，利用回归分析对样本点处的初始有限元模型计算响应值进行拟合，得到模拟真实状态曲面的响应面，用来替代有限元模型。这类方法不需要实际结构的真实有限元模型，因此能够降低计算负担，而且不需要计算结构动力特性或响应对物理参数的灵敏度，也体现出了实际应用的优势。

响应面模型的形式为

$$\widehat{y}=\beta_0+\sum_{i=1}^{k}\beta_i x_i+\sum_{i=1}^{k}\beta_{ii}x_i^2+\sum_{i=1}^{k}\beta_{iii}x_i^3+\sum_{i}\sum_{j}\beta_{ij}x_i x_j+\sum_{i}\sum_{j}\beta_{iij}\left(x_i\right)^2 x_j+\sum_{i}\sum_{j}\sum_{k}\beta_{ijk}x_i x_j x_k \tag{11.34}$$

式中，$x_i\in[x_i^{\mathrm{l}},x_i^{\mathrm{u}}]$，$i\in(1,k)$，$k$ 表示样点个数，x_i^{l} 和 x_i^{u} 分别表示设计参数 x_i 取值范围的下边界和上边界；β_0、β_i、β_{ii}、β_{iii}、β_{ij}、β_{iij}、β_{ijk} 表示各待定系数。

基于响应面的有限元模型修正方法，结合统计理论和模型修正技术，在试验设计的有限次有限元计算结果的基础上，拟合得到结构响应和参数之间的显示函数关系式，也可以称之为响应面模型，用来代替有限元模型，实现结构有限元模型物理参数的修正。基于响应面的有限元模型修正方法可用于大型土木工程结构的有限元模型修正，但方法参数选取较为依赖研究人员的经验，且需要大量样本数据提高拟合获得响应面的精确度，从而得到较为准确的有限元模型修正结果。

4. 基于神经网络的有限元模型修正法

人工神经网络方法因其非线性输入输出对应训练能力强，可处理大样本数据等特点，也被用于有限元模型修正。人工神经网络方法需要选择输入及输出参数。输入参数可以是结构动力特性或者动力响应，而输出参数是待修正的有限元模型物理参数。通过有限元模型及随机样本生成方法得到大量不同待修正参数下的结构动力特性或者动力响应，从而生成大量的训练样本数据。通常根据经验设计调整神经网络的超参数，如层数、神经元数量和目标函数的权重等, 利用训练样本数据训练神经网络, 直至得到较好的拟合回归性能及较低的目标函数值。最后将从实测数据中得到的结构动力特性或者动力响应代入训练后的神经网络, 即得到修正后的有限元模型物理参数, 并可进行相应的验证。人工神经网络方法需要大量的训练样本, 并且样本数据质量要求高, 训练计算量大。

11.2.3 随机性模型修正方法

在有限元模型修正过程中, 由于模型误差和测量误差的存在, 导致有限元模型的参数和分析结果具有一定的不确定性。为了量化模型参数的不确定性, 近年来, 基于贝叶斯方法的随机有限元模型修正技术得到了广泛应用。该方法是基于统计学中的贝叶斯原理, 将确定性的结构模型嵌入到一组可能的概率模型中, 使得修正后的有限元模型能够可靠地预测结构响应, 并量化由于模型的不确定性所引起的观测不确定性。基于贝叶斯方法的随机有限元模型修正的基本思路可以概括为: 首先根据工程师经验 (先验信息) 对结构模型进行初步估计; 然后通过相关测试, 获取结构的样本信息 (模态频率、振型等); 最后依据贝叶斯公式, 对结构的模型参数进行估计, 实现有限元模型修正。模型的不确定性由模型参数的后验概率分布定量描述。

假定结构的不确定性由参数向量 $\boldsymbol{\theta}$ 表示, 结构实测数据表示为 $\boldsymbol{\chi}^{\mathrm{E}}$, 根据贝叶斯定理, 已知实测数据 $\boldsymbol{\chi}^{\mathrm{E}}$ 时, 修正参数 $\boldsymbol{\theta}$ 后验概率密度函数为

$$p\left(\boldsymbol{\theta} \mid \boldsymbol{\chi}^{\mathrm{E}}\right)=c_0 p(\boldsymbol{\theta}) p\left(\boldsymbol{\chi}^{\mathrm{E}} \mid \boldsymbol{\theta}\right) \tag{11.35}$$

式中, c_0 表示归一化常数; $p(\boldsymbol{\theta})$ 表示先验概率密度函数; $p(\boldsymbol{\chi}^{\mathrm{E}}|\boldsymbol{\theta})$ 表示似然函数。

基于贝叶斯方法的有限元模型修正技术与其他经典的统计推断方法的最大不同之处在于, 充分利用了有关结构模型和预测响应的先验信息, 实质上就是通过对结构响应的观测, 把模型参数的先验概率分布密度函数转化为模型参数的后验概率密度函数。同时, 利用模型参数的后验概率密度函数和已知的观测信息, 获得可靠的结构响应预测。

为了估计模型参数的最大后验概率密度函数, 通常采用的两类方法分别为最大似然估计法和马尔可夫链蒙特卡罗模拟方法。当使用第一类算法进行模型参数的后验概率密度函数估计时, 待修正参数的边缘概率密度函数需假定为以最优参数为中心的高斯分布。在实际应用中, 通常首先将求解模型参数的最大后验概率分布问题转化为参数优化问题, 然后利用最大似然估计获取最优模型参数和相应的 Hessian 矩阵, 并通过对 Hessian 矩阵求逆, 获得各模型参数的协方差。然而, 对于复杂结构的有限元模型, 特征值和特征向量与待修正参

数的关系往往是一种隐式的, 且随着待修正参数的增加, 后验概率密度函数的表达式会出现非标准、高维等特点。此时, 通过第一类算法估计模型参数的后验概率密度函数将不再有效。为了可靠地估计模型参数的后验概率密度函数, 第二类方法, 即马尔可夫链蒙特卡罗模拟方法, 在基于贝叶斯方法的随机有限元模型修正研究中得到了广泛应用。该算法不需要对待修正的模型参数进行任何假设, 需构造一条马尔可夫链使其平稳分布为待估参数的后验分布, 通过这条马尔可夫链产生后验分布的样本, 并基于马尔可夫链达到平稳分布时的样本进行蒙特卡罗积分, 获得模型参数的稳态分布, 实现有限元模型修正。

然而, 由于土木工程结构有限元模型修正问题的复杂性, 当模型参数的个数较多时, 计算的复杂性和效率是贝叶斯随机有限元模型修正方法所面临的一个难题。此外, 基于贝叶斯理论的随机有限元模型修正方法是将模型的预测误差假定为高斯白噪声过程, 而这种假定在实际中并不总是成立的, 从而导致计算不确定性的欠估计, 这也是该方法所面临的另一个难题。

11.3　基于频域子结构技术的有限元模型修正

在基于频域信息的有限元模型修正过程中, 结构有限元分析的特征解及其特征解灵敏度矩阵需要被反复计算。对于大型结构而言, 由于修正参数多, 自由度多, 特征方程尺寸大, 求解特征解及其灵敏度将是一个非常耗时的过程。子结构方法是解决这一问题的有效途径。子结构方法的思路是将大型的整体结构分成若干个相互独立的子结构进行分析, 然后根据子结构界面位移协调条件和力平衡条件组集起来得到整体结构的动力特性, 最后利用这些整体结构动力特性对整体结构有限元模型进行模型修正 [6]。与直接分析大型结构相比较, 分析小的子结构更加容易、高效。并且, 计算机并行运算的发展也让多个子结构同时进行分析成为可能, 这进一步提高了分析的效率。本节将详述基于子结构的整体结构特征解及其灵敏度的快速算法和基于子结构的有限元模型修正过程。

11.3.1　基于子结构的结构特征解快速算法

将有 N 个自由度的整体结构划分成 N_S 个独立的子结构来独立分析。从能量的角度, 低阶模态对结构贡献了大部分能量。基于此思想, 下文中将子结构所有模态划分为低阶模态 (主模态, 以下角标 “m” 表示) 和高阶模态 (从模态, 以下角标 “s” 表示), 利用能量平衡原理, 保留少量低阶模态, 用剩余柔度矩阵所产生的能量补充高阶模态的能量, 从而在保证计算结果精度的前提下, 减少特征方程尺寸。

缩聚简化的特征方程为

$$\left[\boldsymbol{\Lambda}_{\mathrm{m}}^{\mathrm{p}}+\boldsymbol{\Gamma}_{\mathrm{m}}\boldsymbol{\zeta}^{-1}\boldsymbol{\Gamma}_{\mathrm{m}}^{\mathrm{T}}\right]\{\boldsymbol{z}_{\mathrm{m}}\}=\overline{\lambda}\{\boldsymbol{z}_{\mathrm{m}}\} \tag{11.36}$$

式中, $\boldsymbol{\Gamma}_{\mathrm{m}}=[\boldsymbol{C}\boldsymbol{\Phi}_{\mathrm{m}}^{\mathrm{p}}]^{\mathrm{T}}$; $\boldsymbol{\zeta}=\boldsymbol{\Gamma}_{\mathrm{s}}^{\mathrm{T}}(\boldsymbol{\Lambda}_{\mathrm{s}}^{\mathrm{p}})^{-1}\boldsymbol{\Gamma}_{\mathrm{s}}$ 表示子结构的一阶剩余柔度矩阵, 补充了从模态对整体结构的贡献, 可以通过子结构的主模态计算出来; $\boldsymbol{\Phi}_{\mathrm{m}}^{\mathrm{p}}$ 和 $\boldsymbol{\Lambda}_{\mathrm{m}}^{\mathrm{p}}$ 通过将各个子结构的主模态和从模态分别对角组装得到; $\boldsymbol{z}_{\mathrm{m}}$ 表示主模态参与系数; $\overline{\lambda}$ 表示整体结构的特征值。

简化后的特征方程 (11.36) 的尺寸与所有子结构保留的主模态数量相等, 即, 比原始特征方程的尺寸大大缩减。式 (11.36) 是一个标准的特征方程, $\overline{\lambda}$ 和 $\boldsymbol{z}_{\mathrm{m}}$ 可以利用常规方法求出。整体结构的特征向量可以通过 $\overline{\boldsymbol{\Phi}}=\boldsymbol{\Phi}_{\mathrm{m}}^{\mathrm{p}}\boldsymbol{z}_{\mathrm{m}}$ 得到。可以看出, 子结构方法可以快速高效地计算整体结构特征解。

11.3.2 基于子结构的结构特征解灵敏度快速算法

在模型修正中, 结构特征解灵敏度可以用来判定灵敏度高的修正参数, 也可以为优化过程提供搜索方向。下面将详细介绍如何利用子结构快速计算结构特征解灵敏度。

特征灵敏度方程是基于缩聚的特征方程 (11.36) 推导的。首先将子结构特征方程 (11.36) 表达为第 i 阶模态的形式:

$$\left[\left(\boldsymbol{\Lambda}_{\mathrm{m}}^{\mathrm{p}}-\overline{\lambda}_i\boldsymbol{I}_{\mathrm{m}}\right)+\boldsymbol{\Gamma}_{\mathrm{m}}\boldsymbol{\zeta}^{-1}\boldsymbol{\Gamma}_{\mathrm{m}}^{\mathrm{T}}\right]\{\boldsymbol{z}_i\}=\{\boldsymbol{0}\} \tag{11.37}$$

将式 (11.37) 两边对设计参数 $\boldsymbol{r}$ 求偏导可得

$$\left[\left(\boldsymbol{\Lambda}_{\mathrm{m}}^{\mathrm{p}}-\overline{\lambda}_i\boldsymbol{I}_{\mathrm{m}}\right)+\boldsymbol{\Gamma}_{\mathrm{m}}\boldsymbol{\zeta}^{-1}\boldsymbol{\Gamma}_{\mathrm{m}}^{\mathrm{T}}\right]\frac{\partial\{\boldsymbol{z}_i\}}{\partial \mathrm{r}}+\frac{\partial\left[\left(\boldsymbol{\Lambda}_{\mathrm{m}}^{\mathrm{p}}-\overline{\lambda}_i\boldsymbol{I}_{\mathrm{m}}\right)+\boldsymbol{\Gamma}_{\mathrm{m}}\boldsymbol{\zeta}^{-1}\boldsymbol{\Gamma}_{\mathrm{m}}^{\mathrm{T}}\right]}{\partial\boldsymbol{r}}\{\boldsymbol{z}_i\}=\{\boldsymbol{0}\} \tag{11.38}$$

基于式 (11.38), 第 i 阶特征值偏导:

$$\frac{\partial\overline{\lambda}_i}{\partial\boldsymbol{r}}=\{\boldsymbol{z}_i\}^{\mathrm{T}}\left[\frac{\partial\boldsymbol{\Lambda}_{\mathrm{m}}^{\mathrm{p}}}{\partial\boldsymbol{r}}+\frac{\partial\left(\boldsymbol{\Gamma}_{\mathrm{m}}\boldsymbol{\zeta}^{-1}\boldsymbol{\Gamma}_{\mathrm{m}}^{\mathrm{T}}\right)}{\partial\boldsymbol{r}}\right]\{\boldsymbol{z}_i\} \tag{11.39}$$

由于各个子结构相互独立, 当 $\boldsymbol{r}$ 在第 Θ 个子结构时, 只需求解与第 Θ 个子结构相关的偏导矩阵, 而其他子结构对设计参数的偏导矩阵为 $\boldsymbol{0}$。这体现了子结构方法计算高效的特点。因此, 偏导矩阵 $\dfrac{\partial\boldsymbol{\Lambda}_{\mathrm{m}}^{\mathrm{p}}}{\partial\boldsymbol{r}}$、$\dfrac{\partial\boldsymbol{\Gamma}_{\mathrm{m}}}{\partial\boldsymbol{r}}$ 和 $\dfrac{\partial\zeta}{\partial\boldsymbol{r}}$ 呈现如下稀疏形式。$\dfrac{\partial\boldsymbol{\Lambda}_{\mathrm{m}}^{(\Theta)}}{\partial\boldsymbol{r}}$ 和 $\dfrac{\partial\boldsymbol{\Phi}_{\mathrm{m}}^{(\Theta)}}{\partial\boldsymbol{r}}$ 是第 Θ 个子结构主模态的特征值和特征向量对 $\boldsymbol{r}$ 的偏导, 可以通过常规方法对独立的第 Θ 个子结构分析得到。

整体结构的第 i 阶特征向量可以表示为

$$\overline{\boldsymbol{\Phi}}_i = \boldsymbol{\Phi}_{\mathrm{m}}^{\mathrm{p}}\{\boldsymbol{z}_i\} \tag{11.40}$$

将式 (11.40) 对设计参数 $\boldsymbol{r}$ 求偏导, 可以得到第 i 阶特征向量灵敏度为

$$\frac{\partial\overline{\boldsymbol{\Phi}}_i}{\partial\boldsymbol{r}} = \frac{\partial\boldsymbol{\Phi}_{\mathrm{m}}^{\mathrm{p}}}{\partial\boldsymbol{r}}\{\boldsymbol{z}_i\} + \boldsymbol{\Phi}_{\mathrm{m}}^{\mathrm{p}}\left\{\frac{\partial\boldsymbol{z}_i}{\partial\boldsymbol{r}}\right\} \tag{11.41}$$

11.3.3　基于子结构的有限元模型修正过程

基于子结构算法的有限元模型修正基本步骤如下。

(1) 将整体结构依据结构特征分解为若干个子结构;

(2) 将子结构视为独立自由子结构求解每个子结构的特征解、剩余柔度和灵敏度;

(3) 将所有子结构的特征解、特征灵敏度及剩余柔度组集并根据 11.3.1 节和 11.3.2 节中的方法计算得到整体结构的特征解和特征灵敏度;

(4) 结合实测结构试验模态构造目标函数和灵敏度;

(5) 引入优化算法优化目标函数。如果优化过程不收敛, 调整某一独立子结构参数 $\boldsymbol{r}$, 其他子结构不变。重复步骤 (2)~(5) 直到优化过程收敛, 最终即可得到最优结构参数。

【案例 11.2】这个试验案例是运用基于子结构的有限元模型修正方法对一座澳大利亚 Balla Balla 梁桥进行模型修正, 实际结构及有限元模型如图 11.5 所示。该桥的有限元模型共有 907 个单元、947 个节点, 每个节点有 6 个自由度, 共计 5 420 个自由度。首先, 对该桥进行振动试验。用型号 DYTRAN 5803A 的锤子激振桥结构。用型号 8330A2.5 和 8330A3 的加速度计来收集信号。加速度计放置在 7 排纵梁上, 布置位置如图 11.6 所示。加速度计每排放置 19 个, 共 133 个测点。从频响函数中提取 10 阶自然频率和振型, 如图 11.7 所示。

总共有 1 289 个物理参数作为修正参数, 包括隔板、纵梁、板的杨氏模量, 抗剪连接件的轴向刚度和抗弯刚度。目标方程为实测的频率和振型与基于有限元模型计算的频率和振型的差异值。其中, 振型权重值设为 0.1, 频率权重值设为 1.0。

传统的基于整体结构的模型修正方法需要直接分析整个结构, 计算结构特征解和特征解灵敏度。在每次迭代中, 传统的基于整体结构的模型修正方法需要计算结构前 30 阶特征解来匹配 10 阶实测频率和振型。如表 11.2 所示, 传统方法每次迭代花费 1.26 h, 一共花费 86.16 h 收敛到预设值。

(a) Balla Balla桥全景图

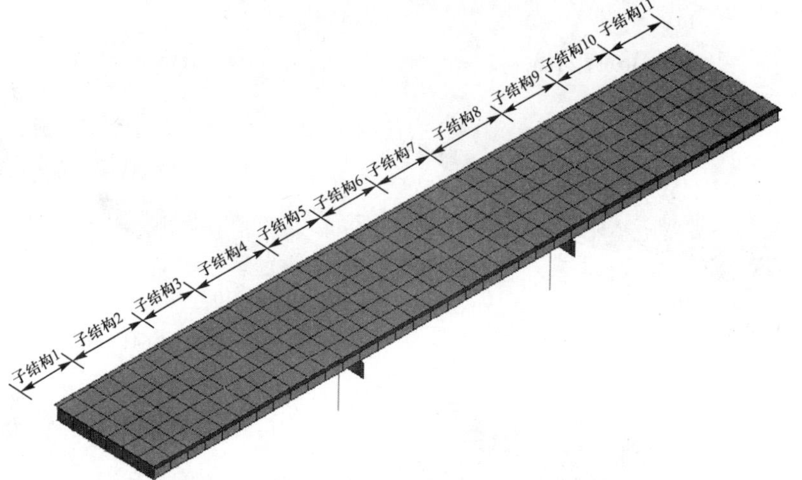

(b) 有限元模型图

图 11.5　Balla Balla 桥

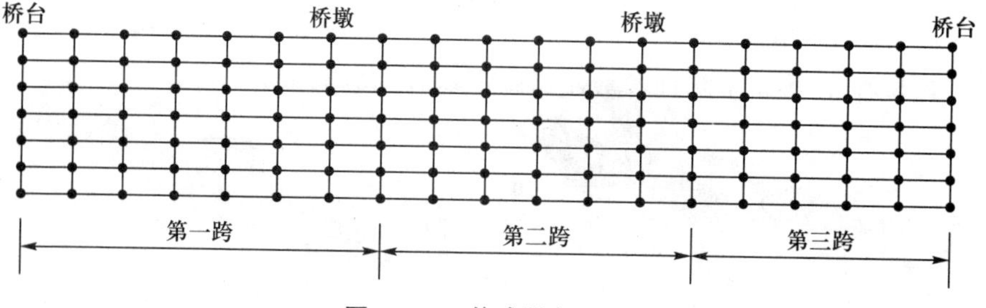

图 11.6　传感器布置图

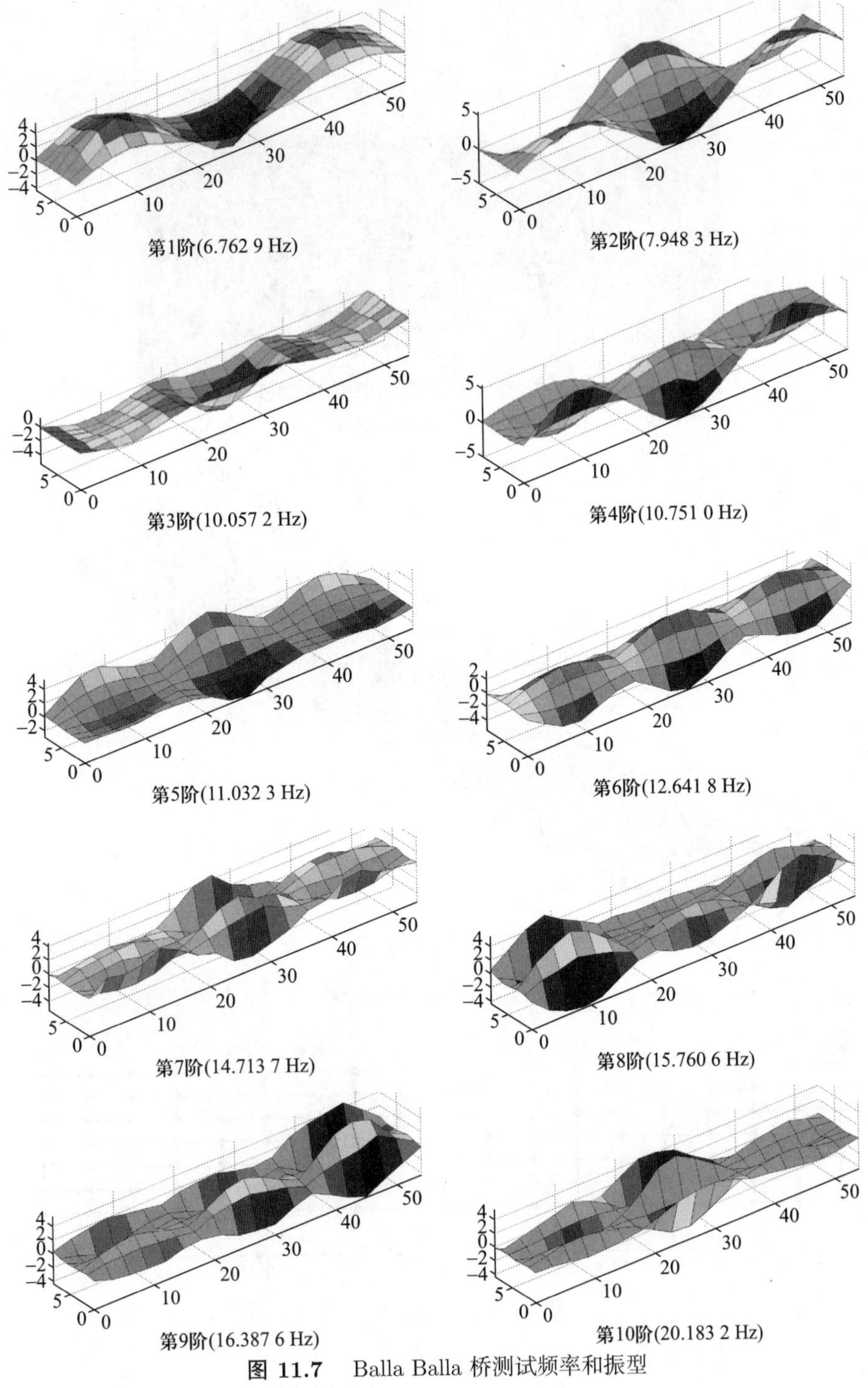

图 11.7　Balla Balla 桥测试频率和振型

对于基于子结构的有限元模型方法而言, 每次迭代只需要计算每个子结构少量特征解来得到整体结构特征解。为了计算整体结构特征解灵敏度, 只需要计算与该修正参数相关的子结构的灵敏度矩阵, 而其他子结构的灵敏度矩阵为零。在本例中, 该有限元模型被分为 11 个子结构, 子结构详细信息列在表 11.3。每个子结构保留的主模态数量将影响整体结构特征解和特征解灵敏度的精度, 从而会影响有限元模型修正的收敛性。低精度的特征解和特征解灵敏度会导致错误的修正方向和修正收敛困难的问题。因此, 当模型修正的结果接近到最优值时, 需要保留更多的主模态来获得精度更高的特征解和特征解灵敏度。在基于子结构的有限元模型修正中, 最初, 每个子结构保留 40 阶模态; 随着模型修正的速度下降, 主模态的数量也随之增加; 在最后几步迭代中, 每个子结构保留 90 阶模态。如表 11.2 所示, 基于子结构的有限元模型修正方法共花费 48.07 h 完成模型修正过程, 只占传统的基于整体结构的有限元模型修正方法花费时间的 56%。表 11.4 比较了结构修正前和修正后的频率和振型。从表 11.4 可以看出, 基于子结构的有限元模型修正方法与传统的基于整体结构的有限元模型修正方法修正的结果相近。在基于子结构的有限元模型修正方法中, 修正后模型的频率与实测频率的误差低于 1%, 而修正后模型的振型与实测振型的 MAC 值从 0.85 提高到了 0.93。这说明, 基于子结构的有限元模型修正方法不仅效率高, 而且精度高。

表 11.2　基于整体结构和子结构的模型修正方法计算效率比较

	整体方法	子结构方法			
		40 阶主模态	60 阶主模态	80 阶主模态	90 阶主模态
每次迭代时间/h	1.26	0.43	0.57	0.69	0.84
迭代次数	69	16	18	31	11
模型修正总时间/h	86.16	48.07			

表 11.3　子结构划分信息

	几何范围/m	单元数	节点数	界面节点数
子结构 1	0~5	99	113	
子结构 2	5~10	88	115	23
子结构 3	10~15	66	92	23
子结构 4	15~20	116	143	23
子结构 5	20~25	66	92	23
子结构 6	25~30	66	92	23
子结构 7	30~35	66	92	23
子结构 8	35~40	116	143	23
子结构 9	40~45	66	92	23
子结构 10	45~50	66	92	23
子结构 11	50~54	99	113	23

表 11.4　有限元模型修正前后的频率和振型

模态阶数	试验频率/Hz	修正前			修正后 (整体方法)			修正后 (子结构方法)		
		频率/Hz	差值/%	MAC	频率/Hz	差值/%	MAC	频率/Hz	差值/%	MAC
1	6.76	6.26	−7.34	0.93	6.53	−3.47	0.95	6.55	−3.17	0.95
2	7.95	7.74	−0.27	0.96	7.93	−0.27	0.99	7.92	−0.33	0.99
3	10.06	8.71	−13.37	0.71	10.02	−0.42	0.94	10.02	−0.39	0.94
4	10.75	12.13	12.84	0.80	11.01	2.42	0.89	11.03	2.60	0.89
5	11.03	9.45	−14.36	0.76	10.86	−1.56	0.82	10.85	−1.60	0.81
6	12.64	13.27	4.98	0.85	12.58	−0.45	0.97	12.59	−0.38	0.96
7	14.71	17.55	19.29	0.92	14.77	0.38	0.90	14.78	0.45	0.90
8	15.76	18.52	17.49	0.88	15.77	0.06	0.93	15.77	0.06	0.94
9	16.39	18.74	14.35	0.82	16.38	−0.07	0.95	16.39	0.00	0.95
10	20.18	24.91	23.42	0.86	20.23	0.24	0.92	20.28	0.50	0.93
均值			12.77	0.85		0.93	0.93		0.95	0.93

11.4 基于时域动力响应灵敏度的有限元模型修正

本节主要介绍基于时域动力响应灵敏度的有限元模型修正方法及其应用。动力响应灵敏度的推导及其计算已在 11.1.4 节中介绍，因此本节主要介绍基于时域动力响应灵敏度的有限元模型修正的方法原理、反问题求解及有限元模型修正过程，并结合实例进行说明。

11.4.1 基于动力响应灵敏度的反问题及其求解

在正问题的分析中，结构动力响应及其对结构系统参数的灵敏度可以分别通过式 (11.23) 及式 (11.30) 计算获得。反问题中，结构系统参数需要通过实测动力响应进行有限元模型修正获得。与基于频域信息的有限元模型修正方法一样，时域动力响应灵敏度的方法 [7] 也可以用于结构损伤识别，但本节只讲述有限元模型修正方法及其应用。基于灵敏度的有限元模型修正方法是通过优化算法来获得最优的一组结构系统参数解，从而使得构建的目标函数值最小。物理意义上的表述则是从有限元模型计算得到的理论动力响应尽可能地接近从实际模型测试所得的测量动力响应。基于时域动力响应的目标函数可以构建为

$$\boldsymbol{J}(\boldsymbol{r}) = \left\|\ddot{\boldsymbol{x}}^{\mathrm{A}}(\boldsymbol{r}) - \ddot{\boldsymbol{x}}^{\mathrm{E}}\right\|_2 \tag{11.42}$$

式中，$\ddot{\boldsymbol{x}}^{\mathrm{E}}$ 和 $\ddot{\boldsymbol{x}}^{\mathrm{A}}$ 分别表示实测和从有限元模型计算所得的动力响应；$\boldsymbol{r}$ 表示结构系统参数向量；$\|\cdot\|_2$ 表示 L2 范数。

通过优化以上目标函数获得最优的一组结构系统参数解，来最小化实测动力响应与有限元模型计算所得的理论动力响应之间的差别，从而实现有限元的模型修正。忽略第二阶及以上高阶项，使用一阶泰勒展开式来展开式 (11.42)，可以获得基于一阶灵敏度的模型修正方程：

$$\boldsymbol{S}(\boldsymbol{r})\{\Delta\boldsymbol{r}\} = \{\Delta\ddot{\boldsymbol{x}}\} = \ddot{\boldsymbol{x}}^{\mathrm{A}}(\boldsymbol{r}) - \ddot{\boldsymbol{x}}^{\mathrm{E}} \tag{11.43}$$

式中，$\{\Delta\boldsymbol{r}\}$ 表示系统参数的变化量；$\boldsymbol{S}(\boldsymbol{r})$ 表示结构动力响应对系统参数的灵敏度；假如 m 和 n 分别表示动力响应中的时间步数和测量响应的数目，那么识别方程数 $m\times n$ 必须大于或至少等于待识别的结构系统参数的数目，以保证式 (11.43) 是一个超定的反问题。

式 (11.43) 可以通过最小二乘法求解：

$$\{\Delta\boldsymbol{r}\} = \left[(\boldsymbol{S}(\boldsymbol{r}))^{\mathrm{T}}(\boldsymbol{S}(\boldsymbol{r}))^{-1}\right](\boldsymbol{S}(\boldsymbol{r}))^{\mathrm{T}}\{\Delta\ddot{\boldsymbol{x}}\} \tag{11.44}$$

然而，由于式 (11.43) 是一个不适定的反问题，Tikhonov 正则化方法 [8] 可用于

通过改变优化目标函数来获得一个相对稳定的求解:

$$\boldsymbol{J}(\Delta \boldsymbol{r}, \lambda) = \|\boldsymbol{S}(\boldsymbol{r})\{\Delta \boldsymbol{r}\} - \{\Delta \ddot{\boldsymbol{x}}\}\|_2 + \lambda \|\{\Delta \ddot{\boldsymbol{x}}\}\|_2 \tag{11.45}$$

式中, λ 表示非负的正则化参数, 用来控制正则化约束项的贡献。L-curve 方法常用来选择优化的正则化参数。

应用 Tikhonov 正则化方法, 式 (11.45) 可以求解为

$$\{\Delta \boldsymbol{r}\} = \left[(\boldsymbol{S}(\boldsymbol{r}))^{\mathrm{T}}(\boldsymbol{S}(\boldsymbol{r})) + \lambda \boldsymbol{I}\right]^{-1} (\boldsymbol{S}(\boldsymbol{r}))^{\mathrm{T}}\{\Delta \ddot{\boldsymbol{x}}\} \tag{11.46}$$

式中, $\boldsymbol{I}$ 表示单位矩阵。奇异值分解可用于计算式 (11.46) 里面的伪逆。

11.4.2　有限元模型修正过程

基于设计信息与材料特性建立的初始有限元模型及实测所得动力响应, 如加速度, 可以用来进行有限元模型修正。结构系统参数的初始值可以根据设计信息或材料特性测试取得。须注意, 结构激励荷载假设为已知, 如果结构荷载未知, 则需要将荷载与结构系统参数一起同时修正 [7−10]。基于时域动力响应灵敏度的有限元模型修正是一个迭代过程, 具体步骤如下。

(1) 基于结构初始有限元模型和激励荷载, 根据式 (11.23) 计算结构动力响应 $\boldsymbol{x}^{\mathrm{A}}$、$\dot{\boldsymbol{x}}^{\mathrm{A}}$ 和 $\ddot{\boldsymbol{x}}^{\mathrm{A}}$。根据从有限元模型计算得到的理论动力响应及实际测量所得响应, 计算动力响应之间的差别 $\{\Delta \ddot{\boldsymbol{x}}\}$。

(2) 根据式 (11.30) 及初始有限元模型计算时域动力响应对结构系统参数的灵敏度。

(3) 应用 Tikhonov 正则化方法, 根据式 (11.46) 求解结构系统参数变量 $\{\Delta \boldsymbol{r}\}$。

(4) 修正结构有限元参数 $\boldsymbol{r}^{(j+1)} = \boldsymbol{r}^{(j)} + \{\Delta \boldsymbol{r}\}^{(j)}$, 进行下一次的循环迭代。重复步骤 (1)~(3), 直至以下收敛条件得到满足:

$$\frac{\left\|\boldsymbol{r}^{(j+1)} - \boldsymbol{r}^{(j)}\right\|_2}{\left\|\boldsymbol{r}^{(j)}\right\|_2} \leqslant \text{Tolerance} \tag{11.47}$$

式中, i 表示第 i 次循环。Tolerance 阈值一般设置为较小的一个数值, 如 0.000 1。

【案例 11.3】一实验室建造的 7 层钢框架结构用来验证基于时域动力响应灵敏度的有限元模型修正方法 [9]。此框架结构尺寸如图 11.8 所示。框架结构高 2.1 m, 每层高 0.3 m, 梁长 0.5 m。框架柱和梁的截面尺寸分别测得为 49.98 mm×4.85 mm 和 49.89 mm×8.92 mm。测得钢框架柱和梁的密度分别为 785 kg/m^3 和 77342 kg/m^3。初始钢材弹性模量设为 210 GPa。柱和

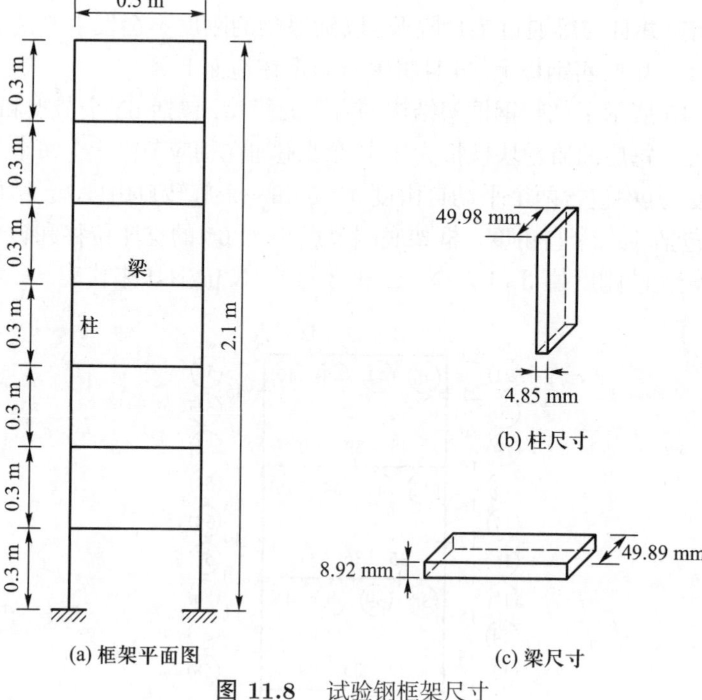

(a) 框架平面图　(b) 柱尺寸　(c) 梁尺寸

图 11.8　试验钢框架尺寸

梁之间焊接连接。每层在梁四分之一及四分之三处位置安装一对 4 kg 的质量块, 用来模拟梁上面的楼层质量。试验钢框架如图 11.9 所示。梁的上下两侧分别安装一个 2 kg 的质量块, 以确保截面形心不显著变化。这两个质量块是通

图 11.9　试验钢框架

过螺栓固定, 并且与梁通过垫片隔开, 以确保梁的刚度不会发生改变。钢框架底部焊接在一块厚实钢板上, 并且将钢板固定在地面上。

图 11.10 展示了试验钢框架结构的有限元模型, 包括 65 个节点和 70 个平面框架单元。每层的质量块模拟为集中质量施加在相应节点上。每个节点包括 3 个自由度, 其中包含两个平动自由度 x、y 和一个旋转自由度 θ。结构有限元模型总共包括 195 个自由度。框架底端节点 1 和 65 的支座位移和转角约束强度分别用较大的刚度值 3×10^9 N/m 和 3×10^9 N·m/rad 来代表。

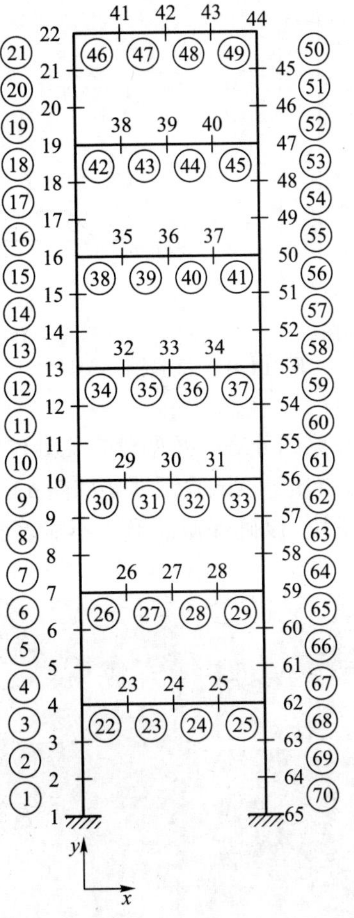

图 11.10　钢框架有限元模型 (数字代表节点号, 圆圈内数字代表单元号)

有限元模型修正用来最小化数值模型与实验室模型之间的差别。这个案例里面, 对钢框架进行两阶段的有限元模型修正。第一阶段的模型修正选择单元的弹性模量及两个支座处的约束条件作为需要修正的参数。钢框架尺寸及密度由现场实测获得, 所以不纳入需要识别的参数范围。模态测试当中用到了

8 个传感器, 其中一个固定位置不变作为参考点, 其他传感器布置在框架结构每层的左右两侧进行重复性测试。利用测得加速度响应来进行模态分析, 以得到结构的自振频率与振型。很多方法如频率分解法、随机子空间法等都可以用来进行模态分析。在本例里面, 自振频率通过峰值拾取法获得, 模态通过比较频谱中自振频率处峰值与参考点处的比值获得。本例中模态分析获得了前 7 阶的自振频率与振型。第一阶段的模型修正主要优化频域信息, 如降低数值模型计算所得自振频率和振型与测试所得自振频率和振型之间的差异。优化方法, 如基于模态信息灵敏度的非线性最小二乘法可以用来实现第一阶段的有限元模型修正。7 个自振频率与 7×14 模态值用来修正 70 个单元杨氏模量与 6 个支座刚度值。总计有 105 个已知信息, 用来识别 76 个未知信息。

基于第一阶段的有限元模型修正结果, 第二阶段的模型修正使用基于时域动力响应灵敏度进一步优化修正的有限元模型, 目标是使得从数值模型计算得到的动力响应尽量匹配实测动力响应。力锤激励作用在右侧柱的第 7 层, 表 11.5 中的 7 个传感器测量动力响应以用来进行第二阶段的模型修正, 最小化数值模型计算动力响应与实测动力响应之间的差异。图 11.11 展示了节点 13 沿 x 方向测得的时域与频域的动力响应。从图中可以看出, 时域响应经过近 50 s 才衰减至零, 表明结构阻尼非常小。另外从频谱中可以看出, 结构主要激励起来的响应在 30 Hz 内。因此, 使用截止频率为 36 Hz 的低通滤波器来过滤实测动力响应中的高频噪声。本例采用瑞利阻尼模型。前两阶模态的阻尼系数通过半功率谱法计算获得, 分别为 0.001 7 和 0.001 2。每个单元的杨氏模量选为待修正的参数。这 7 个传感器的前两秒时域动力响应用来进行第二阶段的有限元模型修正。

表 11.5　第二阶段模型修正传感器位置

传感器编号	传感器位置
1	节点 19(x)
2	节点 16(x)
3	节点 13(x)
4	节点 10(x)
5	节点 7(x)
6	节点 4(x)
7	节点 59(x)

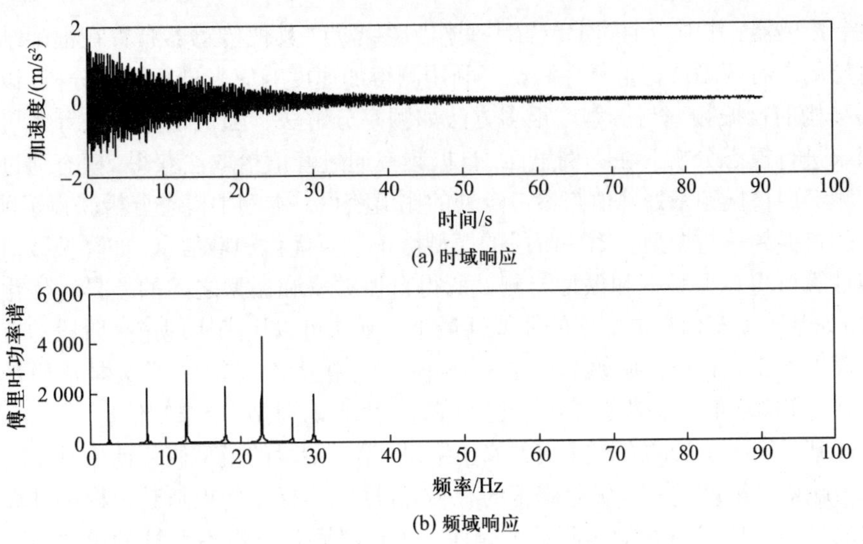

图 11.11　节点 13 沿 x 方向实测动力响应

表 11.6 列出了实测自振频率与有限元模型修正前后的计算自振频率。表 11.7 列出了有限元模型修正后的 MAC 值。模型修正后的前 7 阶结构自振频率非常接近实测值, 最大误差只有 0.31%。 MAC 值非常接近 1, 最差的模态相似度也有 0.999 1。图 11.12 展示了第二阶段模型修正后节点 13 沿 x 方向的实测与数值计算动力响应。时域内相对误差仅为 2.31%。由上表明, 修正后的有限元模型能够实现非常好的频域和时域内的动力响应信息匹配, 得到准确

表 11.6　测量和模型修正前后的频率

模态阶数	测量值/Hz	修正前		第一阶段模型修正后		第二阶段模型修正后	
		计算值/Hz	误差%	计算值/Hz	误差%	计算值/Hz	误差%
1	2.540 6	2.519 8	0.82	2.543 3	0.11	2.543 8	0.13
2	7.659 9	7.582 9	1.01	7.665 1	0.07	7.654 6	0.07
3	12.863 2	12.661 4	1.57	12.898 7	0.28	12.871 4	0.06
4	18.028 3	17.625 5	2.23	18.029 0	0.004	18.034 9	0.03
5	22.964 5	22.265 5	3.04	22.914 1	0.22	22.983 5	0.08
6	26.985 2	26.146 8	3.11	26.984 9	0.001	27.044 9	0.22
7	29.907 2	28.795 9	3.72	29.919 2	0.04	30.000 0	0.31

的有限元模型结果, 可用于数值分析、响应计算以及后续的结构损伤识别与健康监测。

表 11.7　模型修正前后的 MAC 值

模态阶数	模型修正前	第一阶段模型修正后	第二阶段模型修正后
1	0.999 8	0.999 9	0.999 9
2	0.999 8	0.999 7	0.999 7
3	0.999 7	0.999 8	0.999 8
4	0.999 1	0.998 8	0.999 1
5	0.999 8	0.999 9	0.999 8
6	0.999 5	0.999 8	0.999 6
7	0.999 5	0.999 8	0.999 6

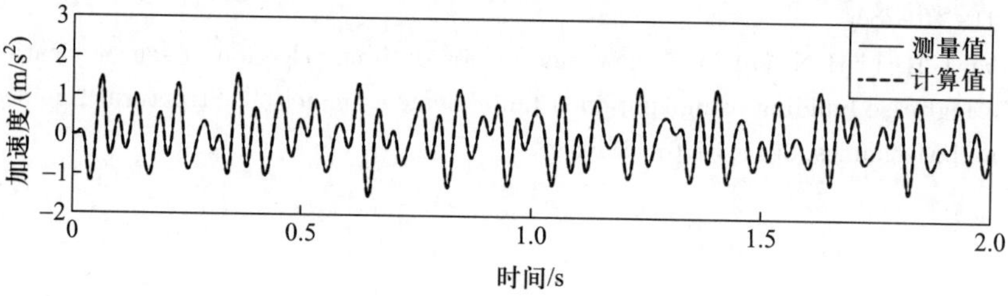

图 11.12　有限元模型修正后节点 13 沿 x 方向实测与计算动力响应对比

思考题

11.1　比较基于频域数据的有限元模型修正方法和基于时域数据的有限元模型修正的优缺点。

11.2　讨论荷载因素对结构动力测试、模态分析及有限元模型修正的影响。

11.3　思考并讨论环境因素、传感器位置和测试噪声等对有限元模型修正精度的影响。

11.4　思考并讨论模态缩聚与扩展技术的优劣势与精度差别。

11.5　思考并讨论有限元模型修正技术在结构健康监测中的重要应用。

参考文献

[1] 宗周红, 任伟新. 桥梁有限元模型修正和模型确认 [M]. 北京: 人民交通出版社, 2012.

[2] Friswell M I, Mottershead J E. Finite element model updating in structural dynamics [M]. New York: Springer, 1995.

[3] Nocedal J, Wright J. Numerical optimization [M]. New York: Springer, 1999.

[4] Sehmi N S. Large order structural eigenanalysis techniques algorithms for finite element systems [M]. Chichester, England: Ellis Horwood Limited, 1989.

[5] Bathe K J, Wilson E L. Numerical methods in finite element analysis [M]. New Jersey: Wiley, 1989.

[6] Weng S, Zhu H P, Gao R X, et al. Identification of free-free flexibility for model updating and damage detection of structures [J]. Journal of Aerospace Engineering, 2018, 31(3): 04018017.

[7] Lu Z R, Law S S. Features of dynamic response sensitivity and its application in damage detection [J]. Journal of Sound and Vibration, 2007, 303(1-2): 305-329.

[8] Hansen P C. Analysis of discrete ill-posed problems by means of the L-curve [J]. SIAM Review, 1992, 34(4): 561-580.

[9] Li J, Law S S, Ding Y. Substructure damage identification based on response reconstruction in frequency domain and model updating [J]. Engineering Structures, 2012, 41: 270-284.

[10] Yi T H, Li H N, Gu M. A new method for optimal selection of sensor location on a high-rise building using simplified finite element model [J]. Structural Engineering and Mechanics, 2011, 37(6): 671-684.

第 12 章
结构损伤识别*

结构损伤识别是结构健康监测领域重要的研究课题。结构损伤识别的概念首先来自机械设备的故障诊断, 它是在二十世纪六十年代初期由航天军工需要而发展起来, 随后又逐步扩展到其他领域。一般认为, 工程结构发生损伤就是与正常结构比较时在某些方面产生了异常现象, 这些现象体现在表征结构特性 (如动态特性和静态特性、表面状态和形状大小等) 的各种特征参数上。工程结构的常见损伤主要有: 内部缺陷, 包括材质本身的内在缺陷、设计和制造 (包括安装) 不当产生的隐患; 疲劳裂纹; 松弛蠕变; 失稳; 腐蚀或磨损; 泄露和渗漏等。结构损伤识别即对结构进行检测与评估, 以确定结构是否有损伤存在, 进而判别损伤的位置和程度, 以及结构当前的状况、使用功能和结构损伤的变化趋势等。土木工程结构服役周期长, 一般都有几十年甚至百年。在长期工作的服役过程中, 结构将受到各种环境 (如台风、地震、洪水、腐蚀等) 的侵蚀, 还要受到复杂荷载的长期反复作用, 结构会发生损伤并不断积累, 这一不利因素最终导致结构刚度和强度退化, 不但会引起结构模态参数或者是物理参数改变, 甚至造成结构承载力和可靠性大幅下降。如不能尽早消弭结构损伤, 可能会导致突发性的灾难事故, 损伤识别因此成为土木工程界长期以来具有挑战性

* 本章执笔人:
丁幼亮, 东南大学土木工程学院, civilding@seu.edu.cn
贺文宇, 合肥工业大学土木与水利工程学院, wyhe@hfut.edu.cn

和重要意义的研究方向。目前, 基于健康监测的结构损伤识别已成为土木工程学科十分活跃的研究领域, 它具有很强的工程背景和重要的实用价值, 倚靠深厚的理论基础, 是一门适应工程实际需要而形成的多学科交叉的综合学科。

从损伤识别的目的看, 一般将损伤识别分为四个层次 [1]: ① 损伤判断; ② 损伤定位; ③ 损伤定量; ④ 损伤预后。对损伤识别的四个层次的基本含义进行说明后, 本章将从技术意义与研究进展介绍这四个层次。根据采用的技术基底, 本章将损伤识别方法分为基于监测数据与基于有限元模型修正两个大类, 并进行详细划分与介绍。各种损伤识别方法均依赖数理分析和信号处理等基础科学理论, 基于模型修正的方法还涉及计算力学有限元法的相关内容, 这些基础知识在前述章节中已有详细介绍, 本章不再详述。对损伤识别方法的技术思路和技术指标进行介绍后, 结合不同的损伤识别手段, 本章还提供了相关工程或损伤测试模型的分析案例, 以供读者参考。

12.1　损伤识别层次划分

结构损伤识别通常可分为由浅入深的四个层次, 具体如下。

层次 Ⅰ : 损伤判断 (确定结构是否发生损伤)。层次 Ⅰ 是损伤识别的首要任务, 只有正确地区分出结构正常状态和异常状态, 才使后续的损伤定位和程度识别具有实际意义。现有损伤识别领域的研究对层次 Ⅰ 进行的工作最多、进展最大, 在工程实际中的运用效果最好。

层次 Ⅱ : 损伤定位 (确定结构发生损伤的位置)。层次 Ⅱ 是损伤识别的关键环节, 其目的是识别出结构具体的损伤构件或损伤的大致区域。结构的损伤位置一旦确定, 便可大幅缩小层次 Ⅲ 的计算范围、大幅减低层次 Ⅲ 的计算误差。迄今为止, 基于监测数据的方法, 通常只能进行层次 Ⅰ 和层次 Ⅱ 的损伤识别。

层次 Ⅲ : 损伤定量 (确定损伤的程度)。层次 Ⅲ 是在层次 Ⅱ 确定结构发生损伤位置的基础上, 通过相关计算方法或其他手段对结构构件或区域的损伤程度进行定量分析。通常需要结合结构有限元模型或者模型试验才能在某些情况下实现层次 Ⅲ 的损伤识别。

层次 Ⅳ : 损伤预后 (确定结构剩余寿命)。层次 Ⅳ 重点关注损伤发生后的结构状态评估与剩余寿命预测, 需要在前述三个层次的基础上, 进一步明确损伤机理, 合理预测外界因素 (如温度、湿度和荷载等), 并结合断裂力学、材料疲劳寿命等才能实现。本章不对其进行介绍, 单独作为一个方向在下一章详述。

12.2　损伤识别方法分类

损伤识别方法没有统一的分类标准, 根据其采用的技术基底是监测数据驱动或是有限元模型修正技术分为两大类: 基于监测数据的方法与基于模型修正的方法。进一步可根据其依托的损伤识别参数类型或数据处理手段, 将这两类方法分为时域法或频域法, 如图 12.1 所示。

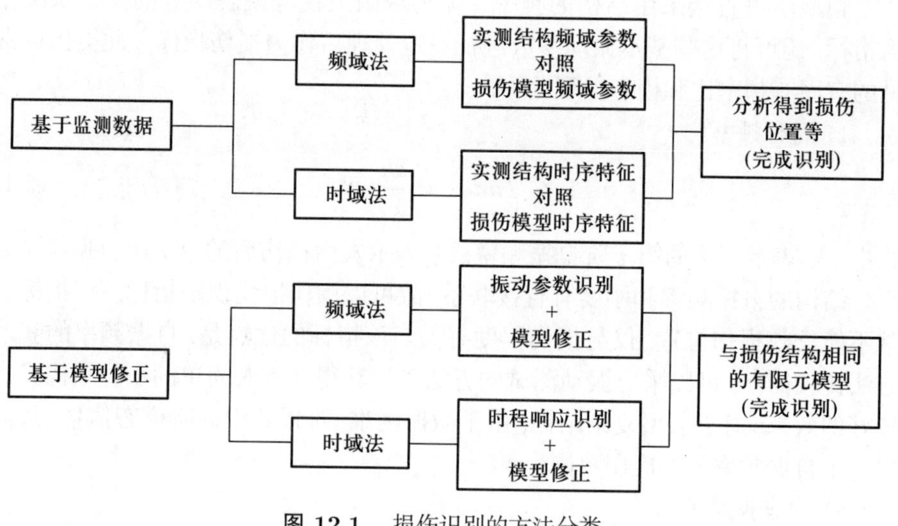

图 12.1　损伤识别的方法分类

无论采用频域参数或时域参数进行损伤识别, 为获得结构模态参数或时序特征, 信号处理始终是第一步。关于信号处理技术, 除经典的傅里叶变换 (FFT) 技术外, 常见的方法还有最小二乘法、多点参考复指数法、随机子空间法、ITD 法、小波变换法、卡尔曼滤波法、希尔伯特–黄变换法、ARMA 模型法和线性 (非线性) 加速度法等。关于时/频域信号处理, 第 9 章和第 10 章已专门进行详细介绍和原理说明, 本章不展开叙述。

12.3　基于监测数据的损伤识别

基于监测数据的损伤识别方法也常称为现代模式识别方法。此类方法是利用已获取的结构频域或时域参数建立反映结构力学性能的基准参量, 将实测的时/频域参数与基准参量对照, 得到相应损伤指标, 从而完成损伤识别。使用频率相关参数的即频域法, 采用时序信号进行损伤识别的即时域法。

12.3.1　频域法

频域法的原理是基于结构传递函数或频率响应函数在频率域内识别结构损伤的方法。将监测数据进行处理，获得结构的基本模态参数，直接运用模态参数或其衍生参量进行损伤识别。

1. 单一振动特征

频域法可直接采用结构的频率、振型或阻尼比等模态参数的变化状况作为指标，还可将这些基本振动参数进行一定处理后作为损伤指标。此类指标常见的有固有频率比和模态振型差等。

1) 固有频率比

$$Index = \frac{\omega_i}{\overline{\omega}_i} \tag{12.1}$$

式中，ω_i 表示结构的第 i 阶自振频率；$\overline{\omega}_i$ 表示发生损伤后的第 i 阶自振频率。

结构的自振频率和刚度有直接联系，故可以用作损伤识别指标。该指标通常不能反映损伤位置，仅与损伤程度有关。该指标的优点是，自振频率的获取方法比较简单，可以采取振动测试的方法直接获得。针对简单的小型结构具有较好的效果，对于大型复杂结构，由于激振困难，难以获得高阶模态信息，故而限制了自振频率比的应用范围。

2) 模态振型差

$$\Delta\boldsymbol{\phi}_{ij} = \boldsymbol{\phi}_{ij}^{\mathrm{d}} - \boldsymbol{\phi}_{ij}^{\mathrm{u}} \tag{12.2}$$

式中，$\boldsymbol{\phi}_{ij}^{\mathrm{u}}$ 表示损伤前结构第 i 阶第 j 个自由度的模态振型；$\boldsymbol{\phi}_{ij}^{\mathrm{d}}$ 表示损伤后结构第 i 阶第 j 个自由度的模态振型。

模态振型同样是与结构刚度有直接联系的振动参数。模态振型不但能反映结构整体状况，高阶振型还对结构局部刚度的变化敏感，所以相对自振频率，其不但可以进行损伤程度的识别，还能实现损伤定位。

2. 复杂函数类

此类方法首先定义一个复杂的函数关系，将模态参数通过该函数关系映射到另一个空间从而获得新的指标进行损伤识别。通常采用自振频率和振型等多个振动特征参数带入函数得到的指标如模态保证率、柔度矩阵、模态曲率和模态应变能等。

1) 模态保证率

模态保证率的定义为

$$MAC = \frac{\left|\left(\boldsymbol{\phi}_i^{\mathrm{u}}\right)^{\mathrm{T}}\left(\boldsymbol{\phi}_i^{\mathrm{d}}\right)\right|^2}{\left(\left(\boldsymbol{\phi}_i^{\mathrm{u}}\right)^{\mathrm{T}}\left(\boldsymbol{\phi}_i^{\mathrm{u}}\right)\right)\left(\left(\boldsymbol{\phi}_i^{\mathrm{d}}\right)^{\mathrm{T}}\left(\boldsymbol{\phi}_i^{\mathrm{d}}\right)\right)} \tag{12.3}$$

式中, $\boldsymbol{\phi}_i^{\mathrm{u}}$ 表示损伤前结构第 i 阶的模态振型, $\boldsymbol{\phi}_i^{\mathrm{d}}$ 表示损伤后结构第 i 阶的模态振型。MAC 值在 0~1 之间, 该值趋近于 1 表示结构完好, 该值越小则结构损伤越重。

2) 模态柔度指标

模态柔度矩阵 $\boldsymbol{F}$ 可由特征值矩阵 $\boldsymbol{\Lambda}$ 和质量归一化的振型矩阵 $\boldsymbol{\phi}$ 定义如下:

$$\boldsymbol{F}=\boldsymbol{\phi}\boldsymbol{\Lambda}^{-1}\boldsymbol{\phi}^{T} \tag{12.4}$$

结构模态柔度可由结构的固有频率和质量归一化模态振型计算得到, 基于损伤前后结构柔度的变化比率, 进行损伤识别。假定完好结构的固有频率和模态振型是已知的, 当在未知结构上测得相应的自振频率和模态振型后, 计算各测点的模态柔度, 然后同完好结构的模态柔度进行比较, 就可以确定结构损伤是否发生及其损伤位置。

3) 模态振型曲率

对第 i 阶模态, 第 j 个截面位置, 其模态曲率指标定义为

$$IndexC_i(j)=\frac{\left|\kappa_i^{\mathrm{d}}(j)-\kappa_i^{\mathrm{u}}(j)\right|}{\sum\limits_j\left|\kappa_i^{\mathrm{d}}(j)-\kappa_i^{\mathrm{u}}(j)\right|} \tag{12.5}$$

式中, $\kappa_i^{\mathrm{u}}(j)$ 表示损伤前结构第 i 阶第 j 个截面位置的曲率; $\kappa_i^{\mathrm{d}}(j)$ 表示损伤后结构第 i 阶第 j 个截面位置的曲率。当损伤发生在某阶振型的拐点处, 则该阶振型的曲率通常不会发生变化。因此, 一般要同时选择多个阶数的模态来计算曲率指标。模态曲率由下式计算:

$$\kappa_i^{\mathrm{u}}(j)=\frac{\phi_i^{\mathrm{u}}(j-1)+\phi_i^{\mathrm{u}}(j+1)-2\phi_i^{\mathrm{u}}(j)}{2{l_j}^2} \tag{12.6a}$$

$$\kappa_i^{\mathrm{d}}(j)=\frac{\phi_i^{\mathrm{d}}(j-1)+\phi_i^{\mathrm{d}}(j+1)-2\phi_i^{\mathrm{d}}(j)}{2{l_j}^2} \tag{12.6b}$$

式中, $\phi_i^{\mathrm{u}}(j-1)$、$\phi_i^{\mathrm{u}}(j)$ 和 $\phi_i^{\mathrm{u}}(j+1)$ 分别表示损伤前结构第 i 阶在 $j-1$、j 和 $j+1$ 截面位置的振型值; $\phi_i^{\mathrm{d}}(j-1)$、$\phi_i^{\mathrm{d}}(j)$ 和 $\phi_i^{\mathrm{d}}(j+1)$ 分别表示损伤后结构的上述变量; l_j 表示从 $j-1$ 截面到 j 截面距离和从 j 截面到 $j+1$ 截面距离的平均值。

对于梁式结构而言, 梁的截面曲率与截面刚度直接相关, 截面刚度的下降将导致截面曲率发生变化。因此, 通过比较结构损伤前后的模态曲率变化可以识别结构的损伤位置。假设完好结构的模态振型是已知的, 当在未知结构上测得相应的模态振型后, 可以计算各测点的模态曲率, 然后同完好结构的模态曲率进行比较, 就可以确定结构是否发生损伤及其损伤位置。

4) 模态应变能

定义结构损伤前后第 j 个单元关于第 i 阶模态的单元模态应变能如下:

$$MSE_i^{\mathrm{u}}(j) = \boldsymbol{\phi}_i^{\mathrm{uT}} \boldsymbol{K}_j^{\mathrm{u}} \boldsymbol{\phi}_i^{\mathrm{u}} \tag{12.7a}$$

$$MSE_i^{\mathrm{d}}(j) = \boldsymbol{\phi}_i^{\mathrm{dT}} \boldsymbol{K}_j^{\mathrm{d}} \boldsymbol{\phi}_i^{\mathrm{d}} \tag{12.7b}$$

式中, $\boldsymbol{K}_j$ 表示第 j 个单元的刚度矩阵; $\boldsymbol{\phi}_i$ 表示结构第 i 阶的模态振型, 上角标 “u” 和 “d” 表示损伤前结构和损伤后结构。当结构发生损伤时, 损伤单元的模态应变能会发生变化。因此, 通过比较结构损伤前后单元模态应变能的变化可以识别结构的损伤位置。

3. 其他参数类

此类方法是指, 以结构响应进行信号处理后得到的没有明确物理意义的频域参数作为损伤指标 [2]。例如经 FFT 变换得到的频带能量谱, 经小波包时–频变换得到的小波包子带能量谱。

【案例 12.1】以润扬大桥北汊斜拉桥扁平钢箱梁为研究对象, 采用有限元模型模拟不同损伤工况, 分别采用固有频率比和模态曲率两个指标进行损伤识别。图 12.2 为润扬大桥斜拉桥总体布置图和钢箱梁横断面图。

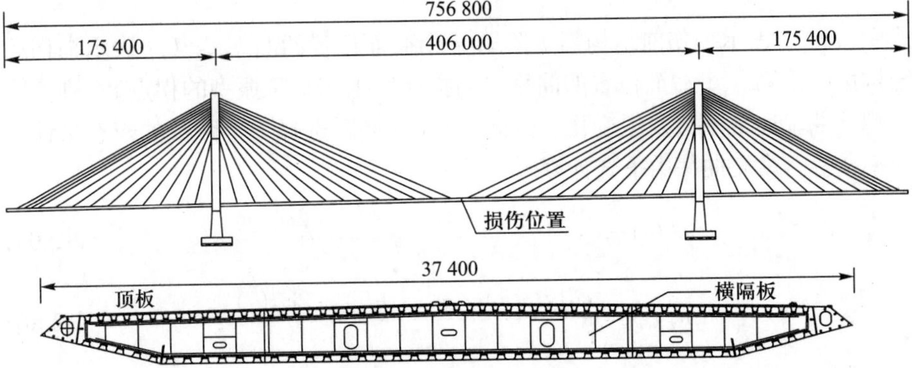

图 12.2　润扬大桥斜拉桥总体布置图与钢箱梁横断面图 (单位:mm)

为描述方便, 根据横隔板布置情况将全桥钢箱梁划分为 103 个区段, 截面从跨中分别向两侧编号, 左侧从 −1 到 −52, 右侧从 +1 到 +52。设定损伤区域位于主跨跨中, 损伤构件设定为钢箱梁顶板与横隔板。结构损伤通过降低损伤区域内构件单元的弹性模量来模拟。各损伤工况如表 12.1 所示。不同损伤工况对应两种损伤程度 (损伤单元的弹性模量折减程度 ΔE), 两种损伤程度分别为 60% 和 30%, 采用损伤工况编号加后缀 A、B 表示不同的损伤程度。例如, 1A 表示第一种损伤工况, 同时损伤构件的弹性模量 ΔE 降低 60%。

表 12.1 扁平钢箱梁损伤模拟工况

损伤工况	损伤区域	截面编号	损伤构件	损伤程度 ΔE	
				A	B
1	主跨跨中	1/2	顶板	60%	30%
2	主跨跨中	1/2	横隔板	60%	30%

首先采用固有频率比作为指标识别损伤，计算损伤前后的前 40 阶自振频率值和相对变化。图 12.3 ~ 图 12.6 分别给出了损伤工况 1A、1B、2A 和 2B 的 40 阶频率相对变化曲线。由图可见，本节所模拟的润扬大桥斜拉桥扁平钢箱梁的损伤对自振频率的影响非常小。因此，利用自振频率比来识别大跨度桥梁的早期损伤十分困难。

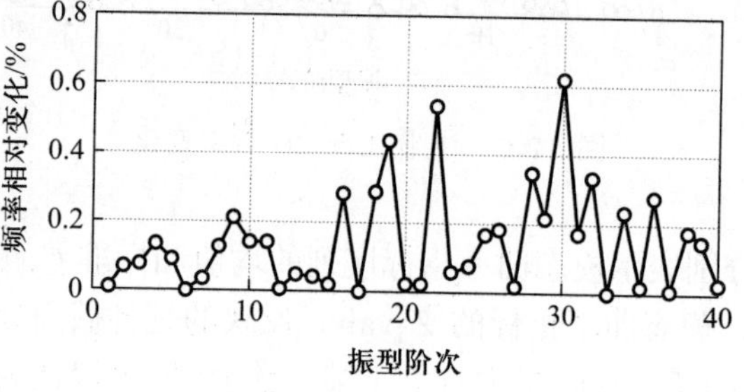

图 12.3 损伤工况 1A 频率变化

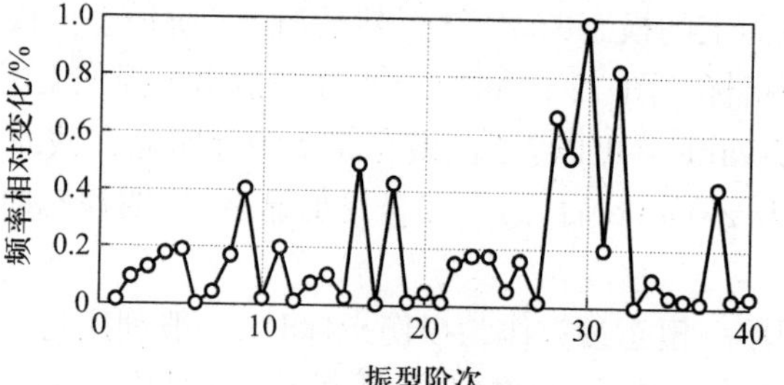

图 12.4 损伤工况 1B 频率变化

以下采用能够反映结构截面位置的模态曲率识别损伤。通常将模态曲率指标按下式做标准化处理：

$$Z_i = \frac{IndexC_i(j) - M}{\sigma_b} \tag{12.8}$$

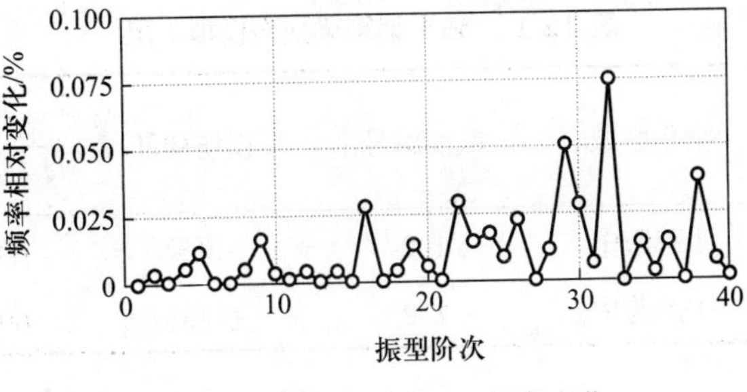

图 12.5　损伤工况 2A 频率变化

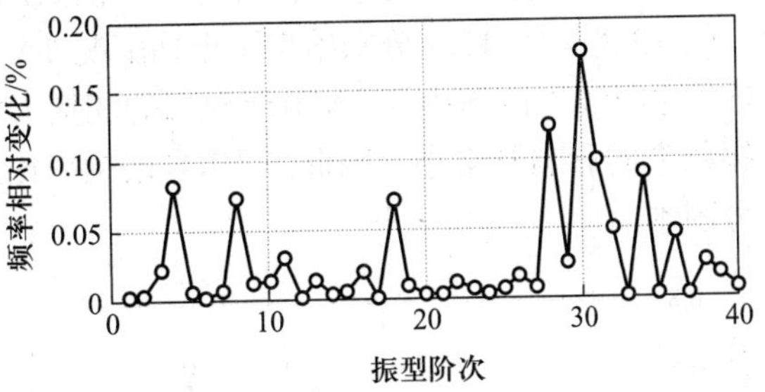

图 12.6　损伤工况 2B 频率变化

式中, M 和 σ_b 分别表示模态曲率指标序列的均值和标准差; 称 Z_i 为相应截面位置的 Z-value。模态曲率指标的 Z-value 反映的是各截面处模态曲率之间的差别。当某截面的 Z-value 最大且大于某一数值时, 可以认为该截面所在区域可能发生了损伤。

为简便起见, 不考虑噪声的影响, 以工况 1 进行验证, 分别计算 15 阶竖向弯曲模态在各截面上的模态曲率指标, 然后对 15 阶模态的模态曲率指标取其平均值作为损伤指标。图 12.7 和图 12.8 分别给出了损伤工况 1A、1B 的模态曲率指标及其 Z-value。可以看出, 模态曲率指标明显在截面 1 和 2 处达到最大值, 将其换算为 Z-value 后, 这一趋势更加显著, 表明模态曲率指标可以识别损伤。

频域法使用单一模态参数作为损伤指标时, 一般利用易于获取的低阶模态参数, 但低阶模态参数往往对结构损伤不敏感, 而且模态参数识别过程中引入的误差极有可能淹没掉损伤导致的模态参数的变化。例如, 从润扬大桥损伤识别的例子可以看出, 使用自振频率比无法有效识别大型结构的损伤 [3]。当改用复杂函数类指标 (模态曲率) 后, 不但实现了大跨桥梁主梁的损伤判断, 同时可以较准确地识别损伤的位置。

各类频域指标的识别效果不尽相同, 这是由指标所依据理论的完善度、结构形式和测试质量所决定的 [4]。根据既有研究和工程实践, 不同的频域损伤指

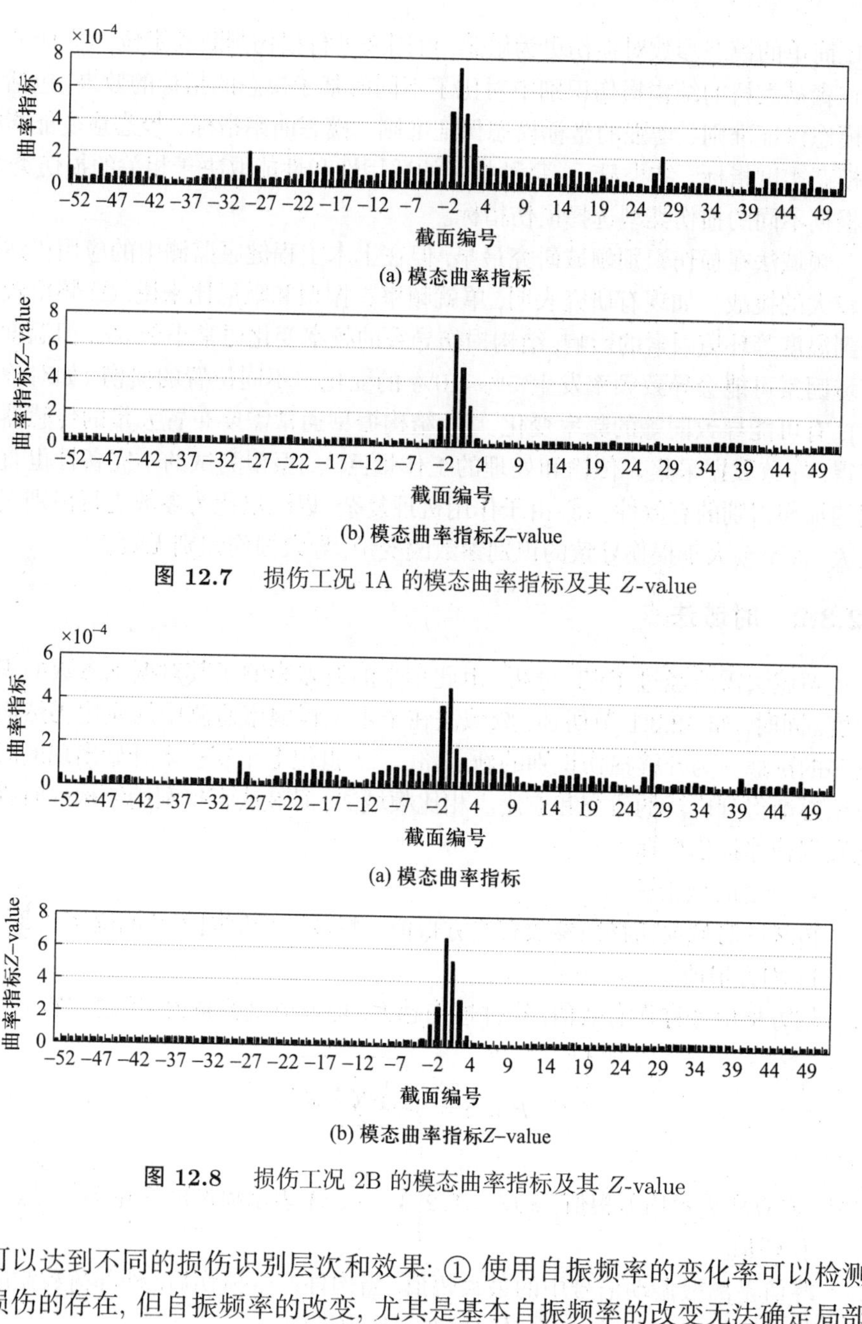

(a) 模态曲率指标

(b) 模态曲率指标Z–value

图 12.7　损伤工况 1A 的模态曲率指标及其 Z-value

(a) 模态曲率指标

(b) 模态曲率指标Z–value

图 12.8　损伤工况 2B 的模态曲率指标及其 Z-value

标可以达到不同的损伤识别层次和效果: ① 使用自振频率的变化率可以检测到损伤的存在, 但自振频率的改变, 尤其是基本自振频率的改变无法确定局部损伤如裂缝的位置。产生这一情况的原因是, 在不同位置的损伤可能产生相同程度的频率改变。② 对于桥梁结构, 模态柔度是比单独的自振频率或振型更灵敏的损伤参数。③ 从能量角度提取的损伤指标, 如单元模态应变能损伤前后的比值, 能有效确定损伤位置, 但在判断损伤程度时对噪声比较敏感。④ 模态曲率比简单的模态参数对损伤更为敏感, 可用来进行损伤判断和定位。⑤ 研究人员在青马大桥的结构损伤识别中对比了不同的基于模态的指标的效果, 包括坐标模态保证准则、增强的坐标模态保证准则、模态曲率指标、模态应变能指标及模态柔度指标。结果显示, 每种指标的适用性和性能取决于相关的损伤类型, 需根据不同的损伤类型选择损伤指标。

频域法在损伤识别领域研究最早, 但在土木工程健康监测中的应用仍然面临较大的挑战。如现有研究表明, 单就频率、振型和阻尼比来说: ① 频率较易受到温度等环境因素的影响, 结构损伤导致的频率变化通常小于 5%, 但温度等环境因素可能会导致频率发生 5%~10% 的变化。不同位置的损伤 (如对称位置), 有可能导致同等的频率变化。② 结构振型通常需要布置大量的传感器来获得, 导致数据采集、传输和处理的工作量巨大, 振型测试的不完备性也直接制约损伤识别的有效性。③ 由于作用机理复杂, 以阻尼比为参数进行识别误差较大, 甚至会大于损伤导致的识别参数改变量, 导致损伤识别无效。

12.3.2　时域法

频域法需要经过 FFT 分析, 由此带来的偏差影响了其对振动参数的识别精度, 同时, 如 12.3.1 节所述, 频域法在土木工程健康监测中的应用仍然面临诸多的挑战。为开辟损伤识别的新道路, 二十世纪七十年代末开始出现的时域方法逐渐得到广泛的研究和应用。相比频域法, 时域法直接利用结构的时程响应数据构建损伤指标。

1. 传统时域指标

传统的时域损伤特征参数有均方根值、峰值、峰值因子及峭度系数等。

1) 均方根值

均方根值也称作有效值, 构件损伤越大, 均方根值就越大, 反之亦然。

$$RMS = \sqrt{\frac{1}{n}\sum_{i}^{n} x_i^2} \tag{12.9}$$

式中, RMS 表示均方根值; $x_i(i = 1, 2, 3, \cdots, n)$ 表示离散时序振动信号。

2) 峰值

峰值是离散振动信号中的最大幅值, 当构件产生损伤后, 外部荷载激励引起的信号峰值会变大, 故而可以运用在损伤识别中。

$$Peak = \max\{|x_i|\} \tag{12.10}$$

式中, $Peak$ 表示峰值; $x_i(i = 1, 2, 3, \cdots, n)$ 表示离散振动信号。

3) 峰值因子

峰值因子 Crf 即峰值与均方根值之比, 可以更好地识别微小损伤。

$$Crf = \frac{Peak}{RMS} \tag{12.11}$$

4) 峭度系数

峭度系数 R_{v} 即峭度与均方根值四次方的比值。若结构的构件不产生损伤, 峭度系数会处于一定范围之内; 若发生损伤, 则会超过这一范围, 从而实现损伤识别。

$$R_{\mathrm{v}} = \frac{\frac{1}{n}\sum\limits_{i}^{n}(x_i - \overline{x})^4}{RMS^4} \tag{12.12}$$

式中, $\overline{x}$ 表示 n 个离散振动信号的平均值。

2. 变换位移项

实际工程的振动监测, 由于硬件条件的限制, 往往只进行结构加速度时程的监测, 损伤识别要求获得尽量完整的振动信息, 除加速度外, 还需要结构位移与速度的时程响应信息 [5]。此时, 需要采用线性加速度法或非线性加速度法获取速度项与位移项。非线性加速度法变换所得位移项可以作为损伤指标。

假定在时刻 t 到时刻 $t+\Delta t$ 的时间段内, 加速度按照二次抛物线变化, 位移则呈四次方变化。拟合时程曲线时, 假设 t 到 $t+2\Delta t$ 时刻的间隔内, 时程曲线由 t、$t+\Delta t$ 和 $t+2\Delta t$ 三个时刻加速度以抛物线形式表示, 则对 $t+i\Delta t$ 时刻到 $t+(i+1)\Delta t$ 时刻 $(i=2,3,\cdots,n)$ 这一时间间隔内, 时程曲线通过以下三点确定。

(1) $t+i\Delta t$ 时刻的时程曲线值等于 $t+i\Delta t$ 时刻的加速度;

(2) $t+i\Delta t$ 时刻时程曲线的斜率值等于 $t+(i-1)\Delta t$ 时刻至 $t+i\Delta t$ 时刻间隔内时程曲线在 $t+i\Delta t$ 时刻的斜率值;

(3) $t+(i+1)\Delta t$ 时刻的时程曲线值等于 $t+(i+1)\Delta t$ 时刻的加速度。

由以上假设可知, 对于任意 $t \leqslant \tau \leqslant t+2\Delta t$ 时刻, 其加速度 $\ddot{x}_{t+\tau}$ 可以表示为

$$\ddot{x}_{t+\tau} = \ddot{x}_t + \frac{\tau(-\ddot{x}_{t+2\Delta t} + 4\ddot{x}_{t+\Delta t} - 3\ddot{x}_t)}{2\Delta t} \tag{12.13}$$

同理, 对于 $\tau \geqslant t+2\Delta t$ 其加速度也可按上述假设推导出。

对上式在 t 到 $t+\Delta t$ 时间间隔内进行一次积分, 得 $t+\Delta t$ 时刻速度:

$$\dot{x}_{t+\Delta t} = \dot{x}_t + \frac{\Delta t(-\ddot{x}_{t+2\Delta t} + 8\ddot{x}_{t+\Delta t} + 5\ddot{x}_t)}{12} \tag{12.14}$$

再积分一次, 得 $t+\Delta t$ 时刻位移:

$$x_{t+\Delta t} = x + \dot{x}_t\Delta t + \frac{\Delta t^2(-\ddot{x}_{t+2\Delta t} + 6\ddot{x}_{t+\Delta t} + 7\ddot{x}_t)}{24} \tag{12.15}$$

同理, 求得 $t+2\Delta t$ 时刻速度和位移:

$$\dot{x}_{t+2\Delta t} = \dot{x}_t + \frac{\Delta t(4\ddot{x}_{t+2\Delta t} + 16\ddot{x}_{t+\Delta t} + 4\ddot{x}_t)}{12} \tag{12.16}$$

$$x_{t+2\Delta t} = x_t + 2\dot{x}_t\Delta t + \frac{\Delta t^2(16\ddot{x}_{t+\Delta t} + 32\ddot{x}_t)}{24} \tag{12.17}$$

t 时刻的结构动力方程为

$$\boldsymbol{M}\ddot{x}_t + \boldsymbol{C}\ddot{x}_t + \boldsymbol{K}x_t = \boldsymbol{f}_t \tag{12.18}$$

$t+\Delta t$ 时刻与 $t+2\Delta t$ 时刻结构动力方程为

$$\boldsymbol{M}\ddot{x}_{t+\Delta t} + \boldsymbol{C}\dot{x}_{t+\Delta t} + \boldsymbol{K}x_{t+\Delta t} = \boldsymbol{f}_{t+\Delta t} \tag{12.19}$$

$$\boldsymbol{M}\ddot{x}_{t+2\Delta t} + \boldsymbol{C}\dot{x}_{t+2\Delta t} + \boldsymbol{K}x_{t+2\Delta t} = \boldsymbol{f}_{t+2\Delta t} \tag{12.20}$$

将式 (12.20) 与式 (12.18) 相加再减去式 (12.19) 的两倍可得

$$\boldsymbol{M}\ddot{y}_t + \boldsymbol{C}\dot{y}_t + \boldsymbol{K}y_t = \boldsymbol{f}_t \tag{12.21}$$

式中,

$$\ddot{y}_t = \dot{x}_t - 2\ddot{x}_{t+\Delta t} + \ddot{x}_{t+2\Delta t} \tag{12.22}$$

$$\dot{y}_t = 0.5\Delta t(\ddot{x}_{t+2\Delta t} - \ddot{x}_t) \tag{12.23}$$

$$y_t = \frac{\Delta t^2(\ddot{x}_{t+2\Delta t} + 10\ddot{x}_{t+\Delta t} + \ddot{x}_t)}{12} \tag{12.24}$$

y_t 即为变换位移项, 可作为损伤识别指标使用。

3. 损伤敏感因子

损伤敏感因子 (damage sensitive feature, DSF), 其含义是指在结构发生损伤时, 由损伤指标所建立的某种变化明显的包含结构特征量的载体。损伤敏感因子的具体计算方法可以根据需要进行定义, 没有特定的计算公式。损伤敏感因子通常配合时间序列 ARMA 法一起运用。ARMA 时间序列分析法计算精度高, 适用于大多数种类的时间序列, 在时域分析中有广泛运用, 本章以此方法为基础进行损伤识别介绍。

时间序列法使用的数学模型主要是 AR 模型和自回归滑动平均 (auto regressive moving average, ARMA) 模型, AR 模型只使用响应信号, ARMA 模型需使用激励和响应两种信号 [6]。

对于一个单自由度结构体系, 其运动微分方程为

$$\boldsymbol{M}\ddot{\boldsymbol{x}}(t)+\boldsymbol{C}\ddot{\boldsymbol{x}}(t)+\boldsymbol{K}\boldsymbol{x}(t)=\boldsymbol{f}(t) \tag{12.25}$$

设以等时间间隔 Δ 对连续信号 $x(t)$ 进行采样, 得到 n 个离散指标 x_1, x_2, $\cdots$, x_n 即观测时序 $\{x_t\}(t=1,2,\cdots,n)$, 根据微分的定义, 近似有

$$\ddot{x}_t=\frac{\mathrm{d}x_t}{\mathrm{d}t}\approx\frac{x_t-x_{t-1}}{\Delta} \tag{12.26a}$$

$$\ddot{x}_t=\frac{\mathrm{d}\dot{x}_t}{\mathrm{d}t}\approx\frac{x_t-2x_{t-1}+x_{t-2}}{\Delta^2} \tag{12.26b}$$

将式 (12.26a) 与式 (12.26b) 代入式 (12.25), 化简后可得差分方程模型为

$$x_t+\varphi_1x_{t-1}+\varphi_2x_{t-2}=\theta_0f_t \tag{12.27}$$

式 (12.27) 是一个二阶差分方程, φ_1、φ_2 和 θ_0 为常系数。

引入后移算子 B, 有 $B^kx_t=x_{t-k}$, 则上式变换为

$$(1+\varphi_1B+\varphi_2B^2)x_t=\theta_0f_t \tag{12.28}$$

上式移项可得离散系统的传递函数模型为

$$x_t=\frac{\theta_0}{1+\varphi_1B+\varphi_2B^2}f_t \tag{12.29}$$

式中, x_t 表示系统的响应 (输出); f_t 表示外界对系统的作用 (输入)。当传递函数 $\theta_0/(1+\varphi_1B+\varphi_2B^2)$ 的分子和分母无公共因子时, 分母描述的是系统的固有特性, 分子描述的是系统与外界的联系。

时序分析 ARMA 模型以白噪声序列 $\{a_t\}(t=1,2,\cdots,n)$, 作为系统的输入, 将单自由度运动差分方程 (12.27) 推广得

$$x_t+\sum_{k=1}^{P}\varphi_kx_{t-k}=a_t+\sum_{k=1}^{q}\theta_ka_{t-k} \tag{12.30}$$

式 (12.30) 由自回归和滑动平均两部分组成: φ_k 和 θ_k 分别为第 k 阶 AR 和 MA 系数; p 和 q 分别为 AR 和 MA 的阶次, 式 (12.27) 可简记为 ARMA(p,q)。同样地, 引入后移算子 B, 式 (12.30) 可对称地记为

$$\varphi(B)x_t=\theta(B)a_t \tag{12.31}$$

移项可得

$$x_t=\frac{\theta(B)}{\varphi(B)}a_t \tag{12.32}$$

由式 (12.32) 可见,ARMA 模型描述了一个传递函数为 $\theta(B)/\varphi(B)$ 的系统, $\varphi(B)$ 表征系统的固有特性, $\theta(B)$ 表征的是系统与外界的联系。以白噪声序列 $\{a_t\}$ 作为输入, 说明 ARMA 模型不需要了解系统的输入信息, 而仅需响应数据 $\{x_t\}$ 即可建立系统的参数化模型。

ARMA 模型的参数估计采用长自回归模型计算残差法，该法建立在 AR 与 ARMA 模型残差相等的基础之上, 将 ARMA 模型参数的非线性回归问题转化为线性回归问题。确定 ARMA 模型阶次 p、q 采用 Akaike 信息准则 (Akaike information criteria, AIC), 准则由模型最大似然函数和独立参数个数两部分组成。

ARMA 模型中自回归部分系数可表征系统固有特性, 因而可以依据模型 AR 参数进行状态识别和损伤判断。但是, 当系统模型参数较多时, 直接运用 AR 参数很难实现结构损伤判断。基于监测数据所建立的 ARMA 模型, 应用统计分析的方法获取损伤识别指标 DSF, 步骤如下。

(1) 采集结构完好状况、损伤状况下的监测数据。将完好状况监测数据分为两部分: 一部分作为训练样本集 (S1); 另一部分作为参考数据样本集 (S2)。同时, 将损伤状况下的监测数据作为待处理数据样本集 (S3)。设三个样本集中等长数据样本数分别为 n_1、n_2 和 n_3, 并逐段进行数据标准化处理:

$$\boldsymbol{x}_{ij}(t) = \frac{\boldsymbol{X}_{ij}(t) - \mu_{ij}}{\sigma_{ij}} \tag{12.33}$$

式中, $\boldsymbol{X}_{ij}(t)$ 表示从第 i 个传感器获得的第 j 段响应数据; μ_{ij} 和 σ_{ij} 分别表示 $\boldsymbol{X}_{ij}(t)$ 的平均值和均方差。

(2) 运用前述参数估计方法和 Akaike 信息准则, 对三个样本集的所有标准化数据样本建立 ARMA(p,q) 模型。

(3) 对 AR 参数进行主成分分析 (principle component analysis, PCA), 形成低维向量即主特征量。具体方法为, 将所有 ARMA(p,q) 模型中第 j 阶 AR 参数记为向量 $\boldsymbol{x}'_j(j=1,2,\cdots,p)$, 对矩阵 $\boldsymbol{X}=(\boldsymbol{x}'_1,\boldsymbol{x}'_2,\cdots,\boldsymbol{x}'_p)$ 进行主成分分析, 获得 $\boldsymbol{X}$ 的第 k 个主成分如下:

$$\boldsymbol{y}_k = \boldsymbol{e}_k^{\mathrm{T}}\boldsymbol{X} = e_{1k}\boldsymbol{x}'_1 + e_{2k}\boldsymbol{x}'_2 + \cdots + e_{pk}\boldsymbol{x}'_p,\ k=1,2,\cdots,p \tag{12.34}$$

并且有

$$\begin{cases} Var(\boldsymbol{y}_k) = \boldsymbol{e}_k^{\mathrm{T}}\boldsymbol{\Omega}\boldsymbol{e}_k = \boldsymbol{\lambda}_k, & k=1,2,\cdots,p \\ Car(\boldsymbol{y}_k,\boldsymbol{y}_l) = \boldsymbol{e}_k^{\mathrm{T}}\boldsymbol{\Omega}\boldsymbol{e}_l = 0, & k\neq l \end{cases} \tag{12.35}$$

(4) 式 (12.35) 中 $\boldsymbol{\Omega}$ 为 $\boldsymbol{X}$ 的协方差矩阵, $\boldsymbol{\lambda}_1,\boldsymbol{\lambda}_2,\cdots,\boldsymbol{\lambda}_p$ 及 $\boldsymbol{e}_1,\boldsymbol{e}_2,\cdots,\boldsymbol{e}_p$ 分别为 $\boldsymbol{\Omega}$ 的特征根及相应的正交单位化特征向量。保留前 m 个主成分 ($m <$

p, m 一般取 2~4, 即可包含原矩阵 $\boldsymbol{X}$ 中 80%~90% 的主要信息), 从 S1、S2 和 S3 中将分别得到 $n_1 \times m$、$n_2 \times m$ 和 $n_3 \times m$ 阶主成分矩阵。

(5) 记训练样本集得到的 $n_1 \times m$ 主成分矩阵为 $\boldsymbol{G}$, 其数学期望为 μ, 协方差矩阵为 $\boldsymbol{\Omega}_x$。定义 $n_2 \times m$ 和 $n_3 \times m$ 主成分矩阵中 m 维样本 $\boldsymbol{\nu}_i(i=1,2,\cdots,n_2;\ i=1,2,\cdots,n_3)$ 与 $\boldsymbol{G}$ 的 Mahalanobis 距离为

$$DSF = \left[(\boldsymbol{\nu}-\mu)^{\mathrm{T}}\boldsymbol{\Omega}_x{}^{-1}(\boldsymbol{\nu}-\mu)\right]^{0.5} \tag{12.36}$$

(6) 如果 DSF 对结构状态具有辨识能力, 则从 S2 和 S3 中获得的 DSF 将存在显著性差异。采用 t 检验方法在一定显著性水平下进行假设检验:

$$H_0: \mu_2 = \mu_3,\ H_1: \mu_2 \neq \mu_3 \tag{12.37}$$

式中, μ_2 和 μ_3 分别表示 S2 和 S3 对应的 DSF 的均值, 当检验结果为 H_1 时即说明结构存在损伤。

【案例 12.2】采用 IASC–ASCE 的 Benchmark 结构作为实例, 说明如何运用 DSF 配合 ARMA 方法进行损伤识别。如图 12.9 所示, Benchmark 结构为 4 层 2×2 跨的缩尺钢框架模型, 平面尺寸为 2.5 m×2.5 m, 层高 0.9 m, 关于 IASC–ASCE Benchmark 模型的详细介绍见本书附录 4。

图 12.9 ASCE Benchmark 钢框架试验模型

选择四种工况进行结构损伤识别研究: 工况 1, 完好结构; 工况 2, 去除第 1 层东面南侧一跨的支撑; 工况 3, 去除东面所有支撑以及第 2 层北面支撑; 工况 4, 去除所有支撑。其中, 工况 2 为微小损伤, 工况 3、工况 4 的损伤程度依次增大。试验在结构底层和 1~4 层各布置了 3 个加速度计。对所有 15 个加速度计的数据提取指标 DSF, 用以考查损伤识别方法的有效性。

Benchmark 结构环境激励试验时, 加速度计采样频率设为 200 Hz, 各工况采样持时略有不同。工况 1 采样持时为 300 s, 将其数据分为两部分, 前 150 s 获得的数据作为训练样本集 (S1), 后 150 s 获得的数据作为参考数据样本集 (S2)。同时, 各损伤工况也仅取对应于 S2 的 150 s 数据作为待处理数据样本集 (S3)。将以上三个数据集分成每段 2 048 点的数据段, 分段滞后均取 512 点, 数据段重叠率为 75%, 则三个样本集均得到 50 个数据样本。以工况 1 的所有 100 个数据样本为基准, 进行 ARMA 建模和主成分分析的讨论。根据 AIC 准则和 PCA 方差分析结果, 确定模型采用 ARMA (8,7), 主成分阶次 m 取为 2。然后, 按步骤对三类损伤工况下传感器数据提取 DSF。

图 12.10 所示为三种损伤工况下, 从任意挑选的传感器加速度数据中提取的 DSF。由图中可以比较明显地看出 DSF 的均值在损伤前后存在明显差异。

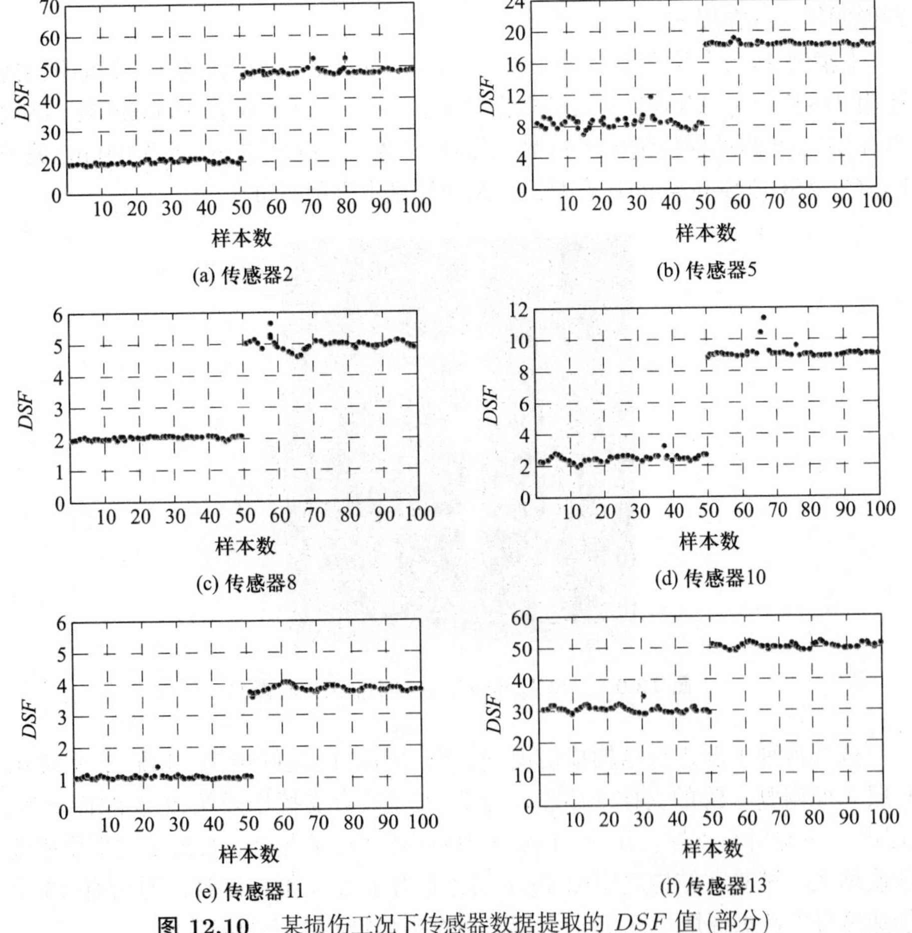

图 12.10　某损伤工况下传感器数据提取的 DSF 值 (部分)

为了定量地描述这种差异, 采用统计分析中的 t 检验方法在一定显著性水平下检验来自结构不同状态的 DSF 均值。

表 12.2 为显著性水平 $\gamma = 0.05$ 下从三类损伤工况 15 个加速度计数据中提取 DSF 的 t 检验结果, O 值表示零假设成立时统计量大于或等于显著性水平 γ 的概率。由表 12.2 可见, 三类损伤工况下除工况 2 传感器 14 的 DSF 未能识别损伤外, 其余工况下各传感器均判断结构存在损伤。从表 12.2 中还可见, 当 t 检验结果为 H_1 时, O 值均远小于显著性水平 0.05。这表明, DSF 对结构的损伤具有敏感性, 能准确地识别出结构的异常状态, ARMA 方法有良好效果。

表 12.2　所有工况下的损伤识别结果

传感器	工况 2		工况 3		工况 4	
	t 检验	O 值	t 检验	O 值	t 检验	O 值
1	H_1	4.2×10^{-111}	H_1	7.2×10^{-48}	H_1	1.9×10^{-56}
2	H_1	2.1×10^{-25}	H_1	2.2×10^{-58}	H_1	2.4×10^{-30}
3	H_1	3.7×10^{-173}	H_1	7.9×10^{-4}	H_1	9.9×10^{-44}
4	H_1	4.0×10^{-42}	H_1	2.1×10^{-29}	H_1	4.0×10^{-26}
5	H_1	7.1×10^{-50}	H_1	1.2×10^{-30}	H_1	7.5×10^{-103}
6	H_1	4.9×10^{-23}	H_1	2.7×10^{-14}	H_1	6.7×10^{-8}
7	H_1	1.4×10^{-26}	H_1	6.2×10^{-34}	H_1	3.4×10^{-22}
8	H_1	1.6×10^{-74}	H_1	1.5×10^{-83}	H_1	3.1×10^{-37}
9	H_1	4.1×10^{-20}	H_1	4.4×10^{-7}	H_1	6.4×10^{-11}
10	H_1	3.8×10^{-38}	H_1	2.1×10^{-20}	H_1	8.2×10^{-56}
11	H_1	2.7×10^{-16}	H_1	6.1×10^{-55}	H_1	4.2×10^{-31}
12	H_1	1.1×10^{-29}	H_1	5.1×10^{-33}	H_1	3.2×10^{-73}
13	H_1	2.2×10^{-66}	H_1	5.5×10^{-83}	H_1	1.4×10^{-78}
14	H_0	0.43*	H_1	3.6×10^{-6}	H_1	1.9×10^{-15}
15	H_1	2.7×10^{-5}	H_1	3.6×10^{-3}	H_1	8.6×10^{-5}

注: * 表示被标记的传感器未实现损伤识别。

时域法一般直接利用监测时序信号进行损伤识别, 相关研究表明时域响应较易受到温度等环境因素的影响, 且对激励荷载的依赖性较大, 然而土木工程结构的环境条件复杂且多变, 激励荷载来源众多且形式、大小难以准确估计。信号处理手段的选择对结果也有较大影响, 同样的监测数据, 采用不同的信号处理手段, 甚至采用同样的信号处理手段, 但识别参数不一致, 都可能得到不一致的损伤识别结果 [7]。

对于时域法相关指标而言, 传统时域指标的计算公式相对简单, 但只能针对单一构件发生损伤进行判断, 多运用于机械零部件的损伤识别, 若要进行土建结构损伤位置的识别, 则需要布设大量传感器。与频域法单一模态参数指标面临的问题相同, 时域法传统指标运用于大型土木结构时, 精度问题相对突出。获取方式更为复杂的指标, 如变化位移项或实例中采用 AMRA 方法所得的 DSF 指标能更加精准的实现损伤判断, 同时进行损伤定位。

12.4　基于模型修正的损伤识别

前述的基于监测数据的损伤识别方法, 不依赖有限元模型修正技术, 通常称之为无模型方法。与此对应, 依赖于有限元模型修正技术的方法则称为基于模型修正的方法, 其基本原理在于将反应损伤情况的参数作为待修正参数, 通过迭代修正有限元模型中的待修正参数, 使得模型计算值 (通常为模态参数或时序响应) 与实际测试值相一致, 对比修正模型与基准模型, 实现对结构损伤的识别 [8]。模型修正方法一般可分为四类。

(1) 优化矩阵修正法 (optimal matrix update method), 即采用如拉格朗日乘子法等优化方法修正矩阵参数。此类方法最大的缺点是修正结果不再保持原有参数矩阵的物理意义 (荷载路径等)。

(2) 基于灵敏度的修正法 (sensitivity based update method), 基本思想是直接以构件的几何参数、材料性能参数或设计参数 (如截面面积、惯性矩、弹性模量等) 为识别对象, 建立待识别参数与模态测量值或物理值之间的灵敏度矩阵。通过一阶泰勒级数展开, 建立模型计算值与相应测量值之间的误差关系, 并用优化方法将这种误差最小化, 使计算值与测量值最大程度吻合, 同时得到构件的性能参数变化信息, 实现结构损伤识别。

(3) 特征结构分配修正法 (eigenstructure assignment method), 此方法原理为通过控制增益 (control gain) 调节原结构模型, 即对无损结构模型的参数矩阵施加一个小的改变量。调整虚拟控制器改变控制增益进行模型修正后, 通过比较结构响应与测试响应间的差别来指示质量和刚度矩阵的变异, 经过不断调节, 当实测模型与有限元模型一致后, 即可进行损伤识别。

(4) 混合矩阵修正法 (hybrid matrix update method), 混合法本身并非一类方法, 只是综合多种 (一般两种) 矩阵修正法以提高计算效率, 进行准确的模型修正, 从而获得更佳损伤诊断效果。

实际上对于土木工程而言, 有限元模型修正方法通常分成两类, 即非单元修正法和单元修正法。前者以优化矩阵修正法为代表, 特点是精度高。但由于是整体刚度和质量的修正, 修正量扩散到每个矩阵元素, 丧失了修正的物理意义, 不适合在结构损伤识别中应用。后者以灵敏度法等为代表, 其重要特点是能以单元或结构参数为修正目标, 修正量具有物理意义。需要说明的是, 模型修正和基于模型修正的损伤识别是有差异的。模型修正是为了获得一个能产生与测试数据相匹配的有限元模型, 而损伤识别更注重损伤定位和定量, 此时修正结果将导致模型产生明显的局部变化。

鉴于第 11 章全面介绍了有限元模型修正技术, 本章对基于有限元模型修正的方法只予以简单介绍。相比于第 11 章的有限元模型修正方法, 本节方法的主要区别在于待修正参数和正则化方法选择两个方面。

(1) 待修正参数。

通常假定结构损伤前后刚度减小而阻尼和质量不发生变化。由 n 个有限单元模拟的结构, 系统刚度矩阵如下:

$$\boldsymbol{K} = \sum_{i=1}^{n} \alpha_i \boldsymbol{K}_i \tag{12.38}$$

式中, $\boldsymbol{K}_i$ 表示第 i 个单元的刚度矩阵; α_i 表示第 i 个单元的刚度矩阵系数, 其取值范围为 $0< \alpha_i \leqslant 1$。

α_i 可以用来反映单元的损伤情况, 当结构的第 i 个单元处于未损状态时, $\alpha_i = 1$; 反之, 第 i 个单元的刚度矩阵系数 $\alpha_i <1$。因此, 可以定义如下刚度折减系数 (stiffness reduction factor, SRF) 向量 $\boldsymbol{S}$ 来反映结构的损伤状况:

$$\boldsymbol{S} = [s_1, s_2, \cdots, s_n] = [\alpha_1 - 1, \alpha_2 - 1, \cdots, \alpha_n - 1] \tag{12.39}$$

在有限元模型修正中, 将 $\boldsymbol{S}$ 作为代修正参数向量。修正结果既能反映损伤的位置, 也能反映损伤的程度。鉴于实际结构通常只有少量单元发生损伤, $\boldsymbol{S}$ 为只对应于损伤区域的单元的部分元素为非零值的稀疏向量。

(2) 正则化方法。

代修正参数向量 $\boldsymbol{S}$ 常常通过优化方法求解。传统有限元模型修正方法采用 Tikhonov (L2) 正则化技术来处理病态问题 (第 11 章)。然而 Tikhonov 正则化通常导致过于光滑的解, 因而众多单元都会被识别为损伤单元, 这显然与实际情况不符。真实情况下应该只有少部分单元损伤, 如结构的早期损伤通常出现为柱的端部或者梁的中部等应力最大的区域。相比于结构有限元模型总的单元数量, 少量的损伤单元可以视为稀疏分布。因此, 损伤单元的识别是一个稀疏恢复的问题。因此近年来众多学者将稀疏正则化 (L1) 用于损伤识别 [9]。

根据稀疏恢复理论, 只有少量元素非零的稀疏向量可以通过非常少量的测点信息来恢复。第 11 章中所采用的时域信息或频域信息都可以用来构建目标函数。为简便起见, 目标函数仅采用频率信息, 如下:

$$\min \boldsymbol{J}(\boldsymbol{S}) = \frac{1}{n}\sum_{i=1}^{n}\left(\frac{\lambda_i^{\mathrm{mr}}(\boldsymbol{S}) - \lambda_i^{\mathrm{er}}}{\lambda_i^{\mathrm{er}}}\right)^2 + \frac{\beta}{n}\|\boldsymbol{S}\|_1 \tag{12.40}$$

$$\lambda_i^{\mathrm{er}} = (2\pi\omega_i^{\mathrm{er}})^2 \tag{12.41a}$$

$$\lambda_i^{\mathrm{mr}} = (2\pi\omega_i^{\mathrm{mr}})^2 \tag{12.41b}$$

式中, $\|\cdot\|_1$ 表示 L1 范数; 上角标 “mr” 和 “er” 分别表示模型计算结果和试验测试结果; ω 表示频率; n 表示采用的频率阶数; β 表示正则化参数。正则化参数的取值对于结果具有较大影响, 目前多采用类似于 Tikhonov (L2) 正则化中的 L 曲线方法来确定 [10]。

【案例 12.3】如图 12.11 所示平面钢质悬臂梁, 长度为 0.9 m, 横截面尺寸为 50.75 mm×6 mm, 密度为 7.67×10^3 kg/m^3。采用 90 个等长 (1 cm) 平面梁单元进行有限元模拟, 如图 12.12 所示。假定第 1 个和第 45 个单元为损伤单元, 损伤程度均为 50%。通过有限元方法分别计算损伤前后的悬臂梁自振频率, 将其作为 “模态试验” 的测试结果。损伤前后悬臂梁频率如表 12.3 所示。

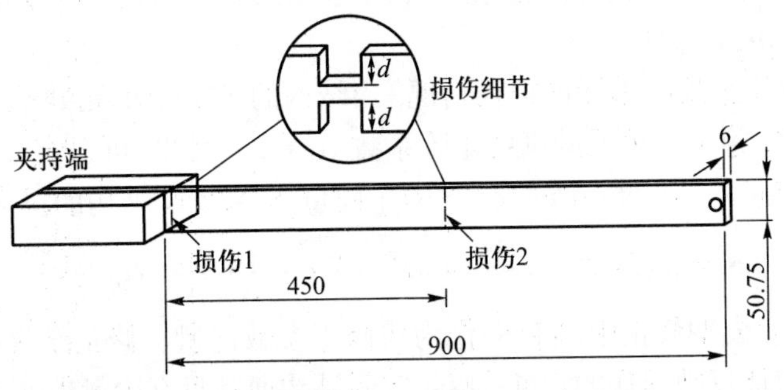

图 12.11　平面悬臂梁与损伤状况示意 (单位: mm)

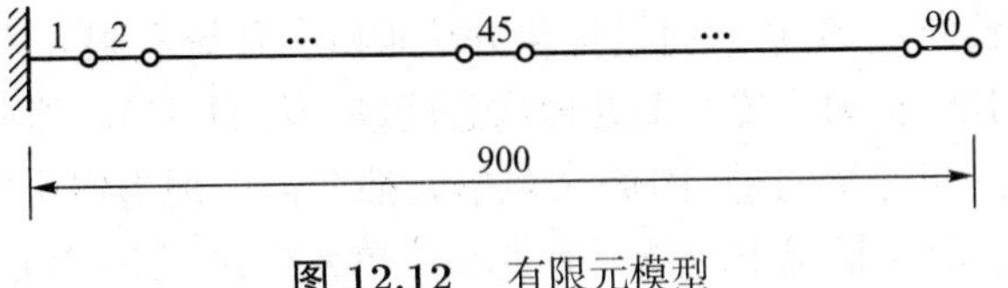

图 12.12　有限元模型

采用本章所述方法, 将刚度折减系数向量 $\boldsymbol{S} = [\alpha_1 - 1, \alpha_2 - 1, \cdots, \alpha_{90} - 1]$ 作为待修正系数。考虑到实际模态测试中, 频率的识别精度随着阶数的增长而

表 12.3　损伤前后悬臂梁频率

模态阶数	损伤前/Hz	损伤后/Hz
1	5.633	5.500
2	35.304	34.228
3	98.853	97.028
4	193.712	188.350
5	320.219	315.044

降低, 本例只采用前 5 阶自振频率信息。损伤识别结果如图 12.13 所示, 第 1 个和第 45 个单元被准确地识别为损伤单元, 表明基于稀疏正则化的有限元模型修正技术可以有效识别结构损伤。本例只采用 5 阶自振频率信息, 而待修正参数的个数为 90, 如果采用通常的 Tikhonov 正则化很难识别出合理的结果。

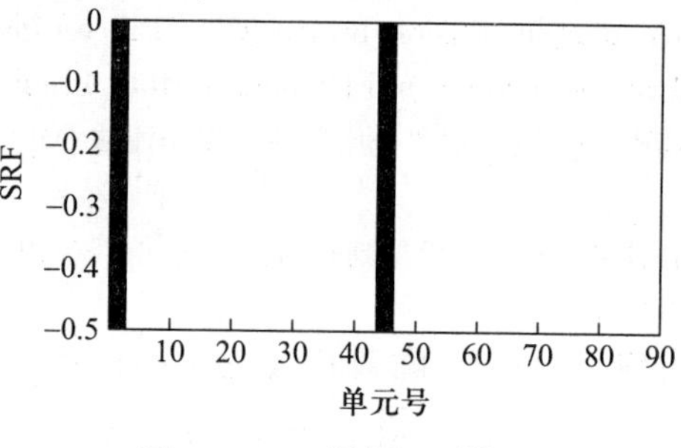

图 12.13　损伤识别结果

上述实例表明, 基于模型修正的方法, 不但实现了损伤判断, 损伤结果也精准地体现了损伤位置。但是, 基于模型修正的损伤识别方式同样存在缺陷。该方法的有效性很大程度依赖于有限元模型的精确性, 然而实际土木工程结构通常很难建立精确的有限元模型。作为典型的反问题, 还易出现病态矩阵导致优化过程不能收敛; 优化迭代过程需要重复计算有限元模型, 计算量过大, 导致模型修正效率低下。同时, 为实现局部损伤识别, 通常需要较多的修正参数, 也将导致陷入局部最优的困境, 并大幅增加计算成本。

思考题

12.1　这一章给出的大型斜拉索桥案例中, 直接使用钢箱梁振动频率作为损伤指标无法取得良好的识别效果, 造成这一现象的可能原因是什么?

12.2 同样进行损伤识别, 针对不同类型的结构, 是否需要不同的对策, 并讲述理由。

12.3 结合所学, 就自己对某一建筑的认知, 试提出损伤识别方案。

12.4 为何在已进行大量频域法研究的基础上, 仍要进行其他识别手段的研究?

12.5 根据已经学习的数理知识, 能否提出一种新的频域或时域损伤指标?

参考文献

[1] Rytter A. Vibration based inspection of civil engineering Structure [J]. Earthquake Engineering and Structural Dynamics, 1991, 29(1): 37-62.

[2] Yi T H, Li H N, Sun H M. Multi-stage structural damage diagnosis method based on "energy-damage" theory [J]. Smart Structures and Systems, 2013, 12(3-4): 345-361.

[3] 丁幼亮, 李爱群. 润扬长江大桥结构损伤预警系统的设计与实现 [J]. 东南大学学报 (自然科学版), 2008, 38(4): 704-708.

[4] Wang B S, Liang X B, Ni Y Q, et al. Comparative study of damage indices in application to a long-span suspension bridge [C]// Proceedings of the International Conference on Advances in Structural Dynamics, Hong Kong, PRC, 2000.

[5] 单德山, 李乔, 付春雨, 等. 智能桥梁健康监测与损伤评估 [M]. 北京: 人民交通出版社, 2010.

[6] 陈志为, 林友勤, 任伟新. 用 AR 模型判断结构损伤的方法 [J]. 福州大学学报 (自然科学版), 2005(S1): 301-304.

[7] 谭冬梅, 姚三, 瞿伟廉. 振动模态的参数识别综述 [J]. 华中科技大学学报: 城市科学版, 2002(3): 73-78.

[8] Dobling S W, Farrar C R, Prime M B. A summary review of vibration-based damage identification methods [J]. The Shock and Vibration Digest, 1998, 30(2): 91-105.

[9] Zhou X Q, Xia Y, Weng S. Regularization approach to structural damage detection using frequency data [J]. Structural Health Monitoring, 2015, 14(6): 571-582.

[10] Zhang C D, Xu Y L. Comparative studies on damage identification with Tikhonov regularization and sparse regularization [J]. Structural Control and Health Monitoring, 2016, 23: 560-579.

第 13 章 结构状态评估与预警*

结构状态评估是指借助于原始设计资料、有限元分析模型和各类检测以及监测信息，运用数理统计、人工智能、模式识别和系统论等方法，在综合分析影响结构安全诸因素的基础上，对结构工作状态进行客观评估的过程。结构状态评估理论的主要目的是找到一种合适的标度，用各种方法将结构工作状态与该标度联系起来。结构安全预警是指结构荷载作用、响应或评估指标超过预定阈值时，结构健康监测系统按预定方式自动发出警告。预警是以灾害控制为目的，以健康监测技术为支持，以报警阈值指标体系为依据。结构状态评估与预警两者相辅相成，通过结构状态评估，可及时掌握结构的内部状态和损伤情况，及早发现结构面临的危险。通过有效的预警机制和手段对即将发生的危险进行预测和警报，并借助决策支持系统制订针对性的应急处理预案，将可能的灾害损伤降低到最小程度。结构状态评估与预警对预测结构的性能演变和剩余寿命，提高工程结构的运营效率，保障人民生命财产安全具有重要意义。

本章首先阐述了结构状态评估的内涵，主要集中在安全性评估、耐久性评估和疲劳性能评估三个方面；然后，介绍了层次分析法、基于时变可靠性理论

* 本章执笔人:
王磊，长沙理工大学土木工程学院，leiwang@csust.edu.cn
董优，香港理工大学土木及环境工程学系，you.dong@polyu.edu.hk
马亚飞，长沙理工大学土木工程学院，yafei.ma@csust.edu.cn

的评估方法和模糊综合评判法等常用方法, 并结合应用实例进行了说明; 最后, 给出了安全预警的一般原则, 以及主要监测指标的报警阈值设置和预警方式。

13.1　结构状态评估内涵

工程结构在服役过程中受车辆、温度、风等作用, 存在材料自然老化、钢筋锈蚀、冻融、碱集料反应和疲劳损伤等问题, 结构不可避免地产生承载能力下降和耐久性降低。为保证结构在复杂环境下维持其运营性能和效用, 需对其状态进行评估, 并依据健康监测数据对环境和结构响应指标进行计算。为此, 首先需要确定结构状态评估的主要内容。

13.1.1　安全性评估

安全性评估是对结构极限破坏状态的评估, 即承载能力或强度评估。承载能力评估与结构或构件的极限强度、稳定性能有关。通过结构安全性评估, 能客观了解结构服役现状, 还可为结构维修养护和加固改造提供技术依据 [1]。例如, 就桥梁而言, 对新、旧桥主梁之间拼接部位的受力状况进行分析, 研究其对改造后桥梁整体安全性的影响, 对桥梁扩建方案设计和改造施工具有重要的理论和实践意义。

安全性评估分为构件层面和整体结构层面。在构件层面, 通过确定其可能出现的失效模式, 建立功能函数并进行求解。功能函数根据规范中规定的承载能力极限状态表达式建立, 以作用效应和结构抗力作为基本变量。作用效应的统计样本可从结构健康监测和安全评估系统中获得, 结构抗力主要通过设计资料并结合日常养护和损伤记录 (包括损伤性质、程度和范围, 维修后结构性能改善情况) 得到。根据构件的性能指标, 合理进行养护、维修或加固。

整体结构安全性评估是一个复杂的系统工程, 根据行业规范要求, 采用现场调查与表观检查、结构监测以及试验等手段进行初步调查, 再结合安全性分析与验算等过程得到各项评估指标, 进行分层次安全评估, 最后采用综合判定方法进行结构安全评估。图 13.1 给出了工程结构整体安全性评估的基本框架。初步调查与表观检查为基本手段, 主要利用工程经验和设备获取结构原始材料基本数据, 对表观缺陷进行观测与评估, 定性地引导下一步安全性评估重点。结构监测与试验是结构安全评估的重要手段, 利用各类仪器设备获得结构安全评估所需的分析参数, 如材料参数、缺陷尺寸与分布等, 为安全性分析提供数据。一些结构也可基于加载试验直接进行安全评估, 如采用静载和动载试验对结构承载能力进行评估。安全性分析与验算也是结构 (尤其是复杂大型结构) 安全评估的重要方法。在结构安全性评估过程中, 结构或构件的验算应按现行标准和规范执行, 一般应进行结构或构件的强度、稳定等验算, 必要时还应进行疲劳、裂缝、变形、倾覆和滑移等方面的验算。

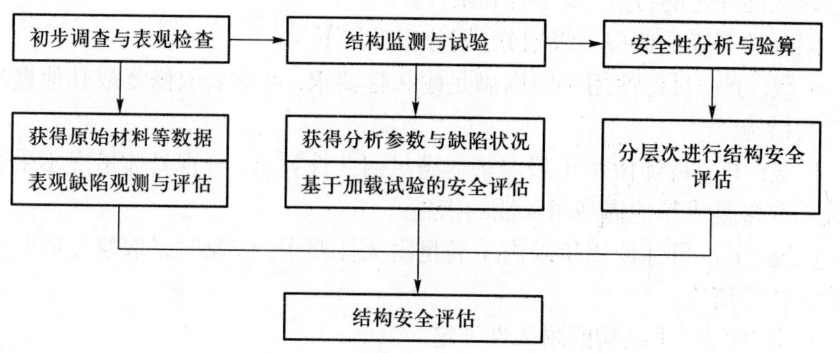

图 13.1　结构整体安全性评估基本框架

整体安全性评估引入系统论分析方法, 对各指标进行分层次评价, 再进行综合评判。分层评估是综合评估的基础, 综合评估是分层评估的集成与融合。通常采用监测或结构安全分析获得各单项控制指标值, 与相应限值进行比较, 获得各层次的安全性指标, 然后根据权重并计入其他影响因素, 进行综合安全评估。

13.1.2　耐久性评估

耐久性是结构在运营期内维持其服役性能的能力, 此处的服役性能指结构在设计和制造时的特定功能。对于使用时间较长、使用功能或环境明显改变、已发生某种耐久性损伤的结构或其他特殊情况, 需对结构进行耐久性评估, 重点评估结构在正常使用或正常维护条件下, 是否能满足下一个目标使用年限的要求。主要根据结构损伤程度、损伤速度、维修状况及其对结构安全的危害程度等进行评估, 它与结构的设计水准、施工质量和使用条件密切相关 [2]。以下将重点介绍混凝土结构和钢结构的耐久性评估。

1. 混凝土结构耐久性评估

1) 耐久性评估要求与准则

混凝土结构耐久性损伤包括大气及氯盐环境下的钢筋锈蚀、冻融损伤、碱–骨料反应、化学腐蚀、疲劳、物理磨损及多因素的综合作用。国内外的工程调查表明, 钢筋锈蚀是混凝土结构最为普遍的病害之一。在环境相对恶劣的条件下, 锈蚀混凝土结构往往达不到预期使用寿命。

服役混凝土结构的耐久性评估是依据结构所处的环境条件和评估时结构的技术状况预测结构的剩余寿命, 即对结构下一段仍能满足各项功能的时间做出预测。对已有的混凝土结构，充分利用结构自身信息 (环境参数、结构性能参数等)，可减少不确定因素的影响，有利于建立能反映个体特征的劣化模型，这是耐久性评定的特点，也是有利条件。

耐久性等级一般按三级划分，划分标准如下。

a 级：下一目标使用年限内满足耐久性要求，可不采取修复或其他提高耐久性的措施；

b 级：下一目标使用年限内基本满足耐久性要求，可视具体情况不采取或部分采取修复或其他提高耐久性的措施；

c 级：下一目标使用年限内不满足耐久性要求，应及时采取修复或其他提高耐久性的措施。

2) 锈蚀混凝土结构的耐久性评定

(1) 钢筋锈蚀开始时间。

钢筋锈蚀开始时间应考虑碳化速率、保护层厚度和局部环境的影响，按式 (13.1) 估算，即

$$T_{\mathrm{i}} = 15.2k_{\mathrm{k}}k_{\mathrm{c}}k_{\mathrm{m}} \tag{13.1}$$

式中，T_{i} 为结构建成至钢筋开始锈蚀的时间；k_{k}、k_{c}、k_{m} 分别为碳化速度、保护层厚度、局部环境对钢筋锈蚀开始时间的影响系数。

(2) 保护层锈胀开裂时间。

保护层锈胀开裂时间应考虑保护层厚度、混凝土强度、钢筋直径、环境温度、环境湿度以及局部环境的影响，按式 (13.2) 和式 (13.3) 估算，即

$$T_{\mathrm{cr}} = T_{\mathrm{i}} + T_{\mathrm{c}} \tag{13.2}$$

$$T_{\mathrm{c}} = TH_{\mathrm{c}}H_{\mathrm{i}}H_{\mathrm{d}}H_{\mathrm{t}}H_{\mathrm{RH}}H_{\mathrm{m}} \tag{13.3}$$

式中，T_{cr} 为保护层锈胀开裂的时间；T_{c} 为钢筋开始锈蚀至保护层胀裂的时间；T 为特定条件下 (各项影响系数为 1.0 时) 构件自钢筋开始锈蚀到保护层胀裂的时间；H_{c}、H_{i}、H_{d}、H_{t}、H_{RH}、H_{m} 分别为保护层厚度、混凝土强度、钢筋直径、环境温度、环境湿度、局部环境对保护层锈胀开裂时间的影响系数。

(3) 钢筋锈蚀耐久性等级评估。

耐久性评估时，各项计算参数应按规定选用：① 保护层厚度取实测平均值；② 混凝土强度取实测抗压强度值；③ 碳化深度取钢筋部位实测平均值；④ 环境温度、湿度取建成后历年年平均环境温度和年平均相对湿度值，室内构件宜优先按室内实测数据选用，也可按室外数据适当调整。

钢筋锈蚀的耐久性等级评定，如表 13.1 所示。

表 13.1 钢筋锈蚀损伤耐久性等级

$T_{re}/(T_e \cdot \gamma_0)$	$\geqslant 1.8$	$1.8 \sim 1.0$	< 1.0
耐久性等级	a 级	b 级	c 级

注: 剩余使用年限 (T_{re}) 分别由钢筋锈蚀开始时间 (T_i)、保护层锈胀开裂时间 (T_{cr})、混凝土表面出现可接受最大外观损伤时间 (T_d) 确定; T_e 为下一目标使用年限;γ_0 为结构重要性系数, 取值参照《混凝土结构耐久性评定标准》(CECS 220:2018)。

混凝土构件当前技术状况不满足相应的使用性能要求 (保护层出现锈胀裂缝或混凝土表面出现不可接受外观损伤) 时, 该构件的耐久性等级应评为 c 级。钢筋锈蚀耐久性评估宜通过调整局部环境系数或其他参数, 使计算参数符合构件的实际情况, 并按调整后的参数进行剩余使用年限预测。

2. 钢结构耐久性评估

钢结构耐久性包括钢结构表面的保护膜、母材、焊缝、铆钉和螺栓等由于环境作用、化学腐蚀、疲劳损伤 (重复荷载下裂纹扩展、冲击断裂、连接疲劳等)、变形和失稳等造成的损伤。目前存在多种钢结构耐久性评估理论, 如保护膜破坏寿命理论、大气腐蚀母材断面损伤寿命理论、大气和应力联合作用下承载能力寿命理论、疲劳累积损伤寿命理论, 以及按常见钢结构耐久性破坏的规律判断寿命理论等。这些理论均根据耐久性破坏速度推算钢结构的剩余耐久年限。

我国《钢铁工业建 (构) 筑物可靠性鉴定规程》(YBJ 219—89) 对此做了规定, 根据结构在前一个使用阶段的损伤程度和损伤速度, 结合结构现存的安全度或加固后的安全度进行推算或评估。

当钢结构主体的保护膜破坏, 母材截面损伤超过 10%, 且通过一般维修和局部更换已不能满足评定等级为 b 级要求时, 这种状态的年限 Y_{t1} 称为钢结构耐久性的自然腐蚀剩余年限 (推算值), 通常按式 (13.4) 推算:

$$Y_{t1} = \left(\frac{0.1t_0}{t_0 - t_r} - 1\right) Y_0 a_s \tag{13.4}$$

式中, t_0 为钢结构原钢材厚度; t_r 为钢结构腐蚀后钢材的剩余厚度; Y_0 为结构构件已使用年限; a_s 为钢结构腐蚀系数, 按表 13.2 取用。

表 13.2 钢结构腐蚀系数 a_s (YBJ 219—89)

$(t_0 - t_r)/Y_0/(\text{mm/a})$	$\leqslant 0.01$	$0.01 \sim 0.05$	$\geqslant 0.05$
a_s	1.20	1.00	0.80

当钢结构主要构件中的应力水平较高时, 应按式 (13.5) 计算高应力影响下钢结构耐久性自然腐蚀剩余年限 Y_{t2}:

$$Y_{\mathrm{t2}}=\left\{\frac{0.05t_0}{t_0-t_{\mathrm{r}}}\left[\left(1-\frac{\sigma_0}{f_{\mathrm{y}}}\right)^{\frac{1}{p}}\right]-1\right\}Y_0a_{\mathrm{s}} \tag{13.5}$$

式中, σ_0 为主要构件在常遇荷载下的最大主应力; f_{y} 为主要构件钢材的屈服强度; p 为应力影响下耐久性腐蚀的截面形状和受力系数, 按表 13.3 选用。

表 13.3　钢结构应力影响下的截面形状和受力系数 p (YBJ 219—89)

系数	截面形状和受力种类
p=1	薄板、受拉构件、长细比小于 100 的受压构件
p=2	薄板、受弯构件
p=3	薄板、长细比大于 100 的受压构件

13.1.3　疲劳性能评估

在工程结构中, 疲劳破坏的是极为常见的。一些构件和结构都承受随时间变化的荷载, 如振动、噪声、不平坦的道路、变化的风力、海上波浪的运动以及反复的温度变化等。当材料或结构受到多次重复变化的荷载作用后, 应力值虽未超过材料的强度极限, 甚至比弹性极限还低的情况下就可能发生破坏, 这种在交变荷载重复作用下材料或结构的破坏现象, 称为疲劳破坏。

结构疲劳损伤的分析方法主要有两种: 基于 $S-N$ 曲线和 Palmgren-Miner 线性累积损伤的方法 ($S-N$ 曲线法); 基于断裂力学理论的疲劳裂纹增长分析方法。$S-N$ 曲线的依据为 $S-N$ 数据, 这些数据由关键部位疲劳试验以及线性损伤假设获得。该方法在高周疲劳分析中应用较为广泛, 虽然提出时间较长, 但仍是目前疲劳分析的重要方法。与 $S-N$ 曲线法的临界损伤准则不同, 基于断裂力学理论的方法将裂纹的萌生和扩展延伸至整个疲劳损伤过程。

1. 基于 $S-N$ 曲线和损伤累积的方法

疲劳强度 $S-N$ 曲线表示疲劳寿命与应力范围之间的关系, 是进行结构疲劳设计与寿命评估的基础, $S-N$ 曲线主要由大量等应力幅试验得出, 常用的表达形式如式 (13.6) 和式 (13.7) 所示:

$$S^m\cdot N=C \tag{13.6}$$

$$\lg S=B+D\lg N \tag{13.7}$$

式中, B、C、D 和 m 均为材料参数; S 和 N 分别为应力范围和疲劳寿命。典型的 $S-N$ 曲线如图 13.2 所示, 在直角坐标下结构的 $S-N$ 曲线为一条曲线, 在双对数坐标下 $S-N$ 曲线接近一条直线。

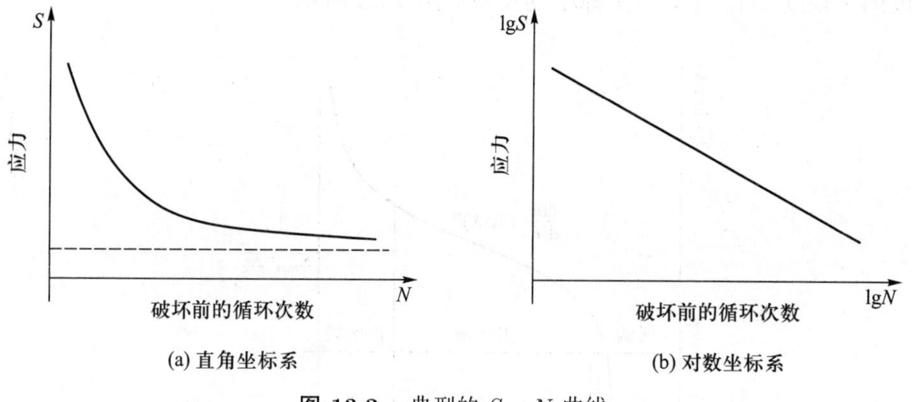

图 13.2 典型的 $S-N$ 曲线

结构疲劳分析的另一个重要研究基础是 Palmgren–Miner 线性累积损伤理论。1945 年, 米勒 (Miner) 根据材料损伤时吸收净功 (不考虑其他形式的能耗) 的原理, 提出了线性累积损伤的数学表达式。

将应力幅水平分为若干级, 每级分别记为 $\Delta\sigma_1,\Delta\sigma_2,\cdots,\Delta\sigma_i,\cdots$, 它们所对应的循环次数为 $n_1,n_2,\cdots,n_i,\cdots$。当 $\Delta\sigma_1,\Delta\sigma_2,\cdots,\Delta\sigma_i,\cdots$ 为常幅时, 对应的疲劳寿命分别为 $N_1,N_2,\cdots,N_i,\cdots$。其中, N_i 表示在常幅疲劳中 $\Delta\sigma_i$ 循环作用 N_i 次后构件即发生破坏。

这样, 应力幅 $\Delta\sigma_1,\Delta\sigma_2,\cdots,\Delta\sigma_i,\cdots$ 各占损伤率 $n_1/N_1,n_2/N_2,\cdots,n_i/N_i,\cdots$。线性累积损伤原理认为, 当损伤率之和等于 1 时, 如式 (13.8) 所示, 表示构件或连接件破坏:

$$D=\frac{n_1}{N_1}+\frac{n_2}{N_2}+\cdots+\frac{n_i}{N_i}+\cdots=\sum\frac{n_i}{N_i}=1 \tag{13.8}$$

式中, n_i 为对应于 $\Delta\sigma_i$ 的实际循环次数; N_i 为常幅应力 $\Delta\sigma_i$ 作用下的疲劳破坏次数。

在构件年应力谱和 $S-N$ 曲线已知时, 利用 Miner 原理, 可计算出构件一年内的疲劳损伤度, 其倒数即为疲劳寿命; 减去构件已工作年限, 即得剩余寿命。

2. 基于断裂力学理论的疲劳评估

根据断裂力学理论进行疲劳性能评估, 可以通过观测应力强度因子幅度 ΔK 与疲劳裂纹扩展速率 $\mathrm{d}a/\mathrm{d}N$ 之间的关系来实现 [3]。疲劳破坏的过程可以分为两个阶段: 第一阶段为疲劳裂纹的形成; 第二阶段为疲劳裂纹的扩展。在进行疲劳寿命分析时, 主要是确定裂纹扩展速率 $\mathrm{d}a/\mathrm{d}N$ 与相关参数之间的关系 (a 为疲劳裂纹长度)。已有研究表明, 疲劳裂纹扩展速率 $\mathrm{d}a/\mathrm{d}N$ 与应力强度因子幅度 ΔK 在对数坐标中的关系如图 13.3 所示。

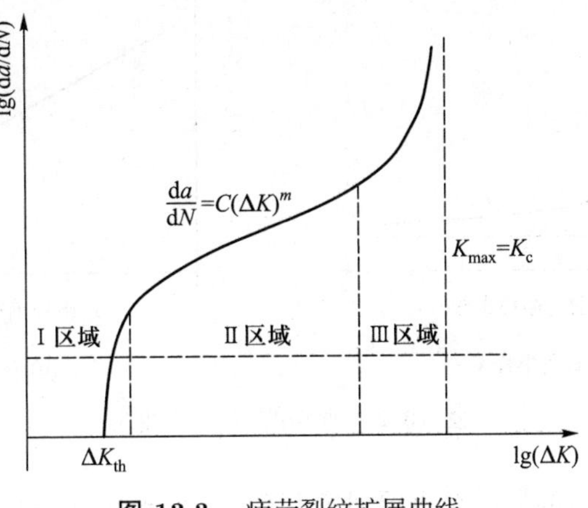

图 13.3　疲劳裂纹扩展曲线

图 13.3 所示的关系曲线可以分为三个区域: 区域Ⅰ为裂纹不扩展区域, ΔK 略小于裂纹扩展门槛值 ΔK_{th}, 基本上与纵坐标轴平行; 区域Ⅱ为裂纹亚临界扩展区域, 疲劳裂纹稳定扩展, 是疲劳裂纹寿命的重要组成部分; 区域Ⅲ为裂纹失稳扩展区域, 裂纹快速扩展, 当 $K_{\max}$ 达到材料断裂韧度 K_{c} 时, 构件将失稳断裂。

【案例 13.1】如图 13.4 所示的钢筋混凝土桥面板, 横截面宽为 500 mm, 高为 150 mm。受拉钢筋为 Φ14 mm, 5 根, 实际钢筋面积为 623 mm^2, 保护层厚度为 15 mm。混凝土极限抗压强度为 23.6 MPa, 疲劳抗压强度与极限强度之比为 0.8, 疲劳抗压强度为 18.7 MPa, 弹性模量为 3.15×10^4 MPa。钢筋屈服强度和极限抗拉强度分别为 380 MPa 和 540 MPa, 弹性模量为 1.90×10^5 MPa。加载方式如图 13.4 所示, 疲劳荷载下最大和最小弯矩分别为 18 kN· m 和 3.6 kN· m, 每天有 80 个疲劳应力循环。

以钢筋的疲劳断裂为例进行说明。疲劳裂纹稳定扩展阶段下, 裂纹平均宽度约为 0.25 mm, 纯弯段的疲劳裂纹数量为 19, 疲劳裂纹总面积为混凝土纯弯段面积的 0.40%。通过式 (13.9) 计算得到混凝土开裂区域的等效扩散系数为 3.12 cm^2/a, 基于式 (13.10), 得到钢筋的腐蚀开始时间为 4.7 年 [4]。

$$D_{\mathrm{ep}} = \frac{M_0}{M_0 + M_{\mathrm{cr}}} D_0 + \frac{M_0}{M_0 + M_{\mathrm{cr}}} D_{\mathrm{cr}} \tag{13.9}$$

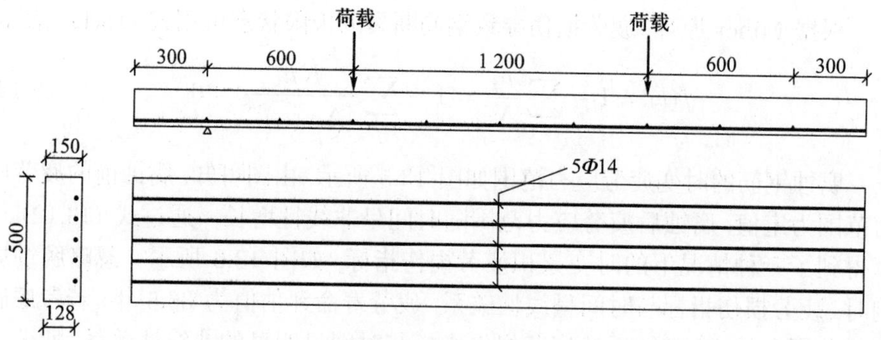

图 13.4 混凝土桥面模型布置图 (单位: mm)

$$E(C_{\mathrm{s}}, d, D_{\mathrm{eq}}, C_{\mathrm{th}}) = C_{\mathrm{th}} - C_{\mathrm{s}}\left[1 - erf\left(\frac{x}{2\sqrt{D_{\mathrm{eq}}t}}\right)\right] = 0 \tag{13.10}$$

式中, M_0 为氯离子渗透的混凝土净表面积; M_{cr} 为疲劳裂缝面积; D_0 为氯离子扩散系数; $erf(\cdot)$ 为误差函数; D_{eq} 为开裂混凝土的等效扩散系数平均值; x 为距混凝土表面的深度; t 为暴露时间; $E(\cdot)$ 为考虑疲劳裂纹效应的钢筋腐蚀初始极限状态方程。相关环境参数取值如表 13.4 所示。

表 13.4 影响钢材腐蚀的环境参数取值

参数	均值
混凝土表面氯离子浓度 $C_{\mathrm{s}}/(\mathrm{kg/m^3})$	1.15
临界氯离子浓度 $C_{\mathrm{th}}/(\mathrm{kg/m^3})$	0.90
氯离子扩散系数 $D_0/(\mathrm{cm^2/a})$	0.63
疲劳裂缝处氯离子扩散系数 $D_{\mathrm{cr}}/(\mathrm{cm^2/a})$	630.00

氯盐腐蚀会减小钢筋截面积, 导致钢筋和混凝土的内力重新分布, 进而增大钢筋的疲劳应力幅, 实际受拉钢筋为变幅疲劳过程。由式 (13.8), 采用 Palmgren－Miner 线性累积损伤理论分析疲劳损伤, 当损伤率之和为 1 时, 钢筋发生疲劳断裂。SSEA 协会 (Swiss Society of Engineers and Architects) 提出了应力幅和应力循环次数的关系, 如式 (13.11) 所示:

$$\Delta\sigma = \left(\frac{K}{N}\right)^{\frac{1}{k}} \tag{13.11}$$

式中, K 为钢筋疲劳细节系数; k 为 $S-N$ 曲线斜率。

根据 Miner 原理，疲劳损伤导致钢筋断裂的极限状态可用式 (13.12) 表示：

$$f(t) = 1 - \sum_{i=1} \frac{n_i}{N_i} = 1 - \sum_{i=1} \frac{Kn_i}{[\Delta\sigma(t_i)]^k} = 0 \tag{13.12}$$

腐蚀钢筋的时变疲劳应力范围如图 13.5 所示，由图可知，腐蚀前的疲劳应力范围为定值，腐蚀后疲劳应力范围随时间呈非线性增长。通过式 (13.12) 计算得到了三种情况下的时变累积疲劳损伤指标，如图 13.6 所示。忽略腐蚀影响时，疲劳损伤指标与时间呈线性关系，疲劳寿命评估值为 36.5 年；若考虑腐蚀疲劳耦合效应，腐蚀后的疲劳损伤指标与时间呈明显的非线性关系，疲劳寿命为 27.0 年；忽略疲劳裂纹对腐蚀的影响时，疲劳损伤指标与时间呈非线性关

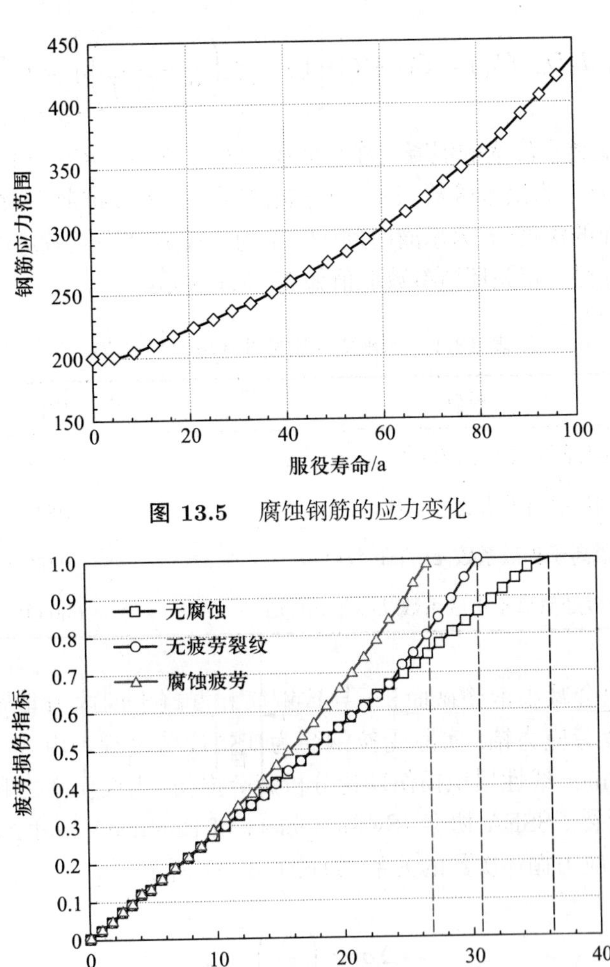

图 13.5　腐蚀钢筋的应力变化

图 13.6　钢筋疲劳累积损伤指标

系，疲劳寿命为 30.7 年。结果表明，无论是否忽略腐蚀或疲劳开裂的影响，均将高估由受拉钢筋控制的混凝土桥面板疲劳寿命，进而导致不保守设计。因此，在实际中，对钢筋腐蚀的监测是非常重要的。

13.2 结构状态评估常用方法

13.2.1 层次分析法

层次分析法将复杂问题分解为若干层次，把人的主观判断以数量形式进行表达和处理，是一种定量和定性分析相结合的方法。工程结构尤其是大型复杂结构，影响其健康状态的很多因素无法通过定量的函数进行量化，主要依靠专家经验判断，有时面对复杂且影响因素繁多的指标数据，即使是经验丰富的专家也难以准确判断和评估。将系统工程中的层次分析思想引入结构状态评估中，可以将这些影响因素的指标条理化、层次化。把对某个健康状态影响程度相近或联系较紧密的因素指标放在一起，形成一层，通过建立结构状态评估的层次体系并利用层次分析法，最终获得结构的服役状态。

层次分析法的工作步骤主要包括三个步骤：建议状态评估体系；建立两两判断矩阵；计算权重向量及判断矩阵的一致性检验。

1. 建立状态评估体系

结构状态评估指标体系的建立是进行准确评估的关键。根据层次分析法的目标和步骤，建立的评估体系应符合一定的理论原则。层次分析模型的首要步骤是将待研究对象进行分解，建立层次递阶结构关系图；其次，判断结构关系图中指标间的重要程度，根据所设的标度得出各指标的分值，进而建立比较矩阵，对所求的特征向量进行归一化处理，得到指标的权重；最后，依据权重可做出最优决策。层次分析模型如图 13.7 所示。

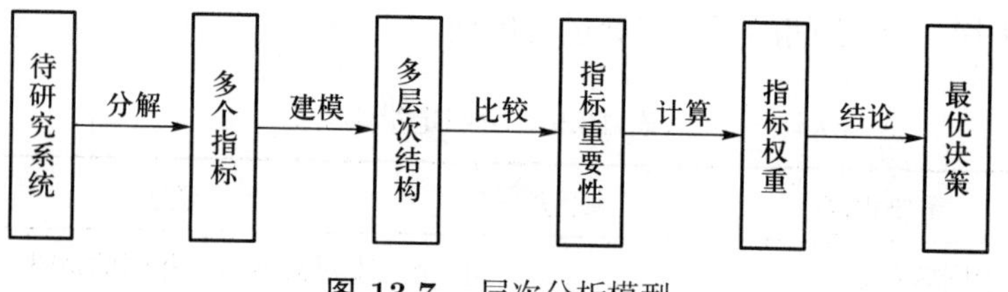

图 13.7 层次分析模型

层次递阶结构图是由 W.Steven 等于 1974 年提出的一种基于结构化模型设计的系统结构关系图。基本原理是将待研究系统分割为若干子系统，这些子系统继续向下分割，连接各层元素，建立层次递阶结构关系图。该模型图通常由三部分构成：目标层、准则层和指标层。结构状态评估层次模型图由评估工

作的目标层 (结构安全状况), 以及目标层输出的准则层和准则层输出的指标层组成, 如图 13.8 所示。

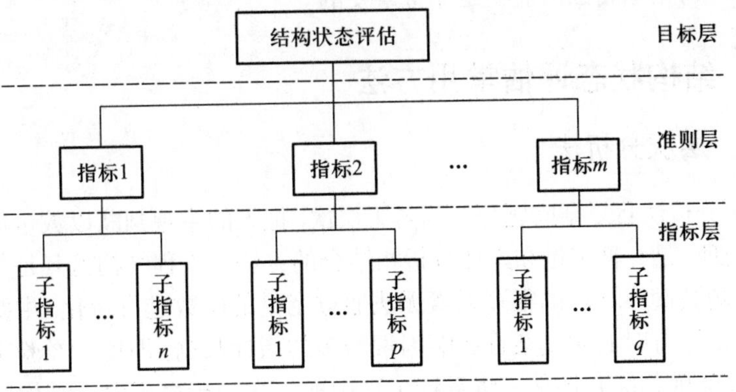

图 13.8　结构状态评估层次模型

2. 建立两两判断矩阵

建立判断矩阵前, 同一层次的评价指标按照指标对上一层次的重要性, 赋予相应分值, 通常将这样的分值集合称为标度, 有时也称语气值。标度的选择至关重要, 选择合适的标度, 可以建立合理的判断矩阵, 进而得到可靠的指标权重, 使后续层次分析模型评估出的结构状态更为可信。

传统层次分析法中, 对同一层的 n 个指标按照重要性程度给予定量的值, 一般可采用 5 级定量法, 相应赋值为 1、3、5、7、9, 如表 13.5 所示。这些赋值表示一个因素相对于另一个因素的重要程度, 数字越大越为重要 (1 表示两个因素同等重要)。相反, 若要表示一个因素比另一个因素次要, 则定量赋值可取为上述赋值的倒数。如果一些问题的分级过程中, 认为上述 5 级定量法不足以描述清楚, 则可用 2、4、6、8 这四个数值进行内插, 成为 9 级定量法, 甚至还可以采用 1~9 之间的任意实数进行内插。

表 13.5　分级定量法

重要程度	赋值	说明
两个因素同等重要	1	两个因素对某性质有相同的贡献
某个因素对另一个因素弱重要	3	从经验和判断, 两个因素中稍重某个因素
某个因素对另一个因素较重要	5	从经验和判断, 两个因素中偏重某个因素
某个因素对另一个因素很重要	7	实际显示某个因素占主导地位
某个因素对另一个因素极重要	9	两个因素中某个因素占绝对重要地位

评估指标的比较标度确定后，通过比较评价体系中各层指标两两之间的重要性，依据其重要程度赋予相应分值，可得到判断矩阵 $\boldsymbol{A}$，如表 13.6 所示。

表 13.6 某一层次因素的判断矩阵

	$\boldsymbol{A}_1$	$\boldsymbol{A}_2$	$\cdots$	$\boldsymbol{A}_j$	$\cdots$	$\boldsymbol{A}_n$
$\boldsymbol{A}_1$	a_{11}	a_{12}	$\cdots$	a_{1j}	$\cdots$	a_{1n}
$\boldsymbol{A}_2$	a_{21}	a_{22}	$\cdots$	a_{2j}	$\cdots$	a_{2n}
$\cdots$	$\cdots$	$\cdots$	$\cdots$	$\cdots$	$\cdots$	$\cdots$
$\boldsymbol{A}_j$	a_{i1}	a_{i2}	$\cdots$	a_{ij}	$\cdots$	a_{in}
$\cdots$	$\cdots$	$\cdots$	$\cdots$	$\cdots$	$\cdots$	$\cdots$
$\boldsymbol{A}_n$	a_{n1}	a_{n2}	$\cdots$	a_{nj}	$\cdots$	a_{nn}

注：a_{ij} 表示第 i 个属性和第 j 个属性相互比较值；$\boldsymbol{A}_i$ 表示构件或中间评估目标的第 i 个属性；判断矩阵中的赋值 a_{ij} 表示属性 $\boldsymbol{A}_i$ 对属性 $\boldsymbol{A}_j$ 的重要程度。

判断矩阵可用式 (13.13) 表示：

$$\boldsymbol{A}=\begin{bmatrix} a_{11} & a_{12} & \cdots & a_{1n} \\ a_{21} & a_{22} & \cdots & a_{2n} \\ \vdots & \vdots & & \vdots \\ a_{n1} & a_{n2} & \cdots & a_{nn} \end{bmatrix} \tag{13.13}$$

式中，$a_{ij}>0$，$a_{ii}=1$，$a_{ij}=1/a_{ji}$ 且 $a_{ij}=a_{ik}/a_{jk}$，$i,j,k=1,2,\cdots,n,\cdots$。

建立判断矩阵主要依靠行业专家与相关技术人员组成的评判小组。在评估过程中，由于专家自身经验和对事物的认知不同，评估系统中的指标可能存在偏差，为了减小评估过程中主观因素的影响，常采用加权平均方法建立指标的判断矩阵。若邀请 m 位专家，这些专家依据相关标度，通过比较各指标的重要性得出如式 (13.14) 所示的判断矩阵：

$$\boldsymbol{A}^{(k)}=[a_{ij}^{(k)}],\ i,j=1,2,\cdots,n,\ k=1,2,\cdots,m \tag{13.14}$$

由上式，赋予 m 位专家相应的权值，于是得到加权判断矩阵 $\boldsymbol{A}=[a_{ij}]$，其中 a_{ij} 可由式 (13.15) 和式 (13.16) 表示

$$a_{ij}=\sum_{k=1}^{m}\lambda_k a_{ij}^{(k)},\quad i,j=1,2,\cdots,n \tag{13.15}$$

$$\lambda_1+\lambda_2+\cdots+\lambda_m=1 \tag{13.16}$$

式中, λ_k 为赋予第 k 位专家的权值。

3. 计算权重向量及判断矩阵的一致性检验

评估指标权重是指该评估指标在整个系统或子系统中的相对重要程度, 用数值反映出其在体系中的比重。在结构状态评估过程中, 部件的权重越大, 表明该部件对结构越重要, 在结构状态评估过程中应重点关注。通过计算判断矩阵的最大特征根, 可得到相应的评估指标权重。在判断矩阵的基础上, 采用方根法求出矩阵的特征向量, 对特征向量做归一化处理, 归一化后的特征向量即为各指标的权重向量 $\boldsymbol{\omega} = [\omega_1, \omega_2, \cdots, \omega_n, \cdots]^{\mathrm{T}}$, 权重向量计算步骤如下。

(1) 将判断矩阵各列元素归一化, 元素一般项可用式 (13.17) 表示:

$$b_{ij} = \frac{a_{ij}}{\sum\limits_{k=1}^{n} a_{kj}}, \quad i, j = 1, 2, 3, \cdots, n \tag{13.17}$$

(2) 对各列归一化后的矩阵按行相加, 其一般项由式 (13.18) 表示:

$$\overline{\omega}_i = \sum_{j=1}^{n} b_{ij}, \quad i = 1, 2, 3, \cdots, n \tag{13.18}$$

(3) 对向量 $\overline{\boldsymbol{W}}$ 归一化, 得到如式 (13.19) 所示的特征向量

$$\omega_i = \frac{\overline{\omega}_i}{\sum\limits_{j=1}^{n} \overline{\boldsymbol{W}}_j}, \quad i = 1, 2, 3, \cdots, n \tag{13.19}$$

(4) 采用式 (13.20) 计算判断矩阵最大特征值

$$\lambda_{\max} = \sum_{j=1}^{n} \frac{\sum\limits_{j=1}^{n} a_{ij} \boldsymbol{W}_j}{n \boldsymbol{W}_i}, \quad i = 1, 2, 3, \cdots, n \tag{13.20}$$

(5) 采用式 (13.21) 计算最大特征值对应的特征向量

$$\boldsymbol{A}\boldsymbol{w} = \lambda_{\max} \boldsymbol{w} \tag{13.21}$$

最大特征值对应的特征向量即为各评估因素的重要性排序, 即各指标权重。在建立判断矩阵的过程中, 受评估系统复杂、模糊等特征的影响, 评判专家对评估指标在体系中的重要性很难有一致判断, 导致构造出的指标判断矩阵往往存在不一致性。不一致性程度越严重, 用权重向量表示的因素在目标中所占比重的偏差就越大。因此, 需进行矩阵的一致性检验, 检验步骤如下。

(1) 采用式 (13.22) 计算一致性指标

$$CI = \frac{\lambda_{\max} - n}{n - 1} \tag{13.22}$$

式中, n 为判断矩阵 $\boldsymbol{A}$ 的维数; $\lambda_{\max}$ 为判断矩阵的最大特征值。

(2) 确定平均随机一致性指标 RI, 单层次判断矩阵的平均随机一致性指标 RI 随矩阵的维数而变动, 其取值如表 13.7 所示。

表 13.7　平均随机一致性指标取值

n	1	2	3	4	5	6	7	8	9
RI	0.00	0.00	0.58	0.90	1.12	1.24	1.32	1.41	1.45

(3) 采用式 (13.23) 计算判断矩阵 $\boldsymbol{A}$ 的一致性指标 CR, 即

$$CR = \frac{CI}{RI} \tag{13.23}$$

当不一致性在可接受的范围内 ($CR \leqslant 0.1$), 可以认为判断矩阵合理。判断矩阵不一致性超过一定范围 ($CR > 0.1$), 会导致指标权重可靠性差, 需重新调整判断矩阵, 反复修正, 直到检验通过为止。

【案例 13.2】某桥长 201.2 m, 为两台一墩两孔 80 m 悬链线箱肋拱桥, 上部为四条拱箱组成的箱肋拱。东岸桥台为组合式桥台, 前台以三根直径 2 m 的冲孔灌注桩为基础, 后台为重力式桥台, 中墩为装配式混凝土沉井基础, 双圆头重力式混凝土墩; 西岸为明挖天然基础浆砌片石桥台。

采用层次分析法对其安全性进行评估, 在对结构安全状况调查和分析的基础上, 确定结构的安全性作为目标层, 将上部结构、下部结构、桥面系作为准则层, 然后将各个准则层进行更详细的划分即得到评估指标, 如图 13.9 所示。

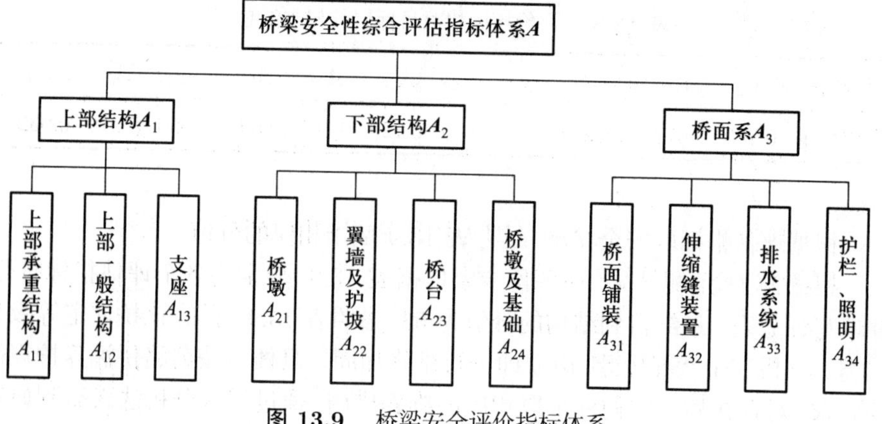

图 13.9　桥梁安全评价指标体系

首先依据表 13.6, 在专家打分的基础上构造准则层对目标层的判断矩阵 $\boldsymbol{A}$、指标层对准则层的判断矩阵 $\boldsymbol{A}_1$、$\boldsymbol{A}_2$、$\boldsymbol{A}_3$, 如式 (13.24) 和式 (13.25) 所示;

计算判断矩阵的最大特征根及其特征向量, 并进行一致性判定, 得到的一致性指标均小于 0.1, 一致性较好。

$$\boldsymbol{A}=\begin{bmatrix}1 & 1 & 2\\ 1 & 1 & 2\\ 1/2 & 1/2 & 1\end{bmatrix} \tag{13.24}$$

$$\begin{cases}\boldsymbol{A}_1=\begin{bmatrix}1 & 4 & 6\\ 1/4 & 1 & 2\\ 1/6 & 1/2 & 1\end{bmatrix}\\ \boldsymbol{A}_2=\begin{bmatrix}1 & 9 & 1 & 2\\ 1/9 & 1 & 1/9 & 1/7\\ 1 & 9 & 1 & 1\\ 1/2 & 7 & 1 & 1\end{bmatrix}\\ \boldsymbol{A}_3=\begin{bmatrix}1 & 2 & 4 & 3\\ 1/2 & 1 & 3 & 2\\ 1/4 & 1/3 & 1 & 1/2\\ 1/3 & 1/2 & 2 & 1\end{bmatrix}\end{cases} \tag{13.25}$$

计算评估指标层各元素对目标层的合成权重, 以确定结构安全评估指标体系中指标层各元素在目标层中的重要程度。合成权重结果如表 13.8 所示。

表 13.8　评价指标相对目标层的权重汇总表

评价指标	A_{11}	A_{12}	A_{13}	A_{21}	A_{22}	A_{23}	A_{24}	A_{31}	A_{32}	A_{33}	A_{34}
合成权重	0.280	0.077	0.042	0.154	0.015	0.129	0.102	0.093	0.056	0.019	0.032

根据评估指标的安全状况, 结合表 13.9 赋予相应的分值。

根据监 (检) 测结果, 请评价专家依据表 13.9, 分别为各个评估指标打分, 并填写评分表。最终得到结构的分值为 53, 参照表 13.9 可知, 该桥评定等级为三类。该桥安全状况较差, 应立即进行维修加固。具体可按公路桥涵养护规范的要求, 对存在病害的构件采取相应的维养措施, 通过层次分析法可得到研究结构的综合评估结果, 为以后的结构维修、加固提供理论依据和数据支持, 确保结构的安全性和耐久性, 有效延长结构的使用寿命, 达到降低维护成本、提高结构性能的目的。

表 13.9 桥梁技术状况评定标准

评定等级	分值	状态评定
一类	[88, 100]	完好、良好状态
二类	[60, 88)	较好状态
三类	[40, 60)	较差状态
四类	[0, 40)	差的状态
五类		危险状态

13.2.2 基于时变可靠性理论的评估方法

实际结构状态评估中, 不确定性因素主要源于系统参数变异、环境条件变化、数据测试误差等。不确定性主要分为两类: 偶然 (aleatory) 不确定性和认知 (epistemic) 不确定性。偶然不确定性与自然界中的随机性有关。例如, 材料性能变化 (如钢筋屈服强度和混凝土抗压强度) 表现出偶然不确定性 [5]。此外, 结构在服役期内承受荷载的变异性也被视为偶然不确定性。偶然不确定性无法消除, 但在工程问题中, 健康监测数据和精确的模型可用于模拟偶然不确定性。认知不确定性与工程模型和人类现有知识的不完善有关, 主要是由于缺乏足够的监测数据和模型假设引起的误差。

对结构进行安全评估是结构安全运行的重要保障, 由于结构的荷载效应与抗力均具有明显的随机性, 因此, 可靠度预测方法是更为合理的安全评估方法 [6]。早在二十世纪四十年代, 人们就开始研究可靠性理论在工程结构中的应用, 经过六十多年的发展, 一些国家已相继颁布了以可靠度理论为基础的设计规范。时变系统可靠性分析中所采用的失效模型通常基于四个常见指标, 分别为失效时间的概率密度函数、失效时间的累积分布函数、残存函数和失效 (危险) 率函数。这些指标主要用于结构系统失效或第一次失效 (如未修复、未重建) 前的结构性能。

目前, 结构可靠度分析和全寿命设计方法研究中存在的主要问题是, 缺乏来自实际结构的大量数据, 导致随机变量的概率分布及其参数仅能采用较简单的形式。健康监测在结构状态评估中起着重要作用, 利用健康监测获得的大量数据, 可为可靠度分析提供数据支持; 依据健康监测系统得到的模态信息, 可对结构有限元模型进行修正, 并通过荷载试验进行验证, 确保模型能真实反映结构受力状况。同样, 风荷载响应可依据健康监测数据、有限元模型以及规范中的风荷载极值分布得到。最后, 应用基于应变的极限状态方程, 使用验算点法对研究对象进行可靠度指标评估, 从而为结构维修决策提供依据。

可靠性是指结构在规定的时间内和规定的条件下完成预定功能的能力。结构在规定的时间和规定的条件下完成预定功能的概率称为可靠度, 是可靠性的度量。结构可靠性一般由安全性、适用性和耐久性组成。前者属于承载能力极限状态, 后两者属于正常使用极限状态。一般情况下, 结构或构件的设计需同时满足两种极限状态, 即不仅要满足承载能力的要求 (抗弯、抗剪承载力等), 同时又满足正常使用的要求 (裂缝、挠度等在规定范围)。针对各种极限状态所要求的结构功能或性能, 如强度、抗裂性、刚度等, 需建立包括各基本变量的关系式, 用以求得各设计变量, 这一关系式称为极限状态方程。若构件或结构的某一功能与 n 个随机变量 $X_1,X_2,X_3,\cdots,X_n$ 有关, 将这些基本变量视为随机变量, 建立极限状态方程, 如式 (13.26) 所示:

$$Z(t) = Z(X_1, X_2, \cdots, X_n) = g(R(t), S(t)) = R(t) - S(t) \tag{13.26}$$

式中, $R(t)$ 表示结构抗力随机过程; $S(t)$ 表示结构作用效应随机过程, 为结构一个荷载或多个荷载组合的线性或者非线性函数。当 $Z > 0$ 时, 结构处于可靠状态; $Z=0$ 时, 结构处于极限状态; $Z < 0$ 时, 结构失效或破坏。当抗力 R 与效应 S 相互独立时, 结构或构件可能出现的状态如图 13.10 和式 (13.27) 所示。

$$Z = Z(X)\begin{cases} < 0, & \text{对应于结构失效状态} \\ = 0, & \text{对应于结构极限状态} \\ > 0, & \text{对应于结构可靠状态} \end{cases} \tag{13.27}$$

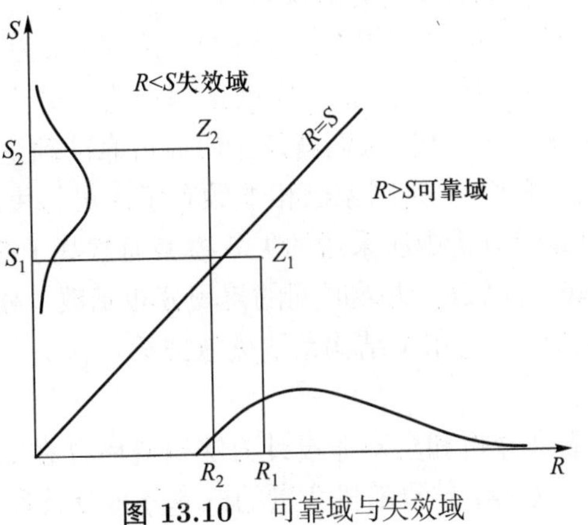

图 13.10　可靠域与失效域

结构可靠度也称为可靠概率, 以 p_s 表示。与其相反的是失效概率, 指结构不能完成预定功能的概率, 以 p_f 表示, 由式 (13.28) 可知, 可靠概率与失效概率互补, 即

$$p_s + p_f = 1 \tag{13.28}$$

结构在后续服役期内的可靠度可用式 (13.29) 表示:

$$\begin{aligned} P_{\mathrm{s}}(T) &= P\{Z(t) < 0, t \in [T_{\mathrm{u}}, T_{\mathrm{u}} + T_{\mathrm{s}}]\} \\ &= P\{R(t) > S(t), t \in [T_{\mathrm{u}}, T_{\mathrm{u}} + T_{\mathrm{s}}]\} \end{aligned} \tag{13.29}$$

式中, T_{s} 表示结构的后续服役期。结构在后续服役期 T_{s} 内, 失效事件为结构可靠事件的互补事件。在结构后续服役期 T_{s} 内, 只要任意一个时刻 t_i 结构抗力小于结构荷载效应, 结构就会失效。因此, 在后续服役期 T_{s} 内, 结构的失效概率可由式 (13.30) 得到:

$$\begin{aligned} P_{\mathrm{f}}(T_{\mathrm{s}}) &= P\{R(t) - S(t) < 0, t \in [T_{\mathrm{u}}, T_{\mathrm{u}} + T_{\mathrm{s}}]\} \\ &= P\{\min(R(t) - S(t)) < 0, t \in [T_{\mathrm{u}}, T_{\mathrm{u}} + T_{\mathrm{s}}]\} \end{aligned} \tag{13.30}$$

不考虑结构抗力随时间变化, 即 $R(t) = R$, 失效概率可由式 (13.31) 表示:

$$P_{\mathrm{f}}(T_{\mathrm{s}}) = P\{R - \max S(t) < 0, t \in [T_{\mathrm{u}}, T_{\mathrm{u}} + T_{\mathrm{s}}]\} \tag{13.31}$$

式中, $\max S(t)$ 表示结构后续服役期 T_{s} 内可变荷载效应 S 的最大值。

在结构寿命周期内可能发生不同形式的结构退化, 其抗力会随时间而变化。抗力随时间变化时, 由式 (13.32) 所示, 结构可靠度分析方法可采用最小抗力方法进行计算:

$$\min[R(t) - S(t)] \geqslant \min R(t) - \max S(t) \tag{13.32}$$

从而可得式 (13.33), 即

$$\begin{aligned} P_{\mathrm{f}}(T_{\mathrm{s}}) &= P\{R(t) - S(t) < 0,\ t \in [T_{\mathrm{u}}, T_{\mathrm{u}} + T_{\mathrm{s}}]\} \\ &= P\{\min(R(t) - S(t)) < 0,\ t \in [T_{\mathrm{u}}, T_{\mathrm{u}} + T_{\mathrm{s}}]\} \\ &\leqslant P\{\min R(t) - \max S(t) < 0,\ t \in [T_{\mathrm{u}}, T_{\mathrm{u}} + T_{\mathrm{s}}]\} \end{aligned} \tag{13.33}$$

功能函数可以相应地写为式 (13.34), 即

$$Z(T_{\mathrm{s}}) = g(\min R(t), \max S(t)) = \min R(t) - \max S(t) \tag{13.34}$$

式中,$\min R(t)$ 表示结构在后续服役期 T_{s} 内的最小抗力。可靠度和失效概率是基于不确定性的结构状态评估中最常见的性能指标之一。

可靠度分析模型中融入健康监测数据是完全可行的。基于健康监测数据和统计分析法可以处理数据, 确定结构参数和识别损伤。对于确定性的参数辨识和状态评估阶段, 可以将结构健康监测与结构系统或结构重要构件的可靠度

分析结合起来，而可靠度指标是综合关键信息的较好选择，与失效概率和剩余寿命有直接关系。因此，确定结构系统或重要构件的可靠指标是健康监测系统的目标之一。另外，利用结构健康监测收集不同条件下结构系统的输入输出数据、辨识整体和局部的结构参数，对改善结构设计和结构损伤前后的状态评估具有重要意义。在结构运营过程中，结构响应随外界激励的变化而变化，也随结构本身性能的退化而变化，因此，监测整个结构或某些重要构件，在各种环境和外界激励下的响应非常必要。应用健康监测系统获得的数据，尤其是实时监测数据，来进行结构系统或重要构件的可靠度分析，对土木工程结构的有效评估和维修决策有很大帮助。

13.2.3　模糊综合评判法

模糊综合评判法是以模糊数学为基础，应用模糊关系合成的原理，将一些边界不清、不易定量的因素定量化，进行综合评估的方法 [7]。该方法较好地解决了事物的模糊性与算法的确定性这一矛盾，能较好反映客观事物的本质，特别适用于因素较多、相互影响难以定量的情形。对多因素影响、多层次的复杂问题，具有较好的评判效果。

模糊评判是根据给出的实测值和评估标准，经过模糊变换对事物做出评估的一种方法。综合评判有三要素。

(1) 因素集 $\boldsymbol{U}=[u_1,u_2,\cdots,u_n]$，被评判对象的各因素的集合。

(2) 评语集 $\boldsymbol{V}=[v_1,v_2,\cdots,v_n]$，评语组成的集合。

(3) 单因素判断，即对单个因素 $\mu_i(i=1,2,\cdots,n,\cdots)$ 的评判，得到 $\boldsymbol{V}$ 上的模糊集 $[r_{i1},r_{i2},\cdots,r_{im},\cdots]$，这是从 $\boldsymbol{U}$ 到 $\boldsymbol{V}$ 的一个模糊映射，如式 (13.35) 所示：

$$\begin{aligned} &f:\boldsymbol{U}\to F(\boldsymbol{V}) \\ &u_i\to[r_{i1},r_{i2},\cdots,r_{im}] \end{aligned} \tag{13.35}$$

模糊映射 f 可以确定一个模糊关系 $\boldsymbol{R}^+\in\boldsymbol{\mu}_{n\times m}$，如式 (13.36) 所示，称为评判矩阵

$$\boldsymbol{R}^+=\begin{bmatrix} r_{11} & r_{12} & \cdots & r_{1m} \\ r_{21} & r_{22} & \cdots & r_{2m} \\ \vdots & \vdots & & \vdots \\ r_{n1} & r_{n2} & \cdots & r_{nm} \end{bmatrix}=[r_{ij}]_{n\times m} \tag{13.36}$$

它是由所有对单因素评判的模糊集组成的。矩阵 $\boldsymbol{R}^+$ 中第 i 行表示第 i 个因素对择备集的隶属度。评估模型中有几个因素，$\boldsymbol{R}^+$ 矩阵便有几行；评语集中有几个元素，$\boldsymbol{R}^+$ 矩阵便有几列。

由于影响因素不同，其对评判结果的重要性是不同的。这种差别主要是由因素的权重集来反映，因此，在进行综合评判时，需考虑各因素对评判结果所起作用的大小，形成因素集合 $\boldsymbol{U}$ 上的模糊子集，及权重集 $\boldsymbol{Q}=[q_1,q_2,\cdots,q_m]$。其中，$q_i$ 表示第 i 个因素的权重，是单独考虑因素 u_i 对评判结果起作用大小的度量，代表了根据单因素 u_i 评判等级的能力，其数值往往由经验判断给出。

权重集与评判矩阵 $\boldsymbol{R}^+$ 的合成，就是对各因素的综合评判，如式 (13.37) 所示：

$$\boldsymbol{B}=\boldsymbol{Q}\times\boldsymbol{R}^+=[b_1,b_2,\cdots,b_n] \tag{13.37}$$

在复杂系统中，需要考虑的因素往往较多，因素间还分属不同的层次。因此，需将因素集合按某些属性分成不同类别，先对每一类中的所有因素进行综合评判，再对评判结果进行各类之间的高层次综合。因此，根据不同的研究情况和因素，可以选取不同的模糊综合评判方法。

13.3 结构安全预警

结构预警以信息化技术为手段记录和管理结构在特定阶段中的各类信息，对结构安全状况实施信息化管理、监测和评估，为结构灾害预警评估算法提供分析平台，综合各种监测数据，对结构当前的安全状态和将要发生灾害进行定量化评价与预测，为最终在不同极端状况下发布重大警情和选择制订合理的减灾与应急预案提供依据 [8]。因此，结构预警与结构状态评估、损失识别等有着密不可分的关系。本节将从结构预警的原则、功能构成、指标选定、阈值以及方式进行简要说明。

13.3.1 预警的一般原则

经过近几十年的发展，结构健康监测技术已取得了长足的进步，健康监测为保障基础设施的安全运营发挥了巨大的作用。然而，目前一个较为突出的问题是结构健康监测系统主要以数据采集为主，缺乏有效的安全预警机制。众所周知，土木结构的性能具有随时间衰退的特点，从基础设施开始建造，到竣工服役，到逐步劣化，再到维修加固，直到最后废弃的全寿命过程，其完成设计赋予的使用功能概率是一种随时间变化的过程。结构性能的变化既包括自身的逐步劣化，如锈蚀、碳化；也包括其随时间的周期性波动，如地震、洪水等。因此，有效的结构预警体系应具有及时性、自动性和灵敏性，并结合对结构认知水平和实际服役状况，定期对阈值进行检验、补充、修正和优化，尽量减少虚警现象发生，降低结构的运营维护成本。

及时性是预警的首要特性, 不及时或事后的警示不能称为预警。及时性需通过自动性来实现, 人工干预的方式无法达到及时性的要求。结构健康监测系统本身是一个自动化程度较高的系统, 通过传感器系统、数据采集与传输系统、数据处理与控制系统自动采集和处理各类监测数据。因此, 结构预警体系也需具备自动预警功能。结构破坏往往由微小损伤的累积引起, 预警应对这些微小损伤应具有较高的灵敏性, 及时发现和提前处理结构的损伤累积; 同时, 很多指标可反映结构的损伤, 结构预警需针对损伤敏感度高的指标进行分析, 以达到及时有效的预警效果。

13.3.2　预警功能构成和指标选定

进行结构安全预警的主要目的是提高结构对突发事件的预防和应对能力, 控制、减轻和消除突发事件对结构造成的损失, 及时恢复其正常运营状态和功能, 减小突发事件对于社会的影响。结构安全预警必须对涉及突发事件的所有方面和工作内容进行整体安排, 主要包括预警信息的发布、调整和解除, 以及为实现这一目标而进行的所有工作安排, 如组织结构体系、职责划分、联动机制与应急事故处理的具体要求等。

结构健康监测系统应对结构所处的环境和能反映结构状态的指标进行实时监测, 通过对环境 (强风、地震等) 或响应异常变化 (如过大的挠度、应变和振动) 的准确把握, 在灾害发生前及时报警, 使有关部门有足够时间采取措施, 防止灾害的发生或减少灾害带来的损失。

此外, 土木结构的受力状况一般比较复杂, 难以用一个指标来衡量整体结构的服役安全。一般应对荷载作用、关键构件和结构整体设置不同的预警参数和预警级别, 形成一个相对完整的参数体系。因此, 预警指标应是一个参数体系, 力求简洁、易懂, 必要时可通过公式、图表等方式加以补充说明。

13.3.3　预警阈值设置

由于土木结构属于一种典型的时变结构, 在其长期服役过程中, 其性能演变具有明显的时空变异性 [9]。因此, 在正常使用极限状态下应充分考虑温湿度变化、混凝土收缩和徐变、活载等组合情况, 取各荷载组合下的最不利工况响应值。预警阈值应根据工作环境、危险种类、结构状态以及认知的深入而不断补充、修正和优化, 使其更加合理。

规范限值是设置阈值的首选依据, 阈值一般不允许达到或十分接近规范限值。采用有限元数值分析时, 应明确区分三种模型: ① 设计模型, 指在设计寿命期内结构预定 (理想) 状态的模型; ② 竣工模型, 指根据结构竣工时的荷载试验实测结果, 更新得到真实反映结构竣工时实际状态的模型; ③ 动态模型, 指以近期结构的安全状态作为当前结构的模型。对监测数据进行处理也可以得到预警阈值，但应由结构服役至少一年且未见异常的连续监测数据获得。随着结构运营年限的增加和监测数据的积累，预警阈值应做相应更新。

参照一般安全预警划分方法，可将结构安全预警级别分为四级，Ⅰ级预警(特别严重预警)、Ⅱ级预警 (严重预警)、Ⅲ级预警 (较重预警)、Ⅳ级预警 (一般预警)，分别用红色、橙色、黄色和蓝色来表示预警级别 [10]。对于蓝色预警级别一般要持续记录信息，再调研，最后决定预警级别以及是否上报业主。为此，对于给定的预警信息和阈值，一般的结构预警管理流程如图 13.11 所示。

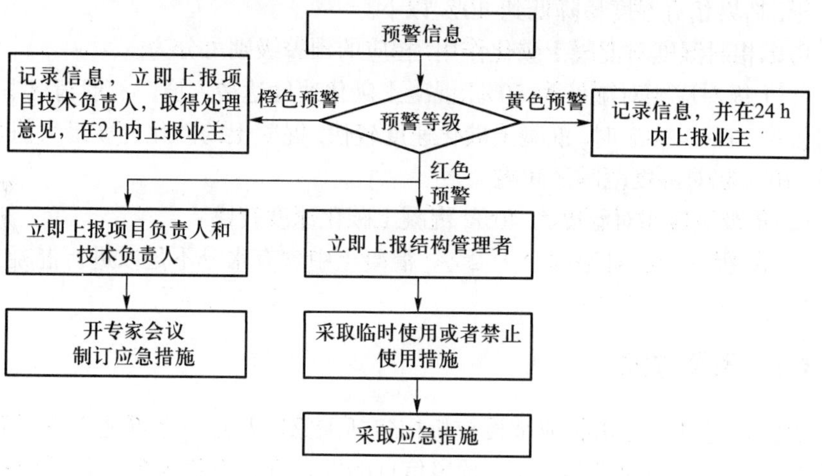

图 13.11 结构预警管理流程

异常响应可能是多种因素的耦合结果，既包括环境和运营条件的变化，又包括结构损伤或性能退化，还包括传感器的缺陷或失效。现有的技术手段有时难以对其加以区分，因此，当出现异常响应时，应通过现场巡检等方法，查明异常的成因、发展以及后果，并采取相应的处置措施。此外，对于阈值的划分，需考虑不同的荷载作用。一般可分为两类：环境荷载作用 (风荷载、地震、温度和湿度等) 和人为影响因素 (车辆荷载、火灾作用等)。例如火灾作用，火灾通常由载油 (或易燃液体) 罐车引发，也称为碳氢化合物火灾或液体池火灾，加热速率快，可在火灾开始数分钟内达到非常高的温度。考虑到指标的可监测性，荷载阈值可由火灾位置确定。再者，爆炸荷载也需在结构预警过程中考虑。爆炸荷载最直接的表示是爆炸超压和冲量，然而，爆炸超压和冲量的现场测量极其困难，且设备昂贵，考虑到爆炸荷载为非常规荷载，在健康监测系统中安装压力传感器及相关数据采集设备不具实际意义。同时考虑到爆炸荷载为极端荷载，结构多未进行抗爆设计，一旦监测结构发生恐怖爆炸或意外爆炸事故，对结构安全可能产生很大威胁，预警级别应为Ⅰ级。另外，针对结构的耐久性问题，也

要依据监测数据进行预警, 如相对湿度对钢构件影响以及预警级别如下:

(1) Ⅰ级对应相对湿度大于 70%, 试验结果表明钢在相对湿度大于 70% 时腐蚀严重。

(2) Ⅱ级对应相对湿度为 60%, 一般钢材在常温下的临界湿度在 60%~70% 之间, 相对湿度超过临界湿度时, 钢的腐蚀速率显著增加。

(3) Ⅲ级对应相对湿度为 50%, 环境湿度在 50%~60% 范围时, 钢材发生电化学腐蚀, 但反映微弱。

(4) Ⅳ级对应相对湿度为 40%, 研究表明在海洋大气中, 由于金属沉积海盐粒子, 临界相对湿度易降低到 40% 以下。

考虑相对湿度对混凝土碳化作用, 相应的预警级别可分为:

(1) Ⅰ级对应相对湿度为 50%, 混凝土碳化速度达最大值。一般情况下, 在相对湿度 40%~60% 时, 混凝土碳化速度较快; 混凝土的碳化速度最大值位于 50%~70% 相对湿度范围区间内。

(2) Ⅱ级对应相对湿度为 40%, 混凝土碳化速度较快。

(3) Ⅳ级对应相对湿度小于 25%, 混凝土中含有水分不足以进行混凝土碳化反应。

13.3.4　预警方式

预警信息的发布机构或被授权机构包括国家以及省、市等地方主管部门、业主单位以及结构管养单位等。预警信息的发布宜与应急预案联动, 使各级部门在各阶段能及时采取主动性处置措施。业主或管养单位是实施安全预警的基层单位, 发布预警信息后, 应加强监测力度, 加大监测频率, 一旦预警涉及的安全隐患已经消除或突发事件不满足相应级别预警启动标准时, 应及时降级转化或撤销安全预警, 并向相关部门和单位及时报送。

面对丰富、内含不确定因素的预警信息, 为了尽量减少误报, 提高预警系统的可靠性, 在预警系统设计中对预警信息接收人员进行分组, 并将产生的预警短信组合归类, 对不同接收组发送不同的预警短信, 通过 GSM 和 Email 实现分级短信和邮件预警。预警信息包含每天结构全寿命安全监测系统的自检信息和异常情况预警信息, 自检信息又包含总体描述信息和分项详细信息, 异常情况预警信息包含初级预警信息和结构性预警信息。系统异常情况诱因包括结构自身物理变化超限、监测系统运行故障以及监测数据误差, 这些诱因的产生通常随结构运营时间的增长和环境周期性变化等交替出现。

【案例 13.3】以桥梁为例, 不同荷载作用 (环境及人为作用) 下结构预警阈值需根据荷载作用、关键构件和整体结构的特点, 分类选定和预警。首先考虑不同的环境荷载作用, 如风荷载、地震、温度等。风速预警可分为两类: 行车安全和桥梁结构安全, 一般后者的风速值较高。根据一般桥面 (路面) 车辆行车安全风速的研究, 在不同路面条件下, 不同车辆的行车安全风速有所不同。例如, 考虑车辆行驶安全的风速预警阈值可按表 13.10 确定。

表 13.10 风速预警阈值

预警级别	预警阈值
Ⅰ	$0.84V_d$ 和 32.6 m/s 中较小值, 但不小于 25.0 m/s
Ⅱ	25.0 m/s
Ⅲ	20.8 m/s
Ⅳ	17.2 m/s

注: ① 风速为 10 min 平均风速, 并以桥面高度处风速仪设备采集数据作为判断依据; ② V_d 为重现期为一百年的主梁设计基准风速。

针对地震作用, 可选用结构所在区域内水平向地震加速度作为预警指标, 然后根据结构地震加速度的设计值, 对结构在地震作用下进行预警。相应阈值可根据五十年超越概率为 10% 和 2% 的加速度峰值, 由实际地震下观测的水平加速度, 确定预警级别 (Ⅰ、Ⅱ、Ⅲ、Ⅳ四个预警级别)。温度作用也应考虑在结构预警过程中, 如考虑低温导致路面结冰影响行车安全, 确定不同预警阈值下的预警级别。结冰条件包括温度和湿度, 湿度为先决条件, 温度为主要因素。当路面达到 0 °C 及以下时才能结冰, 可将 0 °C 定为Ⅳ级预警。对于人为影响因素, 需考虑车辆荷载、车船撞击、火灾作用以及爆炸作用, 确定不同预警阈值下的预警级别。火灾作用的预警阈值如表 13.11 所示。

表 13.11 火灾预警阈值

预警级别	预警阈值
Ⅰ	桥梁下部结构主支撑附近发生火灾
Ⅱ	桥面主支撑 (索) 附近发生火灾
Ⅲ	桥面远离主支撑 (索) 的其他位置发生火灾
Ⅳ	桥梁下部结构远离主支撑的其他位置发生火灾

思考题

13.1 结构状态评估常用方法有哪些? 请简述其主要特点和计算流程。

13.2　结构状态评估的层次分析法如何实现, 包括哪些步骤?

13.3　结构评估中的不确定性来源有哪些? 如何基于可靠性理论对结构状态进行评估?

13.4　结构评估和结构预警的联系和区别?

13.5　结构预警有哪些原则? 常用的结构预警方法有哪些, 各有什么特点?

参考文献

[1] 张宇峰, 李贤琪. 桥梁结构健康监测与状态评估 [M]. 上海: 上海科学技术出版社, 2018.

[2] 赵卓编. 工程结构耐久性 [M]. 北京: 中国电力出版社, 2012.

[3] Guo Z Z, Ma Y F, Wang L, et al. Modelling guidelines for corrosion-fatigue life prediction of concrete bridges: Considering corrosion pit as a notch or crack [J]. Engineering Failure Analysis, 2019, 105: 883-895

[4] Yang D H, Yi T H, Li H N. Coupled fatigue-corrosion failure analysis and performance assessment of RC bridge deck slabs [J]. Journal of Bridge Engineering, 2017, 22(10): 04017077.

[5] Mori Y, Ellingwood B. Reliability-based service-life assessment of aging concrete structures [J]. Journal of Structural Engineering, 1993, 119(5): 1600-1621.

[6] Frangopol D, Dong Y, Sabatino S. Bridge life-cycle performance and cost: Analysis, prediction, optimisation and decision-making [J]. Structure and Infrastructure Engineering, 2017, 13(10): 1239-1257.

[7] 胡志坚, 胡钊芳. 在役中小跨径公路混凝土桥梁技术状态评估 [M]. 北京: 人民交通出版社, 2009.

[8] Huang H B, Yi T H, Li H N, et al. New representative temperature for performance alarming of bridge expansion joints through temperature-displacement relationship [J]. Journal of Bridge Engineering, 2018, 23(7): 04018043.

[9] Huang H B, Yi T H, Li H N, et al. Strain-based performance warning method for bridge main-girders under varying operating conditions [J]. Journal of Bridge Engineering, 2020, 25(4): 04020013.

[10] 中国工程建设标准化协会. 大跨度桥梁结构健康监测系统预警阈值标准: T/CECS 529—2018[S]. 北京: 中国建筑工业出版社, 2018.

第 14 章 结构健康监测典型案例*

在过去十年, 我国经历了全世界规模最大的土木与交通基础设施建设。截至 2019 年底, 我国已建成超过 80 万座公路桥梁, 其中大跨度桥梁占世界总量 50% 以上, 如世界最长跨海大桥港珠澳大桥; 高层建筑超过 3 000 幢, 如国内第一高楼上海中心大厦; 大型体育场馆、高铁火车站等空间结构层出不穷, 如国家体育场 (鸟巢)。另外, 我国目前有古建筑结构超过 500 座, 如北京故宫、西藏布达拉宫等; 水库大坝结构超过 10 万座, 如三峡大坝等。

对于不同类型的结构, 结构健康监测系统基本上包括传感器系统、数据采集与传输系统、数据处理与控制系统以及结构状态评估系统。结合各种类型结构所处环境、受力特点以及重要性程度, 需要根据结构健康监测系统设计标准或规程进行针对性的调整。此外, 需要基于结构健康监测系统获取的长期监测数据进行结构状态或安全评估, 从而将结构健康监测和结构检测与维护之间建立起有效的关联, 最终为结构的长期服役性能评价和智慧化管养提供科学指导。结构健康监测可分为施工阶段结构健康监测和运营阶段结构健康监测两个阶段, 两个阶段的监测内容和侧重点各有不同。施工阶段的监测传感器可以作为运营阶段监测系统的组成部分, 运营阶段的部分传感器需要在施工阶段进

* 本章执笔人:
叶肖伟, 浙江大学建筑工程学院, cexwye@zju.edu.cn
王佐才, 合肥工业大学土木与水利工程学院, wangzuocai@hfut.edu.cn

行提前预埋或者安装, 从而实现施工阶段和运营阶段结构健康监测系统的一体化设计实施。本章将着重介绍大跨度桥梁、超高层建筑、空间结构、古建筑、风机、大坝、海洋平台、地铁隧道结构健康监测的典型案例。

14.1　大跨度桥梁结构健康监测

14.1.1　桥梁结构特点及监测内容

桥梁按主要受力构件可分为梁桥、拱桥、刚架桥、斜拉桥、悬索桥五大类。梁桥的主要承重构件为主梁, 受力特点为主梁受弯, 多用于中小跨径桥梁; 拱桥的主要承重构件是拱肋, 受力特点为拱肋承压、支承处受水平推力; 刚架桥是一种桥跨结构和墩台结构整体相连的桥梁, 受力特点为支柱与主梁共同受力, 支柱与主梁刚性连接, 在主梁端部产生负弯矩, 减少跨中截面正弯矩, 支座不仅承受竖向力还承受弯矩, 适宜于中小跨度桥梁, 如立交桥、高架桥等; 斜拉桥的主要承重构件为梁、索、塔, 利用索塔上的斜拉索在梁跨内增加弹性支承, 减小梁内弯矩而增大跨径, 受力特点为外荷载从梁传递到索, 再到索塔, 适宜于中等及大跨桥梁; 悬索桥的主要承重构件为主缆, 受力特点为外荷载从梁经过系杆传递到主缆, 再到两端锚锭, 适宜于大型及超大跨桥梁。

大跨度桥梁结构健康监测内容主要有: ① 荷载监测, 包括风、地震、温度、交通荷载等; ② 几何形态监测, 获取结构实际几何形态参数, 如线形、变形、位移、沉降等; ③ 截面应力监测, 包括混凝土应力、钢筋应力、结构应力等; ④ 索力监测, 斜拉索、主缆、吊杆等的索力; ⑤ 下部结构监测, 包括锚定应力、主塔桩基轴力等; ⑥ 响应监测, 包括桥梁各个构件的应力应变、振动加速度、索力等。

14.1.2　香港青马大桥结构健康监测系统简介

青马大桥是连接香港葵青区青衣岛和荃湾区马湾岛的主要通道, 东起青衣岛, 上跨马湾海峡, 西至马湾岛, 是香港青屿干线道路的重要枢纽, 如图 14.1 所示。该桥 1997 年通车, 是世界最长公铁两用钢箱梁钢悬索桥, 上层为双向六车道城市快速路, 下层为双线铁路, 如图 14.2 所示。青马大桥全长 2 160 m, 主跨 1 377 m, 桥宽 42 m, 桥塔高 (至鞍座) 206 m, 主缆直径 1.1 m, 由 33 400 根直径为 5.38 mm 的钢丝组成, 钢丝总长 160 000 km。在青衣岛侧采用隧道式锚碇, 在马湾岛侧采用重力式锚碇。钢箱加劲桁梁高 7.54 m, 高跨比 1/185, 纵向桁架之间为空腹式桁架横梁, 中部空间可容纳行车道和铁轨。上层桥面中部和下层桥面铁轨两侧均设有通气空格, 形成流线型带有通气空格的闭合箱型加劲梁。根据大桥所在的地形条件及青衣岛侧公路立交布置要求, 设计桥跨时利用了不对称思想, 即设计成中跨和马湾岛侧边跨悬吊的双塔两跨悬索桥。

图 14.1　青马大桥

图 14.2　青马大桥横截面示意图

青马大桥的结构健康监测系统由香港特别行政区路政署负责实施, 大桥上共安装了 283 个不同类型的传感器, 包括应变计、加速度计、位移计、风速仪、温度计、腐蚀传感器、动态称重系统和全球定位系统 (global positioning system, GPS)[1]。该系统的主要特点包括: ① 至今已运行超过二十年, 积累了大量原始监测数据, 为国内外桥梁健康监测系统的设计和运营提供了宝贵经验; ② 综合考虑结构形式和经济性并结合对称性原则, 在桥梁一侧密集布置各类型传感器, 另一侧少量布置传感器 (用于监测结果检验和校核); ③ 在公路和铁路交通荷载长期共同作用下, 大桥的正交异性钢桥面板焊接构件在服役期易发生疲劳开裂, 因此在桥面板不同截面一共布置了 110 个应变计, 以便后续评估钢焊接构件的疲劳寿命; ④ 考虑到大桥在服役期要长期暴露在腐蚀环境, 而钢结构表面易受氯盐腐蚀, 在大桥的关键区域进行了长期腐蚀监测; ⑤ 大桥所处位置常年遭受台风作用, 而桥塔高度超过 200 m、主跨超过 1 300 m, 大桥的风场环境与结构振动变形监测成为重点。

青马大桥结构健康监测系统使用的传感器主要有: ① 风速仪 (图 14.3 和图 14.4), 可分为螺旋桨式风速仪和超声波式风速仪, 记录风向、风速数据; ② 温度计 (图 14.5), 记录温度、温差数据; ③ 应变计 (图 14.6), 记录安装位置的应变; ④ 加速度计 (图 14.7), 记录结构的振动加速度; ⑤ 位移计 (图 14.8), 记录结构的局部位移; ⑥ 索力计, 记录拉索索力; ⑦ 腐蚀传感器 (图 14.9), 记录安装位置的钢筋腐蚀状况; ⑧ 动态称重系统 (图 14.10), 记录车辆荷载的轴重、轴间距、车速等信息; ⑨ GPS (图 14.11), 记录桥塔、桥面板结构的变形; ⑩ 气象站 (图 14.12), 记录气压、湿度、雨量等天气信息。青马大桥结构健康监测系统如图 14.13 所示。

图 14.3　螺旋桨式风速仪

图 14.4　超声波式风速仪

图 14.5　温度计

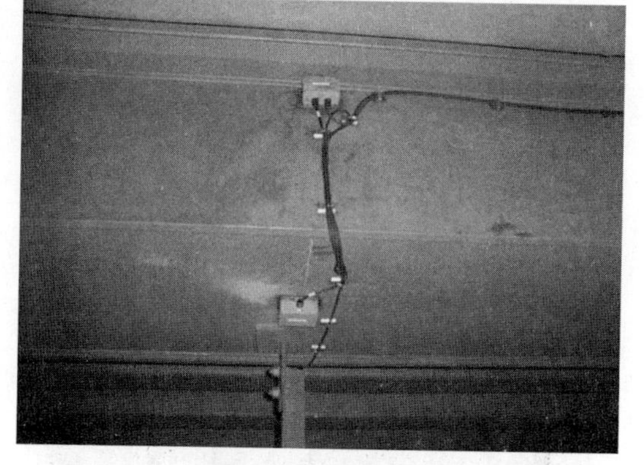

图 14.6　应变计

图 14.7　加速度计

图 14.8　位移计

图 14.9　腐蚀传感器

图 14.10　动态称重系统

图 14.11　GPS

图 14.12　气象站

图 14.13　青马大桥结构健康监测系统

【案例 14.1】[2–6] 基于应变监测数据的疲劳可靠度评估。本节以青马大桥获取的长期应变监测数据为基础, 阐述基于监测的桥梁焊接构件疲劳评估方法。采用某应变计采集的监测数据评估某区段附近焊接节点的疲劳可靠度。图 14.14 和图 14.15 为该应变计测得的典型日应变时程曲线。将测得的应变时程曲线乘以钢材的弹性模量即可得到应力时程曲线, 利用雨流计数法得到焊接节点日应力谱, 图 14.16 和图 14.17 为典型日应力谱直方图。由于在正常的交通荷载和风荷载作用下, 日应力谱具有较高的相似性, 因此, 平均每天的日应力谱可计算得到标准日应力谱。认识到台风天气下的应力谱特性与正常交通荷载和风荷载作用下有所不同, 因此, 在计算标准日应力谱时, 应考虑台风天气的影响。图 14.18 为基于全年应变监测数据得到的标准日应力谱直方图。

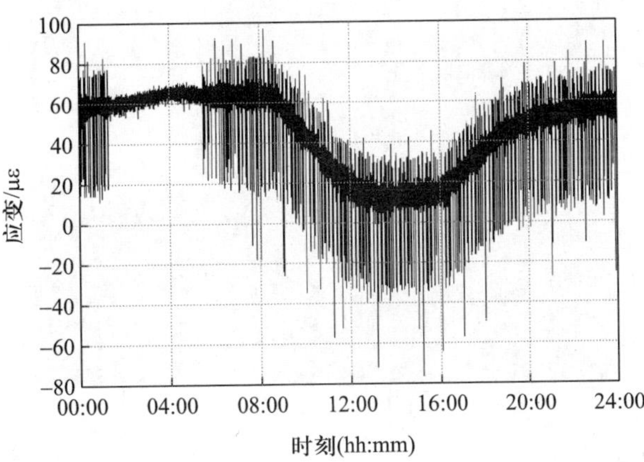

图 14.14　2011 年 1 月 9 日应变时程曲线

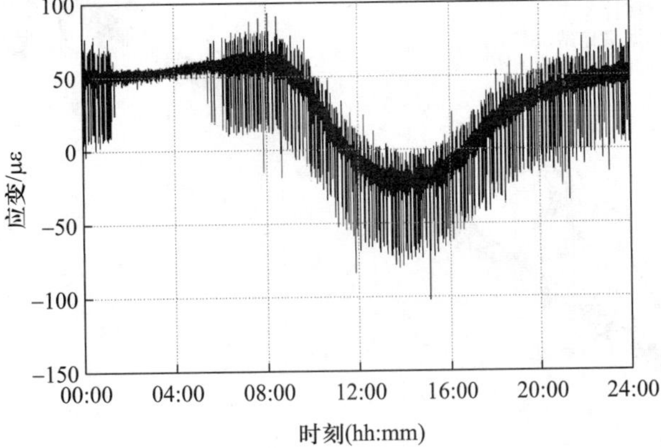

图 14.15　2011 年 11 月 12 日应变时程曲线

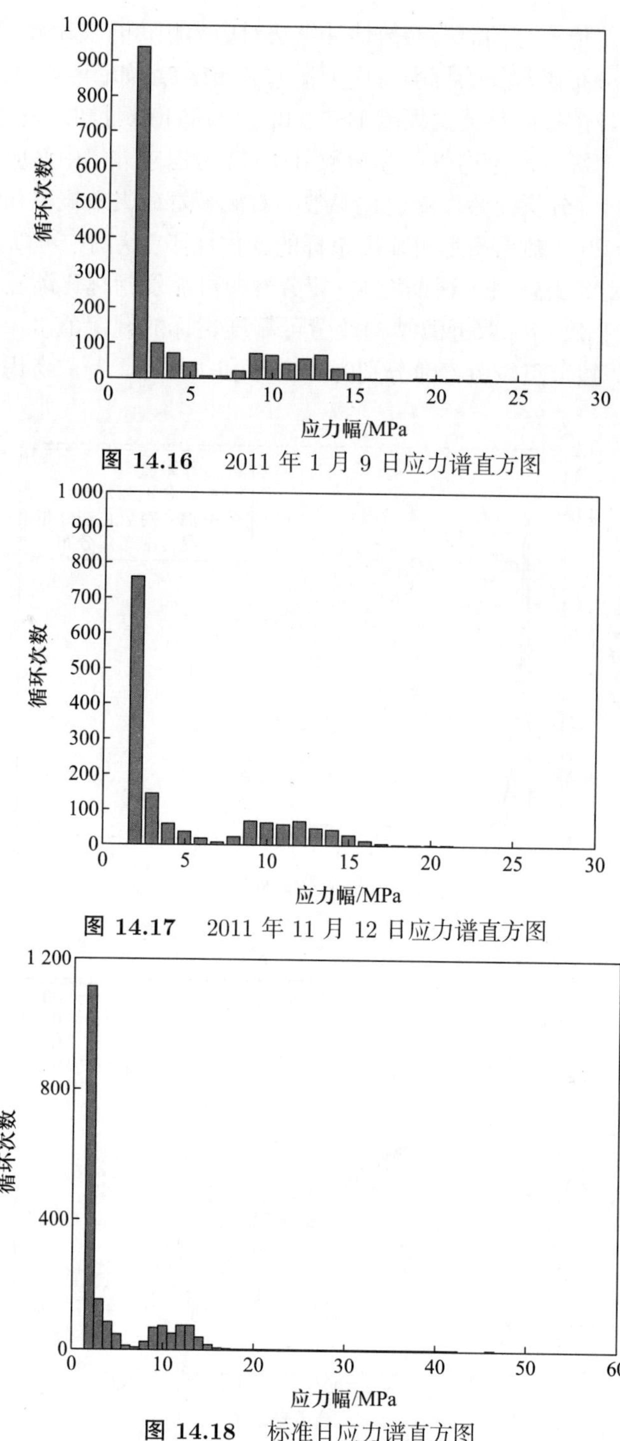

图 **14.16**　2011 年 1 月 9 日应力谱直方图

图 **14.17**　2011 年 11 月 12 日应力谱直方图

图 **14.18**　标准日应力谱直方图

采用基于遗传算法的混合参数估计算法对应力幅进行概率建模，选用有限混合对数正态分布函数作为标准日应力谱的分布函数，如图 14.19 所示。青马大桥的疲劳设计依据的是英国规范 BS5400，由 BS5400 可知，该应变计监测的焊接节点属于等级 F2，疲劳性能参数取 3.0。在考虑应力集中效应和有效截面积衰减的基础上，分析疲劳性能退化参数 α 对疲劳寿命失效概率和可靠度指标的影响。图 14.20 为疲劳寿命可靠度指标的变化规律。从图中可以看出，随着 α 的增大，疲劳寿命失效概率逐渐增大，疲劳寿命可靠度指标逐渐减小。当焊接节点的疲劳可靠度指标取近海结构疲劳可靠度指标的规定值 3.0，α=0.001 和 0.005 对应的焊接节点疲劳寿命分别为 159 年和 124 年。与只考虑钢材锈蚀引

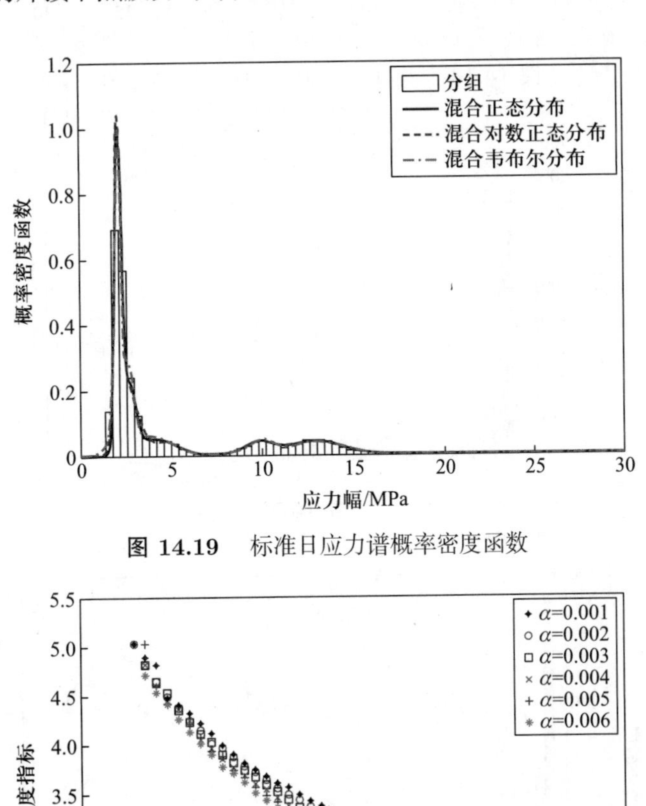

图 14.19　标准日应力谱概率密度函数

图 14.20　疲劳寿命可靠度指标

起的有效截面积衰减因素的疲劳寿命 (176 年) 相比, 降低了 9.66% 和 29.55%。当 $\alpha = 0.006$ 时焊接节点的疲劳寿命为 113 年, 小于青马大桥的设计寿命 120 年。以上表明, 在对钢桥疲劳寿命进行评估时, 应充分考虑钢材锈蚀对焊接节点疲劳性能退化的影响。

14.2 高层建筑结构健康监测

14.2.1 高层建筑结构特点及监测内容

高层建筑结构体系主要包括框架结构、剪力墙结构、框架剪力墙结构和筒体结构。高层建筑结构受力特点有: ① 水平力是主要控制荷载, 在低层和多层建筑结构中, 通常以竖向荷载控制结构设计; 而在高层建筑结构中, 水平荷载起着决定性作用, 特别是风荷载和地震作用。② 侧向变形为控制指标, 与低层和多层建筑结构不同, 结构侧向变形成为高层建筑结构的关键指标。随着建筑结构高度的增加, 水平荷载作用下的侧向变形增大。因此不仅要求结构具有足够的强度, 还要求具有足够的抗侧刚度, 使结构在水平荷载作用下产生的侧向变形控制在安全范围。③ 抗震性能要求高, 对于高层建筑结构, 除要满足正常使用时的竖向荷载、风荷载以外, 还需具有良好的抗震性能。

高层建筑的结构健康监测内容主要有: ① 环境与荷载监测, 主要包括温度、湿度、雨量、风荷载、地震等; ② 变形监测, 主要包括垂直度、水平度、水平位移、竖向位移、基础沉降等; ③ 应力监测, 主要包括混凝土应力、钢筋应力、钢结构应力等; ④ 振动监测, 包括结构关键位置的水平和竖向加速度, 高层建筑在风荷载和地震作用下的结构振动和动力特性是运营阶段的监测重点。

14.2.2 广州塔结构健康监测系统简介

广州塔 (广州新电视塔) 是广州市的地标性超高层建筑结构, 位于广州新城市中轴线与珠江景观轴交汇处, 与珠江新城中的 “双子塔” 构成大三角, 与珠江新城南端的广州市歌剧院、广东省博物馆构成小三角。广州塔高 600 m, 其中主塔高 450 m, 天线桅杆高 150 m, 设计使用年限为 100 年。广州塔塔体包括 37 层不同功能的封闭楼层, 作为观光、餐厅、电视广播中心以及休闲娱乐区。地下室 1 层为停车场和管理用房, 地下室 2 层为设备和仓库。广州塔用地总面积约 170 000 m^2, 总建筑面积约 100 000 m^2, 如图 14.21 所示。

广州塔的建筑结构是由一个向上旋转的椭圆形钢外壳变化生成, 相对于塔的顶、底部, 其腰部纤细, 体态生动。钢结构外筒是结构主要的垂直承重及抗侧力构件, 包括三种类型的构件, 即立柱、环梁和斜撑。外筒共有 24 根柱, 由

图 14.21　广州塔

地下 2 层柱定位点沿直线至塔体顶部相应的柱定位点, 全部采用钢管混凝土组合柱。其结构有以下特点: ① 结构超高, 广州塔高达 600 m, 是中国第一高塔, 世界第二高塔, 在超高层建筑发展历史中具有重要意义; ② 形体奇特, 广州塔以 “广州新气象” 为主题, 塔的上部和下部分别是两个椭圆, 大小椭圆用钢管混凝土立柱连接起来, 然后在中间扭转了 45°, 非常有动感, 建筑由不同形状和不同方向的椭圆结合而成, 形成上升体, 从不同的角度看有不同的形状和效果, 形体非常奇特; ③ 结构复杂, 为了实现奇特的建筑效果, 设计采用筒中筒结构, 内筒为椭圆形钢筋混凝土结构, 外筒为花篮状钢结构, 两者之间在局部区段采用支撑钢梁和楼层连接, 在 450 m 高空设置 150 m 高的桅杆, 结构极为复杂。

广州塔结构健康监测系统主要由香港理工大学负责设计和实施,2009 年完工 [7]。在施工阶段, 选取 12 个关键截面安装了超过 500 个各类传感器进行监测; 在运营阶段, 在主塔 5 个关键截面安装了超过 280 个各类传感器进行监测, 在桅杆选取 3 个关键截面安装了超过 80 个各类传感器进行监测, 这些传感器能够实时监测广州塔的环境参数 (温度、湿度、降雨等)、荷载 (风和地震) 和响应 (关键部位的受力、水平位移、加速度、倾斜等)。主要包括风速仪、加速度计、倾斜仪、光纤应变计、光纤温度计、腐蚀传感器、埋入式应变计、光纤倾斜仪、地震仪、GPS 等, 如图 14.22 所示。

广州塔结构健康监测系统的特点主要包括: ① 采用施工阶段和运营阶段一体化设计, 运营阶段所需传感器在施工阶段预埋或安装, 施工阶段安装的传

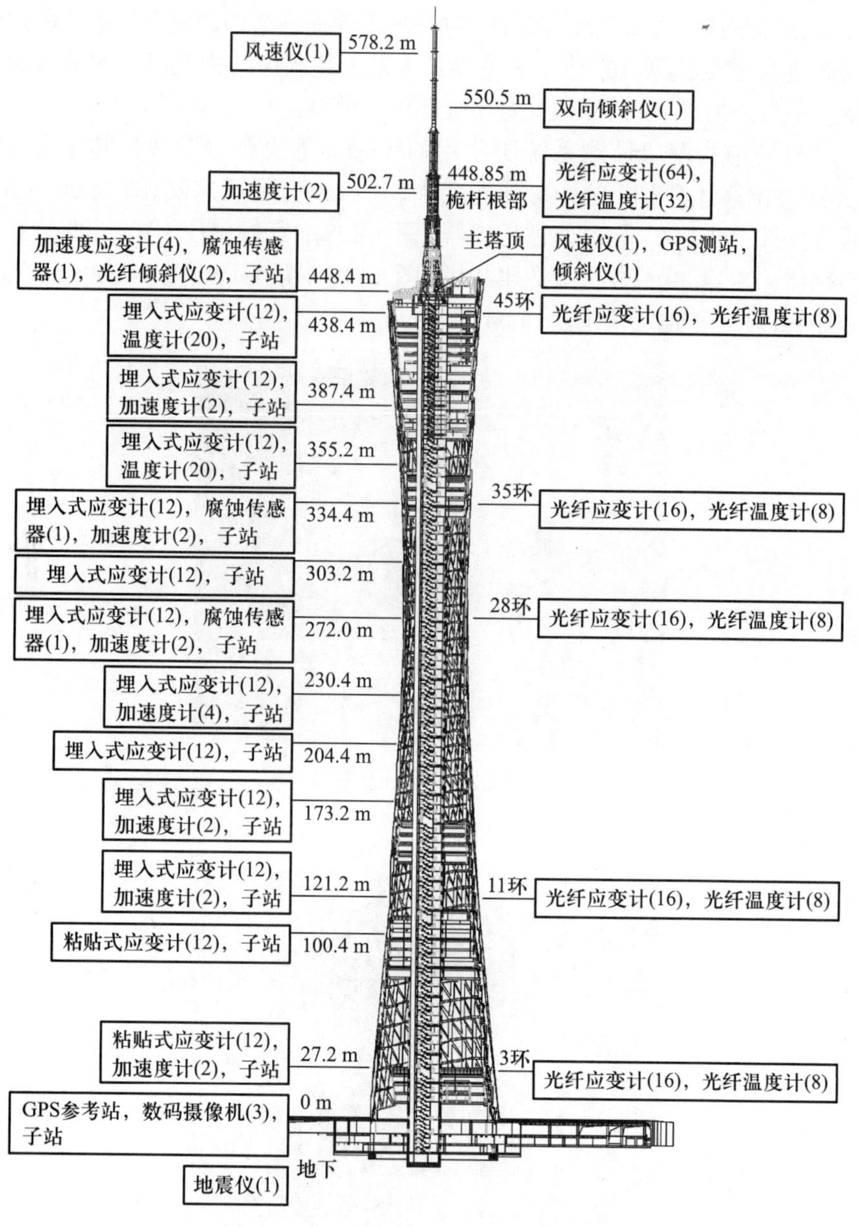

图 14.22 广州塔结构健康监测系统

感器可以作为运营阶段监测系统的一部分; ② 在钢结构外筒、钢筋混凝土内筒以及桅杆结构采用了集成式光纤应变和温度传感监测系统, 节约了大量线缆铺装和传感器保护成本, 提高了传感器存活率; ③ 通过联合安装全球定位系统和数码摄像机, 对广州塔桅杆风敏感结构进行结构变形监测和交叉验证; ④ 在塔顶桅杆底部布置了大量光纤应变计, 对超高柔性桅杆结构的应力集中和风致疲劳问题进行重点监测; ⑤ 建立了世界首个基于超高层结构健康监测系统的基准研究平台, 通过共享监测数据对比验证理论模型。

广州塔结构健康监测系统所使用的传感器主要有: ① 风压传感器 (图 14.23); ② 位移计 (图 14.24); ③ 加速度计 (图 14.25); ④ 风速仪 (图 14.26); ⑤ 振弦式应变计 (图 14.27); ⑥ 腐蚀传感器 (图 14.28); ⑦ 倾斜仪 (图 14.29); ⑧ 光纤传感器 (图 14.30); ⑨ 工业数码相机 (图 14.31); ⑩ GPS (图 14.32); ⑪ 气象仪 (图 14.33); ⑫ 地震仪 (图 14.34)。

图 14.23　风压传感器

图 14.24　位移计

图 14.25 加速度计

图 14.26 风速仪

图 14.27 振弦式应变计

图 14.28　腐蚀传感器

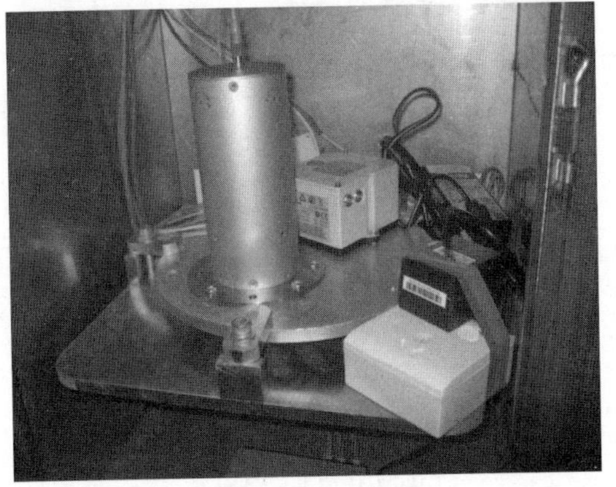

图 14.29　倾斜仪

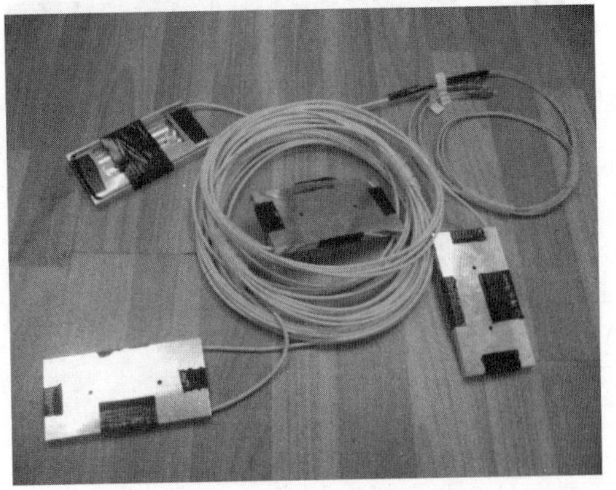

图 14.30　光纤传感器

图 14.31 工业数码相机

图 14.32 GPS

图 14.33 气象仪

图 14.34　地震仪

【案例 14.2】[8,9] 基于计算机视觉监测的结构变形评估。基于计算机视觉的结构动态位移监测系统主要包括以下几个组成部分: ① 工业数码相机和前端放大镜头; ② 笔记本计算机和数码相机供电系统, 笔记本计算机用于采集和存储实时数据; ③ 自开发系统软件; ④ 如果在晚上或者光线条件较差的情况下, 可利用 LED 灯作为标靶。计算机视觉结构位移监测系统如图 14.35 所示。

(a) 工业数码相机和镜头

(b) 笔记本计算机和数码相机电源

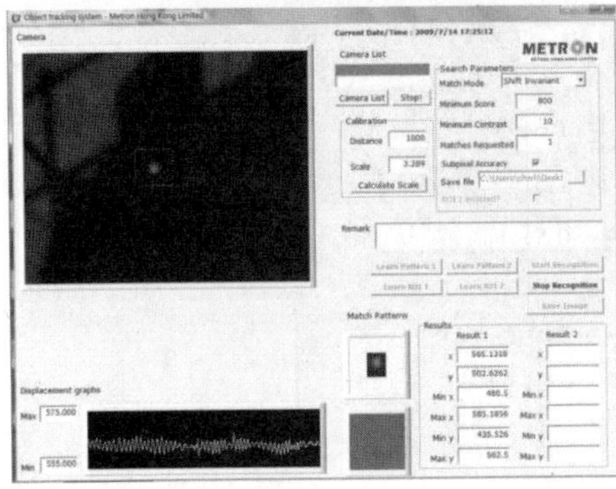

(c) 软件界面

(d) LED灯标靶

图 14.35　计算机视觉结构位移监测系统

利用特征模式匹配图像识别算法计算目标点的位移变化, 根据实际需要调节采样频率和曝光度等参数。基于匹配的图像分析方法分两步, 第一步, 在两时刻的图像分别确定同一目标物体, 并确定该目标物体中心点在图像中的对应坐标; 第二步, 从对应点坐标解一组方程, 求出运动参数。连续地处理某段时间所得的图像, 便可获得该目标点在此时间段的位移情况。在广州塔结构健康监测系统中, 对于电视塔结构的动态特性监测, 除了计算机视觉系统之外, 还有 GPS 监测系统。因此, 在利用计算机视觉对广州塔在一般风荷载作用下的动态特性进行监测试验时, 可以与 GPS 监测系统同时测量, 其结果可相互校正复核。

图 14.36(a) 是计算机视觉系统和 GPS 约 6 h 的位移时程记录。从结果上看两者吻合得较好,GPS 在最后 1 h 扰动较大, 可能是由于当时周围环境所致。图 14.36(b) 给出了振幅较大时候 100 s 的位移时程曲线, 从结果上看两者吻合得较好, 并且结构 0.1 Hz 左右的振动周期清晰可见。对监测结果进行频谱分析, 计算出其相应的频谱特征, 如图 14.36(c) 和图 14.36(d)。由频谱图可以看到, 最低阶的振动频率清楚地识别出来, 两者都为 0.095 21 Hz。

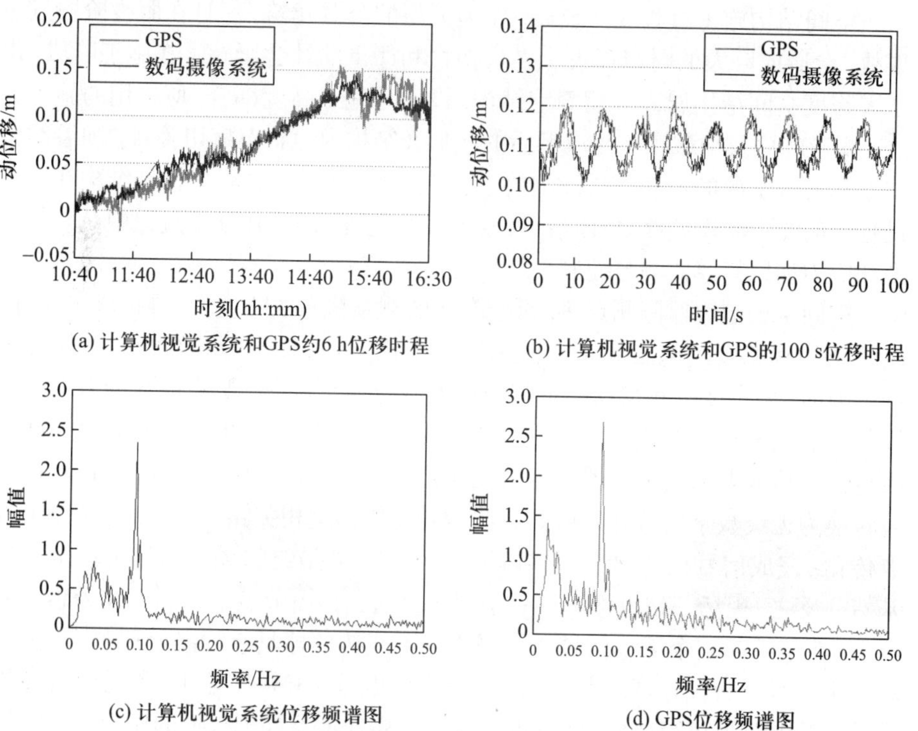

图 14.36　计算机视觉系统与 GPS 监测结果对比

14.3　大跨空间结构健康监测

14.3.1　空间结构特点及监测内容

空间结构具有受力合理、刚度大、自重轻、抗震性能好、工期短、造价低等优点, 且结构形式新颖丰富、生动活泼, 可以突出结构美并具有艺术表现力。由于空间结构不仅具有三维空间的结构形体, 而且在荷载作用下为三向受力, 结构成形和受力分析都极为复杂。通常将空间结构按形式分为五大类, 即薄壳结构、网架结构、网壳结构、悬索结构和膜结构。平板型的网架结构和曲面型的网壳结构可合并总称为网格结构。网架结构是一种铰接杆系结构, 是空间结构最普遍的形式, 大中小跨度均适用, 应用极为广泛。空间结构具有如下力学特点: ① 具有三维受力特性, 在荷载作用下呈空间工作状态; ② 属于高次超静定结构, 但一般偏柔, 在特殊荷载和突发灾害下容易出现损坏甚至毁坏; ③ 大部分结构具有对称性, 是自振频率密集型结构, 动力特性复杂; ④ 承受的主要荷载随机性强, 结构整体的缺陷敏感性高, 初始缺陷、局部构件损伤比较显著影响结构的承载能力和动力特性。

空间结构施工过程庞大复杂, 作为大型的公共建筑, 一旦在服役阶段发生事故, 会造成巨大的财产损失、人员伤亡和严重的社会影响。在施工阶段, 由于大跨度空间结构属高次超静定结构, 设计与施工高度耦合, 所采用的施工方法、安装顺序及加载顺序与成型后的线形及结构内力状态密切关联。随着结构体系和荷载工况的不断变化, 结构内力和变形也随之变化。为保证结构在施工过程中的受力状态始终处在设计要求的安全范围, 需要在施工过程中对几何变形和应力加以有效监测与控制。

空间结构健康监测测点多, 对于有线监测系统布线难度大, 维护成本高, 同时繁杂的线路会给施工和正常使用带来干扰, 并可能影响到结构的整体美观性。因而, 大跨度空间结构健康监测对无线传感监测系统具有明显的需求。无线传感监测系统的基本运行机制为, 各类传感器感知结构响应, 并通过局部有线将信号传输至无线传感器节点。无线传感器节点通过调制、处理, 将数据信号转换为无线数字信号并发射。无线信号先传输至相关路由节点, 再在路由节点传输, 完成信号接力, 实现传输距离的扩展, 并最终将无线信号传输至现场基站。反之, 现场基站也可以将一系列指令通过路由节点下达到无线传感器节点, 从而组织起整个无线信号传输网络。无线传感器具有智能处理单元, 可以对采集信号进行预处理, 对特征信号进行初步提取和数字输出, 不需要有线传感系统的电荷采集箱部分, 同时也分散了中央处理器处理数据的压力。无线传感器依据设定的通信协议, 可以实现自组织网络, 形成一个高效实时的监测系统。同时，无线传感网络的大范围覆盖性与可拓展性可以保证同时监测到大型空间结构各个部位的信息。

14.3.2 国家体育场无线传感健康监测系统简介

国家体育场 (鸟巢) 是一座超大规模的建筑结构，可容纳 9 万多人，被认为是中国大跨度空间结构的象征。该建筑结构在平面图上呈椭圆形，南北方向的直径为 332 m，东西方向的直径为 297 m。整体钢结构的 24 根主桁架之间有大量的子桁架相互连接，每个主桁架由两层方形钢管组成，具体分为四种类型：上层钢管、下层钢管、中层钢管和柱管。

鸟巢无线传感结构健康监测系统主要由浙江大学空间结构研究中心负责设计实施，考虑到无线传感器节点数量的限制，选取典型的主桁架进行无线传感器布置 [10]。根据结构力学性能，四种钢管的应力传感器主要集中在柱、角、1/4 跨点和 1/2 跨点的位置。在各截面表面各安装 2 或 4 个振弦式传感器，上层钢管安装 2 个振弦式传感器，其他钢管安装 4 个振弦式传感器，以便掌握钢管的轴向力和弯矩，共计安装的振弦式传感器总数为 268 个，相应的无线节点数为 76 个。此外，在钢结构中分布有 14 个加速度计，用于监测地震、观众噪声等环境激励下的响应。在四个方向的四个基点上安装 4 个风速仪。在垂直位移值可能最大的檐口处安装 4 个位移计。传感器节点的布置如图 14.37 所

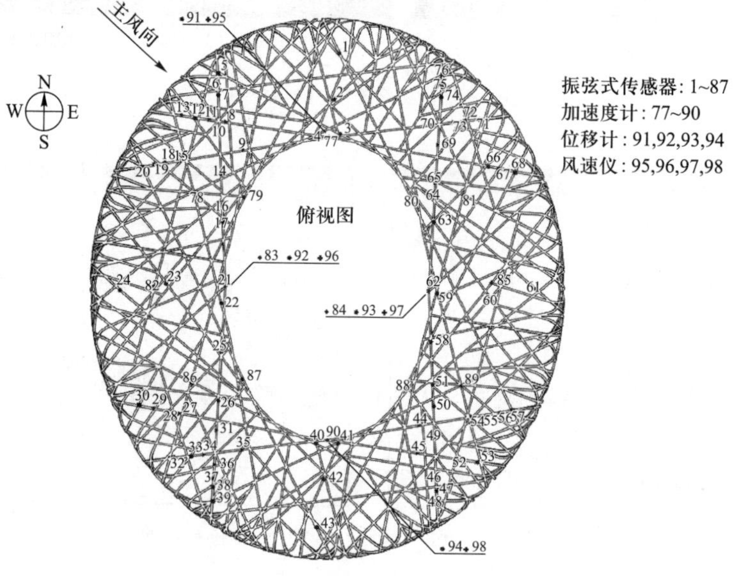

图 14.37　鸟巢结构健康监测系统无线传感器布置图

示，现场安装传感器如图 14.38 所示。鸟巢结构健康监测系统开发的图形用户界面操作软件如图 14.39 所示，该软件系统可以对现场无线传感器网络进行控制，包括拓扑调整，ID 地址分配、执行采样等。图 14.40 为鸟巢结构健康监测系统展示平台，用于系统控制、数据采集和结果显示，主监控中心位于浙江大学建筑工程学院，在鸟巢的主要入口处设有展览屏幕。

(a) 振弦式传感器　(b) 风速仪　(c) 位移计

(d) 中继节点　(e) 基站　(f) 加速度计

图 14.38　现场无线传感器

图 14.39　鸟巢结构健康监测系统操作软件

(a) 浙江大学监控中心

(b) 现场展览屏幕

图 14.40　鸟巢结构健康监测系统展示平台

14.4　古建筑结构健康监测

14.4.1　古建筑结构特点及监测内容

古建筑建造年代久远, 在其服役过程中, 由于受到赋存环境荷载长期作用及疲劳、腐蚀效应和材料老化等不利因素的影响, 结构不可避免会产生损伤累积和抗力衰减。大多数古建筑都有维修经历, 往往都是在建筑或结构产生明显损毁之后进行 “补救性” 维修, 对于古建筑的保护明显不利。为了 “防患于未然”, 采用 “预防性保护” 的思路近年来逐渐为文物保护领域所接受。预防性保护强调基于信息收集与风险评估等方法确定古建筑面临的风险因素及其发展变化规律, 通过灾害预防、日常维护、科学管理等措施及时降低或消除面临的风险, 使古建筑长期处于良好状态。作为获取结构服役信息重要手段的结构健康监测技术是实现古建筑结构预防性保护的必然环节。在古建筑结构上实施健康监测系统, 一方面可以较早地捕捉结构异常状态, 通过维护保养来保证古建筑结构安全; 另一方面可通过数据累积变化判断结构状态的改变速率及稳定性, 进而为是否启动修缮提供科学依据, 这也可在一定程度上避免 “破坏性或不必要的修缮” 等影响文物价值的事件发生。

我国的古建筑结构作为文物的重要性给结构健康监测技术的实施带来了特殊的挑战, 其特征主要表现在以下几个方面: ① 古建筑木结构无相关设计资料, 结构初始状态未知, 而现状结构中材料、构件、节点及整体结构大多存在不同程度且形式多样的既有损伤与变形, 结构不确定性因素众多; ② 古建筑木结构的构件之间采用榫卯、斗拱等节点形式, 构造复杂, 其连接状态、边界条件、刚度参数等都难以准确描述; ③ 不同于现代工程结构, 古建筑结构所受环境激励较小, 结构响应以长期静态慢变为主, 且作为生物材料, 极容易受到环境温度和湿度的影响; ④ 作为文物, 监测系统实施必须以不损伤其文物价值为前提, 这给传感器选型、布设及施工增加了更多约束条件及难度。因此在进行古建筑结构健康监测系统设计与实施时应充分考虑上述问题。古建筑由于其特殊, 其健康监测系统应充分考虑以下原则: ① 最低限度影响原则, 不得改变古建筑表观外貌、壁画、室内装修和结构体系、构件、构造等; 应优先选择无损或非接触式监测设备, 当所选用监测设备会给古建筑带来微小损伤时, 不得破坏古建筑文物价值。② 可逆性原则, 安装于古建筑的监测设备应可拆除。③ 可靠性原则, 应采用有利于古建筑保护的可靠技术。

古建筑结构的基本元素是梁、柱等单一构件, 梁柱和节点组成基本受力单元, 多个基本单元组成局部结构, 局部结构组成整体结构或建筑群。针对古建筑结构的特点和环境因素, 古建筑结构的结构健康监测内容一般包括结构的响应监测和环境因素监测。结构的响应监测包括构件的变形监测、振动监测、应变监测。构件的变形监测主要包括水平位移监测、沉降监测、倾斜监测、挠度监测、裂缝监测等内容。振动监测主要包括构件的加速度、速度、动态位移监测。环境因素监测主要包括温度、湿度、风、地震等监测内容。古建筑结构的传感元件的选择主要包括压电式力传感器、加速度计、阻抗传感器、电阻应变计、光纤光栅传感器、压电材料、电磁致伸缩材料制成的传感器等。针对古建筑结构特点, 需要对传感器进行相应的改装设计, 确保不能破坏古建筑结构。总之, 古建筑结构健康监测系统的传感器的布设要遵循文物保护的原则, 同时需要综合考虑结构的维修历史、残损现状、数值模型计算结果及专家经验等因素。

14.4.2　藏式古建筑木结构健康监测系统简介

本节以北京交通大学古建筑监测研究团队主要负责设计实施的某藏式古建筑木结构健康监测实践为例, 对古建筑结构健康监测系统特点及其数据分析与应用情况予以简要介绍 [11]。藏式古建筑通常采用 “墙柱混合承重” 的结构形式, 外墙或内部承重墙十分厚重, 木结构部分通常用梁柱组成数列纵向排架, 梁上铺密椽, 椽上敷设楼板, 如图 14.41 所示。其中梁、柱、椽等构件均由原木加工而成, 墙体和楼板的材料主要为土和石。藏式古建筑木结构排架柱由柱础、柱身、柱头栌斗及上面的托木、弓木、梁等组成, 如图 14.42 所示。

根据古建筑的结构特点, 藏式古建筑木构架存在较多残损变形, 如柱架倾斜、梁架挠曲、雀替歪闪等, 因此根据结构特点, 主要通过对结构关键梁、柱构件变形、响应及主要环境因素的实时监测来获取结构变形及其发展规律, 解析环境作用对结构响应的影响, 同时预警结构灾变行为。图 14.43(a) 和图 14.43(b) 分别为藏式古建筑木结构中布设的梁跨中应变计 (内置温度计可测量构件温度) 和柱顶部倾角仪。出于防火考虑, 以及古建筑健康监测系统设计原则, 在古建筑中长期布设的传感装置不宜带电, 因此采用光纤光栅类传感装置, 并利用定制支座将传感器固定到构件上。

图 14.41 典型藏式古建筑木结构

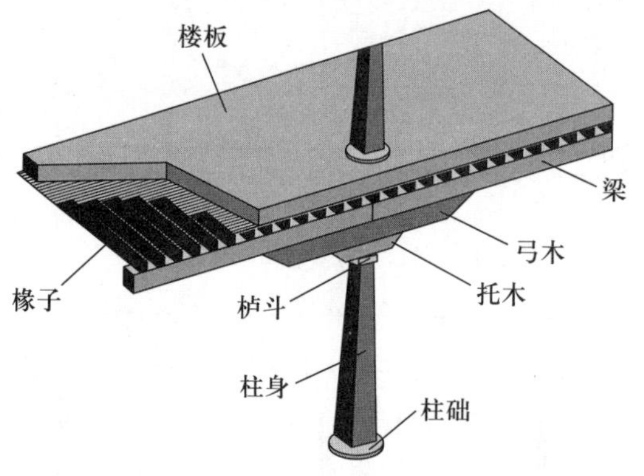

图 14.42 藏式古建筑木结构示意图

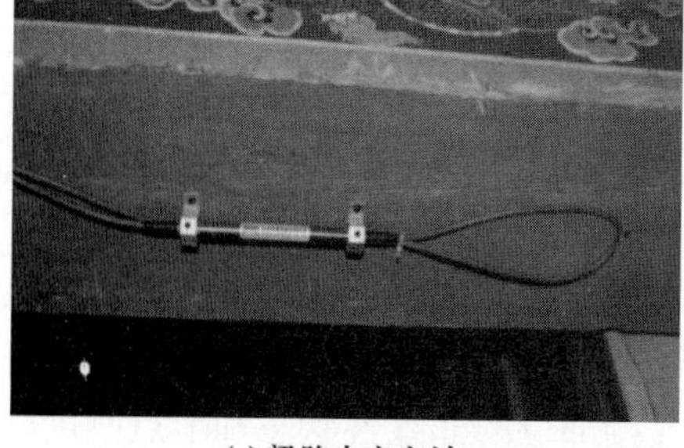

(a) 梁跨中应变计

(b) 柱顶部倾角仪

图 14.43 藏式古建筑木结构健康监测系统传感器装置

【**案例 14.3**】基于光纤传感监测数据的结构状态评估。在正常服役状态下，藏式古建筑木结构的应变响应是以环境温度、湿度为主的赋存环境作用及自身劣化的综合效应。基于结构主要受力构件的长期温度、湿度及应变监测数据分析结果可知，该建筑所在地区一年中除 7 月和 8 月湿度对应变的影响不可忽略外，其余月份的构件应变主要以温度影响为主。基于 2013 年 9 月 1 日—2014 年 6 月 30 日总计 10 个月的构件应变及温度监测数据，利用回归分析应变增量与温度增量之间的关系，从而可有效去除温度引起的应变效应，如图 14.44 所示，进而得到由结构自身劣化导致的残余应变，并进行结构异常状态的判定，如图 14.45 所示。

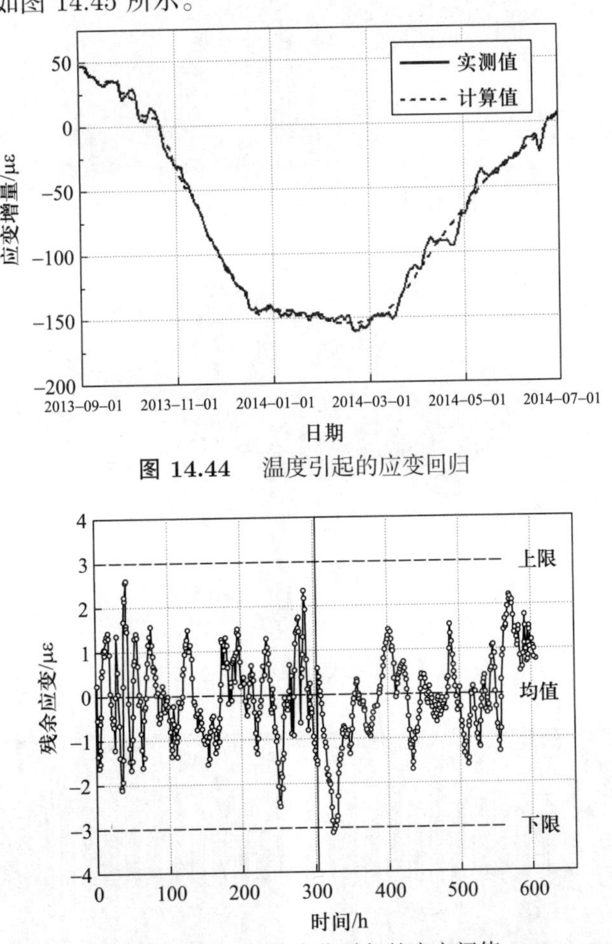

图 14.44　温度引起的应变回归

图 14.45　结构劣化引起的应变阈值

考虑材料损伤及暗榫松动导致梁柱连接部位的非线性状态和节点刚度降低现象，可基于长期应变与温度监测数据进行温度灵敏度节点刚度参数识别，并可及时发现薄弱节点位置及损伤程度，为结构状态评估提供依据。梁柱节点简化模型如图 14.46 所示。采用温度灵敏度法识别节点刚度时, 未知参数为弹簧刚度, 系统输入项为监测的温度荷载, 输出项为结构应变响应。将上述节点参数识别方法应用于某藏式古建筑的三层回廊木结构, 图 14.47 给出各梁柱节点扭转弹簧和受压弹簧的刚度识别结果。

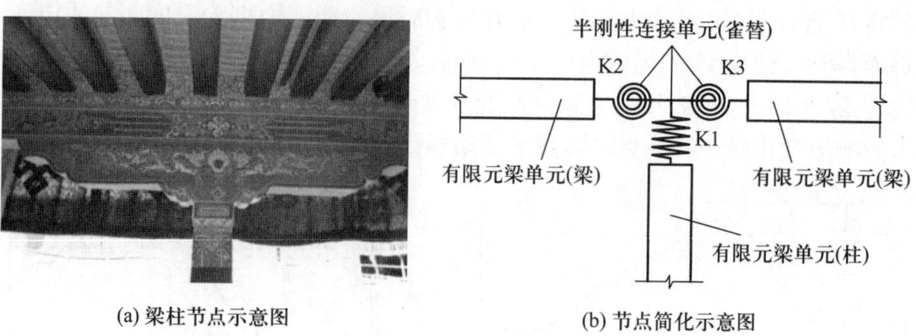

(a) 梁柱节点示意图　　(b) 节点简化示意图

图 14.46　节点分析图

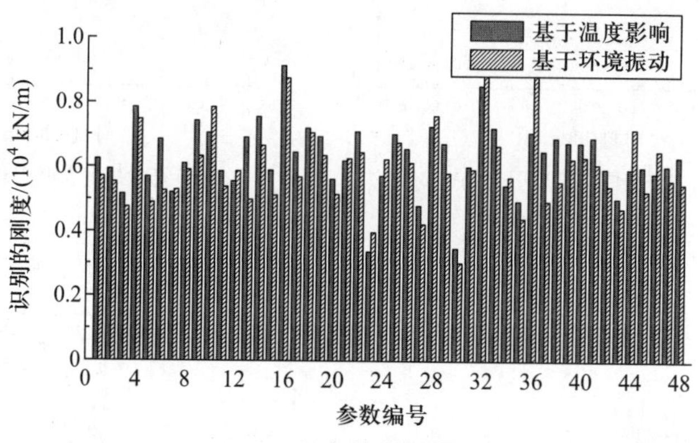

(a) 扭转弹簧刚度

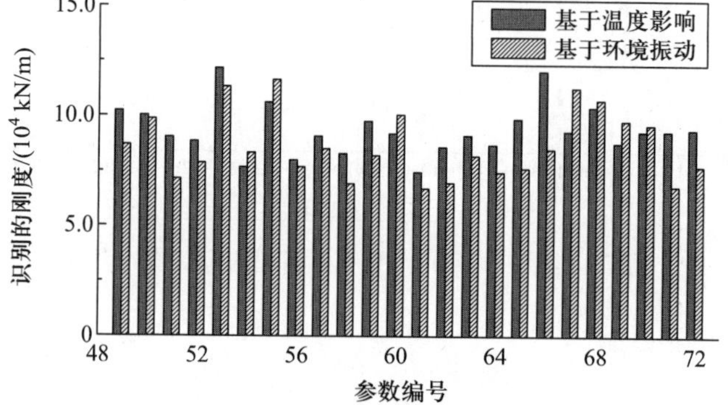

(b) 受压弹簧刚度

图 14.47　基于温度灵敏度的梁柱节点刚度参数识别

游客行走带来的人群荷载对古建筑木结构的影响日益突出，需要提出一种在结构监测数据中提取人致应变响应的计算方法。基于长期监测数据统计分析结果，可将测点按温度波动程度不同分为两大类型；而后基于夜间无游客时段的温度与应变监测数据，分别建立针对两大类型测点的温度–应变关系模型，并将其推演至有游客时段；最后从有游客时段总应变中剔除温度引起的应变，进而得到人致应变响应，如图 14.48 所示。采用上述方法，计算得到了某藏式古建筑 2013—2017 年的人致响应及其波动规律，如图 14.49 所示，结果表明人致响应变化趋势与参观游客数量波动规律吻合较好，具有强相关性。

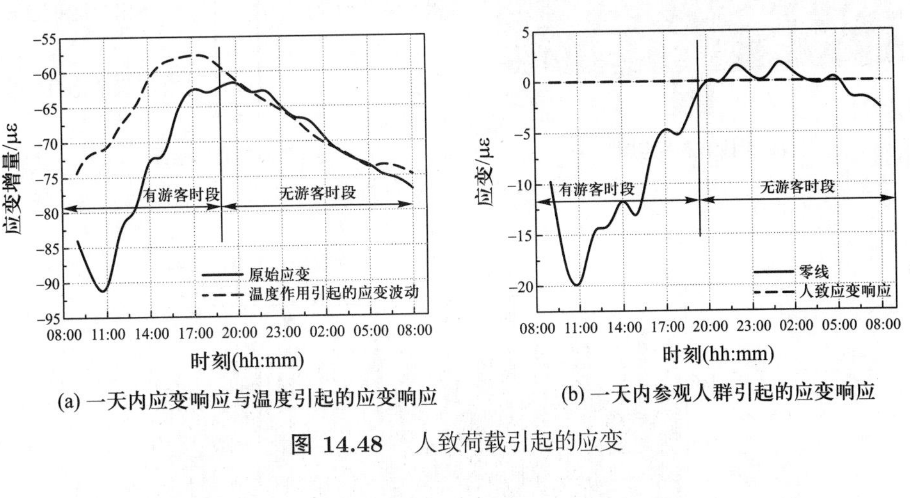

(a) 一天内应变响应与温度引起的应变响应　　(b) 一天内参观人群引起的应变响应

图 14.48　人致荷载引起的应变

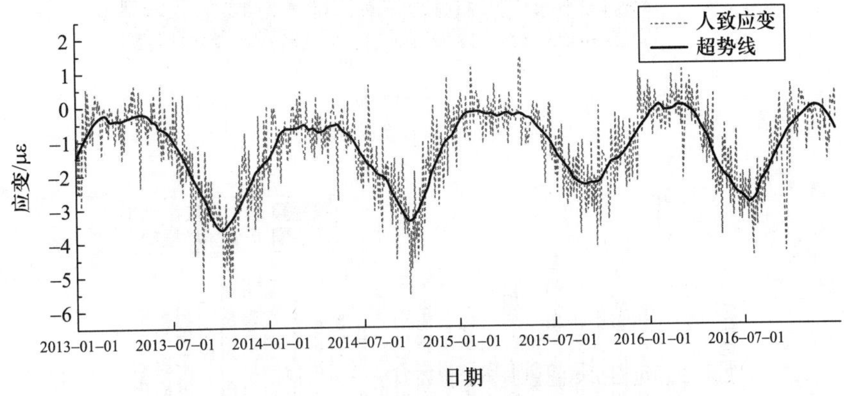

图 14.49　一年内人致荷载引起的应变趋势图

14.5 风机结构健康监测

14.5.1 风机结构特点及监测内容

风机的承重结构主要包括风机叶片和塔筒结构。叶片是风机结构的风能吸收装置,也是能量转化器,它通过自身的旋转把风能转化为机械能,带动轮毂转动,进而把机械能传递给机舱内的传动链系统。由于风机的叶片长期暴露在高空中,容易受到雷击。同时,由于风速的不断变换,叶片受到变化的风力荷载作用,叶片承受的应力不断变化而引起疲劳问题。具体来讲,叶片在风荷载和环境影响下的主要结构病害特征有:① 叶片开裂,风机结构的工作环境恶劣,叶片经过长时间的环境作用会发生龟裂,这些裂纹一开始较小,不易发现,随着时间增加,裂缝逐渐扩大,会影响到叶片的受力情况,从而对主轴造成受力不均等影响。② 叶片根部螺丝松动,叶片根部螺丝松动比较常见,长时间运行,叶片根部与轮毂之间的螺丝可能因为生锈而松动,从而发生同叶片开裂相似的情况。③ 叶片材质老化,叶片老化最明显的特点是叶片开裂和叶片重量变轻,同一风机不同叶片的老化时间不一定相同,因此损伤程度也不一定相同。材质老化是叶片开裂的主要原因之一。④ 雷击等自然灾害引起的叶片损害。

塔筒在整个风机结构中起到支撑机舱和叶轮的作用,使整个机舱和叶轮达到设计中的运行高度,较高的运行高度使风机获得足够的荷载及能量带动风轮转动。由于风机正朝着结构与容量大型化的方向发展,风机塔筒的安全稳定性问题日益重要。风机结构塔筒的主要结构病害包括:① 塔筒法兰盘螺栓松动,风机结构塔的法兰盘螺栓松动是导致风机倒塌的主要因素,是较为常见的严重病害;② 塔筒的倾斜和基础沉降,由于塔筒是高耸结构,其在风力等水平振动荷载作用下,容易产生倾斜,另外,塔筒的基础沉降也是塔筒结构常见的病害之一;③ 塔筒的腐蚀病害,由于塔筒长期暴露在高空中,工作环境十分恶劣,使得塔筒结构容易腐蚀。

根据风机结构特点,主要监测内容包括叶片的振动响应监测、风荷载及其效应监测、动应变及其疲劳监测、腐蚀监测等;筒塔的监测内容主要包括关键截面的应力监测、振动监测、变形及倾角监测等 [12]。

14.5.2 风机结构健康监测系统简介

某风力发电场位于海拔高度在 750~1 236 m 之间,东西长约 8 km,南北宽约 6 km,面积约 50 km^2,气候条件属大陆性半湿润季风气候。风电场总体规划装机容量为 199 MW,共安装 66 台型号为 GW87/1500 型直驱风力发电机组。所监测的风机为该风电场新型试验样机,采用混凝土与钢组合的结构形式, 该形式充分利用了混凝土的承压能力, 使其在下部承受竖向荷载, 也利用了钢材料的抗拉能力, 使其在上部承受水平向风荷载以及轮毂传来的弯矩的作用。监测的风机塔筒顶部距地面 98.3 m, 其中, 下部为 45.21 m 长混凝土结构, 上部为 53.09 m 为钢结构。

根据结构的特点, 由于该风机是新安装的设备, 结构健康监测系统暂时没有安装腐蚀、疲劳、强度等监测设备。初期的结构健康监测系统只安装了振动监测系统, 利用加速度传感器测量风机的加速度响应, 通过模态识别方法, 确定风机结构的模态参数, 通过对数据的一系列处理, 达到监测风机服役状态的目的。通过对采集到的加速度信号进行处理, 可以得到实际风机叶片和塔筒的振动特性, 能够判断叶片塔筒共同工作时是否会产生共振并分析其是否受到环境因素影响, 同时可以将加速度数据转化成位移数据, 通过位移控制条件进行风机结构的监测预警。该监测系统的测点的布置原则是, 测点布置方案能够较为全面的描述当前振动过程中结构的服役状态, 在风机整体结构的各个位置均有布置。布置方案尽可能把对结构振动敏感的位置作为测点, 同时, 对易损部件、距离结构关键部位较近位置也进行相应布置, 如对于塔筒关键部位, 为各法兰连接处与平台位置, 对于叶片, 为叶片根部与法兰连接处等关键部位。方案中考虑了测点周围的环境, 对高温、高湿度及出风口等环境进行了监测。

14.6　大坝结构健康监测

14.6.1　大坝结构特点及监测内容

大坝结构是一种挡水建筑物, 一般分为混凝土坝和土石坝两大类。混凝土坝分为重力坝、拱坝和支墩坝三种类型。重力坝是依靠坝体自重与基础间产生的摩擦力来承受水的推力而维持稳定。拱坝是一空间壳体结构, 平面上呈拱形, 凸向上游, 利用拱的作用将所承受的水平荷载变为轴向压力传至两岸基岩, 两岸拱座支撑坝体, 保持坝体稳定。支墩坝由倾斜的盖面和支墩组成。支墩支撑着盖面, 水压力由盖面传给支墩, 再由支墩传给地基。支墩坝是比较经济可靠的坝型, 与重力坝相比具有体积小、造价低、适应地基能力较强等优点。土石坝包括土坝、堆石坝、土石混合坝等, 又统称为当地材料坝, 具有就地取材、节约水泥、对坝址地基条件要求较低等优点。一般的土石坝由坝体、防渗体、排水体、护坡等四部分组成。

根据大坝的结构特点, 其结构健康监测的主要内容包括变形监测、渗流监测、应力监测、裂缝监测和大坝环境监测 [13]。大坝的变形监测主要有表面位移、内部位移和整体位移。表面位移和内部位移包括垂直和水平位移两方面,整体位移包括弯曲、倾斜、裂缝三方面。在这些指标中表面水平位移、垂直位移、挠度、倾斜度、裂缝可以反映大坝变形。根据大坝的地质构造、性态等不同, 表面位移监测可采用大量程位移传感器和智能无线数据记录仪, 深层位移变形监测可采用多点位移计, 内部裂缝监测可采用土体位移计。对于大坝渗流监测, 不同类型的坝体监测内容不同。就混凝土或砌石坝来说, 渗流监测的内容包括扬压力、地下水位、绕坝渗流、渗流量和特殊部位的渗透压力。而对于土坝、土石坝或者面板堆石坝的渗流监测, 主要内容包括地下水位、渗流量绕坝渗流、孔隙压力、渗透压力和浸润线。坝体应力是表征大坝安全的重要指标。坝体应力的观测较为复杂, 总体来说, 大坝应力监测的主要内容包括混凝土应力监测、岩体应力监测、钢材应力监测和土应力监测。混凝土应力监测是通过在混凝土中埋设应变计来测定混凝土的应变值, 由应变值通过弹性理论计算混凝土的应力值。岩体应力的监测主要通过岩基应变计、多点位移计和滑动测微计等仪器监测, 监测部位为坝基地下工程、坝肩岩体、洞室等。钢材应力监测是利用埋设钢筋计和钢筋无应力计对混凝土内部钢筋应力进行监测。土压力监测主要通过土压力计测出总应力, 通过孔隙水压力计测孔隙压力, 通过吸力计测定土体的吸力。大坝的裂缝监测主要指对裂缝进行监测, 评估其发展趋势。大坝的环境监测主要包括水库水位、降雨量、地震动的监测。

14.6.2 大坝结构健康监测系统简介

某水电站大坝以发电为主, 兼顾防洪, 水库正常蓄水位 1 504 m, 相应库容 8.06×10^8 m^3, 死水位 1 492 m, 相应库容 5.68×10^8 m^3, 具有日调节能力。其主要的监测内容包括: ① 大坝变形监测, 主要包括水平位移、垂直位移、坝基变形、倾斜监测。水平位移和垂直位移监测采用几何水准测量和静力水准测量的方法进行垂直位移监测。坝基变形监测根据坝基地质条件以及坝体的结构和受力特点, 选择五个关键坝段作为监测坝段, 采用坝体多点式位移计进行监测, 并采用基岩变位计进行坝体基岩深部的变形监测。倾斜监测是基于几何水准及静力水准系统得到的坝体垂直位移进行推算。② 渗流监测, 主要包括坝体渗透压力监测、坝基扬压力监测、坝体和坝基渗流量监测、绕坝渗流、地下水位监测等。坝基扬压力利用测压管监测, 以监测坝基纵、横向压力。坝体渗透压力监测是采用渗压计监测碾压混凝土坝体层面上的渗透压力。坝体坝基渗水通过坝基排水廊道分别引至坝体集水井和厂房渗漏集水井, 通过设置三角形量水堰, 监测坝体和坝基渗流量。③ 应力应变监测, 主要包括坝体和坝基混凝土应力应变、钢筋应力、锚索应力等。在三个关键坝段布置监测断面, 在断面坝体上、下游面抗震钢筋处布置钢筋应力计, 以监测钢筋应力。④ 接缝和裂缝监测, 主要包括坝体横缝开合度监测、坝基接缝监测和坝体裂缝。在三个关键坝段布置监测断面, 在断面坝体上、下游面抗震钢筋混凝土处布置裂缝计, 以监测混凝土裂缝。⑤ 大坝环境量监测, 主要监测大坝地震动。地震动监测是在四个关键坝段坝顶和左右岸灌浆洞内各布置一个强震监测点, 在大坝廊道和厂房发电机层各布置一个强震监测点, 从而组成一个大坝强震监测台阵。

14.7　海洋平台结构健康监测

14.7.1　海洋平台结构特点及监测内容

海洋平台结构形式主要有固定式, 如钢质导管架式、顺应塔式和钢筋混凝土重力式; 半潜式, 如钻井船浮动采油系统、张力腿式等。海洋平台结构一般长期服役在恶劣的海洋环境中, 并受到各种荷载的交互作用, 如风荷载、海流、波浪荷载、冰荷载等, 有时还要遭受地震、台风、海啸、船碰撞等意外灾害, 结构本身还要受到环境腐蚀、海洋生物附着、海底冲刷等作用。在这些恶劣的环境荷载长期作用下, 再加上可能的设计或使用不当, 结构出现材料老化、构件缺陷和机械损伤以及疲劳和裂纹扩展的损伤累积等现象, 使结构的承载能力下降, 严重的还会导致平台失效 [14]。

从海洋平台的结构组成方面来看, 分成上部结构体系与下部结构体系两大组成部分, 上部结构主要是指主船体, 下部结构主要是指桩腿和桩靴。根据海洋平台的结构特点和运营环境, 结构健康监测系统包括结构响应监测和环境荷载监测。海洋平台的结构响应监测主要包括主船体应变监测、主船体倾角监测、主船体变形监测、桩腿应变监测以及结构的振动监测。海洋平台的环境荷载监测主要包括桩腿荷载监测、风速风向、温湿度以及波浪监测等。具体来讲: ① 主船体应变监测, 通过对海洋平台关键受力截面的应变测量分析海洋平台结构内力变化; ② 主船体倾角监测, 监测主船体在上升、下降过程或者正常工作期间的倾斜角度; ③ 主船体变形监测, 通过对海洋平台主船体变形的测量从整体上掌握海洋平台的健康状况; ④ 桩腿应变监测, 监测桩腿的轴向压力以及不对称荷载作用下的附加弯矩; ⑤ 海洋平台振动监测, 监测海洋平台在外荷载作用下的振动, 评估结构的动力特性及变化; ⑥ 桩腿荷载监测, 监测桩腿的受力情况; ⑦ 其他环境因素监测, 主要包括风速风向监测、温湿度监测、波浪参数监测。风速风向监测主要是监测海洋平台每日的风速风向变化; 温湿度监测主要是监测海洋平台关键截面以及大气温湿度的变化; 波浪参数监测主要是监测海洋平台所在海域的波高、波向和周期变化。

14.7.2　海洋平台结构健康监测系统简介

某深海浮式海洋平台监测系统的开发设计思想是分散采集、集中处理。分散采集是指, 将不同的传感器安装在浮式平台不同的位置上, 独立监测平台物理量。而集中处理是指, 将所有传感器的监测数据在同一计算机或服务器上进行单机处理。尽管各个传感器在出厂时都带有自己的配套操作软件, 且可以给出数据实时显示、数据存储和解算等基本功能, 但是在同一台监测计算机上将所有传感器的配套软件同时打开, 对计算机的性能是个考验, 而且平台工作人员需要不停地切换各个软件来获得自己想要得到的监测信息量, 操作复杂。该项目采用以监测站为独立采集场所, 以中心控制室为显示中心的集成方案。在浮式平台的首尾各建立一个监测采集站, 分别独立地面向多数据协议格式和多采集频率的传感器采集工作, 在监测站本地进行数据计算和存储管理, 将加工后的数据发往中心控制室的显示系统进行实时显示, 监测站与中心控制室采用光缆高速网络进行数据通信。通过两个监测站独立自动采集工作的方式, 提高了监测系统的集成度, 避免了现场复杂的冗余走线, 也减轻了现场监测系统安装人员的工作难度, 且具备数据分类, 数据冗余存储, 自动控制恢复等异常处理功能, 保障了监测系统在恶劣复杂的监测现场能够保持长期的稳定性。

该结构健康监测系统监测的主要内容有: ① 海洋环境监测, 包括风速、风向、浪高、浪向、流速和流向; ② 浮体 (主船体) 位置姿态监测, 包括平台横摇、纵摇、艏摇、横荡、纵荡、垂荡; ③ 系泊监测, 包括锚链的脱离角度姿态和顶部张力; ④ 立管监测, 包括立管顶部张力、脱落角度、轴向张力、弯矩和立管振动。

根据监测系统的布设原则, 该海洋平台的传感器布置主要包括: ① 船艏监测传感器布点。该海洋平台的船艏监测站主要以测量平台位置姿态信息为主,GPS 通过天线获取卫星定位信号, 给出平台当前经纬度和高度信息, 通过与中心经纬度的公式转换, 获得实际平台横荡、纵荡和垂荡位移量。惯导系统利用双 GPS 接收机精确计算平台方位角, 内置的陀螺计测量浮式平台横纵摇, 因此为精确监测平台艏摇角度, 需将惯导的双 GPS 天线与 GPS 传感器一样安置在开阔处, 并保证两个 GPS 天线的连线与平台艏摇方向水平。船首监测站同时集成超声风速仪和气压计等环境监测传感器, 将超声风速仪安装于平台塔架顶, 并附设避雷装置, 避免遮挡引起的旋涡而造成风速风向测量误差。监测系统的惯性导航系统和 GPS 的天线、气压计安装在平台船首健身房房顶。② 水下传感器布点。自容式倾角仪和加速度计主要用于测量浮式平台系泊系统顶部拉力、运动、张力和姿态, 以及系泊锚链的上部拉力, 因此自容式传感器主要安装在系泊锚链的中上部区域, 监测锚链在水中的姿态和运动, 保证系泊系统的安全。两个海流计和波浪仪分别负责测量平台海域多剖面的流速流向和浪高浪向，两个海流计安装在海水表面和水下，使用专用夹具进行固定，波浪仪安装在船尾甲板。③ 平台下层甲板传感器布点。船尾监测站的四个低频加速度计、水深计和应变计分别根据自身传感器监测特点，安装在平台内层月亮池、平台柱腿浮筒底部内层和船尾外侧斜撑。低频加速度计用于测量浮式平台升沉量，安装在平台下层的月亮池，以正方对角的形状将装载加速度计的防爆盒固定于月亮池甲板。

14.8　地铁隧道结构健康监测

14.8.1　地铁隧道结构特点及监测内容

地铁隧道是重要的城市轨道交通基础设施，目前大多数地铁隧道结构是通过盾构法施工完成。在施工过程中，盾构机通过刀盘刀具切削前方土体，在地表以下暗挖隧道，并在盾尾用环向和纵向螺栓将混凝土预制管片拼装连接，最终形成细长条状的地铁盾构隧道结构。地铁盾构隧道所处地质条件复杂，荷载类型众多，尤其是大断面、大埋深、水位变化、地层软弱条件下的隧道结构。地铁盾构隧道所受的荷载包括垂直和水平土压力、水压力、管片自重、地基抗力、地铁列车荷载、地震动等。此外，在地铁运营过程中，地铁线路保护区内的桩基施工、上部堆载、隧道穿越、侧方基坑开挖、邻近盾构施工等外部作业也会对盾构隧道周围的土体产生扰动，导致其产生水平、竖向和收敛变形或纵向变形，当变形量达到一定程度时会诱发隧道结构病害。

预制衬砌管片作为盾构隧道的永久衬砌结构形式，是其主要的荷载承载体，管片的整体性、稳定性直接影响隧道的结构安全。就管片环的受力特征而言，拱顶内侧、拱腰外侧、拱底内侧为受拉区域；拱顶外侧、拱腰内侧、拱底外侧为受压区域。不同的螺栓拼装形式和管片接触面也会造成管片的受力变化。就管片环的变形特征而言，一般拱顶附近发生的位移最大，拱底附近发生的位移最小；从拱顶到拱腰、拱脚、墙脚、拱底发生的位移值依次减小。目前，由内外部荷载引起的管片裂缝及破损、管片渗漏、管片纵向沉降、环内错台和纵缝张开、道床脱开等病害已经成为地铁盾构隧道的主要病害类型，会直接导致维护成本增加，并给地铁列车的安全运行带来隐患。因此，对地铁盾构隧道进行结构健康监测，掌握其在内外荷载的作用下的受力和变形情况，对降低维护成本，延长隧道服役寿命，提高地铁列车运行的安全性具有重要意义。

地铁盾构隧道结构健康监测的内容主要有：① 结构荷载监测，监测隧道结构的温度分布、隧道外侧土压力、隧道外侧水压力、列车移动荷载、地震动等; ② 结构内力监测, 监测管片混凝土的径向和环向应力、管片钢筋的应力、螺栓内力、管片接缝接触应力等; ③ 结构变形监测, 监测隧道衬砌的纵向沉降、隧道管片的横向和纵向接缝张开量、隧道断面的收敛等。

14.8.2 地铁隧道结构健康监测系统简介

隧道结构健康监测系统主要由传感器系统、采集仪、采集子站、数据传输系统、中心服务器等组成 [15]。隧道结构健康监测系统监测的对象一般包括周围土体、隧道结构、轨道结构、地铁列车等。由于周围环境和结构形式不同, 盾构隧道结构健康监测系统的监测内容和项目应根据实际情况而定。隧道结构健康监测系统的传感器类型主要有: ① 土压力盒; ② 钢筋计; ③ 混凝土应变计; ④ 螺栓应变计; ⑤ 裂缝计; ⑥ 加速度计; ⑦ 温度计。

由于地铁盾构隧道为细长的线状结构, 一般采用选取重点监测断面的方法进行隧道结构健康监测。监测断面的选择需要综合考虑地质情况、衬砌类型、埋深条件等因素, 一般选取以下位置: ① 地基承载力较小位置, 地基软弱的土体易受邻近施工或水位变化等因素的扰动, 导致隧道结构发生变形; ② 周边地层变化较大位置, 地质条件有较大改变时, 地层交界面处结构容易产生较大变形; ③ 超浅覆土位置, 隧道结构与地层之间有应力重分布的过程, 埋深较浅时, 隧道结构变形较为敏感; ④ 工作井和区间隧道连接位置, 工作井和盾构隧道连接段是盾构隧道纵向由刚性过渡至柔性的连接位置, 结构受力变化较大; ⑤ 冲刷影响位置, 部分隧道会穿越江河, 河水冲刷造成上部覆土变化, 容易引起隧道变形; ⑥ 既有线路邻近施工等现场情况。

某地铁盾构隧道结构内径 6 m, 管片厚度 0.35 m, 横断面采用 6 块预制管片拼装成环, 隧道纵向采用错缝连接。根据地质条件和周围环境状况, 该隧道在某地铁车站与区间隧道的过渡段安装了基于光纤光栅传感器的结构健康监测系统。该系统监测的内容主要包括接缝张开量与管片应变, 监测断面如图 14.50 所示, 光纤光栅解调仪安装如图 14.51 所示, 光纤光栅裂缝计现场安装形式如图 14.52 所示, 光纤光栅应变计现场安装形式如图 14.53 所示。传感器安装过程中, 应校对安装角度, 减少倾斜安装导致的测量误差。钻孔点位应与管片边缘保留一定距离, 避免边缘破碎导致传感器松动。传输光缆应绑扎牢固, 并采用圆滑过渡, 避免折角导致光缆断裂。光纤光栅解调仪应进行防尘防振处理, 并采取断电保护措施, 保证系统不间断正常工作。

图 14.50　监测断面

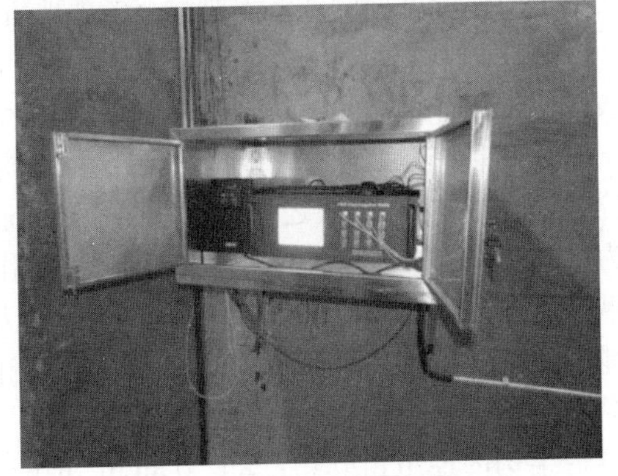

图 14.51　光纤光栅解调仪

图 14.52　光纤光栅裂缝计

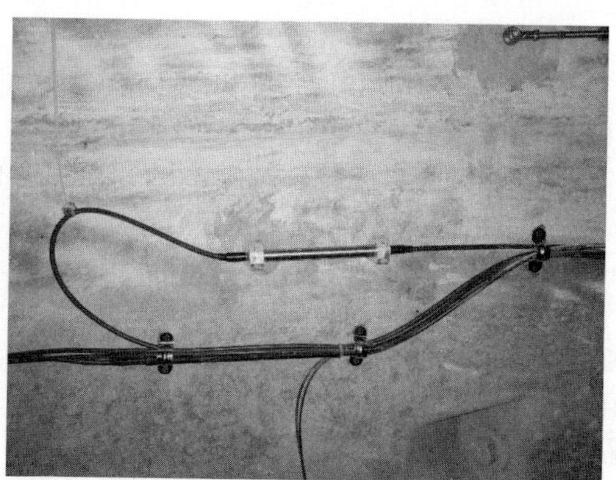

图 14.53　光纤光栅应变计

思考题

14.1　桥梁结构健康监测的特点及重点监测内容有哪些?

14.2　高层建筑结构健康监测的特点及重点监测内容有哪些?

14.3　大跨空间结构健康监测的特点及重点监测内容有哪些?

14.4　古建筑结构健康监测的特点及重点监测内容有哪些?

14.5　风机结构健康监测的特点及重点监测内容有哪些?

14.6　大坝结构健康监测的特点及重点监测内容有哪些?

14.7　海洋平台结构健康监测的特点及重点监测内容有哪些?

14.8　地铁隧道结构健康监测的特点及重点监测内容有哪些?

参考文献

[1] Ko J M, Ni Y Q. Technology developments in structural health monitoring of large-scale bridges [J]. Engineering Structures, 2005, 27(12): 1715-1725.

[2] Ni Y Q, Ye X W, Ko J M. Monitoring-based fatigue reliability assessment of steel bridges: Analytical model And application [J]. Journal of Structural Engineering, 2010, 136(12): 1563-1573.

[3] Ye X W, Ni Y Q, Wong K Y, et al. Statistical analysis of stress spectra for fatigue life assessment of steel bridges with structural health monitoring data [J]. Engineering Structures, 2012, 45: 166-176.

[4] Ye X W, Yi T H, Dong C Z, et al. Multi-point displacement monitoring of bridges using a vision-based approach [J]. Wind & Structures, 2015, 20(2): 315-326.

[5] Zhou G D, Yi T H, Chen B, et al. Modeling deformation induced by thermal loading using long-term bridge monitoring data [J]. Journal of Performance of Constructed

Facilities, 2018, 32(3): 04018011.

[6] 叶肖伟, 傅大宝, 倪一清, 等. 考虑多因素共同作用的钢桥焊接节点疲劳可靠度评估 [J]. 土木工程学报, 2013, 46(10): 89-99.

[7] Ni Y Q, Xia Y, Liao W Y, et al. Technology innovation in developing the structural health monitoring system for Guangzhou New TV Tower [J]. Structural Control and Health Monitoring, 2009, 16(1): 73-98.

[8] Ye, X W, Jin T, Yun C B. A review on deep learning-based structural health monitoring of civil infrastructures [J]. Smart Structures and Systems, 2019, 24(5): 567-585.

[9] Ye X W, Yi T H, Dong C Z, et al. Vision-based Structural displacement measurement: System performance evaluation and influence factor analysis [J]. Measurement, 2016, 88: 372-384.

[10] Wang Y C, Luo Y Z, Sun B, et al. Field measurement system based on a wireless sensor network for the wind load on spatial structures: Design, experimental, and field validation [J]. Structural Control and Health Monitoring, 2018, 25(9): e2192.

[11] Dai L, Yang N, Zhang L, et al. Monitoring crowd loading effect on typical ancient Tibetan building [J]. Structural Control and Health Monitoring, 2016, 23: 998-1014.

[12] Poozesh P, Aizawa K, Niezrecki C, et al. Structural health monitoring of wind turbine blades using acoustic microphone array [J]. Structural Health Monitoring, 2017, 16(4): 471-485.

[13] Chen B, Hu T Y, Huang Z S, et al. A spatio-temporal clustering and diagnosis method for concrete arch dams using deformation monitoring data [J]. Structural Health Monitoring, 2018, 18(5-6): 1355-1371.

[14] 欧进萍, 肖仪清, 黄虎杰, 等. 海洋平台结构实时安全监测系统 [J]. 海洋工程, 2001,19(2): 1-6.

[15] Barke D, Chiu W K. Structural health monitoring in the railway industry: A review [J]. Structural Health Monitoring, 2005, 4(1): 81-93.

附录 1
信号处理基础理论*

1.1 傅里叶变换

作为随时间变化的结构振动信号, 通常在时间域描述信号的性质。但是在振动信号分析方法中往往还需要采用频域的方法对信号进行描述, 把复杂的振动信号分解为多个频率组合的简谐振动信号。把信号从时间域描述变换为频域描述称为时频域变换。傅里叶变换 [1] 是一种应用广泛的时频域变换方法, 其能够将时域信号的时间–响应关系变换为频域信号的频率–响应关系, 现已成为科学研究和工程应用中一项不可或缺的重要信号分析工具。

1.1.1 连续傅里叶变换

傅里叶变换, 亦称傅里叶积分, 可由傅里叶级数取周期无穷大时推得, 推导过程在此不再赘述, 具体变换式如下:

* 本章执笔人:
鲍跃全, 哈尔滨工业大学土木工程学院, baoyuequan@hit.edu.cn
黄永, 哈尔滨工业大学土木工程学院, huangyong@hit.edu.cn

$$\boldsymbol{X}(\omega)=\int_{-\infty}^{+\infty}\boldsymbol{x}(t)\mathrm{e}^{-\mathrm{j}\omega t}\mathrm{d}t \tag{A1.1}$$

$$\boldsymbol{x}(t)=\frac{1}{2\pi}\int_{-\infty}^{+\infty}\boldsymbol{X}(\omega)\mathrm{e}^{\mathrm{j}\omega t}\mathrm{d}\omega \tag{A1.2}$$

式中, t 为时间; ω 为频率。由此可见, 傅里叶变换实现了时域和频域函数之间的互相转换。式 (A1.1) 称作傅里叶正变换, 记作 $\mathcal{F}[\boldsymbol{x}(t)]$; 式 (A1.2) 称作傅里叶逆变换, 记作 $\mathcal{F}^{-1}[\boldsymbol{X}(\omega)]$。通常把式 (A1.1) 和式 (A1.2) 合在一起称一组傅里叶变换对。

一般情况下, 若信号 $\boldsymbol{x}(t)$ 在 $(-\infty,+\infty)$ 上分段光滑, 且绝对可积, 则 $\boldsymbol{x}(t)$ 的傅里叶变换 $\boldsymbol{X}(\omega)$ 存在。若在 $\boldsymbol{x}(t)$ 的间断点处重新定义:

$$\boldsymbol{x}(t)=\frac{1}{2}\left[\boldsymbol{f}\left(x^{+}\right)+\boldsymbol{f}\left(x^{-}\right)\right] \tag{A1.3}$$

则 $\boldsymbol{X}(\omega)$ 的傅里叶逆变换 $\boldsymbol{x}(t)$ 也存在, 此即狄利克雷 (Dirichlet) 条件。值得注意的是, 狄利克雷条件是傅里叶变换存在的充分不必要条件。此外, 傅里叶变换具有线性、时延、频移、相似、微分、积分、卷积等性质, 具体请参考其他相关资料, 这里不再介绍。

1.1.2　离散傅里叶变换

实际工程中的采样信号通常是离散且长度有限的, 一般并不满足连续傅里叶变换条件, 故常对振动信号采用傅里叶变换的离散算法, 这样也方便在计算机上应用傅里叶变换。

离散傅里叶变换 (discrete Fourier transform, DFT)[2] 实际上是离散傅里叶级数在主值区间上的取值。当 $N\to+\infty$ 时, 无穷级数变成了积分, 得到的结果是一个连续的周期函数, 这时只需在它的主值区间上采样, 就可以得到离散傅里叶变换的变换序列。

对于长度是 N 的复序列 $x(0),x(1),x(2),\cdots,x(N-1)$, 其离散傅里叶变换的表达式为

$$\boldsymbol{X}(k)=\sum_{n=0}^{N-1}\boldsymbol{x}(n)\mathrm{e}^{-\frac{\mathrm{j}2\pi kn}{N}},\ k=0,1,2,\cdots,N-1 \tag{A1.4}$$

$$\boldsymbol{x}(n)=\frac{1}{N}\sum_{k=0}^{N-1}\boldsymbol{X}(k)\mathrm{e}^{-\frac{\mathrm{j}2\pi kn}{N}},\ n=0,1,2,\cdots,N-1 \tag{A1.5}$$

式中, k 为离散的频率点, 表示该点频率为 $k\omega$, 其中 ω 为基频; n 为离散的时间点, 表示该点时间为 $n\Delta t$, 其中 Δt 为采样时间间隔; N 为信号长度, 满足

$N\Delta t = T$, 其中 T 为采样区间。由此可见, 离散傅里叶变换实现了时域和频域上的离散化。式 (A1.4) 称作离散傅里叶正变换, 记作 $\mathcal{F}[\boldsymbol{x}(n)]$; 式 (A1.5) 称作离散傅里叶逆变换, 记作 $\mathcal{F}^{-1}[\boldsymbol{X}(k)]$。通常把式 (A1.4) 和式 (A1.5) 合在一起称一组离散傅里叶变换对。

1.1.3　快速傅里叶变换

对于离散傅里叶变换, 由式 (A1.4) 可知, 进行一个频域数据 $\boldsymbol{X}(k), k \in \mathbb{N}$ 的计算需要进行 N 次复数乘法运算和 $N-1$ 次复数加法运算。由于在计算机中乘法运算速度远低于加法运算, 所以这里仅统计乘法运算。那么对所有频域数据进行计算则需要 N^2 次复数乘法运算, 这样的运算量实在太过巨大, 也因此一度让傅里叶变换的推广变得不现实。

为了解决这一问题, 提出了快速傅里叶变换 (fast Fourier transform, FFT)。其主要思想是利用周期性, 将长序列的傅里叶变换分解为短序列的傅里叶变换, 以减少变换过程中的复数乘法运算次数, 进而提高运算效率。

N 个点的时域序列 $\boldsymbol{x}(r)$ 的傅里叶变换可改写成如下形式:

$$\boldsymbol{X}(k) = \sum_{n=0}^{N-1} \boldsymbol{x}(n) W_N^{kn},\ k = 0, 1, 2, \cdots, N-1 \tag{A1.6}$$

式中,

$$W_N = \mathrm{e}^{-\frac{\mathrm{j}2\pi}{N}}$$

假设 N 可表示为

$$N = r \times s \tag{A1.7}$$

式中, r、s 为整数。不妨令:

$$\begin{cases} k = k_1 \times r + k_0 \\ n = n_1 \times s + n_0 \end{cases} \tag{A1.8}$$

式中,

$$\begin{cases} k_1, n_0 = 0, 1, 2, \cdots, s-1 \\ k_0, n_1 = 0, 1, 2, \cdots, r-1 \end{cases}$$

则

$$\begin{aligned} W_N^{kn} &= W_N^{(k_1 r + k_0)(n_1 s + n_0)} \\ &= W_{rs}^{k_1 n_1 rs + k_1 n_0 r + k_0 n_1 s + k_0 n_0} \\ &= W_{rs}^{k_1 n_1 rs} W_{rs}^{k_1 n_0 r} W_{rs}^{k_0 n_1 s} W_{rs}^{k_0 n_0} \\ &= \mathrm{e}^{-\frac{\mathrm{j}2\pi k_1 n_1 rs}{rs}} \mathrm{e}^{-\frac{\mathrm{j}2\pi k_1 n_0 r}{rs}} \mathrm{e}^{-\frac{\mathrm{j}2\pi k_0 n_1 s}{rs}} \mathrm{e}^{-\frac{\mathrm{j}2\pi k_0 n_0}{rs}} \\ &= W_s^{k_1 n_0} W_r^{k_0 n_1} W_N^{k_0 n_0} \end{aligned} \tag{A1.9}$$

从而有

$$\begin{aligned}\boldsymbol{X}(k) &= \boldsymbol{X}\left(k_1, k_0\right) \\ &= \sum_{n_0=0}^{s-1} \sum_{n_1=0}^{r-1} \boldsymbol{x}\left(n_1, n_0\right) W_s^{k_1, n_0} W_r^{k_0 n_1} W_N^{k_0 n_0} \\ &= \sum_{n_0=0}^{s-1}\left\{W_N^{k_0 n_0} \sum_{n_1=0}^{r-1} \boldsymbol{x}\left(n_1, n_0\right) W_r^{k_0 n_1}\right\} W_s^{k_1 n_0}\end{aligned} \tag{A1.10}$$

将式 (A1.10) 改写成以下形式:

$$\begin{gathered}\boldsymbol{X}\left(k_1, k_0\right) = \sum_{n_0=0}^{s-1} \boldsymbol{A}\left(k_0, n_0\right) W_s^{k_1 n_0} \\ \begin{cases}k_1 = 0, 1, 2, \cdots, s-1 \\ k_0 = 0, 1, 2, \cdots, r-1\end{cases}\end{gathered} \tag{A1.11}$$

式中,

$$\begin{gathered}\boldsymbol{A}\left(k_0, n_0\right) = W_N^{k_0 n_0} \sum_{n_1=0}^{r-1} \boldsymbol{x}\left(n_1, n_0\right) W_r^{k_0 n_1} \\ \begin{cases}k_0 = 0, 1, 2, \cdots, r-1 \\ n_0 = 0, 1, 2, \cdots, s-1\end{cases}\end{gathered} \tag{A1.12}$$

由式 (A1.11) 和式 (A1.12) 可得, 计算完频域所有的 $\boldsymbol{A}(k_0, n_0)$ 需要 $r^2 s = Ns$ 次复数乘法运算, 计算完频域内所有的 $\boldsymbol{X}(k_1, k_0)$ 需要 $s^2 r = Nr$ 次复数乘法运算, 则利用快速傅里叶变换对所有频域数据进行计算总共需要 $N(s+r)$ 次复数乘法运算。如果考虑取 $N = r^m$, 则复数乘法运算次数为

$$Nmr = N(\log_r^N)r \tag{A1.13}$$

特别地, 当取 $r = 2$ 时, 复数乘法运算次数为 $2N\log_2^N$, 此即 FFT 的基 2 算法。

前面我们已经证明用离散傅里叶变换计算所有频域数据时需要 N^2 次复数乘法运算, 当 N 足够大时, 两种算法差距明显:

$$\frac{N^2}{Nmr} = \frac{N}{mr} \tag{A1.14}$$

即快速傅里叶变换中复数乘法运算次数仅为离散傅里叶变换中的 N/mr 分之一。例如, 当 $N = 2^{16}$ 时, 不妨取 $r = 2, m = 16$, 则 FFT 复数乘法运算次数仅为 DFT 的 1/2 048, 运算速度提升明显。逆变换过程与此相似, 这里不再赘述。

【案例 A1.1】现有某跨海大桥的健康监测数据, 选取其中一个传感器采集的结构响应加速度信号, 采样频率为 50 Hz, 截取其中一段数据并基于 MATLAB 程序进行快速傅里叶变换分析, 结果如图 A1.1 所示。

由运行结果可以看出, 原始信号在时域上很难看出数据特征, 但是经傅里叶变换变换到频域后, 就很容易从频谱中提取出频率成分, 包括各阶频率、对应幅度及其相位, 从而得到数据特征。例如在此例中, 很容易从频谱上看出幅度最大的频率为 7.52 Hz。

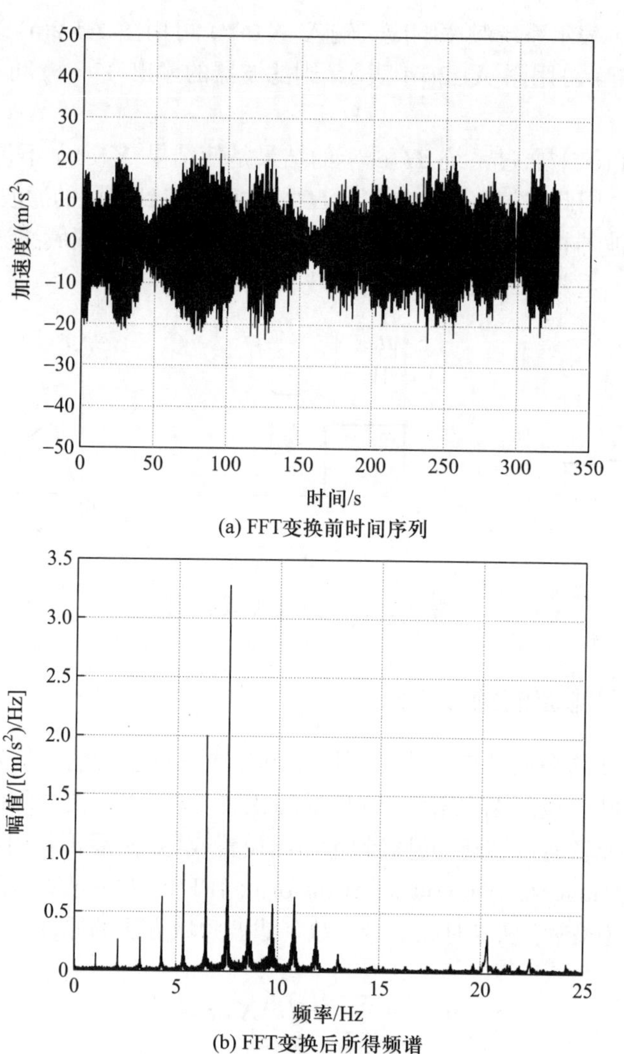

图 A1.1　时–频域 FFT 变换

1.2 数字滤波

在工程中我们对振动信号进行分析时，需要对所获得的信号进行处理，主要方法是通过数学运算过滤搜集信号中的噪声或其他虚假成分，从而提高信噪比，抑制干扰信号。而这种通过数学方法进行信号处理的方式称为数字滤波 [3]。数字滤波中其输入 $\boldsymbol{X}(\mathrm{e}^{\mathrm{j}\omega})$ 和输出 $\boldsymbol{Y}(\mathrm{e}^{\mathrm{j}\omega})$ 关系为

$$\boldsymbol{Y}\left(\mathrm{e}^{\mathrm{j}\omega}\right) = \boldsymbol{X}\left(\mathrm{e}^{\mathrm{j}\omega}\right)\boldsymbol{H}\left(\mathrm{e}^{\mathrm{j}w}\right) \tag{A1.15}$$

式中，$\boldsymbol{H}(\mathrm{e}^{\mathrm{j}\omega})$ 表示系统频率响应。输入 $\boldsymbol{X}(\mathrm{e}^{\mathrm{j}\omega})$ 可用图 A1.2(a) 表示，系统幅频响应 $\boldsymbol{H}(\mathrm{e}^{\mathrm{j}\omega})$ 可用图 A1.2(b) 表示，则滤波器的输出 $\boldsymbol{Y}(\mathrm{e}^{\mathrm{j}\omega})$ 可用图 A1.2(c) 表示。

这样，$\boldsymbol{X}(\mathrm{e}^{\mathrm{j}\omega})$ 通过系统 $\boldsymbol{H}(\mathrm{e}^{\mathrm{j}\omega})$ 的结果是使结果 $\boldsymbol{Y}(\mathrm{e}^{\mathrm{j}\omega})$ 不包含 $|\boldsymbol{\omega}| > \omega_c$ 的频率成分。因此，选择不同功能的 $\boldsymbol{H}(\mathrm{e}^{\mathrm{j}\omega})$ 可以得到不同的滤波结果。

数字滤波器按照滤波器的数学运算方式还可以分为频域滤波器和时域滤波器。本章中主要介绍数字滤波的频域和时域方法。

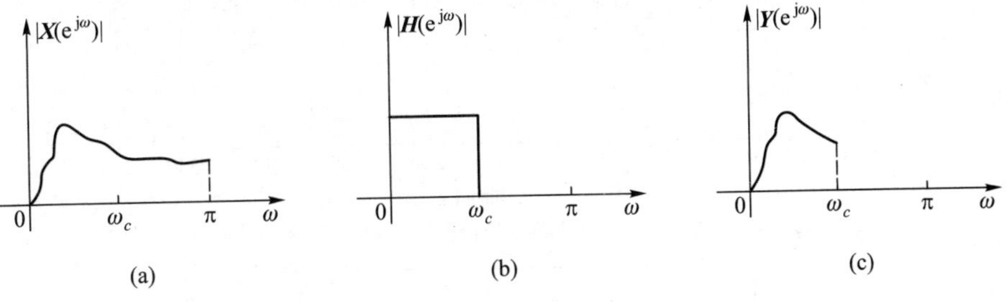

图 A1.2　滤波器滤波示意图

1.2.1 数字滤波的频域方法

数字滤波的频域处理方法是利用傅里叶快速算法对输入信号采样数据进行离散傅里叶变换，根据实际工程情况的滤波要求，将需要滤除的频率部分直接设置成零或者通过加渐变过渡频带后再设置成零，然后再利用快速傅里叶变换的逆变换 (inverse fast Fourier transform, IFFT) 对滤波处理后的数据进行离散傅里叶逆变换，恢复时域信号。数字滤波频域方法的原理为

$$\boldsymbol{y}(r) = \sum_{k=0}^{N-1} \boldsymbol{H}(k)\boldsymbol{X}(k)\mathrm{e}^{\frac{\mathrm{j}2\pi kr}{N}} \tag{A1.16}$$

式中，N 表示滤波器的阶数；$\boldsymbol{H}(k)$ 表示滤波器的频率响应函数；$\boldsymbol{X}(k)$ 表示输入信号 $\boldsymbol{X}$ 的离散傅里叶变换；$\boldsymbol{y}(r)$ 表示最后滤波器处理后的信号输出。

为了实现不同的滤波器的功能, 需要对频率响应函数做不同的变换。在这里, 设 f_u 为上限截止频率, f_d 为下限截止频率, Δf 为频率分辨率。则不同情况下的滤波器的频响函数如下。

低通滤波器的频响函数为

$$\boldsymbol{H}(k)=\begin{cases}1, & k\Delta f \leqslant f_\mathrm{u}\\ 0, & \text{其他}\end{cases} \tag{A1.17}$$

高通滤波器的频响函数为

$$\boldsymbol{H}(k)=\begin{cases}1, & k\Delta f \geqslant f_\mathrm{d}\\ 0, & \text{其他}\end{cases} \tag{A1.18}$$

带通滤波器的频响函数为

$$\boldsymbol{H}(k)=\begin{cases}1, & f_\mathrm{d} \leqslant k\Delta f \leqslant f_\mathrm{u}\\ 0, & \text{其他}\end{cases} \tag{A1.19}$$

带阻滤波器的频响函数为

$$\boldsymbol{H}(k)=\begin{cases}1, & k\Delta f \leqslant f_\mathrm{d},\ k\Delta f \geqslant f_\mathrm{u}\\ 0, & \text{其他}\end{cases} \tag{A1.20}$$

【案例 A1.2】下面利用频域滤波的方法对信号进行处理, 所使用的滤波器为低通滤波器, 其中上限截止频率 f_u 设置为 10 Hz, 利用 MATLAB 对数据处理, 结果如图 A1.3 所示。

1.2.2 数字滤波的时域方法

数字滤波的时域方法是对信号较为离散的输入数据进行差分数学运算, 从而达到滤波的目的。其中, 使用卷积运算的滤波器称为有限冲激响应 (finite impulse response, FIR) 滤波器, 使用递归运算的滤波器称为无限冲激响应 (infinite impulse response, IIR) 滤波器 [4]。

通过 FIR 滤波器可以得到准确相位响应, 但在 IIR 中只能得到幅度指标。在 FIR 中幅度指标以绝对指标给出, 而在 IIR 中以相对指标分贝 (dB) 给出。

$$-20\ \lg\frac{\left|\boldsymbol{H}\left(\mathrm{e}^{\mathrm{j}\omega}\right)\right|}{\left|\boldsymbol{H}\left(\mathrm{e}^{\mathrm{j}\omega}\right)\right|_{\max}}(\mathrm{dB})\geqslant 0 \tag{A1.21}$$

下面以低通滤波器为例对实际滤波器的性能指标进行讲解。

图 A1.4(a) 中, δ_p 为通带波纹峰值; δ_s 为阻带波纹峰值; ω_p、ω_c、ω_s 分别为通带截止频率、3 dB 通带截止频率、阻带截止频率。图 A1.4(b) 中的衰减

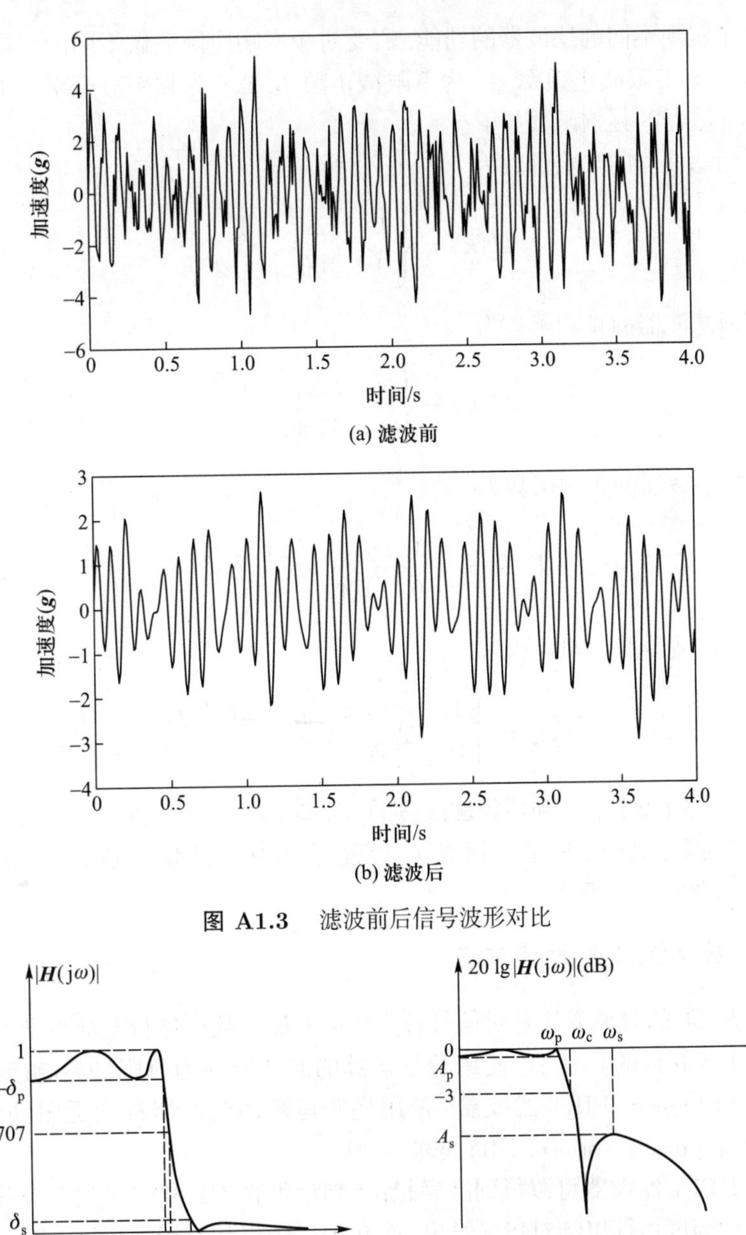

(a) 滤波前

(b) 滤波后

图 A1.3　滤波前后信号波形对比

(a) 幅频特性曲线

(b) 衰减响应曲线

图 A1.4　低通滤波器的幅频特性曲线

响应定义为

$$\boldsymbol{A}(\omega) = -10\lg|\boldsymbol{H}(\mathrm{j}\omega)|^2 = -20\lg|\boldsymbol{H}(\mathrm{j}\omega)|(\mathrm{dB}) \tag{A1.22}$$

式中, $|\boldsymbol{H}(\mathrm{j}\omega)|^2$ 称为模拟滤波器的幅度平方函数; A_{p} 和 A_{s} 分别表示低通滤波器通带内允许的最大衰减和阻带内允许的最小衰减:

$$A_{\mathrm{p}} = -20\lg|\boldsymbol{H}(\mathrm{j}\omega_{\mathrm{p}})| = -20\lg(1-\delta_{\mathrm{p}})(\mathrm{dB}) \tag{A1.23}$$

$$A_{\mathrm{s}} = -20\lg|\boldsymbol{H}(\mathrm{j}\omega_{\mathrm{s}})| = -20\lg\delta_{\mathrm{s}}(\mathrm{dB}) \tag{A1.24}$$

1. IIR 数字滤波器

无限冲激响应数字滤波器是通过递归来实现的, 具有无限持续时间的冲激响应。这种滤波器最重要的特征是把以前输出的有限项重新输入进行计算, 相当于是增加了一个反馈过程。数学上其具体的实现过程如下:

$$\boldsymbol{Y}(z) = \sum_{i=0}^{M} a_i z^{-i}\boldsymbol{X}(z) + \sum_{i=1}^{N} b_i z^{-i}\boldsymbol{Y}(z) \tag{A1.25}$$

式中, N 表示滤波器的阶数; M 表示滤波器系统传递函数的零点数; a_i 和 b_i 均表示滤波系数。于是得 IIR 数字滤波器的系统函数:

$$\boldsymbol{H}(z) = \frac{\boldsymbol{Y}(z)}{\boldsymbol{X}(z)} = \frac{\sum_{i=0}^{M} a_i z^{-i}}{1 - \sum_{i=1}^{N} b_i z^{-i}} \tag{A1.26}$$

IIR 滤波器设计方法按照难易程度大概可以分为三类: 零、极点累试法; 利用模拟滤波器理论 (模拟原型) 设计数字滤波器的方法; 采用优化算法设计数字滤波器的方法。其中, 利用模拟滤波器理论设计数字滤波器的方法, 又称为间接法, 设计步骤是首先将数字滤波器的技术指标转换为对应的模拟低通滤波器的技术指标, 然后设计满足要求的模拟低通滤波器, 最后用数学映射将模拟滤波器转换为所需的数字滤波器。

几种常用的模拟低通滤波器的原型分别是巴特沃斯 (Butterworth) 滤波器原型、切比雪夫 (Chebyshev) Ⅰ 型和 Ⅱ 型滤波器原型、椭圆 (elliptic) 滤波器原型、贝塞尔 (Bessel) 滤波器原型等 [5]。

IIR 滤波器设计方法较多, 如双线性变换法、冲激响应不变法及 MATLAB 直接设计法, 这些方法主要都是利用数字信号与模拟信号的相互转换实现的。

直接进行 IIR 滤波器设计较为困难, 因此可利用 MATLAB 中的相关函数进行设计。在 MATLAB 中已经提供了多种现成的设计 IIR 数字滤波器的函数, 通常采用的是四种 IIR 滤波器设计函数: butter (巴特沃斯函数)、cheby1 (切比雪夫 Ⅰ 型函数)、cheby2 (切比雪夫 Ⅱ 型函数)、ellip (椭圆滤波器函数)[6]。

【**案例 A1.3**】利用巴特沃斯滤波器原型设计 IIR 低通滤波器。其中, $N=3, \omega_{\mathrm{p}}=0.650$, $\omega_{\mathrm{s}}=2.000$, $A_{\mathrm{p}}=1.000$, $A_{\mathrm{s}}=15.000$。利用 MATLAB 中的 butter 函数命令得到以下结果, 图 A1.5(a) 和图 A1.5(b) 分别为滤波前后的信号图像。

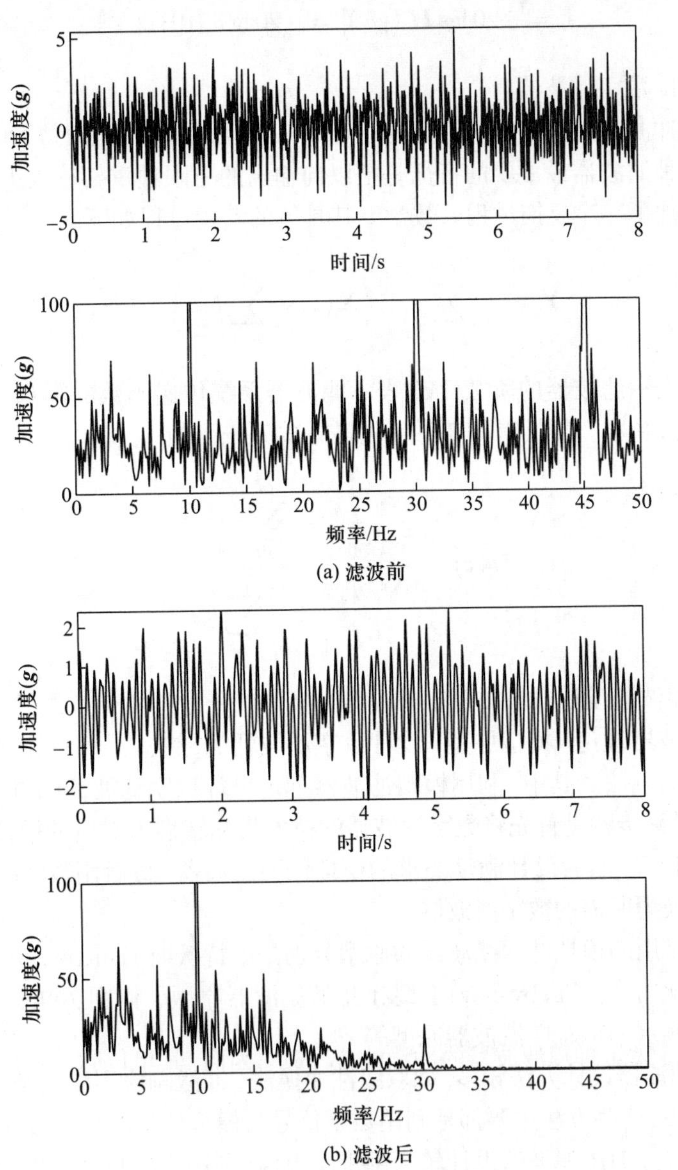

图 **A1.5**　滤波前后信号波形对比图像

2. FIR 数字滤波器

与 IIR 滤波器相比, FIR 滤波器具有有限长的单位冲激响应, 所以可以得到稳定而精确的线性相位, 而且其计算过程也相对简单, 只包含实数算法, 不涉及复数运算。但是对于长度为 N 的滤波器, 它的计算量为 $N/2$, 所以 FIR 滤波器的主要缺点是在给定的滤波性能下, FIR 滤波器的阶数要比 IIR 滤波器高得多, 这就造成它的时间延迟也比较高。

FIR 数字滤波器的单位脉冲响应 $\boldsymbol{h}(n)$ 只在 n 的有限范围取非零值, $N-1$ 阶 FIR 滤波器的差分方程和系统函数分别为

$$\boldsymbol{y}(n)=\sum_{j=0}^{N-1} b_j \boldsymbol{x}(n-j) \tag{A1.27}$$

$$\boldsymbol{H}(z)=\sum_{n=0}^{N-1} \boldsymbol{h}(n) z^{-n} \tag{A1.28}$$

式中, $\boldsymbol{x}(n)$、$\boldsymbol{y}(n)$ 分别表示输入和输出时域信号序列; b_j 表示滤波系数; $\boldsymbol{h}(n)$ 表示冲激响应函数。在 N 阶范围内 $\boldsymbol{h}(n)$ 就相当于 b_j。

而 FIR 滤波器是要确定式 (A1.27) 中的系数组 $\{b_j\}$, 即确定系统的冲激响应 $\boldsymbol{h}(n)$, 力求用最少的系数得到所需的滤波器特性。

常用的 FIR 滤波器的设计方法有窗函数法和频率采样法。在实际工程应用中我们使用最多的是窗函数法, 窗函数法运算简便, 物理意义直观, 所以更方便设计。其主要设计思路是如下。

理想数字滤波器的频响函数为

$$\boldsymbol{H}_{\mathrm{d}}\left(\mathrm{e}^{\mathrm{j}\omega}\right)=\sum_{-\infty}^{\infty} \boldsymbol{h}_{\mathrm{d}}(n) \mathrm{e}^{-\mathrm{j}\omega n} \tag{A1.29}$$

进行傅里叶变换

$$\boldsymbol{h}_{\mathrm{d}}(n)=\frac{1}{2\pi} \int_{-\pi}^{\pi} \boldsymbol{H}\left(\mathrm{e}^{\mathrm{j}\omega}\right) \mathrm{e}^{\mathrm{j}\omega n} \mathrm{d}\omega \tag{A1.30}$$

式中, $\boldsymbol{h}_{\mathrm{d}}(n)$ 表示理想滤波器的冲激响应序列。因而, 其单位脉冲响应 $\boldsymbol{h}_{\mathrm{d}}(n)$ 为无限长, 因此需要用窗函数将无限长的 $\boldsymbol{h}_{\mathrm{d}}(n)$ 截断为有限长的 $\boldsymbol{h}(n)$, 从而用可以物理上可以实现的 $\boldsymbol{H}(\mathrm{e}^{\mathrm{j}\omega})=\sum\limits_{n=0}^{N-1} \boldsymbol{h}_{\mathrm{d}}(n)\mathrm{e}^{-\mathrm{j}\omega n}$ 逼近理想滤波器 $\boldsymbol{H}_{\mathrm{d}}(\mathrm{e}^{\mathrm{j}\omega})$。具体的运算方程如下:

$$\boldsymbol{h}(n)=\boldsymbol{h}_{\mathrm{d}}(n)\omega(n) \tag{A1.31}$$

式中, $\boldsymbol{\omega}(n)$ 表示窗函数, 傅里叶变换得到窗函数的频域表达式 $\boldsymbol{W}(\mathrm{e}^{\mathrm{j}(\omega-\theta)})$。接着利用复卷积定理, 可得

$$\boldsymbol{H}\left(\mathrm{e}^{\mathrm{j}\omega}\right)=\frac{1}{2\pi}\int_{-\pi}^{\pi}\boldsymbol{H}_{\mathrm{d}}\left(\mathrm{e}^{\mathrm{j}\theta}\right)\boldsymbol{W}\left(\mathrm{e}^{\mathrm{j}(\omega-\theta)}\right)\mathrm{d}\theta \tag{A1.32}$$

由有限长度离散傅里叶变换的特性可以知道, 窗函数会使序列突然截断从而造成谱泄露, 在截止频率处出现了过渡带, 在滤波器的通带和阻带部分出现波动现象, 这种现象称为吉布斯现象。所以我们的目标是选择一个合适的窗函数, 使截断不是突然发生的, 而是逐渐过渡到零, 减小吉布斯现象的影响。

由式 (A1.32) 可知, $\boldsymbol{H}(\mathrm{e}^{\mathrm{j}\omega})$ 取决于 $\boldsymbol{W}(\mathrm{e}^{\mathrm{j}(\omega-\theta)})$ 窗函数的频率特性, 加窗处理后的频率响应函数受到窗函数的影响, 在 $\boldsymbol{H}(\mathrm{e}^{\mathrm{j}\omega})$ 的不连续点出现一个宽度取决于 $\boldsymbol{W}(\mathrm{e}^{\mathrm{j}(\omega-\theta)})$ 主瓣宽度的过渡带, 并且由于 $\boldsymbol{W}(\mathrm{e}^{\mathrm{j}(\omega-\theta)})$ 的旁瓣波动带来逼近误差。因此, 我们应当使窗函数频率特性的主瓣宽度尽可能窄, 并且尽可能将能量集中在主瓣内, 旁瓣的能量在从 ω 趋向于 π 时尽快衰减到 0。

下面介绍几种常用的窗函数, 它们分别是矩形窗、汉宁 (Hann) 窗、海明 (Hamming) 窗、布莱克曼 (Blackman) 窗、凯泽 (Kaiser) 窗等。令 N 为滤波器的阶数。

矩形窗:

$$\boldsymbol{\omega}(n)=\begin{cases}1, & 0\leqslant n\leqslant N-1\\ 0, & \text{其他}\end{cases} \tag{A1.33}$$

Hann 窗:

$$\boldsymbol{\omega}(n)=\begin{cases}0.5\left[1-\cos\left(\dfrac{2\pi n}{N-1}\right)\right], & 0\leqslant n\leqslant N-1\\ 0, & \text{其他}\end{cases} \tag{A1.34}$$

Hamming 窗:

$$\boldsymbol{\omega}(n)=\begin{cases}0.54-0.46\cos\left(\dfrac{2\pi n}{N-1}\right), & 0\leqslant n\leqslant N-1\\ 0, & \text{其他}\end{cases} \tag{A1.35}$$

Blackman 窗:

$$\boldsymbol{\omega}(n)=\begin{cases}0.42-0.5\cos\left(\dfrac{2\pi n}{N-1}\right)+0.08\cos\left(\dfrac{4\pi n}{N-1}\right), & 0\leqslant n\leqslant N-1\\ 0, & \text{其他}\end{cases} \tag{A1.36}$$

Kaiser 窗:

$$\boldsymbol{\omega}(n)=\begin{cases}\dfrac{\boldsymbol{I}_0\left[\beta\sqrt{1-[2n/(N-1)]^2}\right]}{\boldsymbol{I}_0(\beta)}, & 0\leqslant n\leqslant N-1\\ 0, & \text{其他}\end{cases}\tag{A1.37}$$

式中, $\boldsymbol{I}_0(x)=1+\sum\limits_{n=1}^{\infty}\left[\dfrac{(x/2)^n}{n!}\right]^2$, $\boldsymbol{I}_0(x)$ 表示修正后的零阶贝塞尔函数; β 表示依赖于 M 的参数。窗函数法设计 FIR 滤波器的步骤如下。

(1) 根据阻带衰减的要求选择窗函数。

(2) 根据过渡带宽的要求, 求出窗函数的长度, 也即单位脉冲响应的长度 N (或滤波器的阶数 $N-1$)。

(3) $\boldsymbol{H}_{\mathrm{dg}}(\omega)$ 为希望逼近的理想滤波器的频响函数, 构造希望逼近的频率函数:

$$\boldsymbol{H}_{\mathrm{d}}\left(\mathrm{e}^{\mathrm{j}\omega}\right)=\boldsymbol{H}_{\mathrm{dg}}(\omega)\mathrm{e}^{-\mathrm{j}\frac{N-1}{2}\omega}\tag{A1.38}$$

“标准窗函数法” 是选择 $\boldsymbol{H}_{\mathrm{d}}(\mathrm{e}^{\mathrm{j}\omega})$ 为理想滤波器, 通带截止频率 ω_{c} 一般取

$$\omega_{\mathrm{c}}=\frac{\omega_{\mathrm{s}}+\omega_{\mathrm{p}}}{2}\tag{A1.39}$$

(4) 计算 $\boldsymbol{h}_{\mathrm{d}}(n)$, 即

$$\boldsymbol{h}_{\mathrm{d}}(n)=\frac{1}{2\pi}\int_{-\pi}^{\pi}\boldsymbol{H}_{\mathrm{d}}\left(\mathrm{e}^{\mathrm{j}\omega}\right)\mathrm{e}^{\mathrm{j}\omega}\mathrm{d}\omega\tag{A1.40}$$

但如果 $\boldsymbol{H}_{\mathrm{d}}(\mathrm{e}^{\mathrm{j}\omega})$ 很复杂或不能用封闭公式表示, 则无法用上式计算。常用的方法是对 $\boldsymbol{H}_{\mathrm{d}}(\mathrm{e}^{\mathrm{j}\omega})$ 在 $[0,2\pi)$ 区间取样 M 点, 然后做离散傅里叶逆变换得到 $\boldsymbol{h}_{\mathrm{d}M}(n)$, 由频率采样定理, 只要 M 足够大, $\boldsymbol{h}_{\mathrm{d}M}(n)$ 就可以有效地逼近 $\boldsymbol{h}_{\mathrm{d}}(n)$。

$$\boldsymbol{h}_{\mathrm{d}M}(n)=\left[\sum_{r=-\infty}^{\infty}\boldsymbol{h}_{\mathrm{d}}(n+rM)\right]\boldsymbol{R}_M(n)\tag{A1.41}$$

(5) 加窗得到设计结果, $\boldsymbol{h}(n)=\boldsymbol{h}_{\mathrm{d}}(n)\boldsymbol{\omega}(n)$。

(6) 计算 $\boldsymbol{H}\left(\mathrm{e}^{\mathrm{j}\omega}\right)=\sum\limits_{n=0}^{N-1}\boldsymbol{h}(n)\mathrm{e}^{-\mathrm{j}\omega n}$, 验证设计结果是否满足设计要求。

MATLAB 可以使用 fir1 函数设计低通、带通、高通、带阻等多种类型的具有严格线性相位特性的 FIR 滤波器。fir1 函数设计滤波器实际上是采用了窗函数设计方法。如下为生成各种窗函数的命令 [6]: w_rect=rectwin(N)'; w_hann=hann(N)'; w_hamm=hamming(N)'; w_blac=blackman(N)'; w_kais =Kaiser(N,7.856)。

【案例 A1.4】 设采样频率为 $f_s = 100$ Hz, 已知原信号为 10 Hz 的正弦波和 20 Hz 的余弦波组合而成的组合波, 信号中加入了一定比例的白噪声随机波, 利用矩形窗函数法设计 FIR 低通滤波器, 结果如图 A1.6 所示。

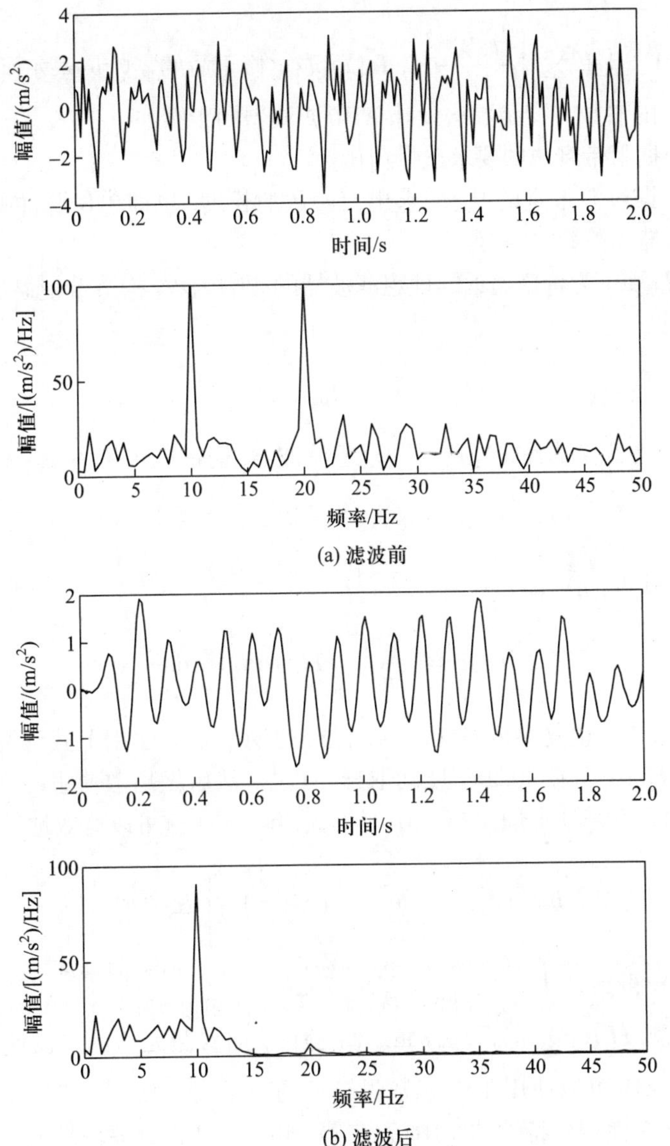

图 A1.6　滤波前后信号波形对比图像

1.3 短时傅里叶变换

傅里叶变换可以把一维的时间信号或二维的空间信号变换到频率域, 然后分析原信号的频谱特性, 非常适合于处理平稳信号。但是傅里叶变换得到的是整个时域内所包含的所有的频率成分, 频域函数对应的是整个时间轴, 即它对于频谱的描绘是“全局性的”, 而不具有频域“局部性的”特征, 不能反映时间维度局部区域上的特征。虽然我们从傅里叶变换能清楚地看到一整段信号包含的每一个频率的分量值, 但很难看出对应于频率域成分的不同时间信号的持续时间, 尤其是对于非平稳信号。

所以当信号处理过程中不仅想要知道一段信号整体的频域特征, 也想要了解一段信号在不同时刻的频域情况时, 傅里叶变换不再适用, 短时傅里叶变换可以用来确定时变信号在不同时刻的频域特征, 进而更加精细地描绘信号的特性。

短时傅里叶变换 (short-time Fourier transform, STFT) 是最常用的一种时频分析方法, 非常适于处理频域特性随时间发生变化的非平稳信号。它用时间窗内的一段信号来表示某一时刻的信号特征。

1.3.1 短时傅里叶变换的定义

短时傅里叶变换的主要思想是将信号加窗, 然后将加窗后的信号再进行傅里叶变换, 利用窗函数变换时间 t 附近的很小时间上的局部谱, 然后窗函数根据 t 的位置变化在整个时间轴上移动, 从而利用窗函数得到信号不同时间段上的局部频谱特征, 进而刻画信号的局部频谱特征 [7]。

给定一信号 $\boldsymbol{x}(\tau)$, 其 STFT 定义为

$$\boldsymbol{S}_x(\omega,t)=\int\boldsymbol{x}(\tau)\boldsymbol{m}(\tau-t)\mathrm{e}^{-\mathrm{j}\omega\tau}\mathrm{d}\tau \tag{A1.42}$$

式中, $\boldsymbol{m}(\tau-t)$ 为窗函数, 通常 $\boldsymbol{m}(\tau-t)$ 是实偶的。

即在时域用一个窗函数去截取信号, 对截下来的局部信号作傅里叶变换 (图 A1.7), 这就是在 t 时刻该段信号的傅里叶变化, 不断地移动 t, 也即不断地移动窗函数的中心位置, 即可得到不同时刻的傅里叶变换, 这些傅里叶变换的集合即是 $\boldsymbol{S}_x(\omega,t)$。STFT 可以看作用 $\boldsymbol{m}_{\omega,t}(\tau)=\boldsymbol{m}(\tau-t)\mathrm{e}^{-\mathrm{j}\omega\tau}$ 来代替傅里叶变换中的基函数。

窗的长度决定频谱图的时间分辨率和频率分辨率, 窗越长, 截取的信号越长, 傅里叶变换后频率分辨率越高, 时间分辨率越差; 相反, 窗越短, 截取的信号越短, 傅里叶变换后频率分辨率越差, 时间分辨率越好。所以, 在短时傅里叶变换中, 时间分辨率和频率分辨率不可兼得, 需要取舍。

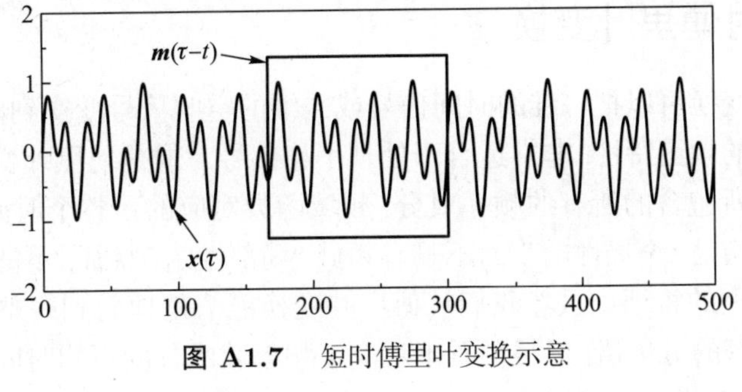

图 A1.7 短时傅里叶变换示意

短时傅里叶变换的逆变换为

$$\boldsymbol{x}(\tau)=\frac{1}{2\pi}\iint \boldsymbol{S}_x(\omega,t)\boldsymbol{m}(\tau-t)\mathrm{e}^{\mathrm{j}\omega\tau}\mathrm{d}\omega\mathrm{d}\tau \tag{A1.43}$$

离散时间信号 $\boldsymbol{s}[m]$ 的短时傅里叶变换为

$$\boldsymbol{S}_{\boldsymbol{x}}(\omega,n)=\sum_{m}\boldsymbol{s}[m]\boldsymbol{m}(m-n)\mathrm{e}^{-\mathrm{j}\omega m} \tag{A1.44}$$

式中, $\boldsymbol{m}(m-n)$ 为窗函数。上式中 n 是离散的, 而 ω 是连续的, 即离散短时傅里叶变换在时间上是离散的, 而在频率上是连续的。

1.3.2 STFT 的优缺点及适用范围

短时傅里叶变换克服了传统方法无法观察一段信号随着时间变化时信号频率成分的变化情况的缺陷, 将信号的时域与频域同时呈现, 克服了传统傅里叶变换的缺陷, 是一种方便的时频分析方法。

在短时傅里叶变换中, 窗的长度决定频谱图的时间分辨率和频率分辨率, 窗函数一旦选定, 则在整个分析过程中都使用相同的窗, 所以分辨率在整个时间–频率平面上都是相同的, 如果要改变分辨率, 则需要重新选择窗函数。对于频率随着时间变化剧烈的信号, 如果对这个信号采用统一的窗函数进行短时傅里叶分析, 往往得不到满意的分析结果。同时, 短时傅里叶变换时频表示的时间分辨率和频率分辨率相互制约, 不能兼顾时间分辨率与频率分辨率的需求。

【案例 A1.5】某一数字信号序列 $\boldsymbol{x}(n), n=0,1,\cdots,N-1, N=500$, 在 (100,150) 和 (300,350) 范围内分别有两个频率不同的正弦信号 [8]:

$$x_1=\cos(2\pi/30t)$$

$$x_2=\cos(2\pi/60t)$$

采用短时傅里叶变换方法, 分析其时频分布。Hamming 窗长度为 81, 时间的滑动步长为 1, 采用 Hamming 窗函数对信号进行短时傅里叶变换, 变换后的结果如图 A1.8 所示。

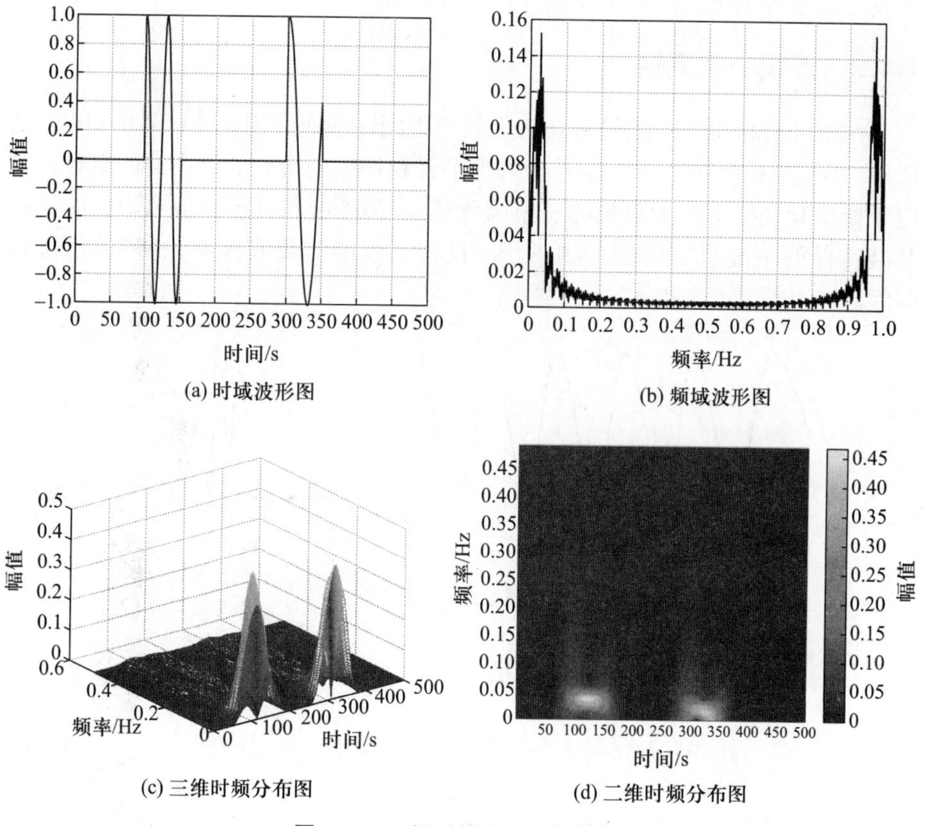

图 A1.8　短时傅里叶变换结果

图 A1.8 所示分别为时域波形图, 频域波形图, 三维时频分布图和二维时频分布图。我们可以看到, 傅里叶变换的结果并不能反应频率随时间变化的结果, 但在频谱图中我们可以清晰地看到信号中存在两种频率 (0.016 Hz 和 0.033 Hz), 而且可以看出它们存在的时间段 (0.016 Hz 出现在 300~350 s, 0.033 Hz 出现在 100~150 s)。

1.4　小波变换

1.4.1　小波变换的背景

短时傅里叶变换存在缺点: 若时域内信号分段太小, 则频域内表征过于粗略; 若频域内想要得到较准确频谱, 则需要时域内有较大分段。因此, 如何保证时频域分辨率都满足工程需要成为亟需解决的问题。在这一背景下，小波变换表现出可以同时满足时频域所需精度的优势。由于克服了时频分析的局限性，小波分析至今仍被广泛应用在信号处理等领域 [9]。

1.4.2　连续小波变换

傅里叶分析将一个信号分解为无数个不同频率成分的正弦信号的组合。类似地，小波分析将一个原始信号分解为平移和伸缩变换后的母小波的组合。对应于傅里叶变换中的无限长的三角函数基，小波变换将其转换成有限长的具有衰减特性的小波基，如图 A1.9 所示，这样不仅能够获取频率，也可以定位到时间。

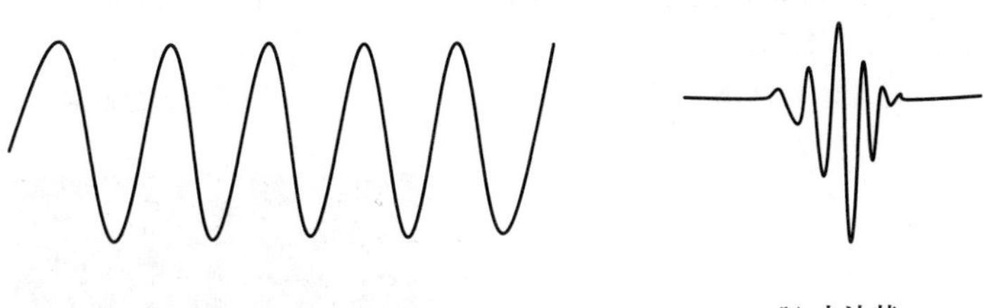

(a) 三角函数基　　(b) 小波基

图 A1.9　基形式

任意信号 $\boldsymbol{f}(t)$，其连续小波变换为

$$\boldsymbol{WT}(a,b)=\frac{1}{\sqrt{a}}\int_{-\infty}^{\infty}\boldsymbol{f}(t)\cdot\boldsymbol{\Psi}\left(\frac{t-b}{a}\right)\mathrm{d}t \tag{A1.45}$$

式中，a 为尺度伸缩参数，表示小波的伸缩，反映在小波图像上呈现“高瘦”或者“矮胖”；b 为时间平移参数，表示小波的平移，反映了小波所在的时间。式中的 $\boldsymbol{\Psi}[(t-b)/a]$ 称为小波母函数或母小波，母小波经过平移和缩放后，得到的一组小波称为子小波，并由一组子小波来表示信号的分解。$1/\sqrt{a}$ 为归一化因子，作用为使母子小波的能量不变。类比于傅里叶变换得到傅里叶系数，小波变换的结果得到小波系数。原始信号就表示为每个系数与对应小波 $\boldsymbol{\Psi}$ 的乘积的求和，如图 A1.10 所示。

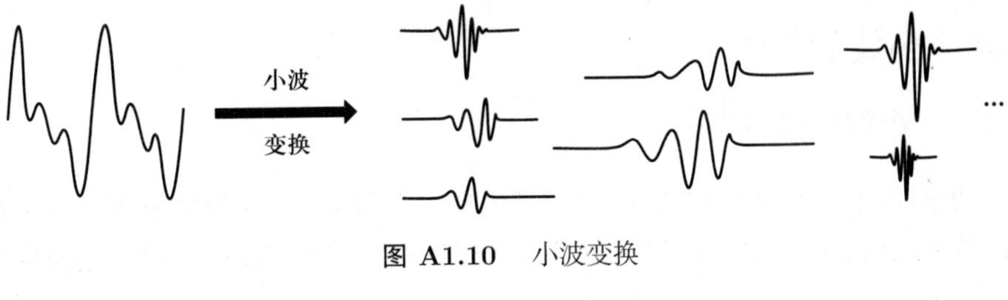

图 A1.10　小波变换

小波分析在处理局部突变信号时有显著成效。当信号中存在突变或者很短时间段内出现明显波动时，即使很多个傅里叶基也无法很好地表示信号，小波分析则可发挥出强大作用。以图 A1.11 为例，只有小波函数和信号突变处重叠时计算得到的系数不为 0，由此可以捕捉到信号中的突变点或者局部快速变化特性。

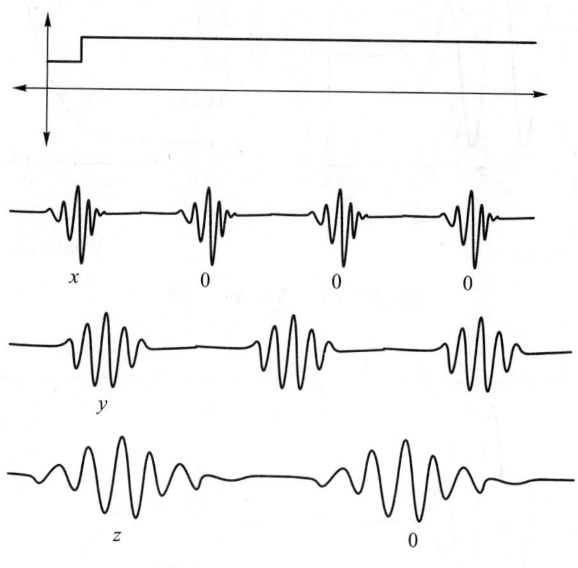

图 **A1.11**　小波变换图解

连续小波变换 (图 A1.12) 通常为如下三个步骤 [10]。

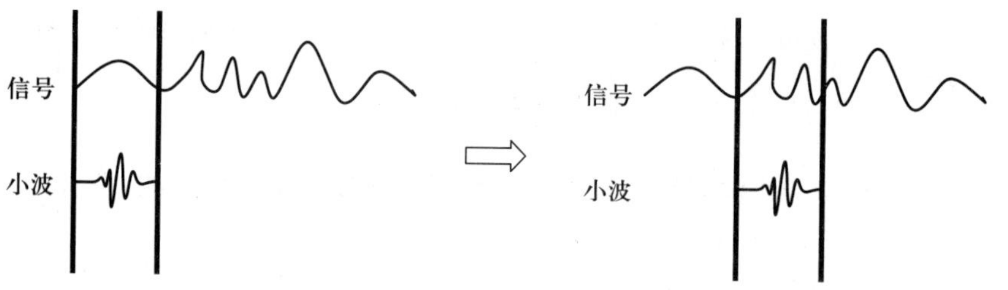

图 **A1.12**　连续小波变换步骤

(1) 已知待分析信号 $\boldsymbol{f}(t)$，取一个小波，将它和待分析信号的起始点对齐进行比较；

(2) 通过式 (A1.45) 计算此段信号与小波作用的小波系数，表示信号和小波的接近程度，系数越大表示小波与此段信号的相似度越高；

(3) 移动小波至下一段待分析信号处，计算小波系数，重复这一步骤，直至运算完整个信号。

1.4.3　常见基本小波

常见的基本小波如图 A1.13 ~ 图 A1.16 所示 [10]。

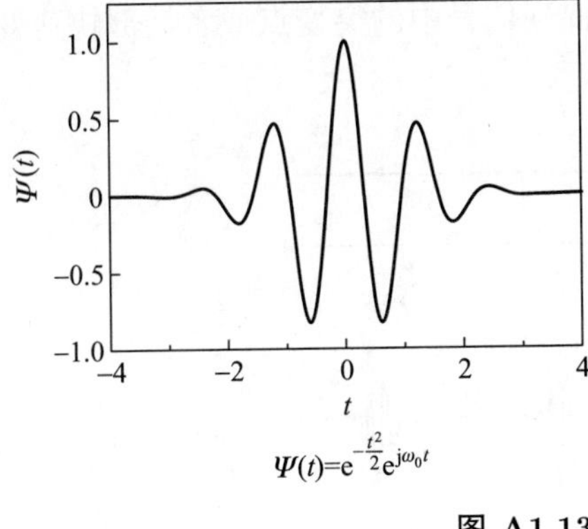

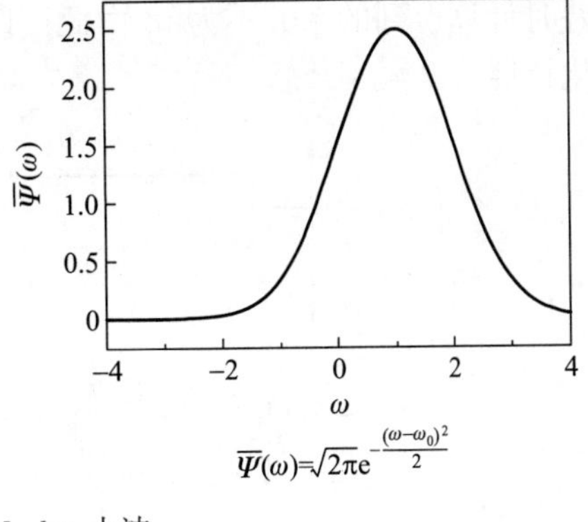

图 A1.13　Morlet 小波

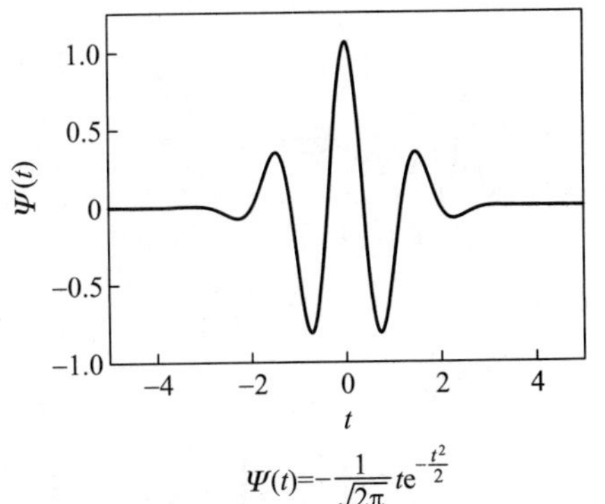

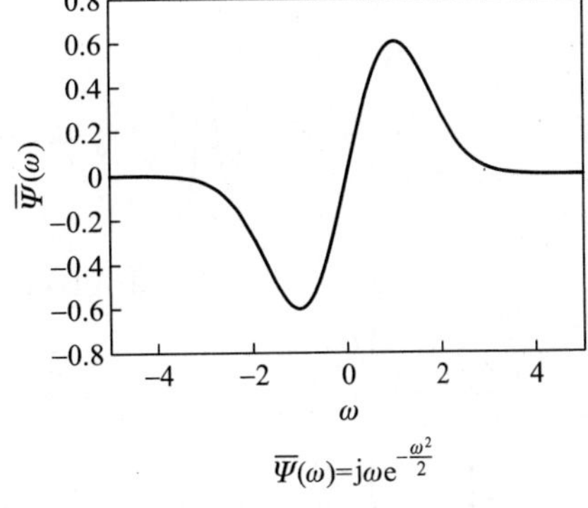

图 A1.14　高斯小波

Meyer 小波的小波函数与尺度函数都是在频域中进行定义的, 具体定义如下:

$$\overline{\boldsymbol{\Psi}}(\omega)=(2\pi)^{-\frac{1}{2}}\mathrm{e}^{\mathrm{j}\frac{\omega}{2}}=\begin{cases}\sin\left(\dfrac{\pi}{2}\boldsymbol{v}\left(\dfrac{3}{2\pi}|\omega|-1\right)\right), & \dfrac{2\pi}{3}\leqslant|\omega|\leqslant\dfrac{4\pi}{3}\\ \cos\left(\dfrac{\pi}{2}\boldsymbol{v}\left(\dfrac{3}{4\pi}|\omega|-1\right)\right), & \dfrac{4\pi}{3}\leqslant|\omega|\leqslant\dfrac{8\pi}{3}\\ 0, & |\omega|\notin\left[\dfrac{2\pi}{3},\dfrac{8\pi}{3}\right]\end{cases}\quad\text{(A1.46)}$$

式中, $\boldsymbol{v}(t)=t^4\left(35-84t+70t^2-20t^3\right)$, $t\in[0,1]$ 除上述小波外, 还有 Battle–Lemarie 样条小波、Shannon 小波等。

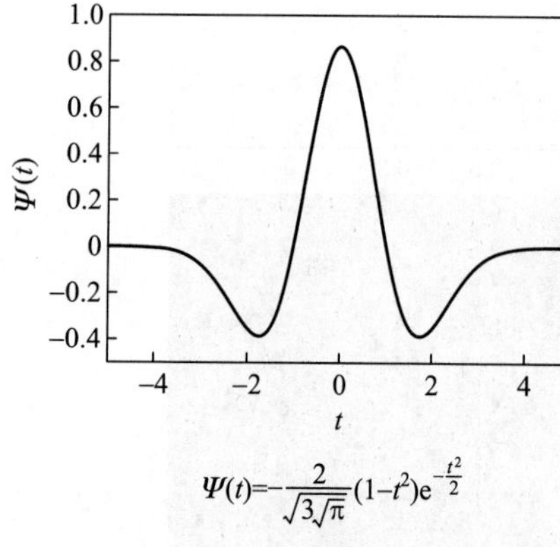

$$\Psi(t)=-\frac{2}{\sqrt{3\sqrt{\pi}}}(1-t^2)e^{-\frac{t^2}{2}}$$

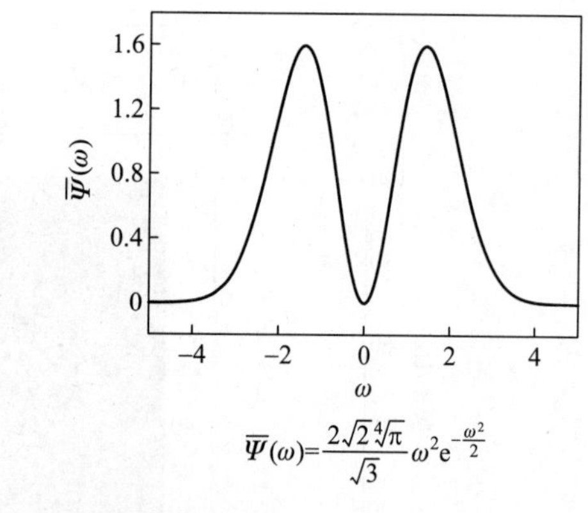

$$\overline{\Psi}(\omega)=\frac{2\sqrt{2}\sqrt[4]{\pi}}{\sqrt{3}}\omega^2e^{-\frac{\omega^2}{2}}$$

图 A1.15　Marr 小波 (墨西哥帽小波)

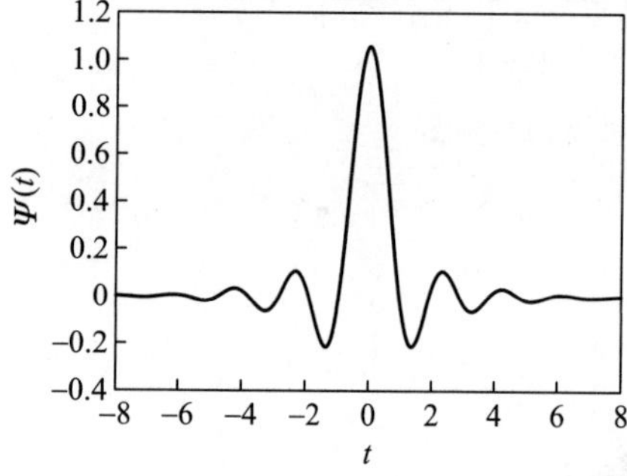

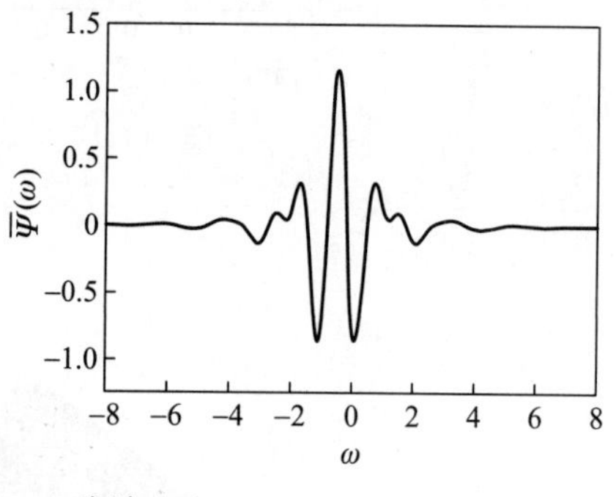

图 A1.16　Meyer 小波

【案例 A1.6】以一个合成信号 $\boldsymbol{x}(t)$ 为例, 由频率分别为 10 Hz、18 Hz、38 Hz 的三个脉冲响应函数组成:

$$\boldsymbol{x}(t)=\sum_{i=1}^{3}A_i\mathrm{e}^{-\zeta_i\omega_i t}\sin\left(\sqrt{1-\zeta_i^2}\omega_i t+\Psi_i\right)$$

式中, $A_i=1$; $i=1,2,3$; $\Psi_i=0$; $f_1=10$ Hz, $\zeta_1=0.03$; $f_2=18$ Hz, $\zeta_2=0.045$; $f_3=38$ Hz, $\zeta_3=0.06$。

下面对信号进行小波变换, 得到其时频图如图 A1.17 所示。

得到三维时频分布图如图 A1.18 所示。

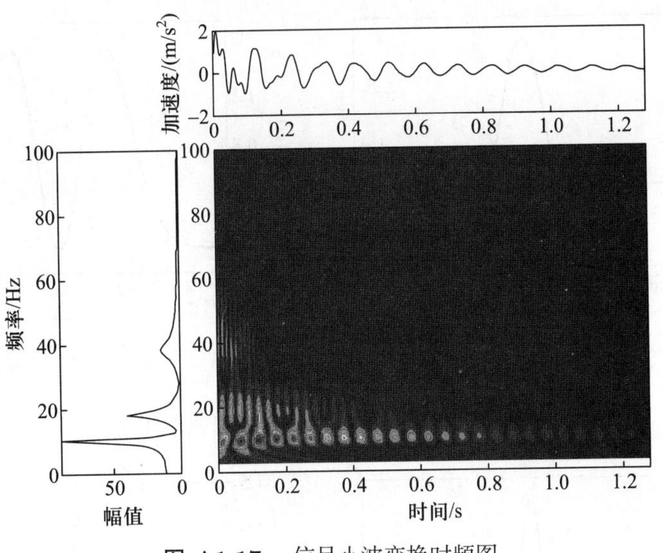

图 **A1.17**　信号小波变换时频图

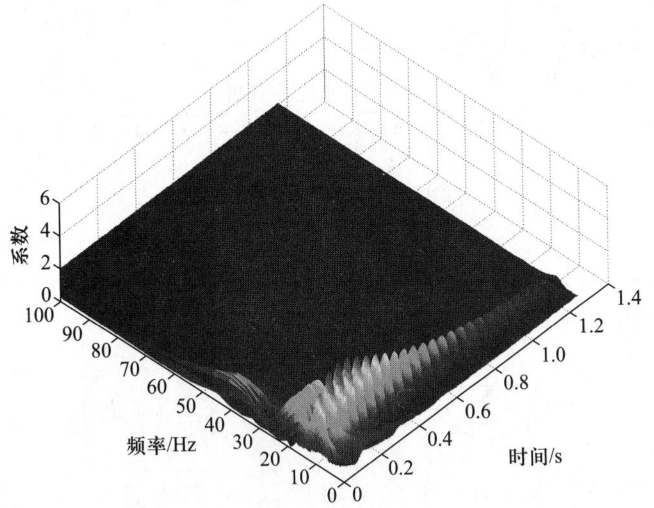

图 **A1.18**　信号小波变换三维时频分布图

1.5　希尔伯特–黄变换

传统的数据分析方法都是基于线性、平稳的假设, 可以通过预先构造基函数将一个时程信号在基函数上展开, 进而实现信号分解。而自然界中多数数据具有非线性、非平稳的特点, 对于这些数据的分析, 基函数的形式无从得知, 因此自适应基的概念被提出。不同于传统方法中预先已知的基函数形式, 自适应基是指依赖于所用数据而建立的基, 在这样一组基下可以对非线性、非平稳数据进行分解, 表示成一组子信号的求和形式。希尔伯特–黄变换 (Hilbert–Huang transform, HHT) 是一种基于经验的方法, 为非线性、非平稳的数据处理问题提供了解决思路, 能够得到有用的物理信息, 即使到目前为止仍难以用数学手段解释其成功的原因。在工程实际中, HHT 已被广泛应用在信号处理、特征提取等方面 [11]。

1.5.1　HHT 的定义

HHT 包括两个步骤, 经验模态分解 (empirical mode decomposition, EMD) 和希尔伯特变换 (Hilbert transform, HT)[11]。

首先, 经验模态分解方法是处理非平稳和非线性数据的重要方法, 具有直观、直接、自适应的特点, 可基于已知的数据并通过数据得到自适应基。EMD 方法认为, 每一个数据 (信号) 都是由一系列的本征模函数 (intrinsic mode function, IMF) 求和得到, 每一个 IMF 表示一个振荡过程, 包含了信号的幅值和频率信息, 如式 (A1.47) 所示:

$$\boldsymbol{f}(t) = \sum_{i=1}^{M} IMF_i \tag{A1.47}$$

式中, IMF_i 的定义如下:

(1) 在整个数据段范围内, 每个 IMF 的极值点个数与过零点的个数相等, 或者相差为 1;

(2) 在任一点处, 由这个 IMF 的所有极大值点组成的上包络线和由这个 IMF 的所有极小值点组成的下包络线的平均值为 0, 也即上下包络线相对于水平轴呈局部对称。

不同于将一个信号分解为一系列简谐波的叠加, IMF 表示了振幅、频率和时间之间的关系。每一个 IMF 都是通过一个 "筛选" (sifting) 过程产生, 在不断的 "筛选" 中选择满足条件的 IMF, 最后将所有的 IMF 相加, 便是初始信号 $\boldsymbol{f}(t)$ 的分解。具体来讲, EMD 便是在执行这个 "筛选" 过程, 具体步骤如下。

(1) 已知时程信号为 $\boldsymbol{f}(t)$。

(2) 将信号 $\boldsymbol{f}(t)$ 分别取由极大值构成的上包络线和由极小值构成的下包络线 (这里使用三次样条插值方法), 如图 A1.19 所示。

(3) 取上述极大值包络线和极小值包络线的中值线 m_1, 如图 A1.20 所示。

(4) 原始信号 $\boldsymbol{f}(t)$ 减去上述中值线 m, 得到中间信号 $h_{1,1}$:

$$h_{1,1} = \boldsymbol{f}(t) - m_{1,1} \tag{A1.48}$$

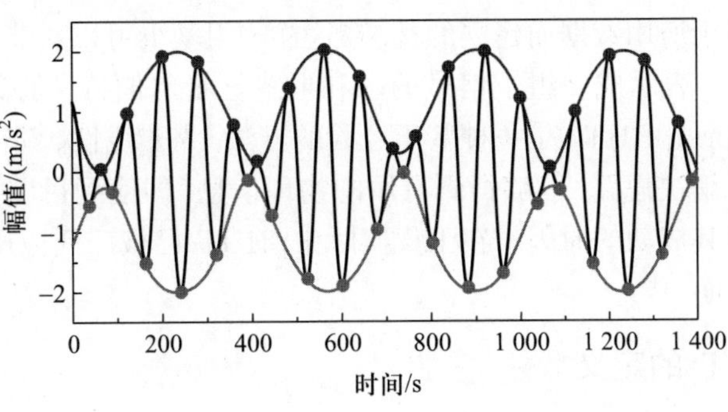

图 A1.19　上、下包络线示意图

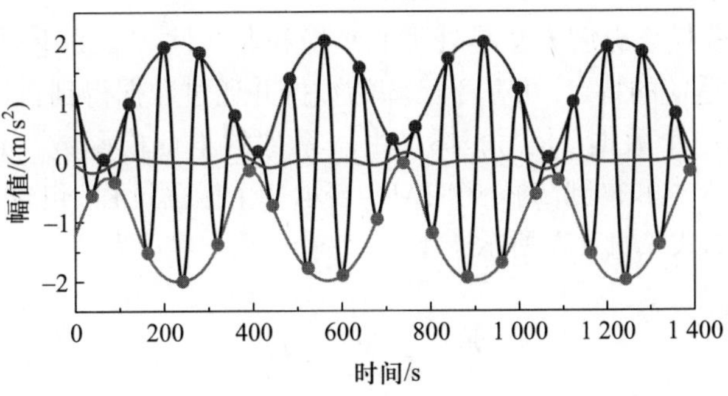

图 A1.20　中值线示意图

当 $h_{1,1}$ 满足 IMF 的定义时, $h_{1,1}$ 可作为一个 IMF, 这里称其为 IMF_1; 当 $h_{1,1}$ 不满足 IMF 的定义时, 将 $h_{1,1}$ 作为新的信号, 取其上下包络线并计算中值线 $m_{1,2}$, 计算更新后的中间信号:

$$h_{1,2} = h_{1,1} - m_{1,2} \tag{A1.49}$$

$$h_{1,n} = h_{1,n-1} - m_{1,n} \tag{A1.50}$$

(5) 重复上述过程, 不断将局部均值抽离, 直至得到满足 IMF 定义的中间信号 $h_{1,n}$ 为止。此时, $h_{1,n}$ 即为我们想要的本征模函数 IMF_1, 它反映了信号波动的过程。

(6) 更新去除 IMF_1 后的剩余信号为

$$IMF_1 = h_{1,n} \tag{A1.51}$$

$$r_1 = \boldsymbol{f}(t) - IMF_1 \tag{A1.52}$$

将 r_1 作为新的信号输入, 重复式 (A1.53) ~ 式 (A1.56) 的过程, 即

$$h_{2,1} = r_1 - m_{2,1} \tag{A1.53}$$

$$h_{2,n} = h_{2,n-1} - m_{2,n} \tag{A1.54}$$

$$IMF_2 = h_{2,n} \tag{A1.55}$$

$$r_2 = r_1 - IMF_2 \tag{A1.56}$$

当分解后得到的 r_n 足够小 [或者当 r_n 变为反映 $\boldsymbol{f}(t)$ 趋势的单调函数] 时, 停止经验模态分解过程, 由此便得到了本征模函数 $IMF_1, IMF_2, \cdots, IMF_n$。

在获得本征模函数后便可进行希尔伯特变换。在介绍具体内容之前, 先引入解析信号的概念。

解析信号 (也称为复函数) 的欧拉公式为

$$\boldsymbol{Y}(t) = \boldsymbol{u}(t) + \mathrm{j}\boldsymbol{v}(t) \tag{A1.57}$$

式中, $\boldsymbol{u}(t)$ 为一个实信号, $\boldsymbol{v}(t)$ 为它的希尔伯特变换, 在信号处理中, 也称之为实信号的投影。希尔伯特变换定义为

$$H[\boldsymbol{u}(t)] = \boldsymbol{v}(t) = \pi^{-1}\int_{-\infty}^{\infty}\frac{\boldsymbol{u}(\tau)}{t-\tau}\mathrm{d}\tau \tag{A1.58}$$

希尔伯特变换的作用相当于在没有改变原信号的振幅和频率的情况下, 将其相位平移了 $-\pi/2$。由欧拉公式 $\mathrm{e}^{\mathrm{j}\boldsymbol{\theta}(t)} = \cos\boldsymbol{\theta}(t) + \mathrm{j}\cdot\sin\boldsymbol{\theta}(t)$, 解析信号可以表示为

$$\boldsymbol{Y}(t) = |\boldsymbol{A}(t)|\mathrm{e}^{\mathrm{j}\boldsymbol{\theta}(t)} \tag{A1.59}$$

式中, $|\boldsymbol{A}(t)|$ 为实信号幅值。因此, 对于任一个本征模函数, 可以得到它所对应的振幅和频率:

$$|\boldsymbol{A}(t)| = \sqrt{(\boldsymbol{u}(t))^2 + (\boldsymbol{v}(t))^2} \tag{A1.60}$$

$$\boldsymbol{\theta}(t) = \arctan\frac{\boldsymbol{v}(t)}{\boldsymbol{u}(t)} \tag{A1.61}$$

$$\boldsymbol{\omega}(t) = \frac{\mathrm{d}\boldsymbol{\theta}(t)}{\mathrm{d}t} \tag{A1.62}$$

1.5.2　HHT 的优缺点及适用范围

虽然 HHT 在工程中应用广泛, 分解得到的 IMF 有明确的物理意义, 但 HHT 仍存在许多待解决的数学问题 [11]。首先, EMD 中存在 “末端效应” (end-effect), 在求得上下包络线的过程中, 最后一个极值点到数据结束点的包络线

难以确定。其次, 求得包络线的样条插值方式影响 EMD 的效果, 常采用三次样条插值构建上下包络线, 局部中值线同样使用三次样条插值的方式构造。采用高阶样条也许能得到更好的结果, 但高阶样条需要主观确定参数, 这不便于"自适应" 方法的建立。采用 EMD 也伴随着模态混淆, 即分解得到的每个 IMF 分量并不 "纯", 往往掺杂着其他分量信号。此外, 筛选次数可能影响 EMD 的分解结果, 筛选次数过少便无法得到较 "干净" 的本征模函数, 而筛选太多会丢失物理信息。针对三次样条插值下的 EMD, 筛选过程一般以 4~8 次为宜 [11]。尽管如此, 仍不能保证筛选出的本征模函数有足够的代表性, 数据中往往夹杂着噪声等成分, 这些待解决的问题为今后的研究工作指明了方向。

在 HHT 方法中, 首先使用 EMD 分解原信号得到 IMF, 而后使用希尔伯特变换求得瞬时频率和幅值, 但分解得到的 IMF 不一定满足 Bedrosian 定理和 Nuttall 定理要求 [12], 因此采用希尔伯特变换后得到的瞬时频率会出现错误。Bedrosian 定理和 Nuttall 定理要求希尔伯特变换用于窄带信号, 这可以使得 $\boldsymbol{\omega}(t) < 0$ 的概率远远降低, 此时便可保证 $\boldsymbol{\omega}(t) > 0$, 也即使瞬时频率有物理意义。Bedrosian 定理和 Nuttall 定理内容如下 [12]。

当分解后的 IMF 满足如下条件时, 可以称为一个单分量信号:

$$\boldsymbol{x}(t) = \boldsymbol{a}(t) \cdot \cos \boldsymbol{\theta}(t) \tag{A1.63}$$

$$H[\boldsymbol{x}(t)] = H[\boldsymbol{a}(t) \cdot \cos \boldsymbol{\theta}(t)] = \boldsymbol{a}(t) \cdot H[\cos \boldsymbol{\theta}(t)] \tag{A1.64}$$

Bedrosian 定理的含义是, 一个瞬时频率有物理意义的单分量信号, 其瞬时幅值和载波的频谱不能重叠, 瞬时幅值和载波的频谱分别位于低频段和高频段。

Nuttall 定理指出, 信号 $\boldsymbol{x}(t)$ 的解析形式虚部应为信号 $\boldsymbol{x}(t)$ 实部的正交信号, 此时使用式 (A1.58) 求得的相位函数才有意义, 即

$$\boldsymbol{a}(t) \cdot H[\cos \boldsymbol{\theta}(t)] = \boldsymbol{a}(t) \cdot \sin \boldsymbol{\theta}(t) \tag{A1.65}$$

然而, 严格满足上述要求的信号很少, 因此可以限制 IMF 为窄带信号, 并在此基础上满足 $\boldsymbol{a}(t) \geqslant 0$ 和 $\boldsymbol{\theta}'(t) \geqslant 0$, 便认为得到的 IMF 为单分量信号。

【案例 A1.7】此处以一个合成信号 $\boldsymbol{x}(t)$ 为例, 由频率分别为 10 Hz、50 Hz、100 Hz 三个正弦信号加噪声 $\boldsymbol{S}(t)$ 组成:

$$\boldsymbol{x}(t) = \sin(2\pi \cdot 10t) + \sin(2\pi \cdot 50t) + \sin(2\pi \cdot 100t) + \boldsymbol{S}(t)$$

信号的时域及频域如附图 1.21 所示。

使用 HHT 方法, 先对信号 $\boldsymbol{x}(t)$ 进行 EMD, 得到各本征模函数如图 A1.22 中 $IMF_1 \sim IMF_8$ 所示。

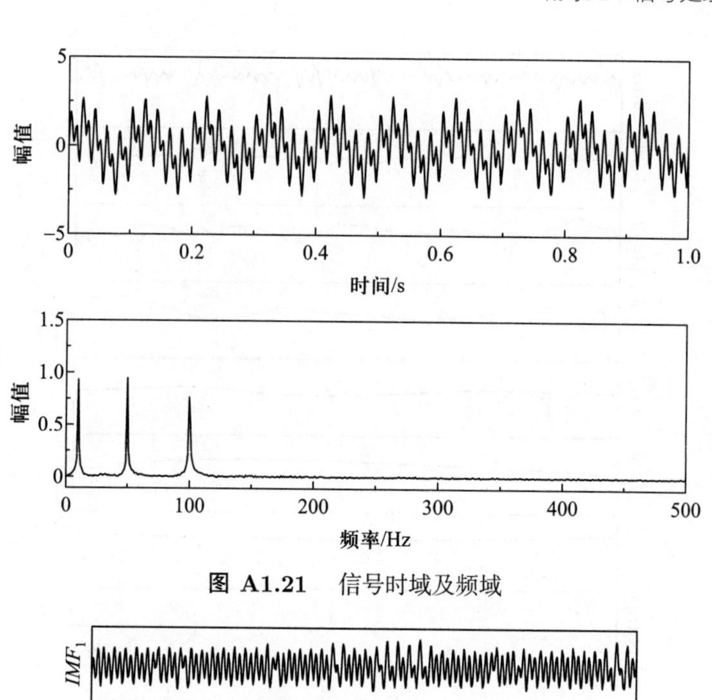

图 A1.21　信号时域及频域

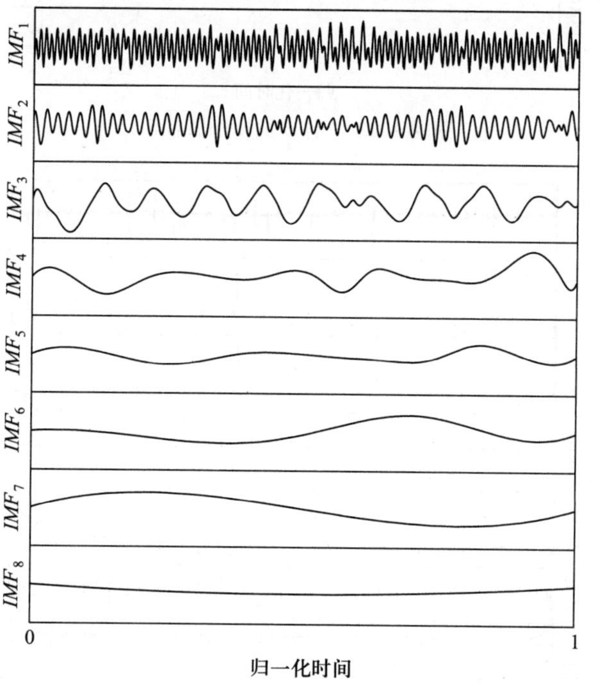

图 A1.22　各本征模函数

继续进行希尔伯特变换, 得到瞬时幅值及瞬时频率如图 A1.23、图 A1.24 所示。

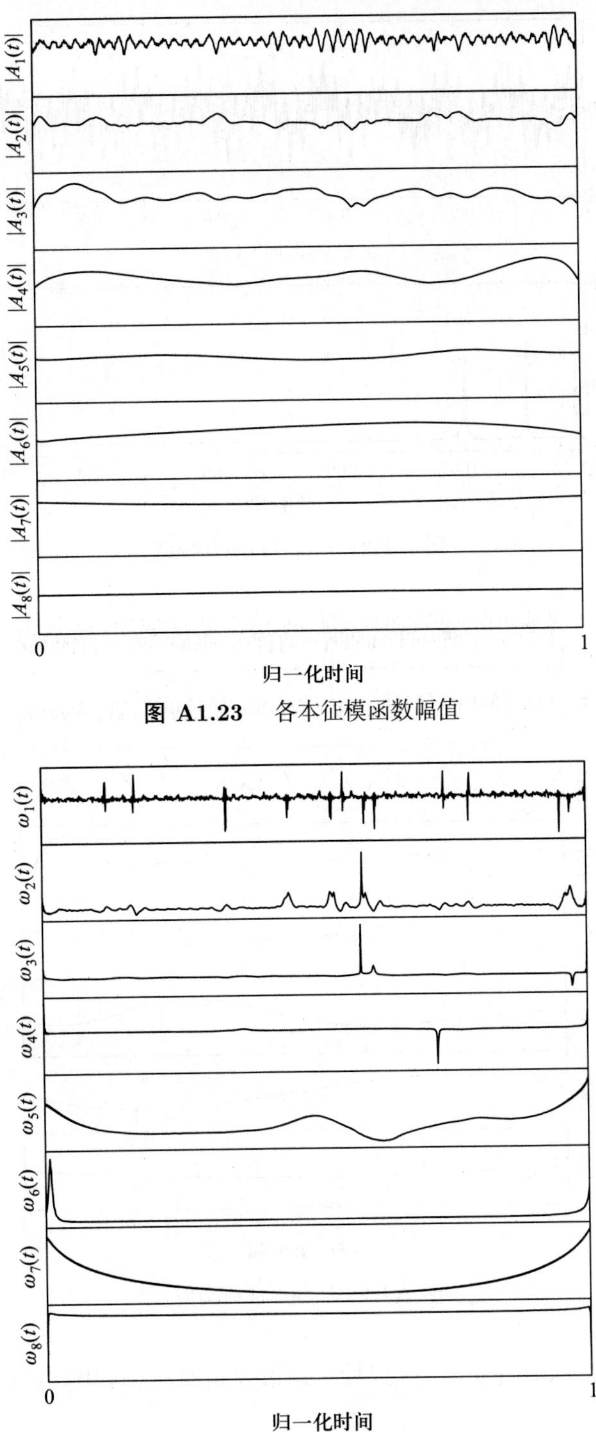

图 A1.23　各本征模函数幅值

图 A1.24　各本征模函数频率

参考文献

[1] Bracewell R. The Fourier transform and its applications [M]. New York: McGraw-Hill, 1965.

[2] 冷建华. 傅里叶变换 [M]. 北京: 清华大学出版社, 2004: 73-78.

[3] Antoniou A. Digital filters: Analysis design and applications [M]. New York: McGraw-Hill, 2000.

[4] 李敏, 王明波. 数字信号处理 [M]. 成都: 电子科技大学出版社, 2018.

[5] 孙晓艳. 数字信号处理及其 MATLAB 实现 [M]. 北京: 电子工业出版社, 2018.

[6] 杜勇. 数字滤波器的 MATLAB 与 FPGA 实现 [M]. 北京: 电子工业出版社, 2014.

[7] 张贤达. 现代信号处理 [M]. 北京: 清华大学出版社, 1995.

[8] 万永革. 数字信号处理的 MATLAB 实现 [M]. 北京: 科学出版社, 2012.

[9] Daubechies I. Ten lectures on wavelets [J]. The Journal of the Acoustical Society of America, 1992, 93(3):1671.

[10] Misiti M, Misiti Y, Oppenheim G, et al. Wavelet Toolbox user's guide [M]. Natick: The Mathworks Inc., 2009.

[11] Huang N E, Shen S S. Hilbert-Huang transform and its applications [M]. Singapore: World Scientific Publishing, 2005.

[12] Nuttall A H, Bedrosian E. On the quadrature approximation to the Hilbert transform of modulated signals [C]// Proceedings of the IEEE, 1966, 54(10): 1458-1459.

附录 2

模态分析基础理论*

2.1 模态基本概念

模态是结构系统的固有振动特性, N 个自由度的结构系统具有 N 个模态, 每一个模态具有特定的固有频率、阻尼比和模态振型, 这三个特定的参数也称为模态参数。为了更好地理解模态这种结构固有振动特性, 以一个一端固定的悬臂梁为例, 如图 A2.1 所示。

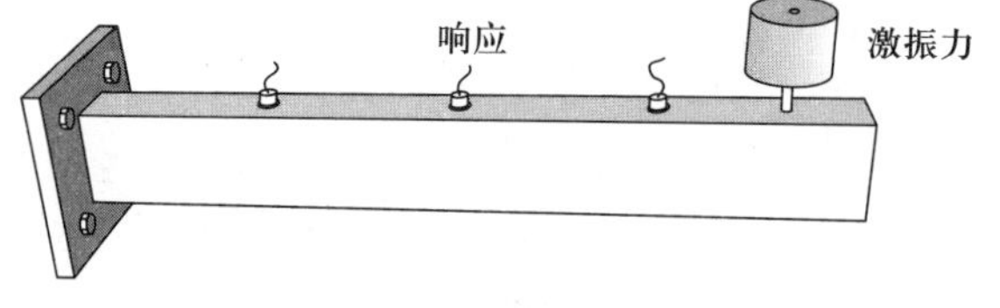

图 A2.1 悬臂梁示意图

悬臂梁一端固定, 另一端为悬臂端, 安装了激振器, 该激振器驱动杆与悬臂梁悬臂端固接, 通过该激振器内部轴向电动机使驱动杆竖向运动, 从而使激振

* 本章执笔人:
曲春绪, 大连理工大学土木工程学院, quchunxu@dlut.edu.cn

器竖向运动。

当激振器不施加激振力时, 该结构系统处于静止状态, 悬臂梁将在静止激振器的作用下产生静态变形; 当激振器通过上下往复振动对悬臂梁施加激振力时, 悬臂梁处于振荡状态。若该激振器以某一固定频率振动, 那么该悬臂梁也将呈现某一个固定的变形形式, 且悬臂梁每个位置上下往复振动; 随着激振器振动频率的变化, 悬臂梁变形形式也随之发生变化。同时, 可以发现另一有趣现象, 随着激振器频率的变化, 而激振幅值不变时, 悬臂梁振动的幅度会发生变化。当激振频率从小到大变化时, 悬臂梁振动响应幅度会不定期出现突然增大的现象。想想看, 该现象与预想的效果不一样, 因为激振器每时每刻都施加了相同幅值的力, 仅仅是振荡速率改变而已!

为了解释该现象, 在悬臂梁上多点安置了加速度计, 来记录激励引起的悬臂梁响应, 选取其中一个传感器的响应数据, 画出时程曲线, 如图 A2.2 所示。

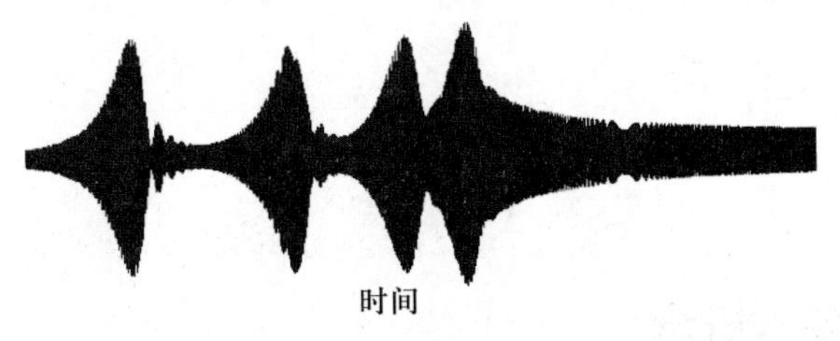

图 A2.2　振动响应时程

从时程曲线可以看出, 随着时间的推移, 激振频率从小到大变化过程中, 出现振动响应幅值在某小段时间突然增大的现象。将该时程数据通过快速傅里叶变换变换到频域, 频谱图如图 A2.3 所示。

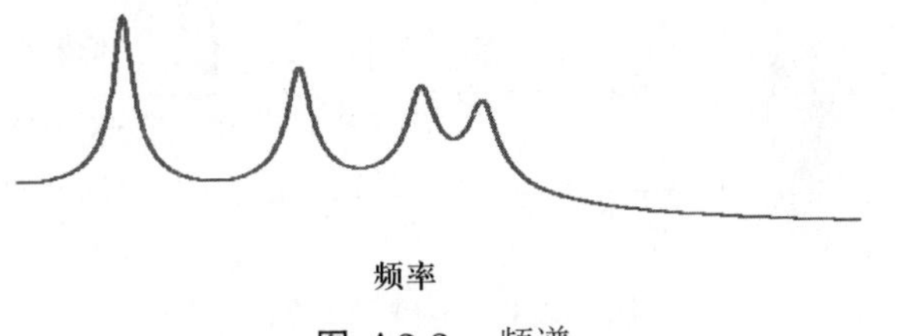

图 A2.3　频谱

若在激振器上加上加速度计, 可获取激振器激励时程数据, 通过该数据可查看激振器激发不同频率所处的时间, 可以发现, 激振器激发出频谱图中峰值所对应频率的时间正好就是悬臂梁响应时程数据出现突然增大的时段, 如图 A2.4 所示。

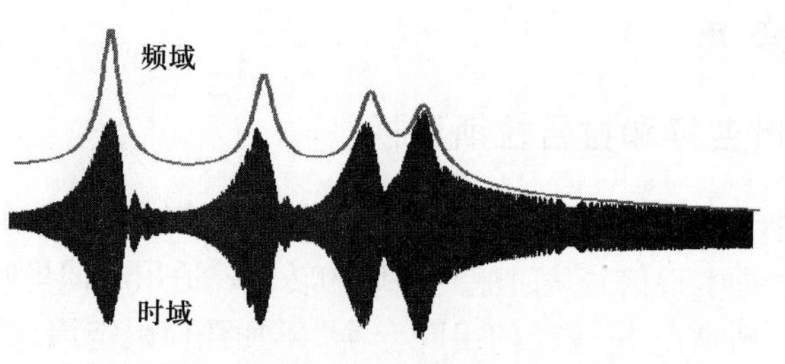

图 A2.4　时程与频谱

将频谱图中峰值所对应的频率记为悬臂梁的共振频率, 该频率是模态参数之一, 是结构的固有属性, 不会随着外界环境的变化而变化。当该激励频率为共振频率时, 悬臂梁所呈现的固定变形形式的幅值即为振型, 如图 A2.5 所示。

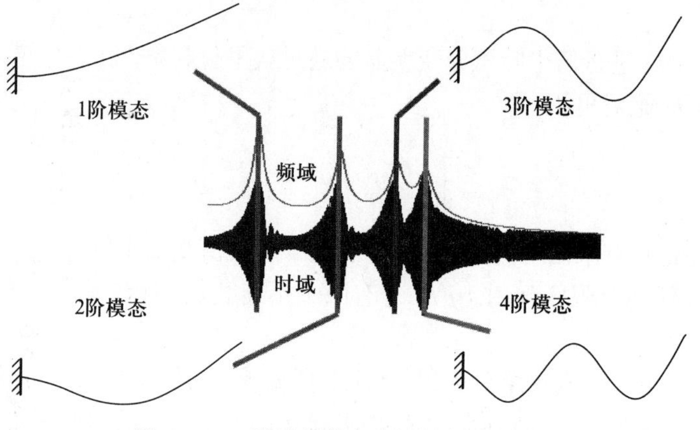

图 A2.5　激励频率为共振频率时的振型

在频谱图的四个峰值处所对应的振型分别表示为 1 阶模态、2 阶模态、3 阶模态、4 阶模态, 振型分别具有一弯、二弯、三弯、四弯的特点。这些振型同样也是模态参数, 是结构的固有属性, 不随外界环境的变化而变化。需要说明的是, 当激振器以某一非共振频率激振时, 悬臂梁也会产生某一固定变形形式, 而该振动形式可以通过结构振型进行线性组合而获得。从线性代数的角度可以理解为, 结构的振型是线性无关的向量组, 是结构变形形式的基向量, 任何激励频率所产生的变形形式均可由该基向量 (振型) 线性组合获得。

2.2　时频变换

2.2.1　傅里叶变换和拉普拉斯变换

傅里叶变换 [1] (Fourier transform, FT) 是由法国学者傅里叶提出的一种线性变换, 目的是实现信号从时域到频域的转化。适用于傅里叶变换的函数为整周期函数, 一般情况下, 若 “傅里叶变换” 不加任何限定词, 则表示针对连续非周期函数的 “连续傅里叶变换”, 参考附录 1.1 节。将满足积分条件的函数 $\boldsymbol{y}(t)$ 的傅里叶变换对写为如式 (A2.1)、式 (A2.2) 所示形式:

$$\boldsymbol{Y}(\omega)=\int_{-\infty}^{\infty}\boldsymbol{y}(t)\mathrm{e}^{-\mathrm{j}\omega t}\mathrm{d}t \tag{A2.1}$$

$$\boldsymbol{y}(t)=\frac{1}{2\pi}\int_{-\infty}^{\infty}\boldsymbol{Y}(\omega)\mathrm{e}^{\mathrm{j}\omega t}\mathrm{d}\omega \tag{A2.2}$$

函数 $\boldsymbol{y}(t)$ 进行傅里叶积分变换需要满足狄里赫利条件:

(1) $\boldsymbol{y}(t)$ 绝对可积, 即

$$\int_{-\infty}^{\infty}|\boldsymbol{y}(t)|\mathrm{d}t<\infty \tag{A2.3}$$

(2) 在任意有限区间内, $\boldsymbol{y}(t)$ 只有有限个最大值和最小值。

(3) 在任何有限区间内, $\boldsymbol{y}(t)$ 有有限个不连续点, 且在每个不连续点都必须是有限值。

当函数 $\boldsymbol{y}(t)$ 不满足绝对可积条件时, 根据函数 $\boldsymbol{y}(t)$ 的性质, 将其乘以一个恰当的衰减因子 $\mathrm{e}^{-\sigma t}$, 进而获得满足 $\lim\limits_{t\to\infty}\boldsymbol{y}(t)\mathrm{e}^{-\sigma t}=0$ 的时间函数 $\boldsymbol{y}(t)\mathrm{e}^{-\sigma t}$, 则函数 $\boldsymbol{y}(t)\mathrm{e}^{-\sigma t}$ 满足绝对可积条件, 且傅里叶变换存在, 其傅里叶变换为式 (A2.4):

$$\boldsymbol{Y}(\omega)=\int_{-\infty}^{\infty}\boldsymbol{y}(t)\mathrm{e}^{-\sigma t}\mathrm{e}^{-\mathrm{j}\omega t}\mathrm{d}t \tag{A2.4}$$

令 $s=\sigma+\mathrm{j}\omega$, 则函数 $\boldsymbol{y}(t)\mathrm{e}^{-\sigma t}$ 的傅里叶变换等价于函数 $\boldsymbol{y}(t)$ 的双边拉普拉斯变换 [2] $\boldsymbol{Y}_B(s)$, 可表示为

$$\boldsymbol{Y}_B(s)=\int_{-\infty}^{\infty}\boldsymbol{y}(t)\mathrm{e}^{-st}\mathrm{d}t=\int_{-\infty}^{\infty}\boldsymbol{y}(t)\mathrm{e}^{-\sigma t}\mathrm{e}^{-\mathrm{j}\omega t}\mathrm{d}t=\boldsymbol{Y}(\omega) \tag{A2.5}$$

因此双边拉普拉斯变换是傅里叶变换的推广, 在应用时比傅里叶变换的条件要低。图 A2.6 通过对 $\boldsymbol{y}(t)=\sin(t)$ $(t>0)$ 的拉普拉斯变换和傅里叶变换来说明两者的关系。傅里叶变换相当于拉普拉斯变换在 $\sigma=0$ 时的一种特殊情况。

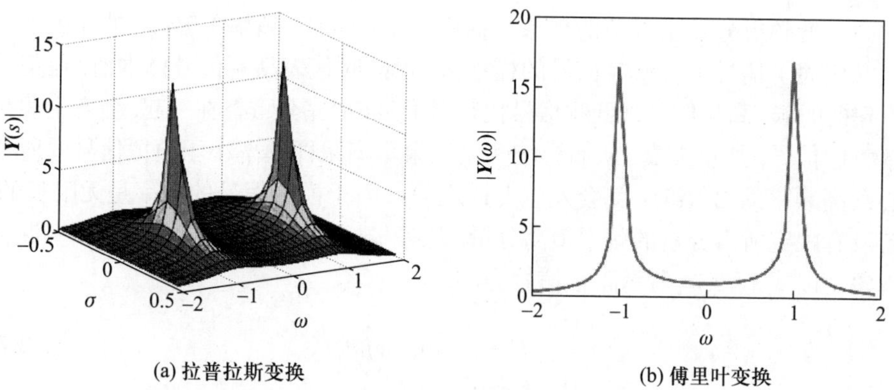

(a) 拉普拉斯变换　　(b) 傅里叶变换

图 **A2.6**　单边正弦信号的拉普拉斯变换和傅里叶变换

由于实际应用中一般是单边拉普拉斯变换, 即满足 $t<0$ 时, 对 $\boldsymbol{y}(t)=0$ 的信号进行的变换, 将单边拉普拉斯变换简称为拉普拉斯变换。对于 $t<0$ 时 $\boldsymbol{y}(t)=0$, 而 $t\geqslant 0$ 时存在非零值的连续信号 $\boldsymbol{y}(t)$, 若满足 $\int_0^\infty |\boldsymbol{y}(t)|\mathrm{e}^{-st}\mathrm{d}t<\infty$ $(s=\sigma+\mathrm{j}\omega)$, 则其拉普拉斯变换 $\boldsymbol{Y}(s)$ 可表示为

$$\boldsymbol{Y}(s)=\int_0^\infty \boldsymbol{y}(t)\mathrm{e}^{-st}\mathrm{d}t \tag{A2.6}$$

对连续信号 $\boldsymbol{y}(t)$, 满足 $t<0$ 时, $\boldsymbol{y}(t)=0$, 且 $\lim\limits_{t\to\infty}\boldsymbol{y}(t)\mathrm{e}^{-\sigma t}=0\ (\sigma>\sigma_0)$, 则其拉普拉斯变换 $\boldsymbol{Y}(s)$ 存在的 s 的取值区域 (收敛域) 为 $\sigma=\mathrm{Re}(s)>\sigma_0$。工程中绝大多数信号均存在拉普拉斯变换, 例如, 阶跃信号 $\boldsymbol{y}(t)=1\ (t\geqslant 0)$, 其拉普拉斯变换为 $\boldsymbol{Y}(s)=\int_0^\infty \boldsymbol{y}(t)\mathrm{e}^{-st}\mathrm{d}t=\int_0^\infty \mathrm{e}^{0t}\mathrm{e}^{-st}\mathrm{d}t=1/s$, 收敛域为 $\mathrm{Re}(s)>0$, 此时 $\sigma_0=0$; 对于指数衰减信号 $\boldsymbol{y}(t)=\mathrm{e}^{-at}$ $(t\geqslant 0$ 且 $a>0)$, 其拉普拉斯变换为 $\boldsymbol{Y}(s)=1/(s+a)$, 收敛域为 $\mathrm{Re}(s)>-a$, 此时 $\sigma_0=-a$。需注意的是, 部分信号的拉普拉斯变换不存在, 例如信号 $\boldsymbol{y}(t)=\mathrm{e}^{t^2}\ (t\geqslant 0)$。

2.2.2　频率混叠和频谱泄漏

现实中很难得到连续时域信号, 数据采集的过程是通过传感器产生连续模拟信号, 再通过采集仪进行等时间间隔 Δt 采样和量化, 从而获取计算机可应用的离散数字信号。相比于原始连续信号, 离散数字信号损失掉了采样间隔 Δt 内的信息, 因此, 在时频转换后, 频率信息也将受到一定的影响, 主要表现在两个方面: 频率混叠和频谱泄漏。

1. 频率混叠

频率混叠 [3,4] 是数字信号处理中, 因离散采样不满足采样定理时引起的一种高、低频成分发生混淆的现象。抽样时 (采样时) 频率不够高, 抽样出来的点既代表了信号中的低频信号的样本值, 也同时代表高频信号样本值, 在信号重建的时候, 高频信号被低频信号代替, 两种波形完全重叠在一起, 会产生假频率、假信号, 严重失真, 从而影响测量结果。当采样频率小于模拟信号中所关心最高频率的 2 倍时, 就会发生上述现象。由于模拟信号的频率是无限长的, 若没有限定所需分析的频率最高分量, 凡等步长离散采样一定会产生频率混叠现象。以式 (A2.7) 所示正弦信号为例:

$$x(t) = a\sin(2\pi f_0 t) \tag{A2.7}$$

式 (A2.7) 对应的正弦信号的时域表达和频域表达分别如图 A2.7(a) 和图 A2.7(b) 所示。

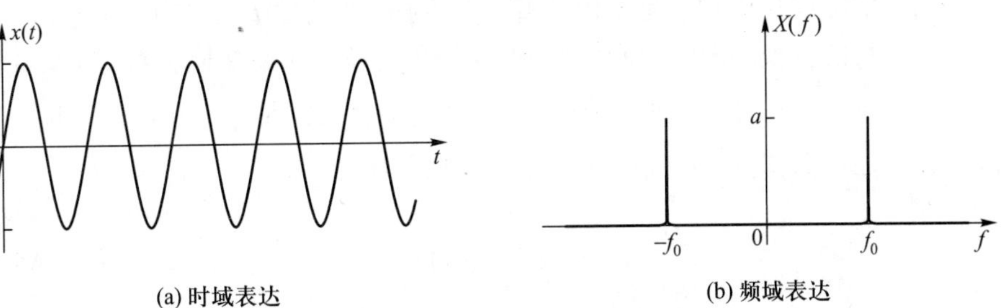

图 A2.7　正弦信号的时域表达和频域表达

对图 A2.7(a) 中 $t \geqslant 0$ 的时域信号进行等间隔离散采样, 若采样频率 f_s 与信号频率不满足奈奎斯特采样 (Nyquist sampling) 定理, 即 $f_s \leqslant 2f_0$ 时, 则采样后的离散时间信号不能恢复原连续时间信号。具体表现如图 A2.8 所示。

当混叠现象出现时, 原始信号的频率 f_0 被混叠为一个较低的频率 $(f_s - f_0)$。对于 $f_s/2 < f_0 < f_s$, 随着 f_0 相对于 f_s 的增加, 离散采样后信号频率 $(f_s - f_0)$ 下降; 当 $f_s = f_0$ 时, 离散采样后信号为一常数。

消除频率混叠现象主要从两方面考虑: 其一是提高采样频率 f_s, 然而实际信号处理系统通过提高采样频率避免混叠的能力是有限制的, 对全频带的振动信号, 采样频率不可能达到无穷大; 其二是离散采样前进行抗混叠滤波, 在采样频率 f_s 一定的前提下, 通过低通滤波器滤掉高于 $f_s/2$ 的频率成分, 通过低通滤波器的信号则可避免出现频率混叠。

2. 频谱泄漏

频谱泄漏 [5] 指信号频谱中各谱线之间相互影响, 使测量结果偏离真实值, 同时在信号频率 $\omega_0 = 2\pi f_0$ 谱线两侧其他频率点上出现一些幅值较小的假谱。由于傅里叶变换要求信号为周期信号或无限长非周期信号, 而在实际中只能通

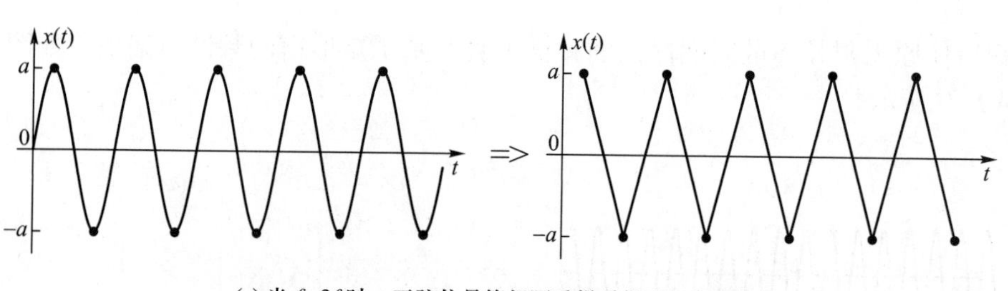

(a) 当 $f_s=2f_0$ 时，正弦信号等间隔采样后得到三角波信号

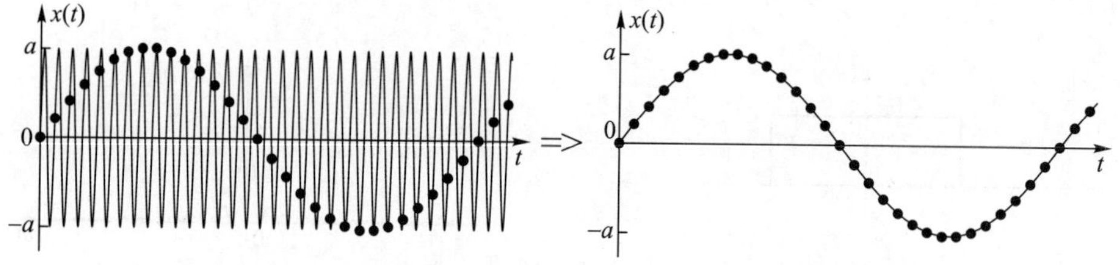

(b) 当 $f_s<2f_0$ 时，正弦信号等间隔采样后得到更低频正弦信号

图 **A2.8**　离散信号的频率混叠

过截断得到有限长信号, 若截断的信号不为整周期, 将导致频谱泄漏, 泄漏后的信号频率 ω_0 谱线处幅值变小, 幅值减小的部分分布到整个频带的其他谱线上, 即在整个频带内发生拖尾现象。

对于无限长离散时间序列 $x(k)$, 在分析前需将其截断为一个有限长离散时间序列。截断过程在时域内相当于将无限长离散时间序列 $x(k)$ 乘以窗函数 $w(k)$; 反映在频域中, 相当于两时间序列离散傅里叶变换 $X(\omega)$ 和 $W(\omega)$ 的卷积。当利用长度为无穷的常数窗函数 (频域为 Dirac 函数) 与无限长离散时间序列相乘时, 其频域卷积后的结果与原无限长离散时间序列自身的频谱表达一致, 这在应用时相当于直接利用无限长离散时间序列, 显然是不可能的。而对于有限长矩形 (rectangle) 窗的频谱 Sa 函数 (图 A2.9), 具有明显的旁瓣, 卷

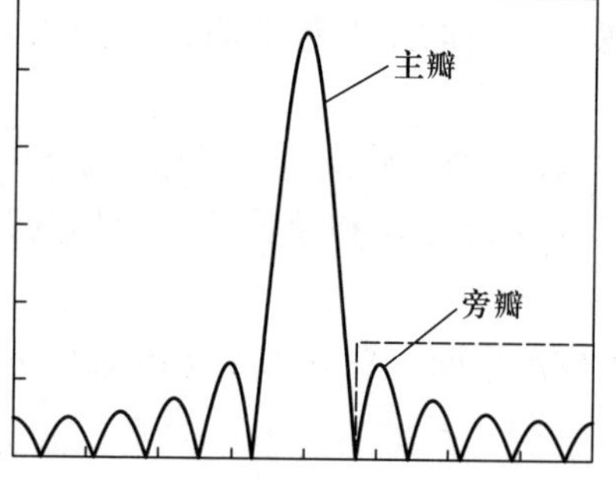

图 **A2.9**　矩形窗频谱 Sa 函数

积后使原无限长离散时间序列的频谱失真。基于矩形窗的频谱泄漏现象如图 A2.10 所示。

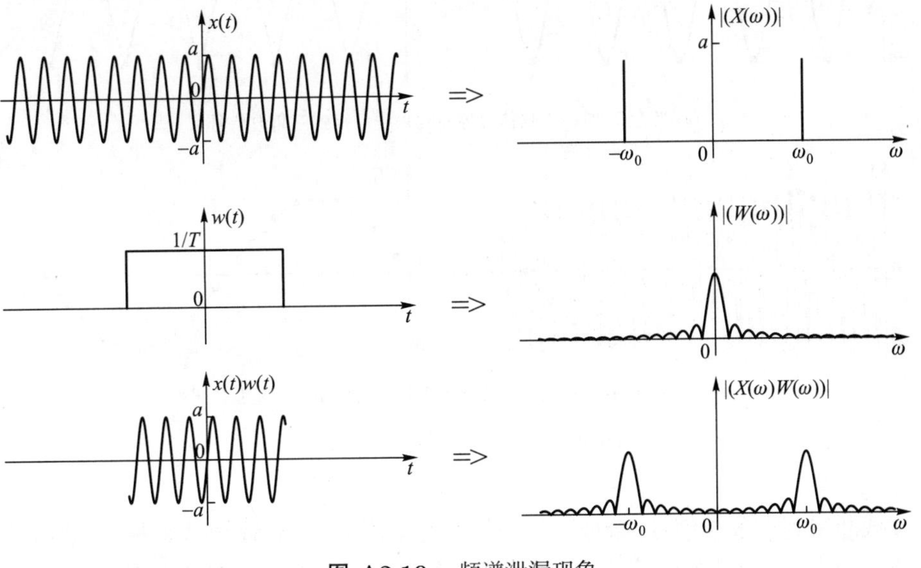

图 **A2.10**　频谱泄漏现象

因此, 窗函数的频谱越接近 Dirac 函数 (主瓣越窄, 旁瓣越小), 原无限长离散时间序列截断后的频谱越接近其真实频谱, 为此出现了 Hanning、Hamming、Gaussian 等窗函数以降低旁瓣 [6], 但这种基于降低旁瓣的方法远不如增加窗长以减少频谱泄漏的效果明显。

2.3　传递函数、频响函数和功率谱密度函数

2.3.1　传递函数和频响函数

对结构系统进行模态分析时主要包含激励已知的实验模态分析和激励未知的运营模态分析。

在实验模态分析中, 需要通过建立已知的输入输出之间的关系。频响函数和传递函数分别在基于傅里叶变换和拉普拉斯变换的条件下描述系统的输入输出关系 [7]。

带有阻尼的多自由度线性时不变动力系统的振动微分方程可表示为

$$\boldsymbol{M}\ddot{\boldsymbol{x}}(t)+\boldsymbol{C}\dot{\boldsymbol{x}}(t)+\boldsymbol{K}\boldsymbol{x}(t)=\boldsymbol{f}(t) \tag{A2.8}$$

对式 (A2.8) 进行拉普拉斯变换可得

$$\left(s^2\boldsymbol{M}+s\boldsymbol{C}+\boldsymbol{K}\right)\boldsymbol{X}(s)=\boldsymbol{F}(s) \tag{A2.9}$$

式 (A2.9) 传递函数 $\boldsymbol{H}(s)$ 为

$$\boldsymbol{H}(s)=\frac{\boldsymbol{X}(s)}{\boldsymbol{F}(s)}=\left(s^2\boldsymbol{M}+s\boldsymbol{C}+\boldsymbol{K}\right)^{-1} \tag{A2.10}$$

当 $s=\mathrm{j}\omega$ 时, 得频响函数矩阵 $\boldsymbol{H}(\omega)$, 如式 (A2.11) 所示:

$$\boldsymbol{H}(\omega)=\left(\boldsymbol{K}-\omega^2\boldsymbol{M}+\mathrm{j}\omega\boldsymbol{C}\right)^{-1} \tag{A2.11}$$

所以, 频响函数相当于传递函数在 $s=\sigma+\mathrm{j}\omega$ $(\sigma=0)$ 时的特例。

2.3.2　功率谱密度函数

在运营模态分析中, 虽然输入未知, 但一般可假定为平稳随机信号 [8]。理论上, 无限长随机信号是能量无限信号, 不满足傅里叶积分变换条件。为了描述随机信号的特征, 一般要从统计出发进行分析。功率谱密度函数 [9] 是一种概率统计方法, 是对随机变量均方值的量度, 与相关函数互为傅里叶变换对 [10]。

功率谱估计方法可分为直接法和间接法: 直接法是通过对 N 点样本进行傅里叶变换得到频谱, 在频域内求频谱与其共轭的乘积。间接法是在时域内计算 N 点样本的自相关函数, 然后对自相关函数进行傅里叶变换, 得到功率谱。

由于信号中包含测量噪声, 一般要通过频域平均技术进行处理, 使功率谱曲线趋于平滑, 即取多个等长度样本, 分别计算功率谱, 然后进行叠加平均。值得注意的是, 这种平均技术只能降低噪声的方差而不能减少噪声的均值。

常用的平均技术有顺序平均和叠盖平均两种。顺序平均是通过依次截取时域信号的若干样本, 然后变换到频域进行平均, 样本不重叠。叠盖平均中, 前后两次截取的时域信号样本中有部分重叠。与顺序平均相比, 叠盖平均可获得更光滑的功率谱曲线, 这是因为叠盖平均的各样本之间的相关程度比顺序平均的大。特别是在加窗的情况下, 叠盖平均可以减小由于加窗造成的数据损失。

参考文献

[1] Bracewell R N. The Fourier transform and its applications [M]. New York: McGraw-Hill, 1986.

[2] Widder D V. Laplace transform (PMS-6) [M]. Princeton: Princeton University Press, 2015.

[3] 张新军, 宋文涛, 罗汉文. 低通和带通信号采样的频谱混叠分析 [J]. 上海交通大学学报, 2002, 36(6): 745-752.

[4] Agneni A. Bias in modal parameters due to aliasing in the time domain [J]. Meccanica, 1992, 26(4): 221-228.

[5] Radil T, Ramos P M, Serra A C. New spectrum leakage correction algorithm for frequency estimation of power system signals [J]. IEEE Transactions on Instrumentation and Measurement, 2009, 58(5): 1670-1679.

[6] Podder P, Khan T Z, Khan M H, et al. Comparative performance analysis of hamming, hanning and blackman window [J]. International Journal of Computer Applications, 2014, 96(18): 1-7.

[7] Valério D, Ortigueira M D, Sá da Costa J. Identifying a transfer function from a frequency response [J]. Journal of Computational and Nonlinear Dynamics, 2008, 3(2): 021207.

[8] 管致中, 夏恭恪, 孟桥. 信号与线性系统 [M]. 北京: 高等教育出版社, 2011.

[9] Yang X M, Yi T H, Qu C X, et al. Automated eigensystem realization algorithm for operational modal identification of bridge structures [J]. Journal of Aerospace Engineering, 2019, 32(2): 04018148.

[10] Qu C X, Yi T H, Li H N. Mode identification by eigensystem realization algorithm through virtual frequency response function [J]. Structural Control and Health Monitoring, 2019, 26(10): e2429.

附录 3 贝叶斯基础理论*

3.1 贝叶斯概率及贝叶斯模型更新

结构健康监测中的模态识别、系统参数识别和损伤识别等反问题, 往往受到不同来源不确定性的影响, 主要包括: ① 测量信息不完备, 监测传感器数目有限, 获得的数据信息难以完全表征结构状态; ② 测量误差, 获取数据的过程中, 由传感器和观测条件的限制引起的误差; ③ 模型误差, 对结构物理特征了解不完全, 所选定的结构数学模型与真实状况不可能完全相符; ④ 数值误差, 计算过程中不可避免地存在离散化以及舍入误差等因素的影响; ⑤ 环境干扰, 土木工程结构运营受到所处的自然环境 (交通流荷载、风载、温度等) 不断变化的影响。当采用含噪且不完备的健康监测数据时, 结构健康监测中的反问题往往存在病态和不适定等问题, 结果不唯一、不鲁棒。因此, 在计算过程中, 不应只寻求模型参数的 "最优值", 而应描述模型参数基于观测数据的所有可能取值, 贝叶斯概率方法 [1–6] 为解决此问题提供了强大的计算工具。贝叶斯概率 (Bayesian probability) 是由贝叶斯理论所提供的一种对概率的解释, 表征了某人对一个未知命题 (unknown proposition) 信任的程度。在这种解释下, 一个

* 本章执笔人:
黄永, 哈尔滨工业大学土木工程学院, huangyong@hit.edu.cn

模型的概率可以理解为它相对于同一个集合中其他模型的置信度的度量。随着数据的积累, 我们可以通过贝叶斯定理对每个模型的概率进行更新。

对于结构系统, 我们不能期望任何确定性模型能够对其实现精确预测, 因为其不可避免地存在预测误差。因此, 我们首先定义一个随机系统模型类 $\mathcal{M}$, 其包含一系列可用于结构系统预测的随机输入输出模型和量化每个预测模型初始置信度的先验概率分布。在贝叶斯模型更新中, 可以基于数据 $\mathcal{D}$ 更新模型类 $\mathcal{M}$ 中每个预测模型的相对概率 (置信度)。对于模型中的不确定参数 $\boldsymbol{w}$ (可为 N 维高维向量), 其后验概率密度函数 $p(\boldsymbol{w}|\mathcal{D},\mathcal{M})$ 可通过贝叶斯定理计算:

$$p(\boldsymbol{w}|\mathcal{D},\mathcal{M}) = p(\mathcal{D}|\boldsymbol{w},\mathcal{M})p(\boldsymbol{w}|\mathcal{M})/p(\mathcal{D}|\mathcal{M}) = c^{-1}p(\mathcal{D}|\boldsymbol{w},\mathcal{M})p(\boldsymbol{w}|\mathcal{M}) \tag{A3.1}$$

式中, $c = p(\mathcal{D}|\mathcal{M})$ 为归一化常数, 称为给定数据 $\mathcal{D}$ 时模型类 $\mathcal{M}$ 的证据函数或者边缘似然函数; $p(\mathcal{D}|\boldsymbol{w},\mathcal{M})$ 是似然函数, 其描述了基于模型参数 $\boldsymbol{w}$ 获得数据 $\mathcal{D}$ 的概率; $p(\boldsymbol{w}|\mathcal{M})$ 称为先验概率密度函数, 它量化了模型参数 $\boldsymbol{w}$ 的初始置信度。

基于后验概率密度函数 $p(\boldsymbol{w}|\mathcal{D},\mathcal{M})$, 可以计算获得模型参数 $\boldsymbol{w}$ 的最大后验概率值 (maximum a posteriori), 即 $\widetilde{\boldsymbol{w}} = \arg\max\limits_{\boldsymbol{w}} p(\boldsymbol{w}|\mathcal{D},\mathcal{M})$, 为基于数据 $\mathcal{D}$ 条件下参数 $\boldsymbol{w}$ 最可能的取值。此外, 基于后验概率密度函数还能获得 $\boldsymbol{w}$ 的“置信区间”, 即以最大后验概率值为中心、后验置信度为 0.9 或 0.95 的参数估计区间, 定义了 $\boldsymbol{w}$ 的可信取值范围。

结构健康监测可连续地采集数据, 我们可以基于不断获取的数据进行连续贝叶斯模型更新 (假设数据之间相互独立)。例如, 将基于数据 $\mathcal{D}_1$ 更新获得的后验概率分布 $p(\boldsymbol{w}|\mathcal{D}_1,\mathcal{M})$ 作为基于新的数据 $\mathcal{D}_2$ 进行连续贝叶斯更新的先验概率模型, 获得基于数据 $\mathcal{D}_1$ 和 $\mathcal{D}_2$ 的后验概率分布:

$$p(\boldsymbol{w}|\mathcal{D}_1,\mathcal{D}_2,\mathcal{M}) = p(\mathcal{D}_2|\boldsymbol{w},\mathcal{D}_1,\mathcal{M})\,p(\boldsymbol{w}|\mathcal{D}_1,\mathcal{M})\,/p(\mathcal{D}_2|\mathcal{D}_1,\mathcal{M}) \tag{A3.2}$$

同样地, 可以获得基于数据 $\mathcal{D}_1$、$\mathcal{D}_2$ 和 $\mathcal{D}_3$ 的连续贝叶斯模型更新结果。图 A3.1 为二维模型参数向量 $\boldsymbol{w} = (w_0, w_1)$ 的高斯先验概率分布和基于数据 $\mathcal{D}_1$、$\mathcal{D}_2$ 和 $\mathcal{D}_3$ 进行连续贝叶斯模型更新后的后验概率分布结果。可以看出, 随着数据的累积, 后验概率分布越来越集中 (即不确定性程度越来越小), 这是因为后验概率分布不断从新的数据中获得了更多额外的信息, 从而使得模型参数向量 $\boldsymbol{w} = (w_0, w_1)$ 趋于真值的置信度不断提高。

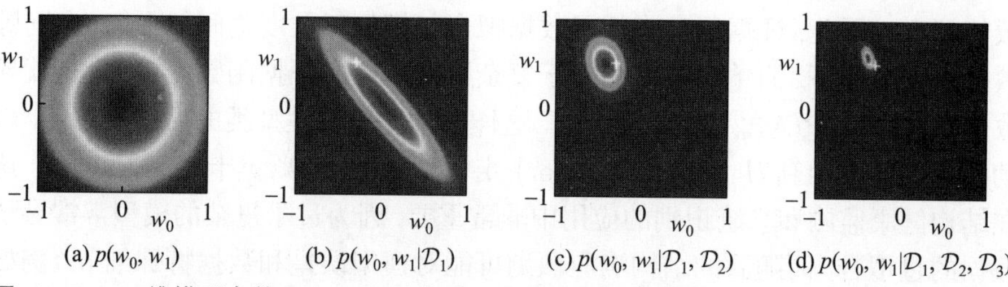

图 A3.1 二维模型参数 (w_0, w_1) 的先验概率分布 (a) 和基于数据 $\mathcal{D}_1$、$\mathcal{D}_2$ 和 $\mathcal{D}_3$ 进行连续贝叶斯模型更新得到的后验概率分布 [(b)~(d)][5]

3.2 贝叶斯模型类选择及奥卡姆剃刀定律

在结构系统识别问题中, 往往存在只进行模型更新却不知待更新的模型是否合理的情况, 因此我们需要在给定数据信息下从一组备选模型类中挑选最合理的模型类来描述结构系统行为, 即模型类选择 (或评估)。给定一个选定模型类的离散集合 $\boldsymbol{M} = \{\mathcal{M}_m : m = 1, 2, \cdots, M\}$, 对于一个结构系统, 各模型类的后验概率 $P(\mathcal{M}_m|\mathcal{D}, \boldsymbol{M})$ 可通过贝叶斯定理计算 [用 $P(\cdot)$ 来表示概率, 用 $p(\cdot)$ 表示概率密度函数]:

$$P\left(\mathcal{M}_m|\mathcal{D}, \boldsymbol{M}\right) = p\left(\mathcal{D}|\mathcal{M}_m\right) P\left(\mathcal{M}_m|\boldsymbol{M}\right) / p(\mathcal{D}|\boldsymbol{M}) \tag{A3.3}$$

式中, $p(\mathcal{D}|\mathcal{M}_m)$ 为基于数据 $\mathcal{D}$ 模型类 $\mathcal{M}_m$ 的证据函数, 可通过全概率公式得到

$$P\left(\mathcal{D}|\mathcal{M}_m\right) = \int p\left(\mathcal{D}|\boldsymbol{w}, \mathcal{M}_m\right) p\left(\boldsymbol{w}|\mathcal{M}_m\right) \mathrm{d}\boldsymbol{w} \tag{A3.4}$$

通常认为所有模型类具有相同的先验概率, 即 $P(\mathcal{M}_m|\boldsymbol{M}) = 1/M$, 这样计算式 (A3.4) 中的证据函数是贝叶斯模型类选择的关键。基于研究, 证据函数的对数值经推导可以表示为如下两项的差值:

$$\log\left[P\left(\mathcal{D}|\mathcal{M}_m\right)\right] = \int \log\left[p\left(\mathcal{D}|\boldsymbol{w}, \mathcal{M}_m\right)\right] p\left(\boldsymbol{w}|\mathcal{D}, \mathcal{M}_m\right) \mathrm{d}\boldsymbol{w} - \int \log\left[\frac{p\left(\boldsymbol{w}|\mathcal{D}, \mathcal{M}_m\right)}{p\left(\boldsymbol{w}|\mathcal{M}_m\right)}\right] p\left(\boldsymbol{w}|\mathcal{D}, \mathcal{M}_m\right) \mathrm{d}\boldsymbol{w} \tag{A3.5}$$

上式等号右边第一项是对数似然函数的后验均值, 它是模型类 $\mathcal{M}_m$ 中参数 $\boldsymbol{w}$ 的平均数据拟合程度的度量; 第二项是后验概率分布 $p(\boldsymbol{w}|\mathcal{D}, \mathcal{M}_m)$ 相对于先验分布 $p(\boldsymbol{w}|\mathcal{M}_m)$ 的 K–L 散度 (相对熵), 是参数 $\boldsymbol{w}$ 模型更新后从数据 $\mathcal{D}$ 获取的信息量的度量, 此项与模型复杂性直接相关, 模型复杂度越大, 相对熵的

数值越大。因此, 证据函数表征了数据拟合与模型复杂度之间的平衡, 在同等数据拟合程度下, 简单的模型相对于复杂模型对应的证据函数值更大, 这就导致后验概率值 $P(\mathcal{M}_m|\mathcal{D},\boldsymbol{M})$ 更大。这样通过比较各模型类的后验概率值, 自动实现了奥卡姆剃刀 (Occam's razor) 定律, 称为贝叶斯奥卡姆剃刀定律。这在结构健康监测和系统识别的应用中非常重要, 因为过于复杂的模型常常导致数据的过拟合, 而随后的结构响应预测可能对模型误差和数据特殊细节 (例如测量噪声、环境影响等) 过于敏感。一个优质的模型应该同时具有良好的数据拟合能力和较小的由模型扰动引起的预测误差。

一旦完成了贝叶斯模型类选择, 我们便可获得基于数据 $\mathcal{D}$ 条件下的最合理模型类。如果离散集合 $\boldsymbol{M}=\{\mathcal{M}_m: m=1,2,\cdots,M\}$ 各模型类的后验概率均较大, 对于某感兴趣的物理量 $\boldsymbol{h}$, 其后验期望值可通过以下贝叶斯模型平均公式估计:

$$\boldsymbol{E}(\boldsymbol{h}|\mathcal{D},\boldsymbol{M})=\sum_{m=1}^{M}\boldsymbol{E}\left(\boldsymbol{h}|\mathcal{D},\mathcal{M}_m\right)P\left(\mathcal{M}_m|\mathcal{D}\right) \tag{A3.6}$$

3.3 层次贝叶斯模型和经验贝叶斯方法

作为机器学习中的重要方法之一, 经验贝叶斯方法 (empirical Bayes method) 是一种通过数据 $\mathcal{D}$ 来选择模型参数 $\boldsymbol{w}$ 的先验概率分布的贝叶斯推理过程, 包含了层次贝叶斯模型 (hierarchical Bayesian model)。层次贝叶斯模型是具有结构化层次的统计模型, 其往往在每个层次上的参数上放置一个先验超参数而实现模型的多个层次表达。图 A3.2 为一个简单的层次贝叶斯模型, 其中 $\boldsymbol{\rho}$ 是 $\boldsymbol{w}$ 的先验分布 $p(\boldsymbol{w}|\boldsymbol{\rho})$ 的超参数。

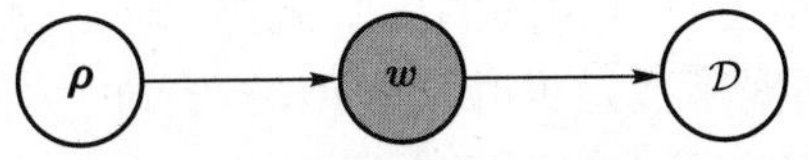

图 A3.2　一个简单的层次贝叶斯模型, 每个箭头表示联合概率模型 $p(\mathcal{D},\boldsymbol{w},\boldsymbol{\rho})=p(\mathcal{D}|\boldsymbol{w},\boldsymbol{\rho})p(\boldsymbol{w}/\boldsymbol{\rho})p(\boldsymbol{\rho})$ 中的条件相关性

模型参数向量 $\boldsymbol{w}$ 的后验概率密度函数为

$$p(\boldsymbol{w}|\mathcal{D})=\int p(\boldsymbol{w}|\boldsymbol{\rho},\mathcal{D})p(\boldsymbol{\rho}|\mathcal{D})\mathrm{d}\boldsymbol{\rho}=\int\frac{p(\mathcal{D}|\boldsymbol{w},\boldsymbol{\rho})p(\boldsymbol{w}|\boldsymbol{\rho})}{p(\mathcal{D}|\boldsymbol{\rho})}p(\boldsymbol{\rho}|\mathcal{D})\mathrm{d}\boldsymbol{\rho} \tag{A3.7}$$

上式涉及超参数向量 $\boldsymbol{\rho}$ 所在空间中的多维积分计算, 往往难以求得解析解。常用的方法是, 假设后验概率分布 $p(\boldsymbol{\rho}|\mathcal{D})$ 在最大后验估计值 $\widetilde{\boldsymbol{\rho}}$ 处存在明

显的峰值, 使用拉普拉斯渐近方法来近似计算积分:

$$p(\boldsymbol{w}|\mathcal{D}) \approx p(\boldsymbol{w}|\widetilde{\boldsymbol{\rho}}, \mathcal{D}) = \frac{p(\mathcal{D}|\boldsymbol{w}, \boldsymbol{\rho})p(\boldsymbol{w}|\widetilde{\boldsymbol{\rho}})}{p(\mathcal{D}|\widetilde{\boldsymbol{\rho}})} \tag{A3.8}$$

式中, 最大后验估计 $\widetilde{\boldsymbol{\rho}}$ 为

$$\widetilde{\boldsymbol{\rho}} = \arg\max_{\boldsymbol{\rho}} p(\boldsymbol{\rho}|\mathcal{D}) = \arg\max_{\boldsymbol{\rho}} p(\mathcal{D}|\boldsymbol{\rho})p(\boldsymbol{\rho}) \tag{A3.9}$$

可以看到, 在经验贝叶斯方法中, 贝叶斯模型更新过程先验概率密度函数 $p(\boldsymbol{w}|\widetilde{\boldsymbol{\rho}})$ 并没有被事先指定, 而是从一类先验分布族 $p(\boldsymbol{w}|\boldsymbol{\rho})$ 中通过数据学习超参数 $\boldsymbol{\rho}$ 获得。注意到, 当 $p(\boldsymbol{\rho})$ 为均匀分布时, 即 $\boldsymbol{\rho}$ 的所有先验取值都认为具有同样的可能性, 超参数向量 $\boldsymbol{\rho}$ 的最大后验估计等同于证据函数值 $p(\mathcal{D}|\boldsymbol{\rho})$ 的最大化。基于贝叶斯奥卡姆剃刀定律, 经验贝叶斯中超参数 $\boldsymbol{\rho}$ 的学习会自动实现对模型数据过拟合问题的抑制, 基于此获得的先验概率模型 $p(\boldsymbol{w}|\widetilde{\boldsymbol{\rho}})$ 提供了反问题求解 (从数据 $\mathcal{D}$ 反演模型参数 $\boldsymbol{w}$) 的正则化 “软” 约束。

3.4 贝叶斯近似方法

在贝叶斯模型更新中, 后验概率密度函数的归一化系数 [即式 (A3.1) 贝叶斯定理中的分母项] $p(\mathcal{D}|\mathcal{M}) = \int p(\mathcal{D}|\boldsymbol{w}, \mathcal{M})p(\boldsymbol{w}|\mathcal{M})\mathrm{d}\boldsymbol{w}$ 往往牵涉高维积分的计算, 通常不易被解析求解, 除非在特殊情况下使用了似然函数的共轭先验分布 (后验分布与先验分布属于同类, 可直接给出后验分布的解析封闭形式)。因此, 在贝叶斯计算中往往需要采用近似计算方法。在这里, 将重点介绍几种常用的贝叶斯计算近似方法的实施过程, 具体机理性证明和解释请参考相关文献资料。

3.4.1 拉普拉斯近似逼近方法

如果基于数据 $\mathcal{D}$, 模型参数只有唯一的最大似然估计值 (maximum likelihood estimate) $\widetilde{\boldsymbol{w}} = \arg\max\limits_{\boldsymbol{w}} \ p(\mathcal{D}|\boldsymbol{w}, \mathcal{M})$, 即全局可识别, 可采用拉普拉斯近似逼近方法 (Laplace's asymptotic approximation)[7] 来计算证据函数 $p(\mathcal{D}|\mathcal{M})$ 中的高维积分, 如下式所示:

$$p(\mathcal{D}|\mathcal{M}) \approx p\left(\mathcal{D}|\widetilde{\boldsymbol{w}}, \mathcal{M}\right) p(\widetilde{\boldsymbol{w}}|\mathcal{M})(2\pi)^{\frac{N}{2}}|\mathcal{H}(\widetilde{\boldsymbol{w}})|^{-\frac{1}{2}} \tag{A3.10}$$

式中, $\mathcal{H}(\widetilde{\boldsymbol{w}})$ 是函数 $J(\boldsymbol{w}) = p(\mathcal{D}|\boldsymbol{w}, \mathcal{M})p(\boldsymbol{w}|\mathcal{M})$ 在最大后验估计值 $\widetilde{\boldsymbol{w}} = \arg\max\limits_{\boldsymbol{w}} p(\mathcal{D}| \ \boldsymbol{w}, \mathcal{M})p(\boldsymbol{w}|\mathcal{M})$ 处计算得到的黑塞 (Hessian) 矩阵, 其 (l, l') 元

素可以通过下式计算:

$$\mathcal{H}(l,l')(\widetilde{\boldsymbol{w}}) = \left.\frac{\partial^2 \ln J(\boldsymbol{w})}{\partial \boldsymbol{w}_l \boldsymbol{w}_{l'}}\right|_{\boldsymbol{w}=\widetilde{\boldsymbol{w}}} \tag{A3.11}$$

相应地, 式 (A3.1) 中的后验概率密度函数 $p(\boldsymbol{w}|\mathcal{D},\mathcal{M})$ 可以近似为高斯形式, 后验均值为最大后验概率估计值 $\widetilde{\boldsymbol{w}}$, 后验协方差矩阵等于黑塞矩阵 $\mathcal{H}(\widetilde{\boldsymbol{w}})$ 在 $\widetilde{\boldsymbol{w}}$ 处所求的逆矩阵。

对于基于数据 $\mathcal{D}$ 下模型参数存在多个最大似然估计值的情况 (数据信息较少时), 后验概率密度函数的拉普拉斯近似适用的前提是能找到所有的最大似然估计值, 因此它往往只适用于低维参数空间的计算。

3.4.2 马尔可夫链蒙特卡罗方法

对于概率密度函数几何形式复杂, 例如有很多的极大似然估计值的情况 (局部可识别或者不可识别), 拉普拉斯近似逼近方法将不再适用。在这种情况下, 可以采用马尔可夫链蒙特卡罗 (Markov chain Monte Carlo, MCMC) 抽样 [8] 进行贝叶斯模型更新, 通过生成随机样本表征后验概率分布 (图 A3.3)。作为一类随机模拟算法, 其构造了一个马尔可夫链 (图 A3.4), 使其极限稳态分布为待估参数 $\boldsymbol{w}$ 的后验分布, 即可通过这条马尔可夫链产生服从后验概率分布的参数样本。对于贝叶斯模型更新的高维积分难题, 也可基于马尔可夫链达到稳态分布时的样本 (有效样本) 进行蒙特卡罗积分。不论后验概率分布的几何形式如何, 在理论上其都能通过 MCMC 方法对后验不确定性进行完整描述, 因此近年来 MCMC 方法在贝叶斯模型更新中得到广泛关注。

MCMC 有很多不同的方法, 这里主要介绍 Metropolis–Hastings 方法。Metropolis–Hastings 方法是一种简便的 MCMC 算法, 其优点是只要某一函数 $J(\boldsymbol{w})$ [如式 (A3.1) 中的分子项 $p(\mathcal{D}|\boldsymbol{w},\mathcal{M})p(\boldsymbol{w}|\mathcal{M})$] 可计算, 就可从该函数对应的概率密度函数 $p(\boldsymbol{w}) = J(\boldsymbol{w})/c$ 中提取样本, 而无需关注归一化常数 c 的具体数值 (往往不易通过解析计算获得)。

在 Metropolis–Hastings 方法中, 为了模拟马尔可夫链样本 $\{\boldsymbol{w}_1, \boldsymbol{w}_2, \cdots, \boldsymbol{w}_N\}$ 并使其极限稳态分布为目标后验概率密度函数 $p(\boldsymbol{w}|\mathcal{D},\mathcal{M})$, 先通过近似于 $p(\boldsymbol{w}|\mathcal{D},\mathcal{M})$ 的某个分布获得初始的样本点 $\boldsymbol{w}_1$, 然后持续基于现有状态样本点 $\boldsymbol{w}_n$ 产生下一状态的样本点 $\boldsymbol{w}_{n+1}$。具体过程如下: 首先从一个容易抽样的分布 $p^*(\boldsymbol{\xi}|\boldsymbol{w}_n)$ [称为提议分布 (proposal distribution), 如高斯分布等] 模拟一个候选样本 $\boldsymbol{\xi}$, 然后生成一个在 $[0,1]$ 区间内均匀分布的随机数 u, 如果 $u < \alpha(\boldsymbol{\xi}) = \min\left\{1, \dfrac{J(\boldsymbol{\xi})p^*(\boldsymbol{w}_n|\boldsymbol{\xi})}{J(\boldsymbol{w}_n)p^*(\boldsymbol{\xi}|\boldsymbol{w}_n)}\right\}$, 则 $\boldsymbol{w}_{n+1} = \boldsymbol{\xi}$, 否则 $\boldsymbol{w}_{n+1} = \boldsymbol{w}_n$。以上过程循环进行, 直到产生 N 个样本。

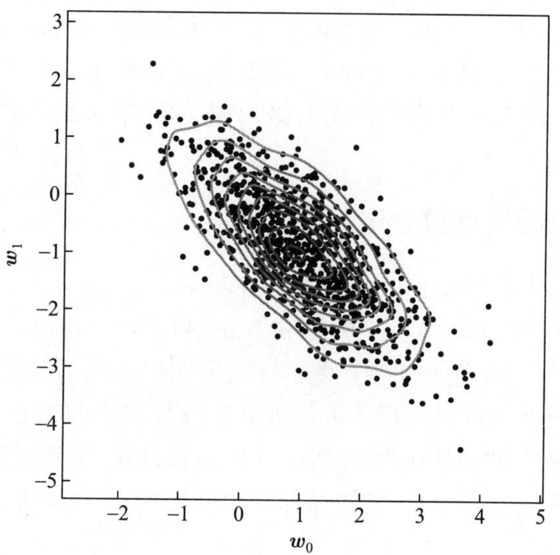

图 A3.3　通过随机样本表征概率分布示意图

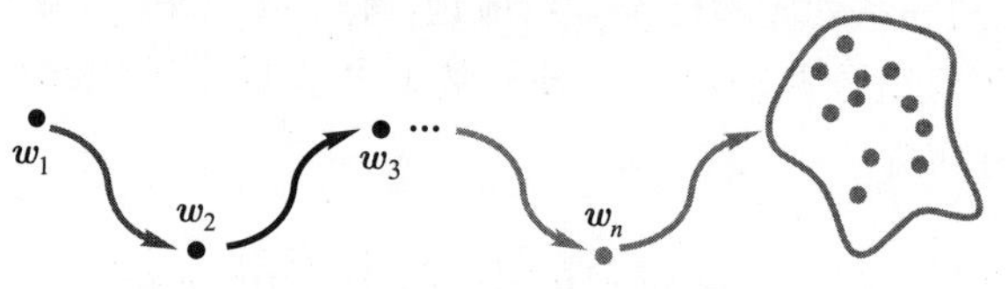

图 A3.4　马尔可夫链示意图

在实际运行 MCMC 的过程中, 当后验概率分布较复杂时 (例如多峰值概率密度函数、非常尖锐的概率密度函数以及有平坦区域的概率密度函数), 发现马尔可夫链往往产生很多重复样本, 效率很低。为了提高后验抽样的效率, 人们在 Metropolis–Hastings 方法的基础上提出了一系列 MCMC 方法, 其中 TMCMC (transitional Markov chain Monte Carlo) 是常用的方法之一。此方法避免直接从复杂的概率分布抽样, 而以一种逐步、自适应的方式让马尔可夫链样本取自于一系列易抽样的过渡概率密度函数 p_j:

$$p_j(\boldsymbol{w}|\mathcal{D},\mathcal{M}) \propto p(\boldsymbol{w}|\mathcal{M})p\left(\mathcal{D}|\boldsymbol{w}\right)^{s_j},\ j=0,\cdots,J,\ 0=s_0<s_1<\cdots<s_J=1 \tag{A3.12}$$

式中, s_j 是第 j 阶段对应的退火参数, 随着 j 的增大, s_j 单调增加, 直至 $s_J=1$ 时, 过渡概率密度函数 p_j 收敛于后验概率密度函数 $p(\boldsymbol{w}|\mathcal{D},\mathcal{M})$。退火参数控制着过渡概率密度函数 p_j 由先验概率密度函数 $p(\boldsymbol{w}|\mathcal{M})$ (当 $j=0$ 和 $s_0=0$ 时) 向后验概率密度函数 $p(\boldsymbol{w}|\mathcal{D},\mathcal{M})$ (当 $j=J$ 和 $s_J=1$ 时) 逐步过渡的速度。尽管从先验概率分布 $p(\boldsymbol{w}|\mathcal{M})$ 到后验概率分布 $p(\boldsymbol{w}|\mathcal{D},\mathcal{M})$ 变化巨大, 但

是每两个相关阶段的过渡概率密度函数 p_j 变化微小。这微小的变化有助于马尔可夫链有效地在 p_j 的样本基础上, 产生 p_{j+1} 的样本。此外, 此方法还有一个重要的优点是它可以直接估算式 (A3.4) 中的证据函数的多维积分, 从而可以用于模型选择。

3.4.3　近似贝叶斯计算方法

近似贝叶斯计算 (approximate Bayesian computation) 方法 [9] 适用于似然函数的解析表达式 [式 (A3.1) 中的 $p(\mathcal{D}|\boldsymbol{w},\mathcal{M})$] 难以获得或者计算代价很高时 (例如动力状态空间模型问题), 此情况下采用拉普拉斯近似和 MCMC 方法进行贝叶斯模型更新难以实现。近似贝叶斯计算方法的核心思想是避免对基于实测数据向量 $\mathcal{D}$ 的似然函数 $p(\mathcal{D}|\boldsymbol{w},\mathcal{M})$ 直接计算, 而通过随机模拟的办法, 来逼近似然函数 $p(\mathcal{D}|\boldsymbol{w},\mathcal{M})$, 前提是保证模型输出 $\boldsymbol{x}$ 和观测数据向量 $\mathcal{D}$ 在某度量下足够接近。

近似贝叶斯计算方法基本过程是, 首先基于先验概率分布 $p(\boldsymbol{w}|\mathcal{M})$ 抽样获得模型参数 $\boldsymbol{w}$ 的一系列先验样本。对应地, 基于参数 $\boldsymbol{w}$ 的输入输出预测模型计算获得一系列模型预测输出样本 $\boldsymbol{x}$。基于贝叶斯定理, 参数 $\boldsymbol{w}$ 和预测输出 $\boldsymbol{x}$ 的联合后验分布为

$$p(\boldsymbol{w},\boldsymbol{x}|\mathcal{D}) \propto p(\mathcal{D}|\boldsymbol{x},\boldsymbol{w})p(\boldsymbol{x},\boldsymbol{w}) = p(\mathcal{D}|\boldsymbol{x},\boldsymbol{w})p(\boldsymbol{x}|\boldsymbol{w})p(\boldsymbol{w}) \tag{A3.13}$$

模型输出样本 $\boldsymbol{x}$ 与观测数据 $\mathcal{D}$ 越接近, 基于模型输出样本 $\boldsymbol{x}$ 的似然函数 $p(\mathcal{D}|\boldsymbol{x},\boldsymbol{w})$ 会有更大的概率密度。为了量化两者的相近程度, 近似贝叶斯计算方法引入容忍误差参数 (tolerance parameter) ε, 认为模型输出样本 $\boldsymbol{x}$ 在观测数据 $\mathcal{D}$ 周围 ε 范围内, 即 $r(\boldsymbol{x},\mathcal{D}) \leqslant \varepsilon$ 时, 即认为两者足够接近。然而很多情况下, $\boldsymbol{x}$ 与 $\mathcal{D}$ 都是高维向量, 很难直接进行比较, 于是也引入概括统计量 (summary statistics)$s(\cdot)$, 使 $\boldsymbol{x}$ 与 $\mathcal{D}$ 可以在低维度下进行比较, 即需满足 $r(s(\boldsymbol{x}),s(\mathcal{D})) \leqslant \varepsilon$。在此条件下, 似然函数 $p(\mathcal{D}|\boldsymbol{x},\boldsymbol{w})$ 可近似为

$$P_\varepsilon(\mathcal{D}|\boldsymbol{x},\boldsymbol{w}) = P\left(\boldsymbol{x} \in N_\varepsilon(\mathcal{D})|\boldsymbol{x},\boldsymbol{w}\right) \tag{A3.14}$$

式中, $N_\varepsilon(\mathcal{D}) = \{\boldsymbol{x} : r(s(\boldsymbol{x}),s(\mathcal{D})) \leqslant \varepsilon\}$。当满足 $r(s(\boldsymbol{x}),s(\mathcal{D})) \leqslant \varepsilon$ 时, 此近似似然函数 $P_\varepsilon(\mathcal{D}|\boldsymbol{x},\boldsymbol{w})$ 被赋值概率为 1, 否则为 0。

在此基础上, 由贝叶斯定理可以给出参数 $\boldsymbol{w}$ 和预测输出 $\boldsymbol{x}$ 的近似联合后验概率密度 $p_\varepsilon(\boldsymbol{w},\boldsymbol{x}|\mathcal{D}) = p(\boldsymbol{w},\boldsymbol{x}|\boldsymbol{x} \in N_\varepsilon(\mathcal{D}))$:

$$p_\varepsilon(\boldsymbol{w},\boldsymbol{x}|\mathcal{D}) \propto P\left(\boldsymbol{x} \in N_\varepsilon(\mathcal{D})|\boldsymbol{x}\right)p(\boldsymbol{x}|\boldsymbol{w})p(\boldsymbol{w}) \tag{A3.15}$$

若考虑抽样获得的所有模型输出样本 $\boldsymbol{x}$, 则可以将式 (A3.15) 两端对 $\boldsymbol{x}$ 进行积分, 得到模型参数 $\boldsymbol{w}$ 的近似边缘后验概率密度函数:

$$p_\varepsilon(\boldsymbol{w}|\mathcal{D}) \propto p(\boldsymbol{w}) \int_A P\left(\boldsymbol{x} \in N_\varepsilon(\mathcal{D})|\boldsymbol{x}\right) p(\boldsymbol{x}|\boldsymbol{w}) \mathrm{d}\boldsymbol{x} = P\left(\boldsymbol{x} \in N_\varepsilon(\mathcal{D})|\boldsymbol{w}\right) p(\boldsymbol{w}) \tag{A3.16}$$

图 A3.5 直观地展示了近似贝叶斯计算的基本过程。先从模型类 $\mathcal{M}(\boldsymbol{w},\boldsymbol{x})$ 中抽样获得一系列样本 $\{\boldsymbol{w}_m,\boldsymbol{x}_m\}$, 若模型输出样本 $\boldsymbol{x}_m$ 的概括统计量与观测数据 $\mathcal{D}$ 的概括统计量足够接近, 即 $r(s(\boldsymbol{x}_m),s(\mathcal{D})) \leqslant \varepsilon$ 则接受该样本 $\boldsymbol{x}_m$, 认为基于该样本 $\boldsymbol{x}_m$ 对应的似然函数值为 1; 若样本超出观测数据周围的 ε 范围, 即 $r(s(\boldsymbol{x}_m),s(\mathcal{D})) > \varepsilon$ 则拒绝该样本, 此时基于该样本 $\boldsymbol{x}_j$ 对应的似然函数值为 0, 这样实现了复杂似然函数的近似。基于采样定理, 最终参数 $\boldsymbol{w}$ 的边缘后验概率密度函数可简便地通过接受的样本集 $\{\boldsymbol{w}_m,\boldsymbol{x}_m\}$ 中 $\boldsymbol{w}$ 对应的样本来直接表征。

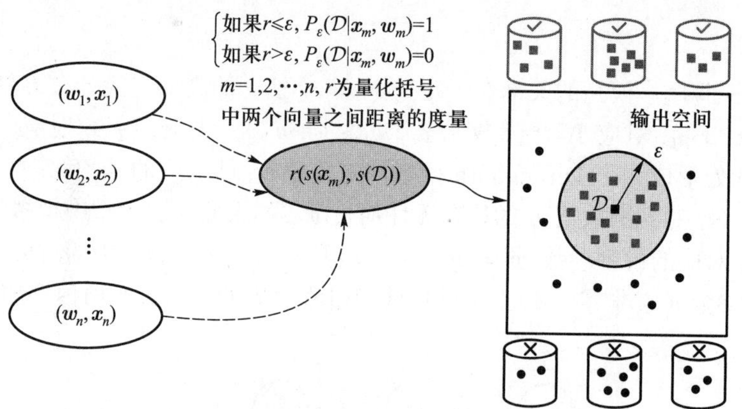

图 A3.5　近似贝叶斯计算基本过程与原理图

此外, 还有一些流行的贝叶斯近似方法, 例如变分贝叶斯 (variational Bayesian) 方法等。变分贝叶斯方法的核心思想是通过在指定的分布类中寻找代理分布 (例如高斯分布族), 并通 K–L 散度 (相对熵) 的最小化使代理分布与真实的后验概率分布足够接近。

3.5　稀疏贝叶斯学习

稀疏贝叶斯学习 [10] 是近年来在结构健康监测领域流行的一种贝叶斯机器学习方法, 与稀疏优化和稀疏反演有密切的关系, 在信号压缩采样、结构损伤识别中发挥着重要的作用。以下将介绍稀疏贝叶斯学习 (回归任务) 的贝叶斯建模与计算过程。

在稀疏贝叶斯学习中, 观测数据 $\boldsymbol{y} \in \mathbb{R}^K$ 与模型参数 $\boldsymbol{w} = [w_1, \cdots, w_N]^{\mathrm{T}} \in \mathbb{R}^N$ 满足线性关系 $\boldsymbol{y} = \boldsymbol{\Theta}(\boldsymbol{u})\boldsymbol{w} + \boldsymbol{e} = \sum_{j=1}^{N} w_j \boldsymbol{\Theta}_j + \boldsymbol{e}$, 其中, $\boldsymbol{e}$ 为不确定的模型预测误差和测量噪声, $\boldsymbol{\Theta} = [\boldsymbol{\Theta}_1, \cdots, \boldsymbol{\Theta}_N]$ 是 $K \times N$ 的映射矩阵, 其列向量 $\{\boldsymbol{\Theta}_j\}_{j=1}^N$ 依赖于输入向量 $\boldsymbol{u}$。基于最大信息熵原理, 在前两阶矩的约束下, 误差 $\boldsymbol{e}$ 被建模为零均值高斯分布 (具有最大不确定性), 其协方差矩阵定义为 $\beta^{-1}\boldsymbol{I}_k$, 这样得到一个基于观测数据 $\boldsymbol{y}$ 的模型参数 $\boldsymbol{w}$ 的高斯似然函数:

$$p(\boldsymbol{y}|\boldsymbol{w}, \beta) = \left(2\pi\beta^{-1}\right)^{-\frac{K}{2}} \exp\left(-\frac{\beta}{2}\|\boldsymbol{y} - \boldsymbol{\Theta}\boldsymbol{w}\|_2^2\right) = \mathcal{N}\left(\boldsymbol{y}|\boldsymbol{\Theta}\boldsymbol{w}, \beta^{-1}\boldsymbol{I}_K\right) \tag{A3.17}$$

为了促进模型的稀疏性, 参数向量 $\boldsymbol{w}$ 的先验分布建模为如下的高斯形式:

$$p(\boldsymbol{w}|\boldsymbol{\alpha}) = \prod_{j=1}^{N} p\left(w_j|\alpha_j\right) = \prod_{j=1}^{N} \mathcal{N}\left(w_j|0, \alpha_j\right) = \prod_{j=1}^{N}\left[\left(2\pi\alpha_j\right)^{-\frac{1}{2}} \exp\left\{-\frac{1}{2}\alpha_j^{-1}w_j^2\right\}\right] \tag{A3.18}$$

此先验概率模型的关键在于定义了 N 个独立的高斯先验分布方差超参数 $\{\alpha_1, \cdots, \alpha_N\}$, 对应 N 个参数元素 $\{w_1, \cdots, w_N\}$。当 $\alpha_j \to 0$, 对应参数元素 w_j 在 0 处形成一个 Dirac delta 函数的先验分布, 即对应的 w_j 确定性为 0, 对应项 $w_j\boldsymbol{\Theta}_j$ 对观测数据 $\boldsymbol{y}$ 的拟合无任何贡献。如果此先验模型中很多的 α_j 趋向于 0, 对应的模型参数 $\boldsymbol{w} = [w_1, \cdots, w_N]^{\mathrm{T}} \in \mathbb{R}^N$ 在先验上为稀疏模型 (即只有少量参数元素非零)。以上贝叶斯建模过程对应的层次贝叶斯模型如图 A3.6 所示。

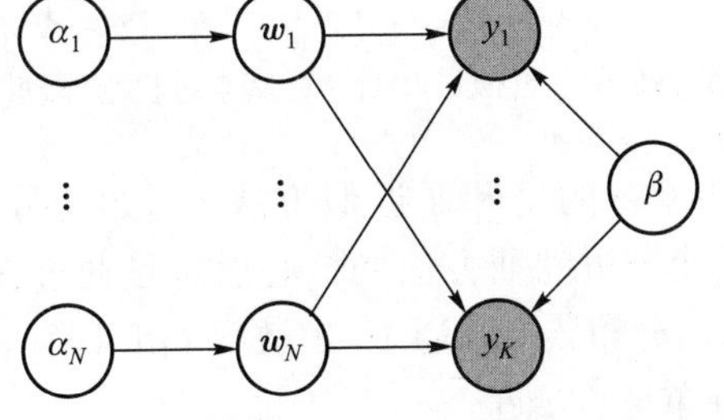

图 A3.6　稀疏贝叶斯学习的层次贝叶斯模型

最后, 基于经验贝叶斯方法, 模型参数向量 $\boldsymbol{w}$ 的后验概率密度函数为

$$\begin{aligned} p(\boldsymbol{w}|\boldsymbol{y}) &= \int p(\boldsymbol{w}|\boldsymbol{y}, \boldsymbol{\alpha}, \beta) p(\boldsymbol{\alpha}, \beta|\boldsymbol{y}) \mathrm{d}\boldsymbol{\alpha}\mathrm{d}\beta \\ &\approx p(\boldsymbol{w}|\boldsymbol{y}, \widetilde{\boldsymbol{\alpha}}, \widetilde{\beta}) = p(\boldsymbol{y}|\boldsymbol{w}, \widetilde{\beta}) p(\boldsymbol{w}|\widetilde{\boldsymbol{\alpha}}) / p(\boldsymbol{y}|\widetilde{\boldsymbol{\alpha}}, \widetilde{\beta}) = \mathcal{N}(\boldsymbol{w}|\boldsymbol{\mu}, \boldsymbol{\Sigma}) \end{aligned} \tag{A3.19}$$

式中,

$$\begin{cases}\boldsymbol{\Sigma}=\left(\widetilde{\beta}\boldsymbol{\Theta}^{\mathrm{T}}\boldsymbol{\Theta}+\widetilde{\boldsymbol{A}}^{-1}\right)^{-1}\\ \boldsymbol{\mu}=\widetilde{\beta}\boldsymbol{\Sigma}\boldsymbol{\Theta}^{\mathrm{T}}\boldsymbol{y}\end{cases}\tag{A3.20}$$

$\widetilde{\boldsymbol{A}}=\mathrm{diag}(\widetilde{\alpha}_1,\cdots,\widetilde{\alpha}_N)$ 为代入超参数 $\boldsymbol{\alpha}$ 最大后验估计值的先验协方差矩阵。假设后验 $p(\boldsymbol{\alpha},\beta|\boldsymbol{y})$ 在最大后验估计处有唯一且明显的峰值, 则式 (A3.19) 中的最大后验估计值为

$$\{\widetilde{\boldsymbol{\alpha}},\widetilde{\beta}\}=\arg\max_{[\boldsymbol{\alpha},\beta]}p(\boldsymbol{\alpha},\beta|\boldsymbol{y})=\arg\max_{[\boldsymbol{\alpha},\beta]}\{p(\boldsymbol{y}|\boldsymbol{\alpha},\beta)p(\boldsymbol{\alpha})p(\beta)\}\tag{A3.21}$$

式 (A3.21) 的最大化计算过程将导致很多超参数最大后验估计值 $\widetilde{\alpha}_j$ 趋向于 0, 对应产生一个稀疏的模型参数向量 $\boldsymbol{w}$。这是因为式 (A3.21) 中的目标函数包含了证据函数 $p(\boldsymbol{y}|\boldsymbol{\alpha},\beta)$, 其最大化自动实现了贝叶斯奥卡姆剃刀定律, 即在满足数据拟合的情况下, 获得一个足够稀疏 (简约) 的模型。

参考文献

[1] Beck J L. Bayesian system identification based on probability logic [J]. Structural Control and Health Monitoring, 2010, 17: 825-847.

[2] 韦来生. 现代统计学系列丛书: 贝叶斯统计 [M]. 北京: 高等教育出版社, 2016.

[3] Yuen K V. Bayesian methods for structural dynamics and civil engineering [M]. New York: Wiley, 2010.

[4] 朱军, 胡文波. 贝叶斯机器学习前沿进展综述 [J]. 计算机研究与发展,2015, 52 (1):6-26.

[5] Bishop C M. Pattern recognition and machine learning [M]. New York: Springer, 2006.

[6] Huang Y, Shao C, Wu B, et al. State-of-the-art review on Bayesian inference in structural system identification and damage assessment [J]. Advances in Structural Engineering, 2019, 22 (6): 1329-1351.

[7] 颜王吉, 曹诗泽, 任伟新. 结构系统识别不确定性分析的 Bayes 方法及其进展 [J]. 应用数学和力学,2017, 38 (1): 44-59.

[8] 朱新玲. 马尔科夫链蒙特卡罗方法研究综述 [J]. 统计与决策, 2009(21): 151-153.

[9] Marin J M, Pudlo P, Robert C P, et al. Approximate Bayesian computational methods [J]. Statistics and Computing, 2012, 22: 1167-1180.

[10] Tipping M E. Sparse Bayesian learning and the relevance vector machine [J]. Journal of Machine Learning Research, 2001 (1): 211-244.

附录 4 结构健康监测基准模型*

4.1 ASCE SHM Benchmark 模型

1996 年 12 月, 在第二届国际结构控制会议上, 国际结构控制与监测学会 (International Association for Structural Control and Monitoring, IASCM) 和美国土木工程师学会 (American Society of Civil Engineers, ASCE) 工程力学分会动力学委员会提出在欧亚以及美国成立 SHM (structural health monitoring) 研究小组的设想。在研究人员的倡导下, 结构健康监测的 Benchmark 模型这一理念被提出, 以便进行各类监测方法与技术的比较 [1]。1999 年, 在国际结构控制协会和美国土木工程学会的联合支持下, 美国正式成立了 SHM 研究小组, 简称 IASC–ASCE SHM[2]。

IASC–ASCE SHM 小组将结构健康监测的 Benchmark 问题研究分为两个阶段。第一阶段是基于一个实际结构的有限元分析模型开展研究的, 目标是如何生成结构健康监测研究所需要的数据。实际结构是加拿大哥伦比亚大学地震工程研究实验室的钢框架结构, 如图 A4.1 所示。第一阶段的主要任务

* 本章执笔人:
丁幼亮, 东南大学土木工程学院, civilding@seu.edu.cn
贺文宇, 合肥工业大学土木与水利工程学院, wyhe@hfut.edu.cn

是有限元分析模型创建、模拟数据生成，并由此进行损伤分析。在此基础上，IASC–ASCE SHM 小组于 2000 年开始第二阶段的研究。这次分析所采用的数据来源于实际 Benchmark 结构的实测试验数据。第二阶段的损伤试验分别于 2000 年 7 月 19—21 日和 2002 年 8 月 4—7 日进行，主要是通过移除支撑或松动连接螺栓来模拟结构的损伤，以获得不同结构损伤情况下的试验数据。

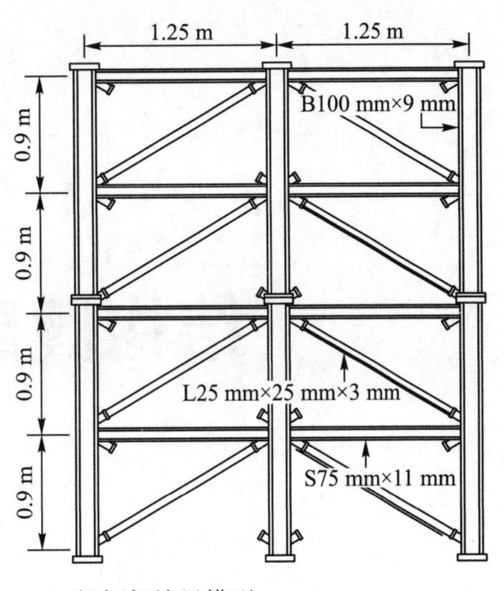

图 A4.1　ASCE Benchmark 钢框架缩尺模型

ASCE Benchmark 结构为一个 4 层、2×2 跨的钢结构框架缩尺模型，如图 A4.1 所示。

该模型位于哥伦比亚大学的地震工程实验室内，平面尺寸为 2.5 m×2.5 m，高为 3.6 m。为了试验的需要，整个结构被固定在一个大尺寸的振动台上。但是，振动台只用于固定结构，并不用来激励结构。ASCE Benchmark 结构的构件采用热轧 300 W 级钢材 (名义屈服强度为 300 MPa)，各截面性质如表 A4.1 所示。为使得模型的质量分布更贴近于实际结构，每层中的每一跨均设置了一块楼板，第 1~3 层各设置 4 块 1 000 kg 的楼板，第 4 层设置 4 块 750 kg 的楼板，如图 A4.2 所示。此外，在第 2 层放置了一个楼板支架作为试验工作平台，使得第 2 层每一跨增加了 35 kg 的质量，共计 140 kg。

ASCE Benchmark 结构可根据需要自由拆卸与安装支撑，从而模拟各种损伤状况，并可实现损伤后结构恢复原状。该模型设定了六种损伤模式，具体如下。

损伤模式 1：移除模型第 1 层的所有支撑；

损伤模式 2：移除模型第 1 层和第 3 层的所有支撑；

损伤模式 3：移除模型第 1 层的某一个支撑；

表 A4.1　ASCE Benchmark 结构构件特性

特性	柱	梁	支撑
截面类型/mm	B100×9	S75×11	L25×25×3
截面面积 A/m^2	1.133×10^{-3}	1.43×10^{-3}	0.141×10^{-3}
惯性矩 (强轴方向)I_y/m^4	1.97×10^{-6}	1.22×10^{-6}	0
惯性矩 (弱轴方向)I_x/m^4	0.664×10^{-6}	0.249×10^{-6}	0
扭转惯性矩 J/m^4	8.01×10^{-9}	38.2×10^{-9}	0
弹性模量 E/Pa	2×10^{11}	2×10^{11}	2×10^{11}
线密度 $\rho/(\mathrm{kg/m})$	8.89	11.0	1.11

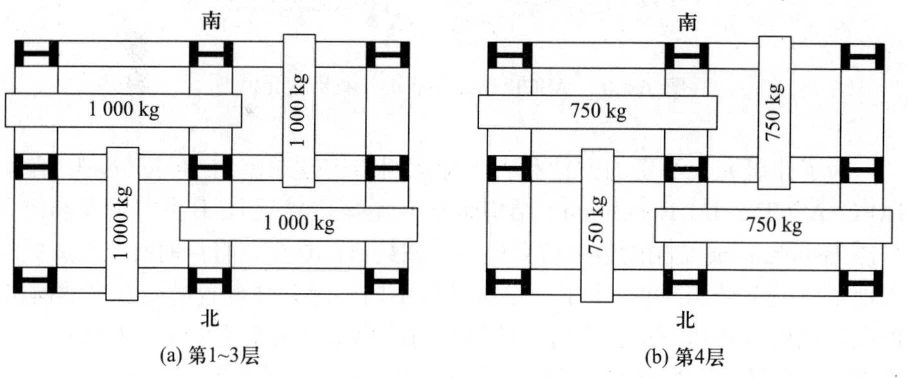

图 A4.2　ASCE Benchmark 结构的质量分布

损伤模式 4: 移除模型第 1 层和第 3 层的某一个支撑;

损伤模式 5: 在损伤模式 4 的基础上, 从某一层柱端拧松梁端螺丝 (以便于使柱与楼板连接处只能传递力, 却不能承受弯矩);

损伤模式 6: 同损伤模式 3, 但是不去除支撑, 而是使该支撑的轴向面积减少 1/3。

研究 Benchmark 模型的过程中, 主要采用两个有限元模型 (图 A4.3) 来模拟产生结构响应数据, 即 12 自由度 (degree of freedom, DOF) 和 120 自由度有限元模型。第一个有限元模型是具有 12 个自由度的剪切型模型。除了每层两个水平方向的位移和一个转动分量外, 该模型不包括其他任何运动分量。在构件模型中, 柱和楼板梁采用 Euler–Bernoulli 梁模型, 支撑采用不计刚度的钢筋。第二个模型是一个更为复杂的有限元模型, 有 120 个自由度。120 自由度模型限制每层结构的水平位移, 假设水平楼板仅有平面内刚度, 这样楼板就是刚性的, 只存在平面内位移, 而平面外的自由度则是自由的。

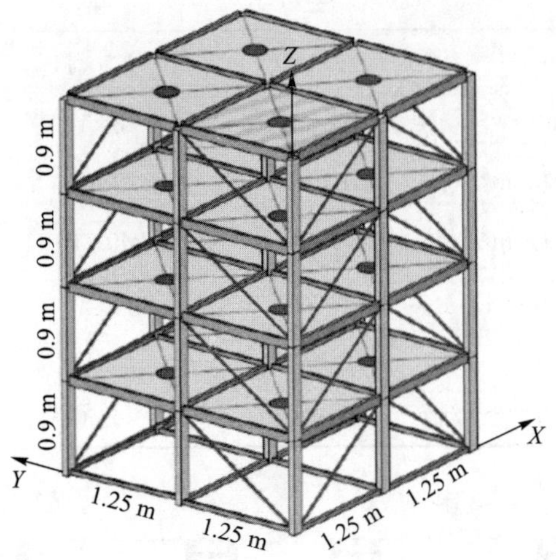

图 A4.3　ASCE Benchmark 结构有限元模型

为了让研究人员更加方便和直观地运用结构健康监测 Benchmark 结构, IASC–ASCE SHM Benchmark 结构研究小组基于 MATLAB 软件开发和建立了该 Benchmark 结构的数值仿真模型。该数值仿真模型将帮助研究人员更深入地了解模型结构, 并提供了一个可进行不同工况条件设置的交互对话窗口, 可在不同模拟环境下进行分析。该数值仿真模型的两个主要交互对话窗口为实例样本选择窗口和损伤模式选择窗口, 如图 A4.4 所示。基于对质量分布 (对称或反对称)、激励类型 (环境激励或加载)、数据采集 (已知或未知输入)、分析模型和不同损伤形式的考虑, Benchmark 模型能模拟五种不同的损伤实例样本 (还可根据研究者的需要设置损伤工况), 具体如表 A4.2 所示。

表 A4.2　ASCE Benchmark 结构模拟的损伤实例样本

实例样本	分析模型	质量分布	激励方式	损伤模式
1	12 DOF	对称	环境激励	1,2,3,4
2	120 DOF	对称	环境激励	1,2,3,4
3	12 DOF	对称	顶层斜向振动	1,2,3,4
4	12 DOF	非对称	顶层斜向振动	1,2,3,4,5,6
5	120 DOF	非对称	顶层斜向振动	1,2,3,4,5,6

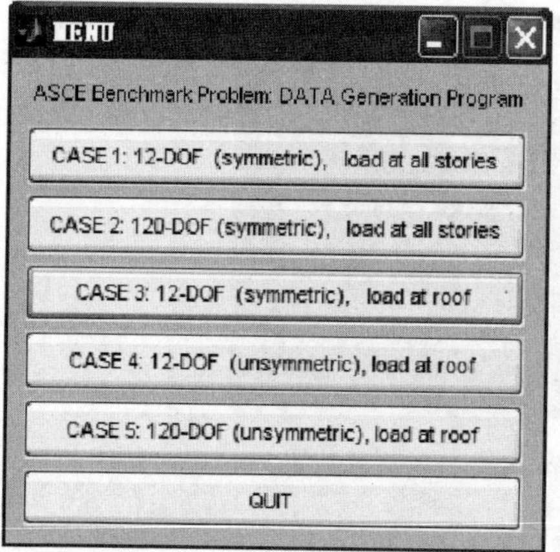

(a) 实例样本选择窗口

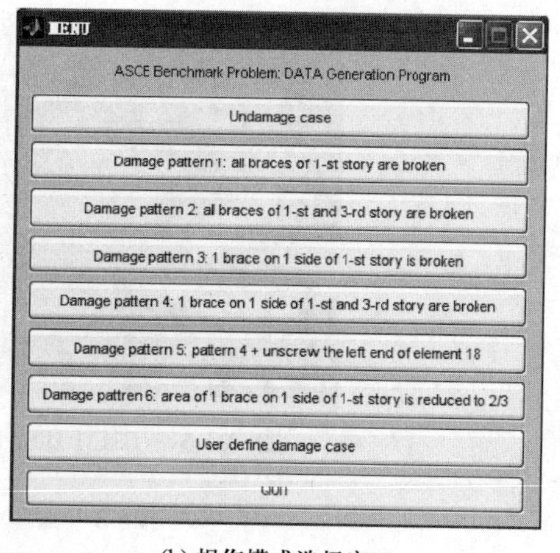

(b) 损伤模式选择窗口

图 A4.4　交互对话窗口

4.2　IABMAS BHM Benchmark 模型

2004 年, 在日本京都召开的国际桥梁维护与安全协会 (International Association of Bridge Maintenance and Safety, IABMAS) 会议上, 新成立的桥梁健康监测委员会确定了桥梁健康监测 (bridge health monitoring, BHM) 领域的三个重点研究方向: 桥梁健康监测的应用概述、监测与运维的协同作用以及桥梁健康监测 Benchmark 结构的研究。2005 年, 在美国加利福尼亚州圣地亚哥举行的国际光学工程学会 (Society of Photo–Optical Instrumentation Engineers, SPIE) 上, 与会人员就如何建立公路桥梁领域可以模拟各种损伤工况的 Benchmark 结构达成共识, 在 2005 年 6 月的 ASCE 结构健康监测和控制大会上, 公布了专门针对桥梁健康监测领域使用的 Benchmark 结构模型, 该模型中文全称为“国际桥梁维护与安全协会的桥梁健康监测 Benchmark”结构, 英文简称“IABMAS BHM Benchmark”结构 [3]。

IABMAS BHM Benchmark 结构的原型位于美国佛罗里达州奥兰多市的佛罗里达中央大学 (University of Central Florida, UCF), 该模型为一个两跨连续梁的钢结构, 用来模拟两跨的连续梁桥, 试验装置如图 A4.5 所示。

BHM Benchmark 模型的主梁、横梁以及桥墩均为工字钢构成, 模型构件的具体物理参数如表 A4.3 所示。

该模型桥墩与基础的连接方式为固接, 主梁与横梁用连接板和螺栓连接, 主梁与桥墩可采用简支、铰接、固定或半固定支座支撑等方式来实现多种边界约束。该模型不但可模拟两跨连续梁桥, 也可将中间桥墩拆除以模拟中等跨度的单跨简支梁桥。模型主梁与桥墩、主梁与横梁的细部连接如图 A4.6 所示。

图 A4.5 BHM Benchmark 结构的试验装置

表 A4.3 试验模型的物理参数

构件类型	长/m	宽/cm	高/cm	厚/cm	单位长度质量/(kg/m)
主梁	5.49	5.92	8.57	0.43	14.67
横梁	1.83	5.92	7.62	0.43	13.99
桥墩	1.07	16.48	31.04	0.58	63.81

(a) 主梁与桥墩连接

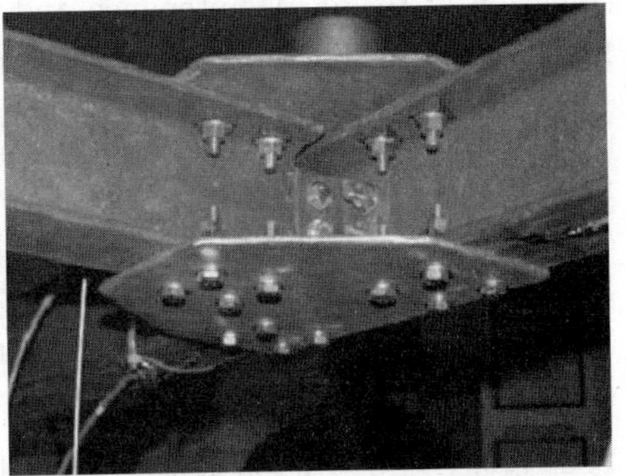

(b) 主梁与横梁连接

图 A4.6 试验模型的细部连接

为了让研究人员更加方便和直观地运用 BHM Benchmark 结构, 美国佛罗里达中央大学基于 MATLAB 软件开发和建立了该 Benchmark 结构的数值模型 [4]。该数值模型是将从 SAP2000 有限元软件导出的有限元模型导入 MATLAB 建立的。SAP2000 有限元模型为线性模型, 共有 182 个节点和 187 个构件, 如图 A4.7 所示。该数值模型将帮助研究者更深入地了解其结构, 并为研究人员提供一个可进行不同工况条件设置的交互对话窗口, 并在不同模拟环境下进行分析, 为用户提供一个通用的运行分析平台。该数值模型的图形用户界面如图 A4.8 所示。

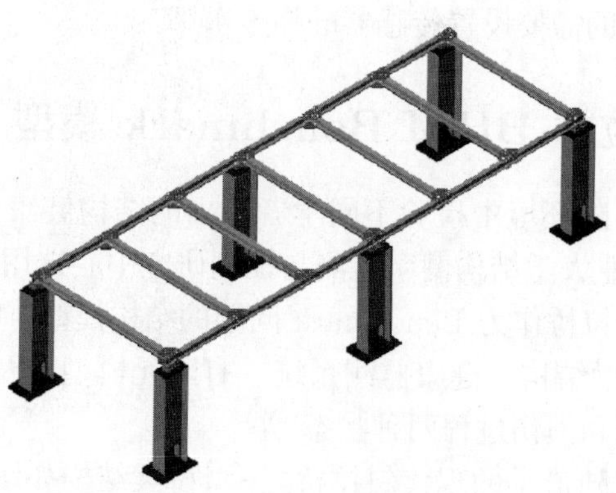

图 **A4.7**　SAP2000 有限元模型

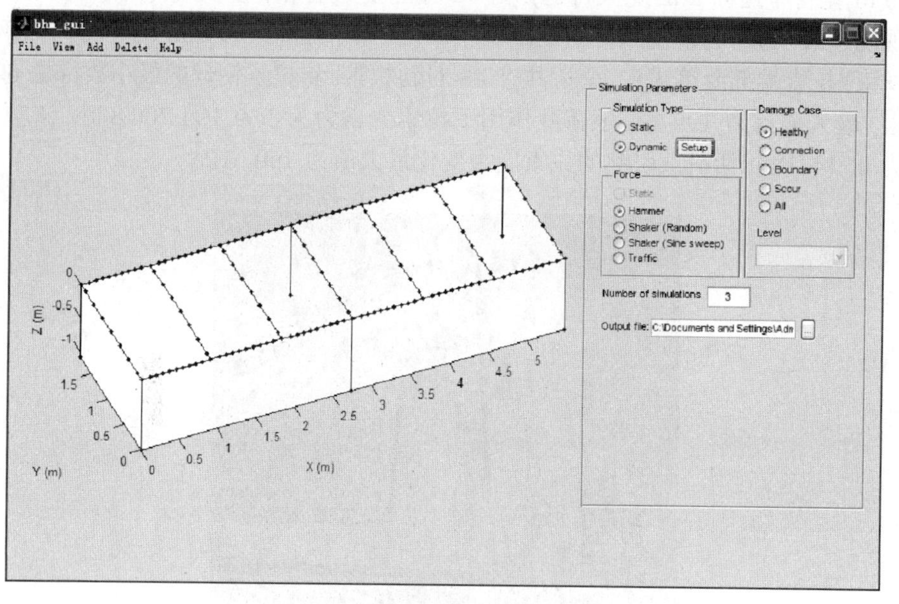

图 **A4.8**　图形用户界面

数值模型的模拟类型分为静力模拟和动力模拟, 动力模拟的外部激励有锤击、随机振动、正弦振动和交通荷载等。损伤类型主要有主次梁连接损伤、主梁桥墩连接损伤、桥墩冲刷损伤以及上述几种损伤的组合。各损伤工况主要通过节点单元刚度的折减、连接松动或失效以及释放主梁弯矩来实现。

传感器和激励的布设可以通过图 A4.8 所示的图形用户界面的添加和删除按钮来实现。根据研究人员的不同需求, 可以选用不同传感器 (动力测试采用加速度计, 静力测试采用应变片、倾角仪或位移计), 并可自由设置传感器的采

集方向 (三个方向) 和位置, 对所施加的激励也可以设定其大小、方向和位置, 还可以根据研究者的需要设置传感器的噪声水平。

4.3 足尺斜拉桥 BHM Benchmark 模型

为更好地在实际环境中检验不同学者提出的结构健康监测方法的有效性和特点, 哈尔滨工业大学结构健康监测与控制研究中心选用一座真实的安装了健康监测系统的斜拉桥作为 Benchmark 问题的结构模型。Benchmark 问题包括 Benchmark 桥梁结构、健康监测系统、有限元模型以及监测数据, 监测数据涵盖了结构健康和损伤过程两种状态 [5]。

该桥是中国大陆最早的现代斜拉桥之一, 桥梁结构如图 A4.9 所示。主跨 260 m, 边跨 (25.15+99.85) m, 全桥总长 510 m, 主塔高 60.5 m; 主梁宽 11 m (9 m 宽行车道和 2 m 宽人行道), 由 74 片混凝土主梁节段构成, 主梁节段端部现浇连接, 边跨为现浇预应力混凝土主梁; 拉索采用直径 5 mm 的平行高强钢丝束, 拉索端部灌铸锚头, 全桥共有 88 对斜拉索, 斜拉索钢丝的最小数目是 69 根, 最大数目为 199 根, 恒荷载作用下拉索的索力为 559.4~1 706.8 kN (应力为 450 MPa), 活荷载引起的拉索应力变化最大值为 160 MPa。

图 A4.9 桥梁外观

设计荷载等级为汽 − 20、挂 − 100, 人群荷载为 2.5 kN/m; 主梁混凝土标号为 C50, 主梁预应力筋采用高强钢丝和 Ⅳ 级钢筋。桥梁始建于 1983 年, 1987 年正式通车运营。经过十八年运营后, 因车辆超载导致跨中合拢段出现裂缝, 裂缝宽度达到 2 cm; 斜拉索锚固端严重腐蚀。针对该桥服役状态的严重退化状况, 在 2005—2007 年对该桥进行了维修加固, 包括主梁底部粘贴碳纤维布补强、跨中主梁合拢段重新浇筑、更换所有斜拉索。

为提高桥梁的养护管理水平, 保证桥梁安全运营, 在该桥加固过程中安装了健康监测系统, 该系统包括传感器子系统, 数据采集、传输和存储子系统, 健康安全评定子系统, 数据远程无线传输子系统, 数据管理与控制中心子系统。

根据该桥的特点, 监测内容和变量包括环境 (风速、湿度、温度)、主塔塔顶位移、斜拉索索力、主梁合拢段应力、主梁竖向挠度、结构振动、结构模态参数, 如表 A4.4 所示。

表 A4.4　传感器子系统划分

子模块	监测变量
环境监测子模块	温度、湿度、风速
变形监测子模块	桥塔变形、桥面变形和线型
应变监测子模块	主梁关键截面应变
斜拉索索力与监测子模块	斜拉索索力
结构振动与模态参数	主梁和塔振动

(1) 环境变量。

环境变量主要包括风速、温度和湿度。

风速采用风速仪监测, 全桥安装了 1 台风速仪。由于塔顶部的风速较大, 因此, 风速仪布设在塔顶部, 该风速仪风速测量范围为 0~60 m/s, 风速测量阈值为 1 m/s, 风向的测量范围为 0° ~ 360°。

温湿度采用温湿度计监测, 全桥安装了 1 台温湿度计。湿度计量程为 0~100%RH, 标称精度为 2%RH, 启动时间为 3 s; 温度计量程为 −50~50 °C, 标称精度为 0.1 °C, 数据输出为 4~20 mA, 启动时间为 5 s。

(2) 主梁应变。

主梁应力采用光纤光栅应变计监测; 考虑桥梁温度场的监测和应变计的温度补偿, 温度场的监测也采用了光纤光栅温度计。全桥布置 4 个应变及温度场监测断面。其中在既有主梁的横截面 S1 和 S2 各布设 3 个应变计和 1 个温度计; 在主梁合拢段的 S3 和 S4 断面各布设 5 个应变计、3 个温度补偿计; S4 截面预应力筋上还布设了 8 个应变计。传感器安装位示例如图 A4.10 所示。

(3) 拉索索力。

全桥共选择 44 对拉索进行监测, 每对拉索选其中的 1 根布设传感器。在每一根索内布置 2 个光纤应变计, 同时在其中的 8 根索中再安装 1 个光纤光栅温度补偿计。

(4) 主梁和桥塔振动。

结构振动用力平衡式加速度计监测, 传感器布设在主梁和桥塔上, 全桥主梁选定 7 个监测断面, 对称布置 14 个加速度计, 在南塔顶部布设 1 个加速度计。其中, 主梁布设的均为竖向加速度计, 桥塔顶部采用双轴加速度计。

桥梁上布设的传感器如图 A4.11 所示。

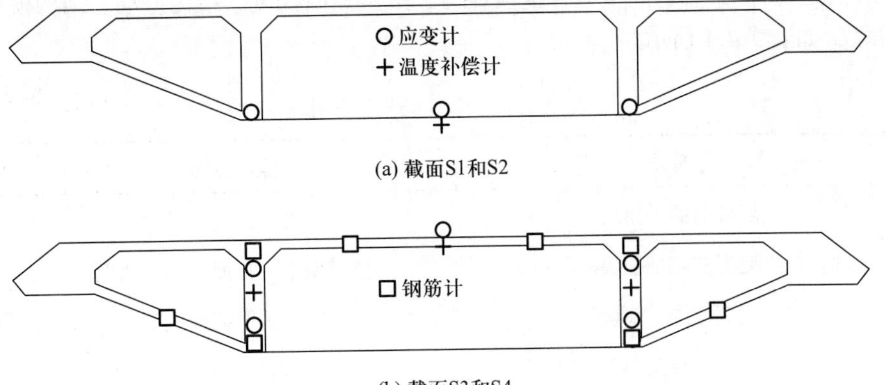

(a) 截面S1和S2

(b) 截面S3和S4

图 A4.10　光纤光栅应变计截面布设位置

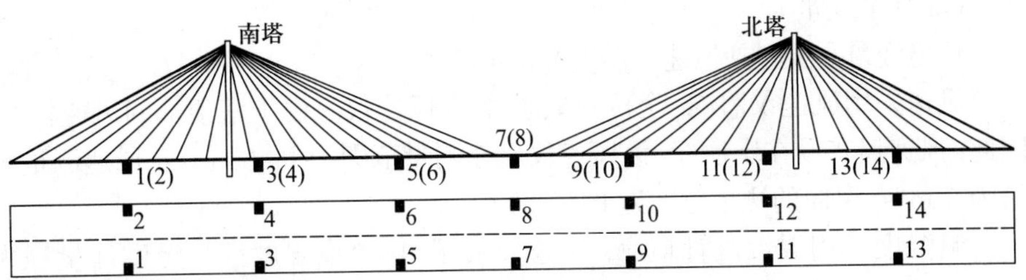

图 A4.11　健康监测系统传感器布设位置

本桥梁的结构健康监测采用集中式数据采集系统。其中风速、温度和湿度 (温湿度计) 的采样频率均为 20 Hz, 应变、温度场及拉索索力的采样频率均为 2.5 Hz, 加速度的采样频率为 100 Hz。

该 Benchmark 问题中的桥梁历经十八年运营, 更换下的腐蚀拉索及其腐蚀钢丝可用于剩余疲劳寿命的研究。替换下的腐蚀斜拉索中靠近斜拉索锚固点 5 m 范围内的腐蚀情况比其他部位的严重。2008 年 8 月, 发现该桥梁结构出现了两种损伤模式, 健康监测系统记录了 2008 年 1—8 月的数据, 期间桥梁结构由于车辆的超载而逐步损伤 [6]。因此, 该健康监测系统监测的数据隐含着该桥损伤演化过程和损伤模式。哈尔滨工业大学结构健康监测与控制研究中心基于监测数据得到车辆荷载、温度、风等作用下斜拉索的索力, 探讨了拉索状态评估 Benchmark 问题，基于监测的加速度数据，探讨了主梁损伤识别 Benchmark 问题。

参考文献

[1] Johnson E A, Lam H F, Katafygiotis L S, et al. A Benchmark problem for structural health monitoring and damage detection [C]// Proceedings of the 14th ASCE Engineering Mechanics Conference. Texas: 2000.

[2] Johnson E A, Lam H F, Katafygiotis L S, et al. Phase I IASC-ASCE structural health monitoring benchmark problem using simulated data [J]. Journal of Engineering Mechanics, 2004, 130(1): 3-15.

[3] Catbas F N, Caicedo J M, Dyke S J. Development of a Benchmark problem for bridge health monitoring [C]// Proceedings of International Conference on Bridge Maintenance, Safety and Management. Portugal: 2006.

[4] Caicedo J M, Catbas F N, Gul M, et al. Phase I of the Benchmark problem for bridge health monitoring: Numerical data [C]// Proceedings of the 18th Engineering Mechanics Division Conference of the American Society of Civil Engineers. Blacksburg: 2007.

[5] 李惠, 鲍跃全, 李顺龙, 等. 结构健康监测数据科学与工程 [M]. 北京: 科学出版社, 2016.

[6] Li S L, Li H, Liu Y, et al. SMC structural health monitoring Benchmark problem using monitored data from an actual cable-stayed bridge [J]. Structural Control and Health Monitoring, 2013, 21(2): 156-172.

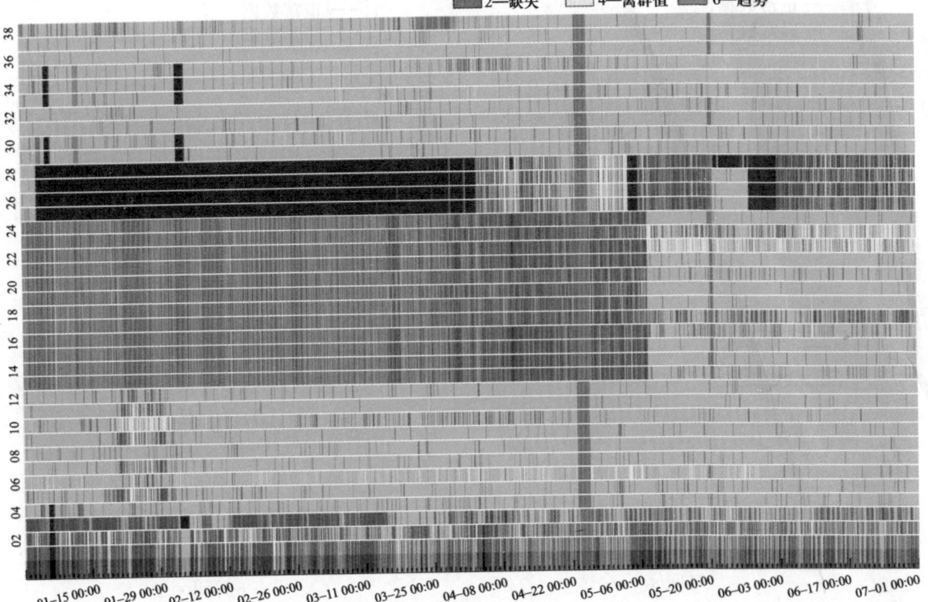

(a) 2012年1—6月

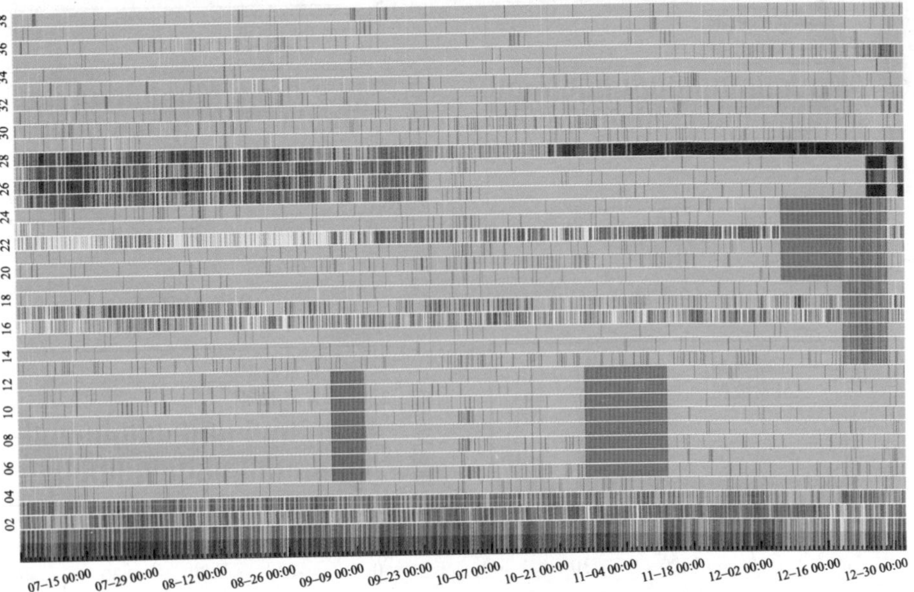

(b) 2012年7—12月

图 7.9 异常数据自动诊断结果

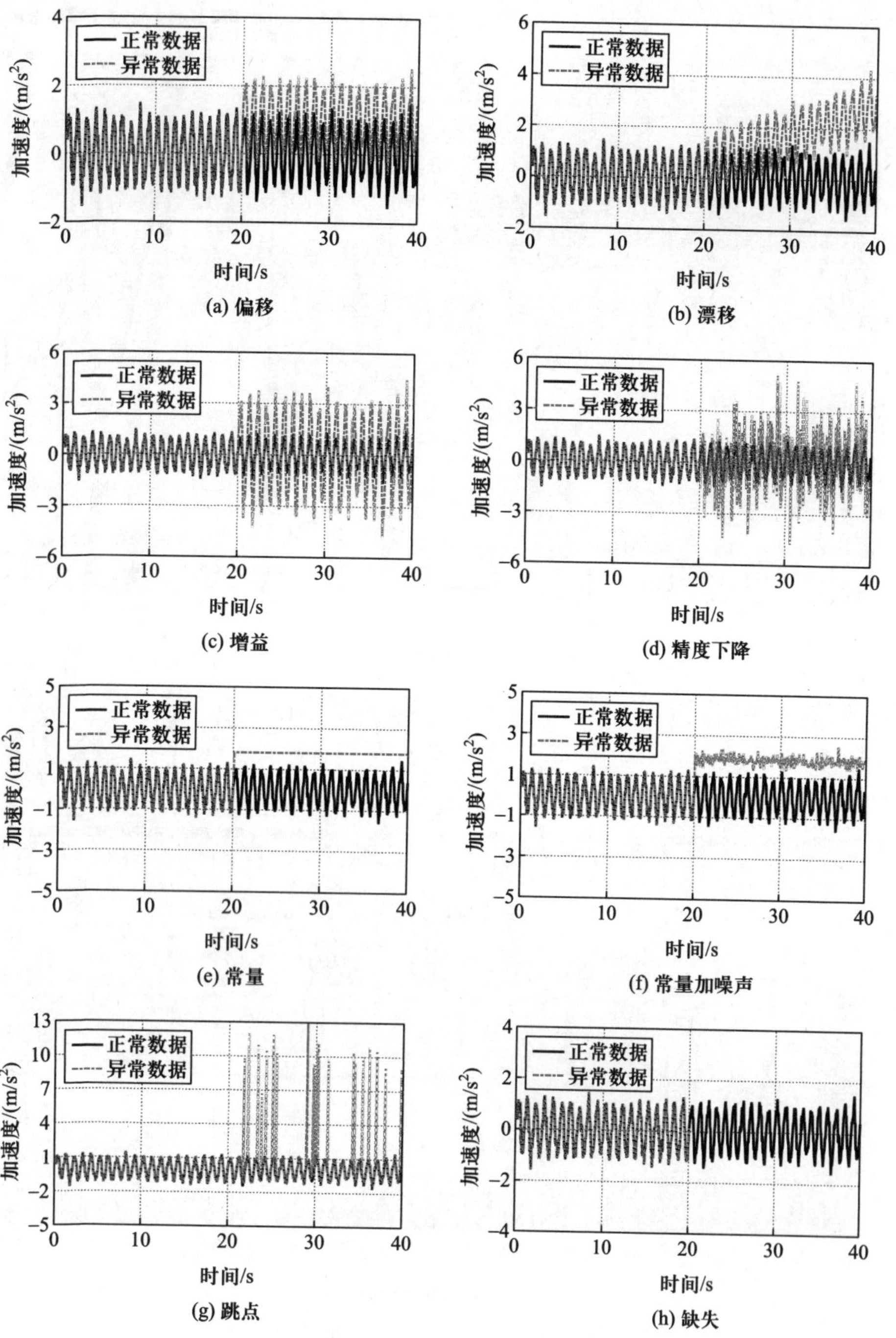

(a) 偏移 (b) 漂移 (c) 增益 (d) 精度下降 (e) 常量 (f) 常量加噪声 (g) 跳点 (h) 缺失

图 7.1 监测数据的异常形式 (数据共持续 40 s，从 20 s 开始出现异常)

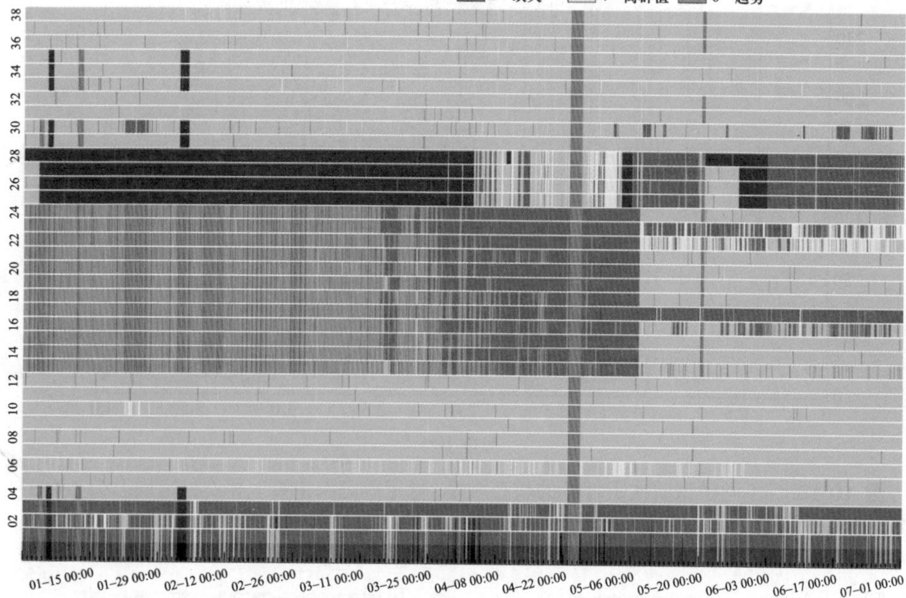

(a) 2012年1—6月

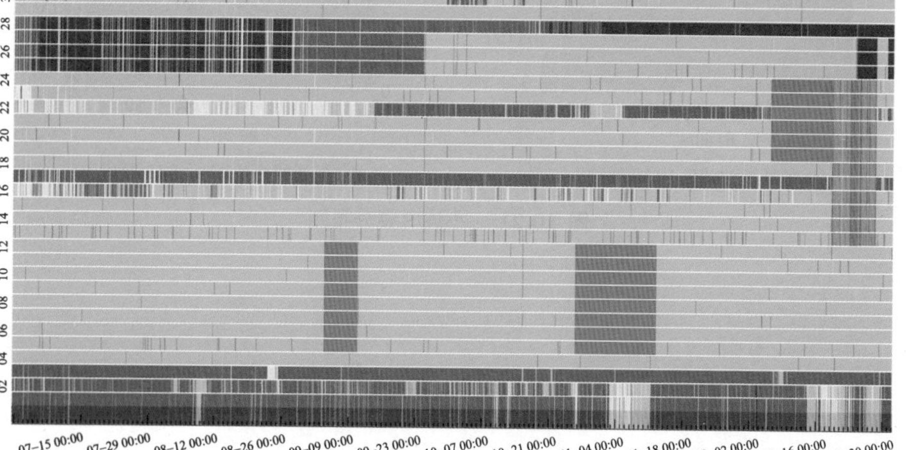

(b) 2012年7—12月

图 7.10　异常数据人工标记结果

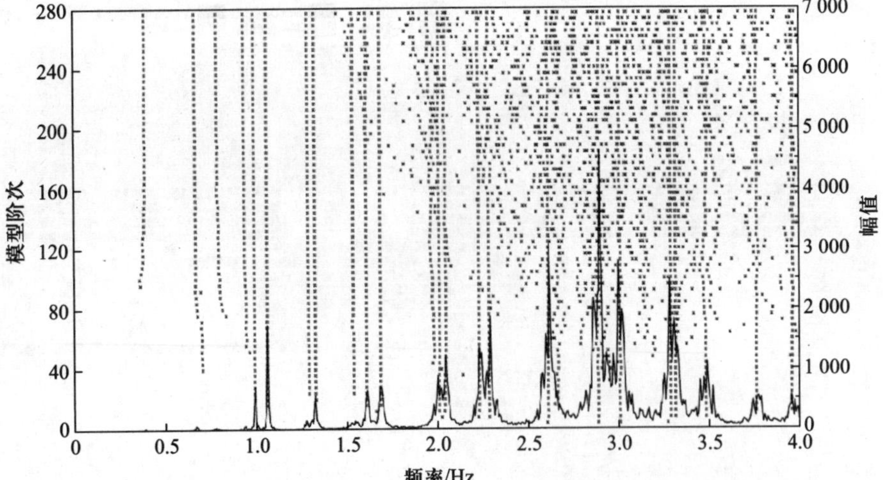

图 10.15　不同模型阶次下计算的模态频率: 稳定模态类 ("■") 和不稳定模态类 ("×")

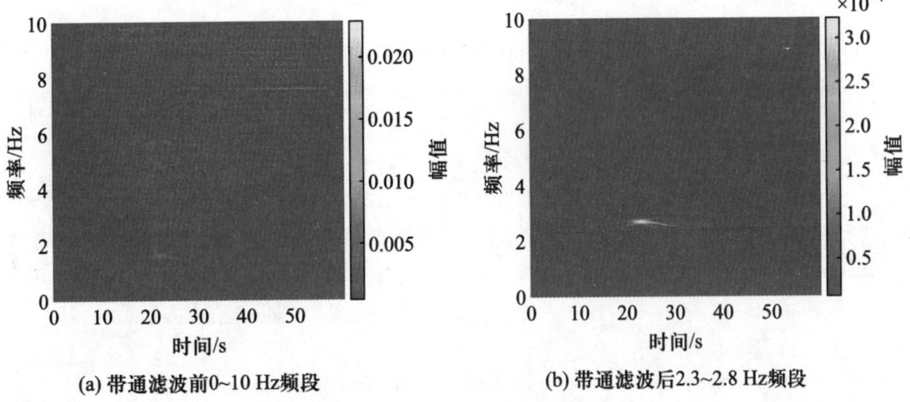

(a) 带通滤波前0~10 Hz频段

(b) 带通滤波后2.3~2.8 Hz频段

图 10.21　小波时频分布图